U0278784

ULTRAFAST INFRARED VIBRATIONAL SPECTROSCOPY

"十二五"国家重点图书出版规划项目

湖北省学术著作出版专项资金资助项目

世界光电经典译丛

丛书主编 叶朝辉

超快红外振动光谱

Michael D. Fayer 编著

王建平 等译

华中科技大学出版社

http://www.hustp.com

中国·武汉

Ultrafast Infrared Vibrational Spectroscopy / by Michael D. Fayer / ISNB: 9781466510135

Copyright © 2013 by CRC Press.

Authorized translation from English language edition published by CRC Press, part of Taylor & Francis Group LLC. All rights reserved. 本书原版由 Taylor & Francis 出版集团旗下 CRC 出版公司出版,并经其授权翻译出版。版权所有,侵权必究。

Huazhong University of Science and Technology Press is authorized to publish and distribute exclusively the Chinese (Simplified Characters) language edition. This edition is authorized for sale throughout Mainland of China. No part of the publication may be reproduced or distributed by any means, or stored in a database or retrieval system, without the prior written permission of the publisher. 本书中文简体翻译版授权由华中科技大学出版社独家出版并限在中国大陆地区销售。未经出版者书面许可,不得以任何方式复制或发行本书的任何部分。

Copies of this book sold without a Taylor & Francis sticker on the cover are unauthorized and illegal. 本书封面贴有 Taylor & Francis 公司防伪标签,无标签者不得销售。

湖北省版权局著作权合同登记　图字:17-2019-199 号

图书在版编目(CIP)数据

超快红外振动光谱/(美)迈克尔·D.费尔编著;王建平等译.—武汉:华中科技大学出版社,2021.11
(世界光电经典译丛)
ISBN 978-7-5680-7669-2

Ⅰ.①超…　Ⅱ.①迈…　②王…　Ⅲ.①红外光谱　Ⅳ.①O434.3

中国版本图书馆 CIP 数据核字(2021)第 220848 号

超快红外振动光谱 Chaokuai Hongwai Zhendong Guangpu	Michael D. Fayer　编著 王建平　等译

策划编辑:徐晓琦
责任编辑:王汉江
装帧设计:原色设计
责任校对:李　琴
责任监印:周治超
出版发行:华中科技大学出版社(中国·武汉)　　电话:(027)81321913
　　　　　武汉市东湖新技术开发区华工科技园　　邮编:430223
录　　排:武汉正风天下文化发展有限公司
印　　刷:湖北新华印务有限公司
开　　本:710mm×1000mm　1/16
印　　张:40.5
字　　数:679 千字
版　　次:2021 年 11 月第 1 版第 1 次印刷
定　　价:288.00 元

华中出版

本书若有印装质量问题,请向出版社营销中心调换
全国免费服务热线:400-6679-118　竭诚为您服务
版权所有　侵权必究

译者序

　　大约二十年前,具有相干光谱特征的超快二维红外光谱方法在实验上得以实现。自此之后,二维红外光谱在实验与理论两方面都得到了突飞猛进的发展,形成了一个仍然处于不断完善之中的前沿光谱方法学,并在化学、物理学、生物学和材料学等学科展开了许多有趣的应用研究,取得了令人瞩目的成果。

　　Michael D. Fayer 教授编著的《超快红外振动光谱》,是一本由近年来研究进展汇集而成的关于二维红外光谱的综述型英文书籍。将一本综述型的书译成中文,一般的观点是没必要,或意义不大;但实际上,这本书的内容远远超过了一般性的综述型书籍。对于本领域的研究生和初学者,以及想了解本领域的研究者来说,这本书都可作为一本很实用的入门级参考书籍。甚至对于本领域的专家学者来说,这本书也很有参考价值。具体来讲,主要有下面几个原因促使我们欣然承接了本书的翻译工作。

　　首先,本书涵盖了超快二维红外光谱领域的近期发展的多个方面,具有一定的代表性。飞秒二维红外光谱方法,作为一种新颖的谱学手段,涉及许多新的概念和技术,并与量子力学概念、量子化学计算,以及分子动力学模拟等理论方法密切相关。其次,二维红外光谱的一些研究方法、研究背景与研究结果都体现在各章作者的研究组近期的研究工作中,并集中体现在本书中,因而具有很高的实用价值和参考价值。例如,通过给出的研究实例,介绍和讲解了一些二维红外光谱的重要概念和方法,能够使读者更好地从各个方面了解这一前沿谱学领域。再者,通过本书的中文版,可以更容易地澄清来自不同领域的学者的关于二维红外光谱的一些概念与看法。例如,二维光谱方法本质上是时域谱学手段,而传统的"双共振"光谱,本质上是频域方法且长期以来并没有"二维"光谱的实验与理论研究报道。因此,无论从概念、实验方法还是所获谱学结果来考虑,二维光谱方法完全不能简单地"等同于"传统的双共振光谱方法。又如,局域模、简正模及本征态之间的区别与关联,对于非线性红外光谱是十分重要的,这在本书中也给予了阐述。

然而,需要指出的是,由于本书内容来自多个研究组,因此不可避免地会造成一些内容有所重复,而一些关键内容的叙述又不够深入彻底。此外,作者的文风也不尽相同。但在翻译本书的过程中,我们依然力求遵循原文进行直译,只是纠正了一些原文中的瑕疵或错误。还需要指出的是,在翻译过程中,我们尝试给一些容易混淆的非线性光谱学中的新概念赋予了明确的中文名称。这对本领域的发展具有重要意义。

正如当年二维核磁方法出现后经过很长时间才被生物学界所接受成为一种结构生物学的手段那样,二维红外光谱方法,由于其内在的超快时间分辨率和双原子(化学键)结构分辨率,有望在不远的将来,成为一种超快结构生物学手段。当然,通过阅读本书可以看到,二维红外光谱方法实际上具有广泛的应用前景。这与二维波谱方法的不断发展是密不可分的。例如,超快多维(二维、三维等)光谱的发展在国际上仍然处于上升阶段。目前已经从中红外及可见光谱区域向超短(紫外方向)和超长(远红外、太赫兹方向)等波段方向发展,并不断地对检测极限、采谱效率等方面提出新的要求。

超快光谱学领域在国内仍然处于方兴未艾的阶段。特别是在过去的几十年里,超快光谱手段实际上已经从旧时的"阳春白雪"(只有少数实验室拥有昂贵的激光、谱仪设备),逐步变成如今的"下里巴人"(许多实验室都拥有了激光、谱仪设备),这是我们国家对科技领域给予大力支持的具体体现之一。然而,中文版的超快光谱学领域书籍在国内目前依然相当匮乏,目前最为相关的仅有中国科学院物理研究所翁羽翔研究员等编著的《超快激光光谱原理与技术基础》。我们期望本书的出版能有助于推动二维光谱方法的发展,也能有助于推动相干多维谱学手段在各个波段的发展。

感谢华中科技大学出版社的邀请。在徐晓琦编辑的持续鼓励和不断支持下,本书的翻译和校对工作前后历时两年多才得以完成。在此对编辑表示衷心的感谢。

本书的完成得益于几位同行朋友的共同努力。翻译与校对分工大致如下：第 1、2、5、6 章由中国科学院化学研究所、中国科学院大学岗位教师王建平翻译；第 3、7、11 章由北京大学物理系施可彬翻译；第 4 章由中国科学院化学研究所陆洲和王建平合作翻译；第 8、9 章由复旦大学物理系刘韡韬翻译，王建平做了少量补充；第 10 章由陆洲翻译；第 12、14 章由中国科学院物理研究所李运良翻译；第 13 章由王建平与李运良合作翻译；全书由王建平进行了补译、校对和统稿。在翻译过程中，中国科学院化学研究所王建平课题组的杨帆、赵娟、于鹏云、王桂秀等人也提供了协助，在此一并表示感谢。由于译者水平有限，错误之处在所难免，敬请读者批评指正。

当前正是科学技术蓬勃发展的大时代，研究方法和学术信息交流手段日新月异，令人目不暇接。若这本译著能对我国超快光谱领域的发展起到一点推动作用，作为译者，我们也就倍感欣慰了。

王建平

2020 年 7 月于北京

前言

与分子运动相关的动态时间尺度非常短。按尺寸分，分子可以小至水分子，大至蛋白质与 DNA。蛋白质与 DNA 并非小分子，是因为它们分别由氨基酸和核苷酸构成。然而，这些构建模块本质上是小分子，而生物大分子的性质和动力学可以依赖于小分子尺寸的亚单元的运动和动态相互作用，并且如同它们的小分子成员一样，在本质上是非常快的。超快光谱学提供了研究手段，这使得在其真实发生的时间尺度上研究分子体系的极快运动成为可能。最初，超快激光光谱由于有限的激光技术被限制于可见和紫外光谱区域。数十年来，UV/Vis 超快实验，通过激发和探测分子的电子激发态，提供了非常丰富的信息。

在过去的十多年里，超快红外（infrared，IR）脉冲源已变得可资利用。光谱的 IR 区对应着与分子振动有关的能量。振动模式是分子的机械自由度。非时间依赖的线性 IR 吸收光谱可以提供关于分子的大量的结构信息。中红外（mid-IR）通常被称为指纹区，因为这一区域内的振动吸收光谱对分子的结构、构象和环境都敏感。在有机化学中，振动光谱通常用于核实特定成分的存在并确定其构象。振动光谱对结构中的小差异很敏感。例如，一个结合在金色表面的全反式的长烷基链体系与具有邻位交叉缺陷的同一体系会有略微不同的光谱。

立足于激光的超快 IR 脉冲源的出现，将极快的分子动力学的研究扩展到了对一些过程的观测，这些过程是通过其对分子振动的影响表现出来的。此外,非线性红外光谱技术使得研究分子内和分子间相互作用,以及这些相互作用如何在极快的时间尺度上但在某些情形之下也在非常慢的时间尺度上进行演变,成为可能。为了显现利用红外实验研究分子动力学和相互作用的有效性,比较和对照 NMR、IR 和 UV/Vis 等实验是有益的。液体中分子的 NMR 谱具有对结构极为灵敏的非常尖锐的谱线。一维(one-dimensional,1D)NMR 谱的尖锐特征被二维(two-dimensional,2D)和多维方法,以及复杂的脉冲序列进行了扩展增强,使其成为能解析包括蛋白质在内的大分子的非常复杂的光谱细节。然而,NMR 从根本上说是在缓慢的时间尺度上工作的。动力学的直接测量通常被限制在毫秒以外及更长的时间内。使用线型分析,NMR 可以提供快速时间尺度上的信息,但这都非常依赖于模型。

与液体中分子的 NMR 谱极其尖锐的特征峰相反,液体中生色团的 1D UV/Vis 吸收光谱通常非常宽且几乎无特征。从 1D 谱中可以获得极为有限的结构信息。超快 UV/Vis 光谱允许直接测量在激发态势能面上进行的超快过程,如光诱导的电子转移或二苯乙烯的反式-顺式异构化。然而,除了几个特殊的生色团体系,特别是光合生色团体系之外,2D UV/Vis 方法在结构动力学及分子间和分子内相互作用等细节的测量方面,只提供了有限的改进。

NMR 谱和 UV/Vis 光谱在某种意义上属于两个极限端。NMR 具有非常尖锐的谱线特征,利用多维方法和脉冲序列可提供大量的结构信息,却只能直接考查在缓慢时间尺度上的动力学。UV/Vis 光谱很宽且大部分时间不具特征性,却可以在超快时间尺度上提供结构细节有限的动态信息。

振动光谱弥补了这个空隙。振动 1D 吸收光谱,在多数情形下,具有相对尖锐的谱线并可以用特定的分子功能基团给予指认。如上所述,振动光谱对结构和构象非常敏感,虽然不像 NMR 那么的敏感。振动实验可以在超快时间尺度上实施。一个时域振动实验的典型工作波长是一个 UV/Vis 实验波长的 10 倍,这意味着振动实验不具有 UV/Vis 实验的时间分辨率。然而,时随的 IR 实验可以常规地在短于百飞秒的时间分辨率下进行,这就提供了足够的时间分辨率以研究大多数的分子动力学过程。振动线宽的倒数最终决定了动力学实验所必需的时间分辨率。典型的振动谱线具有小于数十波数的线宽(水的羟基伸缩是一个重要的例外),这就把最快的动力学时间尺度设置为约 1 ps。中红外实验的时间分辨率比 NMR 所能达到的要快多个数量级。此外,振动光谱的相对尖锐的光谱特征使得其适合进行时间依赖的 2D 实验,这可提取大量的 NMR 或 UV/Vis 方法无法接触到的信息。即使对本质上涉及电子激发态的物理问题，结合时间依赖的 UV/Vis-IR 实验，也可以提供直接的 UV/Vis 实验所不易确定的信息。例如，可以使用 UV/Vis 激发脉冲来发动电子传输过程，而随后的 IR 探测可以观察振动光谱变化以考察其结构变化。

本书所包含的篇章，讨论了一些能反映最新的超快 IR 振动光谱的成就和认识、实验和理论方面的主题。许多实验采用 2D 光谱学以获得动力学与结构信息。每一章都提供了背景、所采用方法的细节以及对一个具有当前研究兴趣的主题的阐述。一些篇章的实验只用到了 IR 脉冲序列，而另外一些篇章则结合利用了可见脉冲和红外脉冲。所介绍的实验和理论研究涵盖的主题是广泛的，如水的动力学和生物分子的动力学与结构。所采纳的研究方法包括振动回波化学交换光谱、红外-拉曼光谱、时间分辨的和频光谱，还有 2D IR 光谱。实验和理论方面，都利用了 IR 光脉冲的偏振性。整体而言，本书包含的内容对本领域的新人、专家和那些想了解特定的方法与研究主题的读者，都将是有益的。

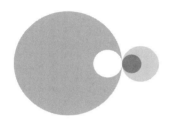

主编简介

　　Michael D. Fayer 是斯坦福大学的 David Mulvane Ehrsam 和 Edward Curtis Franklin 化学教授。他在加利福尼亚州洛杉矶长大，并在那里上公立学校。他曾就读于加州大学伯克利分校的本科和研究生院。他于 1974 年获得化学博士学位。同年，26 岁的他在斯坦福大学被聘为化学助理教授，开始了他的学术生涯。

　　多年来，Fayer 一直致力于前沿超快非线性激光技术开发和应用，其研究兴趣涵盖了从液氦温度下的固体到处于火焰中的复杂分子体系。在很大程度上，由于他的工作，超快非线性和相干光谱技术，例如瞬态光栅、光子回波和红外振动回波，成为了研究复杂分子体系中的分子结构、分子间相互作用及其快过程的强有力方法。他的成就对现代物理化学、生物物理学和材料科学产生了重要影响，其研究分子体系的动力学和相互作用的方法也得到了广泛采纳。Michael D. Fayer 是美国国家科学院和美国人文与科学学院院士。他曾获得多项美国和国际奖项，包括美国物理学会授予的 Arthur L. Schawlow 激光科学奖、美国光学学会授予的 Ellis R. Lippincott 奖、美国化学学会授予的 E. Bright Wilson 光谱学奖，以及由美国物理学会授予的 Earle K. Plyler 分子光谱学奖。

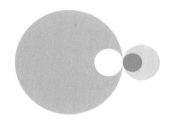

目录

目录

参考文献　/224

第6章　简并振动态的极化各向异性　/233

6.1　前言　/233

6.2　简并振动模　/234

6.3　泵浦-探测光谱的偏振特性　/236

6.4　长时间各向异性概述　/240

6.5　简并能级的泵浦探测与 2D IR 各向异性之间的关系　/241

6.6　各向异性的等待时间依赖性　/241

6.7　瞬态吸收效应　/245

6.8　三重简并态的各向异性　/246

6.9　各向异性与光谱的分离　/246

6.10　相干转移效应　/247

6.11　简并振动跃迁各向异性实例　/250

6.12　各向异性的分子描述　/255

6.13　理论模拟　/258

6.14　激子的各向异性　/266

6.15　简并振动跃迁中极化效应概述　/268

参考文献　/269

第7章　偏振控制的手性光学和 2D 光谱　/276

7.1　引言　/276

7.2　线性手性光学光谱　/278

7.3　偏振控制的 2D 光学光谱　/288

7.4　手性 2D 光谱　/307

7.5　总结与若干结论　/314

参考文献　/315

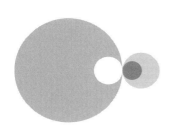

第1章
振动回波化学交换光谱

1.1　引言

多种化学体系与生物体系都涉及处于热平衡的组分或状态。一个体系可以包含两种或更多种的化学物质，它们不断地相互转化，从一种到另外一种，而每一物种的浓度并不改变。这种相互转化发生在基态电子能级势能面上。令两个处于平衡态的物种为 A 和 B。平衡的本质是前向速率等于后向速率。这就是说，A 物种变成 B 物种的速率等于 B 物种变成 A 物种的速率。通过测定物种浓度，可以获得平衡常数。但是，对平衡常数的了解并不提供任何化学动力学信息。

在过去，对于快速过程，热平衡条件下系统的动力学的测定，即从某一物种转化到另一物种有多快，是非常困难的。平衡条件下物种之间的相互转化通常被称为化学交换。对于慢过程，直接利用多维核磁共振(nuclear magnetic resonance，NMR)方法来测量化学交换是可能的[1,2]。例如，利用 ^{119}Sn 2D NMR[2] 测定了 $SnCl_4$ 和 $SnBr_4$ 的 1∶1 混合物溶液中的化学交换过程。这个系统在热平衡时有 5 个物种，即

$$SnCl_4 \rightleftarrows SnCl_3Br \rightleftarrows SnCl_2Br_2 \rightleftarrows SnClBr_3 \rightleftarrows SnBr_4$$

在短时刻,二维光谱的对角线上有5个峰。随着时间增加,在数十毫秒的时间尺度上非对角峰值出现并增长。非对角峰的增长提供了化学交换动力学的直接测量。这种直接测量可以拓展进入数微秒的时间范围,但不能再快了。

使用2D NMR方法进行测量时,例如,围绕碳-碳单键的异构化,系统必须处于低温并拥有较大的化学基团以提高异构化的势垒,低温与高势垒是必要的,可以使异构化过程变慢进入NMR时间尺度[1]。一个处于室温溶液中的低势垒分子,其极快速的动力学发生在皮秒时间尺度上[3],不能通过低温高能垒的测量方法得到,因为速率常数不是温度和能垒的简单函数[4]。

利用超快UV/Vis光谱,许多体系的极快速的动力学已经被测定。被研究最详细的一个体系是二苯乙烯的反式-顺式异构化[5]。在基态电子能级上,异构化的势垒很高,不能在室温下的溶液内进行。在超快光学测量中,顺式二苯乙烯被UV光激发到第一激发单重态(S_1)。在S_1态,异构化拥有低势垒。反式-顺式异构化约发生在70 ps[5]。尽管这些实验让我们了解了很多超快化学过程,但它们没有研究热平衡条件下基态电子势能面的动力学。

如今,超快2D IR振动回波化学交换光谱使得在热平衡条件下实时观测极快化学交换过程成为可能[6]。2D IR化学交换实验类似于2D NMR实验,但其工作时间尺度比相应的NMR实验要快几个数量级,其测量的时间尺度要快好几个数量级。2D IR化学交换实验具有UV/Vis超快实验的超快时间分辨率,但并不涉及电子激发态。激发一个振动对于分子体系而言是一个温和的扰动,它甚至不会改变热平衡动力学。下面将详细介绍。

超快2D IR振动回波技术和多脉冲NMR都涉及多脉冲序列,用于产生并且读出分子体系激发态的相干演化(在这里,激发态对于IR是振动,对于NMR是原子核自旋)。在多脉冲序列中的第一个脉冲之后,分子被诱导产生振动态之间或自旋态之间"振荡";振荡的产生时间相同,初始相位一致。但是,振荡的频率与分子所处的环境有关。序列中第一个脉冲的作用、振动振荡相位关系受第二个脉冲的操纵,这是2D IR振动回波光谱与2D NMR的重要共性。2D IR振动回波光谱脉冲序列中的随后脉冲产生一些可观测信号,这些信号均对实验中单个分子的环境变化具有敏感性,即使两个不同环境下(分子)的总布居数(即线性红外光谱的观测量)保持不变。2D IR与NMR的关键区别是IR脉冲序列的作用时间尺度比多维NMR实验要快6个或更多个数量级。

　　自第一个一维振动回波实验于 1993 年在液体和玻璃体[7]上进行及随后很快在蛋白质上进行之后[8],通过观察 2D 光谱中的峰位置或某一个谱带峰型的依时变化,基于振动回波的超快 2D IR 波实验被用于研究分子内振动模的耦合、蛋白质的结构与动力学、水的氢键动力学,以及其他液体的动力学[9-31]。一个谱带峰型的依时变化是由光谱扩散引起的,即在许多局部结构的抽样,是这些局部结构导致了非均匀展宽的红外吸收谱线。2D IR 光谱在认识体相水[14,32-37]和其他氢键体系[12,15,38],以及蛋白质和其他生物分子[21-23,39-44]中的光谱扩散研究中取得了极大成功。用于分析由光谱扩散导致的谱带峰型的变化并提取内在动力学信息的有效方法得到了发展[45,46]。光谱扩散与化学交换有关但有所不同。光谱扩散反映了特定状态下某种物种或体系所经历的环境的时间演化。与之相反,化学交换是某物种或状态与另一物种或状态的相互转化。在上面提到的关于 $SnCl_4$ 和 $SnBr_4$ 的 NMR 化学交换的例子中,不同分子通过化学反应从一个变为另一,从而导致新的非对角峰在光谱中成长。

　　在这里描述的 2D IR 振动回波化学交换光谱实验中,化学交换导致光谱中新峰出现和增长,由此得到化学交换速率。首先将介绍 2D IR 化学交换方法。将溶质-溶剂复合物的形成和解离作为第一个例子。在 CCl_4 溶液中,苯酚和苯形成 π 氢键。溶液中存在两个物种,苯酚-苯的复合物和自由的苯酚,即没有借氢键与苯相连接的苯酚。这个体系用于展示研究方法,描述数据分析及获取化学交换速率[6]。此外,实验表明,所测的动力学不会受到羟基伸缩振动激发的影响[6]。这里,羟基伸缩是在该实验中被研究的振动模。13 种溶质-溶剂复合物数据将会被展示,化学交换速率与复合物生成焓的关系将会被揭示[47,48]。

　　蛋白质、酶和其他大的生物分子在热平衡条件下是在许多构象中进行抽样的动态结构。生物分子结构的涨落对其功能至关重要。一个蛋白质可进行的结构演变大致分为两种。一种是在较深的势阱(导致一个特定的结构亚态)中从紧密关联的一些结构中抽样。在接近势阱底部,有一个包含许多最小值的粗糙势能面。每个最小值与该亚态的一种结构变化有关,但这些结构变化并不会改变该亚态的一些基本特征。在某个振动探针的红外吸收光谱中,亚态中的这些不同结构导致了与该亚态相联系的某一吸收线型的非均匀展宽。结构抽样导致光谱扩散,后者可以通过 2D IR 振动回波光谱进行测量[17,19,21-24,28,49-51]。在一些蛋白质中,某个振动探针的红外光谱会出现两个或更多的吸收峰。一个很重要的例子是有一氧化碳(CO)结合在活性位点作为振动探针(Mb-CO)的肌红蛋白,它表现出多个 CO 吸收峰,反映了多个不同的亚态[52-55]。2D IR 光谱化学交换方法可用于直接观测两个明确的结构亚态的相互转变。两个 Mb-CO 突变体的研究结果都表明,蛋白质从一个明确的结构亚态到另一个的互变发生在短于 100 ps 的时间尺度上。这些结果与详细的分子动力学模拟(molecular dynamics,MD)进行了比较。尽管模拟研究可以很好地重复光谱线型和光谱扩散,但是其产生的亚态交换时间却极为缓慢。

2D IR 光谱化学交换方法随后还用于研究乙烷取代物分子围绕碳-碳的单键异构化[3]。乙烷本身无法被研究,因为在乙烷中甲基围绕碳-碳单键的转动使体系得到完全相同的结构。为了使用化学交换方法,发生互变的两个(或更多)物种或状态必须在互变前后各自具备一个独特的振动频率。由于乙烷的转动异构体状态在结构上完全一样,一个双取代乙烷被选中研究,其一个振动模在分子的反式和邻位交叉构象具有不同的振动频率。所获结果与一个相似分子的模拟进行了对比,该模拟借助了一个简单的过渡态理论方法,得到了一个估算的乙烷异构化时间。

利用 2D IR 振动回波化学交换光谱方法研究的另一个重要问题是通过氢键与离子结合的水分子的动力学[56]。许多重要的体系,从生物学到地质学,都涉及水,但并不是纯净水。常常有离子与水作用从而影响水的氢键动力学。离子可能来自盐类的溶解或者蛋白质表面的带电氨基酸。与离子以氢键相连的水分子和与其他水分子以氢键相连的水分子,二者处于平衡并且会进行化学交换。这里的问题是:一个与离子以氢键相连的水分子交换成为一个与其他水分子以氢键相连的水分子及其逆过程,能有多快?利用适当的 2D IR 化学交换实验可以回答这个问题。与水相连的水分子有一个光谱峰明显有别于结合离子的水分子[56-58]。

1.2 2D IR 振动回波和化学交换实验

如上所述,面临的挑战是直接观测快时间尺度的热平衡化学过程而不改变体系的平衡行为。超快 2D IR 振动回波化学交换光谱能直接测定热平衡条件下化学物种之间的互变速率。这一方法是 2D IR 振动回波实验的应用,其细节之前已被描述过[33,59-61]。在这里简单介绍该方法。

图 1.1 是实验和脉冲序列的简略图。有三束激发脉冲,约 60 fs 脉宽,产生于由掺钛蓝宝石的再生放大器泵浦的一个光参量放大装置(optical parametric amplifier,OPA)。脉冲序列在图的底部给出。OPA 被调谐到所研究的振动模式的频率。输出的 IR 脉冲有足够的带宽以覆盖感兴趣的光谱区域。脉冲 1、2 和脉冲 2、3 之间的时间延迟分别被称为 τ 和 T_w。在第三束脉冲作用后小于等于 τ 的时间内,振动回波信号在特定的方向从样品辐射出来。在固定的 T_w 下扫描 τ,以采集振动回波信号。信号在空间与时间上重叠于本机振荡器以实现外差检测,合并的光脉冲通过单色仪色散并送至红外阵列检测器。外差检测同时提供振幅和相位信息。如果振动回波从样品发出直接被检测,则无法得到相位信息。实验产生一张频域二维谱图。测量是在时域内进行的。从时域到频域需要两次傅里叶变换。进行傅里叶变换需要振幅信息和相位信息。本机振荡器是另一束 IR 飞秒脉冲,由最初的红外脉冲分光而来,与上述几束激发脉冲同源。本机振荡器与振动回波的波包叠加后将产生干涉。扫描时间 τ,振动回波波包电场随时间移动,穿过固定的本机振荡器波包电场,得到包含必要的相位信息的瞬时干涉信号。瞬时干涉图的一个例子如图 1.1 右下所示。

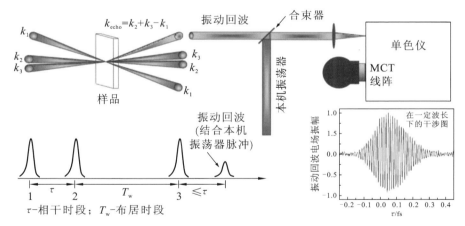

图 1.1 2D IR 振动回波实验简略图。图中也给出了振动回波脉冲序列和由外差检测所得的一个瞬时相干图的例子

如图 1.1 所示,结合后的振动回波信号/本机振荡器脉冲经过了一台被当作光谱仪使用的单色仪后被红外阵列检测器所记录。该阵列检测器允许 32 个波长同时检测,把数据获取时间缩短为原来的 1/32。将外差检测的振动回波信号光谱做一次傅里叶变换可以得到 2D IR 光谱中的 ω_m 轴(竖轴,m 表示单色仪)。扫描 τ 将在每个 ω_m 值下得到一个瞬时干涉图。数学傅里叶变换瞬

时干涉图可以得到另一个轴 ω_τ（横轴，τ 表示干涉图是通过扫描 τ 而得）。在一个 T_w 范围内可以得到一系列 2D IR 光谱。随着 T_w 从短到长增加，二维谱图的变化包含了我们需要的信息。

图 1.2 展示了一个很简单的例子以说明这些数据的本质。图 1.2（a）是氘代羟基苯酚的羟基伸缩振动的光谱图。羟基中的氢被氘取代。红外光谱只出现一个峰。分子结构如其中的插图所示。当扫描 τ 时，振动回波的电场 $S(\tau)$ 会随时变化，而本机振荡器电场 L 将保持不变。检测器将检测电场矢量和平方的绝对值。

$$|L+S(\tau)|^2=L^2+2LS(\tau)+S^2 \tag{1.1}$$

该结果中包含三项。L 远大于 S，L^2 不随时间改变，S^2 远小于交叉项 $2LS(\tau)$ 因而可以忽略。此外，S^2 是个缓慢变化的包络，$2LS(\tau)$ 项包含高频振荡，傅里叶变换时使用窗函数，可以去除 S^2 项的残余贡献。通过扫描 τ，可以得到瞬时相干图（见图 1.1）。对每个单色仪频率 ω_m 将有一张干涉图，如图 1.2（b）所示，ω_m 为二维光谱图中的竖轴，它是通过单色仪的频率检测得到的；横轴，即 ω_τ 轴，是通过对如图 1.1 中所示的干涉图作数值傅里叶变换所得。

图 1.2（b）为等待时间 $T_w=16$ ps 下的 2D IR 振动回波光谱，它有两个峰，在对角线（虚线）上的峰为正，非对角线上的峰为负。ω_τ 是分子与辐射场（第一个脉冲）第一次发生相互作用的频率。图 1.2（c）中的能级图左侧的虚线箭头表示第一次作用。第一束脉冲产生了振动基态（0）和第一振动激发态的相干叠加态（1）。第二个脉冲，由能级图中的实线箭头表示，使振动相干态转变成了在 0 或 1 能级上的布居态的变化，具有频率依赖性，相位信息保存在布居中。第三个脉冲作用在 0 态和 1 态（0 和 1 之间的虚线箭头）再次得到一个相干叠加态（相干），它产生一个振动回波辐射（波形箭头），其频率取决于分子与第三束脉冲的作用。ω_m 轴是振动回波辐射场的频率轴。0-1 振动峰位于对角峰上是因为分子与第一束脉冲的作用频率（ω_τ 轴）和最后一次作用的振动回波发射场频率（ω_m 轴）相同。

在图 1.2（b）中光谱的 1-2 非对角峰沿 ω_m 轴以振动非谐项（图 1.2（c）能级图中不相等的振动能级间距）发生了频率移动。前两个脉冲的作用同上面所述，它们产生了能级 1 的布居。由于红外激光具有较显著的带宽，大于振动能级的非谐性频移，因此，第三次作用可以产生能级 1 和 2 的相干叠加态，在图中以连接能级 1 和 2 之间的虚线箭头表示。1-2 相干产生一个位于 1-2 能级跃迁频率的振动回波辐射(波形箭头)。由于第一次作用(ω_τ轴)位于 0-1 跃迁频率位置,第三次作用和振动回波(ω_τ轴)位于非谐性移动的 1-2 跃迁频率位置,因此 1-2 峰出现在非对角线上。由此可见,对角峰和非对角峰的差别非常重要,如果第一次和最后一次作用频率相同,这个峰将出现在对角线上;如果第一次作用和最后一次作用的频率不同,这个峰将出现在非对角线上。

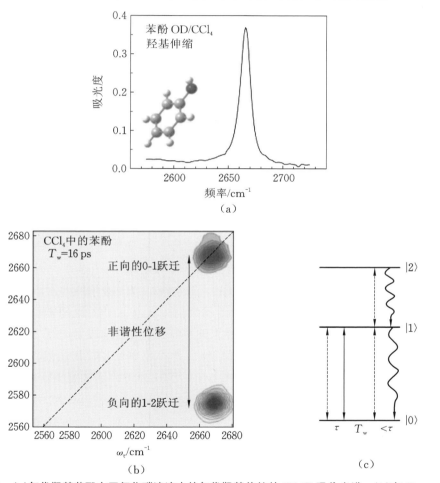

图 1.2　(a)氘代羟基苯酚在四氯化碳溶液中的氘代羟基伸缩的 FT-IR 吸收光谱。(b)在 $T_w=$ 16 ps 时苯酚在四氯化碳溶液中的氘代羟基的 2D IR 光谱。对角线(虚线)上的峰来自 0-1 振动跃迁且信号为正。对角线下的峰来自具有 1-2 跃迁频率的振动回波辐射且信号为负。这两个峰沿着 ω_m 轴的差值即振动非谐项。(c)产生(b)中 2D IR 光谱两个吸收带的量子路径示意图。双箭头虚线表示两个态的相干叠加。双箭头实线表示两个态之间产生的布居变化。波形箭头表示两个态之间跃迁发射的振动回波

2D IR 振动回波化学交换实验通过以下方法实施。第一束激光脉冲通过建立其初始频率,即 ω_τ 轴,对物种的初始结构进行"标记"。第二束脉冲终止了第一时间阶段 τ 并开始了反应时间阶段 T_w,在该时间阶段被标记的物种发生化学交换,即一个物种变为另一个。第三束脉冲结束了时长为 T_w 的布居阶段并开始了时长小于等于 τ 的第三个阶段,该阶段将随着频率为 ω_m 的振动回波脉冲的辐射而结束。振动回波信号通过其频率 ω_m 读出所有标记物种的最终结构信息。在第二和第三束脉冲的时间阶段 T_w 内化学交换得以进行。随着 T_w 增长,交换导致了新的非对角峰的增长。2D IR 光谱中非对角峰随着 T_w 增长的增长被用来获取化学交换的时间常数。

图 1.3 阐明了处于化学平衡态下的 A 物种和 B 物种之间的化学交换的影响。A 不断地转化为 B,B 也不断地转化为 A,但 A 和 B 的净数量不变化。图的上面三分之一部分表示在很短时间内发生了什么,该时间短于任何化学交换,即 A 和 B 之间的互变。在 0-1 跃迁部分的光谱中,对角线上将出现两个峰,其中一个是位于 ω_A 的 A 物种,另一个是位于 ω_B 的 B 物种。图的中间部分表示在长时间后发生了什么,该时间长于化学交换的时间。给出能级图类似于图 1.2 所示,只是这里有两个物种和两个频率。在第二和第三束脉冲的时间阶段 T_w 内,A 转化为 B,B 转化为 A。当 A 转化为 B 时,第一次作用具有 ω_A 频率,最后一次作用及其辐射的振动回波信号具有 ω_B 频率。因此,非对角峰将出现在光谱示意图的右下方位置。当 B 转化为 A 时,第一次作用具有 ω_B 频率,最后一次作用及其辐射的振动回波信号具有 ω_A 频率。因此,非对角峰将出现在光谱示意图的左上方位置。重要的一点是化学交换将引起非对角峰随着 T_w 时间的增长而增长。非对角峰的增长速率可直接用于确定平衡条件下 A 与 B 的互变速率。图 1.3 的底部显示了长时间后化学交换发生后的二维光谱图的本质,其中也包括了 1-2 区域光谱。化学交换使 0-1 和 1-2 光谱区域内都形成了新峰。如下所讨论,0-1 和 1-2 区域的化学交换 2D IR 光谱分析表明,热平衡化学交换速率不受振动激发的影响。

1.3 溶质-溶剂复合物体系

为了介绍 2D IR 的化学交换实验,第一个呈现的体系是溶质-溶剂复合物。溶剂在化学中扮演重要的角色,它可以改变被溶解溶质的反应活性[62]。特定的分子间相互作用,例如氢键,能促成具有结构特征的溶质-溶剂复合物,其在热平衡条件下、很短的时间尺度上不断地进行着形成与解离[63]。对于很

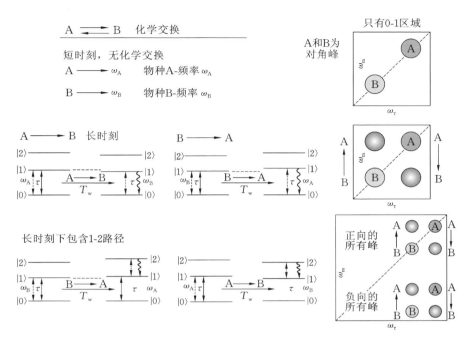

图 1.3　两物种 A 与 B 处于平衡态。上部分给出短时间内化学交换还没有发生时的
　　　　2D IR 光谱。在 0-1 光谱区,对角线上有两个峰。中间部分给出长时间后的光
　　　　谱。由于发生了化学交换,非对角峰已增长。量子路径如图所示。下面部分
　　　　是在长时间后包含 0-1 和 1-2 区域的光谱。图中也给出了产生 1-2 化学交换
　　　　的量子路径

多有机的和其他种类的非水相溶液,溶质-溶剂复合物的形成与解离发生在亚
纳秒的时间尺度上[6,47,48],故无法用核磁共振或者其他方法测量到。瞬态溶
质-溶剂复合物的动力学对溶质-溶剂体系的化学和物理性质起着重要作用,因
为它会影响反应的速率、反应机理和产物分支比[62]。

　　对溶剂中的溶质的一个简单处理是将溶剂视作均匀的连续体。溶剂的性
质由其介电常数表征。对溶剂中的溶质的一个更详细的阐述则视溶质和溶剂
均为分子物种。一般来说,可以将它们视作球体,含有一定的势能以解释其分
子间相互作用,具体来说就是溶质分子(带着溶剂分子)与溶剂分子(带着溶剂
分子自身)之间的相互作用。这种相互作用使得溶质周围形成一个溶剂层,这
种情况可用一个径向分布函数描述,表示在溶质分子一定距离处找到一个溶
剂分子的概率。但是这种描述没有考虑分子的形状,以及溶质与溶剂分子间
的各向异性的分子间相互作用。

溶质与溶剂分子间的各向异性的分子间相互作用可以导致某种明确复合物的生成。相比于热力学能 $k_B T$，该分子间相互作用较弱，因此形成的复合物寿命短。溶质-溶剂复合物与自由溶质（即未形成复合物的溶质）之间达成平衡。复合物不断地解离形成自由的溶质分子，同时自由的溶质分子不断地与溶剂结合形成复合物。由于体系处于热平衡，复合物和自由态溶质的数量不随时间变化。

图 1.4 左上方是氘代羟基苯酚（OH 被替换为 OD）在苯和四氯化碳混合溶剂（摩尔浓度比为苯：四氯化碳＝29：71）中羟基伸缩振动的 IR 吸收峰。氘代羟基苯酚可以将羟基的伸缩吸收频率移动到低于 C—H 伸缩振动频率。苯-四氯化碳混合溶剂用于移动平衡使两个峰具有相似幅值。自由苯酚和苯酚-苯复合物的结构如图 1.4 右上方所示[6,64]。吸收光谱表明两物种共存，但光谱不能给出复合物的解离和形成的时间依赖信息。

图 1.4 左下方给出一张 2D IR 振动回波光谱，其 T_w 短于化学交换，为 200 fs。对角线（虚线）上的两个谱带来自吸收光谱上的两个峰。如前所讨论，对角线上的正峰来自于 0-1 振动跃迁频率的振动回波辐射。对角线下的两个负峰来自 1-2 跃迁频率的振动回波辐射。这些 1-2 峰沿 ω_m 轴依 O—D 伸缩势能的振动非谐性进行位移。ω_τ 轴是第一次相互作用的频率，即（体系）与射频场（第一束脉冲）作用。图 1.4 右下方是在足够长时间（16 ps）下的 2D IR 光谱，可观的化学交换已经发生。非对角峰逐渐形成。考虑标记为"解离"的 0-1 光谱区域。在第一束脉冲的阶段，复合物物种的频率为 $\omega_\tau=2630\ cm^{-1}$。在 $T_w=16\ ps$ 的时间内解离的复合物变成自由态并给出频率为 $\omega_m=2665\ cm^{-1}$ 的振动回波辐射。因此，所得信号为非对角峰并位于对角线左上方位置，这个峰对应于解离。标记为"形成"的非对角峰以相同的方式得到。自由物种形成复合体并给出另一个非对角峰。对角线上的峰对应于未改变其特征的物质。重点是由时间依赖的非对角峰之增长过程中给出化学交换速率的直接信息，得到的数据与图 1.3 中的化学交换简略图是相似的。

图 1.5 给出在不同的 T_w 值时 0-1 区域的 2D IR 光谱的三维表示。随着 T_w 的增长，非对角峰增长。在 200 fs 时，非对角峰尚未可见；到 3 ps 时，非对角峰开始明显；在 7 ps 时，它们已经完全形成；在 14 ps 时，它们已经非常显著。简单来看，化学交换的时间长于一个皮秒并且大约是数皮秒的量级。

为了详细地分析数据，需要考虑影响化学交换 2D IR 光谱的其他动力学[6,60]。振动激发态以寿命 T_1^i 弛豫到基态。自由物种与复合体物种经历取

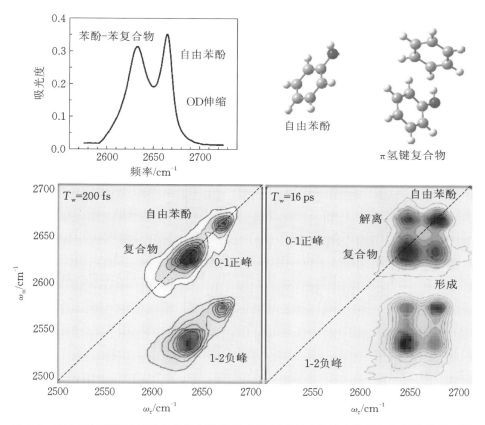

图 1.4　左上是氘代苯酚的羟基伸缩振动在苯-四氯化碳混合溶液中的 FT-IR 吸收光谱。苯酚和苯形成 π 氢键。图中两个峰来自于苯酚-苯复合物和自由苯酚(未形成复合物的苯酚)。光谱右侧是自由苯酚和苯酚-苯复合物的结构。左下是在短时间(200 fs)、化学交换之前的 2D IR 光谱。右下是在长时间(16 ps)、发生明显的化学交换后的 2D IR 光谱。光谱中多出来的峰源自于化学交换

向弛豫,有取向弛豫时间常数 τ_r^i。各种动力学过程总结如下:

$$\underset{\text{decay}}{\overset{\tau_r^C, T_1^C}{\longleftarrow}} C \underset{k_f}{\overset{k_d=1/\tau_d}{\rightleftharpoons}} f \overset{\tau_r^f, T_1^f}{\underset{\text{decay}}{\longrightarrow}} \tag{1.2}$$

式中:C 代表复合物,f 为自由苯酚,k_f 是复合物形成的速率常数,k_d 是复合物解离的速率常数,t_d 是解离的时间常数。T_1 过程使所有峰衰减到零。取向弛豫(τ_r)过程使所有峰的振幅减小,但不衰减到零。化学交换使对角峰衰减、非对角峰增加。

　　另一个对 2D IR 光谱的时间依赖性的贡献是光谱扩散,在 1.1 节中对其有过

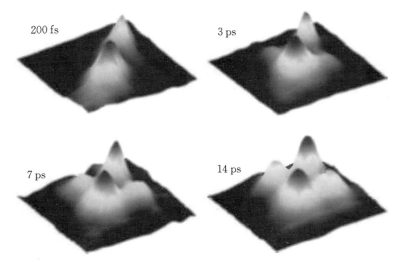

图 1.5 苯酚-苯复合物与自由苯酚体系在四个不同时刻下的 2D IR 化学交换光谱。随着时间的增加,非对角的化学交换峰不断增长

简略论述。光谱扩散由引起某一物种跃迁频率涨落的分子热运动所导致[14,33,45,46,65,66]。光谱扩散会改变峰的形状和幅度,但不会改变峰的体积[6,60]。

在拟合数据时,除化学交换速率外,所有需要的输入参数都可以被独立测量。T_1 和 τ_r 由红外偏振及波长选择的泵浦-探测光谱测定。需要使用峰的体积代替峰的幅度来获取时间相关的信息,以消除光谱扩散的贡献[6,60]。此外,还需要知道平衡常数和复合物与自由态的 O—D 的跃迁偶极矩之比。这些可以通过红外吸收光谱获得[6,47]。因此时间依赖的化学交换数据可以通过单一可调参数 τ_d 进行拟合,它是复合物的解离时间常数,是解离速率常数的倒数。之所以能够只用单参数 τ_d,是因为体系处于平衡态[6],因此,其形成速率等于解离速率。

氘代苯酚在苯-四氯化碳混合溶剂中化学交换数据的拟合结果如图 1.6 所示,只显示了 0-1 区域的 2D IR 光谱数据(用符号表示)。1-2 区域将在下面讨论,以说明羟基伸缩振动的激发并不改变化学交换动力学及其平衡。有四个峰,两个对角峰和两个非对角峰。寿命、取向弛豫和化学交换导致对角峰衰减。非对角峰初期的增长是由于化学交换竞争胜过了寿命弛豫和取向弛豫,最终非对角峰的衰减也是因为振动寿命弛豫。对于平衡态的体系,复合物的解离速率等于其形成速率,因此,非对角峰以相同的速率增长,这可以明显地从数据中看出来[6]。经过各数据点的曲线是通过单一可调参数 τ_d 的拟合所

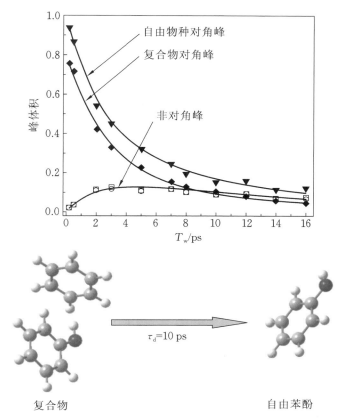

图 1.6 苯酚-苯复合物和自由苯酚体系的数据(符号),它们来自图 1.5 所示的光谱,即 0-1 区域光谱。经过各点的曲线是单参数拟合结果,得到 $\tau_d = 10$ ps,此即在平衡条件下复合物的解离时间

得,拟合很好,拟合得到苯酚-苯复合物的解离时间 $\tau_d = 10$ ps[6,47]。

对比在 0-1 和 1-2 光谱区域采集的 2D IR 化学交换数据,发现振动激发不会影响解离和复合速率,因此也不会影响体系的热平衡[6]。在图 1.2 和图 1.3 中,用简图讨论了 2D IR 实验的本质和化学交换的影响。这里,有必要拓展 2D IR 实验的描述,探索 0-1 和 1-2 数据的对比如何用于说明振动激发的影响。0-1 跃迁通过两种量子路径产生信号。这个在图 1.7(a)和 1.7(b)中从复合物的解离($C \rightarrow f$)可看出,复合物的形成完全类似。在图 1.7(a)中,第一束脉冲产生了一个 0 和 1 能级的相干态(虚线双箭头),频率为 ω_c。第二束脉冲在第一振动激发态产生了一个布居(从 0 到 1 的单箭头)。随后体系的振动激发态在 T_w 时间内进行演化,并发生化学交换。第三束脉冲产生了一个 0-1 的相干态(虚线双箭头),并且发射出一个频率为 ω_{f} 的振动回波信号(波形箭头)。因此,化学交换发生在振动激发态。图 1.7(b) 是另一个量子路径。所有的过程都一样,只是在第二个脉冲的时候产生了一个基态的布居(从 1 到 0 的单箭头)。体系在 T_{w} 内随时间演化,化学交换发生在振动基态。重要的一点是 0-1 信号的一半来自振动激发态上发生的化学交换,另一半来自振动基态上发生的化学交换。

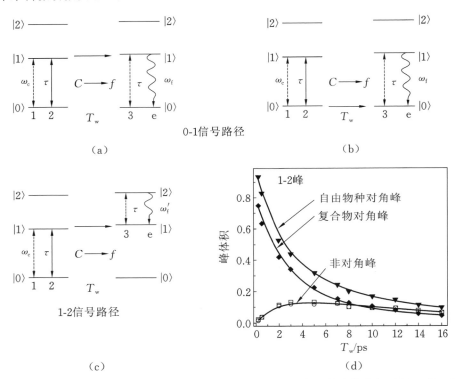

图 1.7 **(a)** 对 2D IR 光谱中 0-1 区域有贡献的量子路径。在化学交换中振动处于第一能级。**(b)** 对 2D IR 光谱中 0-1 区域有贡献的量子路径。在化学交换中振动处于基态能级。**(c)** 对 2D IR 光谱中 1-2 区域有贡献的量子路径。在化学交换中振动处于第一能级。**(d)** 来自 2D IR 光谱中 1-2 区域的化学交换数据(符号)。经过各点的曲线是通过拟合参数计算得到的,该参数来自图 1.6 中 2D IR 光谱的 0-1 区域

图 1.7(c) 给出了产生 2D IR 光谱中 1-2 区域信号的量子路径。前两次与辐射场的相互作用,与图 1.7(a) 中所示是同样的。化学交换发生在振动激发态。但是第三个辐射场的作用产生了 1-2 相干态(虚线双向箭头)并且发射出一个位于 1-2 跃迁频率 ω_{f}' 的振动回波信号(波形箭头)。对于 1-2 量子路径,信号只来自于振动激发态的化学交换过程。所以,0-1 信号一半来自于振动基态

交换,另一半来自于振动激发态交换,但 1-2 信号只来自于振动激发态交换。如果处于振动激发态改变了交换的速率,那么两组数据将得到不一样的动力学曲线。图 1.7(d)是 1-2 化学交换数据(符号)。经过各数据点的曲线是利用 0-1 数据的拟合参数(图 1.6)计算得到的。该曲线不是数据点的拟合结果,仅仅是 0-1 拟合曲线的复制。由图 1.7(d)可见,这些曲线正好经过各数据点。因此,在实验误差内,振动激发态不改变热平衡动力学。

图 1.8 是在 $T_w = 7$ ps 下苯酚与 5 种不同苯取代物和四氯化碳混合溶剂的 2D IR 化学交换光谱图[47]。苯酚的复合物搭档,在图 1.8 中从左到右分别是 1,3,5-三甲基苯、对二甲苯、甲苯、苯、溴苯。对于 1,3,5-三甲基苯(左),在 7 ps 时,它的非对角化学交换峰刚开始出现;对于对二甲苯,在相同的时间下,它的非对角峰则更加明显;对于甲苯,它的非对角峰已经基本形成;对于苯,它的非对角峰更强;对于溴苯,非对角峰太强以至于与对角峰合并,形成了一个"方形"峰。图 1.8 中从左到右的变化表明,在 7 ps 下,化学交换的程度不断增加。1,3,5-三甲基苯有 3 个甲基,甲基为苯环提供电子密度,提高了与苯酚形成氢键的强度。π 氢键的增强导致解离时间 τ_d 增加,因此,解离速率常数变小,使总的化学交换速率变慢。对二甲苯有两个甲基,它对苯环的供电子能力减弱,使 π 氢键减弱,从而增加了化学交换速率。甲苯只有一个甲基,它形成的 π 氢键更弱。苯没有甲基,它的 π 氢键则更弱。溴苯中的溴会吸收苯环的电子密度,使 π 氢键变弱,使它的化学交换速率变快。

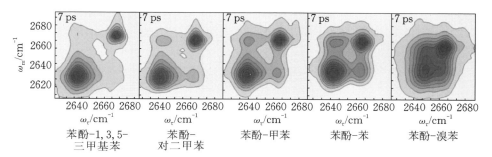

图 1.8　在 $T_w = 7$ ps 时苯酚与不同的苯取代物体系的 2D IR 化学交换光谱。从左到右,7 ps 时的非对角峰变强,表明化学交换程度增加。化学交换量的增加与复合物生成焓(ΔH°)的减少相关联。复合物的解离时间和生成焓参见表 1.1

通过对比图 1.8 中 5 种复合物的解离时间和这些复合物的生成焓(ΔH°),可以对氢键强度和化学交换速率的趋势进行量化。测定复合物与自由苯酚随温度变化的平衡常数得到了生成焓,结果列于表 1.1。例如,1,3,5-三甲基苯的

$\Delta H^0 = -2.45$ kcal/mol，$\tau_d = 32$ ps，而溴苯的 $\Delta H^0 = -1.21$ kcal/mol，$\tau_d = 5$ ps。

表 1.1　复合物的生成焓与解离时间

与苯酚的混合物	1,3,5-三甲基苯	对二甲苯	甲苯	苯	溴苯
$\Delta H^0/(\text{kcal/mol})$	-2.45	-2.23	-1.98	-1.67	-1.21
τ_d/ps	32	24	15	10	5

　　用 2D IR 振动回波化学交换光谱研究了 13 种二元溶质-溶剂复合物[47,48]。其中 8 个用苯酚或者苯酚取代物作溶质[47]，其他 5 个用三乙基硅烷醇（triethylsilanol，TES）-OD 作溶质[48]。它们的溶剂都为苯取代物-四氯化碳混合溶剂（其中一个，即 TES-乙腈-四氯化碳体系除外）。图 1.9 展示了 13 种复合物[47,48]的解离时间 $\tau_d = 1/k_d$。数据相对 $\exp(-\Delta H^0/RT)$ 作图，其中，ΔH^0 是复合物生成焓。在解离时间为 4~140 ps 的范围内和 ΔH^0 值为 -0.6~-3.3 kcal/mol 范围内，实验的数据点落在一条直线上。过渡态理论[67]认为 k_d 依赖于活化自由能 ΔG^*，而不依赖于生成焓 ΔH^0（见图 1.9 的小插图）。然而，如果活化焓与生成焓成正比，即 $\Delta H^* \propto \Delta H^0$，并且活化焓本质上为常数，图 1.9 所示的趋势就可以得到。图 1.9 的结果表明溶质-溶剂复合物的生成焓可用于大致了解其解离时间。

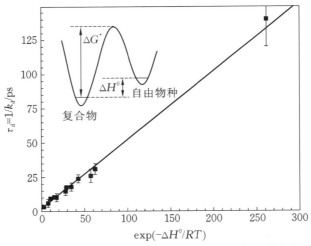

图 1.9　复合物的解离时间与复合物生成焓（ΔH^0）的关联图。插图是自由能曲线的示意图，ΔG^* 为活化自由能

1.4 蛋白质亚态互变现象

蛋白质是复杂分子,其在环境温度下不断地进行着结构动力学过程。结构的涨落对于它们的生物功能极为重要。一些分子像肌红蛋白和血红蛋白与氧、一氧化碳和其他小的配体分子在这些蛋白质的血红素活性位点相结合。这类蛋白质从外部到活性中心没有通道。准确地说,氧和一氧化碳通过有效扩散在蛋白质内移动,而扩散则是被结构涨落所驱动的。酶是蛋白质,在活性位点的邻近口袋结合小分子底物。酶在底物上起化学作用。一般来说,将底物送至活性位点旁边的口袋是有通道的。但是,结构涨落对于底物到达口袋也是不可或缺的,而且也部分地决定了结合底物的选择性[23]。此外,将活性位点-底物送至化学反应过渡态也需要结构涨落。在很宽的时间尺度上,从飞秒到秒,发生结构变化的生物分子的动力学研究是具有重要意义的课题,因为蛋白质和酶的生物功能与发生在如此之宽的时间范围内的时间依赖的结构变化是直接相关的[68-78]。

2D IR 振动回波光谱能测量 100 fs 到 100 ps 时间尺度上蛋白质的结构演化[21,42,43,49,79]。2D IR 光谱在生物分子的应用包括研究蛋白质的结构、动力学、折叠与去折叠[8,16-23,43,49]。

在 2D IR 振动回波光谱的背景下,折叠蛋白质的结构动力学可大致分为光谱扩散和亚态转换(见图 1.10)。在一个振动探针的红外吸收光谱中,多个亚态将出现多个吸收峰。当红外吸收光谱只有一个峰时,依然存在亚结构的变化以及在这些亚结构中的动力学采样(见图 1.10)。蛋白质中振动探针的红外光谱是非均匀展宽的,这个非均匀展宽反映了一系列不同结构。在与折叠结构关联的相对较深的能量波谷中,有一个能量绘景(landscape),即一个粗糙、多波谷的势能面,关联着折叠结构的不同变化。在这些最小值之间的转化导致光谱扩散,它可以被 2D IR 振动回波实验所检测,我们在前面有过简单讨论。在某个时间尺度上,给出非均匀展宽的 IR 吸收线型的所有不同构型都将被采样,此时光谱扩散结束。

某些情况下,振动探针会产生两个或更多的红外吸收峰[23,49,52-55,80-82]。这些不同的峰表示探针处于明显不同的蛋白质结构中,它们被称为蛋白质亚态,它们超越了那些导致单一谱线非均匀展宽的构象变化。位于能量绘景上的亚态的示意图在图 1.10 中给出,即被一个较大的能垒隔离的两个深阱。值得一提的是,只有当不同的亚态结构对振动频率产生很大的影响时,它们才会在振

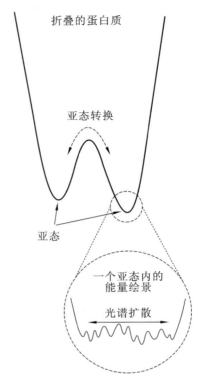

图 1.10 上:自由能曲线示意图,为折叠蛋白质的能量绘景的一部分。亚态转换使结构从一个最低点到另一个最低点,从而产生 2D IR 光谱中的化学交换。下:围绕一个最低点的能量绘景放大示意图。在这些较浅的最低点之间的转换导致光谱扩散

动探针的光谱中显现出来。只引起探针振动频率改变很小的不同亚态,将是非均匀展宽的一部分。

　　肌红蛋白和配体 CO 结合在活性位点(Mb-CO)的多亚态问题已经被广泛地研究过[20,43,80,81,83-86]。Mb 的铁血红素-配体 CO 的伸缩模式的红外光谱有两个主要吸收带,记为 A_1(1945 cm^{-1})和 A_3(1932 cm^{-1})[55]。在热平衡条件下,Mb-CO 在两种构象亚态之间相互转化。远端组氨酸 His64 在决定 Mb 的亚态构象中起显著作用。

　　这里,讨论两个 Mb 突变体 L29I(亮氨酸 29 被异亮氨酸取代)[43,86]和 T67R/S92D(苏氨酸 67 被精氨酸取代,丝氨酸 92 被天冬氨酸取代)[20,86]的化学交换结果。在野生型 Mb-CO 中,A_3 带是 A_1 带在低频侧的一个相对小的肩峰。在两个突变体中,A_3 的幅度相对于 A_1 带有所增加,有益于化学交换测量。

　　L29I-CO 中的 CO 吸收光谱如图 1.11 所示。A_3 频率低于 A_1,表明 A_3 中

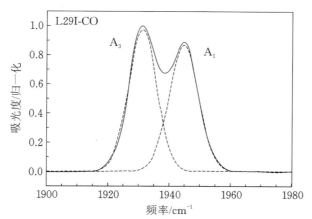

图 1.11 结合于肌红蛋白突变体 L29I-CO 的铁血红素上的 CO 伸缩模式的 FT-IR 吸收
光谱（实线）。虚线是两个峰的高斯拟合结果

远端组氨酸咪唑侧基上质子化的 ε-N 距 CO 较近（见下面讨论）[80,87,88]。每个
A 亚态表现出不同的配体结合速率[76,83]。因此，Mb-CO、L29I-CO 和 T67R/
S92D-CO 的红外光谱峰反映了功能不同的亚态构象。

结合 L29I-CO 的不同 T_w 时刻 2D IR 光谱，如图 1.12 所示，每个图中的上
部谱峰为正且对应 0-1 振动跃迁，下部谱峰为负且来自于 1-2 跃迁的振动回波
信号。对于 $T_w = 0.5$ ps，只在对角线（虚线）上有两个峰源于 0-1 跃迁，相应的
1-2 谱峰也可从图中看到。对角峰来自于红外光谱中的 A_1 和 A_3 谱带，如图 1.11
所示。随着 T_w 的增加，非对角的化学交换峰不断增长。在 $T_w = 48$ ps 时，非对
角峰很容易看出，图中左上角的谱峰很强。由于非谐项不大，负的 1-2 对角峰
与位于 0-1 对角峰的右下角的正非对角的化学交换峰有所重叠，降低了后者
的幅度。

实验所得 0-1 谱区的对角和非对角峰体积如图 1.13 所示[43]。在图中，非
对角峰的体积值被放大了 3 倍。由于像 Mb 这样的大蛋白质之取向弛豫很
慢，在动力学数据分析中只考虑了振动寿命。运用溶质-溶剂复合物的实验中介
绍的拟合方法，对正峰（0-1）和负峰（1-2）体积进行了拟合[43]。亚态结构的转换
时间 τ_s 是唯一的可调参数。同时拟合三条曲线得到 $\tau_s = (47 \pm 8)$ ps，这是热
平衡条件下 A_1 和 A_3 亚态结构之间的互变时间。

图 1.14 是肌红蛋白突变体 T67R/S92D 的 2D IR 化学交换数据。这些数
据的拟合采用了与 L29I-CO 数据同样的方法，τ_s 为唯一的可调参数。拟合得
到过各数据点的实线，拟合结果为 $\tau_s = (76 \pm 10)$ ps。

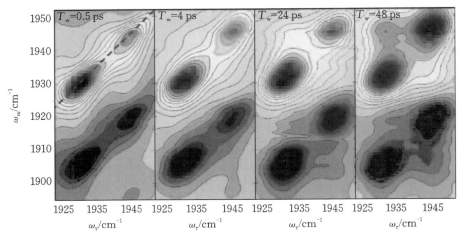

图 1.12 L29I-CO 的 CO 伸缩模式在若干 T_w 下的 2D IR 化学交换光谱。随着 T_w 的增加，非对角峰增长。在 $T_w = 48$ ps 的光谱中左上角的非对角峰表现明显

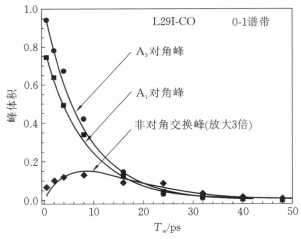

图 1.13 化学交换数据(符号)表明肌红蛋白突变体 L29I-CO 的蛋白质亚态转换。实线是单一可调参数拟合所得结果，得到的亚态转换时间为 47 ps

造成 A_3 和 A_1 谱带频率不同的直接原因在于远端组氨酸 H64 的位置，如图 1.15(a) 所示。对于 A_3，远端组氨酸咪唑侧基上质子化的 ε-N 直接指向 CO；而在 A_1 中，质子化的 ε-N 指向离开 CO[80,81]，侧基转动了约 60°。然而，这两个亚态的区别不仅在于咪唑侧基的转动，E 螺旋(见图 1.15(b))构型的变化也导致了组氨酸中咪唑侧基相对 CO 基团发生移动[55,87]。

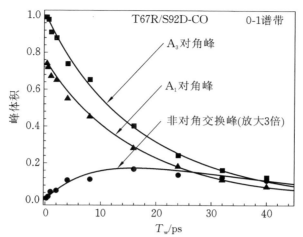

图 1.14 化学交换数据(符合)表明肌红蛋白突变体 T67R/S92D-CO 的蛋白质亚态转换。实线是单一可调参数拟合所得结果,得到的亚态转换时间为 76 ps

A_1 与 A_3 相互转化时显著的结构变化得到了 X 射线实验的支持。包含两种构型的高分辨 Mb-CO 晶体结构,使得模拟 A_1 和 A_3 亚态的结构成为可能[87,89]。尽管远端组氨酸对于 Mb 的亚态具有决定性作用,A_1 和 A_3 亚态的结构对比表明,A_3 亚态包含一个额外空腔 Xe3 和另一个模拟发现的瞬态腔[89]。Xe 被作为一个探针用于鉴定蛋白质中空腔的位置[90,91]。在 Mb 晶体中,4 个 Xe 原子(Xe1、Xe2、Xe3、Xe4)都占据了空腔,它们或许与气体配体的迁移相关[89,90]。Xe3 的位点接近表面且远离铁原子,与 Trp7 有牵连并位于 E 螺旋和 H 螺旋之间[90](见图 1.15(b))。Xe3 存在于 A_3 亚态但不存在于 A_1 亚态,表明亚态间的区别比远端组氨酸咪唑侧基的转动更加显著。

NMR 手段可探测蛋白质在微秒、毫秒和更长时间尺度内的运动[92]。NMR 研究的构象变化涵盖较大的结构转变(例如发生在酶催化过程中)[72]。这些结构的变化需要很多氨基酸、螺旋和各种蛋白质结构的重构化。这里探讨的亚态的结构转变只探测单一基本结构的改变。对于微扰的慢响应源自于产生基础步骤的结构涨落抽样,其反过来可以汇聚以产生一个大的重构。

借助 2D IR 振动回波化学交换光谱,我们测定了时间依赖的单一基础步,也就是两个肌红蛋白的突变体中 A_1 和 A_3 亚态间的相互转化。亚态转化的时间常数分别为 47 ps 和 76 ps。尝试对两个突变体的亚态转化进行模拟,但结果并不理想[20,86]。模拟所得的亚态转化时间太长。

蛋白质进行构象型转换的能力对蛋白质的功能极为重要。当酶与底物结合时,蛋白质的构象会发生变化[93]。在蛋白质的折叠途中,蛋白质需要经历很多不同的构象,以趋向其天然折叠结构[94]。蛋白质可以经历很大的全局构象变化,它们发生在长时间尺度上,从毫秒级到秒级。但是,这些大而缓慢的构象变化包含了大量的局部基本构象步骤。通过实验确定基本构象步骤的时间尺度是由来已久的问题,但现在借助超快二维红外振动回波化学交换光谱,这一问题成功地得到了解决。

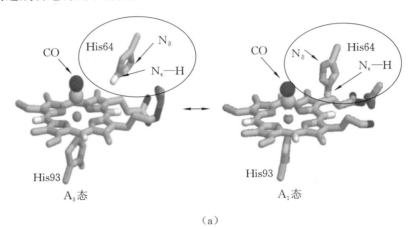

（a）

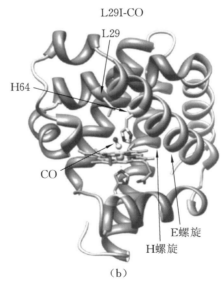

（b）

图 1.15　（a）远端组氨酸（His64）相对于肌红蛋白-CO 中的血红素-CO 的构型,它们是图 1.11 中 FT-IR 双峰的起因。（b）肌红蛋白突变体 L29I 的结构,表明了主要特征的位置。图（a）中结构的变化源于 E 螺旋的位置改变

1.5 围绕碳-碳单键的异构化

围绕碳-碳单键的取向异构化对有机化学极为重要。取向异构化使有机复合物分子从一个构象到另一个快速地互变。这种结构变化从聚合物材料科学到生物科学领域都是重要的。

乙烷及其衍生物是教科书实例分子,能通过围绕碳-碳单键的旋转进行异构化[95]。乙烷异构化如图 1.16(a)所示。将两个碳上的一个氢原子分别标记为 1 和 2。乙烷始于交叉式结构,经过重叠式结构后形成新的交叉式结构。由图 1.16(a)可见,氢原子 1 和氢原子 2 的相对位置发生了变化。在乙烷中,从一种交叉式转变成另一种交叉式使其保持了完全相同的结构。因此,没有振动频率改变,但这种改变是进行化学交换光谱实验所需要的。图 1.16(b)所示是 1,2-二取代乙烷,两个取代物体分别用 A 和 B 标记。这样的分子有两个不同的交叉构型,邻位交叉和反式,因为两个取代基相对位置的缘故[95],它们具有可区别的性质。如果两个取代基的相对位置变化改变了分子的某个振动频率,就能进行 2D IR 化学交换实验,以测定异构化速率。

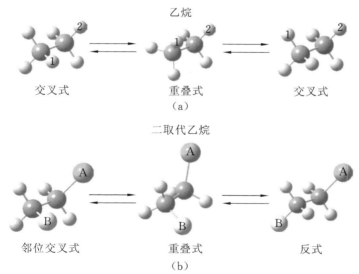

图 1.16 (a)围绕乙烷碳-碳单键的取向异构。重叠构象是过渡态。(b)二取代乙烷中邻位交叉-反式构象之间的取向异构化。重叠构象是过渡态

1,2-二取代乙烷衍生物,如正丁烷,其反式和邻位交叉的异构化是一级化学反应中最简单的一种情况。这类异构化是现代化学反应动力学理论和凝聚

相分子模拟研究的基本模型[96-101]。尽管早已有大量的理论研究,但直到最近才进行了相应动力学实验以检验理论预测结果[3]。实验的难度主要是因为正丁烷的转动能垒太低(约 3.3 kcal/mol),其他简单的 1,2-二取代乙烷衍生物亦如此[102]。按照理论研究[96-101],在室温溶液中异构化的时间尺度($1/k$,k 为速率常数)在 10～100 ps 的范围内。

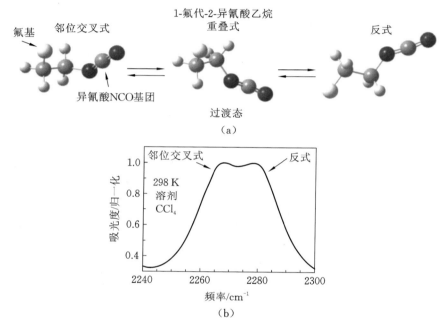

图 1.17　(a)1-氟代-2-异氰酸乙烷(FICE)的邻位交叉、重叠、反式构象结构。化学交换实验利用异氰酸根(N＝C＝O)的反对称伸缩模式进行。(b)FICE 中异氰酸根的反对称伸缩 FT-IR 光谱。邻位交叉和反式构象有不同的吸收峰频率

超快 2D IR 光谱回波化学交换实验,可以对 298 K 下的 1-氟代-2-异氰酸根乙烷(1-fluoro-2-isocyanato-ethane,FICE)的四氯化碳溶液的邻位交叉和反式构象之间的异构化进行测定[3]。异氰酸根基团(N＝C＝O)被作为振动探针。FICE 的邻位交叉、重叠和反式构象如图 1.17(a)所示。重叠构象是过渡态,邻位交叉构象中的氟基团比反式构象中的氟原子距异氰酸根基团更近。这种差别改变了异氰酸根反对称伸缩振动模的频率。FICE 的 IR 吸收光谱如图 1.17(b)所示。使用 B3LYP 6-31＋$G(d,p)$ 基组的密度泛函(density functional theory,DFT)[103]对孤立分子的电子结构进行计算,可以得到各个构型及其光谱峰的指认。计算还给出了重叠构象的能垒,为 3.3 kcal/mol[3]。

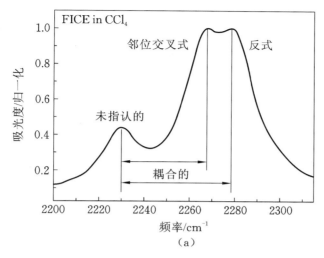

（a）

1-溴代-2-异氰酸乙烷

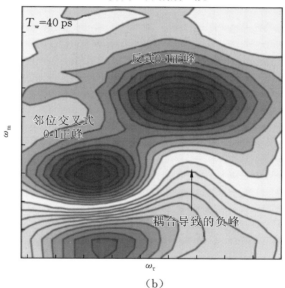

（b）

图 1.18　（a）1-氟代-2-异氰酸乙烷（FICE）中异氰酸根基团的反对称伸缩振动的 FT-IR 光
谱，其频率范围比图 1.17（b）更宽。未指认峰分别与邻位交叉和反式构象的反对
称伸缩振动存在耦合。耦合在 2D IR 光谱上产生了额外峰。（b）1-溴代-2-异氰
酸乙烷的 2D IR 光谱。较大的溴基团阻碍了邻位交叉式-反式的异构化在实验
时间尺度上进行。溴代化合物的 2D IR 光谱使得未指认峰耦合导致的额外峰可
被量化分析

图 1.18(a)给出了更宽频率范围的红外吸收光谱。除图 1.17(a)所示的两个峰外,在 2230 cm^{-1} 还有一个较小的、未指认的组合频或泛频峰[3]。这个未指认的峰通过分子势能的非谐性与异氰酸根的反对称伸缩模式发生耦合。耦合在光谱图中产生额外的非对角峰[3,104]。通过 1-溴代-2-异氰酸根乙烷的 2D IR 光谱,对这些非对角峰进行了详细研究[3]。这个溴代物的 2D IR 光谱在图 1.18(b)中的底部给出。该溴代基由于体积大而提高了异构化能垒,以至于在几百个皮秒的时间尺度上邻位交叉与反式构象的异构化都不发生。从图 1.18(b)的 2D IR 光谱中可以看出,在溴代物的实验结果中,在氟代物中由于化学交换将会在一个正峰的非对角峰位置出现一个负的非对角峰。这个额外的负峰的存在可被考虑到数据分析中,故不会妨碍从时间依赖的非对角峰之增长过程中提取异构化速率。

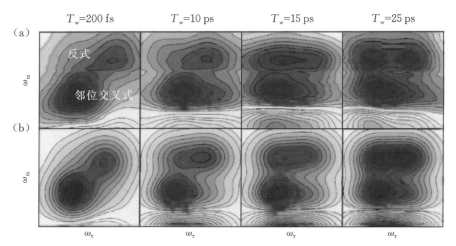

图 1.19 **(a)**1-氟代-2-异氰酸乙烷在若干 T_w 下的 2D IR 化学交换光谱,随着 T_w 的增加,非对角峰不断增长。**(b)**计算所得 2D IR 化学交换光谱,考虑了异氰酸根的反对称伸缩模式与未指认峰之间的耦合(见图 1.18)

图 1.19(a)是室温下 FICE 的四氯化碳溶液在 4 个 T_w 值的 2D IR 光谱。200 fs 时的图对应短 T_w 时刻,此时异构化的发生可以忽略不计。两个代表着邻位交叉构象和反式构象的峰位于对角线上,它们在左上图里有标记。在长时刻(T_w=25 ps),异构化进行了很大程度。一个明显的变化就是,在 25 ps 的图中左上部出现了新峰,这个峰源自邻位交叉到反式的异构化。在该图的右下部还有一个对应的峰,源自反式到邻位交叉的异构化,但其强度被减弱,由于存在一个如前简述的负峰[3,104]。图 1.19(b)是计算得到的光谱,其中包含了

异构化动力学、其他非对角峰以及除异构化之外的振动动力学(振动寿命和取向弛豫)。比较图 1.19(a) 和图 1.19(b) 可看出,通过计算可以很好地再现数据[3]。

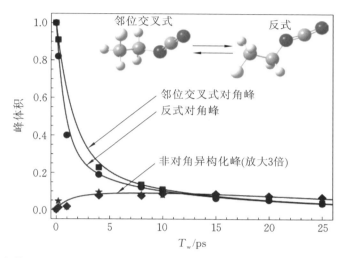

图 1.20 1-氟代-2-异氰酸乙烷的邻位交叉与反式构象之间异构化的 2D IR 化学交换数据 (符号) 及其单个可调参数的拟合 (实线)。数据分析得到的围绕碳-碳单键的异构化时间常数为 43 ps

图 1.20 是对角峰和非对角峰随 T_w 变化的数据。正如溶质-溶剂复合物体系的实验那样,除异构化时间 $\tau_{iso} = 1/k_{GT} = 1/k_{TG}$ 之外,其他所有必要的输入参数都是已知的[3]。在分析中,我们假定邻位交叉式到反式的速率常数等于反式到邻位交叉的速率常数。在实验误差范围之内,它们的差别可以不必关注。经过各数据点的曲线是 τ_{iso} 单一参数的拟合结果。异构化的时间为 $\tau_{iso} = (43 \pm 10)$ ps。它的误差源于拟合计算时参数的不确定性。这是第一次在室温液相中测定具有典型低能垒的体系的围绕碳-碳单键异构化。

利用 FICE 实验结果和过渡态理论,能估算在本研究的相同条件下,即在 298 K 的四氯化碳溶液中,正丁烷的邻位交叉与反式之间的异构化速率和乙烷转动异构化速率[4]。由于三个体系的过渡态和能垒高度很相似,因此假设它们的指前因子相同[3]。用 DFT 方法及相同的基组(B3LYP 6-31+$G(d,p)$),计算了它们的能垒高度。经过零点能校正后,正丁烷反式-交叉式异构化的能垒为 3.3 kcal/mol。乙烷的能垒计算结果为 2.5 kcal/mol[3],它小于一个更复杂计算所得结果 2.9 kcal/mol[105,106]。使用了 2.5 kcal/mol 结果,以使所有的能垒由同样的计算方法所得,这样可以抵消一定的误差。

通过 FICE 和正丁烷的计算能垒值得到正丁烷从反式转化为邻位交叉的异构化时间常数($1/k_{TG}$)为 43 ps。Rosenberg、Berne 和 Chandler 通过分子动力学模拟得到了该过程(在 300 K 下的四氯化碳溶液中)的时间为 43 ps[99]。其他分子动力学拟合给出了液态正丁烷在稍低温度下的异构化速率为 52 ps (292 K)[100]、57 ps(292 K)[98]、50 ps(273 K)[98]和 61 ps(<292 K)[101]。所有这些值与实验所得的 FICE 的值都很接近。这个比较是第一次对分子动力学模拟结果的实验验证。使用相同的方法,发现乙烷的异构化时间常数约为 12 ps。通过对 FICE 进行更好地电子结构计算,并对 FICE 和乙烷进行考虑四氯化碳溶剂的能垒计算,乙烷的异构化的时间常数能得到改善。这样,在室温溶液中拥有低能垒的二取代乙烷的、围绕碳-碳单键的旋转异构的时间常数的第一次实验测定,也给出了第一个基于实验的乙烷异构化时间常数。

1.6 离子-水的氢键交换

水在化学、生物、地质和材料科学中扮演着重要的作用。水的性质是由其氢键网络主导的。水和甲烷差不多具有相同的大小和分子量;然而,甲烷在室温下是气体并且液化温度很低(−162 ℃),水在室温下是液体,因为它可形成多达四个氢键并具有类似于四面体的结构。然而,氢键网络不是静态的,它不断地以一种协调的方式重新排列,始终处于断裂和形成的过程中。水可以快速重排其氢键网络(约 2 ps)[14,33],这使得它能够溶解离子、传递质子,并调节蛋白质折叠。

一般来说,水不会以纯体相液体出现,相反,它与界面[107,108]、蛋白质和其他大分子相互作用[109]。水往往与带电物种相互作用,例如,在全氟磺酸(Nafion)和其他聚电解质燃料电池膜中沿通道排布的磺酸盐基团[110],蛋白质表面的带电氨基酸,以及溶液中的离子[12,56,57,111]。一个重要问题是水溶液中的离子在多大程度上影响氢键的重排动力学。通过选择合适的阴离子,有可能借助 2D IR 化学交换光谱来直接测定水以羟基结合阴离子和水以羟基结合另一个水分子的氧原子之间的氢键转换速率[56,57]。

图 1.21(a)是水中阴离子交换过程卡通图。左侧是与阴离子结合的水羟基,这种羟基-阴离子标记为 ha。在右侧,水分子已被交换,其羟基现在与另一个水分子的氧形成氢键。这种羟基-水标记为 hw。这些构型处于平衡态,并彼此不断转换。卡通图中并没有描述实际过程的本质,这将在下面进一步讨论。为了应用 2D IR 化学交换方法,ha 和 hw 必须有可区分的光谱。实验中,我们选用低

浓度的 HOD 的水溶液,并测量 OD 伸缩。这是消除纯 H_2O 或 D_2O 中会发生的振动激发传递所必需的[112,113]。分子动力学模拟表明稀释的 HOD 不会扰乱水的结构和性质,并且 OD 的伸缩振动可以表征水的动力学[114]。

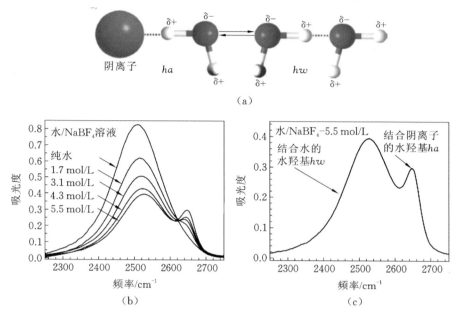

（a）

（b）

（c）

图 1.21 （a）卡通图显示水分子氢键结合阴离子（ha）和氢键结合另外一个水分子的氧（hw）二者之间的转换。（b）不同浓度四氟硼酸钠（$NaBF_4$）的水溶液中稀 HOD 的 OD 伸缩光谱。随着 $NaBF_4$ 的浓度的增加,2650 cm^{-1} 处的峰增加。这个峰来自于四氟硼酸根阴离子形成氢键的 OD 羟基（ha）。（c）含有 5.5 mol/L $NaBF_4$ 的水中稀 HOD 的 OD 伸缩光谱。宽带来自于与其他水分子的氧形成氢键的 OD（hw）。约 2650 cm^{-1} 处的窄带源于四氟硼酸根阴离子形成氢键的 OD 羟基（ha）

许多盐水溶液,如 NaCl 或者 NaBr,并没有出现水与阴离子结合的特征峰[12,111]。相反,ha 光谱并没有显著地移离 hw 光谱。这两个峰重叠形成一个单宽峰。然而,四氟硼酸钠 $NaBF_4$ 的水溶液在红外吸收光谱中给出两个峰[56]。图 1.21（b）给出了水和四氟硼酸溶液中 HOD 的 OD 伸缩区域光谱。随着 $NaBF_4$ 浓度从纯水增加到 5.5 mol/L,与 BF_4^- 阴离子结合的 OD 羟基的 ha 峰增强。图 1.21（c）是 5.5 mol/L 溶液的光谱。较窄的 ha 光谱中心位于 2650 cm^{-1}。尽管 ha 的谱带明显,但它只是较宽的 hw 光谱之蓝边的一个肩峰。在红外吸收光谱中观察到的这些明显的谱带,使化学交换方法用于研究氢键在阴离子和另一水分子的氧原子之间转换问题成为可能。

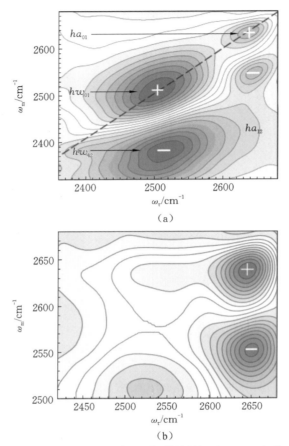

图 1.22　5.5 mol/L NaBF₄ 溶液中 HOD 的 OD 羟基伸缩振动 2D IR 光谱。(a)短时间 $T_w=$ 200 fs。ha 峰是与四氟硼酸根阴离子形成氢键的 OD,hw 峰是与其他水分子的氧原子形成氢键的 OD。(b)长时间 $T_w=4$ ps(注意频率轴的变化)。ha 和 hw 之间的氢键转换导致非对角化学交换峰的增长。正负峰的重叠导致了这样的光谱结构

　　图 1.22(a)显示了在很短时间 $T_w=200$ fs 时,5.5 mol/L NaBF₄水溶液中 HOD 的 OD 伸缩的 2D IR 振动回波光谱。标记为"＋"的峰为正且对应于 0-1 跃迁的振动回波信号,标记为"－"的峰为负且对应于 1-2 跃迁的振动回波辐射。0-1 的峰位于对角线上(标记为 ha_{01} 和 hw_{01}),而对应的 1-2 峰(标记为 ha_{12} 和 hw_{12})沿着 ω_m 轴向低移频了振动非谐量。从图 1.21(c)的吸收光谱可见,ha 峰比 hw 峰窄很多。因此,在 2D IR 光谱中,ha 的谱带在两个维度上都比 hw 谱带要窄很多。ha 跃迁的非谐量明显小于 hw 峰的非谐量。此外,在

5.5 mol/L NaBF$_4$溶液中,hw(OD 羟基以氢键结合到另外一个水分子的氧原子上)的振动寿命为 $\tau_{hw}=(2.2\pm0.1)$ ps,ha(OD 羟基以氢键结合到四氟硼酸根阴离子)的振动寿命为 $\tau_{ha}=(9.4\pm1)$ ps[56]。不同的 2D 峰规格、不同的非谐量和不同的寿命,这样一个组合使得 2D IR 光谱的时间演变表现得很奇怪,但仍然可以被分析以认识其化学交换动力学[56]。

回顾图 1.22(a)中短时刻光谱(200 fs),考虑长时间后另一个化学交换峰出现在哪里。将有一个正的化学交换出现在 ha_{01} 之左,hw_{01} 上峰之上。这个化学交换峰源于 hw 变成 ha,它不会与其他谱带重叠。然而,相应的从 ha 变为 hw 的峰将位于 ha_{01} 之下方和 hw_{01} 之右侧,这个正峰正好位于 ha_{12} 负峰的位置。由于寿命 τ_{hw} 比 τ_{ha} 短得多,非对角化学交换峰将比 ha_{12} 峰的幅值小很多,结果是 ha_{12} 负峰占主导。由 1-2 跃迁产生的化学交换峰使 2D 光谱的表观发生重大改变,hw 转变为 ha 的负峰正好出现在对角峰 hw_{01} 的位置,这使得对角峰 hw_{01} 的中部被化学交换峰所抵消。根据短时刻光谱和吸收光谱,我们可以知道所有谱带会出现的位置。据此,我们就能分析数据。

图 1.22(b)是长时刻光谱,$T_w=4$ ps。注意图 1.22(b)的波长范围被缩小了。我们上面所讨论过的特征是显而易见的。从 hw 到 ha 的正化学交换峰出现在光谱非重叠区域,从 ha 到 hw 的相应的正峰被 ha_{12} 负峰所淹没。此外,hw_{01} 正峰的中部已经几乎被从 hw 到 ha 的 1-2 化学交换负峰所抵消。

分析图 1.22(a)和 1.22(b)中光谱随 T_w 的变化可得到化学交换速率[56]。振动寿命和取向弛豫速率被考虑在分析中,并为分析二维光谱提供进一步信息[56]。图 1.23 显示了数据分析的结果。通过各点的实线是通过计算得到的,由结果得出化学交换速率,结合阴离子的水羟基发生交换,并转变为水羟基结合其他水的氧原子的时间为(7±1) ps。该结果非常接近随后 2D IR 化学交换光谱所测得的 ClO$_4^-$ 阴离子的值[57,58]。

7 ps 的氢键转换时间不能间接地与体相水的相关参数信息进行比较[14,32,33,107,115-118]。体相水溶液中稀 HOD 的 OD 伸缩光谱是个单宽峰,反映了液态水中的大范围氢键强度。光谱扩散的 2D IR 振动回波测量表明在许多时间尺度上都存在动力学过程。光谱扩散的最慢组分为 1.8 ps 且与氢键网络的完全随机过程有关[14,33]。另一个可观察量是取向弛豫时间。水的取向弛豫可以用一个跳跃改向模型来描述[119,120]。水的取向弛豫是一个协调过程,它涉及许多氢键以集体性的方式进行解离和形成。水中 HOD 的取向弛豫时间为2.6 ps。光谱扩散和取向弛豫的长时间组分关乎相似却不同的过程。1.8 ps

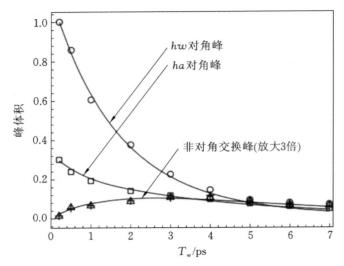

图 1.23 水分子结合四氟硼酸根阴离子(ha)与结合到另外一个水分子的氧原子(hw)的氢键转换 2D IR 化学交换数据(符号)。实线是数据拟合,得到 7 ps 的化学交换时间(氢键转换时间)

和 2.6 ps 这两个数值,不能直接被比较,因为它们源自不同的可观察量,测量不同的时间相关函数。但是,可以肯定地说纯体相水中氢键重排的时间尺度约为 2 ps。

纯水中的氢键重排时间约为 2 ps,高浓度的 $NaBF_4$ 水溶液中水与四氟硼酸根离子连接转化为水与水氧原子连接的转换时间为 7 ps,这两个时间能进行比较。与阴离子的氢键连接仅仅 3 或 4 倍地减缓了氢键的重排。由于水与离子的作用导致氢键重排时间的增加,这一结果极有可能适用于其他体系,如水与蛋白质表面带电氨基酸的相互作用,或水与许多聚电解质燃料电池薄膜中沿通道排布的磺酸盐官能团之间的相互作用。离子对水氢键重排的影响是显著的,但在离子的存在下,水仍然会经历快速的结构重组。

1.7 结束语

本章描述了 2D IR 振动回波化学交换光谱的基础知识。我们通过四个应用例子,即溶质-溶剂复合物的形成和解离、蛋白质的亚态转换、围绕碳-碳单键的邻位交叉-反式异构化,以及阴离子结合的水羟基与水的氧原子结合的水羟基二者之间的水氢键转换,对这一方法进行了阐述。在每种情形下,测量都是在热平衡条件下的电子基态能级上进行的。

在上述讨论的所有体系中,只涉及两个物种或两个态。2D IR 化学交换光谱还被应用于具有三个不同物种的体系。在一个体系中,一个溶质分子被看到从溶剂分子的一个结合位点迁移到另一个结合位点而没有复合物解离[121]。该体系由自由的物种、苯酚和结合到二苯基乙炔的两个不同 π 区域的苯酚所组成。在另一个体系中,氯仿与二甲基亚砜(DMSO)和丙酮在 DMSO-丙酮的混合溶液中形成弱氢键,两个溶剂物种之间的转换被观测到并被定量化[122]。同样,这个体系也含有三个物种,自由的氯仿以及与丙酮或与 DMSO 结合的氯仿。因此,2D IR 化学交换实验并不仅限于两个物种之间的平衡互变。

2D IR 化学交换光谱可以应用于许多类型的体系,但本方法的应用也存在局限性。要使本方法有效,必须满足三个条件。第一,对于发生转换的每一个物种,必须至少有一个红外活跃模式具有独特的频率。第二,所有平衡物种的浓度必须足够高以便检测。第三,交换速率必须与用来做振动探针的振动态寿命相当或者更短。值得注意的是,用作探针的振动模式不必要直接参与交换过程,例如,异氰酸酯官能团被用来研究 FICE 中围绕碳-碳单键的邻位交叉-反式异构化,只有交换导致模式频率改变才是必要的。

致谢

作者要感谢美国空军科学研究室、国家卫生研究院、能源部和国家科学基金会多年来对这项工作的各个方面的支持。此外,作者要感谢许多博士生、博士后学生和合作者,他们的贡献使本工作成为可能。

参考文献①

[1] Jackman LM and Cotton FA.1975.Dynamic Nuclear Magnetic Resonance Spectroscopy(Academic Press,New York).

[2] Perrin CL and Dwyer TJ.1990.Application of two-dimensional NMR to kinetics of chemical exchange.Chem.Rev.90:935-967.

[3] Zheng J,Kwak K,Xie J,and Fayer MD.2006.Ultrafast carbon-carbon single bond rotational isomerization in room temperature solution.Science 313:1951-1955.

[4] Levine IN.1978.Physical Chemistry (McGraw-Hill Book Company,New

---

① 全书参考文献格式直接引自英文版原书。

York).

[5] Todd DC and Fleming GR.1993.Cis-stilbene isomerization—Temperature-dependence and the role of mechanical friction.J.Chem.Phys.98:269-279.

[6] Zheng J,Kwak K,Asbury JB,Chen X,Piletic IR,and Fayer MD.2005. Ultrafast dynamics of solute-solvent complexation observed at thermal equilibrium in real time.Science 309:1338-1343.

[7] Zimdars D,Tokmakoff A,Chen S,Greenfield SR,Fayer MD,Smith TI, and Schwettman HA.1993.Picosecond infrared vibrational photon echoes in a liquid and glass using a free electron laser. Phys. Rev. Lett. 70: 2718-2721.

[8] Rella CW,Kwok A,Rector KD,Hill JR,Schwettmann HA,Dlott DD,and Fayer MD.1996.Vibrational echo studies of protein dynamics.Phys.Rev. Lett.77:1648-1651.

[9] Demirdoven N, Khalil M,Golonzka O, and Tokmakoff A.2001.Correlation effects in the two-dimensionalvibrational spectroscopy of coupled vibrations.J. Phys. Chem.A 105:8030.

[10] Kim Y and Hochstrasser RM.2005.Dynamics of amide-I modes of the alanine dipeptide in D_2O.J.Phys.Chem.B 109:6884-6891.

[11] Asbury JB,Steinel T,and Fayer MD.2003.Using ultrafast infrared mul-tidimensional correlation spectroscopy to aid in vibrational spectral peak assignments.Chem.Phys.Lett.381:139-146.

[12] Park S and Fayer MD.2007.Hydrogen bond dynamics in aqueous NaBr solutions.Proc.Nat.Acad.Sci.USA 104:16731-16738.

[13] Steinel T,Asbury JB,Corcelli SA,Lawrence CP,Skinner JL,and Fayer MD.2004.Water dynamics:Dependence on local structure probed with vibrational echo correlation spectroscopy.Chem.Phys.Lett.386:295-300.

[14] Asbury JB,Steinel T,Kwak K,Corcelli SA,Lawrence CP,Skinner JL, and Fayer MD.2004.Dynamics of water probed with vibrational echo correlation spectroscopy.J.Chem.Phys.121:12431-12446.

[15] Asbury JB,Steinel T,Stromberg C,Gaffney KJ,Piletic IR,and Fayer MD.2003.Hydrogen bond breaking probed with multidimensional stim-ulated vibrational echo correlation spectroscopy. J. Chem. Phys. 119:

12981-12997.

［16］ Ganim Z，Chung HS，Smith AW，Deflores LP，Jones KC，and Tokmakoff A.2008.Amide I two-dimensional infrared spectroscopy of proteins.Acc. Chem.Res.41：432-441.

［17］ Bandaria JN，Dutta S，Nydegger MW，Rock W，Kohen A，and Cheatum CM. 2010. Characterizing the dynamics of functionally relevant complexes of formate dehydrogenase.Proc.Nat.Acad.Sci.USA 107：17974-17979.

［18］ Middleton CT，Woys AM，Mukherjee SS，and Zanni MT.2010.Residue-specific structural kinetics of proteins through the union of isotope labe-ling，mid-IR pulse shaping，and coherent 2D IR spectroscopy.Methods 52：12-22.

［19］ Kim YS and Hochstrasser RM.2009.Applications of 2D IR spectroscopy to peptides，proteins，and hydrogen-bond dynamics.J.Phys.Chem.B 113： 8231-8251.

［20］ Bagchi S，Nebgen BT，Loring RF，and Fayer MD.2010.Dynamics of a myoglobin mutant enzyme：2D IR vibrational echo experiments and simulations.J.Am.Chem.Soc.132：18367-18376.

［21］ Chung JK，Thielges MC，Bowman SJ，Bren KL，and Fayer MD.2011. Temperature dependent equilibrium native to unfolded protein dynamics and properties observed with IR absorption and 2D IR vibrational echo experiments.J.Am.Chem.Soc.133：6681-6691.

［22］ Chung JK，Thielges MC，and Fayer MD.2011.Dynamics of the folded and unfolded villin headpiece（HP35）measured with ultrafast 2D IR vi-brational echo spectroscopy.Proc.Nat.Acad.Sci.USA 108：3578-3583.

［23］ Thielges MC，Chung JK，and Fayer MD.2011.Protein dynamics in cyto-chrome P450 molecular recognition and substrate specificity using 2D IR vibrational echo spectroscopy.J.Am.Chem.Soc.133：3995-4004.

［24］ Thielges MC，Axup JY，Wong D，Lee H，Chung JK，Schultz PG，and Fayer MD.2011.Two-dimensional IR spectroscopy of protein dynamics using two vibrational labels：A site-specific genetically encoded unnatural amino acid and an active site ligand.J.Chem.Phys.B 115：11294-11304.

［25］ Zanni MT，Asplund MC，and Hochstrasser RM.2001.Two-dimensional heterodyned and stimulated infrared photon echoes of N-methylacet-amide-D.J.Chem.Phys.114:4579.

[26] Khalil M, Demirdoven N, and Tokmakoff A. 2003. Coherent 2D IR spectroscopy: Molecular structure and dynamics in solution. J. Phys. Chem. A. 107:5258-5279.

[27] Chung HS, Khalil M, and Tokmakoff A. 2004. Nonlinear infrared spectroscopy of protein conformational change during thermal unfolding. J. Phys. Chem. B 108:15332-15342.

[28] Mukherjee P, Krummel AT, Fulmer EC, Kass I, Arkin IT, and Zanni MT. 2004. Site-specific vibrational dynamics of the CD_3 zeta membrane peptide using heterodyned two-dimensional infrared photon echo spectroscopy. J. Chem. Phys. 120:10215-10224.

[29] Fulmer EC, Ding F, and Zanni MT. 2005. Heterodyned fifth-order 2D IR spectroscopy of the azide ion in an ionic glass. J. Chem. Phys. 122:034302 (034312).

[30] DeCamp MF, DeFlores L, McCracken JM, Tokmakoff A, Kwac K, and Cho M. 2005. Amide I vibrational dynamics of N-methylacetamide in polar solvents: The role of electrostatic interactions. J. Phys. Chem. B 109:11016-11026.

[31] Golonzka O, Khalil M, Demirdoven N, and Tokmakoff A. 2001. Coupling and orientation between anharmonic vibrations characterized with two-dimensional infrared vibrational echo spectroscopy. J. Chem. Phys. 115:10814-10828.

[32] Nicodemus RA, Ramasesha K, Roberts ST, and Tokmakoff A. 2010. Hydrogen bond rearrangements in water probed with temperature-dependent 2D IR. J. Phys. Chem. Lett. 1:1068-1072.

[33] Asbury JB, Steinel T, Stromberg C, Corcelli SA, Lawrence CP, Skinner JL, and Fayer MD. 2004. Water dynamics: Vibrational echo correlation spectroscopy and comparison to molecular dynamics simulations. J. Phys. Chem. A 108:1107-1119.

[34] Fecko CJ, Loparo JJ, Roberts ST, and Tokmakoff A. 2005. Local hydrogen bonding dynamics and collective reorganization in water: Ultrafast infrared

spectroscopy of HOD/D$_2$O.J.Chem.Phys.122:054506-054518.

[35] Cowan ML，Bruner BD，Huse N，Dwyer JR，Chugh B，Nibbering ETJ，Elsaesser T，and Miller RJD.2005.Ultrafast memory loss and energy re-distribution in the hydrogen bond network of liquid H$_2$O.Nature 434：199-202.

[36] Loparo JJ，Roberts ST，and Tokmakoff A.2006.Multidimensional infrared spectroscopy of water. I. Vibrational dynamics in two-dimensional IR line shapes.J.Chem.Phys.125:194521.

[37] Loparo JJ，Roberts ST，and Tokmakoff A. 2006. Multidimensional infrared spectroscopy of water. II.Hydrogen bond switching dynamics.J.Chem.Phys.125:194522.

[38] Roberts ST，Ramasesha K，Petersen PB，Mandal A，and Tokmakoff A.2011.Proton transfer in concentrated aqueous hydroxide visualized using ultrafast infrared spectroscopy.J.Phys.Chem.A 115:3957-3972.

[39] Ganim Z，Jones KC，and Tokmakoff A.2010.Insulin dimer dissociation and unfolding revealed by amide I two-dimensional infrared spectroscopy.Phys.Chem.Chem.Phys.12:3579-3588.

[40] Finkelstein IJ，Zheng J，Ishikawa H，Kim S，Kwak K，and Fayer MD.2007.Probing dynamics of complex molecular systems with ultrafast 2D IR vibrational echo spectroscopy.Phys.Chem.Chem.Phys.9:1533-1549.

[41] DeFlores LP，Ganim Z，Ackley SF，Chung HS，and Tokmakoff A.2006.The anharmonic vibrational potential and relaxation pathways of the amide I and Ii modes of N-methylacetamide. J. Phys. Chem. B 110:18973-18980.

[42] Mukherjee P，Kass I，Arkin IT，and Zanni MT. 2006. Picosecond dynamics of a membrane protein revealed by 2D IR.Proc.Nat.Acad.Sci.USA 103:3528-3533.

[43] Ishikawa H，Kwak K，Chung JK，Kim S，and Fayer MD.2008.Direct observation of fast protein conformational switching.Proc.Nat.Acad.Sci.USA 105:8619-8624.

[44] Tucker MJ，Gai XS，Fenlon EE，Brewer SH，and Hochstrasser RM.2011.2D IR photon echo of azido-probes for biomolecular dynamics. Phys.

Chem.Chem.Phys.13:2237-2241.

[45] Kwak K, Park S, Finkelstein IJ, and Fayer MD. 2007. Frequency-frequency correlation functions and apodization in 2D IR vibrational echo spectroscopy,a new approach.J.Chem.Phys.127:124503.

[46] Kwak K, Rosenfeld DE, and Fayer MD. 2008. Taking apart the two-dimensional infrared vibrational echo spectra:More information and elimination of distortions.J.Chem.Phys.128:204505.

[47] Zheng JR and Fayer MD.2007.Hydrogen bond lifetimes and energetics for solute/solvent complexes studied with 2D IR vibrational echo spectroscopy.J.Am.Chem.Soc.129:4328-4335.

[48] Zheng J and Fayer MD.2008.Solute-solvent complex kinetics and thermodynamics probed by 2D IR vibrational echo chemical exchange spectroscopy.J.Phys.Chem.B 112:10221-10227.

[49] Finkelstein IJ, Ishikawa H, Kim S, Massari AM, and Fayer MD.2007. Substrate binding and protein conformational dynamics measured via 2D IR vibrational echo spectroscopy. Proc. Nat. Acad. Sci. USA 104: 2637-2642.

[50] Finkelstein IJ, Massari AM, and Fayer MD.2007.Viscosity dependent protein dynamics.Biophys. J. 92:3652-3662.

[51] Urbanek DC, Vorobyev DY, Serrano AL, Gai F, and Hochstrasser RM. 2010. The two-dimensional vibrational echo of a nitrile probe of the Villin Hp35 protein.J.Phys.Chem.Lett.1:3311-3315.

[52] Makinen MW, Houtchens RA, and Caughey WS.1979.Structure of carboxymyoglobin in crystals and in solution.Proc.Nat.Acad.Sci.USA 76: 6042-6046.

[53] Caughey WS, Shimada H, Choc MC, and Tucker MP.1981.Dynamic protein structures:Infrared evidence for four discrete rapidly interconverting conformers at the carbon monoxide binding site of bovine heart myoglobin.Proc. Nat.Acad.Sci.USA 78:2903-2907.

[54] Anderton CL, Hester RE, and Moore JN.1997.A chemometric analysis of the resonance Raman spectra of mutant carbonmonoxy-myoglobins reveals the effects of polarity.Biochim.Biophys.Acta 1338:107-120.

[55] Li TS, Quillin ML, Phillips GN, Jr., and Olson JS. 1994. Structural determinants of the stretching frequency of Co bound to myoglobin. Biochemistry 33:1433-1446.

[56] Moilanen DE, Wong D, Rosenfeld DE, Fenn EE, and Fayer MD. 2009. Ion-water hydrogen-bond switching observed with 2D IR vibrational echo chemical exchange spectroscopy. Proc. Nat. Acad. Sci. USA 106: 375-380.

[57] Park S, Odelius M, and J.GK. 2009. Ultrafast dynamics of hydrogen bond exchange in aqueous ionic solutions. J.Phys.Chem.B 113:7825-7835.

[58] Ji M, Odelius M, and Gaffney KJ. 2010. Large angular jump mechanism observed for hydrogen bond exchange in aqueous perchlorate solution. Science 328:1003-1005.

[59] Zheng J, Kwak K, Chen X, Asbury JB, and Fayer MD. 2006. Formation and dissociation of intra-intermolecular hydrogen bonded solute-solvent complexes: Chemical exchange 2D IR vibrational echo spectroscopy. J. Am.Chem.Soc.128:2977-2987.

[60] Kwak K, Zheng J, Cang H, and Fayer MD. 2006. Ultrafast 2D IR vibrational echo chemical exchange experiments and theory. J.Phys.Chem.B 110:19998-20013.

[61] Park S, Kwak K, and Fayer MD. 2007. Ultrafast 2D IR vibrational echo spectroscopy: A probe of molecular dynamics. Laser Phys. Lett. 4: 704-718.

[62] Reichardt C. 2003. Solvents and Solvent Effects in Organic Chemistry (Wiley-VCH, Weinheim).

[63] Vinogradov SN and Linnell RH. 1971. Hydrogen Bonding (Van Nostrand Reinhold Company, New York).

[64] Kwac K, Lee C, Jung Y, Han J, Kwak K, Zheng JR, Fayer MD, and Cho M. 2006. Phenol-benzene complexation dynamics: Quantum chemistry calculation, molecular dynamics simulations, and two dimensional IR spectroscopy. J.Chem.Phys.125:244508.

[65] Mukamel S. 2000. Multidimensional femtosecond correlation spectroscopies of electronic and vibrational excitations. Ann. Rev. Phys. Chem. 51:

691-729.

[66] Mukamel S.1995.Principles of Nonlinear Optical Spectroscopy（Oxford University Press,New York）.

[67] Chang R.2000.Physical Chemistry for the Chemical and Biological Sciences（University Science Books,Sausalito）,p 1018.

[68] Eisenmesser EZ,Bosco DA,Akke M,and Kern D.2002.Enzyme dynamics during catalysis.Science 295:1520-1523.

[69] Henzler-Wildman KA,Lei M,Thai V,Kerns SJ,Karplus M,and Kern D.2007. A hierarchy of timescales in protein dynamics is linked to enzyme catalysis.Nature 450:913-916.

[70] Hammes-Schiffer S and Benkovic SJ.2006.Relating protein motion to catalysis.Annu.Rev.Biochem.75:519-541.

[71] Erzberger JP and Berger JM.2006.Evolutionary relationships and structural mechanisms of Aaa plus proteins. Annu. Rev. Biophys. Biomol. Struct.35,93-114.

[72] Boehr DD,Dyson HJ,and Wright PE.2006.An NMR perspective on enzyme dynamics.Chem.Rev.106:3055-3079.

[73] Hill SE,Bandaria JN,Fox M,Vanderah E,Kohen A,and Cheatum CM. 2009.Exploring the molecular origins of protein dynamics in the active site of human carbonic anhydrase Ii.J.Phys.Chem.B 113:11505-11510.

[74] Campbell BF,Chance MR,and Friedman JM.1987.Linkage of functional and structural heterogeneity in proteins:Dynamic hole burning in carboxymyoglobin.Science 238:373-376.

[75] Hong MK,Braunstein D,Cowen BR,Frauenfelder H,Iben IET,Mourant JR, Ormos P et al.1990.Conformational substates and motions in myoglobin.Biophys. J. 58:429-436.

[76] Frauenfelder H,Sligar SG,and Wolynes PG.1991.The energy landscapes and motions of proteins.Science 254:1598-1603.

[77] Frauenfelder H,McMahon BH,Austin RH,Chu K,and Groves JT.2001.The role of structure,energy landscape,dynamics,and allostery in the enzymatic function of myoglobin.Proc.Nat.Acad.Sci.USA 98:2370-2374.

[78] Andrews BK,Romo T,Clarage JB,Pettitt BM,and Phillips GN,Jr.1998.

Characterizing global substates of myoglobin. Struct. Fold. Des. 6：587-594.

[79] Ghosh A，Qiu J，DeGrado WF，and Hochstrasser RM. 2011. Tidal Surge in the M2 proton channel，sensed by 2D IR spectroscopy. Proc. Nat. Acad. Sci. USA 108：6115-6120.

[80] Merchant KA，Noid WG，Akiyama R，Finkelstein I，Goun A，McClain BL，Loring RF，and Fayer MD. 2003. Myoglobin-Co substate structures and dynamics：Multidimensional vibrational echoes and molecular dynamics simulations. J. Am. Chem. Soc. 125：13804-13818.

[81] Merchant KA，Noid WG，Thompson DE，Akiyama R，Loring RF，and Fayer MD. 2003. Structural assignments and dynamics of the a substates of Mb-CO：Spectrally resolved vibrational echo experiments and molecular dynamics simulations. J. Phys. Chem. B 107：4-7.

[82] Ishikawa H，Finkelstein IJ，Kim S，Kwak K，Chung JK，Wakasugi K，Massari AM，and Fayer MD. 2007. Neuroglobin dynamics observed with ultrafast 2D IR vibrational echo spectroscopy. Proc. Nat. Acad. Sci. USA 104：16116-16121.

[83] Ansari A，Berendzen J，Braunstein D，Cowen BR，Frauenfelder H，Hong MK，Iben IET，Johnson JB，Ormos P，Sauke TB，Scholl R，Schulte A，Steinbach PJ，Vittitow J，and Young RD. 1987. Rebinding and relaxation in the myoglobin pocket. Biophys. Chem. 26：337-355.

[84] Tian WD，Sage，JT，Champion，PM. 1993. Investigation of ligand association and dissociation rates in the "open" and "closed" states of myoglobin. J. Mol. Biol. 233：155-166.

[85] Müller JD，McMahon BH，Chen EYT，Sligar SG，and Nienhaus GU. 1999. Connection between the taxonomic substates of protonation of histidines 64 and 97 in carbonmonoxy myoglobin. Biophys. J. 77：1036-1051.

[86] Bagchi S，Thorpe DG，Thorpe IF，Voth GA，and Fayer MD. 2010. Conformational switching between protein substates studied with 2D IR vibrational echo spectroscopy and molecular dynamics simulations. J. Phys. Chem. B 114：17187-17193.

［87］ Vojtechovsky J，Chu K，Berendzen J，Sweet RM，and Schlichting I.1999. Crystal structures of myoglobin-ligand complexes at near atomic resolution.Biophys. J. 77：2153-2174.

［88］ Johnson JB，Lamb DC，Frauenfelder H，Müller JD，McMahon B，Nienhaus GU，and Young RD.1996.Ligand binding to heme proteins.6.Interconversion of taxonomic substates in carbonmonoxymyoglobin. Biophys. J. 71： 1563-1573.

［89］ Teeter M.2004.Myoglobin cavities provide interior ligand pathway.Protein Sci.13：313-318.

［90］ Tilton RFJ，Kuntz IDJ，and Petsko GA.1984.Cavities in proteins：Structure of a metmyoglobin-xenon complex solved to 1.9 Å. Biochemistry 23：2849-2857.

［91］ Doukov TI，Blasiak LC，Seravalli J，Ragsdale SW，and Drennan CL.2008. Xenon in and at the end of the tunnel of bifunctional carbon monoxide dehydrogenase/acetyl-CoA synthase.Biochemistry 47：3474-3483.

［92］ Palmer AGR. 1997. Probing molecular motion by NMR. Curr. Opin. Struct. Biol.7：732-737.

［93］ Schnell JR，Dyson HJ，and Wright PE. 2004. Structure，dynamics，and catalytic function of dihydrofolate reductase. Ann. Rev. Biophys. Biomol. Struct.33：119-140.

［94］ Oliveberg M and Wolynes PG.2005.The experimental survey of protein-folding energy landscapes.Q.Rev.Biophys.38：245-288.

［95］ March J.1985.Advanced Organic Chemistry（John Wiley and Sons，New York）；3rd Ed，p 1346.

［96］ Chandler D.1978.Statistical mechanics of isomerization dynamics in liquids and the transition state approximation.J.Chem.Phys.68：2959-2970.

［97］ Weber TA.1978.Simulation of N-butane using a skeletal alkane model.J. Chem.Phys.69：2347-2354.

［98］ Brown D and Clarke JHR.1990. A direct method of studying reaction rates by equilibrium molecular dynamics：Application to the kinetics of isomerization in liquid N-butane.J.Chem.Phys.92：3062-3073.

［99］ Rosenberg RO，Berne BJ，and Chandler D.1980 Isomerization dynamics in liquids by molecular dynamics.Chem.Phys.Lett.75：162-168.

[100] Edberg R，Evans DJ，and Morris GP.1987.Conformational kinetics in liquid butane by nonequilibrium molecular dynamics.J.Chem.Phys.87：5700-5708.

[101] Ramirez J and Laso M.2001.Conformational kinetics in liquid N-butane by transition path sampling.J.Chem.Phys.115：7285-7292.

[102] Streitwieser A and Taft RW.1968.Progress in Physical Organic Chemistry (John Wiley and Sons，New York).

[103] Parr RG and Yang W.1989.Density Functional Theory of Atoms and Molecules (Oxford University Press，New York).

[104] Khalil M，Demirdoven N，and Tokmakoff A.2004.Vibrational coherence transfer characterized with Fourier-transform 2D IR spectroscopy.J.Chem.Phys.121：362-373.

[105] Pophristic V and Goodman L.2001.Hyperconjugation not steric repulsion leads to the staggered structure of ethane.Nature 411：565-568.

[106] Bickelhaupt FM and Baerends EJ.2003.The case for steric repulsion causing the staggered conformation of ethane.Angew.Chem.，Int.Ed.42：4183-4188.

[107] Moilanen DE，Fenn EE，Wong D，and Fayer MD.2009.Water dynamics in large and small reverse micelles：From two ensembles to collective behavior.J.Chem.Phys.131：014704.

[108] Moilanen DE，Fenn EE，Wong D，and Fayer MD.2009.Water dynamics in AOT lamellar structures and reverse micelles：Geometry and length scales vs.surface interactions.J.Am.Chem.Soc.131：8318-8328.

[109] Fenn EE，Moilanen DE，Levinger NE，and Fayer MD.2009.Water dynamics and interactions in water-polyether binary mixtures. J. Am. Chem.Soc.131：5530-5539.

[110] Moilanen DE，Piletic IR，and Fayer MD.2007.Water dynamics in Nafion fuel cell membranes：The effects of confinement and structural changes on the hydrogen bonding network.J.Phys.Chem.C 111：8884-8891.

[111] Smith JD，Saykally RJ，and Geissler PL.2007.The effect of dissolved halide anions on hydrogen bonding in liquid water.J.Am.Chem.Soc.

129:13847-13856.

[112] Woutersen S and Bakker HJ.1999.Resonant intermolecular transfer of vibrational energy in liquid water.Nature 402:507-509.

[113] Gaffney KJ, Piletic IR, and Fayer MD. 2003. Orientational relaxation and vibrational excitation transfer in methanol-carbon tetrachloride solutions.J.Chem.Phys.118:2270-2278.

[114] Corcelli S, Lawrence CP, and Skinner JL. 2004. Combined electronic structure/molecular dynamics approach for ultrafast infrared spectroscopy of dilute HOD in liquid H_2O and D_2O.J.Chem.Phys.120:8107.

[115] Rezus YLA and Bakker HJ.2006.Orientational dynamics of isotopically diluted H_2O and D_2O.J.Chem.Phys.125:144512.

[116] Moilanen DE, Fenn EE, Lin YS, Skinner JL, Bagchi B, and Fayer MD. 2008.Water inertial reorientation: Hydrogen bond strength and the angular potential.Proc.Nat.Acad.Sci.USA 105:5295-5300.

[117] Schmidt JR, Roberts ST, Loparo JJ, Tokmakoff A, Fayer MD, and Skinner JL.2007.Are water simulation models consistent with steady-state and ultrafast vibrational spectroscopy experiments? Chem.Phys. 341:143-157.

[118] Fecko CJ, Eaves JD, Loparo JJ, Tokmakoff A, and Geissler PL.2003. Ultrafast hydrogen-bond dynamics in the infrared spectroscopy of water.Science 301:1698-1702.

[119] Laage D and Hynes JT.2008.On the molecular mechanism of water reorientation.J.Phys.Chem.B 112:14230-14242.

[120] Laage D and Hynes JT (2006) A molecular jump mechanism of water reorientation.Science 311:832-835.

[121] Rosenfeld DE, Kwak K, Gengeliczki Z, and Fayer MD.2010.Hydrogen bond migration between molecular sites observed with ultrafast 2D IR chemical exchange spectroscopy.J.Phys.Chem.B 114:2383-2389.

[122] Kwak K, Rosenfeld DE, Chung JK, and Fayer MD.2008.Solute-solvent complex switching dynamics of chloroform between acetone and dimethylsulfoxide-two-dimensional IR chemical exchange spectroscopy. J. Phys.Chem.B 112:13906-13915.

第 2 章
氢键二聚体和碱基对的超快振动动力学

2.1 引言

氢键,作为一种基本的非共价相互作用,在很多分子体系的结构及物理化学性质方面起着决定性的作用[1-3]。在最基本的结构模体中,氢键由氢供体单元 X—H(X 代表 O、N 或 F)与一个带负电的受体原子 Y(Y 代表 O、N、F 或 Cl)之间的吸引作用组成。氢键的结合能比共价键小很多,介于 4～50 kJ/mol 之间。两个重原子 X 和 Y 之间的距离,即氢键的长度,依赖于吸引作用的强度,涵盖一个宽范围,约从强氢键的 0.25 nm 到弱氢键的 0.35 nm。一般来说,不同的微观作用力对氢键都有贡献,例如库仑吸引力、范德华力和色散力。

在凝聚相中,氢键受其紧密堆积的周围环境作用的影响,其环境能进行多时间尺度上的结构动态演变。这一情况加上中等的键强度导致了氢键的结构动力学和结构涨落,其最基本过程即氢键的断裂和形成。在含有氢键的液体中,例如水,最快的结构涨落发生在 100 fs 范围内,然而氢键的断裂和形成的随机过程发生在皮秒的时间尺度上[4-7]。相比而言,以氢键连接的生物分子结构的复制过程,牵涉到在更慢时间尺度上蛋白质触发的和酶控制的一系列步骤。

频率域的线性振动光谱学自出现以来就成为了研究氢键的重要手段,主要是因为振动光谱能够提供有关局域分子几何构型以及相互作用的信息。这方面的研究主要着眼于氢供体基团中的 X—H 伸缩振动,其形成氢键后频率向低频发生移动[1]。这一频移反映了与氢键受体原子间的吸引作用所导致的 X—H 伸缩势的柔化,也常常关联到其(对角)非谐性的增加。红移的绝对值曾经被作为衡量氢键强弱的一种方法,并得到了红移与结合能或氢键强度之间的经验相关性,这主要是对于固体中的氢键而言(见文献[8]及其引文)。尽管常常认为其具有普遍有效性,这种相关性也只能被应用到特定类型的氢键中,而且要忽略其他一些自由度,例如,氢键基团间的夹角与结构涨落[9,10]。

其他振动模式也会受到氢键形成的影响。X—H 弯曲振动模式以及一些特征指纹模式,由于涉及受体原子 Y 的键延伸,会发生多达几十个波数(cm^{-1})但仍然是有限的频率移动,这里指的是 X—H 弯曲振动向高频移动的情况。而且,新的所谓的牵涉到重原子 X 和 Y 的运动的氢键模式也会出现,这些氢键模式通过相对较弱的氢键作用发生耦合。结果,这些氢键模式的频率落在 $500\ cm^{-1}$ 以下的区域。

形成氢键时,由于电荷密度分布的变化,X—H 伸缩振动峰的强度会增强;而且,X—H 振动的红外和拉曼稳态谱线型也会发生显著变化。OH 伸缩振动峰在弱到中等强度强氢键(结合能小于 35 kJ/mol)的条件下,人们会看到高达 10 倍的光谱展宽,其光谱包络可能会表现出一个很复杂的子结构。这种线型反映了分子体系中 OH 伸缩振子耦合于分子体系内其他的分子内和分子间模式,而且在溶液相中还反映了环境的涨落对振动激发的影响。后者产生诸如振动跃迁频率的光谱扩散等过程,这个过程反过来又反映了结构的涨落[4,5,11,12]。由于存在强度相似但类型不同的耦合,而且稳态振动光谱反映的是体系动力学过程的时间平均,线性振动光谱的量化分析存在很大挑战。尽管已经开展了很多的理论工作,线性振动光谱还不能够被用于光谱包络的定量化解析。

飞秒时间域的非线性红外手段克服了线性振动光谱的这些局限性[4-6,13,14]。首先,它们可以在振动激发和原子核运动的内在时间尺度上了解氢键的微观动力学。近几年,在 $500\sim4000\ cm^{-1}$ 的中红外光谱范围内,利用飞秒泵浦-探测和光子回波方法开展了很多氢键体系的研究。其次,基于窄带泵浦/宽带探测手段或者是光子回波的二维红外光谱方法[13,15-17],对氢键的振动耦合机制和动态氢键结构的光谱扩散过程及其他过程进行了具体的研究。

本章重点研究液体环境中氢键形成的二聚体与碱基对,以及 DNA 螺旋中的碱基对。采用飞秒泵浦-探测、二维红外光谱方法并结合理论计算,在一些情况下,也考虑对线性红外光谱的描述,分析了 O—H 和 N—H 伸缩振动的复杂线型。将区分不同的耦合类型,例如费米共振(耦合)、与低频模式的耦合,并加以定量分析。将氢键的相干低频振动在时间上进行分辨,并在光谱上加以确定。将对振动弛豫的动力学和路径给出简短讨论。DNA 与其涨落性的水环境之间的相互作用,对于 DNA 的结构和功能特性具有重要作用的水合层,以及溶剂水层的性质,将利用能涵盖截然不同水合度的一些实验进行阐述。

本章由以下内容组成:2.2 节介绍基本的振动耦合、体系-环境相互作用以及它们与振动线型的相关性,随后简要讨论相关的时间尺度,叙述所采用的实验方法。2.3 节研究环状乙酸二聚体的 OH/OD 伸缩振动动力学和相干低频振动,以及溶液中碱基对的 NH 伸缩振动动力学。2.4 节以 DNA 的振动以及水合的 OH 伸缩振动为探针,介绍了 DNA 碱基对和超快的水合能量耗散过程。2.5 节给出结论和展望。

2.2 氢键结构和动力学的振动探针

2.2.1 线性红外光谱与振动耦合

本节介绍氢键形成的二聚体和碱基对中典型的 OH 和 NH 伸缩振动吸收光谱,并讨论其中基本的内在耦合。本章的后面几节将阐述研究这些体系所采用的飞秒非线性红外实验方法。

2.2.1.1 氢键二聚体

在液相,自由的 OH 和 NH 基团的伸缩振动都表现为单一红外吸收带,其最大吸收的频率位置分别约为 $3600\ cm^{-1}$ 和 $3500\ cm^{-1}$,其峰宽取决于特定的体系,数值在 $20\sim70\ cm^{-1}$ 之间。形成氢键时,伸缩振动带发生光谱的红移、峰型的变化以及总吸收强度的变化。氢键的这一表现在图 2.1(a)中环状乙酸二聚体的 OH 伸缩振动峰和图 2.1(b)中 7-氮杂吲哚二聚体的 NH 伸缩振动峰[18]得到了证实。在高频观测到的弱窄吸收峰起源于自由的 OH 和 NH 基团。形成氢键的基团,与那些自由的基团相比,由于电子结构的变化以及电子极化率的增强,其吸收峰发生强烈增高。为了解释这种明显展宽和高度复杂的线型,人们提出了若干个耦合理论,如图 2.2 所示的环状乙酸二聚体那样。环状乙酸二聚体是一个重要的模型体系[19-24]。

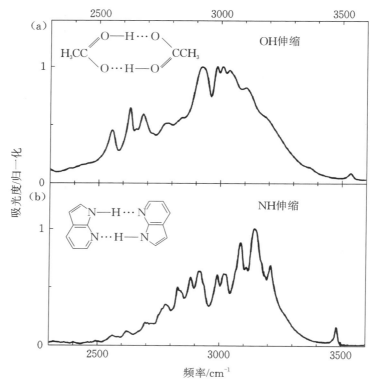

图 2.1 (a)溶解在 CCl_4 中的环状乙酸二聚体的 OH 伸缩吸收峰(样品温度 298 K,浓度 0.8 mol/L)。跨越 2400~3500 cm^{-1} 的强而结构化的吸收峰来自占主导的二聚体形成的两个 O—H⋯O 氢键(插图),而 3500 cm^{-1} 以上的窄弱吸收峰来自占劣势的单体和链状物中的自由 OH 基团。(b)溶解在 CCl_4 中的 7-氮杂吲哚二聚体的 NH 伸缩吸收峰(样品温度是 298 K,浓度 0.35 mol/L)。在 3480 cm^{-1} 的窄的 NH 伸缩振动峰来自单体。插图为形成两个 N—H⋯N 氢键的二聚体结构

环状乙酸二聚体具有平面结构,以二聚体中心和垂直于二聚体平面的旋转轴,具有 C_{2h} 对称性(图 2.2(a))。为了描述耦合情况,并表现出关于旋转轴的对称性(gerade,g)和反对称性(ungerade,u),用循环坐标(cyclic coordinates)$q_{i,g,u} = (q_{i,1} \pm q_{i,2})/\sqrt{2}$ 代替单体 1 和 2 的局域振动坐标 $q_{i,1}$ 和 $q_{i,2}$,是一种很方便的做法。图 2.2(a)所示的是 OH 伸缩振动($i=1$)的情形,类似的坐标选择也可以应用到 OH 弯曲、羰基的伸缩和其他的指纹振动。

当两个 OH 振子间不存在任何耦合时,具有红外活性的 OH 伸缩基频振动来源于在 $q_{1,u}$ 坐标上偶极-允许的 $v=0$ 和 1 量子态之间的跃迁(图 2.2(b))。在 $q_{1,g}$ 坐标上,$v=0$ 到 1 的跃迁是拉曼允许的,也出现在相同的频率上。在 $q_{i,1}$ 和 $q_{i,2}$ 坐标下两个局域 OH 伸缩振子的激子耦合 V_0 导致在 $q_{1,u}$ 和 $q_{1,g}$ 的坐标上的两个 $v=1$ 态之间发生 $2V_0$ 的劈裂。红外活跃($V_0 > 0$ 时 $\Delta\nu > 0$)和拉曼活跃($V_0 > 0$ 时 $\Delta\nu < 0$)的 OH 伸缩跃迁在光谱上发生 $\Delta\nu$ 的位移,如在图 2.2(c)中所示意的红外跃迁情形。除了激子耦合,在 $q_{1,u}$ 坐标上的 $v=1$ 态与指纹振动模的倍频及组合频之间的费米共振也会出现。这种耦合导致 $v=1$ 态和两个偶极-允许的跃迁之间的劈裂,如图 2.2(b)和 2.2(c)所示。由于很多的费米共振的存在,单个 OH 伸缩振动的吸收谱线被分裂成了多条谱线。在多数情况下,OH 伸缩振动和氢键供体之间还存在非谐性耦合,这将涉及氢键供体和受体基团中的重原子运动。这些振动的力常数取决于氢键强度,使得其振动频率远低于 OH 伸缩振动频率。这一情况允许分离时间尺度、应用绝热近似,类似于电子振动跃迁中的 Born-Oppenheimer 处理[19]。在这一图像中,高频 OH 伸缩模为低频氢键模定义了一个势能,而低频氢键模作为量化的振子来处理(图 2.2(b)右)。非谐振动耦合表现为高频模式的不同的 v_{OH} 量子态势能的原点移动,由此产生在 OH 伸缩吸收中的低频序列峰(图 2.2(c))。氢键模式的频率接近于 $T=300$ K 温度下的热能 $kT=200$ cm^{-1}(k 是玻尔兹曼常数)。因此,氢键激发态是热布居的,并引起频率在低于 OH 伸缩振动频率区域的那些序列状(progression)谱线。

一般而言,所有类型的耦合都有相似的强度,因此是并行发生的。例如,激子耦合的存在、与低频模式的耦合的存在,导致了在 $q_{1,u}$ 和 $q_{1,g}$ 坐标上不同的红外-允许的序列状谱线[21,22]。这种复杂性使总体红外吸收峰的解析变得很困难。然而,这里总结出的方法可以用来分析环状乙酸二聚体的线性 OH 伸缩振动吸收峰。但是,这种处理方法要么是不完整的,即没有包括所有的耦合,并且/或者是无定论的,因为不相似的耦合参数可能会给出相似的实验光谱拟合。因此,利用非线性振动光谱来测定,并结合理论来分析振动耦合以实现其定量理解,是非常必要的。

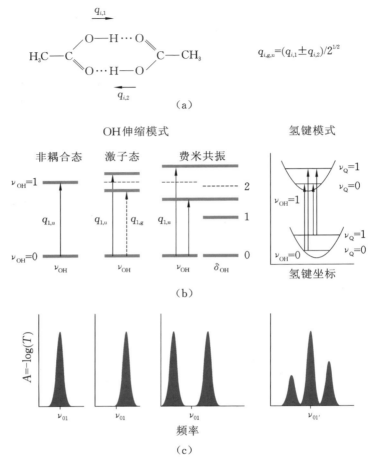

图 2.2 （a）环状乙酸二聚体的 C_{2h} 对称的结构和循环振动坐标 $q_{i,g,u}$（$q_{i,1}$ 和 $q_{i,2}$ 是局域振动坐标）的定义。（b）不同振动耦合情况下的 $\nu=0$ 到 $\nu=1$ OH 伸缩振动跃迁的图示：没有耦合的偶极-允许跃迁（实箭头，$q_{1,u}$ 坐标），由于激子耦合和偶极-允许的跃迁引起在 $q_{1,u}$ 坐标上 $\nu_{OH}=1$ 态的劈裂（虚箭头，在 $q_{1,g}$ 坐标上偶极禁止的跃迁），OH 伸缩和弯曲振动模式的费米共振（虚线，OH 伸缩/弯曲模式的无耦合的 $\nu=1/\nu=2$ 态），以及 OH 伸缩和氢键模式非谐性耦合的势能图。（c）无耦合的振子和三种耦合情况的红外吸收线型。激子耦合导致一个蓝移的单一线型，而费米共振产生一对谱线。后者中，由于氢键模式的耦合出现了翼带

2.2.1.2　核酸碱基对

核酸碱基形成的氢键对是双螺旋 DNA 的关键组成模块[25]。Watson-Crick 几何构型中的鸟嘌呤-胞嘧啶碱基对（图 2.3 的插图）由两个 N—H⋯O

和一个 N—H···N 氢键连在一起,而腺嘌呤-胸腺嘧啶碱基对(图 2.4(b)的插图)有两个较弱的氢键,一个为 N—H···N,一个为 N—H···O[26]。在气相和溶液相中,即没有 DNA 骨架结构限制时,除了 Watson-Crick 配对形式,还存在着一系列形成氢键结构的鸟嘌呤-胞嘧啶和腺嘌呤-胸腺嘧啶碱基对,这表明分析其红外吸收光谱时还有其他的复杂性要考虑[27]。然而,对不参与碱基配对的 NH 基团进行恰当的化学取代(图 2.3 内插图的 N—R 基团)能强化溶液中鸟嘌呤-胞嘧啶形成 Watson-Crick 配对。图 2.3 显示了由 2′,3′,5′-叔丁基二甲基

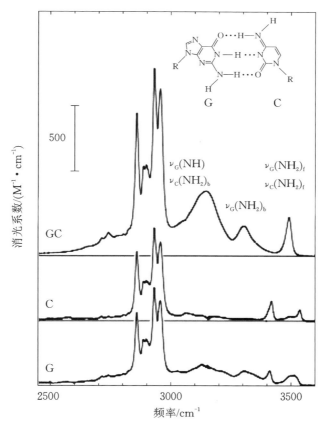

图 2.3　鸟嘌呤-胞嘧啶(G-C)碱基对,以及 C 和 G 溶于 CDCl₃ 的红外吸收光谱(从上到下)。样品浓度为 50 mmol/L(G-C 对)、2 mmol/L(C)、2 mmol/L(G)。高于 3000 cm⁻¹ 的谱带是 NH 伸缩振动,在 2850~3000 cm⁻¹ 之间强而窄的谱峰由 CH 伸缩振动引起。在 GC 二聚体里,有一个弱的 NH 伸缩振动组分频率低于并隐藏在 CH 伸缩振动带中。正文中解释了最上方图的峰指认。G 和 C 溶液既有单体的窄 NH 伸缩峰,也有由于复合 G 和 C 分子引起的宽峰

硅烷基（2′，3′，5′-tertbutyldimethylsilyl，TBDMS）-受保护的鸟嘌呤核苷（guanosine，G）和 3′，5′-TBDMS-保护的脱氧胞嘧啶核苷（deoxycytidine，C）[28]组成的这样一个体系的红外光谱，最上面一栏为该碱基对的光谱，下面两栏为胞嘧啶核苷（C）和鸟嘌呤核苷（G）的光谱。$2850\sim3000$ cm^{-1} 之间所有的光谱显示出强的 CH 伸缩吸收谱带，这在下面的章节中不予讨论。

单体 C 分别在 3418 cm^{-1} 和 3534 cm^{-1} 处显示对称（symmetric，s）和非对称（asymmetric，as）的 NH_2 伸缩振动峰。G 单体的 NH_2 伸缩振动带位于 3411 cm^{-1}（s）和 3521 cm^{-1}（as），而氨基的 NH 光谱带隐藏于 GG 二聚体在 3000 cm^{-1} 和 3400 cm^{-1} 之间的宽吸收带中。文献[28]认为这个振动的频率为 3340 cm^{-1}。形成碱基对之后，NH 伸缩带变化明显，出现了三个主要组分，其最大值分别在 3145 cm^{-1}、3303 cm^{-1} 和 3491 cm^{-1}。两个 N—H⋯O 氢键的形成导致两个 NH_2 基团对称性破坏，将有效的"去耦合"引入两个局域 NH 伸缩模式中，一个是自由的 NH 基团，另一个是形成氢键的 NH 基团。对图 2.3 所示的特定的 NH 伸缩模式的指认，将在 2.3.2 节讨论。

应当注意的是，GC 的 NH 伸缩带的光谱包络与 7-氮杂吲哚二聚体的 NH 伸缩振动有明显不同（图 2.1（b）），后者经常被作为 DNA 碱基对的模型体系[18,29]。氮杂吲哚光谱集中在较低频率区域，并有更宽的光谱范围和复杂的光谱子结构。后两个特征表明，有指纹区域振动的倍频和组合频模式参与的费米共振起着更显著的作用，这一点得到了最近的理论计算的充分证实[30]。

双链 DNA 低聚物中可以强制形成 Watson-Crick 配对的核酸碱基。含有 23 个交替 A-T 碱基对（序列在图 2.4（a））的 DNA 低聚物（在不同的 DNA 水合程度下[31]）的红外光谱在图 2.4（b）中给出。相对湿度（relative humidity，RH）0% 对应于每个碱基对中的残留水浓度为最多 2 个水分子，而 92% RH 对应于完全水合，此时每个碱基对周围有超过 20 个水分子。在 0% RH 时，$3000\sim3600$ cm^{-1} 之间的宽带红外吸收主要由 T 中的 NH 伸缩振动和 A 中的 NH_2 伸缩振动引起。不同于溶液中的 GC 对，没有清晰的证据表明 NH_2 基团去耦合形成了两个局域的 NH 伸缩振动模。随着水合程度的增加，整个谱带的强度变强，此时也包含了水合层 OH 伸缩振动的贡献。上述复杂光谱不允许 NH 和 OH 伸缩的贡献得以分离，该问题会在 2.4.1 节讨论。

在物理生物温度下的液体和大分子结构内，环境结构的涨落会导致施加在二聚体和碱基上的作用力的涨落。当环境中含有带电荷的即离子性的基团

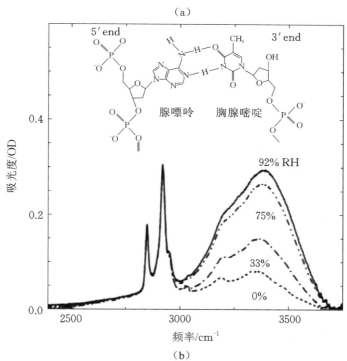

图 2.4　(a) 人工合成的双链 DNA 低聚物中 23 个交互排列的腺嘌呤-胸腺嘧啶(A-T)碱基对。

　　(b) 在 0% 相对湿度(RH)、33% RH、75% RH 和 92% RH 时 DNA 薄膜样品(厚度大

　　约 10^{-3} cm)的红外吸收光谱。0% RH 时的光谱显示了 A-T 碱基对在 3000～

　　3700 cm^{-1} 之间的 NH 伸缩峰,而在 2600～3000 cm^{-1} 之间的窄峰来自 DNA 低聚物

　　和 CTMA 反离子的 CH 伸缩振子。随着水合程度增高,环境水分子的 OH 伸缩振动

　　对 3000～3700 cm^{-1} 的吸收有贡献。插图:A-T 碱基对的分子结构及 DNA 骨架的戊

　　糖与磷酸基团

和/或像水这样的极性分子时,这些作用力具有明显的带电性。这些涨落的作

用力的频率谱取决于环境的振动、转动/摆动和平移自由度;并且,在凝聚相

中,常常覆盖非常宽的频率域。涨落的作用力引起了振动跃迁谱线的光谱扩

散和光谱展宽[32]。据调制强度和涨落时间尺度,光谱会在两种情形之间进行

变化:对应于不同的氢键构象(非均匀展宽)一个跃迁频率的分布,或一个平均

的动生变窄跃迁(均匀展宽)。早期的理论工作通过 OH/NH 的伸缩振动偶极

直接耦合至溶剂诱导的局域电场,或者通过随机调控的低频模式耦合到 OH/NH 振子,来处理上述波动的体系-环境的相互作用。文献[33]综述了不同的传统与量子处理方法。水相体系中有关振动退相的更多近期工作,则是利用了 OH 伸缩频率和局域电场的经验联系,并且在经典分子动力学的辅助下预测了光谱扩散过程[4]。

2.2.2　超快振动动力学和实验方法

凝聚相环境中的含氢键的纯液体和稀释的氢键体系,其振动动力学覆盖多个数量级的时间尺度。OH 或 NH 伸缩振动的振动周期在 10 fs 量级,可被认为相关时间范围的下限。飞秒红外脉冲对一个分子系综的振动激发将启动一系列弛豫过程,这些过程之后体系最终返回到平衡态。不同类型的弛豫过程发生在近似重叠的时间尺度上,因此需要非常具体的实验探测手段从时间上分离这些过程,并分析隐含的微观相互作用。线性红外吸收光谱仅以时域积分方式反映不同现象,多数情况下无法明确地识别分子的耦合作用。

偶极-允许的跃迁的红外激发振子产生两个光耦合态波函数的量子-相干叠加,具有明确量子相位。在一个被飞秒红外脉冲激发振子系综里,所产生的量子相干以一定的红外跃迁频率诱发一个宏观的相干光学极化。随着时间的演化,量子相干以及相干红外极化通过退相过程而弛豫;其中的退相过程可以源自振子与其涨落的液体环境的相互作用,也可以源自振子耦合或振子自身的弛豫过程[4,32,33]。OH 和 NH 伸缩激发态的振动退相和相应的光谱扩散覆盖了较宽的时间范围,既有 100 fs 内的最快的动力学过程,也有延续至数皮秒的慢组分。它们拥有较可观的非谐性,这使得形成氢键的 OH/NH 伸缩振子对环境的涨落非常敏感[34]。同样地,以时间分辨的方式表征退相过程能直接洞察结构涨落动力学。

红外激发一个振子的 $v=0\rightarrow1$ 跃迁致使其布居在 $v=1$ 态上,然后通过布居弛豫衰减到其他振动自由度。通常,分子体系的分子内不同振子的非谐性耦合,以及能调节耦合振动态能量位置的环境的涨落作用力,都对振动激发态的弛豫路径和时间尺度起着重要作用[35]。氢键键合的 OH 和 NH 基团的伸缩振动的 $v=1$ 的寿命通常在亚皮秒区间,比自由 OH 和 NH 基团的皮秒寿命要短很多。形成氢键后 OH/NH 伸缩频率的红移引起伸缩振子的 $v=1$ 态更接近指纹振动的倍频与组合频,后者与伸缩模式耦合,并导致其布居弛豫的实施。在许多体系中,OH 和 NH 弯曲振动被认作是主要的接收模式[35,36]。与伸缩振动相反,氢键体系的 OH/NH 弯曲振动模式和其他指纹振动的布居弛豫,迄今的探索研究非常有限[37,38]。

任何振动弛豫过程释放的多余能量最终都将重新分布于低频的振动与摆动以及其他自由度的多重态(manifold)中。在受热系综中,诸如氢键的削弱、断裂或再生等结构变化会发生。尽管选择性地探测不同的低频自由度是困难的,但是,通过高频模式的频率位移和线型变化,能量再分配的总体动力学是能够被描绘出来的;这些高频模式应该与一些具有弛豫诱导的超额(excess)布居的低频模式存在振动耦合[39]。所谓的热基态概念描述了被升高的振动温度所加热的低频振动多重态,取决于红外激发脉冲最初提供的超额能[4,6,36,40]。尽管这个描述被广泛采纳,多数情况下振动布居的平衡分布在一定程度上是未知的。热基态建立的时间尺度分布在几个皮秒至几十个皮秒的范围内。在液相中,被激发的样品体积向室温的冷却,涉及向未被激发的样品体积的热扩散,发生在微秒到毫秒的时间范围内。

人们需要多种超快非线性振动光谱,以时间分辨的方式描绘振动动力学,并区分不同的弛豫现象。本章给出的结果基于在 $1000\sim4000~cm^{-1}$ 频率区间(波长范围 $10\sim2.5~\mu m$)内的飞秒红外光谱。利用了三阶泵浦-探测和光子回波两种方法,其时间分辨率为 $50\sim100~fs$。外差-检测的光子回波能够得出 OH 和 NH 伸缩激发的二维红外光谱。下面简要介绍实验方法。

飞秒红外脉冲由 Ti:Sapphire 激光再生放大体系输出经参量频率转换产生,激光器工作重复频率 1 kHz,脉冲亚 100 fs,中心波长 800 nm,单脉冲能量 1 mJ[41]。在 1 mm 厚的蓝宝石片内由自相位调制产生的飞秒连续白光的近红外组分是非线性频率转换器参量放大器的信号种子脉冲。在此装置中,在钛宝石激光器脉冲的驱动下,两次被通过的一个 4 mm 厚的 BBO 晶体用于信号的放大。脉冲能量随后由 1 mm 厚的 BBO 晶体进一步放大增强。这个后一阶段被放大的信号光和闲散光脉冲随后在一个 0.75 mm 厚的 $AgGaS_2$ 或者 GaSe 晶体中产生差频,得到中红外光。GaSe 混频晶体提供 $500\sim4000~cm^{-1}$(波长范围 $20\sim2.5~\mu m$)频率范围内可调制的脉冲,而一个较窄的脉冲,从 $1000\sim4000~cm^{-1}$(波长范围 $10\sim2.5~\mu m$)的频率区间可由 $AgGaS_2$ 晶体得到。通过改变输入信号光和闲散光脉冲的频率,并调节差频混合的相匹配角,可以实现输出光脉冲的频率调制。依据频谱位置,得到的中红外脉冲的能量介于 500 nJ 和 8 μJ。在 OH 和 NH 伸缩吸收区间内,上述光源通过结合线性啁啾补偿器可提供 50 fs 的脉宽,能量接近 8 μJ 的脉冲,而且能量的强度波动极小,约为 0.2%(rms)。对于双色实验,两个独立且同步的脉冲转换装置被结合在一个泵浦-探测装置中。带有光谱分辨检测(TG-FROG)的三阶瞬态光栅测量用于光脉冲的表征。

应用单/双色泵浦-探测实验能够研究振动弛豫动力学、能量再分配和振动冷却等过程。样品被能量高达 1 μJ 的飞秒泵浦脉冲激发,振动吸收的变化以泵浦-探测延迟时间为变量进行检测,其中探测脉冲至少比泵浦脉冲弱 30 倍。与样品作用后,透过的探测脉冲频谱被色散并由碲镉汞探测器阵列(16、32、64 个单元,2~6 cm^{-1}光谱分辨率)进行检测。为提高实验的灵敏度,一束参比探测脉冲经过样品的未激发区域,通过第二个相同的阵列检测器,在单发脉冲基础上进行信号的检测和校正。

泵浦-探测实验利用线偏振脉冲光进行。利用泵浦和探测脉冲的平行和垂直偏振检测,允许导出所谓的各向同性(无旋转贡献)的泵浦-探测信号 $\Delta A_{iso} = (\Delta A_P + 2\Delta A_\perp)/3$,其中,$\Delta A_P = -\log(T_P(t_D)/T_{P0})$,$T_P(t_D)$ 和 T_{P0} 分别是激发和未激发的样品透过率,t_D 为延迟时间,ΔA_P 和 $\Delta A_\perp$ 分别为平行和垂直偏振时的吸光度的变化。另外,泵浦-探测的各向异性 $r(t_D) = (\Delta A_P - \Delta A_\perp)/(\Delta A_P + 2\Delta A_\perp)$ 也可从数据中获得。

飞秒光子回波实验可进行相干振动极化的动力学研究并测定 OH 和 NH 伸缩激发的二维光谱。以广泛应用于矩形窗(box-car)构型的三脉冲光子回波研究,波矢为 k_1、k_2 和 k_3 的三束光聚焦到样品上,以相干时间 τ(样品中产生瞬时光栅的两个脉冲的延迟间隔)和布居时间 T(第二和第三个脉冲的延迟间隔),在 $k_3 + k_2 - k_1$ 和 $k_3 - k_2 + k_1$ 衍射方向上测量非线性信号。时间积分的锑化铟检测器被用于内差检测信号。在外差光子回波实验中,利用衍射光学反射法,产生了两个相位锁定的脉冲对,前两个脉冲(k_1,k_2)与第三个脉冲和本机振荡脉冲(k_3,k_{LO})之间的延迟时间为 t_{13}。在衍射光学片之后,将脉冲 k_2 相对 k_1 进行延迟,以产生相干时间 $\tau = t_{12}$。本机振荡相对于脉冲 k_3 也被延迟[12,42]。光束的相对相位锁定优于 $\lambda/150$。外差检测方案以光谱干涉学(interferometry)为基础,其中光谱条纹经单色仪被分散,由碲镉汞(HgCdTe)阵列检测器检测,已检测频率 ν_3 为变量给出回波信号。在固定的布居时间 T 下,扫描相干时间 t_{12},将所得的信号沿着 $\tau = t_{12}$ 维度经傅里叶变换产生激发频率 ν_1 维度。利用四个全部平行的线偏振脉冲(‖‖‖)以及相对脉冲 1 和 2、垂直

极化的脉冲 3 和 4($\|\perp\perp$)进行实验测量。

无论泵浦-探测还是光子回波实验,所研究样品的峰吸收应低于 $A=0.5$ 以避免传播效应导致的时域脉冲波包的畸变。不同的二聚体和碱基对的样品准备及其表征分别在 2.3.1.1、2.3.2 小节和 2.4.1 小节中进行描述。

2.3 溶液中的氢键二聚体和核酸碱基对

本节将深入讨论液相中氢键二聚体和核酸碱基对的超快振动动力学及隐含的相互作用。研究了含有明确氢键结构的模型体系;选用非质子或非极性溶剂,以避免体系与溶剂分子之间形成氢键。在飞秒至皮秒的实验时间尺度上,二聚体和碱基对的结构处于稳态,即氢键断裂和其他结构的改变可以被忽略。相反,周围液体的结构因为低频自由度的热激发而经历着随机的结构涨落。

2.3.1 羧基酸二聚体中 OH 伸缩动力学和相干低频运动

羧基酸二聚体是典型的模型体系,多年来人们对其进行了大量研究,其气相、液相和固相中都有光谱数据报道。实验工作与振动光谱理论计算工作是互补的,主要在线性红外吸收和拉曼光谱等方面,也包括振动动力学模拟研究[19,20-24]。这一节关注非质子溶剂 CCl_4 中乙酸环形二聚体的超快振动动力学(图 2.1、图 2.2 和图 2.5)。如图 2.5 所示,乙酸的 OH 基团和甲基能被选择性地氘代,使制备不同的二聚体成为可能:有含两个 OH 或 OD 基团的,也有含一个 OH 和一个 OD 基团的。后者的 C_{2h} 对称性被破坏,而且 OH 和 OD 伸缩振子间的激发耦合可被忽略,这是由于二者远不匹配的 $v=0\rightarrow1$ 跃迁能级。

2.3.1.1 环状乙酸二聚体的相干振动动力学

环状乙酸二聚体的 OH 或 OD 伸缩振子的飞秒激发产生不同类型的相干态。首先,$v=0\rightarrow1$ 跃迁的量子相干引起 OH 或 OD 伸缩一个宏观极化态。其次,在涵盖几个低频谱列跃迁线(见图 2.2(b) 和 2.2(c))的宽带脉冲的激发下,产生了低频振动模的非谐性耦合相干。后者的激发模式产生了沿着低频坐标的相干波包运动,它调制着高频 OH 伸缩吸收,因此,其信息可从描绘 OH 伸缩动力学的图上被解读出来。结合飞秒光子回波和泵浦-探测实验,两种类型的相干都可以被研究[43-46]。

CH_3COOH 的环二聚体(物种 I,OH/OH)的制备是把乙酸溶解在 CCl_4 中,

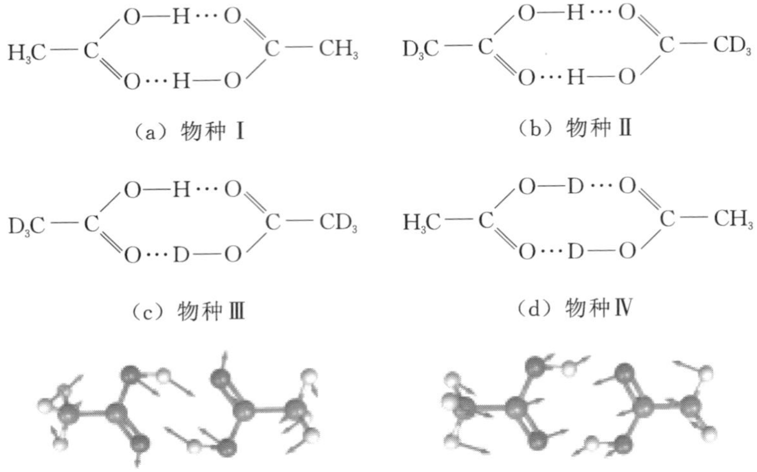

图中显示乙酸环形二聚体的氢键结构式：

（a）物种 I

（b）物种 II

（c）物种 III

（d）物种 IV

图 2.5 乙酸环形二聚体的氢键结构。(a)乙酸二聚体。(b)甲基-氘代的乙酸二聚体。(c)包含一个 OH 和一个 OD 基团的混合二聚体。(d)含有两个 OD 基团的二聚体。底行显示了两个拉曼活跃的氢键振动的微观伸长：145 cm^{-1} 处二聚体的面内弯曲模式（左侧）和 170 cm^{-1} 处二聚体面内伸缩模式

浓度为 0.2 mol/L。在这个浓度范围内，环二聚体为占主导物种，而单体和链状聚合物只有少量[47]。把 CD$_3$COOH($c=0.2$ mol/L)和 CD$_3$COOD($c=0.18$ mol/L)溶解于 CCl$_4$，得到混合的 CD$_3$COOH/CD$_3$COOD(物种 III，OH/OD 二聚体)。两种类型二聚体的线性 OH 伸缩吸收在图 2.6(a)中给出。OH/OD 二聚体的吸收在低频部分得到增强（点状线），是由于 OD 伸缩吸收的出现。

信号内差检测的三脉冲光子回波实验可用于研究宏观 OH 伸缩极化的弛豫过程。在图 2.7 中，将两种类型二聚体的光子回波信号对相干时间 τ（即第一和第二脉冲之间的延迟）作图。数据测量的布居时间 $T=0$ fs，即用于获取信号的第三束脉冲在时间上与第二束脉冲重叠。结果表现为一个快速上升和衰减的信号，其强度跨越几个数量级；对于混合二聚体，随后出现一个完全受调制的弱重复信号。不同布居时间 T 的测量值显示，光子回波信号在最初的相对于 0 时刻结果的 30 fs 的峰移值（点状线：脉冲的交叉相关），在 200 fs 时间尺度上，将衰减到小于 10 fs 的值，并具有一个弱振荡（结果未给出，见文献[43]）。

光子回波的测量结果得到了光谱分辨的泵浦-探测实验的补充[45,46]。在图 2.6(b)中，OH/OH 二聚体在整个 OH 伸缩吸收范围内的泵浦-探测谱，在三个不同的延迟时间下给出。低探测频率处的增强吸收源于 OH 伸缩振子的 $v=$

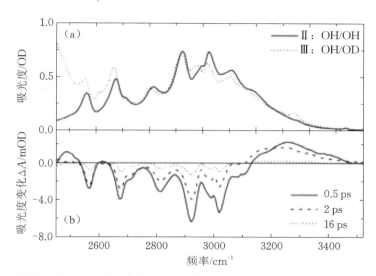

图 2.6 (a)含有两个 OH 基团(实线,图 2.5 的物种 Ⅱ),以及含有一个 OH 和一个 OD 基团(点线,物种 Ⅲ)的环状乙酸二聚体 OH 伸缩吸收带。两种二聚体在非质子溶剂 CCl_4 中的浓度都是 $c = 0.2 \text{ mol/L}$。(b)物种 Ⅱ 的非线性 OH 伸缩吸收光谱。吸收变化 $\Delta A = -\log(T/T_0)$ 以不同的探测频率在三个不同时延下(T, T_0:在激发和未激发时的样品透过率)作图。低频的强吸收来自于 $v=1$ 至 2 的跃迁,而高频的强吸收反映了 OH 伸缩弛豫后形成的热基态。负吸收变化是由于基态漂白和 $v=1$ 至 0 跃迁的受激发射

1 至 2 跃迁,并以 $v=1$ 的寿命(200 fs)进行弛豫[46]。$2500 \sim 3100 \text{ cm}^{-1}$ 的吸收降低是源自 $v=0$ 的基态漂白和 $v=1$ 至 0 跃迁的受激发射。在 16 ps 的最长延迟时间下,这部分瞬态光谱显示出非常接近线性吸收光谱的峰结构,表明不同亚组分有微弱的光谱扩散。在 $v=1$ 的布居衰减后的皮秒延迟时间上,吸收强度降低完全是由于初始 $v=0$ 基态的持续漂白。在高探测频率增强的吸收反映了 OH 伸缩振子的布居衰减后二聚体形成后的振动热基态 $v'=0$。

  OH/OH 和 OH/OD 二聚体、OD/OD 二聚体在固定探测频率下的泵浦-探测瞬态光谱分别在图 2.8(a)和图 2.8(b)中给出。在反映布居弛豫和能量再分配的过程的速率类似的动力学之上,还有在皮秒时间范围内持续显著的低频振荡。图 2.8(d)和图 2.8(e)中是上述振荡信号的傅里叶光谱,在 145 cm^{-1} 和 170 cm^{-1} 处有两个主要的频率组分。对于 OD/OD 二聚体,在 50 cm^{-1} 附近的第三个弱频率组分已经由不同光谱位置的泵浦-探测瞬态信号所证实[45]。

  上述结果表明 OH 伸缩和低频相干信号具有明显不同的退相时间尺度。

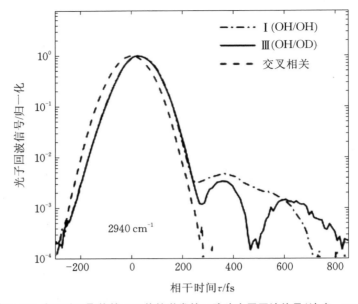

图 2.7 溶于 CCl_4 中乙酸二聚体的 OH 伸缩激发的三脉冲光子回波信号(浓度 $c=0.2$ mol/L,物种 I:折线;物种 III:实线)。内差探测的光子回波信号由中心位于 2940 cm^{-1} 的脉冲产生,并以相干时间 τ 作图。数据的布居时间为 $T=0$

OH 伸缩振子 $v=1$ 至 0 跃迁的相干极化在飞秒时间尺度发生衰减,这可以从图 2.7 中光子回波信号的快速衰减中看到。不存在二聚体的结构涨落,二聚体与非质子环境的耦合弱,意味着光谱扩散程度低。此结论得到了之前结果的支持:非常小的光子回波峰移值以及泵浦-探测光谱中的非时间依赖的光谱线型(见图 2.6(b)和参考文献[44,46])。这一结果表明,单个线型以均匀展宽为主,导致了 OH 伸缩极化的自由感应衰减,后者受 OH 伸缩模式的 $v=1$ 的布居衰减的强烈影响。相比之下,非谐耦合的低频模式所产生的相干存在时间更长,造成了光子回波信号在后期相干时间的复现,也导致了延续到皮秒时间尺度上的振荡型的泵浦-探测信号。

OH 伸缩振子在 $v=1$ 和 $v=0$ 态都产生低频相干态,后者经过了一个被 OH 伸缩跃迁偶极共振增强的拉曼过程。$v=1$ 态的相干通过 OH 伸缩布居弛豫(寿命 200 fs)发生阻尼衰减,而基态相干的寿命长达几个皮秒。因而,光子回波实验探测到了振动多级量子相干态,其贡献源于 $v=0$ 至 1 的 OH 伸缩跃迁和许多共振低频模式相干耦合态。此类光子回波信号已被多级量子相干模型计算进行了分析,在参考文献[43]中有相关讨论。分析认为,OH 伸缩激

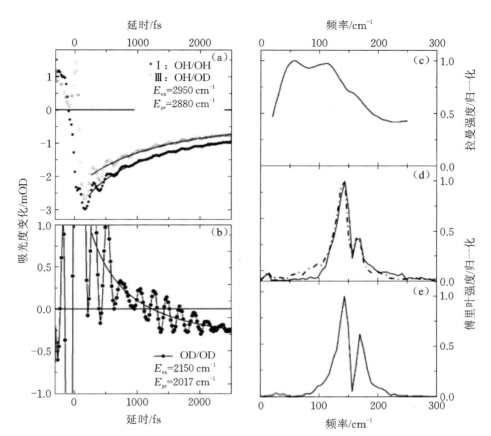

图 2.8　(a)乙酸二聚体物种 I (OH/OH)和物种 III (OH/OD)的时间分辨非线性 OH 伸
缩吸收。激发脉冲频率中心为 $E_{ex}=2950\ cm^{-1}$。在 $E_{pr}=2880\ cm^{-1}$ 处的光谱分
辨吸收变化与泵浦-探测延迟时间作图,表明在一个类似速率弛豫动力学之上叠
加了一个低频振荡信号。(b)物种 IV (OD/OD)的非线性 OD 伸缩吸收,标明了泵
浦光与探测光的频率。(c)乙酸低频模式的自发拉曼光谱(取自参考文献[48])。
(d)在(a)中泵浦-探测信号中振荡组分的傅里叶光谱(实线:物种 I (OH/OH);点
划线:物种 III (OH/OD))。(e)在(b)中瞬态信号的振荡组分的傅里叶光谱

发的退相时间为 200 fs,两个在 50 cm^{-1} 和 150 cm^{-1} 处的非谐性耦合的低频模
式的退相时间 $T_2 \geqslant 1$ ps。

　　在前两个激发电场同时作用的泵浦-探测实验中,能产生低频冲击相干,
利用一束被延时的探测脉冲,通过探测被调制的 OH 伸缩吸收信号,能获取该
相干信息。振荡型泵浦-探测信号的傅里叶光谱(图 2.8(d)和 2.8(e))更加明

确地给出了相关的低频模式的信息，同时允许对相关的自由度进行指认——为此需要结合振动模式的分析和振动耦合从头计算。傅里叶光谱在 145 cm^{-1} 和 170 cm^{-1} 处有两个主要组分，在 50 cm^{-1} 处有一个更弱的组分（未给出）。根据红外跃迁的选择定则，当改变 OH 伸缩和低频模式的量子数时，只有拉曼活跃的低频模式才与 $v = 0$ 到 1 的 OH 伸缩振动发生耦合。文献[46]中详细讨论的计算结果给出了二聚体中 4 个低于 200 cm^{-1} 的拉曼活跃模式：一个在 44/33 cm^{-1} CH$_3$/CD$_3$ 的扭曲振动，一个在 118 cm^{-1} 的二聚体面外摇摆振动，一个大约在 150 cm^{-1} 的面内二聚体的弯曲振动，还有一个大约在 170 cm^{-1} 面内的二聚体伸缩。图 2.5 底部显示了计算所得的后两个振动模式的微观延伸方式。通过高频 OH 伸缩激发而产生的低频波包需要高频和低频模式之间的非谐性耦合。计算给出面内二聚体的弯曲和伸缩模式之间的强的三阶耦合的绝对值大约为 100 cm^{-1}，而甲基扭转耦合则要弱得多（2 cm^{-1}）。面外摇摆与 OH 伸缩模式耦合忽略不计。因此，图 2.8(d) 和图 2.8(e) 的傅里叶光谱的两个明显的组分是源于 145 cm^{-1} 处的二聚体面内模式和在 170 cm^{-1} 处的面内伸缩模式的相干运动，两个模式都对二聚体结构有调制作用。有趣的是，乙酸的自发拉曼光谱（见图 2.8(c) 和参考文献[48]）无法明确地指认低频模式，主要是因为在低频区域中，既有复杂的线型，也有实验本身的不确定因素，还有瑞利散射边峰需要去掉。相反，由于低频二聚体振动的欠阻尼特性，非线性飞秒泵浦-探测实验相当明确地给出了不同的二聚体的振动频率。

综上，在含氢键羧酸二聚体的 OH 伸缩被飞秒激发后，由于非谐性耦合的低频和高频振动的固有多能级特性，不同类型的量子相干态将出现。结果证明氢键供体伸缩和低频氢键振动之间有明显的非谐性耦合，这是基本的耦合机理之一，导致了氢供体伸缩振动红外吸收光谱的复杂线型（参见 2.2 节）。OH/OH、OD/OD 和 OH/OD 二聚体的三阶耦合强度大约都是在 100 cm^{-1} 量级上。高频伸缩模式和低频氢键模式的退相有不同的时间尺度，这是在大多数结构涨落较小的氢键体系中的一个规律。特别是，7-氮杂吲哚二聚体[49] 以及分子内氢键表现出了明显的低频相干性[50]。

2.3.1.2　OH 伸缩激发的二维红外光谱

上一节中介绍的结果确立了 OH 伸缩模式和低频模式的相互作用是振动耦合机理之一。为了深入认识 2.2 节介绍的其他耦合机理，并最终理解线性红外吸收光谱的线型，从外差检测的三脉冲光子回波测量[44,51] 得到了二维红外光谱,并结合头算密度泛函理论计算和非线性响应密度矩阵理论进行了分析。下面讨论乙酸的 OH/OH 二聚体中 OH 伸缩的二维红外光谱。

图 2.9(b)和图 2.9(c)显示了布居时间为 $T=0$ fs 和 $T=400$ fs 的二维光谱。以非线性信号的实部对激发频率和检测频率作图[44]。在 $T=0$ fs 时,光谱在高于检测频率 $\nu_3 = 2900$ cm^{-1} 时的 $v=0$ 到 1 的跃迁范围内,信号振幅为正,低于这一频率时信号振幅为负。该负组分是由部分重叠的、有非谐性频率红移的 $v=1$ 到 2 的跃迁所引起的。由于 $v=1$ 态衰减的特征寿命是 200 fs,在布居时间 $T=400$ fs 时,负组分在 2D 光谱中的贡献没有显现。在光谱中间、振幅为正的位置,强对角峰及其交叉峰出现在 2920 cm^{-1} 和 2990 cm^{-1} 处。另外,从固定了激发频率的光谱横截面可以明显看出,在探测频率比较宽的范围内有大量的非对角峰。图 2.9(a)为 $\nu_1 = 2920$ cm^{-1} 时,沿着探测频率轴的横截面示意图,显示出的峰与红外吸收光谱(粗实线)极为相似。OH/OD 混合二聚体的 2D 光谱(未显示)显示了非常相似的峰形,表明激子型 OH/OH 耦合可忽略。在较长的布居时间 T 内对角峰和非对角峰的位置和光谱形状保持不变,表明在亚皮秒时间尺度上光谱扩散过程不太重要。这个结论和前面讨论过的泵浦-探测光谱是一致的。

位于 2D 光谱对角位置的峰,即完全等同的激发频率和探测频率位置,源于三束脉冲与一个单跃迁的相互作用,反映的是线性吸收光谱的粗略结构(图 2.9(a))。只要在一个特定的跃迁被激发之后在不同的(探测)频率产生了跃迁信号,非对角峰就会出现。低于 $\nu_3 = 2900$ cm^{-1} 的非对角峰来自于 OH 伸缩振子 $v=1$ 到 2 的跃迁,在下面不予考虑。OH 伸缩模式的 $v=1$ 态与指纹区模式的组合频模式之间所产生的费米共振,在谱峰振幅为正的区域($\nu_3 > 2900$ cm^{-1} 处)里产生了交叉峰。这一交叉峰与那些源自低频模式的耦合交叉峰是共存的。

参考文献[51,52]中的理论计算详细描述了高度复杂的 2D 光谱。简而言之,密度泛函理论被用来计算包含了上至三体交互作用的六阶非谐性力场的振动本征态。利用高频 OH 伸缩简正模式与 8 个指纹区间简正模式(其中一半有红外活性,一半有拉曼活性)及与 2 个拉曼活跃的低频模式之间的耦合,推导出 11 维的振动哈密顿量。指纹区间振动为 C—O 伸缩、CH$_3$ 摇摆、O—H 弯曲和 C=O 伸缩简正模式。低频简正模式是图 2.5 所示的面内弯曲和伸缩氢键模式。利用态求和(sum-over-states)公式计算了平行线性偏振下相位匹配方向 $\boldsymbol{k}_{\text{echo}} = -\boldsymbol{k}_1 + \boldsymbol{k}_2 + \boldsymbol{k}_3$ 上的 2D 光子回波信号。对于 2D 光谱的计算,假定

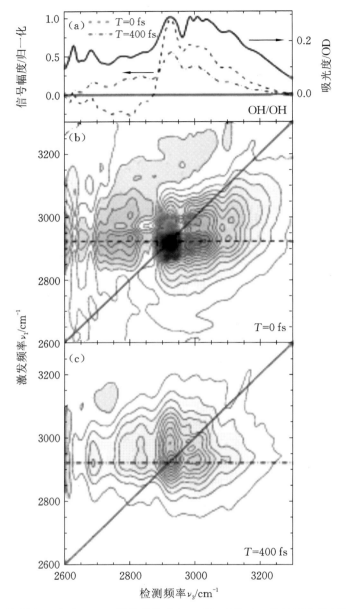

图 2.9　(a)溶解在 CCl$_4$ 中乙酸二聚体结构 I(OH/OH)的 OH 伸缩吸收带(粗实线)和在激发频率 2920 cm^{-1} 处二维光谱的横截面(点状线:布居时间 $T=0$ fs;点划线:$T=400$ fs)。(b)在布居时间 $T=0$ fs 测得的乙酸二聚体(结构 I,OH/OH)的二维光谱。以信号的实部对激发频率和探测频率作图。相邻等高线的强度变化为 5%。(a)中的横截面沿图中的点划线提取。(c)$T=400$ fs 时的二维光谱

矩形电场光谱的宽度为 ± 400 cm^{-1} 以选择共振跃迁,3 束入射激光被调制到 2900 cm^{-1}。OH 伸缩谱带的单个子成分的均匀线宽被设为 $\Delta\nu = 36$ cm^{-1}。

图 2.10(b)所示的理论模拟的 2D 光谱是仅从基态刘维尔(Liouville)空间路径计算的,即只含有非线性响应函数 R_3[51]。这种情况对应在 $v=1$ 态衰减后的 2D 光谱,如在布居时间 $T=400$ fs 采集的光谱(图 2.9(c))。后者的主要特征光谱在理论模拟的 2D 光谱得到了很好的再现。计算表明,主要的对角峰和交叉峰来自 $v=1$ OH 伸缩态(对称性 b_u),与一个红外活性指纹区间模式(对称性 b_u)的一个量子态加一个拉曼活性模式(对称性 a_g)的一个量子的组合频,二者耦合所产生的费米共振。在 2920 cm^{-1} 处的最强对角峰是由 OH 伸缩模式与拉曼活性的 C—O 和红外活性的 C=O 伸缩模式的组合频谱带之间的耦合所产生,其三阶耦合强度为 $\phi = -86$ cm^{-1}。这个峰显示了 OH 伸缩组分的最大相对振幅。其他强的对角峰和交叉峰出现在 2993 cm^{-1}(ν_{ag}C—O/ν_{bu}C=O,$\phi=48$ cm^{-1})和 3022 cm^{-1} 处(γ_{bu}CH$_3$/ν_{ag}C=O,$\phi=62$ cm^{-1})[51]。另外,光谱的低能量区域的谱带存在明显的交叉峰,即在 2555 cm^{-1} 处的峰(ν_{ag}C—O/ν_{bu}C—O,$\phi=150$ cm^{-1},未显示),在 2627 cm^{-1} 处(ν_{ag}C—O/γ_{bu}CH$_3$,$\phi=-118$ cm^{-1})及在 2684 cm^{-1} 处(ν_{ag}C—O/δ_{bu}OH,$\phi=-126$ cm^{-1})。文献[51]对上述结果给出了详细描述。相较于由费米共振引起的强峰,源于低频氢键模式的耦合的那些峰要弱得多,其在 2D 光谱中不能清晰地被辨别。这主要是由于这些低频氢键模式只有非常小的跃迁偶极矩。

计算所得的分子耦合强度得到了实验 2D 光谱的验证,并作为一个重要输入参数,以模拟乙酸二聚体的线性 OH 伸缩吸收光谱。上述模拟各个跃迁的不同均匀线宽的结果显示于图 2.10(a)中[52]。如同 2D 光谱,主峰的频谱包络是由费米共振引起的。在低频模式区域有谱列存在,始于各组分的峰位置,并产生主要组分峰之间的吸收。在凝聚相中相对较大的均匀展宽与这些低频模式的较弱的跃迁偶极矩,使得各谱列在线性光谱中没有能够表现出分裂的谱线特征。计算光谱与气相数据进行的深入比较表明,理论与实验结果能定量地符合[52],这与之前的简化计算(对不同耦合的不完全处理)所得结果是截然相反的。

总之,环状乙酸二聚体中 OH 伸缩振动的 2D 红外光谱,允许阐明与指纹模式的泛频之间的分子耦合,是定量理论模拟的重要贡献。结合 2.3.1.1 节中讨论的光子回波和泵浦-探测结果,上述工作表明,二维红外和线性红外光谱

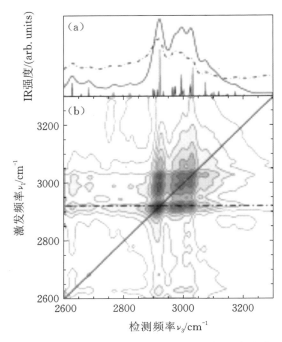

图 2.10　(a)计算的乙酸二聚体(物种Ⅰ,OH/OH)理论线性吸收光谱,均匀线宽(FWHM)
　　　　　设为 $\Delta\nu=1$ cm^{-1}(柱状谱)和 36 cm^{-1}(实线)。点划线显示的横截面来自穿过激
　　　　　发频率 $\nu_1=2920$ cm^{-1} 处的计算二维谱(b)。(b)在 $\upsilon=1$ 的布居弛豫后,包含
　　　　　$\upsilon=0$ 到 1 的刘维尔空间路径计算所得的 OH 伸缩二维光谱(布居时间 $T=400$ fs)。
　　　　　相邻等高线的幅度变化是 5%

的高度复杂的线型,是由强度类似、类型不同的耦合机制所共同决定的。本工
作澄清了文献中长久存在的问题和争议,并使我们能定量地了解那些在其他
羧酸二聚体和类似体系中也会存在的耦合机制。

2.3.2　溶液中核酸碱基对的 NH 伸缩激发

氢键核碱基对反映了含有腺嘌呤-胸腺嘧啶和鸟嘌呤-胞嘧啶对序列的双
链 DNA 螺旋的关键结构特征。B 型 DNA 是生理条件下普遍存在的 DNA 结
构,其碱基对是按照所谓的 Watson-Crick 配对结构排列的,如图 2.3 和 2.4(b)
的插图所示[25]。在气相和液相中,若没有 DNA 骨架的空间限制,核酸碱基可
以形成很多不同于 Watson-Crick 的配对结构。然而,给相应的核酸碱基结构
添加适当的侧链基团,是促使液体环境中单一碱基对形成 Watson-Crick 配体
的一种方法。这种途径对于研究 DNA 螺旋结构中的碱基对是一种补充,此

时,作为附加效应,碱基对间的耦合、振动动力学的变化,以及能量耗散途径损耗的变化可能会出现。核酸碱基对的液相研究也可以在非水环境中开展。本节将介绍溶解于 $CHCl_3$ 的 TBDMS 保护的鸟嘌呤核苷-胞嘧啶核苷(G-C)碱基对[28]的结果。

图 2.3 显示了 G 与 C 单体和 G-C 碱基对的红外吸收光谱。在 G 与 C 单体中有对称和非对称的 NH_2 伸缩谱带(对 G,与其氨基 NH 伸缩带重叠),而碱基对的 NH 伸缩光谱则在 3000 cm^{-1} 展示了一个不同的谱线样式,并在 2600~2900 cm^{-1} 之间附带肩峰。一个孤立的窄带出现在 3491 cm^{-1} 处,线宽大约 30 cm^{-1}。一个较宽的红移谱带,其最大值出现在 3303 cm^{-1} 和 3145 cm^{-1} 处。这是由 G-C 碱基对中氢键结合的 NH 基团所引起的。

在不同布居时间 T 下记录的一系列 2D IR 光谱总结在图 2.11 中[53]。依据激发频率和检测频率而绘制的吸收型 2D 信号为重聚相信号和非重聚相信号之和[54]。主要的对角峰出现在 $(\nu_1, \nu_3) = (3145, 3145)$ cm^{-1}、$(3303, 3303)$ cm^{-1} 和 $(3491, 3491)$ cm^{-1} 的频率位置。位于 $(3145, 3145)$ cm^{-1} 和 $(3491, 3491)$ cm^{-1} 处的峰表现为或多或少的圆形峰,而位于 $(3303, 3303)$ cm^{-1} 处的峰则沿着对角线被拉长。随着布居时间 T 的变化,对角峰的光谱形状发生了细微的变化。这一事实在沿着对角线的 2D 光谱的横截面中也是显而易见的,如图 2.12(a)所示。正的交叉峰出现在 $(3145, 3303)$ cm^{-1}、$(3303, 3145)$ cm^{-1} 和 $(3491, 3145)$ cm^{-1} 处。在 $(3491, 3360)$ cm^{-1} 处的负交叉峰是由于振子的 $v=1$ 到 2 的跃迁,它们在 $(3491, 3491)$ cm^{-1} 处有 $v=0$ 到 1 的跃迁。从两个峰的 ν_3 位置处,我们估计对角非谐性常数大约为 130 cm^{-1}。随着布居时间 T 的增加,与 $(3303, 3303)$ cm^{-1} 的对角峰相比,$(3303, 3145)$ cm^{-1} 的交叉峰强度增强。低于检测频率 $\nu_3 \approx$ 3100 cm^{-1} 的负的信号源自不同 NH 伸缩振子的 $v=1$ 至 2 的跃迁,下面不予讨论。

对不同的对角峰和交叉峰的强度进行光谱积分来探究它们随时间的变化。在图 2.13 中,这样得到的强度以布居时间 T 为函数作图,(a)是三个对角峰,(b)是选定的交叉峰(符号)。图 2.13 中的实线是强度衰减的单指数拟合,并在图中给出相应的时间常数。在图 2.13 中,随布居时间 T 作图的交叉峰 $(3303, 3145)$ cm^{-1} 与对角峰 $(3303, 3303)$ cm^{-1} 的强度比值是随时间 T 的增加而增加的。

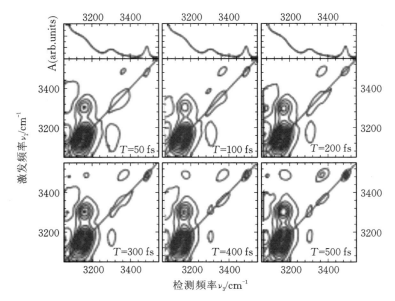

图 2.11　鸟嘌呤核苷-胞嘧啶核苷碱基对在 $CHCl_3$ 溶液中(浓度 $c=0.1\ mol/L$)的 NH 伸缩激发的 2D IR 光谱。吸收型的二维信号,即重聚相和非重聚相信号之和,以激发频率 ν_1 和检测频率 ν_3 作图。对于布居 T 的每个值,等高线都以最大信号强度为尺度进行缩放。相邻等高线的强度变化是 5%。图的顶部显示的是碱基对的线性红外吸收光谱

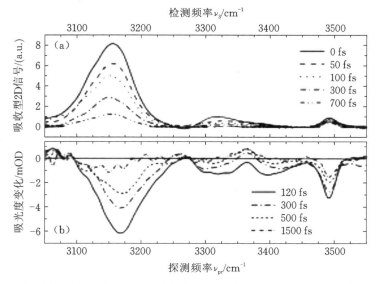

图 2.12　(a)在不同布居时间 T 下沿对角线 $\nu_1=\nu_3$ 绘制的图 2.11 中的二维光谱横截面图。(b)在不同泵浦-探测延迟下的频率分辨的泵浦-探测数据

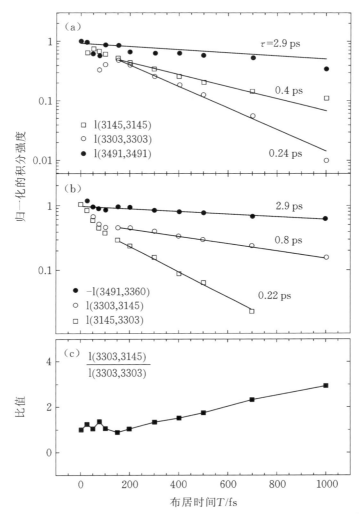

图 2.13　光谱积分信号强度。(a) 在频率位置 (ν_1, ν_3) 处的二维对角峰。(b) 随布居时间 T
　　　变化的交叉峰。实线为单指数拟合。图中给出了各自的时间常数。(c) (3303,
　　　3145) cm^{-1} 处的交叉峰与 (3303, 3303) cm^{-1} 处的对角峰的强度比。给出的实线
　　　是为了便于观察

除了 G-C 碱基对的 2D 光谱,也采集了泵浦-探测的光谱数据。不同的泵
浦-探测延迟下测量的瞬态吸收光谱在图 2.12(b) 中给出。在下列峰位置有吸
收信号的明显减少:3140 cm^{-1}、3305 cm^{-1} 和 3490 cm^{-1},接近于图 2.12(a) 中
2D 信号最大值的频率位置。在这些峰之间,泵浦-探测谱在 3360 cm^{-1} 处显示
出轻微的正的吸收变化,该变化在 2.12(a) 中的对角 2D 横截面处没有显现。

泵浦-探测信号相当于将 2D 信号对所有激发频率 ν_1 积分,因此,2D 光谱中 $(3491,3360)$ cm^{-1} 处的交叉峰对 $\nu_{pr}=3360$ cm^{-1} 处的泵浦-探测信号有贡献。这个组分在积分中占主导地位并在这个光谱位置导致吸收信号的增加。在一系列探测频率下记录时间分辨的泵浦-探测瞬态光谱,并给出下列不同 NH 伸缩频率所贡献的振动寿命:$\nu_{pr}=3145$ cm^{-1},$\tau=0.3(-0.1/+0.2)$ ps;$\nu_{pr}=3491$ cm^{-1},$\tau=(2.9\pm0.7)$ ps。在 $\nu_{pr}=3303$ cm^{-1} 附近测量的泵浦-探测动力学高度复杂,不能提取出可信的寿命时间。

碱基对共包含 5 个 NH 单元,其中 3 个是分子间氢键的一部分,其余 2 个是自由的(见图 2.3 中插图)。在 2 个 NH$_2$ 基团中,2 个 NH 伸缩振子间存在着力学耦合,这可以从 G 和 C 单体的 NH$_2$ 对称和非对称伸缩模式的劈裂 $2|V|$ 预测。G 的 $|V|$ 为 58 cm^{-1},C 的值为 55 cm^{-1}。理论计算及现研究体系与其他碱基对的比较都说明,在 5 个 NH 基团之间,库仑作用和/或(共振)偶极作用所导致的耦合要弱于力学耦合。与单体比较,形成 GC 配对后 NH 伸缩线型变化明显。碱基对的红外吸收光谱和 2D 光谱都显示在 $\nu_3=3491$ cm^{-1} 处有一个组分,拥有相当长的振动寿命(2.9 ps)。相对于这个谱带,在 3145 cm^{-1} 和 3303 cm^{-1} 处两个其他显著的 2D 特征显示出的频率移动远大于 $2|V|$,这是 G 和 C 单体的 NH$_2$ 的对称与非对称伸缩间的劈裂。这个事实源自 NH$_2$ 的两个局域 NH 振子之一参与氢键所导致的强烈失谐。因此,这样一个图像是合适的,它的局域 NH 模式包含自由的 NH 伸缩振子和氢键键合的 NH 伸缩振子。在这种描述里,在 $\nu_3=3491$ cm^{-1} 的谱带被认定为 G 和 C 中自由且非氢键的 NH 基团在 $\nu_G=(NH_2)_f=\nu_C(NH_2)_f$ 的基频伸缩跃迁。

DFT 理论计算表明 GC 配对的 3 个氢键在强度上稍有不同,这使得 N⋯O 的距离在最强的 C(NH$_2$)⋯G(O=C)键中为 0.273 nm,在 G(NH$_2$)⋯C(O=C)键中为 0.287 nm,在 G(NH)⋯C(N)键中为 0.288 nm[55,56]。上述差异使得 3 个氢键中 NH 伸缩模式处于不同的光谱位置。与文献[55]中计算得到的氢键强度以及和孤立的 G-C 碱基对中计算得到的 NH 伸缩跃迁频率的模式一致[56],我们指认 3303 cm^{-1} 处的吸收带为 G(NH$_2$)⋯C(O=C)氢键中的 NH 伸缩模式 $\nu_G(NH_2)_b$,在 3145 cm^{-1} 处有最大值的吸收带为 C(NH$_2$)⋯G(O=C)氢键中的 NH 伸缩模式 $\nu_C(NH_2)_b$。这个波段也包含了 G(NH)⋯C(N)键中的亚胺 NH 伸缩模式 $\nu_G(NH_2)_b$。这两种模式在吸收光谱和二维光谱中的分离,需要对不同线型进行深入的理论分析,目前还没有进行。并且,最大吸收带在 3145 cm⁻¹ 处的 NH 伸缩吸收可能会延伸至 CH 伸缩吸收的范围内,与 2600 cm⁻¹ 和 2900 cm⁻¹ 范围内的肩峰没有明显的分离。在这个宽光谱范围内,可以认为有 NH 伸缩模式的 $v=1$ 态与指纹区振动合频之间的混合,类似于在氮杂吲哚二聚体(参见图 2.1(b)[30])和在乙酸二聚体(OH 伸缩模式)中所观察到的情形。

在 2D 光谱中,对角峰的形状直至布居时间 $T=1$ ps 都没有明显变化,表明光谱的扩散作用有限。因此,对角峰积分强度的衰减(图 2.13(a))可以被稳妥地归因于不同 NH 伸缩模式的 $v=1$ 布居弛豫。在(3303,3303) cm⁻¹ 处峰衰减的指数拟合给出 0.24(−0.06/+0.08) ps 的时间常数,而(3145,3145) cm⁻¹ 处的对角峰表现出稍慢的衰减,其时间常数为 0.4(−0.10/+0.20) ps。在实验精度范围内,该时间常数与泵浦-探测所测值 0.3 ps(未给出)是符合的。上述衰减时间比 2D 光谱在(3491,3491) cm⁻¹ 和(3491,3360) cm⁻¹ 以及泵浦-探测实验所得的自由 NH 伸缩振动的寿命 2.9 ps 小得多。寿命的缩短,是由于该振动模式与指纹振动(通常包含 NH 弯曲模式)的组合频/倍频产生了增强非谐性耦合;介于这些组合频/倍频的能级与该 N—H 伸缩振动($v=1$ 态有红移)能级二者之间的能量失配变小了。

对角和交叉峰强度的比较显示出它们随布居时间 T 的时间演变有着明显差别(图 2.1(a)和图 2.13(b))。这个事实表明,不同的氢键键合 NH 伸缩振子间存在激发转移。交叉峰(3303,3145)cm⁻¹ 与对角峰(3303,3303) cm⁻¹(图 2.13(c))的强度比例随布居时间 T 增加而显著增加,证明了振动布居从 3303 cm⁻¹ 的 $\nu_G(NH_2)_b$ 模式转移到了 3145 cm⁻¹ 模式。结果,所测得的 3303 cm⁻¹ 模式的衰减速率 $1/\tau'=(1/0.24)$ ps⁻¹,代表着布居转移速率和返回到 $v=0$ 态的弛豫速率的和。图 2.13(c)中的比值在接近 1 ps 时间尺度上是增加的,这个增加取决于 3303 cm⁻¹ 和 3145 cm⁻¹ 模式的布居转移和弛豫,后者的弛豫寿命为 0.4 ps。提取转移速率 $1/\tau_{tr}=1/\tau'-1/\tau_1$ 需要知道 3303 cm⁻¹ 模式的弛豫速率 $1/\tau_1$,而这个参量因为不同的 $v=0$ 至 1 和 1 至 2 跃迁有严重的光谱叠加无法得到。因此,我们只能推断转移时间的下限为 0.24 ps 和约为 1.3 ps 的上限。利用费米黄金规则,一种简单方法能估算相应的振动耦合 V,得到 $|V|=2.3\sim12$ cm⁻¹,远远小于 NH_2 基团中 NH 振子的力学耦合。如果通过空间的偶极-偶极耦合代表着主要的作用机制,因为 G(NH)和 G(NH_2)基团间的较小的空间距离,则转移到 $\nu_G(NH)_b$ 模式而不是 $\nu_C(NH_2)_b$ 模式更有利。

总之,溶液中的鸟嘌呤核苷和胞嘧啶核苷的超快 NH 伸缩响应揭示了在形成 Watson-Crick 碱基配对的结构时,G 和 C 中对称与非对称 NH_2 伸缩模式"去耦合化"成为局域 NH 伸缩振动。这种效应归因于氢键键合的 NH 基团与游离 NH 基团的伸缩振动的失谐,其效果大于两个局域振子的力学耦合。氢键键合的 NH 伸缩振子,包括 G 的亚胺 NH 模式,其 $v=1$ 态表现出短于 500 fs 的寿命,而自由 NH 伸缩振子的寿命为 2.9 ps。2D 光谱证明,从 G 的 NH_2 基团中形成氢键的 NH 伸缩振子,向其他位于低频处的参与氢键的振子的能量转移,具有亚皮秒时间尺度,其中的耦合比 NH_2 基团的力学耦合要弱得多。G-C 碱基对在 2600 cm^{-1} 和 2900 cm^{-1} 之间有明显的红外吸收光谱,远低于位于 3145 cm^{-1} 处的频率最低的 NH 伸缩峰。这个特性表明,频率最低的 NH 伸缩振子带具有复杂的线型,或许受费米共振的影响,该费米共振来自 NH 伸缩模式与指纹振动的组合频模式。需要更多详细的理论工作和 2D 光谱范围的扩大来解决这一问题。

2.4　人工合成 DNA 螺旋中的碱基对

在天然和人工合成的 DNA 螺旋中,许多主链上的功能结构单元和碱基对都对线性振动光谱有贡献,该线性光谱覆盖范围极宽,从 1 cm^{-1} 左右的大分子结构上的离域低频模式起,到 3500 cm^{-1} 左右的局域 NH 伸缩振动频率[57-60]。除此之外,DNA 与水相环境相互作用,即所谓的水合层,也增加了光谱的复杂性。水合程度对 DNA 的整体螺旋结构及特定位置的 DNA 功能基团与水分子的相互作用都有直接影响[2]。稳态红外和拉曼光谱旨在识别特定的螺旋和水合结构的典型振动特征,并且揭示 DNA 不同单元之间的耦合,如相邻碱基对,等等。利用这些光谱及水合 DNA 结构的时间平均图像,人们已经获得了大量的定性信息与经验规则[57]。然而在大多数情况下,关于分子层面的耦合及超快时间尺度上的分子运动动力学,明确的定量分析依然是完全缺乏的。目前为止,超快振动光谱侧重研究的是溶液中的孤立碱基及碱基对的特性[53,61,62](参见 2.3.2 节),以及在小的模型低聚物中的 C=O 伸缩、CN 伸缩和 G-C 碱基对中 CC 环模式之间的振动耦合[63,64]。

在 DNA 螺旋的表面有不同宽度和深度的"小沟"和"大沟"[2]。在该表面,水合层的水分子与沟壑中特定的官能团存在相互作用,例如主链的磷酸基团和碱基的 NH 和 C=O 基团[65-69]。局部分子结构的多样性,使得从结构的角度看,第一水合层是高度异质的,并且与更远处的类似于体相水的水合层有明显不同。水结构的改性会影响水合层的超快动力学,即结构的涨落、平移和取向运动,振动弛豫,溶剂化过程,甚至氢键寿命。许多理论研究,特别是分子动力学模拟,已经研究了水合层的结构及它们的飞秒至皮秒时间动力学[70-74]。在 DNA/水的界面,计算得到的氢键平均寿命约为 10 ps,远长于在体相水中几个皮秒的数值[7],并且水在界面的驻留时间在 30 ps 到几百皮秒之间,如此长的驻留时间与 NMR 的实验结果大致相同。除了分子轨迹之外,计算还得到了水的偶极相关函数、水与 DNA 之间的氢键寿命的相关函数,均为时间常数在 0.5～200 ps 之间的多指数衰减[74]。在小沟中的偶极相关性及氢键,寿命均比在大沟中的更长,而水和磷酸之间形成的氢键则具有短得多的寿命。

到目前为止,飞秒光谱只在很有限的程度上解释了 DNA 和其他大分子水合层的动力学。在一种方法中,通过飞秒光学激发,使附着或结合在 DNA 螺旋结构上的生色团产生电子偶极激发,再通过测量生色团荧光的时间依赖斯托克斯位移,来了解极性环境的诱导再定向(即偶极子溶剂化过程)[75-77]。从瞬态斯托克斯位移可以得到两点频率-时间相关函数(two-point frequency-time correlation functions,TCFs)。不同 DNA/生色团体系的 TCFs 比同一生色团在水中的 TCFs 弛豫得更慢,并且在 DNA 情形里,已发现 DNA 的 TCFs 是高度复杂的多指数函数,在时间尺度上涵盖多个数量级。由于内在的静电(偶极)相互作用具有长程特性,这里的 TCFs 所表示的体系中不同成分的组合动力学,包括 DNA 结构,特别是其带电基团、DNA 抗衡离子,还有水合层。然而,溶剂化结果被认为是在 DNA 和蛋白质表面水分子重新定向动力学减慢的证据。但这个结论最近受到了蛋白质 NMR 研究结果的挑战[77,78]。应当注意的是,连接到 DNA 上的有机生色团会改变 DNA 螺旋结构和水合层的结构。对这些结构及其对水动力学的影响进行的分析在近期有报道[79]。

本节重点介绍在大的水合程度范围内 DNA 低聚物的广泛的 2D 红外光谱研究结果。作为一个模型体系,实验制备了水合程度可控的含有 23 个交替腺嘌呤-胸腺嘧啶碱基对的人工双链低聚物的薄膜样品。首先在低水合程度下分析碱基对中不同 NH 伸缩激发的频率位置、耦合和弛豫动力学。在更高水合程度直至完全水合条件下的 DNA 低聚体的实验,允许我们区分 DNA 和水合层的动力学,后者可以通过 OH 伸缩激发来了解。这样,选择性地分析水合层动力学就变得可能。时间依赖的中心线斜率[80]可以从高水合程度下的二维光谱中得到,并与体相水的 TCFs 计算结果相比较。

2.4.1 腺嘌呤-胸腺嘧啶碱基对的 NH 伸缩激发

研究所选用的 DNA 低聚体由 $5'$-T(TA)$_{10}$-TT-$3'$(A:腺嘌呤,T:胸腺嘧啶)链及其互补序列组成(图 2.4(a))。为了制备高光学质量的 DNA 薄膜,钠离子被表面活性剂十六烷基三甲基铵(cetyltrimethylammonium,CTMA)代替,并与 DNA 形成复合物。利用参考文献[81-83]的详细步骤制备 $5\sim30~\mu m$ 厚的 DNA 薄膜样品。该复合物在 $0.5~\mu m$ 厚的 Si_3N_4 或 $1~mm$ 厚的 CaF_2 基底上甩膜。根据 DNA/表面活性剂复合物的尺寸,推测出 DNA 的浓度为 $1.5\times10^{-2}~mol/L$。将 DNA 样品放置到自制的湿度池中,该湿度池与含多种试剂的存储器相连,以控制池中 DNA 膜的相对湿度(relative humidity,RH)。在下文中的数据,其湿度水平为 0% 和 92% RH,分别对应于每个碱基周围最多 2 个水分子和超过 20 个水分子。0% RH 时水浓度 $c\leqslant0.57~mol/L$,92% RH 时水浓度为 $5.7~mol/L$,后者对应完全水合的 DNA 低聚物。通过测重法和稳态红外光谱测量 DNA 骨架中磷酸官能团 PO_2^-(参见图 2.4(b)中的插图)非对称伸缩振动模式的光谱位置,验证了 DNA 膜的水合程度。

DNA 螺旋构象依赖其水合程度[2]。X 射线衍射表明,由交替 A-T 碱基对组成的 DNA 螺旋在高于 70% RH 的湿度水平时以类似 B-构象存在[84]。理论计算[85]和红外光谱[86]表明,含有 A-T 碱基对的 DNA,其 B-螺旋构象在更宽的湿度范围内都是占优势的。与糖原振动和糖苷键扭转都有耦合的磷酸二酯主链振动的频率位置,是 DNA 构象的敏感探针。这里研究的样品,在 92% RH 时观察 835 cm^{-1} 和 890 cm^{-1} 两个红外峰,是 B-构象的特征谱带。当水含量降低至 33% RH 时,这些谱带有 $2\sim3$ cm^{-1} 的微小位移,即仍是 B-构象占优势。在 0%$\sim$92% RH 的整个范围内,并没有发现在 805 cm^{-1} 和 860 cm^{-1} 处 A-构象 DNA 的特征红外光谱带。

不同水合程度 DNA 低聚体在 $2400\sim3700$ cm^{-1} 之间的红外吸收光谱如图 2.4 所示。在 0% RH 时,在 $3000\sim3700$ cm^{-1} 之间的光谱主要是碱基对中 NH 伸缩振动,然而随着水含量的增加,水合层的 OH 伸缩振动开始占据主导地位。图 2.14 中是在 0% RH 下 DNA 低聚体的吸收型 2D 红外光谱,由重聚相和非重聚相信号叠加所得[87]。实验所用脉冲的中心频率为 3250 cm^{-1},其中脉冲 3 和脉冲 4 的偏振方向垂直于脉冲 1 和脉冲 2。与脉冲 3 和本机振荡脉冲 4（电场）的光谱归一化 2D 信号，以 ν_1 和 ν_3 为变量作图。2D 信号的正值部分，源自不同 NH 伸缩振子的 $\upsilon = 0$ 到 1 跃迁，所展现的光谱样式有一定程度的重叠组分。这些光谱样式包含两个强对角峰：在（3200，3200）cm^{-1} 处有最大值的 P1 和在（3350，3350）cm^{-1} 处有最大值的 P2；以及两个明显的交叉峰：在（3350，3200）cm^{-1} 处的 P3 和在（3200，3350）cm^{-1} 处的 P4（如图 2.14 中 $T = 100$ fs 所示）。对角峰 P1 由两个组分构成，一个是与对角线有所倾斜的、近似均匀展宽的较强组分，以及第二个沿着对角线向较低频率延伸的较弱组分。高频处的对角峰 P2 沿对角线方向有明显拉长。交叉峰 P3 平行于 ν_1 轴延长，本质上也是均匀展宽的，而交叉峰 P4 基本上是圆形的。上述峰型特征直到最长的布居时间 $T = 500$ fs 时仍然变化不大，这一点通过不同峰的中心线分析得到了证实[87]。以等待时间 T 为变量，P3 的强度相对于对角峰有显著增加。在检测频率 $\nu_3 < 3100$ cm^{-1} 处占主导地位的负值信号源自不同 NH 伸缩振子的 $\upsilon = 1$ 到 2 跃迁。

在独立的系列实验中，在相同实验条件下测量了含有 23 个非交替 A-T 碱基对（即垂直堆叠的 A 和 T 碱基连接到相应主链上）的 DNA 低聚物的 2D 红外光谱。在实验精度范围内，其 2D 光谱与图 2.14 中结果相符。这表明内部碱基对的耦合对超快振动响应影响很小。

对图 2.14 中的 2D 光谱进一步分析，沿着对角线 $\nu_1 = \nu_3$ 作切线以及经过 P2 最大值（3350，3350）cm^{-1} 沿着反对角线作切线（图 2.14 的 $T = 100$ fs 面板中的虚线）的光谱如图 2.15(a) 和 2.15(c) 所示，最长布居时间 T 为 700 fs。对角峰的切线（图 2.15(a)）由沿着 $\nu_1 = \nu_3$ 的 P1 和 P2 的宽组分和接近 3200 cm^{-1} 的 P2 的额外窄峰所组成。图 2.15(c) 中反对角横截面表明 P2 峰在 ν_3 低频方向上有尖锐的峰型，这与相对较弱的非对角峰肩峰重叠，该肩峰在 700 fs 的布居时间内强度逐渐增加。在 ν_3 值较高处，峰的轮廓平缓地减小，部分原因是与交叉峰 P4 发生了重叠。

在图 2.16(a)、(b) 中，将对角峰 P1、P2 及交叉峰 P3 的光谱强度积分，以布居时间 T 为函数作图（实心符号）。对角峰 P1 和 P2 在最初的 500 fs 内部分衰减，随后是一个更慢的衰减过程。该特征与光谱及时间分辨泵浦-探测实验中所得的振动布居数动力学结果[83,88]极为相似。泵浦-探测数据揭示了一个慢组分在 20 ps 内完全衰减。最初的亚皮秒衰减是由于不同 NH 伸缩振子的 $\upsilon = 1$ 布居弛豫，而较慢的皮秒动力学则反映了在低频模式中的振动（能量）再

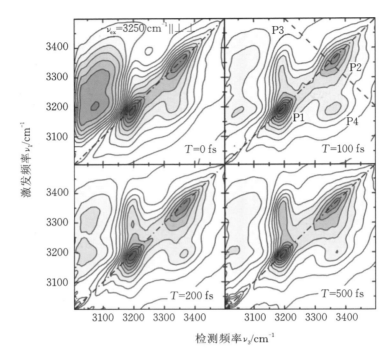

图 2.14 含有 23 个交替腺嘌呤-胸腺嘧啶(A-T)碱基对 DNA 低聚物在 0% RH 时的吸收型 2D 红外光谱图。光谱是在不同布居时间 T 下用中心频率为 3250 cm^{-1} 的脉冲测量所得,其脉冲偏振模式为脉冲 3 和 4 垂直于脉冲 1 和 2($\parallel\perp\perp$)。正信号的四个峰 P1~P4($T=100$ fs 时刻)及其周围信号源自 A-T 碱基对中基态 NH 伸缩跃迁。负信号(在低检测频率处的轮廓)源自 NH 伸缩振子的 $v=1$ 到 2 跃迁。每张光谱都按其正信号最大值归一化且等高线对应于 10% 的幅度变化。$T=100$ fs 面板中的虚线表示图 2.15(c)中反对角横截面所取的方向

分配以及 DNA 低聚物内的振动冷却。NH 伸缩振子的 $v=1$ 的弛豫,是通过指纹模式的合频及倍频(其能级在 NH 伸缩振子 $v=1$ 能级附近)而进行的,正如在飞秒 NH 伸缩激发后,时间分辨反斯托克斯拉曼散射结果所示[89]。与对角峰(图 2.16(a))相比,交叉峰 P3 的强度表现为一个延迟的增加,然后是一个缓慢的逐渐衰减。鉴于此,P3 与对角峰 P2 的强度之比随着 T 增加而发生显著增加,如图 2.16(c)所示。

为确定不同组分的归属,可以将红外吸收光谱和 2D 光谱与 A-T 碱基对的气相光谱和理论计算结果相比较。详细分析已有讨论[87]。值得注意的是,不同于溶液中 G-C 碱基对的情形(第 2.3.2 节)——红外吸收光谱和 2D 光谱

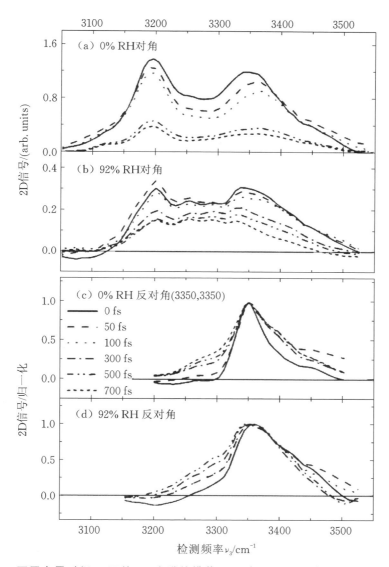

图 2.15　不同布居时间 T 下的 2D 光谱的横截面,0% RH 和 92% RH(参见图 2.14 和图 2.17)。(a)(b)沿着 $\nu_1 = \nu_3$ 的对角线的横截面。(c)(d)沿反对角线的横截面,通过频率位置$(3350,3350)$ cm^{-1}(图 2.14 和 2.17 的 $T = 100$ fs 面板中的虚线)

都没有表明腺嘌呤 NH$_2$ 官能团两个局域 NH 振子有显著的去耦合作用,该作用将导致 3500 cm^{-1} 附近出现游离 NH 基团的伸缩带。因此,腺嘌呤 NH$_2$ 的对称和非对称伸缩振动模式的描述是 A-T 碱基对的一个合理近似。与以前泵浦-探测研究的指认一致,图 2.14 中 2D 光谱中高频处对角峰 P2 源自腺嘌呤

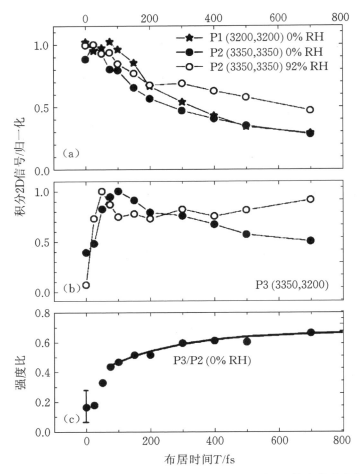

图 2.16　(a)(b)0% RH 下 2D 光谱对角线峰 P1、P2 及交叉峰 P3 的光谱强度积分归一化图(实心符号,参见图 2.14)。在 92% RH 下测得的结果用空心符号表示(参见图 2.17)。(c)0% RH 时 P3/P2 强度比值。实线是为了便于观察

NH$_2$ 的非对称伸缩振动模式。其伸长的峰型表明有非均匀展宽,在 2D 实验的时间尺度上是静态的并且可以反映 DNA 低聚体的结构无序度。P1 的 2D 光谱及横截面有两个不同的特点,一个是沿对角线的宽峰,一个是向 ν_1 轴倾斜的很窄的峰。宽峰的表现类似于高频处的对角峰,并被指认为腺嘌呤对称 NH$_2$ 伸缩模式。因此,在 3200 cm^{-1} 处近似均匀展宽的窄峰被认为是胸腺嘧啶 NH 的伸缩模式。该 NH 基团参与了碱基对内部结构明确的 NH···N 氢键,因此,应该不太受结构不均匀性的影响。对于中心频率在 3250 cm^{-1} 处的激发脉冲

及 0% RH 条件下水含量很低的 DNA 样品而言，3500 cm^{-1} 处残留水分子的 OH 伸缩振动[83]对 2D 光谱的贡献可以忽略不计。

2D 光谱中的交叉峰 P3 和 P4 表明了 NH_2 非对称伸缩模式与 3200 cm^{-1} 附近的模式之间的非谐性耦合。一般来说，非谐性耦合体现在交叉峰的色散线型中。这些特征在这里的 2D 光谱中是不可辨别的，这是由于不同对角峰和交叉峰有很多重叠，也是由于它们有 70～100 cm^{-1} 的较大的光谱宽度。非谐性耦合是明显小于这些交叉峰光谱宽度的，这是理论计算所支持的结论。如图 2.16(c) 所示，交叉峰 P3 的相对强度随布居时间 T 的增加而增高。虽然初始的快速上升受到 2D 光谱中部分重叠的 $v=1$ 到 2 贡献的干扰和补偿效应的强烈影响，但具有时间常数 500 fs 左右的随后的缓慢上升，则是源自从 $\nu_3=3350$ cm^{-1} 的 NH_2 非对称伸缩模式到 $\nu_3=3200$ cm^{-1} 模式的能量转移过程。P3 强度的缓慢增加也落后于图 2.15(c) 所示的反对角切线肩峰的上升。在能量转移过程中，高能级振子被去激活（没有频移的），而低能级振子的 $v=0$ 到 1 的跃迁被激发。两个激发态之间的能量差异被 DNA 的振动多重态吸收。这种向下的能量转移增强了 P3 相对于 P2 的正组分，而一个潜在的负组分，频率有所移动的 P3 组分因高能级振子的去激活而发生衰减。能量转移过程增加了下能级振子的 $v=1$ 的布居数，导致 P3 的衰减比 P1 和 P2 都慢（图 2.16(a)、(b)）。以 P3 强度的较慢的上升时间，大约 500 fs，作为非相干能量传递时间的一个测量值，标准的费米黄金法则给出两个振子之间耦合强度的绝对值在 5 cm^{-1} 左右。振动跃迁偶极之间有同样数量级的耦合强度，已在碱基对中指纹模式[64]和 NH 伸缩模式[88]中被发现。所有的这些耦合都比 NH 伸缩 2D 光谱中不同峰的光谱宽度小很多，也不能通过线型分析来获得。如果这里的能量转移过程是通过空间的偶极-偶极耦合进行的，那么从腺嘌呤的非对称 NH_2 伸缩模式到胸腺嘧啶的 NH 模式的转移是有利的，因为跃迁偶极之间距离近，约 0.35 nm，彼此呈 30°夹角，这些参数由碱基对结构[2,27,56]可获得。P3 峰的取向与 2D 光谱的 ν_1 轴平行，以及 P3 的光谱宽度接近对角峰 P1 中胸腺嘧啶 NH 伸缩组分的光谱宽度，都支持上述观点。相反地，可以排除非对称和对称 NH_2 伸缩模式之间的主要耦合，因为在光谱分辨的泵浦-探测数据中缺少量子拍频的存在，并且在 2D 光谱中也不存在量子相干的特征。

总之，低水合程度下 DNA 低聚物的 2D 光谱可以用来解析 A-T 碱基对的 NH 伸缩振动模式特征，并了解不同模式之间的耦合。直到 1 ps 左右的布居时间,光谱扩散过程对这个体系的影响仍然很小,导致光谱宽度为 70～100 cm^{-1} 的对角峰和交叉峰的线型在本质上与时间无关。交替的和非交替的 A-T 碱基对 DNA 低聚体的 2D 光谱表明碱基对之间的耦合可以忽略,但特定碱基对中 NH 伸缩振子之间的耦合能引起 NH 伸缩模式之间有亚皮秒级的能量转移过程。

2.4.2 水合 DNA 中 NH 和 OH 伸缩动力学

这里所利用的 DNA 薄膜样品方法,使其水合程度可控递增成为可能并最高至 92% RH,这时每个碱基对有 20 多个水分子以形成 B-构象 DNA 螺旋结构周围紧密的水合层。下文讨论了完全水合 DNA 的 2D 数据,中等水合程度(33% RH)下的结果见参考文献[90]。

92% RH 时 6 个不同布居时间 T 时的 DNA 低聚物的吸收型 2D 光谱如图 2.17 所示[90]。该数据与图 2.14 中的数据是在相同的实验条件下测得的。特别地,飞秒激光脉冲的中心频率为 $\nu_{ex}=3250$ cm^{-1} 并且采用(‖⊥⊥)偏振条件。图 2.17 中 NH 伸缩的对角峰和非对角峰光谱所呈现的样式与在 0% RH 时十分相似。在 92% RH 时,这种样式维持直至 0.5 ps 的布居时间,但会受到周围水层 OH 伸缩激发态所产生的宽谱背景贡献的影响。图 2.17 的 2D 光谱表明,来自水的信号组分在最初的 0.5 ps 发生明显的形状改变,从沿着对角线略微延长,发展为基本呈圆形。图 2.15(b)所示的 92% RH 下光谱的对角线切线表明 0% RH 下 NH 的光谱宽度和 OH 伸缩贡献具有近似的加和特征。随着 T 的增加,在 ν_3 高检测频率处信号强度的减少主要是由于水的热基态蓝移吸收峰的积累,该热基态信号在图 2.17 的最高检测频率区域中占主导。热基态的形成源于 OH 伸缩激发 $v=1$ 的布居衰减以及随后在水合层(与 DNA 低聚体)中的能量再分配。作为这些对角 NH 伸缩峰线宽的又一个测量,沿其反对角线切线的分别经过(3200,3200) cm^{-1} 和(3350,3350) cm^{-1} 处对应最大值(图 2.15(c)和图 2.15(d)),估计了其频率宽度 $\Delta\nu_a$。从 0% RH 到 92% RH,半高全宽大概有约 25% 的适度增加。与图 2.15(c)相比,图 2.15(d)中的横截面有更宽和更强的低频肩峰,反映了在总信号中额外的来自 OH 伸缩组分的光谱扩散过程。

在 92% RH 光谱中,时间依赖的(3350,3350) cm^{-1} 对角峰强度如图 2.16(a)(空心圆)所示,结果与 0% RH 情况下(实心圆)类似。较慢动力学有较大的相对幅度,源于水的贡献。在初始的快速降低之后,(3350,3320) cm^{-1} 处交

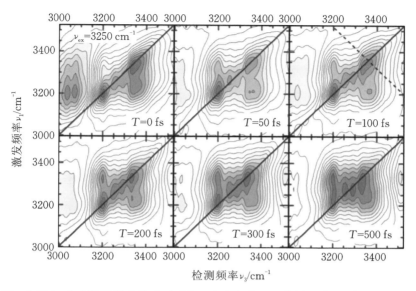

图 2.17 含有 23 个交替腺嘌呤-胸腺嘧啶(A-T)碱基对 DNA 低聚物在 92% RH 时的吸收型
2D 红外光谱图。光谱是在不同布居时间 T 下用中心频率为 3250 cm^{-1} 的脉冲测量
所得,其脉冲偏振模式为脉冲 3 和 4 垂直于脉冲 1 和 2($\parallel\perp\perp$)。每个频谱都根据
其最大正信号分量进行归一化,轮廓线对应于 10% 的变化振幅。$\nu_3 = 3100$ cm^{-1} 以
下的轮廓为负信号,源自 $v=1$ 到 $v=2$ 的跃迁。$\nu_3 > 3500$ cm^{-1} 的负信号是由水层
的热基态引起的。$T=100$ fs 面板中的虚线表示图 2.15(d) 中反对角线横截面所取
的方向

叉峰强度(图 2.16(b) 中的空心圆)显示出一个缓慢上升,源自 3350 cm^{-1} 的
NH 伸缩模式向 3200 cm^{-1} 的模式的向下能量转移,并伴随着水层的 OH 伸缩
组分背景信号的样式变化。

随着水合程度的增加,2D 光谱 NH 伸缩光谱样式发生了有限的变化,不
同水合程度下峰强度的时间演变过程十分相似,92% RH 下记录的 2D 光谱中
NH 和 OH 伸缩贡献的"加和性",这些结果表明,水合层对碱基对中 NH 伸缩
激发的性质尤其是其线宽的影响是有限的。一般来说,源于 DNA 骨架中离子
性磷酸基团的涨落性库仑力、DNA 低聚体的抗衡离子、水合层中的水偶极,引
起了在 2D 线型所体现出的振动退相过程。随着水浓度的增加,NH 伸缩线型没
有明显的变化,这说明它们不受水层的影响,而是由 DNA 低聚物或抗衡离子的
涨落机制所决定。以反对角线宽 $\Delta\nu_a$(NH 伸缩峰的 $\Delta\nu_a = 60\sim125$ cm^{-1})来测量
涨落所引起的展宽,相关的波动时间尺度明显属于亚皮秒级别。DNA 涨落的

频谱是由螺旋结构和抗衡离子的振动运动决定的，平移运动和转动运动太慢，不能解释亚皮秒的退相过程。骨架的离域振动和抗衡离子相对于 DNA 螺旋的运动发生在 $1\sim200$ cm$^{-1[60,91,92]}$ 的频率范围内，而磷酸离子的弯曲和伸缩运动的频率在 $400\sim1300$ cm^{-1} 之间。在 300 K 的温度下，低于 600 cm^{-1} 的热激发模式在该涨落的频谱中占主导地位，并参与 NH 伸缩激发的亚皮秒退相过程。应当注意的是，根据分子动力学模拟和 NMR 实验，DNA 表面第一水合层的结构涨落主要发生在皮秒时间域内，这个过程太慢以至于不能对 NH 伸缩模式的亚皮秒退相过程有重要贡献。

以中心频率 $\nu_{ex}=3250$ cm^{-1} 的脉冲测量的 2D 光谱表明 NH 和 OH 伸缩振动有相近的振幅。为了更加深入地了解 OH 伸缩组分并对比 DNA 水合层的 2D 光谱和相同条件下测量的体相水的 2D 光谱[93]，测量了一系列 2D 光谱，利用的脉冲，其中心定位在更高频率 $\nu_{ex}=3400$ cm^{-1}，这也是稳态 OH 伸缩吸收峰的最大值位置（图 2.4(b)）。在 92% RH 下 DNA 的吸收型 2D 光谱如图 2.18 所示。2D 信号用本机振荡谱做了校正，以便比较已报道的体相水的 2D 光谱（参考文献 [93] 中的图 1）。在图 2.18 中，占主导地位的 OH 伸缩振动贡献（$v=0$ 到 1 跃迁）的线型在 500 fs 的时间尺度内经历了从沿对角线的包络到基本呈圆形的转变。这种谱型变化直接反映了水层的光谱扩散。在体相水 H_2O 的 2D 光谱中也可以看到相似的行为[93]，然而，这里在最初的 200 fs 内有更明显的谱型变化。在图 2.19 中给出的是在不同布居时间 T 下的、经过 $(3350,3350)$ cm^{-1} 位置（图 2.18 中 $T=0$ fs 面板里的虚线）的反对角线横截面的归一化谱（符号）。该横截面 500 fs 内在 ν_3 低检测频率处有明显展宽。作为对比，参考文献[93]中体相水 H_2O 的 2D 光谱中沿着相同反对角线的横截面也在图中给出（线、切线来自 304 K 下样品的 2D 光谱）。虽然二者以布居时间 T 为函数的横截面之定性演变十分相似，但是体相水的 2D 光谱的展宽速度两到 3 倍快于 DNA 水合层的情形。

为了更加准确地量化光谱扩散的时间尺度，测量了不同布居时间下 2D 光谱的中心线[80]。中心线（图 2.18 中粗黑线）连接的是频率位置 $(\nu_{max,1},\nu_3)$，在该点，对一个特定 ν_3 值，光谱横截面沿着 ν_1 轴达到最大值。中心线斜率随着布居时间增加的改变，与涨落中的系综的频率-时间相关函数有密切联系。这类中心线分析对于局部 2D 光谱 —— 当其所包括的不同光学跃迁的贡献可以被清楚地分开，且所测线型没有光谱包络重叠所导致的失真时 —— 是很有意义

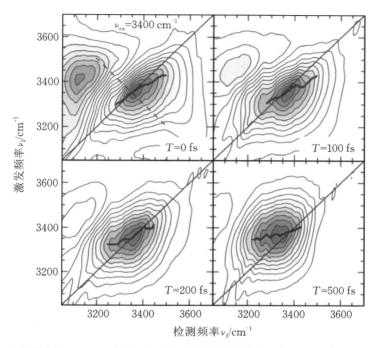

图 2.18 中心频率为 3400 cm^{-1} 的飞秒脉冲($\parallel \perp \perp$ 偏振模式)测量的 92% RH 下水合 DNA 低聚体的吸收型 2D 红外光谱图。光谱仅对本机振荡谱做了校正(参考文献[93]中的光谱)。每个光谱根据其最大的正信号组分归一化,并且轮廓线对应于 10% 幅度的变化。粗实线为沿着激发频率轴 ν_1 的横截面所得的中心线。$T = 100 \text{ fs}$ 面板中的虚线表示图 2.19 中反对角横截面所取的方向

的。2D 正信号的中心区域满足上述条件。在图 2.20 中给出的是从中心频率为 $\nu_{ex} = 3400 \text{ cm}^{-1}$ 的脉冲采集的全部 2D 数据中所得的中心线斜率绘制成 T 的函数(空心圆)。在 500 fs 的时间尺度上,斜率从初始值 0.7 左右衰减至 0.3。采用相同的过程处理体相水 H_2O 的 2D 光谱,得到的结果用实心正方形表示。由于 OH 伸缩振动 $v = 1$ 的 200 fs 的短寿命,以及随后形成具有明显不同吸收带的热基态的缘故,能够利用的布居时间 T 的范围更为受限。图 2.20 中体相水 H_2O 的数据表明前 100 fs 内中心线斜率急剧下降,这个过程在 DNA 水合层的数据中就没有如此明显。

图 2.20 中的实线表示体相水 H_2O 的 OH 伸缩激发的频率-时间相关函数 $Cp(t)$,来自分子动力学模拟[94]。该模拟考虑了涨落的库仑力——源自扩展的水分子氢键网络所导致的结构涨落,也考虑了共振能量转移过程——在不

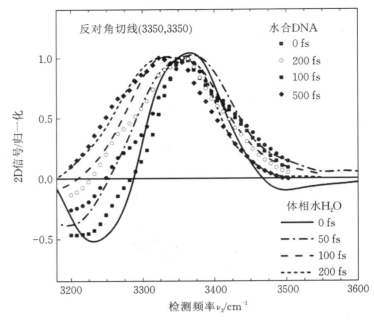

图 2.19　2D 光谱的反对角切线。体相水 H_2O(线)来自参考文献[93](样品温度 304 K)及 92% RH 下水合 DNA(符号,图 2.18 中沿着虚线的切线)。DNA 情形的光谱扩散慢于 H_2O

同振子之间进行的 OH 伸缩激发能量转移。在短时刻下,频率-时间相关函数与体相水 H_2O(实心方块)的结果相符合。在零时刻,所测中心线斜率为 0.7,而计算值为 1.0,其区别主要是由于实验数据是 $50\sim70$ fs 脉冲的时间平均结果。与体相水的 $C_p(t)$ 计算结果相比,水合 DNA 的中心线斜率(空心圆)表现出亚 100 fs 的快组分强度的大幅降低,并且在 T 为 $70\sim500$ fs 时呈现出更慢、更平缓的衰减。尤其是,在 $70\sim600$ fs 之间的显著衰减在计算的 $C_p(t)$ 不存在。水合 DNA 的慢衰减过程类似于体相水的相关函数 $C(t)$(虚线),该函数在计算时没有考虑 OH 伸缩振子之间的共振能量转移[94]。

　　图 2.18 和图 2.19 所示的结果及其在图 2.20 中的分析,提供了对 DNA 低聚物周围水合层的动力学的深入认识。与以前的溶剂化研究(生色团连接着DNA)相反,OH 伸缩激发,能选择性地探测未失真的 DNA 水合结构中的水分子响应。观察到的非线性响应是所有水合层的平均结果,既包括在 DNA 表面的高度异质的第一水分子层,也包括那些外层水分子。在 92% RH 的水合程度下,DNA 低聚物是完全水合的,但此时样品中总的水浓度约为 6 mol/L,

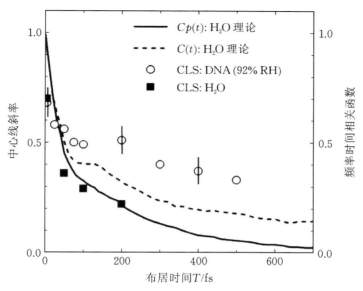

图 2.20　中心线斜率(CLS)之比较。92% RH 下 DNA 低聚体(空心圆,参见图 2.18);体相
水 H_2O(实心方块)来自参考文献[93]中的 2D 光谱。两条线是文献[94]中计算的
频率-时间相关函数(TCF)。通过分子动力学模拟计算得到的相关函数 $Cp(t)$(实
线)包括水分子 OH 伸缩振子之间的能量转移,而在 $C(t)$(虚线)则忽略了该过程

远小于体相水(56 mol/L)。在此降低的浓度下,OH 伸缩振子之间的共振能
量转移[94-96]明显减慢。从稀释的 OH(D_2O 中的 HOD,参考文献[96])伸缩振
子之间共振能量转移的实验研究推测,水层中有皮秒级能量转移时间,长于
OH 伸缩振子的亚皮秒振动寿命。因此,共振能量转移会或多或少地受到抑
制,并且对水合 DNA 的 2D 光谱中心线斜率的衰减没有贡献。这个结果在
70~700 fs 之间的布居时间内尤为重要(图 2.20),因为可以看到计算所得的
相关函数 $Cp(t)$ 的衰减受到共振能量转移的强烈影响[94]。完全水合 DNA 样
品和体相水之间的第二个主要区别是,大部分水分子(每个碱基对大约 20 个
水分子,包括骨架磷酸盐和糖单位)位于第一水合层中,并通过氢键连接到
DNA 中的各个基团上。这种局部相互作用减缓甚至抑制了水分子的取向和
平动运动。在螺旋结构狭窄的小沟里,空间位阻影响水分子运动,使氢键的寿
命长达数十皮秒,这些结果源自 NMR 测量结果及 MD 模拟所得的氢键寿命
相关函数[69,73,74]。受抑制的低频水运动和较长的氢键寿命直接影响涨落库仑
力的频谱,并减慢了 OH 伸缩激发的频率-时间相关函数中不同的弛豫组分。

水合 DNA 光谱的中心线斜率(图 2.20)中亚 100 fs 组分的相对较小的幅度就归因于这种机制。另一方面,时间依赖的 2D 光谱展宽(图 2.19)和中心线斜率的特性,都表明频率-时间相关函数的衰减在几个皮秒的时间尺度上。因此,DNA 周围水合层的结构涨落似乎仅在有限的程度上减缓,并有时间数量级上的改变。这一结论得到了近期 DNA 表面水分子动力学模拟的支持[97]。这个工作给出了水分子频率涨落相关函数的衰减时间为 0.4 ps 和 2.7 ps。

与 DNA 水合层结构动力学适当的减缓形成对照,水合层 OH 伸缩激发的布居弛豫和随后形成振动热基态的过程,在时间尺度上与体相 H_2O 十分类似。在一系列 OH 伸缩动力学的飞秒泵浦-探测实验中,研究了体相水的动力学[83,88]。此外,DNA 骨架中的磷酸基团,作为一个高灵敏的局部水合探针,通过对其非对称伸缩振动的瞬态特性的研究,发现过剩能量会由 DNA 高效地转移至水层,水层即体系的主要热能接收器[98]。在受热的体系中,水分子与磷酸基团之间的氢键会被削弱其至破坏。

总之,完全水合 DNA 的 2D 光谱可以将 DNA 的 NH 伸缩响应和周围水层的动力学分离开。NH 伸缩线型在非常宽的水浓度范围内具有相似性,这表明水的涨落对 NH 伸缩激发的时间演变影响很小。由于 DNA 的结构涨落并包括抗衡离子的影响,不同的 NH 伸缩峰的光谱宽度表明,振动退相过程在亚皮秒时间尺度上。对于完全水合的 DNA,水合层的 OH 伸缩激发的光谱扩散有限地慢于体相 H_2O 之情形。水合 DNA 和体相 H_2O 的 2D 光谱的中心线斜率分析表明,水合层的相关函数有一个亚 100 fs 的强度明显降低过程以及一个在亚皮秒时间尺度的更缓慢的弛豫过程。水合层中 OH 伸缩振子间共振能量转移的微小影响,与 DNA 表面有作用的第一水合层的略显刚性并高度异质性的结构,都被认为是水分子响应减慢的关键机制。

2.5 结论和展望

本章的研究结果介绍了多种相互作用和过程,都与在超快时间域内了解氢键二聚体和核酸碱基对的动态有关。与线性红外光谱不同,飞秒非线性泵浦-探测和光子回波方法,可以通过非线性吸收光谱,其至 2D 红外光谱的典型时间尺度和特征光谱指纹,将动态过程与相互作用分离开来。在羧酸二聚体和核酸碱基对这些氢键体系中,其在超快时间尺度上的结构涨落可以被忽略,不同类型的非谐性耦合导致了高度复杂的线性和非线性振动光谱线型。在这里关键的机理是费米共振和非谐性耦合,费米共振来自与指纹振动的组合频及倍频的耦合,非谐性耦合是与那些低频氢键模式作用而产生的。后一类相互作用,致使——从原理上——利用特定的飞秒红外脉冲,可以引导低频波包沿着欠阻尼的氢键自由度进行运动。尽管羧酸二聚体中 OH 伸缩振动整体的耦合情况从细节上已经很清楚了,但是在核酸碱基对中 NH 伸缩激发的耦合作用,还不是很清楚,特别是对于那些频率位于组合频及倍频范围内的 NH 伸缩模式。这里,在更宽的频率范围,和/或利用氘代样品的 2D 红外光谱研究,应该能够提供更多信息。

水合 DNA 低聚体中核酸碱基对的研究发现,周围水层对 NH 伸缩动力学的影响是令人惊奇的微弱,在相当宽的水合程度范围内进行的泵浦-探测和 2D 实验证实了该结论。这种现象似乎与结构相对刚性的、DNA 表面的第一水合层有关。与体相水比较,这种刚性结构也导致 DNA 周围水层的结构涨落的适度减缓。然而,水层 OH 伸缩激发的频率-时间相关函数表现出在亚皮秒时间尺度内的显著衰减,从而排除了水的动力学发生几个数量级的减缓的可能性。

虽然这里讨论的工作主要集中在 OH 和 NH 的伸缩模式,但是 2D 手段可以扩展到指纹模式,特别是那些位于 DNA 骨架上的基团,因此,从更有针对性地从细节上认识 DNA 与水的相互作用方面来讲,2D 手段具有重要潜能。对称和非对称的磷酸伸缩振动,以及在 $500 \sim 1000 \ cm^{-1}$ 频率范围内的 DNA 骨架模式都是适宜于此类研究的振动探针。澄清 DNA 及其他含氢键的生物分子结构与周围水性环境的相互作用,也是在分子水平上了解在电子激发或振动激发下,生物分子能量耗散过程的时间尺度与机理所必需的。

致谢

感谢我现在的和以前的同事 Satoshi Ashihara、Jens Dreyer、Jason Dwyer、Henk Fidder、Karsten Heyne、Nils Huse、Erik T.J.Nibbering、Łukasz Szyc 和 Ming Yang 对本章讨论的工作所做出的重要贡献。非常感谢与多伦多和汉堡的 R.J.Dwayne Miller、基尔的 Friedrich Temps、博尔德的 Casey Hynes、麦迪逊的 Jim Skinner、巴黎的 Damien Laage 等合作小组的讨论。非常感谢欧洲研究理事会(FP7/2007-2013/ERC Grant Agreement No.247051 "Ultradyne")、德国科学基金会和德国化工基金的支持。

参考文献

[1] Schuster P，Zundel G，Sandorfy C（Eds.）. 1976. The Hydrogen Bond：Recent Developments in Theory and Experiments，Vol. I-III. North Holland，Amsterdam.

[2] Saenger W. 1984. Principles of Nucleic Acid Structure. Springer Verlag，New York，Chapter 17.

[3] Eisenberg D，Kauzmann W. 1969. The Structure and Properties of Water. Oxford University Press，New York.

[4] Bakker HJ，Skinner JL. 2010. Vibrational spectroscopy as a probe of structure and dynamics in liquid water. Chem. Rev. 110：1498-1517.

[5] Fayer MD. 2009. Dynamics of liquids，molecules，and proteins measured with ultrafast 2D IR vibrational echo chemical exchange spectroscopy. Annu. Rev. Phys. Chem. 60：21-38.

[6] Nibbering ETJ，Elsaesser T. 2004. Ultrafast vibrational dynamics of hydrogen bonds in the condensed phase. Chem. Rev. 104：1887-1914.

[7] Laage D，Hynes JT. 2006. A molecular jump mechanism of water reorientation. Science 311：832-835.

[8] Mikenda W，Steinböck S. 1996. Stretching frequency vs bond distance correlation of hydrogen bonds in solid hydrates：A generalized correlation function. J. Mol. Struct. 384：159-163.

[9] Rey R，Moller KB，Hynes JT. 2002. Hydrogen bond dynamics in water and ultrafast infrared spectroscopy. J. Phys. Chem. A 106：11993-11996.

[10] Lawrence CP，Skinner JL. 2003. Vibrational spectroscopy of HOD in liquid D_2O. III. Spectral diffusion，and hydrogen-bonding and rotational dynamics. J. Chem. Phys. 118：264-272.

[11] Asbury JB，Steinel T，Kwak K，Corcelli SA，Lawrence CP，Skinner JL，Fayer MD. 2004. Dynamics of water probed with vibrational echo correlation spectroscopy. J. Chem. Phys. 121：12431-12446.

[12] Cowan ML，Bruner BD，Huse N，Dwyer JR，Chugh B，Nibbering ETJ，Elsaesser T，Miller RJD. 2005. Ultrafast memory loss and energy redis-

tribution in the hydrogen bond network of liquid H_2O. Nature 434:199-202.

[13] Fayer MD (Ed.).2001.Ultrafast Infrared and Raman Spectroscopy.Marcel Dekker,New York.

[14] Elsaesser T,Bakker HJ (Eds.).2002.Ultrafast Hydrogen Bonding Dynamics and Proton Transfer Processes in the Condensed Phase.Kluwer,Dordrecht.

[15] Hamm P,Lim M,Hochstrasser RM.1998.Structure of the amide I band of peptides measured by femtosecond nonlinear infrared spectroscopy.J. Phys. Chem. B 102:6123-6138.

[16] Asplund MC,Zanni MT,Hochstrasser RM.2000.Two-dimensional infrared spectroscopy of peptides by phase-controlled femtosecond vibrational photon echoes.Proc. Natl. Acad. Sci. USA 97:8219-8224.

[17] Mukamel S.2000.Multidimensional femtosecond correlation spectroscopies of electronic and vibrational excitations.Annu. Rev. Phys. Chem. 51:691-729.

[18] Taylor CA,El-Bayoumi MA,Kasha M.1969.Excited state two-proton tautomerism in hydrogen-bonded N-heterocyclic base pairs.Proc. Natl. Acad. Sci. USA 63:253-260.

[19] Marechal Y,Witkowski A.1968.Infrared spectra of H-bonded systems.J. Chem. Phys. 48:3697-3705.

[20] Marechal Y.1987.IR spectra of carboxylic acids in the gas phase:A quantitative reinvestigation.J. Chem. Phys. 87:6344-6353.

[21] Chamma D,Henri-Rousseau O.1999.IR theory of weak H-bonds:Davydov coupling,Fermi resonances and direct relaxations.I.Basis equations within the linear response theory.Chem. Phys. 248:53-70.

[22] Chamma D,Henri-Rousseau O.1999.IR theory of weak H-bonds:Davydov coupling,Fermi resonances and direct relaxations.II.General trends from numerical experiments.Chem. Phys. 248:71-89.

[23] Florio GM,Zwier TS,Myshakin EM,Jordan KD,Sibert III EL.2003.Theoretical modeling of the OH stretch infrared spectrum of carboxylic acid dimers based on first-principles anharmonic couplings. J. Chem.

Phys. 118:1735-1746.

[24] Emmeluth C, Suhm MA, Luckhaus D. 2003. A monomers-in-dimers model for carboxylic acid dimers.J. Chem. Phys. 118:2242-2255.

[25] Watson JD, Crick FHC. 1953. Molecular structure of nucleic acids—A structure for deoxyribose nucleic acid.Nature 171:737-738.

[26] Sponer J,Jurecka P,Hobza P.2004.Accurate interaction energies of hydrogen-bonded nucleic acid base pairs.J. Am. Chem. Soc. 126:10142-10151.

[27] Plutzer C,Hunig I,Kleinermanns K,Nir E,de Vries MS.2003.Pairing of isolated nucleobases:Double resonance laser spectroscopy of adenine-thymine.Chem. Phys. Chem. 8:838-842.

[28] Schwalb NK,Michalak T,Temps F.2009.Ultrashort fluorescence life-times of hydrogen-bonded base pairs of guanosine and cytidine in solution.J. Phys. Chem. B 51:16365-16376.

[29] Douhal A,Kim SK,Zewail AH.1995.Femtosecond molecular dynamics of tautomerization in model base pairs.Nature 378:260-263.

[30] Dreyer J.2007.Unraveling the structure of hydrogen bond stretching mode infrared absorption bands:An anharmonic density functional theory study on 7-azaindole dimers.J. Chem. Phys. 127:054309.

[31] Szyc Ł,Yang M,Nibbering ETJ,Elsaesser T.2010.Ultrafast vibrational dynamics and local interactions of hydrated DNA. Angew. Chem. Int. Ed. 49:3598-3610.

[32] Oxtoby DW,Levesque D,Weis JJ.1978.Molecular dynamics simulation of dephasing in liquid nitrogen.J. Chem. Phys. 68:5528-5533.

[33] Henri-Rousseau O,Blaise P.1998.The infrared spectral density of weak hydrogen bonds within the linear response theory. Adv. Chem. Phys. 103:1-186.

[34] Stenger J,Madsen D,Hamm P,Nibbering ETJ,Elsaesser T.2001.Ultra-fast vibrational dephasing of liquid water.Phys. Rev. Lett. 87:027401.

[35] Rey R,Moller KB,Hynes JT.2004.Ultrafast vibrational population dynamics of water and related systems:A theoretical perspective.Chem. Rev. 104:1915-1928.

［36］ Ashihara S，Huse N，Espagne A，Nibbering ETJ，Elsaesser T.2007.Ultrafast structural dynamics of water induced by dissipation of vibrational energy.J. Phys. Chem. A 111：743-746.

［37］ Ashihara S，Huse N，Espagne A，Nibbering ETJ，Elsaesser T.2006.Vibrational couplings and ultrafast relaxation of the O—H bending mode in liquid H_2O.Chem. Phys. Lett. 424：66-70.

［38］ Rey R，Ingrosso F，Elsaesser T，Hynes JT.2009.Pathways for H_2O bend vibrational relaxation in liquid water.J. Phys. Chem. A 113：8949-8962.

［39］ Hamm P，Ohline SM，Zinth W.1997.Vibrational cooling after ultrafast photoisomerization of azobenzene measured by femtosecond infrared spectroscopy.J. Chem. Phys. 106：519-529.

［40］ Lock AJ，Bakker HJ.2002.Temperature dependence of vibrational relaxation in liquid H_2O.J. Chem. Phys. 117：1708-1713.

［41］ Kaindl RA，Wurm M，Reimann K，Hamm P，Weiner AM，Woerner M. 2000.Generation，shaping，and characterization of intense femtosecond pulses tunable from 3 to 20 μm.J. Opt. Soc. Am. B 17：2086-2094.

［42］ Cowan ML，Ogilvie JP，Miller RJD.2004.Two-dimensional spectroscopy using diffractive optics based phased-locked photon echoes.Chem. Phys. Lett. 386：184-189.

［43］ Huse N，Heyne K，Dreyer J，Nibbering ETJ，Elsaesser T.2003.Vibrational multilevel quantum coherence due to anharmonic couplings in intermolecular hydrogen bonds.Phys. Rev. Lett. 91：197401.

［44］ Huse N，Bruner BD，Cowan ML，Dreyer J，Nibbering ETJ，Miller RJD，Elsaesser T.2005.Anharmonic couplings underlying the ultrafast vibrational dynamics of hydrogen bonds in liquids.Phys. Rev. Lett. 95：147402.

［45］ Heyne K，Huse N，Nibbering ETJ，Elsaesser T.2003.Ultrafast coherent nuclear motions of hydrogen bonded carboxylic acid dimers. Chem. Phys. Lett. 369：591-596.

［46］ Heyne K，Huse N，Dreyer J，Nibbering ETJ，Elsaesser T，Mukamel S. 2004.Coherent low-frequency motions of hydrogen bonded acetic acid dimers in the liquid phase.J. Chem. Phys. 121：902-913.

[47] Fujii Y, Yamada H, Mizuta M. 1988. Self-association of acetic acid in some organic solvents. J. Phys. Chem. 92:6768-6772.

[48] Faurskov Nielsen O, Lund PA. 1983. Intermolecular Raman active vibrations of hydrogen bonded acetic acid dimers in the liquid state. J. Chem. Phys. 78:652-655.

[49] Dwyer JR, Dreyer J, Nibbering ETJ, Elsaesser T. 2006. Ultrafast dynamics of vibrational N—H stretching excitations in the 7-azaindole dimer. Chem. Phys. Lett. 432:146-151.

[50] Stenger J, Madsen D, Dreyer J, Nibbering ETJ, Hamm P, Elsaesser T. 2001. Coherent response of hydrogen bonds in liquids probed by ultrafast vibrational spectroscopy. J. Phys. Chem. A 105:2929-2932.

[51] Dreyer J. 2005. Density functional theory simulations of two-dimensional infrared spectra for hydrogenbonded acetic acid dimers. Int. J. Quant. Chem. 104:782-793.

[52] Dreyer J. 2005. Hydrogen-bonded acetic acid dimers: Anharmonic coupling and linear infrared spectra studied with density-functional theory. J. Chem. Phys. 122:184306.

[53] Yang M, Szyc Ł, Röttger K, Fidder H, Nibbering ETJ, Elsaesser T, Temps F. 2011. Dynamics and couplings of NH stretching excitations of guanosine-cytidine base pairs in solution. J. Phys. Chem. B 115:5484-5492.

[54] Khalil M, Demirdoven N, Tokmakoff A. 2003. Coherent 2D IR spectroscopy: Molecular structure and dynamics in solution. J. Phys. Chem. A 107:5258-5279.

[55] Fonseca Guerra C, van der Wijst T, Bickelhaupt FM. 2006. Supramolecular switches based on the guaninecytosine (GC) Watson-Crick pair: Effect of neutral and ionic substituents. Chem. Eur. J 12:3032-3042.

[56] Wang GX, Ma XY, Wang JP. 2009. Anharmonic vibrational signatures of DNA bases and Watson-Crick base pairs. Chin. J. Chem. Phys. 22:563-570.

[57] Falk M, Hartman KA, Lord RC. 1963. Hydration of deoxyribonucleic acid. II. An infrared study. J. Am. Chem. Soc. 85:387-391.

[58] Tsuboi M. 1969. Application of infrared spectroscopy to structure studies

of nucleic acids.Appl. Spectrosc. Rev. 3:45-90.

[59] Prescott B,Steinmetz W,Thomas Jr GJ.1984.Characterization of DNA structures by laser Raman spectroscopy.Biopolymers 23:235-256.

[60] Cocco S,Monasson R. 2000. Theoretical study of collective modes in DNA at ambient temperature.J. Chem. Phys. 112:10017-10033.

[61] Woutersen S,Cristalli G.2004.Strong enhancement of vibrational relaxation by Watson-Crick base pairing.J. Chem. Phys. 121:5381-5386.

[62] Peng CS,Jones KC,Tokmakoff A.2011.Anharmonic vibrational modes of nucleic acid bases revealed by 2D IR spectroscopy.J. Am. Chem. Soc. 133:15650-15660.

[63] Krummel AT,Mukherjee P,Zanni MT.2003.Inter-and intrastrand vibrational coupling in DNA studied with heterodyned 2D IR spectroscopy.J. Phys. Chem. B 107:9165-9169.

[64] Krummel AT ,Zanni MT.2006.DNA vibrational coupling revealed with two-dimensional infrared spectroscopy:Insight into why vibrational spectroscopy is sensitive to DNA structure.J. Phys. Chem. B 110:13991-14000.

[65] Kopka ML,Fratini AV,Drew HR,Dickerson RE.1983.Ordered water structure around a B-DNA dodecamer—A quantitative study. J. Mol. Biol. 163:129-146.

[66] Schneider B,Berman HM.1995.Hydration of the DNA bases is local. Biophys. J. 69:2661-2669.

[67] Schneider B,Patel K,Berman HM.1998.Hydration of the phosphate group in double-helical DNA.Biophys. J. 75:2422-2434.

[68] Liepinsh E,Otting G,Wüthrich K.1992.NMR observation of individual molecules of hydration water bound to DNA duplexes:Direct evidence for a spine of hydration water present in aqueous solution.Nucl. Acid. Res. 20:6549-6553.

[69] Halle B,Denisov VP.1998.Water and monovalent ions in the minor groove of B-DNA oligonucleotides as seen by NMR.Biopolymers 48:210-233.

[70] Beveridge DL,McConnell KJ.2000.Nucleic acids:Theory and computer simulations,Y2K.Curr. Opinion. Struct. Biol. 10:182-196.

［71］ Pettitt BM,Makarov VA,Andrews BK.1998.Protein hydration density: Theory,simulations and crystallography.Curr. Opinion. Struct. Biol. 8: 218-221.

［72］ Feig M,Pettitt BM.1999.Modeling high-resolution hydration patterns in correlation with DNA sequence and conformation.J. Mol. Biol. 286:1075-1095.

［73］ Bonvin AMJJ,Sunnerhagen M,Otting G,van Gunsteren WF.1998.Water molecules in DNA recognition II:A molecular dynamics view of the structure and hydration of the trp operator.J. Mol. Biol. 282:859-873.

［74］ Pal S,Maiti PK,Bagchi B.2006.Exploring DNA groove water dynamics through hydrogen bond lifetime and orientational relaxation.J. Chem. Phys. 125:234903.

［75］ Pal SK,Zhao L,Zewail AH.2003.Water at DNA surfaces:Ultrafast dynamics in minor groove recognition.Proc. Natl. Acad. Sci. USA 100: 8113-8118.

［76］ Andreatta D,Lustres LP,Kovalenko SA,Ernsting NP,Murphy CJ,Coleman RS,Berg MA.2005.Powerlaw solvation dynamics in DNA over six decades in time.J. Am. Chem. Soc. 127:7270-7271.

［77］ Zhong D,Pal SK,Zewail AH.2011.Biological water:A critique.Chem. Phys. Lett. 503:1-11.

［78］ Halle B,Nilsson L.2009.Does the dynamic Stokes shift report on slow protein hydration dynamics? J. Phys. Chem. B 113:8210-8213.

［79］ Furse KE,Corcelli S.2010.Effects of an unnatural base pair replacement on the structure and dynamics of DNA and neighboring water and ions. J. Phys. Chem. B 114:9934-9945.

［80］ Kwak K,Park S,Finkelstein IJ,Fayer MD.2007.Frequency-frequency correlation functions and apodization in two-dimensional infrared vibrational echo spectroscopy:A new approach.J. Chem. Phys. 127:124503.

［81］ Tanaka K,Okahata Y.1996.A DNA-lipid complex in organic media and formation of an aligned cast film.J. Am. Chem. Soc. 118:10679-10683.

［82］ Yang C,Moses D,Heeger AJ.2003.Base-pair stacking in oriented films of DNA-surfactant complex.Adv. Mater. 15:1364.

[83] Dwyer JR,Szyc Ł,Nibbering ETJ,Elsaesser T.2008.Ultrafast vibrational dynamics of adenine-thymine base pairs in DNA oligomers.J. Phys. Chem. B 112:11194-11197.

[84] Leslie AGW,Arnott S,Chandrasekaran R,Ratliff RL.1980.Polymorphism of DNA double helices.J. Mol. Biol. 143:49-72.

[85] Mazur AK.2005.Electrostatic polymer condensation and the A/B polymorphism in DNA:Sequence effects.J. Chem. Theory. Comput. 1:325-336.

[86] Pilet J,Brahms J.1973.Investigation of DNA structural changes by infrared spectroscopy.J.Biopolymers 12:387-403.

[87] Yang M,Szyc Ł, Elsaesser T. 2011. Femtosecond two-dimensional infrared spectroscopy of adeninethymine base pairs in DNA oligomers.J. Phys. Chem. B 115:1262-1267.

[88] Szyc Ł,Dwyer JR,Nibbering ETJ,Elsaesser T.2009.Ultrafast dynamics of NH and OH stretching excitations in hydrated DNA oligomers. Chem. Phys. 357:36-44.

[89] Kozich V,Szyc Ł,Nibbering ETJ,Werncke W,Elsaesser T.2009.Ultrafast redistribution of vibrational energy after excitation of NH stretching modes in DNA oligomers.Chem. Phys. Lett. 473:171-175.

[90] Yang M,Szyc Ł,Elsaesser T.2011.Decelerated water dynamics and vibrational couplings of hydrated DNA mapped by two-dimensional infrared spectroscopy.J. Phys. Chem. B 115:13093-13100.

[91] Urabe H,Hayashi H,Tominaga Y,Nishimura Y,Kubota K,Tsuboi M. 1985.Collective vibrational modes in molecular assembly of DNA and its application to biological systems—Low-frequency Raman spectroscopy. J. Chem. Phys. 82:531-535.

[92] Perepelytsya SM,Volkov SN.2007.Counterion vibrations in the DNA low-frequency spectra.Eur. Phys. J. E 24:261-269.

[93] Kraemer D,Cowan ML,Paarmann A,Huse N,Nibbering ETJ,Elsaesser T,Miller RJD.2008.Temperature dependence of the two-dimensional infrared spectrum of liquid H_2O.Proc. Natl. Acad. Sci. USA 105:437-442.

[94] Jansen TLC,Auer BM,Yang M,Skinner JL.2010.Two-dimensional in-

frared spectroscopy and ultrafast anisotropy decay of water. J. Chem. Phys. 132:224503.

[95] Paarmann A, Hayashi T, Mukamel S, Miller RJD. 2008. Probing inter-molecular couplings in liquid water with two-dimensional infrared photon echo spectroscopy. J. Chem. Phys. 128:191103.

[96] Woutersen S, Bakker HJ. 1999. Resonant intermolecular transfer of vibrational energy in liquid water. Nature 402:507-509.

[97] Furse KE, Corcelli SA. 2008. The dynamics of water at DNA interfaces: Computational studies of Hoechst 33258 bound to DNA. J. Am. Chem. Soc. 130:13103-13109.

[98] Szyc Ł, Yang M, Elsaesser T. 2010. Ultrafast energy exchange via water-phosphate interactions in hydrated DNA. J. Phys. Chem. B 114:7951-7957.

第 3 章
水的再取向和超快红外光谱学

3.1　概述

通过断开和建立氢键所进行的水的氢键（hydrogen bond，HB）网络的再组织，对于许多纯液体中的重要特征，以及许多水状介质现象都是很关键的；这些现象，略举数例，包括化学反应、离子输运和蛋白质活动等。而水分子的再取向，在这种再组织过程中扮演着重要角色。长期以来，水分子再取向可以用很小的角位移德拜（Debye）转动扩散来描述。基于理论模拟和解析模型，近年来出现与之极为不同的一种图像解释，称作突然而大幅度跳跃机制；处于再取向状态的水分子在某种活化过程中快速地交换 HB 配体，而该活化过程具备化学反应中的所有特征。在本章中，我们在纯水、离子的水溶液、疏水及双亲溶质的水溶液中，利用现代超快红外（IR）光谱实验，开展对跳跃再取向机制及其应用的阐述、讨论与探究。重点放在 IR 泵浦-探测各向异性测量，也放在利用先进的二维红外（2D IR）光谱测量技术对跳跃机制的直接表征。

本章组织结构如下。在 3.2 节中，我们介绍一个有关水的再取向的观点，包括实验的和理论的。3.3 节给出跳跃模型的描述及其借助拓展跳跃模型

(extended jump model, EJM)所作的预测,以及借助超快 IR 光谱进行的详细检验。3.4 节致力于阴离子水溶液及这些溶液中出现的重要问题,还有跳跃模型及 EJM 模型对 IR 各向异性和 2D IR 实验的预测及检验。双亲溶液在 3.5 节中以实验加理论的方式研究。这里,先特别关注疏水溶质在跳跃视角和过渡态排除量(transition state excluded volume, TSEV)因素下 IR 各向异性实验的解释。这是二级理论 EJM 的进展,并对双亲分子溶质给出详细讨论。它强调这些分子的疏水、亲水部分在超快 IR 各向异性和 2D IR 实验中扮演的不同角色。这就涉及过渡态氢键强度因子——一项二级理论 EJM 的阐述——来解释双亲分子的亲水部分。最后,在 3.6 节给出一个简单的总结,并指出一些未来的研究方向。

3.2 引言:水的再取向

在液态水的许多奇异性质中,其氢键网络担负最大责任。这个网络通过断裂和形成氢键,在皮秒时间尺度上不断地进行着重组[1-7]。这种瞬时重组动力学在广泛的基础化学和生物过程中扮演着重要角色。列举部分,包括 S_N2[8]、质子转移反应[9-11]、质子输运[12,13]和蛋白质活动[14,15]。

这些氢键网络重排的工作机理涉及以一种重要的方式进行的、个体水分子的再取向。在我们进入对这个再取向过程的传统图像的讨论之前,我们先对研究这个再取向问题所需要的一些实验方法进行一个广泛讨论。

对一个水分子的再取向动力学的最简单表征,从实验或理论角度考虑,都依赖分子取向的时间相关函数(time correlation function, TCF)。对一个给定的主体固定的矢量,例如水的 OH 键或偶极矩,这个函数能跟踪对初始方向的记忆丢失有多快。其正式定义是平衡均值[16,17],有

$$C_n(t) = \langle P_n[\boldsymbol{u}(0) \cdot \boldsymbol{u}(t)] \rangle \tag{3.1}$$

其中,P_n 是 n 阶勒让德(Legendre)多项式,$\boldsymbol{u}(t)$ 是分子在 t 时刻的取向。最常用的两个取向 TCF 是最前两个函数 C_1 和 C_2。对于第一个,$P_1(x) = x$,于是 $C_1(t)$ 随 $\cos\theta$ 衰减,其中 θ 是 $\boldsymbol{u}(0)$ 和 $\boldsymbol{u}(t)$ 的夹角。$P_2(x) = (3x^2 - 1)/2$,于是 $C_2(t)$ 能探测 $\cos^2\theta$ 的衰减。这两个 TCF 都从初始值 1 开始衰减,此时分子还没有再取向;渐近值 0 对应着取向的各向同性分布,反映着记忆的完全丢失。在讨论这些 TCF 中所包含的分子信息之前,我们首先调研现有的可探测水的再取向动力学的一些主要方法。

我们以两个传统的用于研究水的再取向问题的实验技术开始：介电弛豫（dielectric relaxation，DR）和核磁共振（nuclear magnetic resonance，NMR）。这两个技术测量取向动力学中的非常不同的方面，与接下来要讨论的 IR 光谱技术是很有益的对比。DR[18]实际上探测的是样品中宏观的、多粒子的和电极化的时间相关性。相应地，这个集体变量的时间尺度是德拜时间 τ_D，表示总偶极矩一阶取向 TCF 的弛豫时间。这个集体时间 τ_D 能与单分子的再取向时间 τ_1 关联起来，但只在非常近似的介电理论假设之下[19]。对于水的情形，τ_D 和 τ_1 的值相差约 2 倍[20,21]。

在 NMR 中，纵向自旋弛豫率的测量值（在极端窄化极限（narrowing limit）下）正比于取向弛豫时间，其定义是取向 TCF 的全时间积分[22]（我们将会看到，在和 IR 光谱结果做比较时，这种全时间积分后的 NMR 情况是需要考虑在内的）。不同的原子核，其向量或张量是不同的。在 ^{1}H 的实验中，NMR 探测水 HH 向量的 $n=2$ 的单分子 TCF 的时间积分。对于 [2]H（=D）和 ^{17}O 原子核，每一个都具有电四极矩，NMR 探测的是电场梯度张量的 TCF[23]。对于 [2]H，这个张量近似是单轴的，NMR 给出的是水 OD 向量 $n=2$TCF 的积分。作为对比，[17]O 对应的张量不是单轴的，水分子平面法向量的再取向 TCF 只能粗略地近似于测量的 TCF[23]。总体来看，NMR 对二阶（$n=2$）取向 TCF $C_2(t)$ 是敏感的，因为偶极矩和四极矩都包含 $\cos^2\theta$ 项[22]。

近期出现的超快 IR 泵浦-探测光谱术，是探测水的再取向动力学的最富有信息量的技术之一。其引人注目的特点之一是它拥有所需的飞秒时间分辨能力来跟踪非常快的水的再取向运动。泵浦脉冲产生了振动激发的水分子布居，它们的平均取向沿着泵浦的偏振方向。用偏振方向平行或垂直于泵浦脉冲的光脉冲来探测这个体系并将这些信号相结合，就可以获得这个布居的各向异性弛豫。它通常近似于 $2/5C_2(t)$[24,25]。泵浦-探测光谱是一个三阶非线性技术，需要四次光脉冲的作用，两次来自泵浦光，两次来自探测光[26]，因此它对 $\cos^2\theta$ 是敏感的。这一技术尽管有巨大价值，仍然存在几个需要从根本上来认识的限制因素。第一，由于泵浦-探测光谱术跟踪的是一个被振动激发的水分子的再取向过程，所以在时间延迟远长于振动布居寿命的情形下（即对于水最长为 10 ps），各向异性并不能被可靠地测量到。第二，最近发现，各向异性和取向 TCF 的相关并非通常假定的那样直截了当；其他效应（比如，非 Condon 效应[25]和水溶液中振动寿命的分布[27]）必须考虑以便量化比较。我们也注意到,振动激发的水分子的再取向可以被探测到,其动力学可能有些不同于水分子在振动基态的情形。

最后,其他的技术,包括准弹性中子散射(quasi-elastic neutron scattering, QENS)[23,28-31]和光克尔效应(optical Kerr effect)光谱[32-35],也被用来获得水的再取向动力学的一些信息。

我们已经比较熟悉了探测水分子的再取向的一些实验技术,现在来看一个问题,即再取向过程在过去是如何被描述的。到目前为止,对水分子取向运动最通常被提及的图像是非常小步长的角布朗(Brownian)运动,即旋转扩散[7]。这个图像,很早之前被德拜[36]引入,在文献中普遍存在,因此需要一些深入阐述。扩散图像为其有效性起见,在任何明显的角运动发生之前,需要角动量记忆的快速丢失[16,17]。因此,它对于黏滞液体溶液中的大溶质似乎是最适宜的,这时缓慢的再取向运动是可以保证的。尽管尺寸明显地违反了这一准则,人们仍可推想这个图像能应用于水的再取向。如果假定,一个水分子与它的氢键之间有强烈的相互作用,可以借助某种有取向性的作用,在显著的角位移起作用之前,就破坏任意角动量记忆。至于其是真是假,可以期许自一段时期以来已经通过实验解决,但事实上情况并不是如此明确,正如本文所述。

既然旋转扩散方程指出,取向分布变化的时间速率是旋转扩散常数 D_r 乘以分布的角拉普拉斯量(angular Laplacian),则分子的 TCF $C_n(t)$ 的时间依赖性具有指数形式[16,17],即

$$\frac{C_n(t)}{C_n(0)} = \exp\left(\frac{-t}{t_n}\right), \quad t_n = n(n+1)D_r \tag{3.2}$$

这里的 $n(n+1)$ 整数函数可以由如下的量子理论知悉,例如,双原子的转动或氢原子中的电子,其旋转动能算符正比于角拉普拉斯量[37],出现在旋转扩散方程中[16,17]。一个明显的问题,即"D_r 应该怎么取值"将我们指向如下关于水的再取向运动的两个重点:

第一点是,对于形成氢键的液体譬如水,显然没有关于 D_r 的准确有用的简单公式,通常有赖于宏观流体动力学近似:在爱因斯坦关系式中,D_r 与旋转摩擦常数成反比[16,17],后者(根据流体动力学)与"溶剂"剪切黏度 η 成正比,从而得到如下著名的德拜-斯托克斯-爱因斯坦关系[17]:

$$D_r = \frac{c}{\eta R^3} \tag{3.3}$$

其中,c 是与温度成比例并且取决于流体动力学边界条件的因子[38],R 是再取向水分子"溶质"的半径。必须强调,式(3.3)的有效性与时间依赖性式(3.2)的有效性在逻辑上描述的是完全不同的问题。由于流体动力学描述要求溶质比溶剂分子大,所以至少可以说式(3.3)的有效性是明显可疑的。事实上,基于一些基本背景[38,39]可以很容易地评判之,对其有效性的关注也偶有说明[20,40-44]。尽管如此,式(3.2)和式(3.3)的组合有时在水的问题上取得过一些成功。由于这无疑受益于式(3.3)对分子半径 R 的强烈敏感性(R 通常被归入参数),我们必须将水研究的任何此类一致性纯粹视为巧合。关系到扩散结果式(3.2)本身的有效性的分子动力学(molecular dynamics,MD)模拟的证据,对 D_r 不作任何近似,将在这里给予讨论。

第二点是,式(3.2)表明不同的 n 取向时间之比与 D_r 无关。特别地,

$$\frac{\tau_1}{\tau_2} = 3(对旋转扩散) \tag{3.4}$$

是一个明显具有实验意义的好的情形,因此经常被研究。但是上述的不利条件在这里出现了:实验上的集体德拜时间只能大致提供所需的分子时间 τ_1。尽管如此,研究发现式(3.4)对水是大致成立的,虽然旋转扩散描述的有效性再一次引起了关注[20,21,40-44]。MD 证据如何评判这个问题,将在下面叙述。

正如我们上面所描述的那样,德拜旋转扩散图像当然有优点,但其关于水的再取向的有效性也存有疑问。事实上,我们最近提出了一个截然不同的机制,其中水分子的再取向主要通过相当突然而大幅度的角跳跃进行[5,21]。在这个新图像中,当水的羟基(OH)基团交换 HB 受体时,会发生大而突然的跳跃。事实上,人们可以认为水的再取向不仅是 HB 交换的结果,也是其观测窗口。值得指出的是,在此阶段的同时,这一机制的一些要点,对于水的力场的变化以及氢键的定义,都已被证明是稳固的;跳跃时间和振幅的数值有些变化,但关键的图像不变[21]。

随后的模拟工作将这些角跳跃描绘成液态水的普遍特征。它们不仅在纯水中被观察到(用核运动的经典描述[5,21]和量子[45-47]描述),而且在相当多种水溶液环境中(包括阴离子的水溶液[27,48]、疏水和双亲溶质的水溶液[49-51]),在各种水界面处[52-58]和不同类生物分子水合层中[15,59-62]。这种广泛适用性强烈地支持这样一个观点,即氢键交换跳跃是水的氢键网络重排的基本机制。

在本章的其余部分,我们将首先给出这个新图像的一些关键特征及借助

MD 模拟和分析建模的细节描述,突出那些与光谱学背景特别相关的特征。然后,我们将重点放在实验性的超快 IR 光谱测量,包括旋转各向异性实验[63]和 2D IR 光谱实验[4,64,65]。这样做有双重目的:借助这些光谱实验来考虑这种新颖跳跃图像有效性的探索,并说明这个图像如何能在帮助解释这些通常复杂的光谱结果方面发挥积极作用。正如我们将看到的,通过我们的努力,将NMR 光谱实验[66,67]拿来与时间分辨 IR 测量作一个有益的比较,通常将被证明是很重要的。我们的结论是,跳跃模型以及与该模型相关的方程式,提供了一个预测理论框架,不仅可用于理解纯水动力学,还可以理解溶质如何改变其周围水的动力学。为此,我们将通过近期的离子和双亲溶质的水溶液作为实例来说明。当然,我们不能声称会在这里提供一个完整的讨论,请感兴趣的读者参考其他综述(文献[7]、[78])以获得更多的细节和参考文献,以及原始论文(文献[5]、[21]),以了解一些相关论述,例如跳跃模式细节和关于再取向问题的一些其他方法和一些历史观点。

3.3 跳跃再取向机制:体相水

正如我们在 3.2 节中所提及的那样,水的 MD 模拟表明当水的 OH 基团交换 HB 受体时出现大角跳跃[5,21]。图 3.1 描述了这种交换过程。我们现在要强调这种交换具有这样一个关键特征,即它有反应物 HB 和最终 HB 的一个活化化学反应特点,并有一个含有分叉型 HB 的过渡态(transition state,TS)。这种反应机制的第一步是,对于一个给定水分子,当其第一水合层水逐渐远离时,其 HB 在最初发生伸长;同时,一个新水氧受体逐渐靠近,且在大多数情况(>75%)下,这个水氧受体来自该再取向水分子的第二水合层。一旦初始和最终的氧受体与该再取向水的氧等距离,水的 OH 基团就可以突然从一个受体向另一个受体进行大幅角跳跃。在这种 HB 交换反应的 TS 中,如上所述,该再取向水与其初态和末态的水受体形成对称的分叉型 HB[5,21]。化学反应的这种协调特征,避免了完全破坏初始 HB 以形成悬挂的 OH 基团所需的更高的自由能成本,因为新的 HB 在旧的正在被破坏的过程中就已部分形成[5,21]。当与新基团的 HB 最终稳定时,旧基团完全脱离,反应结束。正如我们刚描述的协调特征是其固有的那样,跳跃机制的自由能垒不仅来源于初始HB 的伸长,而且来源于新基团向第一个水合层中的渗透(额外且较小的贡献来自这样一个过程的开始与结束时 HB 的涨落——它引起初始与最终 HB 基团的撤退和靠近——也来自 TS 附近 OH 基团的角运动)[21,69,70]。这种机制在不同的水力场中和 HB 定义下都是稳妥成立的[21]。

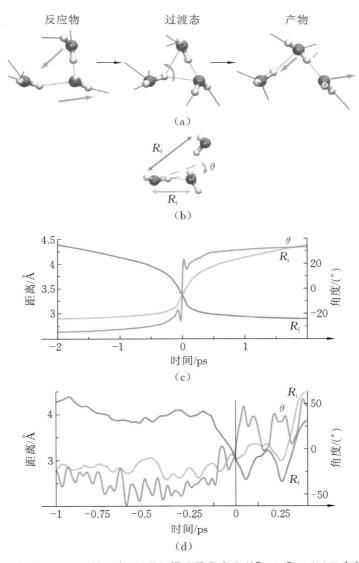

图 3.1 (a)跳跃再取向机制的示意图(详细描述见参考文献[5,21])。(b)三个关键几何参数的定义：与初态、末态受体的距离，以及与平分线间的夹角。(c)这三个参数沿着平均跳跃路径的时间依赖性，体系在零时刻跨越过渡状态。(d)这三个参数对给定的跳跃事件的时间依赖性

在此要着重强调的是,图 3.1 所示的机制显然应该被理解为一个平均、简化却是代表性的机制。实际的交换路径分布在这个典型机制的周围。例如,在 68°的平均幅度周围有一个较大的跳跃角分布[21],并且如上所述,并非所有的最终基团都在再取向水的第二水合层中有初始位置。关于偏离这个平均路径的其他方面在参考文献[21]中有讨论。但是到目前为止,并不是一定要包含这些特征才能较好地描述模拟和实验两方面的结果,尽管随着水的再取向被越来越深入地探索,情况可能会在未来相应地发生变化。

由于上面讨论的跳跃导致水分子的再取向,因此可以在分子取向的 TCF 中寻找它们的特征。如上所述,这些动力学可以通过超快 IR 光谱[63]以及更传统些的 NMR 方法[66,67]进行探测。对于给定的本体固定矢量(body-fixed vector),例如水的 OH 键,该函数揭示了初始取向记忆的损失速率。本章最感兴趣的是前面定义的 $n=2$ 取向 TCF:

$$C_2(t) = \langle P_2[\boldsymbol{u}(0) \cdot \boldsymbol{u}(t)] \rangle \tag{3.5}$$

其中,P_2 是二阶勒让德多项式,$\boldsymbol{u}(t)$ 是 t 时刻的分子取向,我们通常取其为 OH(或 OD)键向量①。超快偏振泵浦-探测 IR 光谱实验测量各向异性衰减,其大致与 $C_2(t)$ 成比例[25,63]。这个 TCF 有不同的时间区间(见图 3.2)。超过初始时间间隔(<200 fs),其中水分子通过快速平衡振动进行部分再取向[70,71],即旋转受到由 HB 网络施加的恢复转矩的阻碍,$C_2(t)$ 以指数衰减,其特征时间为 τ_2。TCF $C_1(t)$ 显示出类似的行为,有一个较长的特征时间 τ_1。这些时间(及德拜时间 τ_D)与实验估计的范围[5,21]是一致的,表明模拟结果具有可信度。

在进行再取向时间的跳跃机制预测的理论描述之前,我们先考虑模拟的时间[5,21]本身揭示了关于机制的哪些方面。回顾式(3.4),旋转扩散图像预测的再取向时间比为 $\tau_1/\tau_2 = 3$。各种水的势能之下的 MD 结果则给出一个约为 2 的比值。这里有一个明显突出的差异,特别是 3.2 节中提及的实验估计 τ_1 的困难,也是估计比例 τ_1/τ_2 的困难。关于扩散描述失败的更为明显的说法是:可以通过 MD 单独模拟确定旋转扩散常数 D_r,来测试 TCF 时间依赖性的旋转扩散预测式(3.2)。这避免了使用有疑问的德拜-斯托克斯-爱因斯坦关系

---

① 水动力学的大多数实验 2D IR 研究采用稀释在 H_2O 或 D_2O 中的 HOD 的同位素混合物,以避免由于振动能量转移[79,26]带来的某些复杂化。在本章中,我们忽略这一点,简单地将其称为 OH 振动。

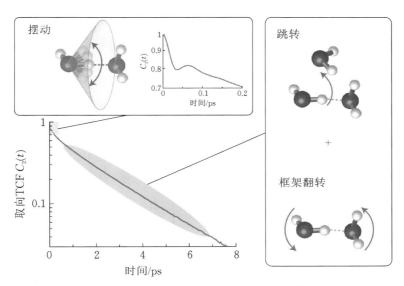

图 3.2　左下图:通过分子动力学模拟确定的,室温水 OH 键的二阶取向时间相关函数
$C_2(t)$(式(3.1)、式(3.5))[5,21]。对于每个时间区间,关键的再取向机制都已标明。
在扩散再取向模型描述和跳跃模型描述中,非常短时间的平衡振动区间(见左上
图)还未被解决。在扩散模型下,该区间被忽略,左下图随后的指数尾部被假设为
由式(3.2)给出的整个时间依赖性。扩展的跳转图像以指数尾部为对象,并根据右
图所示的两种机制,多数跳转机制和少数框架再取向机制,来描述其行为。当需
要 TCF 的全时积分时也考虑短时间的平衡振动组分(参见文本)

式(3.3)。这个实验表明,式(3.2)预测的 $C_1(t)$ 和 $C_2(t)$ 衰减速度比 MD TCF
快 4 到 6 倍[5,21]。

我们现在重新关注 τ_2,并从跳跃的视角着手理论描述这个时间。我们已
经表明[5,21],来源于大幅度跳跃的特征性的再取向时间能通过 Ivanov 1964 年
发表的跳跃模型[72]得到很好的描述。该模型将扩散型角布朗运动图像推广到
有限幅度的跳跃[5,21]。假设具有恒定幅度 $\Delta\theta$ 的那些跳跃不具有相关性,并以
频率 $1/\tau_{\text{jump}}$ 围绕各向异性分布的轴而出现,则(二阶)再取向时间为

$$\tau_2 = \tau_{\text{jump}} \left\{ 1 - \frac{1}{5} \frac{\sin(5\Delta\theta/2)}{\sin(\Delta\theta/2)} \right\}^{-1} \tag{3.6}$$

然而,该模型留下了两个未指明的跳跃关键特征:它们的幅度 $\Delta\theta$ 和它们的
频率 $1/\tau_{\text{jump}}$。跳跃幅度可以直接而容易地从模拟中确定。图 3.1 所示机制表明,
跳跃频率 $1/\tau_{\text{jump}}$ 的关键指标为反应的前向速率常数。反应破坏了初始稳定的

HB,形成新且不同的稳定的 HB[5,21]。可以从稳态图像理论评估速率常数[73],并且特别适用于低垒反应[74](在 300 K 的简单点电荷(simple point charge,SPC)/E 模型下水的模拟中,两个跳跃参数为 $\Delta\theta = 68°$ 和 $\tau_{jump} = 3.3$ ps[21])。

    然而,这个简单模型不正确地假定分子取向在跳跃点之间保持固定。特别是当假设一个水的 OH 键保留相同的 HB 受体时,这个 OH 方向保持不变。但是显然并非如此,因为完好无损的 HB 轴会通过氢键对的局域分子框架的一个翻转运动而再取向,这一点必须被考虑(见图 3.2)。如果上述两个贡献在统计上彼此独立(以类似于蛋白中多源再取向分析的方式[75,76]),跳跃的贡献可以与框架组分相结合以产生 EJM[5,21],这就给出了整体 EJM 再取向时间

$$\frac{1}{\tau_2^{EJM}} = \frac{1}{\tau_2^{jump}} + \frac{1}{\tau_2^{frame}} \tag{3.7}$$

    上述结果的构架表明,这两个贡献中的速度较快者将主导整体时间,这通常是跳跃时间,虽然有时候框架时间也能成为重要的贡献者[48,61,77]。值得附带说明的是,框架再取向是一个扩散运动[21],倘如它占主导,那么德拜扩散图像就会成立。在关于离子溶液的章节中将讨论可能的例子。

    EJM 出色地描述了通过泵浦-探测 IR 各向异性及 NMR 光谱测量的水的再取向时间 τ_2,以及模拟计算的再取向时间[5,21]。尽管有此令人愉悦的情形,扩散模型仍然有可能重复实验结果。因此,如果我们讨论的模拟数据被忽略,可以认为所测 $C_2(t)$ 的平滑指数衰减,可能来源于大量在不同时间跳跃的水分子的平均后所得的急剧大幅度跳跃,或是来源于每个水分子的无穷小再取向。要通过实验明确区分这些不同的图像,需要二阶时间 τ_2 与一阶或三阶时间的比例[5,21],但是后面的两个时间目前实验上是不可测的。正如我们在 3.2 节中指出的那样,尽管德拜 DR 时间 τ_D 是一阶再取向时间,它与总样本偶极子的集体再取向有关。而且,由于个体水分子之间强烈的静态相关和动态相关,它明显长于这里关注的一阶单分子再取向时间 τ_1[21]。因此,需要其他直接而深入的实验证据才能明确地确定再取向机制。

    跳跃模型的第一个实验支持来自于准弹性中子散射(QENS)分析,其他地方[31]已有讨论。但是在许多探测水 HB 动力学的实验技术中,包括 QENS[31]、NMR 光谱术[66]和超快泵浦-探测 IR 光谱术[63],最近——可说是最强大的——是 2D IR 光谱,这也就是为什么它在这里,在纯水中的水再取向问

题中,并且也在我们本章随后对各种溶质周围水再取向的讨论中,被特别强调的缘故。

当前有许多关于 2D IR 光谱的出色讨论[64,78-82],目前我们的讨论将只涉及与水的 HB 动力学的需要所相关的一些关键方面[4,6,64,82-84]。这种技术对于我们的目的最重要的特征在于,它能跟踪振动频率的时间涨落,并提供在给定时间延迟之下的两个时刻的频率之间的相关性。当应用于水时,它提供了详细的 HB 动力学信息——因为长久以来人们认识到[85-87]——水的 OH 伸缩振动是氢键相互作用的敏感探针。参与 HB 的 OH 以比孤立水分子更低的频率振动:与孤立的情况相比,通过与 HB 受体的稳定性相互作用,OH 键被削弱,导致 OH 频率的平均红移。对于纯水环境中的水分子,强于平均 HB 强度且有 HB 受体,将导致相对于平均 OH 频率的 OH 红移。相反,一个与 HB 配体形成较弱氢键的 OH,与平均频率相比,将表现为蓝移。OH 频率时间演化的 2D IR 探测,因而也就反映 HB 网络的涨落和 HB 断裂与形成过程。相应地,它已在更广阔的范围内成功地用于水 HB 动力学研究:从本节所感兴趣的体相情形[3,4,6,69,84],到离子的水溶液[64,82,83,88]、限域环境[79,89]和生物分子的水合[84]。我们将在不同小节讨论这些方面。

值得一提的是,2D IR 光谱术有能力为角跳跃的存在和性质提供重要信息。回想一下,从 MD 模拟所确定的跳跃过渡态 TS 具有分叉性 HB 结构,其中的再取向水的 OH 向两个受体提供了两个弱 HB(参见图 3.1)。这种弱化的 HB 结构导致 OH 拉伸振动频率蓝移[4,6,21]。预期的 OH 频率在跳跃期间发生变化,因此建议采用 2D IR 光谱术作为探索水中角跳跃存在性的有前景的工具,利用的是其选择性地跟踪具有给定的初始和最终振动频率体系的能力。然而,我们将看到,液态水本身的情况并非这个美好的画面所建议的那样完全的直截了当。通常,为了表征角跳跃,2D IR 通常需要互补性的实验信息(如偏振分辨测量),且其数据解释需要理论的支撑。

对我们描绘的跳跃图像相当间接的第一个支持,实际上在跳跃理论提出之前[5]所进行的一个 2D IR 研究[4]中可以找到。通过关注对应于很弱或断裂 HB 的 OH 频率蓝移这种光谱弛豫,这项研究首先提供了关于非 HB 态的瞬态和不稳定特性的证据,这个非 HB 态能非常快地弛豫(<200 fs),形成 HB[4]。虽然其本身并没有表明或建立一个 HB 交换动力机制,但是这个结果至少充分符合跳跃机制,即 HB 受体交换的发生是通过 HB 的协同断裂和形成而进

行的[5]。这不同于任何涉及长时间存在的断裂和再取向 HB 态的、被实验所排除的顺序机制。

实际上,大多数蓝移的 OH 甚至不会处于跳跃机制的过渡态(TS),因为它们大部分都不进行 HB 受体之间的跳跃(这是一个活化的、相对不频繁的事件)。活化自由能势垒 $\Delta G^{\ddagger}$ 约为 2 kcal/mol(注意,它与活化能不一样[21],这很重要)。模拟表明,大多数蓝移的水 OH(约 80%)仅经历瞬时 HB 断裂,并迅速返回到其初始 HB 受体和取向而没有发生任何跳跃。跳跃将导致与新的受体形成 HB,从一个受体跳跃到另一个受体的 OH 只是少部分(约 20%)[21]。

不巧的是,靠近跳跃 TS 的水分子不能用蓝移的 IR 激励来选择性地激发。而另一个问题则是经 2D IR 测量的频率动力学不能区分跳跃和平衡振动贡献。这一无效性是由于在 OH 频率动力学中,与不同的水受体形成新 HB 的成功跳跃,以及与初始受体重新形成 HB 的不成功的跳跃(即大振幅平衡振动),二者具有相似的特征。这个重要特征在最近已得到证实,因为发现有跳跃和没有跳跃的水的计算 2D IR 光谱,彼此极为相似[21](参见图 3.3 和参考文献[21])。

实际上,非常重要的是,快速瞬态 HB 断裂/重建和较慢的 HB 跳跃交换,对频率动力学(以 2D IR 测量)和再取向动力学(以泵浦-探测 IR 各向异性弛豫监测)提供了非常不同的贡献。尽管快速瞬态 HB 断裂不会导致稳定的再取向,但它们确实导致大多数频率退相[2,90]。相比之下,较慢的 HB 跳跃交换(其速率常数小于室温下瞬态断裂速率常数的四分之一[5])提供了关键的再取向路径。这些跳跃交换也导致频率去相关化,但这里的关键点在于,当跳跃发生时,由于瞬态 HB 断裂,初始频率的大部分记忆已经丢失[2]。一个更关键的方面是,从一个水受体向另一个(不同的)水受体的 HB 交换,产物 HB 的频率当然与反应物 HB 的频率相同,因此前者的产生将不会引起频率退相。当我们在第 3.5 节中考虑双亲溶质水溶液的 2D IR 光谱时,所有这些基本考虑将被证明是至关重要的。

认识到了刚才讨论的这些局限性,应该何去何从呢?令人鼓舞的是,依然有一个可推进的方向:获取成功和失败跳跃间的区别,关键的标准是只有前者才能导向稳定、长时的再取向(也就是形成一个稳定产物 HB)。相应地,角跳跃的具体证据只能从光谱动力学和取向动力学的综合研究中得到。这种具有挑战性的组合可以通过偏振分辨的 2D IR 光谱[69,88,91]来实现,这将在下一节讨论。这样的实验提供了传统各向异性衰减 $C_2(t)$ 的频率分辨扩展:探测每个延迟 t 下的相关性弛豫,而现在再取向被定为初始和最终水 OH 振动频率的函数。因此,该技术允许具体地跟踪,例如,开始和结束都是弱键合构型的水 OH(具有蓝移的频率)的再取向速率。实验上,可以通过偏振分辨的泵浦-探测[92]或通过 2D IR 方法[69,82,88,91]获得这种 2D 各向异性图。

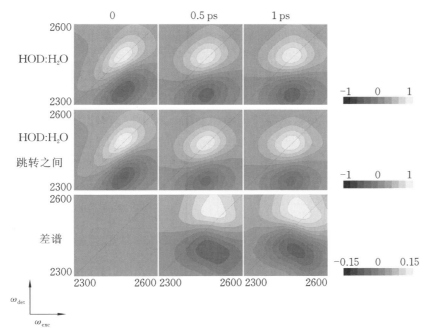

图 3.3 　体相水的模拟 2D IR 光谱[50]。由常规模拟计算所得,在不同的布居延迟下(顶行),和由相同的模拟但在跳跃时间间隔内(中间行)。这两组光谱的差谱(底行)给出了跳跃贡献的估计(参见文献[69])。水平和垂直轴对应于激发和探测频率

需要一个频率依赖(frequency dependent,FD)型的拓展的跳跃模型(EJM,我们称之为 FD-EJM)来解释这种 2D 各向异性图,并且识别那些明确揭示角跳跃存在的光谱特征[69]。该扩展的基本新特征描述了跳跃概率对初始 HB 强度的适度依赖性,亦即对水分子的 OH 振动频率的依赖性。已有研究显示,到达跳跃 TS 态的活化自由能势垒 $\Delta G^{\ddagger}$ 主要来源于初始 HB 的协调延长和新配体向再取向水的第一层内的渗透[21]。发现键的延长和新配体的靠近所对应的自由能成本是相似的[69]。这些对跳跃活化能势垒 $\Delta G^{\ddagger}$ 几乎是独立的贡献,使得初始配体的延长和分离的成本独占约 $\Delta G^{\ddagger}/2$;另一半 $\Delta G^{\ddagger}/2$ 活

化能必须由新基团的靠近提供。最初的频率蓝移对应于已削弱其初始 HB 的水 OH,但是这样的频率并不意味着新的 HB 配体可用于实现跳跃。这就为跳跃概率随着振动频率蓝移而增加的观察结果提供了解释,但是这种增加是非常有限的[21,69]。

FD-EJM 预测,水的角跳跃应导致蓝移频率部分的各向异性降低更快,条件是初始频率的记忆被保留下来,即频率 TCF 的衰减时间在此有重要的限制性时间尺度[69]。在频率分辨泵浦-探测光谱研究中已经观察到这种被加速的再取向[92],并且可以通过 FD-EJM 严格地与跳跃的存在关联起来。未来的偏振分辨 2D IR 测量应该给出更详细的图像。然而,本文中我们可以从对溶质水合层中的水动力学的研究中,获得关于水的角跳跃的更多的研究。接下来我们将讨论此部分。

3.4 盐的水溶液

我们在第 3.2 节中简短地指出了在离子溶液中与输运和反应性相关的水动力学的重要性。我们现在开始讨论在阴离子溶质水合层中的水动力学的跳跃图像及相关的 IR 光谱实验。阴离子引人注目的特征是,水的 OH 基团以氢键结合到阴离子上,且其以体相 OH 值为参照的频率偏移作为光谱指针。在本节中,我们首先在与泵浦-探测实验相关的理论和实验背景之下考虑这些动力学,然后再转向 2D IR 光谱的情形。

关于阴离子水合层的水动力学,开拓性的泵浦-探测超快 IR 实验[93-97]在这个重要的领域,为研究输运和反应性,已提供了一个新的——和时间依赖的,这一点必须被强调——光谱窗口。这些测量补充了传统的 NMR 光谱结果[67],后者在更受限的条件下才给出单个弛豫时间的动力学信息。碘离子水合动力学的一项早期 MD 研究[98]首先确定了一个对于由这些实验推断得到的时间依赖性的重要贡献,而这个动力学的时间依赖性起源于阴离子水合层的水分子与水体相之间的交换。这是在对频率涨落具有敏感性的模拟和实验中均可检测到的现象;因为与体相比较,碘离子水合层的水有明显的频率蓝移。特别地,研究表明一个最初与阴离子形成氢键的水分子,其时间演化的、非平衡平均的 OH 频率表现出一个体相水所没有的较长时间的拖尾。当变更模拟以限制水在一个比体相水更长的时间尺度上保持氢键合时,则没有观察到这样的拖尾。然而,当该限制被解除时,在完全不受限计算中所看到的拖尾出现了,因而可毫无疑问地将这个拖尾看作为水分子的阴离子水合层——体相交换的标记。由于经过了一个相当短的瞬态期,这些非平衡结果等同于一个频率 TCF 的测量,关于该 TCF 的拖尾的一个严格的类似说法也同样适用。

我们现在转向对水中Cl⁻离子实验结果[96,97]的理论研究[27]。从理论的角度来看,这种阴离子水合层中的水再取向过程呈现出比纯水更复杂的情况,这是就它提供了一个典型的异质情境的意义而言。一个水分子与阴离子之间的 HB 比其与另一个水分子的 HB 要弱,一个也许令人惊讶的事实,反映在例如氯化物水溶液的蓝移中[99]。对Cl⁻ 水合层中的水的再取向动力学的 MD 和 EJM 研究[27]再次表明,跳跃机制是适用的,尽管有上面提及的反映了 HB 强度差异的不对称特征。这项工作也研究了该体系的泵浦-探测各向异性,其时间尺度明显长于实验测量到的体相水的再取向时间[95]。这个较长时间尺度的最早解释[100,101]是Cl⁻ 水合层中的水的再取向明显慢于体相水。用通常采用的说法[102],这将把Cl⁻ 描绘为结构形成型阴离子,这是一个与其 NMR 实验描述不相符的指认;NMR 实验认为Cl⁻ 是弱结构破坏阴离子[67,102],也就是能诱导比体相略快一些的水合层动力学。实验(以及我们随后的讨论)的一个重要方面,也是解决这个令人不安的矛盾的关键,即水合层的水仅在实验中“可见”,因为它们比体相水有更长的振动布居寿命。因此,在体相振动激发水的信号已经衰减之后,还可检测到更长寿命的振动激发的阴离子水合层水的信号。

现在转向理论 MD/EJM 研究[27]。已经表明,保持与Cl⁻氢键结合的水分子(即仅通过慢框架翻转的少数机制进行再取向,而不发生跳跃)的贡献,因其较长的水 OH 振动寿命而被过分强调了,而这一曲解所伴随的正是使这些水分子变得“可见”的特征。正因为如此,超快 IR 光谱测量的再取向时间与框架再取向时间类似,而后者与未经触动的形成氢键的一对阴离子-水分子是紧密相关的,因此是研究这些少数角色的动力学的极好工具。而 NMR 测量则包括了在跳跃机制中占主导而更快的贡献,跳跃机制是水合层水的主要的再取向途径(文献[48]中对I⁻ 离子已给出类似结论)。

EJM 成功地解释了 NMR 时间,尽管已在 3.2 节中指出,NMR 时间涉及全时积分,含有来自水合层水的平衡振动运动的贡献,而该方面未被 EJM 处理,其重点在于更长时间的指数衰减。因此,是这个平衡振动组分与 EJM 二者的结合,才与 NMR 的结果相符[27,48]。在这一环节中还应该指出,也正如

第 3.3 节所述,存在着角跳跃振幅分布的这一事实才导致了以下结果:如果使用式(3.6)中的跳跃时间的平均而不是在该表达式中插入平均跳转角,与模拟结果相比,可得到一个更好的再取向时间 τ_2 数值解[48]。

值得注意的是,已有研究[101]认为上面给出的理论解释,与通过从头 MD 模拟计算得到的氯的水合层水的长的驻留时间[103],是不一致的。然而,这一表观的不一致,起源于不稳定离子近邻水的停留时间的计算方法不合适[74]。

在刚刚讨论的 Cl⁻ 的例子中,框架再取向组分在无偏离的水合层水的再取向中只发挥次要作用,但在振动寿命有变化的超快 IR 实验测量的寿命中则发挥主要作用。未经触动的离子-水的氢键配对体的框架再取向,会变得重要甚至在水合层动力学中占主导吗?从 EJM 式(3.7)看,这将要求 τ_2^{frame} 与 τ_2^{jump} 相当或者比后者更小,这是强 HB 所偏好的情形。最近对小的、高电荷密度的 F⁻ 离子实例的模拟/EJM 研究表明,由于异常强的阴离子-水 HB,跳跃与框架模型对再取向时间的贡献实际上是可比的,这代表着卤素的一个异常情形[48]。不幸的是,F⁻ 体系不能通过泵浦-探测方法进行研究,因为该阴离子的振动布居寿命太短[94]。可能以 τ_2^{jump} 主导水合层再取向的体系是多电荷离子体系,如 Mg^{2+}。确实,具有很长水停留时间的所有多电荷离子[104]都是这一主导性的极好候选者。

到目前为止,我们对离子溶液的讨论集中在泵浦-探测光谱结果(以及它们的 NMR 对应结果)。这些溶液在实验探测跳跃模型自身的有效性方面也起着重要而直接的作用,而且在这里,2D IR 光谱再次走在前沿。我们接下来首先说明为什么这是一个强有力的工具。

正如我们在上一节所讨论的那样,在纯水中区分一个实际跳跃与一个大振幅摆动的主要困难,在于初始和最终 HB 受体之间的对称性,这些受体都是水的氧原子。因此,已利用离子来打破这种对称性,并通过 2D IR 实验提供了角跳跃的直接表征[82,83,88,105]。如本节开头所述,模拟表明有盐存在时,从 HB 键合阴离子的初始状态至 HB 键合水分子的最终状态能发生一些跳跃[27,48]。如果阴离子接受非常弱的 HB[82,83,88,105],则水 OH 键合到阴离子上的振动频率被充分地蓝移,从而使其与观察到的键合水的 OH 基团的振动频率的宽广分布产生分离。一个这样的例子如 I⁻ 阴离子,与体相水相比,有约 $60\ \text{cm}^{-1}$ 的 OH 频率蓝移[99]。在线性 IR 光谱中,这就产生了两个不同 OH 伸缩谱带的能说明问题的特征(图 3.4)。

2D IR 光谱在此的强势是其提取动力学信息,并揭示和测量这两种水键合状态(即分别与阴离子和水氧形成氢键)之间的化学交换动力学的能力。两个状态之间的化学交换通常由两个特征表现在 2D IR 光谱中:两个不同的对角峰的存在和非对角峰的增长[81-83,88,105,106]。前者(原文误为后者,译者注)对应于当体系先被激发并在延迟 T 后进行相关性测量(图 3.4)之时的同样类型的 HB 受体的那些 OH 基团。随着这个延迟 T 的增加,两个布居之间的交换导致这两个对角峰减小,而非对角峰逐渐增加。这些非对角峰对应于具有不同初始和最终频率的 OH 基团,表明它们在两种状态间经历了化学交换(图 3.4)。

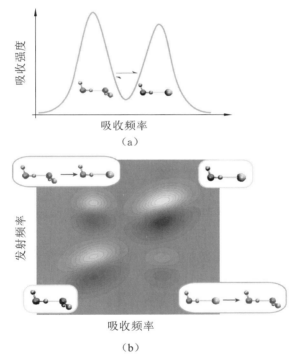

图 3.4　浓离子水溶液的(a)线性 IR 光谱和(b)在几皮秒后出现由交换所导致的非对角峰的 2D IR 光谱的示意图

浓缩盐溶液(5.5 mol/L NaBF$_4$[83] 和 6 mol/L NaClO$_4$[82,88,105])的 2D IR 实验,测量到水 OH 从阴离子受体转换到水受体的交换时间,这大致对应着 EJM 定义的跳跃时间 τ_{jump}。(若要使此说法准确,要求测量的时间短于反向反应的速率常数的倒数,此时反向反应不会使情况复杂化。)所得实验值(7 ps[83] 和 6 ps[88])与从一个不同的盐溶液(3 mol/L NaCl 溶液中 3.6 ps)模拟研究中得到的时间是一致的,考虑到盐的不同性质——更重要的是——跳跃时间的强烈的浓度依赖性,即盐浓度提高时,时间将显著增加[27]。

这些探索性的 2D IR 实验提供了不同 HB 受体之间水交换动力学的早期时间分辨测量。尽管有这些工作及上述的盐中跳跃时间的一致性,局限性还是有的。特别是,这些实验无法毫无疑问地确定交换是通过大角跳跃而进行的,因为它们并不包含任何直接的关于交换机制的几何信息。随后的偏振分辨 2D IR 实验在最近填补了这个空隙,并给出了与 HB 交换过程有关的再取向的定量测量[82,88]。这些实验符合 3.3 节接近结束时强调的要求,即光谱和取向动力学的联合探测。遵循与泵浦-探测 IR 各向异性测量同样的方法,平行和垂直偏振条件下所获的 2D IR 光谱的比较表明,在两个状态之间进行交换(非对角峰)的体系,比一直处于相同状态(对角峰)的体系,经历了更大的再取向。这就意味着有跳跃机制,而且,确实通过动力学模型分析光谱得到了 $49°\pm4°$ 的平均跳转角[88]。这与各种水溶液的 MD 模拟所确定的跳跃角分布,其平均值在 $60°\sim70°$ 之间[5,15,21,27,48,49,52,61],具有定性的一致性。

因此,2D IR 光谱显示出它是探测水的 HB 交换动力学,并明确支持角跳跃的存在性的极好技术。人们于是就可以期待将这些测量结果扩展到其他水环境,以评估依据不同的环境跳跃机制如何实施或被改变,并与理论预测进行比较。然而,一如既往,这里有一些限制。2D IR 的广泛适用性受许多因素制约。其中可能最重要的是,为获得可检测的光谱峰,大比例的与溶质受体有键合的水羟基是必需的。因此,在 NMR 测量可行的较稀溶液(<1 mol/L)[66]中,此类实验仍无法进行,使得在不受浓度影响的条件下直接地实验评估这个毫无疑问的分子取向动力学仍然有待实现。为了追寻这个目标,最不幸的是水的 HB 动力学对溶质浓度极其敏感,因此稀释溶液很难从浓溶液的测量中推断出来。另外,正如我们所强调的,这些 2D IR 研究需要光谱有别的布居的存在,这意味着两个态之间的振动频率偏移应该超过每个态的频率涨落。不幸的是,对于大多数单电荷阴离子,例如(大多数)卤素不满足这个条件,2D IR 也就不能用于直接跟踪其 HB 交换过程,不过这并非绝对,因为有关光谱扩散的信息仍可被获得[107]。无论如何,人们依然可以期待满足频率移动要求的一些离子的进一步的水溶液 2D IR 实验。

不再讨论离子水溶液的主题之前,我们指出,迄今为止大多数模拟在本质上是经典的而不是量子的。要求后者的情况,是那些可被视为在具有局域化电荷的共价健（valence bond，VB）上可发生电极化的离子。例如，若硝酸根离子的（电耦合的）三个 VB 态——它们对应着三个电荷与化学键在这个NO_3^-框架下的那些分布[108]被考虑进来，那么，当一个水分子在阴离子水合层中进行再取向时，分子内或分子间的[109]电荷及化学键的内部重排将被允许。人们可以预见，就像对振动弛豫动力学[110]所指出的那样，一个很好的候选者来源在这里可以是由 Pauling 确定的那些离子[111]，它们可能涉及重要的多重VB 态。

3.5 双亲溶质近邻的水

许多的溶质具有双亲性，即同时具有疏水性和亲水性的部分。本节我们将考虑这种溶质的水动力学。我们的讨论将从对疏水极限的一个相当广泛的考虑开始；我们将看到，这将涉及溶质的尺寸，因此适用于任何类型的溶质。然后我们转向完全的双亲情况。我们从一开始就认为，从理论的视角来看，处理这些物质需要超出 EJM 第一层的第二层理论，以及旨在明确地预测疏水和亲水基团对跳跃时间的影响的解析式。在我们开始阐述之前，另一个需要给出的相关说明是，我们在接下来的过程中将需要处理一定程度的争议。

Frank 和 Evans 著名的冰山模型[112]通过将水分子结构化成疏水基团周围的冰状笼子，解释了疏水溶质水合时观察到的熵降低。虽然它的简单性具有一定的吸引力，但这个模型已经受到严峻挑战[14,113]；而且，尽管在积极搜寻，但冰状结构从未被实验证明[114]。然而，最近对双亲分子水合层的水分子再取向所进行的首次时间分辨泵浦-探测 IR 各向异性测量[115]被解释为显示出一些水分子是被疏水基团固化着的，这就从动力学的而非结构的角度出发支持了这个旧的冰山概念。在延迟后（远超 2.5 ps 体相水再取向时间）观察到的相当大的残留各向异性被指认为来自 4 个水 OH 被每个甲基的固化[115]。这里着重强调，为了后续参考，这种固化效应被认为是固有且独立于溶质浓度的[115]。根据这些研究，对一些水合层水分子而言，HB 受体的跳跃交换受到了抑制，因而阻止了它们的再取向[115]。这种抑制也被认为强烈地减慢了一些相关的现象，包括质子迁移率[116]和 OH 振动退相[117-119]。

如同我们接下来将要讨论的，在为解释这些实验而提出的一种替代解释中，并没有涉及任何的固化效应[49]。然而，需要指出的是，前述研究中也早提出了一些问题,并对这个固化效应结论有所质疑。例如,只有一部分第一层水的 OH 被假设为是被固化的[115],而剩余的层内水将会表现出类似体相的动力学;这个鲜明的差别至少是很耐人琢磨是很奇妙的。此外,这些实验的解释假设即使在接近溶质饱和浓度[115]时仍然存在体相水的布居,这似乎也不太现实。

无论怎样,这个建议的动态冰山模型在一个大范围内的溶质,从纯疏水物(如氙[120])到双亲物(醇、甲基脲和小分子肽[66,121-126]),都与以前的 NMR 和 DR 实验的结论形成了强烈的反差。在所有这些实验研究中,连同用各种疏水溶质进行的所有 MD 模拟一起,得出的结论是水的再取向在稀溶液中仅被适度地减慢:以体相水为参照的减慢程度很少超过 2 倍。

疏水水合层动力学问题的第一个理论 EJM/模拟研究侧重于浓度增加的 $(CH_3)_3N^+O^-$ 氧化三甲胺(trimethylamine-N-oxide,TMAO)分子的水溶液,TMAO 同时在用于实验研究(参见图示 3.1)。该分子有一个含三个甲基的疏水部分(并且还应注意 N^+O^- 亲水部分,稍后涉及更多)。其他的疏水体系也有研究,并将在下面提及。第一个要点是,跳跃图像再次适用于疏水溶质水合层动力学。除了我们已经讨论的纯水和盐溶液的情形外,模拟表明疏水基团近邻的水也通过大的角跳跃再取向[49]。(在这里,直到进一步说明,我们阐述的是稀浓度的情况,在此条件下一个给定溶质分子的再取向独立于任何其他溶质。这个限制是最根本的,正如我们前面提到的,水的固化也被发现适用于该情形。)在模拟中观察到的跳跃机制和振幅,与在体相水中发现的(跳跃机制和振幅)几乎相同,但跳跃速率常数 $1/\tau_{jump}$ 较小[49]。相应地,在 MD 模拟中发现的跳跃时间(和再取向时间 τ_2)约为体相水中对应值的 1.4 倍[49]。

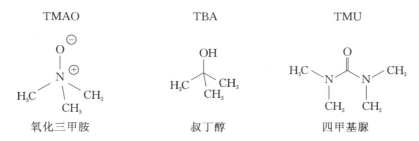

图示 3.1　三个被研究的双亲分子的化学结构

通过 HB 交换的过渡态排除量(TSEV)效应可以解释这种跳跃速率的降低(图 3.5(a))。这是第二理论层的第一次处理,用于识别和表征 EJ 模型内的跳跃时间/速率的重要物理效应。TSEV 对疏水基团影响其周围水的 HB 及其再取向动力学提供了第一个定量处理。TSEV 理论基于 HB 交换速率常数的 TS 理论,探索了 HB 交换的反应特征。它假设 HB 交换速率的活化自由能 ΔG^+ 的活化焓分量与体相水相同(一个被室温附近的模拟和实验很好地支持的假设[49,120])。这使得减速因子 ρ_V

$$\rho_V = \frac{\tau_2^{shell}}{\tau_2^{bulk}} = \exp\left[\frac{\Delta\Delta S^+}{R}\right] \tag{3.8}$$

成为体相水和疏水溶质水合层中交换的活化熵差 $\Delta\Delta S^+ = \Delta S_{bulk}^+ - \Delta S_{shell}^+$ 的指数。进一步的简化假设,即熵可以近似为玻尔兹曼(Boltzmann)常数乘以 TS 处的微正则状态数的自然对数,然后就将该问题简化为一个在 TS 处的空间效应的几何问题,正如现在所解释的这样。

该模型决定了 HB 交换所需新的水配体路径,如何被疏水物的存在所阻碍。在体相中,新 HB 配体在 TS 可从不受限制的角度范围靠近。但对疏水性水合层水分子,TS 角度范围因溶质的存在而受到限制(即存在较低的活化熵,图 3.5(a))。跳跃时间(相对于体相)的 TSEV 减速因子 ρ_V 则与溶质所占的空间局域分数直接相关[49],即一个空间效应。对简单溶质可以解析计算,并对任何溶质和水溶剂情况无论如何都能模拟计算。对于通常的凸型疏水基团(例如甲基、二甲基和三甲基,其半径范围为 3~5 Å),TSEV 减速因子 ρ_V 接近 1.4。这种温和的减速表明,单个疏水基团对水 HB 动力学的影响非常有限。这里没有固化效应。如此温和的减缓,与诸多方法对稀溶液的研究结果是定量地相符的,这些方法包括 NMR[66]、DR[121]、克尔效应光谱术[33]、光散射[127],以及一系列疏水溶质或含疏水基团的溶质的(有经典力场[49,51,62]和第一性原理动力学[128,129])MD 模拟。

我们应顺便提到,TSEV 理论有一种倾向(要承认该理论目前的形式仅是一种零阶描述,其设计目的是抓住现象的本质),即与 MD 模拟结果相比,在数值上对这种减慢略有高估[49,51]。通过使用现代液态结构理论对活化熵进行更精细的处理,今后可能解决这个问题[130]。进一步的改进还将包括一个分子描述,这就是,在体相和疏水层环境中,不同的结构涨落对 TSEV 因子的温度依赖性的影响后果[66],并明确地考虑层中和体相中不同的跳跃活化焓。

到目前为止,我们仍然把讨论局限在低浓度的基本区间内。在较高浓度下的实验结果[115,117-119,131]将如何?对于这些较高浓度的情形,显著的复杂化

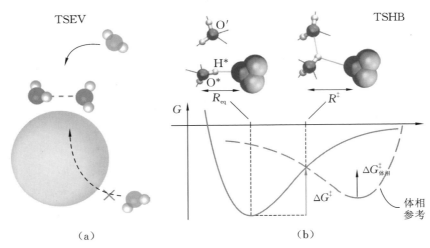

图3.5 溶质的(a)TSEV和(b)TSHB影响水的跳跃速率常数的示意图。TSEV模型描述了由于阻断一些新HB受体路径的溶质而引起的跳跃减速。TSHB模型将自由能成本 $\Delta G^{\ddagger}$——从初始HB的平衡长度 R_{eq} 拉伸到过渡态长度 $R^{\ddagger}$——与HB受体引起的水跳跃动力学的加速或减速因子联系了起来

来自聚集[132]，特别是来自受溶质及其不明温度依赖性所影响的那些水分子。我们因此将主要关注在水溶液中即使在高浓度下也不会聚集的TMAO[51]。TSEV方法至少在很广泛分散实验点的范围内很好地预测了[49]高TMAO浓度的实验结果；这些由于一些原因，例如在振动激发水分子的布居寿命（弛豫）很久之后才进行测量，而且应当指出，此时的水分子就是被探测的分子。TSEV对在较高浓度下减速更明显的解释是，在较高浓度下疏水性溶质变得几乎更加明显，除此影响之外，减速因子 ρ_V 本身也在增加。例如，这是由于在任一给定的TMAO附近都有其他TMAO分子的存在，因此它减少了跳跃所需新HB配体水分子的TS途径的可能性。在最高浓度下，还有一个让 τ_2 减慢的附加贡献，即溶液黏度的增加，导致EJM模型即式(3.7)中扩散框架再取向因子的降低。

最后，TMAO分子亲水基元 N^+O^- 的影响是什么？在这种情况下，与TMAO三个邻接甲基附近的水分子数相比，水分子氢键合到这部分的数量要少，则它们对层中平均动力学的贡献也小。但双亲分子中的亲水基团并不总是不活跃，正如我们当前将要看到的那样。

2D IR光谱在多大程度上提供了疏水基团邻近水的跳跃的实验表征？最

近已有对一系列含疏水甲基的小（双亲）溶质进行的实验[117-119]和计算研究[50]，其中就有 TMAO。计算的光谱[50]（图 3.6）与实验[117-119]相比很好，这为所用力场增加了一定的可信度。在稀（1 mol/kg）溶液中，2D 光谱与体相水很类似，这是由于所采集的信号中体相水的布居占主导；溶质太少而无明显的效果。但在浓（8 mol/kg）溶液情况下，光谱弛豫变得慢得多，并且频率相关性维持超过几皮秒[50,117-119]。（回顾 3.4 节，2D IR 只对 OH 频率的相关性敏感。）这些非常缓慢的光谱弛豫被一些作者解释为[117-119]再次揭示了疏水基团对水动力学的显著内秉作用。在这种观点下，疏水基团将抑制 HB 受体的跳跃，并将一部分水分子的取向"固化"在其水合层内，这符合先前在这些溶质上的 IR 泵浦-探测各向异性实验[115]所得到的有争议的结论。但我们在上文认为，涉及水分子固化的这种解释，对疏水基团是不正确的，需要被 TSEV 观点取代。我们现在展示，2D IR 光谱可探测的水动力学，不仅限于双亲分子疏水部分，因此这一分歧可以通过仔细解释 2D IR 光谱来解决。这种努力导出了一个与 EJM/TSEV 模型所预测的温和疏水效应完全一致的图像，此外也与 EJM 的第二理论层（下面介绍）一致，而后者是处理亲水基团所必需的。

要开始我们的论述，一些一般的考虑将是至关重要的。这些双亲溶质的疏水部分既不能给予也不能接收 HB，因此其附近水分子与别的水分子形成 HB。在疏水基团的水合层中，跳跃因而发生在从一个水氧到另一个水氧。这与我们在 3.3 节所讨论的纯水情形是相同类型的对称跳跃。回想一下，当时表明 2D IR 不能区分由于单个 HB 受体的瞬时 HB 断裂/重建的光谱动力学，与两个不同 HB 受体之间的实际跳跃的光谱动力学。那么，2D IR 如何现在能够在溶质疏水部分的水合中，探测水跳跃动力学本身的存在与否？光谱衰减的减慢实际上并非来源于疏水水合层中水的受抑制的跳跃，关于这一点的一个有效的展示来自完全没有跳跃时的计算 2D IR 光谱（图 3.3），但发现它们与考虑跳跃的常规光谱也还是非常相似的。这种光谱的相似性是由于瞬态 HB 断裂（不成功的跳跃）是光谱退相过程的主要贡献[50]。结论则是双亲溶质水溶液很迟钝的 2D IR 光谱衰减也就更不可能源于疏水基团的抑制跳跃或水固化效应。应该寻求另一个减慢的根源。

目前要详细说明的是，这种慢光谱衰减实际上有不同于疏水基团的起源[50]：它源于水分子的缓慢交换，这些水分子向一些溶质分子的另一部分提供 HB，而这些溶质分子是双亲的[49,66,69,117-119]并且——关键点在这里——有一个

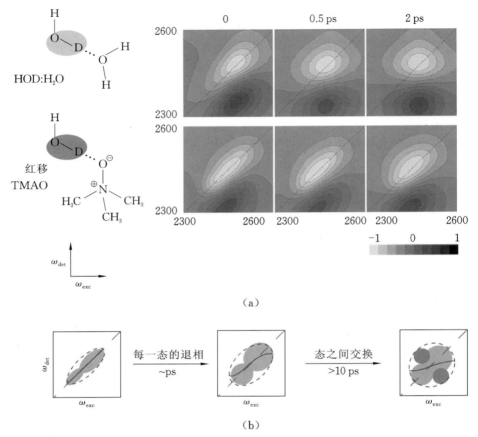

（a）

（b）

图3.6　（a）HOD:H_2O[50]和TMAO在HOD:H_2O中的浓（8 mol/kg）溶液在几个时延下的模拟2D IR光谱。（b）2D IR光谱衰减的示意图（省略了负的1—2跃迁峰），第一步是由各HB状态间的退相，之后是由于HB受体间的交换

接收HB的亲水基团。这种亲水性减缓源意味着，就我们在3.4节中讨论的离子溶液而言，对于每个水OH，可能有两个不同的状态，对应于两个不同的HB受体：水氧或亲水头基（在8 mol/L时各自比例是76％和24％[69]）。取决于同亲水头基的HB的强度，这两个布居可能具有不同的振动频率动力学。

在实验和模拟中考虑的双亲溶质，除了具有N^+O^-头基的TMAO之外，还包括具有羰基头基的分子$(CH_3)_2NCON(CH_3)_2$，即四甲基脲（tetramethylurea，TMU），以及具有OH头基的$(CH_3)_3COH$，即叔丁醇（tert-butyl alcohol，TBA）（参见图示3.1）。回想在本节前面关于泵浦-探测各向异性实验的讨论中，我们指出，鉴于与疏水基相关的水分子的数量多得多，因此与疏水基相比，

TMAO 亲水基团的作用可以忽略不计（虽然在那里未作说明，但同样适用于 TMU 和 TBA[50]）。但是，由于 2D IR 对频率的相关性是敏感的，因此如果亲水基团是这种相关性的重要来源，则此论证将不再适用。然而，乍一看，它们的相关性并不是很明显，当我们从 3.4 节回顾那个与体相比较要有足够的 OH 频移的要求时。由于 TMAO、TMU 和 TBA 的极性亲水头有所不同，但都与水氧相差不大，分别与水形成氢键和与溶质形成氢键的两种 OH 布居之间的频移最多为 30 cm^{-1}；这是 TMAO 的值，其头基的偶极矩约是水分子的 2 倍[50,133]。但是这个值小于单峰宽，即导致线性 IR 光谱中的单个宽带[50,117]。在 2D IR 光谱中，两个频率分布也太靠近以致不能单独分辨，因此 3.4 节所讨论的离子溶液交换特征标记，包括非对角峰的存在，也观察不到。但是尽管有这种不受欢迎的情况，这两个布居间的交换实际上具有重要的动力学后果：它可以显著减缓光谱的弛豫，正如我们现在所述。

在这些双组分体系中，光谱弛豫通过两种机制进行。第一，较快的贡献来自瞬态 HB 的断裂与构建过程[1,2,90,98]，并且类似于我们在 3.3 节中讨论的纯水中的机制。这些 HB 断裂发生时没有任何 HB 受体身份上的变化，因而它们不会带来两个布居间的交换。所得到的光谱弛豫时间仅温和地取决于 HB 强度，并且因此在两种状态下是类似的。在约 1 ps 后，2D IR 光谱由此机制衰减，从两个对角伸长谱带之和到两个圆形谱峰之和（参见图 3.6（b）中的示意图，其由定量频率 TCF 所支持[50]）。当这两个峰与讨论中溶质的情况一样稍有偏移时，所得 2D IR 光谱保持沿对角伸长[50,81]，这解释了观察到的不完全的光谱弛豫。达到完全的光谱弛豫则需要第二个较慢的贡献，来自两峰之间交换，即在水氧和溶质亲水头之间的 HB 跳跃。这种交换在 2D IR 光谱[134] 的所谓中心线斜率（center line slope，CLS）中的可见性，取决于第二个组分的大小，它（大约）与峰间的频移成比例[50]。特别是对 TMAO 而言，相当极性的氧头基是足够强的 HB 受体，与体相比较其引起了明显红移，约有 30 cm^{-1}，这为 CLS 提供了清晰可见的贡献。正是由于两类 HB 受体间的缓慢交换这个额外的贡献，导致了与体相比较的光谱弛豫的明显减慢。在体相水中，这种贡献不存在，因为只有一类 HB 受体，因此亲水基团交换贡献没有背景。

在这个冗长的部分即将结束时，值得强调和扩展双亲溶质在 2D IR 光谱中产生的微妙效应：在探测这些动力学的不同实验中，对水再取向动力学和水光谱动力学，同一化学基团会产生截然不同的影响。尽管在低浓度下，疏水基团致使周围水分子的再取向以一个小于 2 的因子减慢（参见本节起始部分），但它对水光谱弛豫的影响非常有限，因为并不产生一个新 HB 布居来改变 OH 频率；光谱弛豫几乎仍与体相类似，起源于在很大程度上不受疏水基团的影响的瞬态 HB 断裂。亲水 HB 受体基团也可对水 HB 交换及其再取向动力学产生非常不同的影响。亲水基团接收的 HB 强于水-水 HB，这导致再取向动力学的减速（这潜在地比由疏水基团诱导的更为显著[61]）；相反，弱 HB 受体导致水再取向的加速。这两种效应都通过另一个 EJM 第二层理论组分，即过渡态氢键（TSHB）模型[61]（图 3.5(b)）来描述。TSHB 模型在初始 HB 伸长至其 TS 长度（与体相水情形比较）的自由能成本 $\Delta\Delta G^{\ddagger}$ 与亲水基团所引起 HB 供体水再取向动力学的加速或减速因子 ρ_{HB} 之间提供了一个定量联系。这个因子

$$\rho_{HB} = \exp\left[\frac{\Delta\Delta G^{\ddagger}}{k_B T}\right] \tag{3.9}$$

与 TSEV 因子 ρ_V 结合时，描述了双亲溶质的减速（或加速）因子，并已成功应用于一系列氨基酸[61]等。与这种对水再取向和泵浦-探测各向异性的相当大跨度的可能影响形成对照，所有亲水 HB 受体都会导致新的 HB 型，因此——除非两个布居具有重叠的频率分布——会导致在频率相关衰减和 2D IR 中的一个单向效应：与 HB 受体间化学交换相关的水光谱弛豫中一个额外的慢组分。这种不对称性可能会产生一些明显的后果：一些弱 HB 受体可以加速水的再取向动力学，但却延缓光谱弛豫。

3.6 总结性评论

模拟、分析建模和超快 IR 光谱实验已经为我们对水和水溶液 HB 动力学的理解在近年来提供了一些广泛而重要的新见解。在本章的讨论中，我们展示了大幅且突然的水的角跳跃的存在，这是在传统德拜旋转扩散描述中所没有的，但最初通过模拟及分析模型所提议的[5]，并随后得到了探索性 2D IR 光谱测量的明确支持[82,83,88,105]。这些跳跃似乎是液态水的普遍特征并已在广泛环境中被发现，包括，例如体相、具有小亲水基团（如离子）的界面、疏水与双亲溶质、扩展表面的界面[52,53]，以及生物分子的水合层[15,60,61]。预测的分析模型描述了不同的化学部分如何影响其跳跃动态学与动力学，MD 模拟、分析建模与光谱计算相结合，特别有助于为泵浦-探测各向异性实验和复杂有时还很模

糊的 2D IR 光谱峰型[50]提供分子图像。我们可以自信地预测,新的理论进展,在改进和扩展理论方面,以及实验发展特别是在偏振分辨的 2D IR[69,82,88]、表面敏感的 2D IR[135]和 3D IR[136]等光谱学方面,将提供更多的洞见来观察水在其各种区间与环境下的富有吸引力的动力学。在目前被理论研究的体系中有过冷水,邻近电极和其他界面的、在 DNA 沟槽里的水(及水性溶质),以及在化学反应动力学进程中的水。

致谢

我们感谢 Guillaume Stirnemann(现址:哥伦比亚大学化学系)和 Fabio Sterpone(现址:巴黎物理生物研究所),他们为这里讨论的大部分研究做出了重要贡献。这项工作得到了 NSF 项目 CHE-1112564(JTH)和 P.G.de Gennes 研究基金会的部分支持。

参考文献

[1] Rey R,Møller KB,and Hynes JT.2002.Hydrogen bond dynamics in water and ultrafast infrared spectroscopy.J. Phys. Chem. A 106:11993-11996.

[2] Møller KB,Rey R,and Hynes JT.2004.Hydrogen bond dynamics in water and ultrafast infrared spectroscopy:A theoretical study.J. Phys. Chem. A 108:1275-1289.

[3] Asbury JB,et al.2004.Dynamics of water probed with vibrational echo correlation spectroscopy.J. Chem. Phys. 121:12431-12446.

[4] Eaves JD,Loparo JJ,Fecko CJ,Roberts ST,Tokmakoff A,and Geissler PL.2005.Hydrogen bonds in liquid water are broken only fleetingly.Proc. Natl. Acad. Sci. USA 102:13019-13022.

[5] Laage D,and Hynes JT.2006.A molecular jump mechanism of water re-orientation.Science 311:832-835.

[6] Roberts ST,Ramasesha K,and Tokmakoff A.2009.Structural rearrangements in water viewed through two-dimensional infrared spectroscopy. Acc. Chem. Res. 42:1239-1249.

[7] Laage D,Stirnemann G,Sterpone F,Rey R,and Hynes JT.2011.Reorientation and allied dynamics in water and aqueous solutions. Annu. Rev.

Phys. Chem. 62:395-416.

[8] Gertner BJ, Whitnell RM, Wilson KR, and Hynes JT. 1991. Activation to the transition state: Reactant and solvent energy flow for a model S_N2 reaction in water. J. Am. Chem. Soc. 113:74-87.

[9] Ando K, and Hynes JT. 1995. HCl acid ionization in water: A theoretical molecular modeling. J. Mol. Liq. 64:25-37.

[10] Ando K, and Hynes JT. 1997. Molecular mechanism of HCl acid ionization in water: Ab initio potential energy surfaces and Monte Carlo simulations. J. Phys. Chem. B 101:10464-10478.

[11] Wang S, Bianco R, and Hynes JT. 2009. Depth-dependent dissociation of nitric acid at an aqueous surface: Car-Parrinello molecular dynamics. J. Phys. Chem. A 113:1295-1307.

[12] Marx D, Tuckerman ME, Hutter J, and Parrinello M. 1999. The nature of the hydrated excess proton in water. Nature 397:601-604.

[13] Berkelbach TC, and Tuckerman ME. 2009. Concerted hydrogen-bond dynamics in the transport mechanism of the hydrated proton: A first-principles molecular dynamics study. Phys. Rev. Lett. 103:238302.

[14] Ball P. 2008. Water as an active constituent in cell biology. Chem. Rev. 108:74-108.

[15] Sterpone F, Stirnemann G, and Laage D. 2012. Magnitude and molecular origin of water slowdown next to a protein. J. Am. Chem. Soc. 134:4116-4119.

[16] Berne BJ, and Pecora R. 2000. Dynamic Light Scattering: With Applications to Chemistry, Biology, and Physics (Dover, Mineola, NY).

[17] McQuarrie DA. 2000. Statistical Mechanics (University Science Books, Sausalito, CA).

[18] Frölich H. 1958. Theory of Dielectrics: Dielectric Constant and Dielectric Loss (Clarendon Press, Oxford).

[19] Madden P, and Kivelson D. 1984. A consistent molecular treatment of dielectric phenomena. Adv. Chem. Phys. 56:467-566.

[20] van der Spoel D, van Maaren PJ, and Berendsen HJC. 1998. A systematic study of water models for molecular simulation: Derivation of water models opti-

mized for use with a reaction field.J. Chem. Phys. 108:10220-10230.

[21] Laage D,and Hynes JT.2008.On the molecular mechanism of water re-orientation.J. Phys. Chem. B 112:14230-14242.

[22] Abragam A.1961.The Principles of Nuclear Magnetism（Oxford University Press,USA）.

[23] Qvist J,Schober H,and Halle B.2011.Structural dynamics of supercooled water from quasielastic neutron scattering and molecular simulations. J. Chem. Phys. 134:144508.

[24] Lipari G,and Szabo A.1980.Effect of librational motion on fluorescence depolarization and nuclear magnetic resonance relaxation in macromolecules and membranes.Biophys. J. 30:489-506.

[25] Lin YS,Pieniazek PA,Yang M,and Skinner JL.2010.On the calculation of rotational anisotropy decay,as measured by ultrafast polarization-resolved vibrational pump-probe experiments.J. Chem. Phys. 132:174505.

[26] Mukamel S.1999.Principles of Nonlinear Optical Spectroscopy（Oxford University Press,New York,USA）.

[27] Laage D,and Hynes JT.2007.Reorientational dynamics of water molecules in anionic hydration shells.Proc. Natl. Acad. Sci. USA 104:11167-11172.

[28] Teixeira J,Bellissent-Funel M,Chen SH,and Dianoux AJ.1985.Experimental determination of the nature of diffusive motions of water molecules at low temperatures.Phys. Rev. A 31:1913-1917.

[29] Russo D,Murarka RK,Hura G,Verschell E,Copley JRD,and Head-Gordon T. 2004. Evidence for anomalous hydration dynamics near a model hydrophobic peptide.J. Phys. Chem. B 108:19885-19893.

[30] Russo D,Hura G,and Head-Gordon T.2004.Hydration dynamics near a model protein surface.Biophys. J. 86:1852-1862.

[31] Laage D.2009.Reinterpretation of the liquid water quasi-elastic neutron scattering spectra based on a nondiffusive jump reorientation mechanism.J. Phys. Chem. B 113:2684-2687.

[32] Hunt NT,Kattner L,Shanks RP,and Wynne K.2007.The dynamics of water-protein interaction studied by ultrafast optical Kerr-effect spec-

troscopy.J. Am. Chem. Soc. 129:3168-3172.

[33] Mazur K,Heisler IA,and Meech SR.2011.THz spectra and dynamics of aqueous solutions studied by the ultrafast optical Kerr effect.J. Phys. Chem. B 115:2563-2573.

[34] Mazur K, Heisler IA,and Meech SR.2010.Ultrafast dynamics and hydrogen-bond structure in aqueous solutions of model peptides.J. Phys. Chem. B 114:10684-10691.

[35] Mazur K,Heisler IA,and Meech SR.2011.Water dynamics at protein interfaces:Ultrafast optical Kerr effect study.J. Phys. Chem. A 116:2678-2685.

[36] Debye PJW.1929.Polar Molecules (The Chemical Catalog Company, New York).

[37] Levine IN.2008.Quantum Chemistry (Prentice Hall,Upper Saddle River,NJ).

[38] Hynes JT,Kapral R,and Weinberg M.1978.Molecular rotation and reorientation: Microscopic and hydrodynamic contributions. J. Chem. Phys. 69:2725-2733.

[39] Hynes JT,Kapral R,and Weinberg M.1977.Microscopic boundary layer effects and rough sphere rotation.J. Chem. Phys. 67:3256-3267.

[40] Eisenberg D,and Kauzmann W.2005.The structure and properties of water (Oxford University Press,Oxford,UK).

[41] Bagchi B.2005.Water dynamics in the hydration layer around proteins and micelles.Chem. Rev. 105:3197-219.

[42] Rahman A,and Stillinger H.1971.Molecular dynamics study of liquid water.J. Chem. Phys. 55:3336-3359.

[43] O'Reilly DE.1974.Self-diffusion coefficients and rotational correlation times in polar liquids. Ⅶ.Water.J. Chem. Phys. 60:1607-1618.

[44] Winkler K,Lindner J,Bürsing H,and Vöhringer P.2000.Ultrafast Raman-induced Kerr-effect of water:Single molecule versus collective motions.J. Chem. Phys. 113:4674-4682.

[45] Paesani F,Iuchi S,and Voth GA.2007.Quantum effects in liquid water from an ab initio-based polarizable force field.J. Chem. Phys. 127:074506.

[46] Paesani F,Yoo S,Bakker HJ,and Xantheas SS.2010.Nuclear quantum

effects in the reorientation of water.J. Phys. Chem. Lett.1:2316-2321.

[47] Ono J,Hyeon-Deuk K,and Ando K.2012.Semiquantal molecular dynamics simulations of hydrogen bond dynamics in liquid water using spherical Gaussian wavepackets.Int. J. Quantum. Chem. doi:10.1002/qua.24146.

[48] Boisson J,Stirnemann G,Laage D,and Hynes JT.2011.Water reorientation dynamics in the first hydration shells of F- and I-.Phys. Chem. Chem. Phys. 13:19895-19901.

[49] Laage D,Stirnemann G,and Hynes JT.2009.Why water reorientation slows without iceberg formation around hydrophobic solutes.J. Phys. Chem. B 113:2428-2435.

[50] Stirnemann G,Hynes JT,and Laage D.2010.Water hydrogen bond dynamics in aqueous solutions of amphiphiles.J. Phys. Chem. B 114:3052-3059.

[51] Stirnemann G,Sterpone F,and Laage D.2011.Dynamics of water in concentrated solutions of amphiphiles:Key roles of local structure and aggregation.J. Phys. Chem. B 115:3254-3262.

[52] Stirnemann G,Rossky PJ,Hynes JT,and Laage D.2010.Water reorientation,hydrogen-bond dynamics and 2D IR spectroscopy next to an extended hydrophobic surface.Faraday Discuss 146:263-281.

[53] Stirnemann G,Castrillón SR,Hynes JT,Rossky PJ,Debenedetti PG,and Laage D.2011.Non-monotonic dependence of water reorientation dynamics on surface hydrophilicity:Competing effects of the hydration structure and hydrogen-bond strength.Phys. Chem. Chem. Phys. 13:19911-19917.

[54] Chowdhary J,and Ladanyi BM.2009.Hydrogen bond dynamics at the water/hydrocarbon interface.J. Phys. Chem. B 113:4045-4053.

[55] Rosenfeld DE,and Schmuttenmaer CA.2011.Dynamics of the water hydrogen bond network at ionic,nonionic,and hydrophobic interfaces in nanopores and reverse micelles.J. Phys. Chem. B 115:1021-1031.

[56] Laage D,and Thompson WH.2012.Reorientation dynamics of nanoconfined water:Power-law decay,hydrogen-bond jumps,and test of a two-state model.J. Chem. Phys. 136:044513.

[57] Malani A,and Ayappa G.2012.Relaxation and jump dynamics of water at the mica interface.J. Chem. Phys. 136:194701.

[58] Mukherjee B,Maiti PK,Dasgupta C,and Sood AK.2009.Jump reorientation of water molecules confined in narrow carbon nanotubes.J. Phys. Chem. B 113:10322-10330.

[59] Jana B,Pal S,and Bagchi B.2008.Hydrogen bond breaking mechanism and water reorientational dynamics in the hydration layer of lysozyme.J. Phys. Chem. B 112:9112-9117.

[60] Zhang Z,and Berkowitz ML.2009.Orientational dynamics of water in phospholipid bilayers with different hydration levels.J. Phys. Chem. B 113:7676-7680.

[61] Sterpone F,Stirnemann G,Hynes JT,and Laage D.2010.Water hydrogen-bond dynamics around amino acids:The key role of hydrophilic hydrogen-bond acceptor groups.J. Phys. Chem. B 114:2083-2089.

[62] Verde AV,and Campen RK.2011.Disaccharide topology induces slow-down in local water dynamics.J. Phys. Chem. B 115:7069-7084.

[63] Bakker HJ,and Skinner JL.2009.Vibrational spectroscopy as a probe of structure and dynamics in liquid water.Chem. Rev. 110:1498-1517.

[64] Fayer MD,Moilanen DE,Wong D,Rosenfeld DE,Fenn EE,and Park S. 2009.Water dynamics in salt solutions studied with ultrafast two-dimensional infrared (2D IR) vibrational echo spectroscopy.Acc. Chem. Res. 42:1210-1219.

[65] Ji M,and Gaffney KJ.2011.Orientational relaxation dynamics in aqueous ionic solution: Polarization selective two-dimensional infrared study of angular jump-exchange dynamics in aqueous 6M $NaClO_4$.J. Chem. Phys. 134:044516.

[66] Qvist J,and Halle B.2008.Thermal signature of hydrophobic hydration dynamics.J. Am. Chem. Soc. 130:10345-10353.

[67] Endom L,Hertz HG,Thül B,and Zeidler MD.1967.A microdynamic model of electrolyte solutions as derived from nuclear magnetic relaxation and self-diffusion data.Ber.Bunsenges.Phys. Chem. 71:1008-1031.

[68] Laage D,Stirnemann G,Sterpone F,and Hynes JT.2012.Water jump re-

orientation：From theoretical prediction to experimental observation. Acc. Chem. Res. 45：53-62.

[69] Stirnemann G，and Laage D. 2010. Direct evidence of angular jumps during water reorientation through two-dimensional infrared anisotropy. J. Phys. Chem. Lett.1：1511-1516.

[70] Laage D，and Hynes JT.2006.Do more strongly hydrogen-bonded water molecules reorient more slowly? Chem. Phys. Lett. 433：80-85.

[71] Moilanen DE，Fenn EE，Lin YS，Skinner JL，Bagchi B，and Fayer MD. 2008.Water inertial reorientation：Hydrogen bond strength and the angular potential.Proc. Natl. Acad. Sci. USA 105：5295-300.

[72] Ivanov EN.1964.Theory of rotational Brownian motion.Sov.Phys.JETP 18：1041-1045.

[73] Northrup SH，and Hynes JT.1980.The stable states picture of chemical reactions.I.Formulation for rate constants and initial condition effects.J. Chem. Phys. 73：2700-2714.

[74] Laage D，and Hynes JT.2008.On the residence time for water in a solute hydration shell：Application to aqueous halide solutions.J. Phys. Chem. B 112：7697-7701.

[75] Szabo A.1984.Theory of fluorescence depolarization in macromolecules and membranes.J. Chem. Phys. 81：150-167.

[76] Tjandra N，Szabo A，and Bax A.1996.Protein backbone dynamics and 15N chemical shift anisotropy from quantitative measurement of relaxation interference effects.J. Am. Chem. Soc. 118：6986-6991.

[77] Vartia AA，Mitchell-Koch KR，Stirnemann G，Laage D，and Thompson WH. 2011.On the reorientation and hydrogen-bond dynamics of alcohols.J. Phys. Chem. B 115：12173-12178.

[78] Zheng J，Kwak K，and Fayer MD.2007.Ultrafast 2D IR vibrational echo spectroscopy.Acc. Chem. Res. 40：75-83.

[79] Fayer MD.2009.Dynamics of liquids，molecules，and proteins measured with ultrafast 2D IR vibrational echo chemical exchange spectroscopy. Annu. Rev. Phys. Chem. 60：21-38.

[80] Hamm P，and Zanni M.2011.Concepts and Methods of 2D Infrared Spec-

troscopy (Cambridge University Press,Cambridge,UK).

[81] Kim YS,and Hochstrasser RM.2009.Applications of 2D IR spectroscopy to peptides,proteins,and hydrogen-bond dynamics.J. Phys. Chem. B 113:8231-8251.

[82] Gaffney KJ,Ji M,Odelius M,Park S,and Sun Z.2011.H-bond switching and ligand exchange dynamics in aqueous ionic solution.Chem. Phys. Lett. 504:1-6.

[83] Moilanen DE,Wong D,Rosenfeld DE,Fenn EE,and Fayer MD.2009.Ion-water hydrogen-bond switching observed with 2D IR vibrational echo chemical exchange spectroscopy.Proc. Natl. Acad. Sci. USA 106:375-380.

[84] Elsaesser T.2009.Two-dimensional infrared spectroscopy of intermolecular hydrogen bonds in the condensed phase. Acc. Chem. Res. 42:1220-1228.

[85] Pimentel G,and McClellan A.1960. The Hydrogen Bond (W. H. Freeman,San Francisco).

[86] Mikenda W.1986.Stretching frequency versus bond distance correlation of O—D (H) Y (Y＝N,O,S,Se,Cl,Br,I) hydrogen bonds in solid hydrates.J. Mol. Struct. 147:1-15.

[87] Mikenda W,and Steinböck S.1996.Stretching frequency vs.bond distance correlation of hydrogen bonds in solid hydrates: A generalized correlation function.J. Mol. Struct. 384:159-163.

[88] Ji M,Odelius M,and Gaffney KJ.2010.Large angular jump mechanism observed for hydrogen bond exchange in aqueous perchlorate solution. Science 328:1003-1005.

[89] Fenn EE,Wong DB,and Fayer MD.2009.Water dynamics at neutral and ionic interfaces.Proc. Natl. Acad. Sci. USA 106:15243-15248.

[90] Lawrence P,and Skinner L.2003.Vibrational spectroscopy of HOD in liquid D_2O. Ⅲ.Spectral diffusion,and hydrogen-bonding and rotational dynamics.J. Chem. Phys. 118:264-272.

[91] Ramasesha K,Roberts ST,Nicodemus RA,Mandal A,and Tokmakoff A.2011.Ultrafast 2D IR anisotropy of water reveals reorientation during hydrogen-bond switching.J. Chem. Phys. 135:054509.

［92］ Bakker HJ,Rezus YL,and Timmer RL.2008.Molecular reorientation of liquid water studied with femtosecond midinfrared spectroscopy. J. Phys. Chem. A 112:11523-11534.

［93］ Omta AW,Kropman MF,Woutersen S,and Bakker HJ.2003.Influence of ions on the hydrogen-bond structure in liquid water.J. Chem. Phys. 119:12457-12461.

［94］ Kropman MF,and Bakker HJ.2004.Effect of ions on the vibrational relaxation of liquid water.J. Am. Chem. Soc. 126:9135-9141.

［95］ Kropman MF,Nienhuys HK,and Bakker HJ.2002.Real-time measurement of the orientational dynamics of aqueous solvation shells in bulk liquid water.Phys. Rev. Lett. 88:077601.

［96］ Omta AW,Kropman MF,Woutersen S,and Bakker HJ.2003.Negligible effect of ions on the hydrogen-bond structure in liquid water.Science 301:347-349.

［97］ Kropman MF,and Bakker HJ.2001.Dynamics of water molecules in aqueous solvation shells.Science 291:2118-2120.

［98］ Nigro B,Re S,Laage D,Rey R,and Hynes JT.2006.On the ultrafast infrared spectroscopy of anion hydration shell hydrogen-bond dynamics.J. Phys. Chem. A 110:11237-11243.

［99］ Bergstroem PA,Lindgren J,and Kristiansson O.1991.An IR study of the hydration of perchlorate,nitrate,iodide,bromide,chloride and sulfate anions in aqueous solution.J. Phys. Chem. 95:8575-8580.

［100］ Bakker J,Kropman F,and Omta W.2005.Effect of ions on the structure and dynamics of liquid water.J.Phys.:Cond.Matt.17:S3215-S3224.

［101］ Bakker HJ.2008.Structural dynamics of aqueous salt solutions.Chem. Rev. 108:1456-1473.

［102］ Marcus Y.2009.Effect of ions on the structure of water:Structure making and breaking.Chem. Rev. 109:1346-1370.

［103］ Heuft M,and Meijer J.2003.Density functional theory based molecular-dynamics study of aqueous chloride solvation. J. Chem. Phys. 119:11788-11791.

［104］ Ohtaki H,and Radnai T.1993.Structure and dynamics of hydrated ions.

Chem. Rev. 93:1157-1204.

[105] Park S, Odelius M, and Gaffney KJ. 2009. Ultrafast dynamics of hydrogen bond exchange in aqueous ionic solutions. J. Phys. Chem. B 113:7825-7835.

[106] Dlott DD. 2005. Chemistry. Ultrafast chemical exchange seen with 2D vibrational echoes. Science 309:1333-1334.

[107] Park S, and Fayer MD. 2007. Hydrogen bond dynamics in aqueous NaBr solutions. Proc. Natl. Acad. Sci. USA 104:16731-16738.

[108] Ramesh SG, Re S, Boisson J, and Hynes JT. 2010. Vibrational symmetry breaking of NO_3^- in aqueous solution: NO asymmetric stretch frequency distribution and mean splitting. J. Phys. Chem. A 114:1255-1269.

[109] Boisson J. 2008. PhD Thesis, University of Paris, UPMC: Sur l'interaction eau/anion:? les caractères structurants et destructurants, la rupture de symétrie du nitrate.

[110] Rey R, and Hynes JT. 2001. Coulomb force and intramolecular energy flow effects for vibrational energy transfer for small molecules in polar solvents. In Ultrafast Infrared and Raman Spectroscopy (Marcel Dekker, New York). M.D. Fayer, Editor.

[111] Pauling L. 1960. The Nature of the Chemical Bond and the Structure of Molecules and Crystals: An Introduction to Modern Structural Chemistry (Cornell University Press, Ithaca, NY).

[112] Frank HS, and Evans MW. 1945. Free volume and entropy in condensed systems Ⅲ. Entropy in binary liquid mixtures: partial molal entropy in dilute solutions: structure and thermodynamics in aqueous electrolytes. J. Chem. Phys. 13:507-532.

[113] Blokzijl W, and Engberts JBFN. 1993. Hydrophobic effects. Opinions and facts. Angew. Chem. Int. Edit. Engl. 32:1545-1579.

[114] Buchanan P, Aldiwan N, Soper K, Creek L, and Koh A. 2005. Decreased structure on dissolving methane in water. Chem. Phys. Lett. 415:89-93.

[115] Rezus Y, and Bakker H. 2007. Observation of immobilized water molecules around hydrophobic groups. Phys. Rev. Lett. 99:148301.

[116] Bonn M, et al. 2009. Suppression of proton mobility by hydrophobic hydration. J. Am. Chem. Soc. 131:17070-17071.

[117] Bakulin AA,Liang C,la Cour Jansen T,Wiersma DA,Bakker HJ,and Pshenichnikov MS.2009.Hydrophobic solvation:A 2D IR spectroscopic inquest.Acc. Chem. Res. 42:1229-1238.

[118] Petersen C,Bakulin AA,Pavelyev VG,Pshenichnikov MS,and Bakker HJ.2010. Femtosecond midinfrared study of aggregation behavior in aqueous solutions of amphiphilic molecules.J. Chem. Phys. 133:164514.

[119] Bakulin AA,Pshenichnikov MS,Bakker HJ,and Petersen C.2011.Hydrophobic molecules slow down the hydrogen-bond dynamics of water. J. Phys. Chem. A 115:1821-1829.

[120] Weingärtner H,Haselmeier R,and Holz M.1996.Effect of xenon upon the dynamical anomalies of supercooled water.A test of scaling-law behavior.J. Phys. Chem. 100:1303-1308.

[121] Hallenga K,Grigera JR,and Berendsen HJC.1980.Influence of hydrophobic solutes on the dynamic behavior of water.J. Phys. Chem. 84:2381-2390.

[122] Okouchi S,Moto T,Ishihara Y,Numajiri H,and Uedaira H.1996.Hydration of amines,diamines,polyamines and amides studied by NMR.J. Chem. Soc. Faraday Trans. 92:1853-1857.

[123] Ishihara Y,Okouchi S,and Uedaira H.1997.Dynamics of hydration of alcohols and diols in aqueous solutions.J. Chem. Soc. Faraday Trans. 93:3337-3342.

[124] Okouchi S,Ashida T,Sakaguchi S,Tsuchida K,Ishihara Y,and Uedaira H. 2002.Dynamics of the hydration of halogenoalcohols in aqueous solution. Bull. Chem. Soc. Jpn. 75:59-63.

[125] Okouchi S,Tsuchida K,Yoshida S,Ishihara Y,Ikeda S,and Uedaira H. 2005.Dynamics of the hydration of amino alcohols and diamines in aqueous solution.Bull. Chem. Soc. Jpn. 78:424-429.

[126] Shimizu A,Fumino K,Yukiyasu K,and Taniguchi Y.2000.NMR studies on dynamic behavior of water molecule in aqueous denaturant solutions at 25 ℃:Effects of guanidine hydrochloride,urea and alkylated ureas.J. Mol. Liq. 85:269-278.

[127] Lupi L,et al.2011.Hydrophobic hydration of tert-butyl alcohol studied

by Brillouin light and inelastic ultraviolet scattering. J. Chem. Phys. 134:055104.

[128] Silvestrelli PL. 2009. Are there immobilized water molecules around hydrophobic groups? Aqueous solvation of methanol from first principles. J. Phys. Chem. B 113:10728-10731.

[129] Rossato L, Rossetto F, and Silvestrelli PL. 2012. Aqueous solvation of methane from first principles. J. Phys. Chem. B 116:4552-4560.

[130] Pratt LR, and Pohorille A. 2002. Hydrophobic effects and modeling of biophysical aqueous solution interfaces. Chem. Rev. 102:2671-2692.

[131] Tielrooij KJ, Hunger J, Buchner R, Bonn M, and Bakker HJ. 2010. Influence of concentration and temperature on the dynamics of water in the hydrophobic hydration shell of tetramethylurea. J. Am. Chem. Soc. 132:15671-15678.

[132] Almásy L, Len A, Székely NK, and Pleštil J. 2007. Solute aggregation in dilute aqueous solutions of tetramethylurea. Fluid Phase Equilibr 257: 114-119.

[133] Paul S, and Patey GN. 2006. Why tert-butyl alcohol associates in aqueous solution but trimethylamine-N-oxide does not. J. Phys. Chem. B 110: 10514-10518.

[134] Kwak K, Rosenfeld DE, and Fayer MD. 2008. Taking apart the two-dimensional infrared vibrational echo spectra: More information and elimination of distortions. J. Chem. Phys. 128:204505.

[135] Zhang Z, Piatkowski L, Bakker HJ, and Bonn M. 2011. Communication: Interfacial water structure revealed by ultrafast two-dimensional surface vibrational spectroscopy. J. Chem. Phys. 135:021101.

[136] Garrett-Roe S, and Hamm P. 2009. What can we learn from three-dimensional infrared spectroscopy? Acc. Chem. Res. 42:1412-1422.

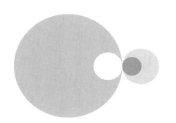

第 4 章
含水体系的飞秒振动光谱

4.1 引言

　　液态水的许多反常性质,在很大程度上源自于这种液体中大量存在的带有方向性的氢键相互作用[1]。密度极高的氢键导致水分子之间的结合力增强,使分子质量很小的水却拥有异常高的冰点和熔点。高密度存在的氢键也解释了水为什么具有较高的热容量:需要极大量的能量才能破坏数量众多的氢键。因此,水可以作为理想的温度调节器,大量的能量释放或捕获只会导致有限的水体温度变化[2,3]。当水被冻结成冰时,由于氢键具有明显的定向特性以及水分子自身的弯曲形状,水分子可在空间中形成一个延伸的氢键网络。因此,液态水变成冰时其比容增加,这或许是水最显著的反常现象。

　　水分子是极性分子,并且具有较高的介电常数,能与其他分子和离子形成氢键,因此水是极好的溶剂。并且,水是为数不多的,能与离子之间形成较强的相互作用,并破坏盐离子之间强烈的库仑相互作用的溶剂之一。与水分子之间的相互作用对生物分子体系的构象也起着至关重要的作用。在水溶液中,蛋白质倾向于采取特定的构象,使亲水性的分子基团位于外部,并与周围的水分子紧密结合,而它们的疏水性分子基团则位于内部,并且与水屏蔽。类似的自组装过程使脂质分子中带有极性的头基与水相互作用,而非极性的尾基将水屏蔽掉,形成脂质双分子膜。

许多实验和理论方法已经被用于研究液态水和水溶液的结构和动力学。例如,从 X 射线衍射和中子散射对水分子结构研究中可以得到,水分子中氧原子与氧原子之间的平均距离为 2.8 Å。遗憾的是,X 射线衍射和中子散射技术无法给出关于氢原子位置的信息。人们较为普遍地认为,大多数水分子将它们的羟基排列在近似线性的 O—H⋯O 氢键构象中。多数分子动力学模拟也表明液态水中,近似线性的 O—H⋯O 氢键密度较高,平均每个水分子约 3.5 个氢键[4-8]。然而,这一物理图像最近受到 X 射线吸收谱、X 射线发射谱与 X 射线拉曼散射研究的质疑[9,10]。这些方法直接探测水分子中氧原子的电子能级。这些研究宣称大多数水分子仅参与 2 个(单一供体与单一受体)而不是 4 个氢键。这一解释后来也陷入争议之中[11,12]。

目前已经有多种实验技术,如核磁共振(NMR)、介电弛豫光谱和非线性飞秒振动光谱等,针对液态水和水溶液中水分子在分子尺度上的动力学开展了研究。其中,核磁共振可以用于测量纵向质子自旋弛豫时间,从中可以得出水分子围绕不同分子轴转动的平均相关时间常数[13-18]。介电弛豫光谱可用于测量水对振荡电场的极化响应[19-22]。该响应的频率依赖性提供了关于水分子的重定向时间信息。

核磁共振和介电弛豫光谱的缺点是只可以测量水分子动力学的平均值。核磁共振回波技术原则上是能够区分不同类型的水分子,但实际上不同类型的水分子之间发生相互转化的时间尺度(ps)远短于典型的 NMR 实验时间尺度(μs)。因此,NMR 探测的是所有水分子的平均动力学,使得提取隶属于不同子系综的水分子的特性的明确信息变得困难。NMR 方法的这一特性在水溶液的研究中是一个问题,因为可以预期,用于溶解分子和离子的水分子的动力学与体相水分子的动力学不尽相同。

非线性飞秒振动光谱是一种非常独特的方法,它能在短于不同的水分子之间发生互变的时间尺度上探测其动力学。该技术中一个必不可少的特征是它可以利用飞秒中红外光脉冲激发特定子系综中水分子的分子振动,然后用另一束飞秒中红外脉冲对这些分子的动力学进行跟踪。当被研究的动力学过程比所用激光脉冲的持续时间更慢时,动力学的时间分辨研究成为可能。这一技术已被成功地应用于研究水在分子尺度上的动力学[37-46]。在过去十五年中,非线性飞秒振动光谱已经被成功地应用于研究纯液态水及多种水溶液的分子尺度上的动力学过程。在本章中,我们对这一手段的不同种类和迄今为止所获得的水分子动力学信息作一个回顾。

4.2 非线性振动光谱

4.2.1 飞秒中红外脉冲的产生

波长与 H_2O、HDO 及 D_2O 的分子振动共振的中红外激光脉冲是研究含水体系的非线性振动光谱的必要条件。水分子的能量弛豫动力学和分子运动在亚皮秒到皮秒的时间尺度上发生。因此,对这些动力学过程的时间分辨研究需要脉冲持续时间大约为 100 fs 的中红外脉冲。在所有关于含水体系的飞秒振动中红外实验报道中,均通过钛蓝宝石多程放大和/或再生放大器产生飞秒强激光脉冲(中心波长 800 nm,脉冲持续时间 30~100 fs,脉冲能量 ≥1 mJ,重复频率 1 kHz),用于泵浦一系列非线性频率转换过程,以产生中红外脉冲。

通常,钛蓝宝石激光器输出的 800 nm 脉冲被用于泵浦 KTP 或 $KNbO_3$ 晶体中的光学参量放大过程,从而产生研究 O—H 和 O—D 伸缩振动所需的红外脉冲[38-45]。研究 H_2O 或 HDO 分子中的 O—H 振动需要波长在 3 μm 的红外脉冲。为了在该波长处产生红外脉冲,必须用波长为 1100 nm 的光作为光学参量放大过程的种子光。类似地,为研究 D_2O 或 HDO 中的 O—D 伸缩振动,需要波长在 4 μm 的红外脉冲。为获得这些脉冲,必须用波长在 1000 nm 的光作为光学参量放大过程的种子光。波长为 1000 nm 或 1100 nm 的种子光可以用不同的方法产生。例如,可以使用 800 nm 脉冲的一小部分来产生白光连续体[40,42,43]。这个连续谱白光在 1100 nm 或 1000 nm 处的部分可以在 BBO (β-偏硼酸钡) 晶体中被用于光学参量放大。该光学参量放大过程可由通过 800 nm 脉冲倍频产生的 400 nm 脉冲来泵浦[40],也可以由部分的 800 nm 基频脉冲泵浦[42,43]。将这些经过放大的 1100 nm 或 1000 nm 的脉冲作为种子光,注入 KTP[40] 或 $KNbO_3$ 晶体[42,43]中,进行最后的光学参量放大过程,产生期望的波长在 3 μm 或 4 μm 左右的红外脉冲。此外,1000 nm 或 1100 nm 的种子脉冲也可以首先通过 BBO 晶体中的光学参量放大过程产生 1300 nm 或 1400 nm 的信号光和 2200 nm 或 2000 nm 的闲散光[38,39,44,45],随后在第二块

BBO 晶体中将闲散光进行倍频。这些倍频后的闲散光脉冲再作为种子光注入 KTP[38,39,45] 或 KNbO$_3$[44] 晶体中，进行最终的光学参量放大过程。

产生 4 μm 脉冲的另外一种完全不同的方法是，通过 BBO 晶体中的光学参数放大产生约 1330 nm 的信号光和约 2000 nm 的闲散光，随后信号光和闲散光在 AgGaS$_2$ 晶体中混合，进行差频产生中红外脉冲[41,46]。信号光和闲散光的差频混合也可以被用于产生与水分子中 H—O—H 弯曲模式（约 6 μm）[47] 或与水分子中的摆动模式（约 10 μm）共振的中红外脉冲[48]。

上述方法产生的中红外脉冲能量通常在 2 μJ[41] 和 10 μJ 之间变化[37-40,44,45]。在一些研究中，所使用的 KTP 及 KNbO$_3$ 晶体较薄（1 mm），800 nm 脉冲的持续时间也只有 30 fs[42,43] 或 40 fs[41,46]。由此所产生的中红外脉冲在时间尺度上也很短，脉冲持续时间约为 50 fs[41-43,46]。这些脉冲的带宽约为 400 cm^{-1}，从而完全覆盖了 O—H/O—D 的吸收带。在其他研究中，使用的是更厚的晶体（4～5 mm）以及更宽的 800 nm 泵浦脉冲（约 100 fs），导致产生的红外泵浦脉冲的脉冲持续时间更长（约 150 fs），光谱带宽也明显更窄（约 100 cm^{-1}）[37-40,44,45]。

4.2.2　水分子振动的非线性光学响应

在所有关于含水体系的非线性振动光谱实验中，部分水分子的某一振动模式被一束或两束中红外脉冲激发，从 $v=0$ 的振动基态布居到第一激发振动态 $v=1$。由于基态分子布居数的减少，该激发将导致 $v=0\rightarrow1$ 的基频吸收带出现瞬态光谱漂白信号。此外，$v=1$ 态被占据后，会引起 $v=1\rightarrow0$ 的受激辐射。这两种效应都会导致在 $v=0\rightarrow1$ 跃迁频率处透射光强有所增加。除此之外，在 $v=1$ 能态被占据后会产生新的光吸收现象。被激发的分子在对应于从 $v=1$ 能态激发至第二振动激发态 $v=2$ 的频率处将吸收光子。对于大多数分子振动而言，$v=1\rightarrow2$ 跃迁的频率比 $v=0\rightarrow1$ 基频跃迁频率要低。此处我们也应该注意到，在简谐振动情况下，$v=1\rightarrow2$ 跃迁的频率将与 $v=0\rightarrow1$ 跃迁的频率相同，此时吸收光谱的所有变化相互抵消，意味着将观测不到任何非线性光谱响应。因此，非线性振动光谱依赖于分子振动的非谐性特征。

水分子具有两个伸缩振动模式和一个弯曲振动模式。所有的这三种振动都已经被非线性振动光谱研究过。在大多数实验中的研究对象是同位素稀释的水，所探测的或者是溶解在 D$_2$O 中的 HDO 分子的 O—H 伸缩振动，或者是溶解于 H$_2$O 中的 HDO 分子的 O—D 振动。使用同位素稀释的水具有一定的优点：热效应受限，并且不会像在纯 H_2O 或 D_2O 中那样，OH/OD 伸缩振动的信号受到分子内和分子间耦合的强烈影响[49,55]。在对 HDO：D_2O 混合体系中的 O—H 伸缩振动进行研究的情况下，HDO 的浓度约为 1％。而当研究 HDO：H_2O 混合体系中 O—D 伸缩振动时，HDO 的浓度通常稍高，处于 2.5％～4％ 的范围内。在后一实验中，因为 H_2O 溶剂在 O—D 伸缩振动频率区域的吸收不可忽略，必须使用更高的浓度。

对溶解在 D_2O 中的 HDO 分子的 O—H 伸缩振动进行激发，可导致中心频率在 $3400\ cm^{-1}(2.94\ \mu m)$ 的 $v=0{\to}1$ 基频跃迁发生瞬态光漂白，与此同时，在中心频率为 $3180\ cm^{-1}(3.4\ \mu m)$ 左右的位置可产生一个新的 $v=1{\to}2$ 的宽带吸收。对溶解在 H_2O 中的 HDO 分子的 O—D 伸缩振动进行激发，则可在以 $2350\ cm^{-1}(4.0\ \mu m)$ 为中心的 $v=0{\to}1$ 基频跃迁处产生瞬态光漂白，并在 $2350\ cm^{-1}(4.3\ \mu m)$ 处诱导产生 $v=1{\to}2$ 的宽带吸收。图 4.1 呈现了 HDO：D_2O 混合体系中 O—H 伸缩吸收带被激发后，不同时间延迟的瞬态吸收信号。瞬态光谱清楚地显示了 HDO 分子中的 O—H 振动由于基态漂白引起的 $v=0{\to}1$ 跃迁吸收强度的减少以及光诱导产生的 $v=1{\to}2$ 的激发态吸收。另外，当频率低于 $2800\ cm^{-1}$ 时，可以观察到一个小的上升信号，这个信号代表了 D_2O 中的 O—D 伸缩振动吸收带的蓝翼处产生的变化，来自于激发脉冲能量造成的体系温度的小幅上升。

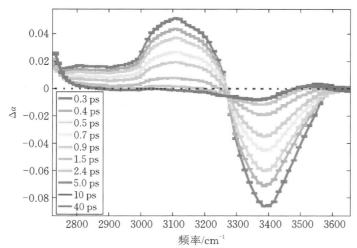

图 4.1 中心频率为 $3400\ cm^{-1}$ 的泵浦脉冲激发后，HDO 分子的 O—H 伸缩振动在不同时间延迟下的瞬态谱。实验中，HDO 在 D_2O 溶液中的含量为 4％

4.3　纯液态水的动力学

瞬态吸收变化是不同非线性振动光谱技术的基础,可以为水分子的能量弛豫动力学和分子运动提供许多有用信息。在本节中,我们将一一描述这些不同的技术,以及利用这些技术业已获得的关于液态纯水的动力学信息。

4.3.1　振动能量弛豫

当分子从 $v=1$ 的激发态弛豫回到基态时,$v=0\rightarrow1$ 基频跃迁的漂白信号以及与 $v=1\rightarrow2$ 的激发态吸收相关的瞬态信号都将逐渐衰减。这些弛豫动力学的特征可用布居弛豫时间 T_1 来描述。当弛豫过程中涉及中间态时,其吸收光谱与热平衡中的分子吸收光谱有所不同,因此探测脉冲在 $0\rightarrow1$ 跃迁时观察到的动力学可能不同于 $1\rightarrow2$ 跃迁的动力学。因此,对两种信号的比较可以为我们提供关于弛豫机理方面的有用信息。关于弛豫机理的更多信息,则可以通过将探测脉冲的频率调谐到其他的分子振动模式的方式进一步获得。如果最初激发发生以后的弛豫过程中的中间态正好是被探测振动模式的瞬时激发态,那么我们将在该振动模式下观察到被延迟的瞬态漂白或诱导吸收信号。

对水进行不同程度的同位素取代以后,其振动能量转移和弛豫过程已经被瞬态吸收光谱[24,41-43,47-55]与外差-检测的光子回波光谱[56,57]进行了研究。对于 HDO 在 D_2O 中的稀释溶液而言,可观察到在 295 K 时 O—H 伸缩振动的弛豫时间常数为 (740 ± 30) fs。而在另一个与之对应的体系,即 HDO 溶解在 H_2O 中,可观察到 O—D 伸缩振动有着更长的弛豫时间,为 (1.8 ± 0.2) ps[41,44]。

纯 H_2O 和 D_2O 中的被激发的 O—H 和 O—D 振动的弛豫比同位素稀释实验中的振动弛豫要快很多。纯 H_2O 中被激发的 O—H 伸缩振动的振动弛豫时间常数 T_1 约为 200 fs[51,56],而纯 D_2O 中的被激发的 O—D 伸缩振动具有的弛豫时间常数 T_1 约为 400 fs[55]。这些振动寿命将导致 H_2O 和 D_2O 吸收线宽分别为 50 cm^{-1} 和 25 cm^{-1} 左右。然而,实验中观察到的 H_2O 和 D_2O 的吸收线宽度分别为 400 cm^{-1} 和 250 cm^{-1} 左右,意味着此处的谱线加宽以纯退相(pure dephasing)效应为主,其中包含均匀退相和非均匀退相的贡献,其细节将在 4.3.2 节中进行详细讨论。

H_2O 中 O—H 伸缩振动的弛豫机理已被详细研究过。O—H 伸缩振动 $(3200\sim3500\ cm^{-1})$ 与 H_2O 分子中 H—O—H 弯曲振动模式两个量子的组合

（约 3250 cm^{-1}）正好重合。这两个量子既可以分布在同一分子上,对应所谓的泛频激发[48,54],也可以分布在不同的 H$_2$O 分子上[53]。O—H 伸缩振动中的单量子数(基频)激发与 H—O—H 弯曲振动中两个量子的泛频激发之间存在强耦合,从而导致两个能级之间的混合(费米共振)[54]。该混合态被激发后,可被观察到很快地弛豫($T_1 = 200$ fs)到弯曲振动的 $v = 1$ 能级,在接下来的时间内,弯曲振动 $v = 1$ 能级可进一步弛豫,其振动寿命约为 170 fs[47,48,52,54]。而 HDO 分子中的 O—H 和 O—D 伸缩振动的寿命更长,这可以用 HDO 分子中 O—H 伸缩振动(3400 cm^{-1})与 O—D 伸缩振动(2500 cm^{-1})既不和 H—O—D 弯曲模式的基频(1450 cm^{-1}),也不和 H—O—D 弯曲模式的泛频(2900 cm^{-1})存在共振的事实来解释。

对同位素取代水的各种形态,振动寿命测量显示出反常的温度依赖性。在 HDO∶D$_2$O 的冰态中,O—H 伸缩振动的振动寿命约为 400 fs;在转向液态 HDO∶D$_2$O 的相变点(275 K),该振动寿命跳变约为 650 fs;在 360 K 时进一步增加至约为 950 fs。这种温度依赖性也可以通过一个唯象(phenomenological)表达式,将 O—H 伸缩振动频率与氢键气相复合物的振动预解离时间二者联系起来,并给予很好的描述[50]。这些数据与现象描述之间的良好对应关系表明氢键可以作为振动能量的接受模式之一[58]。所观察到的反常的温度依赖性,就可以用温度升高时氢键与 O—H 伸缩振动之间的有效非谐性作用会减弱来解释。然而,分子动力学模拟表明反常温度依赖性也可能存在其他解释:被激发的 O—H 伸缩振动与最可能接受其能量的模式(即 HDO 分子的弯曲振动)之间的能量间隙随温度而增加[6]。随着温度的升高,O—H 伸缩振动将转移到更高频率,而弯曲模式的频率几乎不变化甚至略微降低。因此,O—H 伸缩振动与弯曲模式基频(1450 cm^{-1})的能量差,以及与其泛频(约 2900 cm^{-1})的能量差,都随着温度的升高而有所增加,导致了能量弛豫的减慢。对于纯 H$_2$O 来说,观察到的 T_1 值在 295 K 时为 260 fs;当温度升高至 343 K 时,T_1 值增加到 350 fs[51]。T_1 值的增加可以用被激发的 O—H/O—D 伸缩振动与弯曲振动模式泛频之间能量差的增加来解释[51]。

4.3.2 氢键动力学

水分子的 O—H/O—D 伸缩振动的频率和氢键相互作用的强度非常相关。氢键较短并且具有线性氢键构型的水分子,其红外吸收频率低于氢键较长且具有弯曲氢键构型的水分子[59-61]。由于这种相关性,可以通过监测这些振动的光谱扩散来研究氢键的动力学。

4.3.2.1　光谱烧孔

针对溶解在 D_2O 中的 HDO 分子,第一个关于 O—H 伸缩振动的光谱扩散研究是用光谱烧孔方法进行的[23-25,28,62]。光谱烧孔是瞬态吸收光谱的一种变化形式;其中,某一分子振动的非均匀加宽吸收谱带被一束脉宽小于该吸收谱带的中红外激发脉冲所激发。红外脉冲只激发那些与其发生共振的分子。因此,只部分分子的 $v=0\rightarrow1$ 跃迁将被漂白。吸收带将由此出现所谓的光谱孔洞。当被激发的振动模的频率发生改变时,例如由于氢键相互作用的强度发生了变化,则光谱孔洞将有所扩大,最终将演变成整个吸收带的全体漂白。

最早的针对水的光谱烧孔研究中,所用红外脉冲的持续时间大于 1 ps。从这些测量得出的结论是,O—H 伸缩振动模式中非均匀加宽的吸收带是由若干子带组成的,每个子带对应于水分子的特定氢键结构[23,62]。但之后采用脉冲持续时间大约为 100 fs 的红外脉冲的实验并没有证实这些子带的存在[24,25,28]。事实上,有明显迹象表明水的振动吸收带是很宽的、不同 O—H 伸缩频率的连续分布,反映了一个颇为连续变化的氢键构型。光谱烧孔动力学可以用高斯-马尔可夫随机光谱扩散过程进行很好的描述。

在一个高斯-马尔可夫过程中,振子的频率分布具有高斯线型;在 t 时刻的时间依赖瞬时频率仅由它在时刻 $t-\Delta t$, $\Delta t\rightarrow0$(无记忆效应)的值决定,从而光谱扩散可用两点频率-频率相关函数(FFCF)$\langle\delta\omega(t)\delta\omega(0)\rangle$ 来表征,这里 $\delta\omega(t)=\omega(t)-\langle\omega\rangle$。因此,$\omega(t)$ 是给定的 O—H 或 O—D 振子的时间依赖的跃迁频率,而 $\langle\omega\rangle$ 是系综的平均频率。对于高斯-马尔可夫过程而言,FFCF 呈指数衰减:

$$\langle\delta\omega(t)\delta\omega(0)\rangle=\Delta^2\mathrm{e}^{-|t|/\tau_{\mathrm{C}}} \tag{4.1}$$

其中,Δ^2 是均方频率涨落;τ_{C} 是频率-频率相关时间。

通常的动力学过程中包含有几个光谱扩散过程,各自有特定的相关时间常数 $\tau_{\mathrm{c},i}$ 和光谱分布宽度 Δ_i。在 $\Delta_i\tau_{\mathrm{c},i}\ll1$ 的情况下,光谱调制过程是快的,且属于均匀极限。对于这种过程,无法观察到光谱扩散现象。这样一个过程的均匀纯退相时间 T_2^* 由 $1/(\Delta_i^2\tau_{\mathrm{c},i})$ 给出。因此,当频率涨落(由 $\tau_{\mathrm{c},i}$ 表征)变得更快时,退相时间常数变长。第一眼看去,这个结果似乎违反直觉,但需要认识到在频率快速涨落的情况下,所有振子获取相位的平均速率大致相同。这意味着,与很长一段时间内振子都会保持各自特定频率的情况相比,这些振子彼此之间不同相的时间会更慢一些。这种效应通常被称为动生变窄,其结果是振子较宽的高斯型频谱分布(宽度为 Δ_i)将演变成宽度窄得多的洛伦兹线型(宽度为 $\Delta_i^2 \tau_{c,i}$)。

在光谱烧孔实验中,$\Delta_i \tau_{c,i} \ll 1$ 的光谱扩散过程与振动布居弛豫共同决定了光谱孔洞的初始(均匀)宽度。对于 HDO:D_2O 混合体系的 O—H 伸缩振动,观察到的初始光谱孔洞宽度较大,约为 150 cm^{-1},意味着存在较大的均匀加宽成分[24]。这一线宽对应了约 140 fs 的 $T_{2,hom}$ 值。因此,大小约为 740 fs 振动的布居弛豫时间常数对均匀加宽只有次要贡献。均匀的谱线宽度可能与局部 O—H…O 氢键角度与长度的快速变化有关。

在不同时间延迟下的光谱孔洞宽度定义了所谓的动态线宽。光谱孔洞向谱宽约为 250 cm^{-1} 的线性吸收光谱发生宽化,实验观察到这个过程发生在两个时间尺度上。第一个快速过程的时间常数约为 170 fs,这个过程属于氢键结构为适应振动激发态($v=1$)而进行的调整[28]。光谱孔洞展宽动力学的主要成分能用高斯-马尔可夫过程很好地模拟,其时间常数 τ_c 相对较长(约 900 fs)[24,25,28]。在后面的这一过程中,$\tau_{c,i}\Delta_i \gg 1$,意味着该过程接近了所谓的非均匀极限。因此,HDO:D_2O 体系中 O—H 伸缩振动的吸收带其实是均匀加宽(快速光谱扩散过程+振动布居弛豫)和非均匀贡献的卷积。时间常数 $\tau_c \approx 900$ fs 的光谱扩散过程可能与液态水氢键网络的集体重组有关。

4.3.2.2 光子回波峰值位移光谱

除了光谱烧孔实验以外,不同形式的光子回波光谱也被用来对溶解在 D_2O 中的 HDO 分子的光谱扩散现象进行了研究;而且,与光谱烧孔实验相比,光子回波实验中采用更短的激光脉冲。在光子回波光谱中,两束波矢分别为 k_1 和 k_2 的宽带红外激光脉冲以不同的角度射入样品,用于获得 $v=1$ 的振动激发态。作为两个脉冲之间的相加和相消干涉的结果,所得的 $v=1$ 态的布居数被波矢 k_1-k_2 与 k_2-k_1 进行周期性地调制。由于吸收带的非均匀展宽,非均匀分布中的每个不同频率都会有这样的受调控的布居数(即所谓布居光栅)。由于不同振子的相位演化速率之间的差异,这些布居格栅的相对相位将随着两个激发脉冲之间时间延迟的增加而改变。布居格栅可被方向为 k_3 的第三个脉冲读出。第三个脉冲在 $k_3+k_2-k_1$ 或 $k_3+k_1-k_2$ 方向产生一定的极化。在所谓的重聚相方向(如果波矢为 k_1 的脉冲在先,则 $k_3+k_2-k_1$ 为重聚相方向），相位的累加与第一个和第二个脉冲之间的相位累积正好相反。因此，当第三个脉冲的延迟时间正好等于前两个激发脉冲之间的时间差时，第三个脉冲产生的极化将再次进入同相位状态。在这一时刻，所有的极化可以叠加起来，从样品中沿着重聚相方向发出脉冲光。由于所发出的脉冲光相对于第三个脉冲的发生时间存在一定的延迟，因此该脉冲光被称为光子回波。

产生回波信号的非线性极化与导致瞬态吸收信号的非线性极化对激发和探测电场具有相同的依赖性：这两种技术都依赖于被探测振动模式的三阶非线性极化率。二者的主要区别是，回波信号在新方向上产生，而瞬态吸收光谱则在探测脉冲的方向上产生，并且导致探测脉冲光的吸收发生变化。另一个区别是光子回波光谱中两个激发场作用的时间延迟可被改变，故其可被用作获得退相动力学信息。

回波峰值位移光谱测量的是前两个激发脉冲之间给出的最大回波信号的时间延迟 τ_1 与所谓的等待时间 τ_2 之间的函数关系，其中 τ_2 是激发脉冲和第三个探测脉冲之间的时间延迟。在光谱扩散可忽略并且等待时间 τ_2 很短的条件下，当 τ_1 的时间尺度与脉冲持续时间在同一数量级时，即可获得光子回波信号极大值，这是因为这种构型下可导致最大幅度的布居格栅。但在光谱扩散不可忽略且等待时间与这些过程的特征时间尺度相仿的情况下，获得最大回声信号的最佳延迟时间 τ_1 将会相应减小，其理解如下：

对于激发脉冲之间的非零延迟 τ_1，不同布居（频率）格栅之间具有非零的相位差。这些相位差与振子频率之间的相互关联，是重聚相方向上的回波信号的一个基本特征。但是由于光谱扩散的存在，等待时间 τ_2 越大，这些相位差与原来的激发频率将变得越不相关。这种相关性的丢失将阻止重聚相，导致回声信号的衰减。如果两个激发脉冲同时到达样品（$\tau_1 = 0$），所有的布居格栅将被同步地激发，回波信号将在第三个脉冲进入样品时直接产生。在这种情况下，τ_2 时间范围内的振子频率变化将不会影响它们的相对相位（因为它们都是零）。因此当 $\tau_1 = 0$ 时，不论 τ_2 值为多少，由第三个脉冲产生的极化强度总可以叠加累积。因此，对于较长的等待时间 τ_2，可在前两个激发脉冲之间的延迟为零或非常小时获得最大的回波信号。可以看出，τ_1 的最佳值对 τ_2 值的依赖直接代表了 FFCF 的时间依赖性[63,64]。这个随等待时间 τ_2 而改变的最佳 τ_1 值函数构成了所谓的回波峰值信号。

对于溶解在 D_2O 中的 HDO 分子，其 O—H 伸缩振动的光谱扩散已经被回波峰值位移光谱进行了多次研究[27,30,43]。和光谱烧孔实验观测到的一样，这些研究证实了存在着一个时间常数在 1 ps 左右的光谱涨落过程。在其中一项研究中，观察到了一个额外的时间尺度在 5～15 ps 的很慢的动力学过程[27]。然而在后来的研究中，有人认为这些动力学过程可能来源自与 D_2O 溶剂所产生的信号的干涉效应[65]。在另一项回波峰值移位研究中，Tokmakoff 及其同事观察到了一个时间常数为 1.4 ps 的光谱扩散慢过程以及一个时间常数约为 50 fs 的光谱扩散快过程[30,43]。此外，从实验中提取的信息中观察到：FFCF 信号在等待时间约为 180 fs 时有所增加。这个信号强度的"复增"被归属为与 OH⋯O 氢键的伸缩振动有关的振荡[4,5]。由于观察到了这一现象，HDO 和 D_2O 分子之间的 OH⋯O 氢键的是欠阻尼的（underdamped）。

4.3.2.3　其他光子回波实验

在针对水的第一个光子回波实验中，只使用了两束脉冲，其中第二束脉冲被同时用于布居格栅的激发和探测[26]。在这个实验中，被测量的是时间积分后的回波信号随两束激发脉冲彼此延迟时间的变化。由于第二束和第三束脉冲之间没有时间延迟，该实验中并没有给出频率涨落的慢（非均匀）过程之时间尺度信息，但它提供了 O—H 振子的退相时间方面的信息。在某些特定的前提假设下，这种退相时间可以与频率涨落的时间尺度相关联。由于具有不同的中心频率（非均匀加宽效应）以及频率的快速涨落（均匀加宽效应），在两束脉冲的延迟时间间隔内，振子们将会变得不同相。由中心频率的差异造成的相位差将会发生重聚相，并由此产生回波信号。因此，在双脉冲回波实验中，非均匀加宽不会导致回波信号的衰减。然而，由于均匀加宽效应导致的相位丢失将引起各个振子的中心频率处极化的衰减，相应的布居格栅的幅度也会随之衰减。这种幅度损失在产生回波信号时不会被恢复。因此，双脉冲回波的产生依赖于非均匀加宽效应的存在，但其对两个脉冲之间的时间延迟的依赖性可以提供均匀加宽的信息。对于 HDO：D_2O 体系，当非均匀展宽在吸收谱中占主导时，发现其 $T_{2,hom}$ 值约为 132 fs[26]。该数值与光谱烧孔研究中发现的 $T_{2,hom} \approx 140$ fs 的结果符合得很好[24,28]。

在另一个双脉冲光子回波实验中，通过回波信号与一个参考脉冲（本机振荡器）之间互相干涉，实现了回波信号的时间分辨测量[29]。在这一过程中，最大回波信号相对于第二个脉冲之间的延迟，被作为第一个与第二个脉冲之间时间延迟的函数而被测量。对于一个纯粹的非均匀展宽的系统，回波信号的延迟将总是对应于第一个和第二个脉冲之间的延迟。但是当存在频率涨落时，出现回波信号最大值的延迟时间将不再严格跟踪两个激发脉冲之间增加的延迟时间，这是由于频率涨落会阻止回波信号的完全重聚相的发生。因而，回波信号最大值将在第二个脉冲之后一个较短的延迟时间发生。从这些实验中发现，该频谱调制包括了时间尺度分别为 130 fs 和 900 fs 的两个过程。这一观察结果与光谱烧孔的研究[24,25,28]和回波峰值位移的研究[27,30,43]符合得很好。

4.3.2.4　二维振动光谱

二维振动光谱是分子振动的三阶非线性红外光谱的另一种形式。二维振动光谱这一名词指的是：所测量的信号可以绘制为以激发光频率和检测光频率为函数的等值线图。在文献中报道的这个技术存在两种不同的实施方式，即双共振光谱和外差-检测的光子回波光谱。双共振光谱本质上是一种传统的光谱烧孔实验，一束窄带泵浦脉冲被用来在宽的（非均匀）吸收带范围内进行扫描。这个窄带泵浦脉冲通常是将一束短时而宽带的泵浦脉冲通过由压电控制的法布里-珀罗标准具而产生的。利用这种标准具，泵浦脉冲的中心频率和带宽都可以被调控。探测脉冲可以以独立的方式来产生，但也可以是上述宽带输入脉冲的一小部分。宽带探测脉冲透射通过样品后，将在频域上被色散并以频率分辨方式被检测。与常规光谱烧孔实验之间的主要差别在于利用可调的法布-珀罗滤光器来调控泵浦光的频谱。

二维红外光子回波光谱是一种三脉冲光子回波实验，其中样品的激发由两束相同、时间延迟的红外脉冲来实现。在与该激发相关联的频谱中，被调制的频率与时间延迟成反比。这种被调制的激发光谱可在吸收线上形成多个光谱烧孔。增加第一对脉冲的时间间隔将导致光谱孔洞的更精细频率调制，因而也伴随更严重的孔洞涂抹现象。为获得信号与激发频率之间的依赖关系，需要进行多次实验，其中两个激发脉冲之间的延迟需要改变。对在不同延迟时间的信号进行傅里叶变换，可以给出信号对激发频率的依赖关系，从而获得二维光谱中两个频率轴的其中之一。第三个脉冲在一定的时间后进入样品，它与激发脉冲对中第二个脉冲的时间延迟被称为等待时间。前两个激发脉冲在样品中产生布居格栅，其中第三个脉冲可被衍射并产生回波信号。

二维红外光子回波光谱中，可以用两种不同的方式获得探测频率轴。在第一种方法即外差实验中，回波信号可与作为本机振荡的第四个激光脉冲进行干涉。然后可以在时域中通过扫描本机振荡的时间延迟，并以该时间为变量对所获信号进行傅里叶变换,从而确定回波信号的频率。图 4.2 给出了外差-检测的二维红外光子回波技术的示意图。

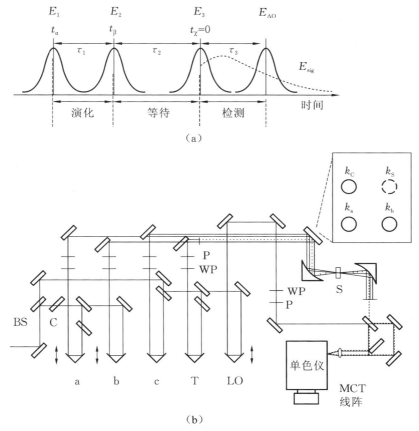

（a）

（b）

图 4.2 **（a）**二维红外(2D IR)外差-检测的光子回波实验中,激发脉冲的顺序与时间变量的示意图。**（b）**五光束干涉仪布局示意图:三束激发脉冲 a、b 和 c,示踪脉冲 T,以及本机振荡 LO。BS:3 mm 厚的氟化钙分束器(50-50 比例分束);C:3 mm 厚的氟化钙补偿片;WP:$\lambda/2$ 可调波片;P:氟化钙线栅偏振片;S:50 μm 直径的射流(射流液体为溶于 D_2O 的 HOD)。（经许可转载,Loparo JJ,Roberts ST,Tokmakoff A. Multidimensional infrared spectroscopy of water. I. Vibrational dynamics in 2D lineshapes. J. Chem. Phys. 125:194521. 版权 2006,美国物理联合会。）

探测频率轴也能以如下方式获得:将回波信号发送到光谱仪,然后利用红外检测器阵列对色散后的光谱进行测量。在此情况下,回波信号也可以与本机振荡脉冲互相干涉来放大原本较弱的回波信号[31,32]。

原则上这两种类型的二维光谱实验可以给出相同的被激发振动模的光谱扩散方面的信息。其中,双共振技术的优点是其方法相对简单,并且不需要相位稳定,但其缺点是所测得的光谱形状与预先选定的泵浦脉冲的带宽之间总是卷积在一起。其结果是,如果预先选定的激发脉冲的带宽过宽,某些精细的光谱细节(例如那些较窄的均匀谱线)就会被丢失。二维红外光子回波技术具有的优点是,它能自动提供用于光谱动力学研究的最佳频率分辨率。如果光谱中包含非常窄的均匀谱线,利用激发脉冲之间的较长延迟时间所获得的信号会在二维光谱中具有较大贡献,意味着二维光谱将显示出这些细微光谱的细节。这种技术的缺点在于其实验结果依赖于两个激发脉冲之间的相位差,以及回波信号与本机振荡之间的相位差。这意味着实验装置必须具备高度的机械稳定性。在图 4.3 中所示的 HDO 与 D_2O 混合体系的二维光谱就是利用外差-检测的光子回波技术测量所获得的[36]。

如果激发脉冲与探测脉冲之间的等待时间(图 4.3 中的 τ_2)较短,被激发与被探测的振动频率之间会有较强的相关性。在二维光谱中(图 4.3 的左图),这种相关性体现在光谱形状沿对角线方向被拉长。随着(激发脉冲与探测脉冲之间)延迟时间的增加,二维光谱的形状由于光谱扩散而变得越来越趋近于圆形。因此,以激发和探测脉冲之间的时间延迟为变量的光谱的动态变化能给出水分子的结构动力学信息。从二维谱线形状导出的 FFCF 显示,HDO 中的 O—H 和的 O—D 的振动有一个快(约 100 fs)组分和一个慢(约 1 ps)组分。对于 O—H 振动,其动力学过程可以用时间常数分别为 60 fs 和 1.4 ps 的两个指数型函数拟合[34,35],而 O—D 的振动则包含了 48 fs、400 fs 和 1.4 ps 三个指数时间常数[32]。60 fs 或 48 fs 这样较短的时间常数很可能与 O—D⋯O 氢键的键长与键角的局部快速涨落相关,而 400 fs 和 1.4 ps 的慢时间常数最有可能与水的氢键网络的集体重组相关联。

在某一固定的激发频率(ω_1)下,二维光谱轮廓在探测频率维度方向的横截面(ω_3)可被定义为动力学线宽。该线宽随等待时间的增加而变宽,并紧密跟随 FFCF 的动力学变化[32]。HDO:H_2O 体系中的 O—D 伸缩振动具有约为 115 cm^{-1} 的初始线宽(对应于约 180 fs 的 $T_{2,hom}$)[32],表明 O—D 的吸收带包含了一个显著的均匀加宽部分。这一现象与光谱烧孔研究[24,28]以及双脉冲光子回波实验[26]中所观察到的 HDO:D_2O 体系中 O—H 振动具有较宽的均匀加宽谱线的结果一致。二维测量中的一个有趣的结果是,在较短的时间内

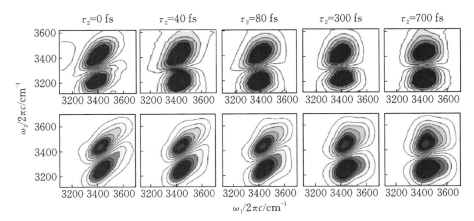

图 4.3 在几个等待时间 τ_2 下,由实验(顶部)和模拟(底部)获得的关于 HDO:D_2O 体系 OH 伸缩振动的外差二维红外吸收光子回波光谱。(经许可转载,Loparo JJ, Roberts ST, Tokmakoff A. Multidimensional infrared spectroscopy of water. II. Hydrogen bond switching dynamics.J. Chem. Phys. 125:194522.版权 2006,美国物理联合会。)

(约 100 fs),动态线宽取决于激发频率,具体表现在:吸收带蓝端(较短波长)激发所对应的动态线宽要大于在吸收带中心波长处激发所导致的动态线宽[33,36]。该结果表明,水分子在被吸收带的蓝色一侧(较短波长)的光子激发时,会经历更快速的光谱扩散。这一发现可解释为弱氢键的水分子所受的环境约束相应较少[33],以及弱氢键结构可以更快速地弛豫[36]。

外差-检测的光子回波光谱也被用来测量纯水的二维红外光谱[56,57]。比起部分氘代稀释的水体系,这些纯水的光谱更难解释,这是因为纯水中的O—H 伸缩振动的振动寿命非常短(约 200 fs),也因为振动弛豫会导致二维光谱中有极其强烈的热效应。H_2O 的 2D IR 光谱中发现有极其快的光谱动力学,其时间常数为约为 50 fs[56]。

纯水中,极高密度的(近)共振 O—H 振子互相强烈耦合在一起,这意味着 O—H 振动在几个 H_2O 分子范围内发生离域化(见 4.3.3 节)。这些离域的振动在局部 O—H 振动中的分布强烈依赖于非耦合的 O—H 伸缩振动频率,而这又取决于局部的氢键强度。这些氢键的涨落将导致离域模式的特征及其频率发生强烈的变化,从而进一步导致光谱扩散的变化。

水的这种快速光谱动力学表明,水的氢键网络结构能在超快时间尺度上失去其"记忆",其时间常数约为 50 fs[56]。然而,对于 H_2O 分子而言,其氢键的键长发生相对较小的变化就足以导致离域 O—H 伸缩模式中较大的频率(或特征)变化。这意味着,在有限的键角和/或键长间隔基础上,氢键长度的快速涨落足以使 O—H 伸缩频率在整个吸收带范围内达到平衡。其结果导致,因为光谱扩散在较短时间内已经完成,所以可能存在的进一步的较大幅度但较慢的氢键涨落将不再被分辨或观测到。基于 H_2O 与 D_2O 在氢键强度与其他变化中的相似性,与同位素稀释的 HDO:H_2O 体系类似,H_2O 的氢键动力学中很可能也包含了一个类似的时间常数为 1 ps 的高幅度的慢组分。

4.3.3 FÖRSTER 振动能量交换

在液态纯 H_2O 中,H_2O 分子之间的平均距离只有 3.1 Å,这导致了不同分子上的 O—H 伸缩振动之间可以发生强共振的偶极-偶极耦合。这种耦合使 O—H 伸缩振动在若干 H_2O 分子之间离域。这些非局域振动的动力学(以量子干涉和涨落为特征)可以被等效地描述为不同的水分子中局域的 O—H 伸缩振动之间快速的 Förster 能量转移。与作为一种分子标尺、被广泛用于测量两个生色团之间距的电子态 Förster 能量转移一样,Förster 能量转移的速度在很大程度上取决于供体与受体振子之间的距离。对于分子振动,跃迁偶极矩要比电子态共振小得多,因此振动 Förster 能量转移并没有像电子Förster 能量转移那样得到广泛的研究与观测。

已有的针对 H_2O 与 D_2O 的 Förster 能量转移研究是分别通过监测 O—H 和 O—D 伸缩振动被激发后的各向性的动力学获得的[49,55,56]。如果振动激发利用了线性偏振的红外脉冲,得到的振动激发态几率是各向异性的,对 $\cos^2\theta$ 具有依赖关系,其中 θ 为被激发的振动模的跃迁偶极与激发脉冲偏振方向之间的夹角。这种各向异性的衰减可通过将激发脉冲相对于探测脉冲的偏振旋转 45° 进行测量。在瞬态吸收光谱中,各向异性的动力学测量则可利用偏振器,对平行或垂直于泵浦脉冲偏振方向的探测脉冲偏振组分进行交替选择来实现[37,38,40,42-46]。所得的吸收变化 $\Delta\alpha_\parallel(\tau)$ 与 $\Delta\alpha_\perp(\tau)$ 可被用于构造所谓的旋转各向异性,即

$$R(\tau) = \frac{\Delta\alpha_\parallel(\tau) - \Delta\alpha_\perp(\tau)}{\Delta\alpha_\parallel(\tau) + 2\Delta\alpha_\perp(\tau)} = \frac{\Delta\alpha_\parallel(\tau) - \Delta\alpha_\perp(\tau)}{3\Delta\alpha_{iso}(\tau)} \tag{4.2}$$

式(4.2)的分母不受重取向和共振能量转移的影响,因此仅表示例如振动弛豫这样的各向同性的动力学。因此,各向同性部分的影响可以被划分出来,$R(\tau)$ 可直接表示为角度相关函数[66],即

$$R(\tau) = \frac{2}{5} C_2(\tau) = \frac{2}{5} \langle P_2(\cos\theta(\tau)) \rangle \qquad (4.3)$$

其中,$P_2(X)$是二阶勒让德多项式,$\theta(\tau)$是在时间 0 点的振动跃迁偶极矩矢量和在时间 τ 时的振动跃迁偶极矩矢量之间的角度。各向异性将因为分子内和分子间不同取向的振动之间(Förster)能量传递以及分子的重取向而衰减(见4.3.4 节)。对于体相 D_2O 和体相 H_2O,已观察到 O—D/O—H 伸缩振动之间 Förster 能量转移可导致各向异性的快速和彻底的衰减弛豫[49,55]。

对于液态水,观察到的 Förster 能量转移发生在小于 100 fs 时间尺度上[49,56]。对 D_2O 中的 O—D 振动,观察到的共振能量转移速度慢了 2～3 倍,这可以从 O—D 振动比 O—H 振动具有更小的跃迁偶极矩方面来进行说明[55]。这种很快速的共振能量交换意味着纯 H_2O 与 D_2O 中的 O—H/O—D 伸缩振动的激发具有强烈的离域效应。当 D_2O 与 H_2O 相混合时,O—D 振动之间的平均距离增加,并导致 O—D 振动之间的共振能量转移速度的显著变慢,如图 4.4 所示。在低浓度(<1%)时,HDO 中被探测的 O—H 或 O—D 的各向异性随时间的弛豫仅仅反映了分子的重新取向,其具体细节将在 4.3.4 节中讨论。

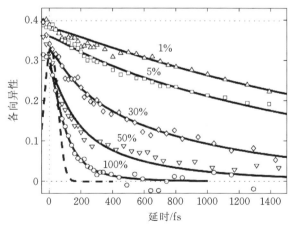

图 4.4 不同 D_2O 浓度的 H_2O 溶液中的 O—D 伸缩振动的各向异性衰减曲线(100%-空心圆;50%-下三角形;30%-钻石;5%-正方形;1%-上三角形)。各向异性衰减的测量利用了以中心位于 2500 cm^{-1},脉冲持续时间为 100 fs 的激发和检测脉冲。实线表示各向异性的衰减拟合模型,该模型描述了 O—D 振动之间的 Förster 能量转移。虚线表示激发脉冲和检测脉冲的互相关信号的高斯轮廓拟合。(摘自 Piatkowski L,Eisenthal KB,Bakker HJ.2009.Ultrafast intermolecular energy transfer in heavy water.Phys. Chem. Chem. Phys. 11:9033-9038.经英国皇家化学会许可转载。)

界面处水分子的羟基振动也会发生振动能量转移。这些水分子的动力学可以使用时间分辨的表面和频光谱(sum-frequency generation,SFG)技术进行表面的高选择性探测[67,68]。该技术首先用一束强中红外脉冲来激发特定的振动。探测这种激发的是第二束红外脉冲与一束可见脉冲所组合而产生的,即后两个脉冲的和频。这种SFG技术具有很高的表面特异性,因为它在中心对称介质(即体相液体)中是对称性禁止的。当红外频率与界面处的分子振动共振时,SFG过程发生共振增强。因此,SFG可用于测量位于界面处的分子振动谱。第一束强中红外脉冲(本身不是表面特异性的)激发的信号将导致分子振动的吸收(无论是在体相中还是在表面上)都漂白。表面振动吸收的漂白将使SFG信号瞬时减弱。表面的激发振动弛豫,则SFG信号复原。

　　最近,已经有人使用二维表面和频(two-dimensional surface sum-frequency generation,2D-SFG)光谱研究了液态 D_2O 和空气界面上的 Förster 振动能量传递过程[69,70],这是时间分辨 SFG 的一种新形式[71-73]。在这种技术中,第一个红外激发脉冲具有相对较窄的带宽,并在 O—D 伸缩振动的非均匀展宽吸收带中进行调谐。该技术的原理如图 4.5 所示。

　　图 4.6 给出了不同时间延迟下的 2D-SFG 光谱。可以看出,对于较早的延迟时间,二维光谱为椭圆形并具有非零斜率,显示了 D_2O 界面上氢键键合的 O—D 基团吸收带的非均匀性。随着时间延迟的增加,椭圆度迅速消失,斜率衰减为零。这一结果表明,表面的 O—D 振动会经历快速的光谱扩散[70]。该结果与以前的时间分辨 SFG 水熔融二氧化硅实验[67]和水-空气界面实验[68]结果是一致的。D_2O 分子的 O—D 振动之间发生的 Förster 能量转移可以很好地解释这个快速光谱扩散。这种 Förster 转移的速率低于 D_2O 体相液体的速率,这是因为界面上受体的密度较低。对于最顶层的 D_2O 分子,可利用的受体数量密度,预计约为体相中 D_2O 分子数量密度的一半。

　　2D-SFG 数据表明,探出表面的非氢键键合的 O—D 基团(吸收峰在 2750 cm^{-1}处),与同一 D_2O 分子的但朝向本体溶液的 O—D 基团(吸收峰在 2550 cm^{-1}处)之间有一个清晰的交叉峰。这个交叉峰源自两个 O—D 基团之间的能量转移,并且从自由 O—D 组分转移到氢键键合 O—D 组分的时间常数为(300±60) fs。结果表明,位于同一分子上的两个 O—D 基团是强耦合的,这与最近关于同位素取代影响游离的 O—D/O—H 基团频率的研究结果是一致的[74]。

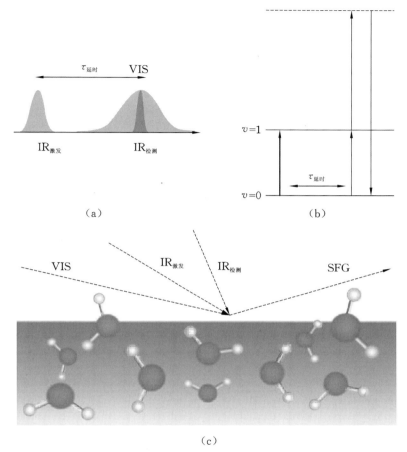

（a）

（b）

（c）

图 4.5 二维表面和频光谱的实验示意(a)～(c)。一束可调谐红外脉冲将一部分水分子从
基态($v=0$)激发到第一振动激发态($v=1$)。使用一对红外和可见检测脉冲(a)在界
面处产生的和频光(b)、(c)，在一个宽频率范围、以时间延迟的函数探测界面响应。
(摘自 Zhang Z，et al.2011.Nat.Chem.3:888-893.)

4.3.4 分子重定向

振动激发的各向异性减弱不仅来源于 Förster 能量转移，还源自分子的重
定向。可以通过改变同位素组成来分离这两种机制。Förster 能量传递的速
率随着振动激发的供体和受体之间距离的增加而迅速降低。因此，对于 HDO
在 D_2O 中的足够稀的溶液，OH 振动激发的各向异性动力学不再受 Förster
能量传递的影响，而仅反映了 HDO 分子的 OH 组分的重新取向。因此，已报
道的飞秒中红外测量水的定向动力学时常涉及研究 HDO 在 D_2O 中的稀溶液

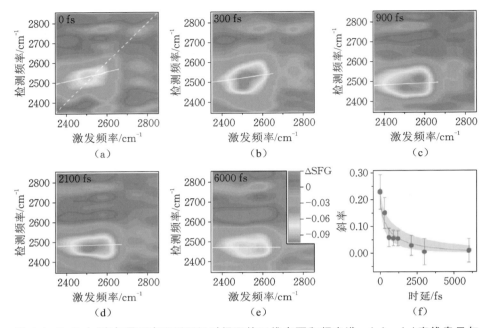

图 4.6 D_2O 水/空气界面在不同延迟时间下的二维表面和频光谱。(a)~(e)实线表示与最大 SFG 响应所对应的 IR 频率,它们是激发频率的函数。实线的斜率在(f)中绘制为延迟时间的函数。(f)中的实线是模型计算的结果,该模型考虑了 Förster 共振能量转移引起的光谱扩散。(摘自 Zhang Z,et al. 2011.Nat.Chem.3:888-893.)

的 O—H 振动的激发或 HDO 在水中的稀溶液的 O-D 振动的各向异性[37-46]。

这两种同位素体系具有其特定的优点和缺点。HDO：D_2O 的 O—H 伸缩振动比 HDO：H_2O 的 O—D 振动展宽更不均匀[27,32],使得其更容易分辨动力学非均匀性。另外,对于 HDO：D_2O,可以使用比 HDO：H_2O 更低的HDO 浓度,因为在 O—H 伸缩振动频率区域中 D_2O 的背景信号远小于在O—D 振动频率区域中 H_2O 的背景信号。另一方面,研究 HDO：H_2O 的O—D 振动的优点是,O—D 振动的寿命是 O—H 振动的 2 倍以上,这就允许在一个明显更长的时间段测量 O—D 组分的取向动力学。

溶解于 D_2O/H_2O 中的 HDO 的 O—H/O—D 伸缩振动的取向动力学已通过偏振分辨瞬态吸收光谱法[37-41,43-46,75]和二维红外光子回波光谱法[76]被研究。在 2D IR 光子回波实验中,通过选择第三个脉冲的偏振方向,使其平行或垂直于两个激发脉冲的偏振,来确定振动激发的各向异性动力学[76]。

在 HDO：D_2O 和 HDO：H_2O 体系中,均观察到各向异性在激发后的前

100 fs 中表现出一个快速的部分衰减[42,43,46,77]。这个衰减源自维持 O—H···O 氢键完整的 O—H 基团的摆动(受阻的旋转)运动,也源自 Förster 共振振动能量转移。或许看起来令人惊奇的是,可以被认为是同位素稀释的溶液,如 H_2O 中 2.5% HDO 的溶液,由于 Förster 共振振动能量转移的结果,其各向异性仍然表现出一个快速的初始衰减。但是,即使对于仅包含百分之几的 HDO 的溶液,两个 O—D/O—H 振动彼此靠近的概率也不容忽视,因此能够观察到由这些振子之间的能量转移而引起的各向异性的小幅快速衰减。如果溶解在水中的 HDO 浓度从 3% 降低到 0.5%,则各向异性的初始衰减幅度会变得更小,如图 4.7 所示。

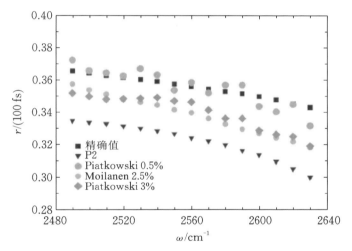

图 4.7 不同浓度的 HDO/H_2O 溶液中 HDO 的 O—D 伸缩振动在 100 fs 的实验和计算各向异性。(经许可转载,Lin YS,et al.On the calculation of rotational anisotropy decay,as measured by ultrafast polarization-resolved vibrational pump-probe experiments.J. Chem. Phys. 132:174505.版权 2010,美国物理联合会。)

图 4.7 给出了 100 fs 之后的各向异性。在没有快速衰减的情况下,其值应接近 0.4。降低 HDO 浓度可明显降低与 0.4 的偏差。0.5% HDO 的 H_2O 溶液的实验结果很好地符合一个描述了快速摆动运动的计算结果,其中包括了非康登效应(即包括了吸收截面对 O—D 伸缩振动频率的依赖性),也包括了 $v=1\to2$ 引起的吸收[77]。摆动运动对各向异性衰减初始值的贡献显示出了非常有趣的温度依赖性[46]。在 65 ℃ 的相对较高温度下,在吸收带蓝翼的初始值下降量大约是红翼区的 4 倍。这个结果可以通过这样一个事实来解释,即限

制摆动运动的 O—D···O 氢键,对于一个在吸收带蓝翼区的 O—D 振动吸收,比一个在红翼区的 O—D 振动吸收要弱得多。但是,在 1 ℃时,由于摆动而引起的各向异性的初始值下降几乎与频率无关。这一结果表明,刚好在冰点以上时,摆动运动更具集体性[46]。

在较早的延迟时间,各向异性动力学依赖于激发和检测频率。这种频率依赖性已被用瞬态吸收光谱法[75]和二维红外光子回波光谱法[76]研究过,并提供了有关水分子重定向的机理信息。图 4.8 表示了 HDO:H_2O 的 O—D 伸缩振动的各向异性与检测频率在 5 个不同延迟时间的函数关系。如果 O—D 伸缩振动在其中心频率附近被泵浦(图 4.8 的上图),则各向异性表现出很小的频率依赖性,即使是在早期延迟时间。当泵浦频率调整到吸收光谱的高频区域时(图 4.8 的下图),在中心频率和低频区域的各向异性明显低于 0.4,延迟时间已是 0.2 ps。较低的各向异性表明,在高频区域激发的分子发生重新定向的同时,会将其频率从被激发的高频变为吸收带的中心频区和低频区。这一发现与 Laage 和 Hynes 基于分子动力学模拟[78]提出的重定向的分子跳跃模型(molecular jump model)是相符的。

在 Laage 和 Hynes 的模型中,水的重新定向经由一个过渡态进行,在该过渡态中,重新定向的羟基与其旧的氢键键合的水分子和新的氢键键合的水分子形成弱的分叉氢键。向一个新的氢键键合水分子的单个强氢键的过渡,会导致 O—D 振动频率有大而快速的变化。如果在吸收带的高频区域中的 O—D 振动比在中心和低频区域中的 O—D 振动更接近分叉过渡态,则可以很好地解释观察到的频率依赖性。如果是这种情况,则在高频区域激发的 O—D 振动的很大一部分会经历方向和频率的快速变化,从而导致在早期延迟时间内吸收带的中心和低频区域的各向异性较低。

在最近的二维红外光子回波研究中[76],测得的 HDO:D_2O 的 O—H 伸缩振动的瞬态吸收线型,与瞬态吸收光谱[75]得到的 HDO:H_2O 的 O—D 振动表现出相似的频率依赖性,即在吸收带中心的高频区域中激发后的短延迟时间内,吸收带中心的各向异性较低。然而,在包括激发引起的吸收变化和激发引起的折射率变化的相应的 2D IR 功率谱中,则没有显示出这种频率依赖性。在二维红外功率谱中,如果激发和检测频率都在吸收带的高频区域中,则可获得最低的初始各向异性[76]。

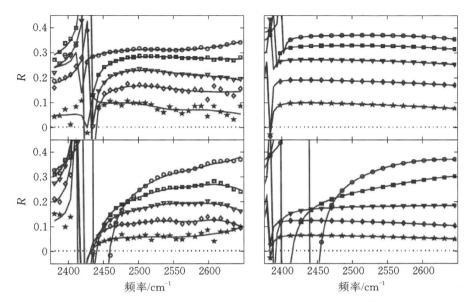

图 4.8 各向异性在 0.2 ps(圆形)、0.5 ps(正方形)、1 ps(三角形)、2 ps(菱形)和 4 ps(星形) 的延迟时间下的频率依赖性。图中给出的是在 2500 cm^{-1}(上图)和 2600 cm^{-1}(下图)的泵浦频率下所获得的结果。左图给出实验结果,右图给出基于模型的计算结果;该模型包括一个大的频率调制,这个频率调制产生于形成和经过水分子重定向的分叉氢键过渡态。(经许可转载,Bakker HJ,Rezus YLA,Timmer RLA. Molecular reorientation of liquid water studied with femtosecond mid-infrared spectroscopy.J. Phys. Chem. A 112:11523-11534.版权 2008,美国化学会。)

  各向异性动力学在延迟时间大于 1 ps 时变得与频率无关,这表明在此时间之后,光谱平衡已接近完成。此时之后,各向异性表现为单指数衰减。对于 H_2O 中 HDO 的 O—D 振动((2.5 ± 0.2) ps)[44,46,79],各向异性衰减的时间常数要短于 D_2O 中 HDO 的 O—H 振动((3 ± 0.3) ps)。O—D 基团的取向弛豫比 OH 基团的取向弛豫快,这似乎令人惊讶,因为它的惯性矩几乎是后者的 2 倍。但是,应该认识到,较长时间尺度上的取向动力学不是由惯性矩决定的,而是由水分子的相对运动,尤其是由氢键断裂和重整的动力学所决定的。通过黏度值可以很好地测量水分子的平移迁移率。通过 H_2O 和 D_2O 的黏度(分别为 0.9 mPa · s 和 1.1 mPa · s),OH 和 OD 的重定向时间之比被估计为 0.8,这与实测的重定向时间常数之比非常相似。与黏度的同标度表明,重定向的分叉过渡态的形成的限速步骤,是由与黏度密切相关的平移分子运动所组成的[80]。

在 H_2O 和 D_2O 中测得的分子重定向时间分别为 2.5 ps 和 3 ps，与其他技术所获得的结果非常一致。NMR 研究得出，水分子在 298 K[13,17,18]时在液态 H_2O 中的重定向时间为 2.35～2.5 ps，在液态 D_2O 中的重定向时间为 2.4～2.9 ps[16,17]。在将飞秒泵浦-探测和 NMR 实验的结果与介电弛豫研究和太赫兹吸收的结果进行比较时，应该认识到这些技术测量的是不同的取向时间相关函数。飞秒泵浦-探测和 NMR 实验探测时间常数 $\tau_{r,2}$ 是取向相关函数的二阶勒让德多项式($\langle P_2(\cos\theta(\tau))\rangle$)，介电弛豫和太赫兹吸收光谱法测得的衰减时间 τ_D 则是取向相关函数的一阶勒让德多项式 $\tau_{r,1}(\langle P_1(\cos\theta(\tau))\rangle)$。

在液态水的介电弛豫研究中，得到时间常数 τ_D 为 8.3 ps 的主要弛豫成分[19]。在 H_2O 和 D_2O 的太赫兹光谱研究中也得到了类似的值[21,22]；在室温下，慢组分的德拜时间 τ_D 对于 H_2O 为 8.5 ps，对于 D_2O 为 10 ps。为了获得 $\langle P_1(\cos\theta(\tau))\rangle$ 的衰减的时间常数 τ_1，必须对 τ_D 的值进行集体效应的校正。使用 Wallqvist 和 Berne[81]提出的修正，得出 H_2O 和 D_2O 的 τ_1 值分别为 7 ps 和 9 ps。第一级和第二级衰减时间 $\tau_{r,1}$ 和 $\tau_{r,2}$ 之比，由重新定向机制的性质所决定。水的旋转主要是通过跳跃机制进行的，其中 OH 组分的定向角为改变约 60°的值[78]。由水的扩展跳跃模型预测，$\tau_{r,1}/\tau_{r,2}$ 的值约为 2.5。对于 H_2O 和 D_2O，观察到的 $\tau_{r,1}$ 值分别为 7 ps 和 9 ps，$\tau_{r,2}$ 的值分别为 2.5 ps 和 3 ps，确实接近该比值。

最近，利用时间分辨和偏振分辨的 IR 泵浦/振动和频探测技术，在空气/水界面处专门测量了界面水分子的重新定向[82]。该方法与体相测量非常相似：泵浦脉冲优先对沿泵浦场偏振轴取向的分子产生振动激发。随后使用时间分辨 SFG 光谱进行重新定向检测。从这些实验中发现，由于界面处氢键配位的程度较低，游离 O—H 基团（即从水表面伸出的非氢键 O—H 基团）的重新定向比体相中的有氢键 O—H 基团的重新定向要快 3 倍。同时，振动弛豫要慢 4 倍，这可以由这些 O—H 基团的相对弱的分子内和分子间耦合来解释。实验观察到的自由 O—H 基团的快速重新取向，可能是水在延伸的疏水表面附近的一般特征，这如同将在 4.6 节中所讨论的，非常不同于水合亚纳米结构的憎水分子基团的那些水分子的特性。

4.4 盐水溶液

向水中添加盐会导致水氢键网络的结构和动力学发生重大变化。对于许多带负电荷的离子,水与阴离子之间的相互作用呈现出离子与溶剂化水分子之间一个新式氢键[83,84]。这些新形成的 O—H…X⁻ 氢键通常具有方向性[83,84],这意味着 O—H 键与 O…X⁻ 氢键坐标是共线的,可以在线性吸收光谱中观察到这种新型的氢键。例如,在卤素序列(F⁻、Cl⁻、Br⁻、I⁻)中,观察到 O—H 伸缩振动的吸收谱移至更高的频率,这表明 O—H…X⁻ 氢键在这个序列中变得更长更弱[59-61]。盐溶液中水分子的动力学已经通过瞬态吸收光谱和二维红外光谱方法进行了研究[85-91]。在所有报道的研究中,都使用低浓度的 HDO 在 D_2O 中或 HDO 在 H_2O 中的溶液作为溶剂,以分别防止所进行的测量受到 O—H 或 O—D 振动之间共振能量传递的影响。

4.4.1 振动能量弛豫

对于在 D_2O 中的 NaCl、NaBr 和 NaI 溶液中 HDO 的 O—H 伸缩振动,观察到一个双指数衰减,其中所有盐溶液的较短时间常数值约为 0.8 ps[85-88]。这个 0.8 ps 的时间常数与纯 HDO:D_2O 的 O—H 伸缩振动的振动弛豫时间常数很类似[50]。这个 0.8 ps 的组分来自于同其他水分子形成 O—H…O 氢键的 O—H 基团。该组分包括 Na^+ 离子的第一个水合层中 HDO 分子的响应,因为对于这些 HDO 分子,O—H 基团会背向离子并与 D_2O 分子形成 O—H…O 氢键[92-94]。在 HDO:H_2O 的 NaBr 溶液中,在 HDO 的 O—D 伸缩振动中观察到一个类似的双指数衰减[89,90]。在该研究中,快组分的时间常数约为 1.2 ps,这比不添加盐的 HDO:H_2O 的 O—D 振动的 T_1 要快一些。

随着盐浓度的增加,快组分的振幅减小,而慢弛豫组分的振幅增加[86]。慢组分的时间常数以 Cl⁻ 到 Br⁻ 到 I⁻ 的卤素序列增加。对于 6 mol/L NaCl、NaBr 和 NaI 溶液,观察到的时间常数为(2.6±0.3) ps、(3.1±0.3) ps 和(3.6±0.3) ps。慢组分的振动寿命对阴离子性质的依赖性表明,O—H…X⁻ 氢键(X⁻ = Cl⁻、Br⁻、I⁻)在振动弛豫机理中起重要作用。因此,缓慢弛豫组分被指认为与阴离子形成 O—H…X⁻ 氢键的 HDO 分子。卤族序列 Cl⁻、Br⁻ 和 I⁻ 中 O—H…X⁻ 体系的 O—H 振动频率的增加,表明其氢键变弱[59-61]。较弱的氢键相互作用反过来导致 O—H 伸缩振动和氢键模式之间的非谐相互作用降低[95],从而减慢了振动弛豫。

对于 KF 溶液,没有观察到慢组分。KF 溶液的吸收光谱相对于 HDO:D_2O 光谱略有红移,这表明 O—H…F⁻ 氢键比 O—H…O 氢键更强。因此,对于与 F⁻ 离子形成 O—H…F⁻ 氢键的 O—H 基团,振动寿命将相对较短,这解释了

KF 的 HDO：D_2O 溶液中慢组分的弛豫组分的不存在[85,86]。

在图 4.9 中，对于包含不同浓度的 NaI 的溶液，激发态吸收表示为延迟时间的函数。延迟时间曲线表现出一个双指数衰减，反映了 O—H⋯O 基团和 O—H⋯I 基团的振动弛豫。此外，可以看出，O—H⋯I^- 基团的 T_1 值对浓度有显著依赖性：T_1 从 0.5 mol/L 时的 (2.4 ± 0.2) ps 增加到 10 mol/L 时的 4.7 ps[88]。对于 HDO：H_2O 的 NaBr 溶液中 HDO 的 O—D 伸缩振动，观察到了类似的趋势[89,90]。当 NaBr 的浓度从 1.5 mol/L 增加到 6 mol/L 时，慢弛豫组分的时间常数从 3.2 ps 增加到 5.7 ps。

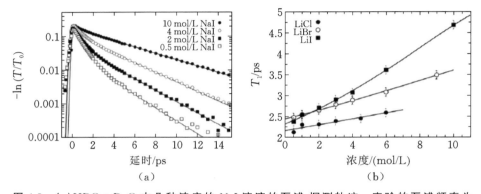

图 4.9 **(a)** HDO：D_2O 中几种浓度的 NaI 溶液的泵浦-探测轨迹。实验的泵浦频率为 3450 cm^{-1}，探测频率为 3200 cm^{-1}。实线为实验数据的双指数拟合结果。**(b)** O—H⋯X^- 体系（X^- =Cl^-、Br^- 或 I^-）的 O—H 伸缩振动的 T_1 与三种包含相同阳离子的盐 LiCl、LiBr 和 LiI 的浓度依赖性。实线是对实验数据的拟合。（经许可转载，Kropman MF，Bakker HJ.Effect of ions on the vibrational relaxation of liquid water.J. Am. Chem. Soc. 126：9135-9141.版权 2004，美国化学会。）

O—H⋯X^- 体系的 T_1 对浓度的依赖性已通过浓度引起的层外（out-of-shell，OOS）旋转速度的减慢来解释[96]。O—H 基团从水合层中旋转出来时会破坏 O—H⋯X^- 氢键，并与相邻的水分子形成新的 O—H⋯O 氢键。后一个体系将表现出快速的振动弛豫，其时间常数为 0.8 ps。因此，层外旋转构成了 O—H⋯X^- 的弛豫通道。由于层外旋转比 0.8 ps 弛豫慢得多，因此它是此弛豫通道的速度限制步骤。随着盐浓度的增加，水分子的数量密度降低，水分子和离子的平移运动将减慢。层外旋转也将因此随着浓度的增加而减慢，因为它需要水分子接近 O—H⋯X^- 体系才能形分叉的氢键过渡态[97]。如果在低浓度和高浓度下 T_1 的差异完全是由于层外旋转消失而造成的，则 $\tau_{oos}(Cl^-)$ =

$1/[(1/2.2)-(1/2.6)]=14$ ps(此处 14 在原文误为 11,译者注),$\tau_{\text{oos}}(\text{Br}^-)=$ $1/[(1/2.5)-(1/3.1)]=13$ ps(此处 3.1 在原文误为 3.6;此处 13 在原文误为 8,译者注),$\tau_{\text{oos}}(\text{I}^-)=1/[(1/2.4)-(1/3.6)]=7$ ps(此处 2.4 在原文误为 2.5,此处 7 在原文误为 6;此外,以上修订数据取自图 4.9(b),译者注)。这些时间常数从 Cl^- 到 Br^- 到 I^- 减小,这与卤族序列中阴离子水合层的不断增加的变形特性一致[96]。

阴离子的溶剂化层中水分子的振动寿命也受阳离子性质的影响,特别是当水合层被阴离子和阳离子共享、因而形成 $\text{Y}^+\text{O—H}\cdots\text{X}^-$ 体系的时候。已有研究观察到溶剂化 Cl^- 和 Br^- 的 HDO 的振动寿命以阳离子 Na^+、Li^+ 和 Mg^{2+} 的顺序有所降低[88]。阳离子对振动寿命的影响可以由阳离子施加的电场来解释。该电场可以极化与阳离子相邻的水分子的 $\text{O—H}\cdots\text{O}$ 和 $\text{O—H}\cdots$ X^- 氢键。随着电场的增加,氢键变得更强,这又导致与溶解 X^- 阴离子的 HDO 分子的 O—H 伸缩振动的非谐相互作用的增强。Li^+ 小于 Na^+,而 Mg^{2+} 具有与 Na^+ 相似的大小,但具有两倍的电荷。因此,由阳离子施加的局部电场从 Na^+ 到 Li^+ 到 Mg^{2+} 增大,这与在该阳离子序列中观察到的阴离子水合层的振动寿命降低的规律是一致的。

4.4.2 氢键动力学

水分子与 Cl^-、Br^-、I^-、BF_4^- 和 ClO_4^- 等特定阴离子水合的分子运动已通过双色泵浦-探测光谱[85-87]、外差检测的二维光子回波光谱[89,90],以及光烧孔光谱[91]进行了测量。与纯水的研究一样,可以通过高频 O—H 伸缩或 O—D 振动的光谱扩散获得关于 $\text{O—H}\cdots\text{X}^-$ 或 $\text{O—D}\cdots\text{X}^-$ 氢键涨落的信息。这些研究中的挑战在于,必须将水合离子的水分子的响应与类体相水分子的响应区分开。

水合 Cl^-、Br^- 和 I^- 的水的吸收光谱相对于体相液态水的光谱略有蓝移,但这种变化很小,意味着单独的 $\text{O—D}\cdots\text{X}^-$ 组分与 $\text{O—D}\cdots\text{O}$ 组分吸收带有强烈重叠。幸运的是,与 Cl^-、Br^-、I^- 或 ClO_4^- 形成氢键的 $\text{O—H}/\text{O—D}$ 基团比与另一个水分子的氧原子形成氢键的 $\text{O—H}/\text{O—D}$ 基团的振动寿命长 3~5 倍[85-91]。因而随着延迟时间的增加,与水和阴离子形成氢键的羟基的动力学信号表现出越来越大的偏差。因此,在较晚的延迟时间处的光谱动力学将由水合层的氢键动力学决定。

在最近对 NaBr 和 LiBr 溶液进行的光谱烧孔研究中,延迟大于 3 ps 的光谱动力学被指认为形成 O—H⋯Br⁻ 氢键的 O—H 基团。发现由光谱烧孔导出的 FFCF 的时间常数为 (4.3 ± 0.3) ps[91]（图 4.10）。该时间常数与使用外差检测的二维光子回波光谱法在 6 mol/L NaBr 溶液中观察到的最慢组分的光谱扩散时间常数 (4.8 ± 0.6) ps 是非常一致的[89,90]。

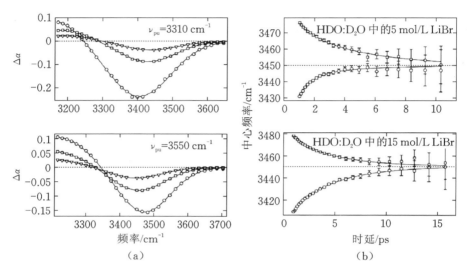

（a）　　　　　　　　　　　（b）

图 4.10　**(a)** 在 2％ HDO：D₂O 中摩尔浓度为 5 mol/L LiBr 的溶液,在延迟时间为 0.5 ps(圆形)、1 ps(正方形)和 2 ps(三角形)时测得的瞬态光谱。**(b)** 5 mol/L LiBr(上图)和 15 mol/L LiBr(下图)在 2％ HDO：D₂O 溶液中,由漂白信号的中心频率位置(一阶矩)所表示的光谱扩散。圆形和正方形分别表示调谐到吸收带的红翼和蓝翼处的激发频率。(经许可转载,Timmer RLA,Bakker HJ.Hydrogen bond fluctuations of the hydration shell of the bromide anion.J. Phys. Chem. A 113:6104-6110.版权 2009,美国化学会。)

水合 BF_4^- 和 ClO_4^- 离子的水分子的氢键动力学已用二维红外光谱进行过研究[98-100]。对于这些离子,与阴离子形成氢键的 O—H/O—D 基团的吸收光谱与溶液中其他 O—H/O—D 基团的吸收光谱完全分离。因此,对于这些离子,可以通过测量振动谱中相应谱带之间的交换速率来确定水合层与本体水交换的速率,如图 4.11 所示。

在图 4.11(a)中,给出了对 $NaBF_4$ 在 HDO：H₂O 中的溶液所测得的 2D 光谱。光谱中包含了氢键到 H₂O 分子的氧原子上的 O—D 基团的 $v=0\rightarrow1$ 和 $v=1\rightarrow2$ 跃迁所对应的峰,记为 hw,以及与 BF_4^- 形成氢键的 O—D 基团的上述跃迁所对应的峰,记为 ha。另外,该光谱包含了所谓的交叉峰。交叉峰的存在表明，一个被作为 hw 激发的模在 ha 的频率位置会给出响应，反之亦然。在化学交换的情况下，交叉峰的幅度将增加，即与 BF_4^- 离子的氢键转换为与 H_2O 的氢键，或反过来。最明显的化学交换峰是 $v=0 \to 1$ $(hw \to ha)$ 峰，被记为 A。该光谱还包含另外两个交换峰。$v=1 \to 2$ $(hw \to ha)$ 峰被标记为 B。由于该峰代表诱导吸收，因此具有负号。图 4.11(a) 中的最后一个交换峰是 $v=0 \to 1$ $(ha \to hw)$ 峰，被记为 C。与峰 A 一样，它朝正信号方向移动，并在朝负方向移动的 $v=1 \to 2$ ha 的峰底部表现为信号的减弱。观察到的约 7 ps 的氢键从 BF_4^- 转换为 H_2O 的时间尺度，形成了稀溶液中阴离子水合层的层外旋转时间[98]。对于 ClO_4^- 离子，观察到 O—D 基团从离子到水分子的转换时间为 9 ps[99,100]。这些时间常数类似于从氢键合到 Cl^-、Br^-、I^- 的 O—H 基团的振动寿命的浓度依赖性所估算的层外旋转时间（参见 4.4.1 节）。因此，阴离子水合层的氢键切换时间比纯液态水的氢键动力学最慢的组分还要长 5~10 倍[32-36]。

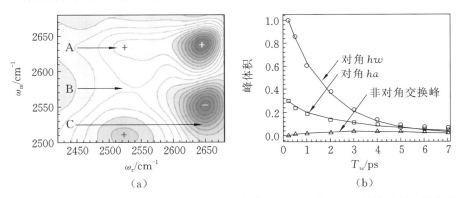

图 4.11　(a) 在 4 ps 的等待时间 T_w $(=\tau_2)$ 下，每个 $NaBF_4$ 对应 $7H_2O$ 的溶液的二维红外振动回波光谱。朝正向走的峰用"＋"标记，朝负向走的峰用"－"标记。到 4 ps 时，由于化学交换，出现了其他标记为 A、B 和 C 的峰。(b) 对角峰和化学交换峰的峰体积随等待时间 T_w $(=\tau_2)$ 的变化。hw 表示以氢键连接到 H_2O 的 HDO 中的 O—D 基团，ha 表示以氢键连接到 BF_4^- 阴离子的 O—D 基团。实线是动力学模型的结果。（摘自 Moilanen DE, et al. 2009. Ion-water hydrogen bond switching observed with 2D IR vibrational echo chemical exchange spectroscopy. Proc. Natl. Acad. Sci. USA 106：375-380.经美国国家科学院许可转载。）

4.4.3　分子重定向

　　用偏振分辨瞬态吸收光谱研究了不同离子水合层内的水分子的取向动力学[87,89,101,102]。这些工作大多探究了水合卤族阴离子 Cl^-、Br^- 和 I^- 离子的水的动力学。同样,在这些研究中的一个复杂性是水合卤族阴离子的光谱响应与体相水分子的光谱响应是重叠的。因此,测量的各向异性动力学通常代表该体相水分子加水合层水分子的动力学。最近研究发现,对于所有延迟时间,可以将所测得的瞬态光谱分解为与另一个水分子的氧原子形成 O—H/O—D···O 氢键的水羟基基团的光谱,以及与 X⁻ 阴离子(X⁻ = Cl⁻、Br⁻、I⁻)形成 O—H/O—D···X⁻ 氢键的水羟基基团的光谱。这一分解得到了这样一个事实的有力支持,即形成 O—H/O—D···X⁻ 氢键的 O—H/O—D 的伸缩振动寿命比其他 O—H/O—D 伸缩振动要长得多。图 4.12 表示了由这一分解所得的不同类型的氢键 O—D 基团的各向异性动力学。O—D···O 组分的各向异性动力学可以很好地被拟合为一个指数函数,其时间常数约为 2.5 ps,这意味着 O—D···O 振子的各向异性动力学与在纯 HDO:H₂O 中观察到的动力学是非常相似的[44]。O—D···X⁻ 的动力学被发现遵循一个双指数函数,其时间常数为(2±0.3) ps 和(9±2) ps。还可以看到,快组分的振幅在 O—D···I⁻ 中比在 O—D···Cl⁻ 略大一些。

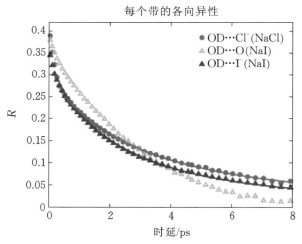

图 4.12 与 O—D···O 振子(空心三角形)、O—D···Cl⁻ 振子(实心圆)和 O—D···I⁻ 振子(实心三角形)相关的频谱组分的各向异性动力学。O—D···O 振子的各向异性衰减可以很好地用时间常数为 2.5 ps 的单指数衰减拟合,因此与纯 HDO:H₂O 的动力学非常相似。O—D···I⁻ 和 O—D···Cl⁻ 振子的各向异性衰减可以很好地用具有(2±0.3) ps 和(9±2) ps 时间常数的双指数函数拟合

图 4.12 所示的各向异性衰减的快组分可能是由于 O—D 基团的摆动运动,这使得与阴离子形成的 O—D···X⁻ 氢键保持完整。摆动运动将导致各向异性部

分衰减,且其衰减幅度由摆动运动的角锥体所决定。I⁻ 离子比 Cl⁻ 离子大很多,因而允许 O—D 基团有更大的角度扩散,同时也保持氢键不变,这就解释了为什么快组分的振幅在 O—D···I⁻ 中比在 O—D···Cl⁻ 要大(图 4.12)。摆动运动是由水合层周围的 H₂O 分子的平移运动和取向运动所引起的。因此,可以预计摆动运动的时间常数类似于 O—D···O 组分的各向异性衰减时间常数,即 2.5 ps。而 (2±0.3) ps 的各向异性快速衰减时间常数与这一图像是一致的。

应该认识到,O—D 振子的层外旋转不会直接导致 O—D···X⁻ 振子各向异性的衰减。层外旋转意味着 O—D···X⁻ 氢键被转化为 O—D···O 氢键。因此,O—D 振子不再对 O—D···X⁻ 光谱组分有贡献。层外旋转因而会导致 O—D···X⁻ 光谱组分振幅衰减,但不会影响此组分的各向异性。但是,被作为 O—D···O 振子而激发的 O—D 基团的数量,等于与旋转到水合层内成为 O—D···X⁻ 振子的 O—D 基团的数量。这些振子将减少 O—D···X⁻ 光谱组分的各向异性,因为在体相和水合层的交换过程中的旋转角度约为 55°[78,97,103]。在较长的时延后,将几乎没有 O—D···O 激发振子。因此,在后来的延迟时间 (>3 ps)时,从 O—D···O 到 O—D···X⁻ 的转换将不再对 O—D···X⁻ 组分的各向异性的慢衰减组分有贡献。在以后的时延下,这个慢组分将因此主要代表 O—D 基团在离子表面的扩散,以及卤素阴离子的完整水合层的重定向。

对于 HDO:D₂O 中的 3 mol/L NaCl 溶液,观察到在时延大于 3 ps 时重定向时间常数从 300 K 时的(9.6±0.6) ps 降为 379 K 时的(4.2±0.4) ps[87]。在同一温度间隔内,对于 3 mol/L NaBr 溶液,τ_or 由(12±2) ps 减小到(6±1) ps,而在 3 mol/L NaI 溶液中,变化为(7.6±1) ps 到(2.6±0.4) ps。对 I⁻ 而言,其 τ_or 值比 Br⁻ 和 Cl⁻ 的值要小,这显示所探测的 O—H 基团在 I⁻ 周围移动的速度比在 Br⁻ 和 Cl⁻ 周围移动的速度更快。这说明 I⁻ 阴离子的水合层比 Br⁻ 和 Cl⁻ 的水合层更缺乏结构性和刚性,其与分子动力学模拟的结果是一致的[104,105]。重定向的温度依赖性可以很好地利用取向扩散的斯托克斯-爱因斯坦关系进行模拟[87]。利用这一关系式,可知 τ_or(T)~η(T)/T,其中 η(T) 表示温度依赖的黏度。

选择一定的阴离子,若其水合的水分子与体相水有类似的振动寿命,则在较后的时延下完整水合层的动力学偏差可以被避免。图 4.13 给出了在不同浓度的 CsF 溶液中、作为延迟时间的函数的各向异性衰减。这些各向异性的衰减代表了所有水分子的取向动力学,因为氟化物结合的水分子的 O—D 伸缩模式具有类似体相及与阳离子结合的水分子的吸收光谱和振动寿命。随着浓度的增加,发现各向异性衰减有所变慢。为了量化这种效应,我们用双指数函数描述各向异性衰减。所提取的慢水份额在图 4.14 中作为浓度函数给出。线性斜率对应于 CsF 的水合数为 9。

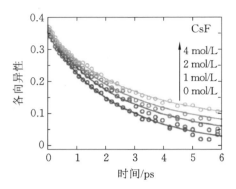

图 4.13 对不同 CsF 浓度、作为延迟时间的函数、由 2480 cm^{-1} 为中心频率的泵浦-探测所获得的各向异性衰减。(经许可转载,Tielrooij KJ,et al.Anisotropic water reorientation around ions.J. Phys. Chem. B 115:12638-12647.版权 2011,美国化学会。)

离子对水动力学的影响也可以用千兆赫和太赫兹介电弛豫光谱进行研究。在该技术中,所探测的是在外加电场中水偶极子的重定向。常常观察到离子的添加可导致极化响应的降低(去极化)。这种去极化源于水分子与离子的紧密结合,使得这些水分子不再对样品的极化响应有贡献。图 4.14 的右图给出了利用用介电弛豫光谱所获得的 CsF 溶液的慢水份额。从斜率可以看出 CsF 的水合数仅为 2。

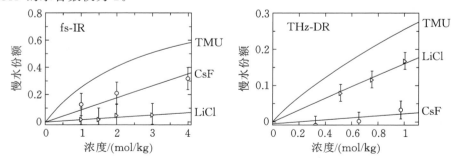

图 4.14 通过飞秒红外光谱法(左图)和介电弛豫光谱法(右图)得到的 LiCl、CsF 和 TMU 的慢水合层中水的份额比较。注意两个图的浓度范围不同。(经许可引用,Tielrooij KJ,et al.Anisotropic water reorientation around ions.J. Phys. Chem. B 115:12638-12647.版权 2011,美国化学会。)

图 4.14 清楚地表明:与介电弛豫测量相比,飞秒 IR 光谱对于 CsF 溶液所得出的慢水份额要大得多。该差异可以这样来理解,即飞秒中红外测量的是水分子的 O—H/O—D 基团的重定向动力学,而介电弛豫测量仅对水偶极子(水分子的角等分线)的重定向动力学具有敏感性。我们因此发现,Cs^+ 和 F^- 离子主要减慢 O—H/O—D 基团的重新定向,同时使水偶极子的重定向相对不被影响。在图 4.14 中将 CsF 的慢水份额与为 LiCl 所测得的慢水份额进行比较。在 LiCl 的飞秒 IR 实验中,激发和探测脉冲中心接近 2480 cm^{-1},并且与氯离子结合的水分子的蓝色偏移的 O—D 伸缩模式的光谱之间的重叠有限[102]。因此,观察到的结果主要代表体相水分子和阳离子结合的水分子的动力学。可以看出,其表现与 CsF 的情形完全相反:飞秒 IR 实验发现一个相当少的慢水份额,对应的水合数为 2;而介电弛豫研究表明水合数是 8,较大。因此,Li^+ 离子主要减慢水偶极子的重新定向,而基本不影响 O—H/O—D 基团的重新定向。

因此,像 Li^+ 这样的正离子对水动力学的影响主要是离子施加局部电场的结果,离子把水偶极固定在正电荷的径向方向上。这些水分子的 O—H 基团仍然保持相对自由的、以螺旋桨般的方式在固定水偶极子周围进行再取向。这些水分子的重定向速率与整洁的液态水相似。早期对 $Mg(ClO_4)_2$ 和 $NaClO_4$[106,107] 所进行的飞秒 IR 测量也表明,即使是像 Mg^{2+} 这样的强水合阳离子对水分子羟基基团的动力学的影响也很小。对 CsF 而言,相互作用主要是由于 O—D 基团与带负电荷的 F^- 离子所形成的定向氢键。由于这种强的氢键作用,指向 F^- 离子的 O—D 基团的重定向速度明显减慢。然而,这个 O—D 基团所属的水分子的偶极子(角等分线)的取向流动性几乎没有受到影响。因此,强水合的 F^- 离子对水偶极子的方向流动性影响不大。因此,我们得出了离子半刚性水合的图像:水分子的重定向只在特定方向受到影响,而在其他方向上的重定向大体上不被影响。半刚性水合效应的范围主要限制在水合离子周围的第一个溶剂层中的水分子,这个结论可以从 Li^+ 和 F^- 的水合数得出。在第一溶剂层之外,水分子的特性主要为类体相。这一结果与分子动力学模拟的结果是一致的[108,109]。

上述半刚性水合图像主要适用于其中一个离子具有强水合性而另一个离子具有弱水合性的情形。两种离子都具有很强的水合性的盐溶液是一种特殊情况,例如 $MgSO_4$ 溶液中的情形。对于 $MgSO_4$ 溶液,在介电弛豫和飞秒 IR

测量[101]中,水合数均为 18。鉴于这一较大的水合数,相应的水合结构必须远远超出离子的第一水合层。用介电弛豫和飞秒 IR 观察到相同的数量的受影响的水分子,表明这些水合的水分子沿偶极方向和沿键轴方向都受到了影响。这种延伸的刚性水合结构的形成,可能是由于一个组合效应,既有阳离子对水分子的偶极子向量的强力固定,又有阴离子对羟基基团方向的强力固定。因此,离子在相对大的范围内阻碍着水的取向迁移性,并可能在离子之间诱导形成水分子的锁定氢键结构。后一幅图像与 MgSO₄ 溶液中的溶剂隔离的离子对的观察结果是一致的[110]。

4.5 水与质子和氢氧根离子的相互作用

4.5.1 质子

质子(H⁺)在水中形成一种非常特殊的离子,因为它不是一个能很好地局域化的离子,例如 Na⁺ 或 Cl⁻ 那样。相反,质子电荷在扩展的水合结构中是离域化的,其中最为著名的是所谓的 Zundel($H_5O_2^+$)结构和 Eigen($H_9O_4^+$)结构。这种离域化特性的一个结果是液态水中的质子不是通过传统的斯托克斯扩散过程进行转移的,而是通过氢原子之间的质子电荷传输而转移的。因此,质子在液态水中的传导,是利用一种称为 Grotthuss 传导的机制而进行的[111,112]。最近的从头算分子动力学模拟表明,这种传导涉及 Eigen 水合结构与 Zundel 水合结构的快速交换[113,114]。最近,用飞秒瞬态吸收光谱[115]对质子的传导机制进行了实验研究。在这项研究中,观察到了 Eigen 结构的振动激发也会导致 Zundel 结构的振动的准瞬时响应(图 4.15),意味着水合结构之间的互换必须在小于 50 fs 的时间尺度上进行,这与从头算分子动力学模拟的结果相符。此外还观察到在 2900 cm⁻¹ 处吸收的 Eigen 水合结构的振动表现出非常快的振动弛豫,其时间常数为 110 fs,如图 4.15 所示。

由于其振动寿命短,水合质子还作为附近的共振的振动能量的受体。对于 HCl/H₂O 中的 HDO 溶液,观察到 HDO 的 O—D 伸缩振动的弛豫表现出额外的非指数衰减,且随着质子浓度的增加,这一衰减会变快[116]。这种额外的衰减源于 2500 cm⁻¹ 的 O—D 振动向水合着质子的水分子所进行的振动 Förster 能量转移。这些水分子具有非常宽广的吸收光谱,范围为 1000~3400 cm⁻¹,因此可以共振地吸收在附近被激发的 O—D 振动的能量。对其互补体系,即水合着氘

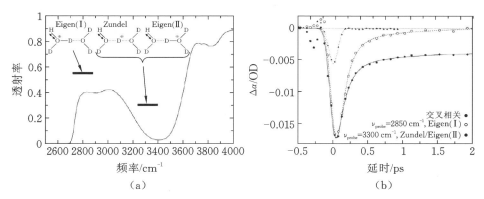

图 4.15 (a) HDO：D_2O 中 5M 的 HCl：DCl 溶液的红外光谱，H：D 比为 1：20。条形表示 Eigen(I) 和 Zundel/Eigen(II) 结构的 O—H 伸缩模式的频率区域。(b) Eigen 结构的 O—H 伸缩模式的共振激发 (在 2935 cm^{-1} 处) 后的吸收变化与延迟的函数。吸收变化在两个探测频率处给出，一个与 Eigen I 结构共振，一个与 Zundel 和 Eigen II 结构共振。点曲线的时间常数为 120 fs 和 0.7 ps，实曲线为 130 fs 和 0.8 ps。(摘自 Woutersen S，Bakker HJ.2006.Phys. Rev. Lett. 96：138305.)

子的 HDO 分子的 O—H 伸缩振动，没有观察到振动弛豫的加速，因为 O—H 振动 ($\sim$3400 cm^{-1}) 与水合着氘子的 D_2O 分子的 O—D 伸缩振动是极为非共振的 (700$\sim$2500 cm^{-1})。

如果质子转移可以被触发，例如通过一个光酸的光激发，就能够获得关于质子转移速率和机制的详细信息。在过去的几十年中，许多水质子转移的研究已报道使用了不同的苯乙烯光酸，例如 8-羟基-1，3，6-苯丙酸三钠盐 (HPTS)[117-120]。HPTS 在 400 nm 附近有一个强吸收，因此能很容易地被钛：蓝宝石激光器输出的 800 nm 的二次谐波所激发。光激发可使分子酸度提高 10^6 倍。利用不同的时间分辨光谱技术，包括瞬态吸收和时间分辨荧光光谱，HPTS 已被用于研究酸解离动力学[117-120]和酸-碱反应动力学[121,122]。结果发现，$HPTS^*$ 在水中的解离 (质子转移到溶剂)，在 H_2O/D_2O 中发生的时间常数为 90 ps/220 ps。当以足够的浓度添加比水强的碱时，质子转移反应会加速，因为此时酸和碱之间的直接质子转移 (而不是质子转移到水溶剂) 成为主导的反应途径[121,122]。

使用飞秒中红外激光脉冲，从光酸转移到水中的质子反应也被进行了研究[123-134]。在这种方法中，通过探测光酸、共轭光碱、水合质子和受体碱的振动共振，能跟踪质子的转移。光酸及其共轭光碱的响应，反映了质子离开光酸所需的时间;质子在水中的响应,表明了质子何时被位于光酸及质子的碱受体之间的水分子所捡起;最后,受体碱的共轭酸的响应则表明了质子何时到达碱。这样,质子转移反应的完整图像就可以被得到。

大多数报道的飞秒中红外研究都采用了光酸 HPTS,但最近其他光酸,如萘酚盐[133,134],也被采用过。在所有的研究中,都发现质子转移反应是高度非指数的,如图 4.16 所示。这个非指数行为,由溶液中存在一个酸碱距离的(统计)分布[123-134],可以被很好地解释。如果邻近的受体碱很接近被激发的光酸,则质子转移将非常快;而如果邻近的碱被许多水分子所隔离,则质子转移速度会很慢。因此能观测到一个反应速率的分布。

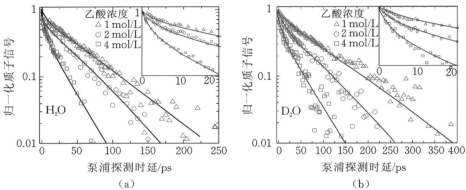

图 4.16　在 $H_2O(a)$ 和 $D_2O(b)$ 中的 10 mmol/L 的 HPTS 和 1 mol/L、2 mol/L 和 4 mol/L 醋酸盐溶液中,质子/氘子振动的响应作为时延的函数。插图给出了在前 20 ps 测量的响应,说明了质子转移的高度非指数性。实心线是使用传导模型计算的曲线,其中转移速率对于连接酸和碱的短寿命的氢键水丝中的每一个额外的水分子都降低一个恒定因子。(摘自 Siwick BJ, Cox MJ, Bakker HJ. Long-range proton transfer in aqueous acid base reactions. J. Phys. Chem. B 112:378-389. 版权 2008,美国化学会。)

不同的光酸-碱分离的反应速率分布已被用不同的方法模拟过。在一种方法中,每个被水隔离的酸-碱复合物的产生及其反应速率都被独立于其他的酸-碱复合物进行了模拟[126,127],这样就产生大量独立的速率常数。在另一种方法中,质子转移动力学是用一个模型描述的,其中,对每个附加的隔离酸与碱的水分子,质子转移速率都以相同的倍数因子被降低[128,129]。对于醋酸根,发现在碱的浓度为 1 mol/L 时,大多数质子转移事件发生在反应复合物中,其中光酸和醋酸根被两个或三个水分子所隔开[129]。

质子向碱转移的动力学同位素效应被发现是 1.5[128,129]，这与在 H_2O/D_2O 中的自由水合质子/氘子的迁移率所观测到的动力学同位素效应非常相似。这一发现支持了从光酸转移到碱的质子转移机制，是通过一个与纯液态水中的质子转移机制很类似的 Grotthuss 传导机制而进行的。因此，质子传导可能是通过短寿命的、在很短的时间内将酸与碱连接起来的水分子线而进行的。在低浓度、弱碱情形下，质子也可能首先转移到水中，然后被碱捡起（回收），或者在质子传导发生之前光酸和碱首先扩散到更近距离[130]。

质子从 HPTS 转移到碱也被用来研究重要的瞬态酸物种如碳酸 H_2CO_3 的特性[133]。HPTS 的质子释放和被碳酸氢根的暂时捡起，导致 H_2CO_3 的生成，如图 4.17 所示。该工作发现，产生的碳酸在远超过 1 ns 的时间尺度上是稳定的。

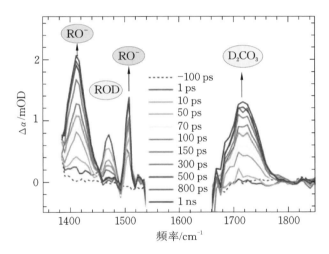

图 4.17 光酸 2-naphthol-6,8-disulfonate 在激发后不同延迟下的瞬态红外吸收光谱。瞬态光谱表现为激发的光酸（ROD 在 1472 cm^{-1}）、共轭光碱（RO^- 在 1410 cm^{-1} 和 1510 cm^{-1}）和 D_2CO_3 在 1720 cm^{-1} 的标记模式。（摘自 Adamczyk K,et al. 2009. Real-time observation of carbonic acid formation in aqueous solution. Science 326:1690-1694.经 AAAS 许可转载。）

4.5.2 氢氧根离子

水中的氢氧根离子（OH^-）与水中质子的特性相似。与质子一样，氢氧根离子的转移涉及 Grotthuss 传导机制，其中氢氧根离子的电荷在水分子之间被传递。然而，氢氧根离子的一些水合结构及其相互转换动力学的细节与水中质子的情形是大不相同的[135]。

氢氧根离子在水中的动力学特性已通过飞秒瞬态吸收光谱[136-138]和 2D 振动光谱[139,140]进行了研究。在水中加入 OH⁻ 离子会导致在 3600 cm⁻¹ 的 O—H 振动的吸收光谱中的一个小肩峰。此肩峰已被指认为 OH⁻ 离子的吸收。吸收峰在高频率区,表明 OH⁻ 离子的氢原子所提供的氢键很弱,这可以解释为 OH⁻ 的氢原子在某种程度上是带负电的。在水中加入 OH⁻ 还会导致一个频率区域介于 2800~3400 cm⁻¹ 之间的宽带吸收。该宽带吸收与那些向 OH⁻ 离子的带负电荷的氧原子提供强氢键的水分子的 O—H 伸缩振动有关。

对于在 NaOD 的 D₂O 的溶液内的 HDO 和 OH⁻ 的同位素稀释体系,宽带吸收的动力学已被研究。HDO 分子水合 OD⁻ 被发现有一个非常快的振动弛豫,其时间常数被报道为约 160 fs[136]和约 110 fs[139]。该弛豫比 HDO 在纯 D₂O 中的 O—H 伸缩振动弛豫要快很多,其 $T_1 = (740 \pm 30)$ fs。HDO 分子的快速弛豫被以不同的方式进行了解释。在瞬态吸收研究中,该组分被指认为 O—D⁻ 水合层中的 HDO 分子的 O—H 基团,这些基团是 D—O—D⋯⁻O—D 体系中 D₂O 和 O—D⁻ 之间的氘子转移的旁观探针(spectator)[136]。该转移伴随着从移动着的氘原子到被留下的 O—D 碎片之间的电子转移。这个氘转移成为氢氧根离子在液态水中的传导机制的一个重要步骤。作为这个转移的结果,以氢键连接到 D—O—D⋯⁻O—D 体系中的一个氧原子的某个 HDO 分子的 O—H 基团,其振动频率将被进行强化调制,导致一个快速振动弛豫。在 2D 振动光谱研究中,这个宽振动响应和快振动弛豫,被归属为几乎对称的 Zundel 型的 D—O—H⋯O—D⁻ 体系中的氢原子的伸缩振动的 $v = 0 \to 2$ 跃迁[139]。因此,在后一种解释中,观察到的弛豫与旁观探针 O—H 基团无关,而是源于转移的质子/氘子本身的快速振动弛豫。

二维红外光谱还表现出 HDO 的 O—H 伸缩振动和 OH⁻ 的 O—H 伸缩振动之间的交叉峰信号的上升,这表明两个物种之间有交换发生。该交换也是氘子转移的结果,如图 4.18 所示。该转移被发现是在相对长的时间尺度上进行的,其时间下限为 3 ps[140]。

最近,对于纯 H₂O 中的 NaOH 溶液,研究了随着 OH⁻ 的水合复合体的振动弛豫的能量弛豫动力学[137]。观察到了水合 OH⁻ 离子的 H₂O 分子的 O—H 振动有小于 200 fs 的快弛豫,这导致了整个水合复合物的快速局部加热。水合复合物冷却的时间常数从 0.5 mol/L 溶液的 1.2 ps 延长到 10 mol/L 溶

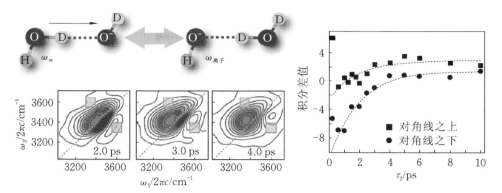

图 4.18 HDO、OH⁻ 和 10.6 M NaOD 的 D_2O 溶液中的 O—H 伸缩振动吸收区域的二维
红外光谱。图的右侧部分给出对角线上方和下方的带下灰色方块所突显的非对
角区域的积分之差($\omega_1 = 3300 \sim 3400$ cm⁻¹,$\omega_3 = 3550 \sim 3600$ cm⁻¹ 及其对角线反
射)。图顶部的卡通图给出了观察到的交叉峰强度上升的可能来源:HDO 和 OD⁻
之间的氘子转移。(经许可转载,Roberts ST, et al. Proton transfer in concentrated
aqueous hydroxide visualized using ultrafast infrared spectroscopy. J. Phys. Chem.
A 115:3957-3972. 版权 2011,美国化学会。)

液的 4.5 ps。可以通过一个热扩散模型很好地模拟其平衡体系并由此确定
水合结构的尺寸。得到的水合复合物半径为(0.36 ± 0.03) nm,这个值对应
大约 4.5 个水分子的水合层,这与从头算分子动力学模拟计算的结果是非常一
致的[135]。

对于 D_2O 中的 NaOD 溶液内的 HDO 的 O—H 伸缩振动,以及 H_2O 中的
NaOH 溶液内的 HDO 的 O—D 伸缩振动,还研究了氢氧根离子第一水合层之外
的水分子的动力学。在这两种情况下,有振动弛豫在有氢氧根离子存在时都变
得更快。OH⁻ 第一水合层外的 HDO 分子 O—D 伸缩振动的 T_1 值从纯水中的
(1.7 ± 0.2) ps,降低到在 5 mol/L NaOH 的 HDO:H_2O 溶液的(1.0 ± 0.2) ps[138]。
对于在 OD⁻ 的第一个水合层之外的 HDO 分子的 O—H 振动,也观察到了类似
的加速,从液态 HDO:D_2O 的(750 ± 50) fs 到 6 mol/L NaOD 的 HDO:D_2O 溶
液中的(600 ± 50) fs。振动弛豫的加速可以从 HDO 分子的能级涨落(由于电
荷转移过程和电荷涨落所导致)得到解释。第一水合层外水分子的重定向动
力学,与体相液态水的有相同的(2.5 ± 0.2) ps 的时间常数,这表明氢氧根离子
对液态水的氢键结构没有长程效应[138]。

4.6 水与溶解分子之间的相互作用

水可以与其他分子发生强烈的相互作用，当这些分子含有强偶极矩或高极化率的分子基团时。这些相互作用通常被表示为亲水性。对于没有强偶极矩或高极化率的分子和分子基团，与水的相互作用将会很弱。通常，保护这些疏水基团免受水的影响从能量角度是有利的，这导致这些基团有簇化的趋势。这种疏水驱动力对许多自组织过程，例如蛋白质的折叠和双层膜的形成，起着至关重要的作用。飞秒中红外光谱学是获取水与亲水分子基团和疏水分子基团相互作用的分子尺度信息的理想手段。本节将介绍这些相互作用的研究结果。在本节中，将介绍这些相互作用的研究结果。

4.6.1 亲水分子基团

水与溶解分子之间的亲水性相互作用通常以氢键的形式存在。一个例子是尿素分子 $OC(NH_2)_2$。尿素可以与水分子形成多达 8 个氢键。利用飞秒瞬态吸收光谱研究了在 HDO：H_2O 的尿素溶液中水分子的振动能量弛豫和重定向动力学[141]。氢键结合尿素的 HDO 分子的 O—D 基团被发现具有与氢键结合 H_2O 分子的 HDO 分子的 O—D 基团相同的振动弛豫时间常数。此外，发现溶剂化水的取向弛豫速率与纯液态水的取向弛豫速率基本相同。这一发现符合 NMR 的研究结果，在该研究中也发现尿素对水的平均分子重定向速率的影响很小[142]。尿素对水动力学小得令人惊奇的影响，可以用尿素非常适应液态水氢键网络这一事实来解释：一个尿素分子可取代一个水分子二聚体，这就让其余的水的氢键和取向动力学非常类似于纯液态水。

通过探测在 HDO：H_2O 中的聚合物聚环氧乙烷（poly（ethylene）oxide，PEO）溶液中 O—D 伸缩振动动力学，研究了水分子与此聚合物相互作用的动力学[143]。PEO 是一种含有醚氧原子和疏水脂肪族的双亲体系。对于 PEO 溶液，O—D 伸缩振动弛豫随着含水量的降低而变慢。这可以由两种不同组分的水分子的存在进行很好的解释：与其他水分子形成氢键的水分子，以及与 PEO 的氧原子形成氢键的水分子。振动弛豫的变慢，与 O—D 光谱随含水量的降低所表现的明显蓝移是一致的。这一蓝移表明氢键变弱，反过来引起振动弛豫变慢[58]。取向弛豫也有两个组分。键合水分子的 O—D 基团的取向弛豫类似于纯 HDO：H_2O，而键合 PEO 的水分子则明显变缓，其时间常数大于 15 ps。

文献[143]中给出的另一种解释是,所有水分子的取向动力学实际上是一致的。在这一图像中,快组分对应于水分子在某一受限角空间内的重定向,而较慢的重定向则始于分子取向的完全随机化。这种行为可以用一个锥内摆动模型来描述。还有另一种解释则是,缓慢的重定向成分与水合着 PEO 疏水部分的 O—D 基团有关(见 4.6.2 节)。

4.6.2　疏水分子基团

疏水性分子基团在水中的性质已利用多种实验技术进行了研究。在这些研究中,通常使用双亲性分子,因为这些分子可以被溶解到高浓度。显然,这种方法的缺点在于观察量也可能(或部分)是由于水分子与分子中的亲水基团相互作用。

人们天真地期望在水中引入一种弱作用的疏水溶质会导致水与水强氢键的断裂,并增加水网络的无序性。因此,期望疏水性溶质的溶解会导致焓增（ΔH）和超额熵增（excesss entropy,ΔS_{exc},即除平动熵以外的熵贡献）。然而,Frank 和 Evans 观察到疏水化合物的溶解与焓和过量熵的负变化有关（$\Delta H < 0, \Delta S_{exc} < 0$）[144]。两种效应都表明引入疏水基团会导致周围水分子的结构增强。这些结构被 Frank 和 Evans 称为疏水冰山[144]。

尽管有热力学结果,但分子尺度上的研究并没有发现疏水基团周围水的结构与体相液态水之间有很大的不同。例如,中子散射研究发现,溶剂水分子中氧与氧之间的距离与其在体相液态水中是相似的[145-148]。然而,就水的动力学而言,核磁共振和介电弛豫等技术的确发现与疏水基团水合的水,和体相液态水之间的某些差异[149-152]。两种方法都表明,在含有疏水性溶质的溶液中水分子的平均取向迁移率有所降低。然而,由于这些技术只测量所有水分子的平均响应,尚不清楚这些观测是来自大量的表现出动力学稍慢于体相液态水的水分子,还是来自少量的表现出动力学比体相液态水慢很多的水分子。

最近,通过测量双亲性分子如四甲基脲（tetra-methyl-urea,TMU）、三甲基氨基氧化物（tri-methyl-aminoxide,TMAO）、N-甲基酰胺（N-methyl-amide,NMA）和脯氨酸等在 HDO：H_2O 中溶液的 HDO 分子的 O—D 振动的取向动力学,研究了在疏水基团溶剂中水分子的取向动力学[153,154]。该方法具有超越核磁共振和介电弛豫研究的优点,即全方位相关函数可被测量。

图 4.19 给出叔丁醇（tertiary butyl alcohol,TBA）和三甲胺-N-氧化物（trimethylamine-N-oxide,TMAO)在不种浓度中的向异性动力学随延迟时间

的变化。在所有溶液中,观测到的各向异性动力学与体相 HDO：H_2O 的动力学有很大不同。各向异性的弛豫表现为一个时间常数约 2.5 ps 的快组分和一个时间常数大于 10 ps 的慢组分。慢组分的振幅随 TBA 和 TMAO 浓度的增加而增大。在低浓度下,这种增加是线性的,并且不同溶质的比较表明,振幅也与溶质中所含甲基的数量成比例[153,154]。因此,慢组分被指认为溶解溶质疏水部分的水分子,快速组分则被指认为疏水水合层外的水分子。因此就看到,疏水性水合层表现出比体相液态水慢得多的取向动力学。

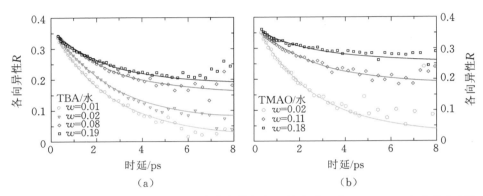

图 4.19 HDO 分子的 O—D 伸缩振动激发的各向异性衰减。在 HDO：H_2O 中的 (a) 四种不同浓度的叔丁醇 (TBA) 和 (b) 三种不同浓度的三甲胺-N-氧化物 (TMAO)。(摘自 Petersen C, et al. 2010. J. Chem. Phys. 133：164514.)

最近的 2D IR 研究表明疏水分子基团周围的水也表现出比体相水慢得多的光谱扩散[155,156]。图 4.20 说明了这种效果。该图表明,对于双亲性溶质,2D 光谱沿对角线延伸的存在时间比在纯水中要长很多。这一结果意味着在 TBA、TMAO 和 TMU 溶液中,水分子的光谱扩散比体相液态水慢得多。结果发现,这种光谱扩散动力学的减慢与水分子取向迁移率的减慢密切相关[156],这表明这些效应具有相同的起源,即都是由疏水性分子基团对水氢键动力学的影响所产生的。最近有报道表明光谱动力学和重新取向之间在 NaBr 的溶液中也有类似关联[89]。该工作观测到光谱扩散和重定向变化都随着盐浓度的增加而表现出减慢,这说明这两种慢化效应都有一个共同的起源,即离子对水的氢键动力学的影响。

如 4.3.4 节所述,水分子的重定向涉及一种跳跃机制,其中重定向的羟基的氢原子与附近两个水分子的氧原子形成分叉氢键[36,75,78]。在此过渡态中,O—H 伸缩振动频率相对于线性氢键键合的 O—H 基团的伸缩振动有明显的

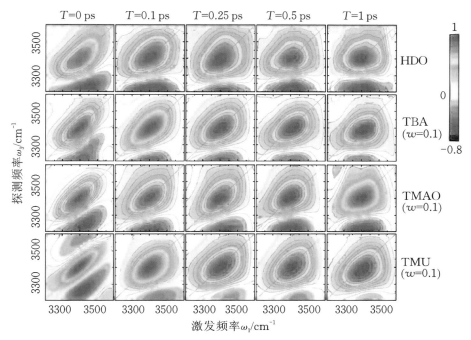

图 4.20　纯 HDO：D_2O（左上）和 HDO：D_2O（左下）中 5 mol/L 的三甲胺-N-氧化物（TMAO）溶液在等待时间为 2 ps 时 O—H 伸缩振动的二维红外光谱。图的右侧给出了二维红外光谱所对应的水分子类型。（经许可转载，Bakulin A，et al. Hydrophobic molecules slow down the hydrogen-bond dynamics of water. J. Phys. Chem. A 115：1821-1829.版权 2011，美国化学会。）

蓝移。因此，从线性氢键到分叉过渡态的演化伴随着振动频率的巨大变化，从而导致强烈的光谱扩散，而不管这种演化是导致一个新氢键而重定向（成功的转换）还是导致原始氢键的恢复（不成功的转换）。光谱扩散和重定向二者彼此关联的减慢，表明疏水基团附近的水不再向分叉氢键结构演化。这一观测结果的一个可能解释是，疏水性溶质中的甲基填满了水氢键网络的空腔，从而防止了形成分叉氢键所需的网络的局部坍塌[157]。

　　双亲分子溶液中水的重定向和光谱扩散动力学也已利用经典的分子动力学模拟进行了研究[158-160]。在这些研究中，发现了疏水基团周围水分子的重定向和光谱扩散的减慢，但没有达到飞秒瞬态吸收和 2D IR 实验所观察到的程度。根据 MD 模拟结果，TBA、TMAO 和 TMU 对水的二维红外光谱的影响主要是由这些溶质的亲水基团而不是疏水基团决定的[159]。例如，TMAO（具有三个甲基)含有强极性 NO 基团,计算发现它具有最大的影响,甚至大于 TMU(具有四个甲基);并且,TBA(具有三个甲基)含有与水的羟基类似的一个羟基基团,计算发现它对水的光谱动力学影响可以忽略不计。这种趋势与实验中观察到的完全不同。在 2D IR 实验中,TBA 和 TMAO 被发现具有类似的对水的动力学的影响,而 TMU 被发现具有最大的影响(图 4.20 和图 4.21)。后一个结果表明,疏水基团对水动力学的影响比亲水基团更为重要。疏水基团对水动力学的这种较强影响,与先前的 NMR[142,150,161,162] 和介电弛豫研究[163,164] 的结果是一致的。在这些研究中,溶质分子对水动力学的影响或多或少地与分子

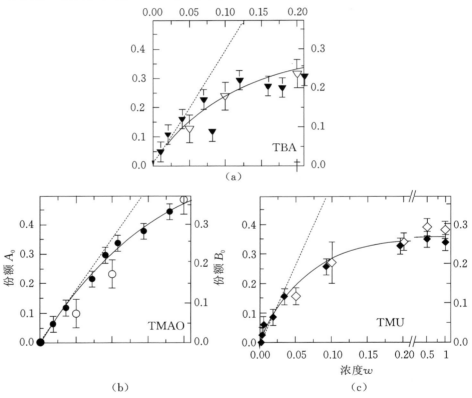

图 4.21　在叔丁醇(TBA)(a)、三甲胺-N-氧化物(TMAO)(b)和四甲基脲(TMU)(c)的溶液中,表现为缓慢光谱扩散的水分子份额 A_0(左轴,空心符号)和缓慢重取向的水分子的份额 B_0(右轴,实心符号)随溶质-水之比 w 的变化关系。虚线表示对低浓度($w<0.05$)各向异性数据的线性拟合。(经许可转载,Bakulin A, et al. Hydrophobic molecules slow down the hydrogen-bond dynamics of water. J. Phys. Chem. A 115:1821-1829.版权 2011,美国化学会。)

疏水部分的大小成比例,表明与亲水基团的相互作用对这些水分子的动力学而言,是不太重要的。

图 4.21 表明在高浓度下慢水部分由于相邻溶质分子的水合层共享而表现出饱和效应。对 TBA 和 TMU,饱和效应非常强,这可由溶质分子的聚集来解释。超过一定 TBA/TMU 浓度之后,所有额外加入的 TBA/TMU 分子都被完全嵌入到溶液中已存在的聚集 TBA/TMU 分子簇中,结果就是表现出减慢行为的水的比例不再随 TBA/TMU 浓度按比例变化。TBA 和 TMU 在高浓度下观察到的簇化与先前 NMR 研究、SPC/E 分子动力学模拟和中子散射研究的结果是一致的[142,160,165]。对 TMAO,饱和效应远没有这样强,这表明即使在高浓度下,TMAO 也不会聚集[166]。

当温度升高时,与疏水分子基团水合的水分子的取向弛豫速率发生很大变化[157]。重定向时间常数从 2 ℃ 时的大于 10 ps 减少到 65 ℃ 时的约 2 ps。在仅 40 ℃ 的温度区间内,溶剂水分子的重定向被加速了约 5 倍。在疏水的水合层中重新定向的活化能大约为 (30 ± 3) kJ/mol,这几乎比体相水中看到的分子重定向活化能大 2 倍[21,157]。这个大约 2 倍的疏水水合层活化能的发现,符合一些对 NMR 的研究结果[150,161,167]。在对过冷水溶液中水的动力学的 NMR 研究中发现,在 300 K 时,TMA 和 TMU 水合层中水的活化能大约为 20 kJ/mol,仅略高于体相液态水的活化能[162]。然而,该研究也表明活化能具有极强的温度依赖性,并在 255～300 K 的研究温度范围内大约从 40 kJ/mol 变为 20 kJ/mol。

4.7 纳米限域水

4.7.1 嵌入的单个水分子

对于水在其他溶剂中的稀溶液,溶解的水分子可以与其他水分子分离。人们研究了水在丙酮[168,169]、乙腈[170]、二甲基亚砜(dimethyl sulfoxide,DM-SO)[171] 和 N,N-二甲基乙酰胺(N,N-dimethylacetamide,DMA)[172] 中的单个水分子的动力学,发现孤立的水分子通过其 O—H 基团与溶剂分子形成一个或两个氢键。在乙腈和 DMA 中,水分子形成两个氢键,孤立的水分子的振动吸收光谱上有两个明显的峰,对应于对称和非对称的 O—H 伸缩振动[170,172]。在只有一个 O—H 基团形成氢键的情况下,其振动光谱上也能观察到两个峰,但此时所对应的是形成氢键的和没有形成氢键的 O—H 基团的伸缩振动[168,169]。在丙酮和 DMSO 中的单个水分子,双氢键和单氢键两种构型都能被观测到[168,169,171]。

孤立水分子的 O—H 伸缩振动的振动寿命远长于体相液态水的振动寿命。对于单个水分子,在乙腈中 $T_1 = 8$ ps[170],在丙酮中是 6.3 ps[168,169],在 DMA 中是 0.8 ps[172]。在同样的系列中吸收光谱的红移增加,意味着振动寿命随着氢键强度的增加而大大降低,这与大多数氢键体系观察到的结果是一致的[58]。对于所有的孤立水分子,O—H 伸缩振动的激发在两个 O—H 基团上迅速达到平衡。在乙腈中,这个过程只需要 0.2 ps,在 DMA 中需要 0.8 ps,在丙酮中需要 1.3 ps。在后一种溶剂中,两个 O—H 基团之间的能量转移受水分子与嵌入的丙酮分子之间氢键的形成和断裂速率所控制,该过程如图 4.22 所示。在以单氢键为主的结构中,键合基团的 O—H 伸缩振动频率与另一个未键合的 O—H 基团的频率相距甚远。与未键合的 O—H 基团的氢键的瞬态形成,将

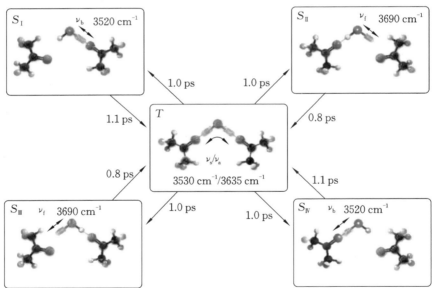

图 4.22 与丙酮氢键结合的水分子的两个 O—H 基团之间能量转移机制示意图。四种结构 S_{I-IV} 的不同之处在于哪个 O—H 基团形成氢键和哪个局域 O—H 振动(ν_b 或 ν_f)被激发。一个 O—H 基团旁的箭头表示该基团的伸缩振动被激发。(摘自 Gilijamse JJ, Lock AJ, Bakker HJ. 2005. Dynamics of confined water molecules. Proc. Natl. Acad. Sci. USA 102:3202-3207.经美国国家科学院许可转载。)

使该 O—H 基团的伸缩频率与另一个 O—H 基团的伸缩频率发生共振,从而导致共振能量转移。这个双氢键构型因而成为单氢键构型中两个 O—H 基团之间能量转移的过渡态。

对于与两个 DMA 分子镶嵌的那些水,其取向动力学表现出强烈的各向异性。这一复合体的取向动力学,能通过比较 HDO 的 O—H 伸缩振动的各向异性动力学和 H_2O 的对称和反对称 O—H 伸缩振动的各向异性动力学而被详细地探究[172]。以上三种振动模式的跃迁偶极矩的方向不同,从而提供了再定向动力学的完整图像。结果表明,水分子在与其氢键结合的两个 DMA 分子之间表现出一种铰链试运动,其时间常数为(0.5±0.2) ps。

4.7.2 反胶束

在纳米受限空间中常常发现水,正如在生物细胞中那样。纳米受限界面的存在会对水的结构和动力学产生重要影响。反胶束成为研究受限水动力学的一个很好的模型体系[173,174]。反胶束是纳米尺寸的水滴,在水、非极性溶剂和某些表面活性剂所组成的三组分混合物中形成。表面活性剂是这样一些分子,具有极性或带电部分,与水的纳米液滴有良好的相互作用;而其非极性部分则与液滴周围的非极性溶剂发生相互作用。液滴的大小通常可以通过改变水与表面活性剂的比例而被调节,这个比例通常表示为参数 $w_0 = [H_2O]/[$表面活性剂$]$。

多数对反胶束的研究是以双(2-乙基己基)磺基琥珀酸钠(anionic sodium bis(2-ethylhexyl) sulfosuccinate,AOT)为表面活性剂进行的。水-AOT 在非极性溶剂中的溶液会形成反胶束,其尺寸可以在很宽的范围内变化且非常分散(>85%)。AOT 反胶束中 HDO∶D_2O 的 O—H 伸缩振动的吸收光谱,可被合理地描述为界面吸收光谱与核心吸收光谱之和,其中界面处 O—H 振动吸收谱比体相 HDO∶D_2O 中的吸收光谱蓝移了约 90 cm^{-1}[175,176]。对 HDO∶H_2O 中 O—D 振动吸收光谱,观察到了同样的表现:在界面的 HDO 分子的 O—D 振动吸收光谱,相对于体相 HDO∶H_2O 中的 O—D 振动吸收光谱,约有 60 cm^{-1} 的蓝移[79,177]。

与 AOT 表面活性剂界面接触的水分子表现出比反胶束核心处的水分子慢得多的振动弛豫。结合在界面的 HDO 的 O—H 伸缩振动的弛豫时间常数 T_1 大约为 2.8 ps,反胶束核心处 HDO 的 O—H 伸缩振动弛豫时间常数约为 1 ps。随着反胶束尺寸的增加,后一个时间常数接近于体相 HDO∶D_2O 中

O—H 振动的 740 fs 的弛豫时间常数[175]。对 HDO：H_2O 中的 O—D 振动，也观察到类似的表现：HDO 的 O—D 伸缩振动的弛豫时间常数 T_1 在界面处约为 4.3 ps，在胶束核心处约为 1.8 ps，后者与体相 HDO：H_2O 溶液中 HDO 的 O—D 伸缩振动的 T_1 值很相似[79,177,178]。界面水的较长的弛豫时间可被这样一个事实所解释，即 HDO 的 O—H/O—D 基团与 AOT 表面活性剂分子的磺酸根基团（SO_3^-）之间的氢键，要弱于两个水分子之间的氢键。

对于纯 H_2O 胶束，观察到其弛豫速度明显要快且随着反胶束尺寸的减小而明显减慢。在一项研究中发现，反胶束表现出非常均匀的能量弛豫动力学，这可以用 O—H 伸缩振动之间的快速共振的 Förster 振动能量转移来解释[179]。研究发现 T_1 值从 $w_0 = 2$ 时的 1 ps 下降到 $w_0 = 10$ 时的 400 fs。在另一项研究中，观察到的动力学可用双指数衰减很好地拟合，其中 270 fs 的短时间常数被指认为反胶束核心处的 H_2O 分子的 O—H 伸缩振动弛豫，而 850 fs 的较长时间常数被指认为是界面处 H_2O 的 O—H 伸缩振动弛豫[176]。各向异性衰减显示出一个非常缓慢的组分，这可能与 AOT 界面上的水分子有关，这也解释了为什么界面处水的 O—H 伸缩振动弛豫较慢。这一观察结果表明，在皮秒时间尺度上，界面上至少有部分水分子不与胶束核心中的水分子发生振动能量交换。

观察到的反胶束中水分子的再定向动力学具有很强的非指数性[79,175-177]。这种非指数特征已用 AOT 胶束中界面水与核心水的存在给予解释[175,176]。界面水的重定向时间常数 $\tau_{or,i} > 15$ ps 远长于胶束中心水的（$\tau_{or,c} \approx 3$ ps）。这种解释得到了事实论证，即慢水与快水的组分份额对胶束大小的依赖性，与从光谱分辨的振动弛豫数据[175]所推断得到的界面水与核心水的组分份额是一致的。界面水与核心水在重定向和振动弛豫时间常数方面的巨大差异，会导致所测量的各向异性具有相当的异常性，如图 4.23 所示。在该图中，可以看到随着延迟的增加，各向异性增加。这一增加可以用以下事实来解释：随着延迟的增加，信号越来越受到界面水的支配，而界面水的寿命更长且表现出更慢的重定向动力学。

在最近的一项研究中[177,178]，发现对于大胶束（$w_0 > 10$），观察到的取向动力学是界面水与核心水的行为之和，这与文献[175]的结果一致；但对于小胶束（$w_0 \leqslant 5$），取向动力学会表现出更均匀的行为。对于小的反胶束，快速重取向被指认为水分子在有限角空间中的重取向，而慢的重取向被指认为是取向的完全随机化。这种行为可以用一个锥内摆动模型来描述[79]。最近的分子动

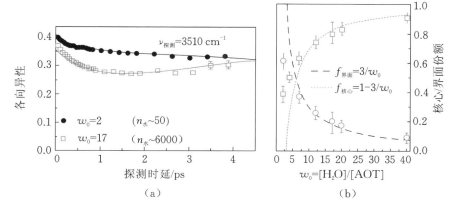

图 4.23　(a)在 $3510\ \text{cm}^{-1}$ 的单探测波长下,两种不同的反胶束尺寸($w_0 = 2, 17$)的取向弛豫
比较。(b)通过对两个组分的正(漂白)光谱部分进行光谱积分而得到的核心和界面
的相对份额。(摘自 Dokter AM, Woutersen S, Bakker HJ. 2006. Inhomogeneous
dynamics in confined water nanodroplets. Proc. Natl. Acad. Sci. USA 103:15355-15358.
经美国国家科学院许可转载。)

力学模拟表明,随着与界面距离的增加,水的取向动力学逐渐变快[180]。因此
可以预期,存在一个子系综的分布,每个子系综表现出略微不同的取向动力
学。将小胶束水的重定向动力学描述为两种不同的水组分[175],或是均匀的非
指数锥内摆动动力学[79,177,178],都可能是对这个重定向速率分布的很好近似。
对于大胶束,两组分的描述效果更好,这是因为对于大胶束,其分布将是高度
双峰的,因为它的一端将包括界面水的缓慢弛豫和重定向,另一端则包括核心
水的快速弛豫和重定向[175,177,178]。

　　在没有非极性溶剂的情况下,AOT 和水的混合物将形成层状结构[181]。
这些层状结构中的水分子与 AOT 反胶束中水的动力学行为非常相似。唯一
的区别是,对于层状结构,慢水的比例似乎比具有相同水与表面活性剂比值 w
的反胶束情形要大一些[181]。这一发现表明,与反胶束相比,层状的 AOT-水
结构中的水分子向 AOT 层中渗透得更强烈[181]。

　　反胶束也可以用阳离子表面活性剂如十六烷基三甲基溴化铵(cetyl
trimethylammonium bromide,CTAB)制备[182]。在这些体系中观察到的水的
动力学主要由与表面活性剂的负抗衡离子(如 Br^-)形成氢键的水分子占主
导。一个有趣的现象是,可以在极高的浓度下研究与这些离子相互作用的水
的动力学,其优点是,对体相水(与另一个水分子的氧形成氢键的水)的信号的

贡献变得忽略不计。对于溴离子浓度极高的小的 CTAB 胶束，可以由此观察到与溴离子形成氢键的 O—H 基团不仅表现出很慢的光谱扩散和重定向组分，就像在溴盐的体相溶液中所观察到的[89-91]那样；而且，在其重定向动力学过程中也表现出一个快组分[182]。这个快组分是由于 O—D 基团的摆动，以维持与阴离子 Br$^-$ 形成的 O—H···Br$^-$ 氢键的完整。正如在 4.4.3 节中讨论并在图 4.12 所示的那样，在 Cl$^-$ 和 I$^-$ 的水合层中也观察到类似的摆动组分。

4.7.3　纳米通道

纳米通道中水的性质与离子(质子)通过生物膜和燃料电池膜的转移密切相关。氢键重排是水介质中质子转移的一个重要因素，因此可以预期，像 Nafion(全氟磺酸-聚四氟乙烯共聚物)这样的聚合物电解质膜的性能将非常依赖于膜内水的动力学特性。

人们利用偏振分辨瞬态吸收光谱法研究了 Nafion 膜中水的性质[183]。在这项研究中，Nafion 纳米通道与稀释在 H_2O 溶液中的 HDO 水合。研究发现 HDO 分子的 O—D 伸缩的振动弛豫具有很强的频率依赖性，表明 Nafion 纳米通道中存在两种不同的水分子系综。水分子的取向迁移率与 Nafion 膜的水合程度密切相关。在低水合情况下，水分子表现出很低的取向迁移率，这表明水分子可能与一个或多个磺酸氧基形成氢键，而其附近没有其他可移动的水分子用以形成氢键。随着水合度的提高，重定向变得很快，表明纳米通道中氢键网络重排的能力增强[183]。

通过探测嵌入膜中的光酸 HPTS 的质子释放，研究了钠取代的 Nafion 膜中的质子转移[184]。在低水合度下，观察到的质子扩散常数与体相液态水相比有显著降低。这表明低水含量和低水迁移率阻止了结构氢键的重排，而这个重排是将质子电荷从 HPTS 中导出去所需要的。这些结果，与在相似水合度下的 AOT 反胶束中的从 HPTS 向水中的质子转移动力学进行了比较。通过比较，发现在钠取代的 Nafion 膜中的水池与 AOT 反胶束的水池是非常相似的[184]。

4.7.4　膜与 DNA

与水的相互作用是双(磷脂)脂质膜自组装形成的关键。在水中，(磷脂)脂质形成双脂质层，内部为疏水尾，外部为与水相互作用的亲水性头基。人们利用瞬态吸收光谱[185,188]和 2D IR 光谱[187,186]研究了水与几种模型膜，如二豆蔻酰磷脂酰胆碱(dimyristoyl-phosphatidylcholine，DMPC)[185,186]、1-棕榈酰-2-亚油基磷脂酰胆碱(1-palmitoyl-2-linoleyl phosphatidylcholine,PLPC)[187]和二甲酰磷脂酰胆碱(dilauroyl phosphatidylcholine,DLPC)[188]水合后的动力学。在所研究的模型膜中,与磷脂头基相互作用的水分子的线性红外吸收光谱相对于体相水的光谱,都发生了红移。这个观测结果表明,水分子与磷脂分子的头基,尤其是与磷酸盐,可形成很强的氢键。

在所有研究的水合膜体系中,不同类型的水分子被区分开来。文献[187,186]的 2D 振动光谱研究表明了双氢键的、单氢键的和自由的水分子的存在。在单氢键物种中,一个 O—H 基团与磷脂形成(很强的)氢键,而另一个 O—H 基团悬空。当 PLPC∶水的比例为 2∶1 时,双氢键的、单氢键的和自由的水分子的贡献率分别为 10%、40% 和 50%[187]。在文献[188]的研究中,瞬态吸收信号的非指数衰减被解释为存在两种不同的水分子:与磷酸基团结合的水分子及与脂质的胆碱基团结合的水分子。

对于所研究的三个脂质体系,与之相互作用的水的振动弛豫具有很强的频率依赖性[185-188]。对于 DMPC 和 PLPC,研究了纯 H_2O/D_2O 体系中 O—H/O—D 伸缩振动的动力学;而对于 DLPC,则研究了 H_2O 中同位素稀释的 HDO 的 O—D 伸缩振动的动力学。这一区别导致振动弛豫速率的频率相关性出现了有趣的差异。对于 DLPC,弛豫随着 HDO 的 O—D 伸缩振动频率的增加而减慢,就像通常在形成氢键的 O—H 基团中所观察到的那样[188]。然而,对于与 DMPC 和 PLPC 相互作用的纯 H_2O/D_2O,随着 H_2O/D_2O 的 O—H/O—D 伸缩振动频率的增加,弛豫变得更快[185-187]。这种与 DMPC 和 PLPC 键合的水分子弛豫的异常频率依赖性是因为单氢键结合的 H_2O/D_2O 分子中存在一个时间常数约为 600 fs 的下坡型(down-hill)分子内能量转移过程。在这个分子内的能量转移过程中,高频的悬空 O—H/O—D 基团的能量被转移到形成氢键的低频的 O—H/O—D 基团,从而加速了吸收带蓝翼的衰减。

与脂质结合的水的振动寿命也利用时间分辨的 SFG 光谱法进行了测量[67,68]。这些泵浦-探测实验可在水-空气界面的脂质单层膜上进行[189-191],其优点是脂质处于平衡水合态。实验中,在第一束强中红外脉冲的激发下,大份额的 O—H 基团被激发至第一激发态,并伴随着 SFG 强度的降低而降低。SFG 信号的恢复反映了在表面上的被激发的 O—H 振动的振动弛豫。虽然在最初的实验中,振动寿命的频率依赖性被归因于在脂质单分子层界面上的水的高度非均匀分布[190]，后来的实验[191]表明，一个双组分描述足以解释所观察到的动力学。特别是，可以区分在水-脂界面处的类体相水分子与结合脂质的水分子。后一种水分子表现出非常快的振动弛豫，并且与体相水没有明显的能量交换。

与水的相互作用在 DNA 的构象动力学中起重要作用。人们利用瞬态吸收光谱[192-194]和 2D IR 光谱[194,195]研究了水合 DNA 的性质。在低水合度下，与 DNA 相互作用的水分子很可能与 DNA 骨架的离子化磷酸基团通过氢键结合，在 3500 cm^{-1}附近产生 O—H 伸缩吸收峰。这些水分子的振动弛豫时间常数 T_1 约为 500 fs[192,194]，远长于观察到的纯 H_2O 的 O—H 伸缩振动吸收的约 200 fs 的 T_1 值[49,51,56]。与离子化磷酸基团氢键结合的水分子在振动激发后也表现出一个高的非衰减型各向异性，这表明水分子在皮秒时间尺度上既不旋转也不出现共振能量转移[192,194]。后一个发现意味着 H_2O 分子的两个 O—H 振子是非耦合的，可能是因为只有其中一个振子与 DNA 分子形成了氢键。

在较高的水合度下，观察到一个更宽的水吸收带。在这种情况下，在 3500 cm^{-1}附近激发会产生类似于在低水合度下观察到的 500 fs 的布局弛豫时间。然而，在较低的频率处，观察到了明显更快的约 250 fs 的布局弛豫时间，类似于体相液体水中 O—H 伸缩振动的弛豫速率[192,194]。这些水分子的快速振动弛豫表明，这些分子主要被其他水分子所包围。这些水分子的 O—H 伸缩振动在 500 fs 的时间尺度上表现出了光谱扩散[195]，这比纯液态水中所观测到的要慢得多[56]。光谱扩散速率的降低表明，在 DNA 凹槽中的水的受限，导致共振能量转移明显减少和低频率水运动的抑制[195]。

完全水合的 DNA 周围的水分子 O—H 伸缩振动的激发会引起 DNA 磷酸基团的响应，该响应随 O—H 伸缩振动的弛豫而增加[193]。这种响应包括水合层的重新排列以及磷酸-水的平均氢键数目的减少。反过来，DNA 磷酸基团的激发导致能量转移到水合层上，其时间尺度与激发的（反对称）磷酸振动的 340 fs 的振动寿命相似，甚至较其更快一些。磷酸周围的水合层因此可作为一个主要的蓄热池，用以在飞秒时间尺度上接收 DNA 的振动过剩能量[193]。

4.8 结论和展望

能产生强的飞秒中红外激光脉冲的技术的发展为考察水及水溶液的结构

与动力学提供了新颖的方法。利用这些脉冲,使得利用非线性时间分辨振动光谱技术,如瞬态吸收光谱、振动光子回波光谱和二维红外振动光谱,来测量水分子的分子运动与能量动力学成为可能。

对于纯液态水的不同的同位素变体,发现水分子的被激发的分子伸缩和弯曲振动的弛豫发生在 $0.2\sim2$ ps 的时间尺度上。观察到氢键动力学和分子重定向表现出几个不同的时间尺度,分别与不同的分子运动相关联。在时间尺度小于 100 fs 时,水分子间的氢键维持不变,但其的确表现出快速变化的角度(摇摆)和键长(平动)。这两类涨落都会导致水分子的 O—H 伸缩振动的快速光谱扩散。在 $1\sim3$ ps 的时间尺度上,这些水分子断其氢键并发生旋转。这些运动与氢键网络的集体重组有关。纯液态水的不同的同位素变体的传能动力学时间常数和分子运动时间常数总结在表 4.1 中。

表 4.1　用飞秒振动光谱探测水的不同同位素的伸缩振动所获得的水动力学过程的时间常数

	H_2O 的 OH	D_2O 的 OD	HDO : D_2O 的 OH	HDO : H_2O 的 OD
振动寿命 T_1	(0.23 ± 0.03) ps[51,56]	(0.40 ± 0.03) ps[55]	(0.74 ± 0.03) ps[50,43]	(1.8 ± 0.2) ps[41,44]
共振能量转移	(0.08 ± 0.03) ps[49,56]	(0.20 ± 0.05) ps[55]	∞	∞
退相时间 $T_{2,hom}$	—	—	(0.14 ± 0.03) ps[24,26]	0.18 ps[32]
氢键动力学	(0.05 ± 0.02) ps[56,57] / —	—/—	(0.1 ± 0.05) ps[29,30] / (1.0 ± 0.3) ps[24,30]	0.048 ps/0.4 ps/ 1.8 ps[32]
再取向	—	—	<0.1 ps[43] / (3.0 ± 0.2) ps[38,43]	<0.1 ps[46] / (2.6 ± 0.2) ps[44,46]

　　注:所给出的共振能量转移过程的时间常数只给出早期衰减速率的近似值,因为这一过程是非指数的。对于纯 H_2O 和 D_2O,分子再取向无法测量,因为共振能量转移过程掩盖了(各向异性)动力学。

飞秒中红外光谱手段还能够探测水分子的子系综动力学,这特别有利于研究具有内在非均匀特点的水溶液体系。此外,这些手段允许探测在时间尺度上短于体相液体和水合层之间的水的交换时间的那些动力学过程。

研究发现,在离子的水合层中的氢键动力学和水分子的分子转动,具有一个比体相液态水中观察到的还要慢得多的组分。对于处于疏水分子基团附近的水和靠近反胶束表面的水,也观察到了类似的变慢现象。即使在与溶质的氢键明显弱于两个水分子之间的平均氢键的情形之下,也会观察到这种减速。例如 BF_4^- 和 ClO_4^- 离子的水合层和 AOT 反胶束的壳层水。

这个减速可以从空间效应得到最好的解释,该空间效应使得在体相液态水中活跃的集体重组过程受到了动力学抑制。例如,体相液态水中的分子的动转是通过分叉式氢键供体的瞬态形成而进行的,这种分叉式氢键为旋转提供了最佳的低势垒过渡态构型,但其形成需要附近几个水分子的明显重新定位。在水合层和近表面,可利用的水分子要少很多,强有力地阻碍了这种能量有利的过渡态的形成,这就解释了分子重定向的变慢。因此,一个重要的结论是水分子的动力学更多地取决于其局部环境的结构,而不取决于其氢键强度。

飞秒中红外光谱技术也被用于研究在通过水介质的质子转移和氢氧根离子转移中水分子的作用。有明显证据表明,水分子以一个 Grotthuss 型的传导机制,通过在短时间存在的水分子氢键链上进行质子/氢氧根离子的电荷传导的方式,积极参与了这一转移过程。还发现,质子从酸到碱的转移并不需要反应物的相互扩散以进行密切接触。相反,可以通过连接酸和碱的水分子进行质子转移。水分子因此形成了短时间存在的质子传导线。

在不久的将来,飞秒中红外光谱将会被进一步开发并应用于研究水在更复杂的体系中的作用。例如,可以预计,飞秒中红外光谱学将被用来研究位于生物膜和蛋白质的表面和内部水的结构与动力学。未来的飞秒中红外光谱研究,将因此有望为认识水分子参与复杂生物体系的自组装及化学反应活性的方式提供新的见解。

参考文献

[1] Chaplin M.2012.Water structure and science:Anomalous properties of water.http://www.lsbu.ac.uk/water/anomalies.html.

[2] Ball P.1999.Life's Matrix:A Biography of Water(Farrar,Straus,and Giroux:New York).

[3] Ball P.2008.Water:Water—an enduring mystery.Nature 452:291-292.

[4] Rey R,Moller KB,Hynes JT.2002.Hydrogen bond dynamics in water and ultrafast infrared spectroscopy.J. Phys. Chem. A 106:11993-11996.

[5] Lawrence CP，Skinner JL.2002.Vibrational spectroscopy of HOD in liquid D₂O. Ⅱ .Infrared line shapes and vibrational Stokes shift.J. Chem. Phys. 117：8847-8854.

[6] Lawrence CP，Skinner JL.2003.Vibrational spectroscopy of HOD in liquid D₂O.Ⅲ. Spectral diffusion，and hydrogen-bonding and rotational dynamics.J. Chem. Phys. 118：264-272.

[7] Corcelli SA，Lawrence CP，Skinner JL.2004.Combined electronic structure/molecular dynamics approach for ultrafast infrared spectroscopy of dilute HOD in liquid H₂O and D₂O.J. Chem. Phys. 120：8107-8117.

[8] Auer B，Kumar R，Schmidt JR，Skinner JL.2007.Hydrogen bonding and Raman，IR，and 2D IR spectroscopy of dilute HOD in liquid D₂O.Proc. Natl. Acad. Sci. USA 104：14215-14220.

[9] Wernet P，Nordlund D，Bergmann U，Cavalleri M，Odelius M，Ogasawara H，Naslund LA et al.2004.The structure of the first coordination shell in liquid water.Science 304：995-999.

[10] Nilsson A，Wernet P，Nordlund D，Bergmann U，Cavalleri M，Odelius M，Ogasawara H，et al.2005.Comment on "Energetics of hydrogen bond network rearrangements in liquid water." Science 308：793-793a.

[11] Smith JD，Cappa CD，Wilson KR，Messer BM，Cohen RC，Saykally RJ. 2004.Energetics of hydrogen bond network rearrangements in liquid water.Science 306：851-853.

[12] Smith JD，Cappa CD，Wilson KR，Messer BM，Cohen RC，Saykally RJ. 2005.Response to comment on "Energetics of hydrogen bond network rearrangements in liquid water." Science 308：793.

[13] Smith DWG，Powles JG.1966.Proton spin-lattice relaxation in liquid water and liquid ammonia.Mol. Phys. 10：451-463.

[14] Godralla BC，Zeidler MD.1986.Molecular dynamics in the system water-dimethylsulphoxide.Mol. Phys. 59：817-828.

[15] Hardy EH，Zygar A，Zeidler MD，Holz M，Sacher FD.2001.Isotope effect on the translational and rotational motion in liquid water and ammonia. J. Chem. Phys. 114：3174-3181.

[16] Ropp J, Lawrence C, Farrar TC, Skinner JL. 2001. Rotational motion in liquid water is anisotropic: A nuclear magnetic resonance and molecular dynamics simulation study. J. Am. Chem. Soc. 123:8047-8052.

[17] Jonas J, DeFries T, Wilbur DJ. 1976. Molecular motions in compressed liquid water. J. Chem. Phys. 65:582-588.

[18] Lang E, Lüdemann HD. 1977. Pressure and temperature dependence of the longitudinal proton relaxation times in supercooled water to −87 ℃ and 2500 bar. J. Chem. Phys. 67:718-723.

[19] Barthel J, Bachhuber K, Buchner R, Hetzenauer H. 1990. Dielectric spectra of some common solvents in the microwave region. Water and lower alcohols. Chem. Phys. Lett. 165:369-373.

[20] Kindt JT, Schmuttenmaer CA. 1996. Far-infrared dielectric properties of polar liquids probed by femtosecond terahertz pulse spectroscopy. J. Phys. Chem. 100:10373-10379.

[21] Roenne C, Thrane L, Astrand PO, Wallqvist A, Mikkelsen KV, Keiding SR. 1997. Investigation of the temperature dependence of dielectric relaxation in liquid water by THz reflection spectroscopy and molecular dynamics simulation. J. Chem. Phys. 107:5319-5331.

[22] Roenne C, Astrand PO, Keiding SR. 1999. THz spectroscopy of liquid H_2O and D_2O. Phys. Rev. Lett. 82:2888-2891.

[23] Laenen R, Rauscher C, Laubereau A. 1998. Dynamics of local substructures in water observed by ultrafast infrared hole burning. Phys. Rev. Lett. 80:2622-2625.

[24] Gale GM, Gallot G, Hache F, Lascoux N, Bratos S, Leicknam JC. 1999. Femtosecond dynamics of hydrogen bonds in liquid water: A real time study. Phys. Rev. Lett. 82:1068-1071.

[25] Woutersen S, Bakker HJ. 1999. Hydrogen bond in liquid water as a Brownian oscillator. Phys. Rev. Lett. 83:2077-2080.

[26] Stenger J, Madsen D, Hamm P, Nibbering ETJ, Elsaesser T. 2001. Ultrafast vibrational dephasing of liquid water. Phys. Rev. Lett. 87:027401.

[27] Stenger J, Madsen D, Hamm P, Nibbering ETJ, Elsaesser T. 2002. A

photon echo peak shift study of liquid water.J. Phys. Chem. A 106:
2341-2350.

[28] Bakker HJ, Nienhuys HK, Gallot G, Lascoux N, Gale GM, Leicknam
JC, Bratos S. 2002. Transient absorption of vibrationally excited water.J.
Chem. Phys. 116:2592-2598.

[29] Yeremenko S, Pshenichnikov MS, Wiersma DA. 2003. Hydrogen-bond
dynamics in water explored by heterodyne-detected photon echo.Chem.
Phys. Lett. 369:107-113.

[30] Fecko CJ, Eaves JD, Loparo JJ, Tokmakoff A, Geissler PL.2003.Ultrafast hy-
drogen-bond dynamics in the infrared spectroscopy of water.Science 301:
1698-1702.

[31] Asbury JB, Steinel T, Stromberg C, Corcelli SA, Lawrence CP, Skinner
JL, Fayer MD. 2004. Water dynamics: Vibrational echo correlation spec-
troscopy and comparison to molecular dynamics simulations. J. Phys.
Chem. A 108:1107-1119.

[32] Asbury JB, Steinel T, Kwak K, Corcelli SA, Lawrence CP, Skinner JL,
Fayer MD. 2004. Dynamics of water probed with vibrational echo corre-
lation spectroscopy.J. Chem. Phys. 121:12431-12446.

[33] Steinel T, Asbury JB, Corcelli SA, Lawrence CP, Skinner JL, Fayer MD.
2004. Water dynamics: Dependence on local structure probed with vibra-
tional echo correlation spectroscopy.Chem. Phys. Lett. 386:295-300.

[34] Eaves JD, Loparo JJ, Fecko CJ, Roberts ST, Tokmakoff A, Geissler PL.
2005. Hydrogen bonds in liquid water are broken only fleetingly. Proc.
Natl. Acad. Sci. USA 102:13019-13022.

[35] Loparo JJ, Roberts ST, Tokmakoff A. 2006. Multidimensonal infrared
spectroscopy of water.I. Vibrational dynamics in 2D lineshapes.J. Chem.
Phys. 125:194521.

[36] Loparo JJ, Roberts ST, Tokmakoff A. 2006. Multidimensional infrared
spectroscopy of water.II. Hydrogen bond switching dynamics.J. Chem.
Phys. 125:194522.

[37] Woutersen S, Emmerichs U, Bakker HJ. 1997. Femtosecond mid-IR pump-

probe spectroscopy of liquid water：Evidence for a two-component structure. Science 278：658-660.

[38] Nienhuys HK，van Santen RA，Bakker HJ.2000.Orientational relaxation of liquid water molecules as an activated process.J. Chem. Phys. 112：8487-8494.

[39] Bakker HJ，Woutersen S，Nienhuys HK.2000.Reorientational motion and hydrogen-bond stretching dynamics in liquid water.Chem. Phys. 258：233-245.

[40] Gallot G，Bratos S，Pommeret S，Lascoux N，Leicknam JC，Kozinski M，Amir W，Gale GM. 2002. Coupling between molecular rotations and OH⋯O motions in liquid water：Theory and experiment.J. Chem. Phys. 117：11301-11309.

[41] Steinel T，Asbury JB，Zheng J，Fayer MD. 2004. Watching hydrogen bonds break：A transient absorption study of water.J. Phys. Chem. A 108：10957-10964.

[42] Loparo JJ，Fecko CJ，Eaves JD，Roberts ST，Tokmakoff A.2004.Reorientational and configurational fluctuations in water observed on molecular length scales.Phys. Rev. B 70：180201.

[43] Fecko CJ，Loparo JJ，Roberts ST，Tokmakoff A.2005.Local hydrogen bonding dynamics and collective reorganization in water：Ultrafast IR spectroscopy of HOD/D_2O.J. Chem. Phys. 122：054506.

[44] Rezus YLA，Bakker HJ.2005.On the orientational relaxation of HDO in liquid water.J. Chem. Phys. 123：114502.

[45] Rezus YLA，Bakker HJ.2006.Orientational dynamics of isotopically diluted H_2O and D_2O.J. Chem. Phys. 125：144512.

[46] Moilanen DE，Fenn EE，Lin YS，Skinner JL，Bagchi B，Fayer MD.2008. Water inertial reorientation：Hydrogen bond strength and the angular potential.Proc. Natl. Acad. Sci. USA 105：5295-5300.

[47] Bodis P，Larsen OFA，Woutersen S.2005.Vibrational relaxation of the bending mode of HDO in liquid D_2O.J. Phys. Chem. A 109：5303-5306.

[48] Ashihara S，Huse N，Espagne A，Nibbering ETJ，Elsaesser T.2007.Ul-

trafast structural dynamics of water induced by dissipation of vibrational energy.J. Phys. Chem. A 111:743-746.

[49] Woutersen S,Bakker HJ.1999.Resonant intermolecular transfer of vibrational energy in liquid water.Nature 402:507-509.

[50] Woutersen S,Emmerichs U,Nienhuys HK,Bakker HJ.1998.Anomalous temperature dependence of vibrational lifetimes in water and ice.Phys. Rev. Lett. 81:1106-1109.

[51] Lock AJ,Bakker HJ.2002.Temperature dependence of vibrational relaxation in liquid H_2O.J. Chem. Phys. 117:1708-1713.

[52] Huse N,Ashihara S,Nibbering ETJ,Elsaesser T.2005.Ultrafast vibrational relaxation of O—H bending and librational excitations in liquid H_2O.Chem. Phys. Lett. 404:389-393.

[53] Lindner J,Vöhringer P,Pshenichnikov MS,Cringus D,Wiersma DA,Mostovoy M.2006.Vibrational relaxation of pure liquid water. Chem. Phys. Lett. 421:329-333.

[54] Ashihara S,Huse N,Espagne A,Nibbering ETJ,Elsaesser T.2006.Vibrational couplings and ultrafast relaxation of the O—H bending mode in liquid H_2O.Chem. Phys. Lett. 424:66-70.

[55] Piatkowski L,Eisenthal KB,Bakker HJ.2009.Ultrafast intermolecular energy transfer in heavy water.Phys. Chem. Chem. Phys. 11:9033-9038.

[56] Cowan ML,Bruner BD,Huse N,Dwyer JR,Chugh B,Nibbering ETJ,Elsaesser T,Miller RJD.2005.Ultrafast memory loss and energy redistribution in the hydrogen bond network of liquid H_2O. Nature 434:199-202.

[57] Paarmann A,Hayashi T,Mukamel S,Miller RJD.2008.Probing intermolecular couplings in liquid water with two-dimensional infrared photon echo spectroscopy.J. Chem. Phys. 128:191103.

[58] Miller RE.1988.The vibrational spectroscopy and dynamics of weakly bound neutral complexes.Science 240:447-453.

[59] Novak A.1974.Hydrogen bonding in solids.Correlation of spectroscopic and crystallographic data.Struct Bonding (Berlin) 18:177-216.

［60］Mikenda W.1986.Stretching frequency versus bond distance correlation of O—D(H)…Y hydrogen bonds in solid hydrates.J. Mol. Struct. 147: 1-15.

［61］Mikenda W,Steinböck S.1996.Stretching frequency vs bond distance correlation of hydrogen bonds in solid hydrates:A generalized correlation function J. Mol. Struct. 384:159-163.

［62］Graener H,Seifert G,Laubereau A.1991.New spectroscopy of water using tunable picosecond pulses in the infrared.Phys. Rev. Lett. 66: 2092-2095.

［63］Cho M,Yu JY,Joo T,Nagasawa Y,Passino SA,Fleming GR.1996.The integrated photon echo and solvation dynamics.J. Phys. Chem. 100: 11944-11953.

［64］Piryatinski A,Skinner JL.2002.Determining vibrational solvation-correlation functions from three pulse infrared photon echoes.J. Phys. Chem. B 106:8055-8063.

［65］Yeremenko S,Pshenichnikov NS,Wiersma DA.2006.Interference effects in IR photon echo spectroscopy of liquid water.Phys. Rev. A 73:021804.

［66］Lipari G,Szabo A.1980.Effect of librational motion on fluorescence depolarization and nuclear magnetic resonance relaxation in macromolecules and membranes.Biophys. J. 30:489-506.

［67］McGuire JA,Shen YR.2006.Ultrafast vibrational dynamics at water interfaces.Science 313:1945-1948.

［68］Smits M,Ghosh A,Sterrer M,Müller M,Bonn M.2007.Ultrafast vibrational energy transfer between surface and bulk water at the air-water interface.Phys. Rev. Lett. 98:098302.

［69］Zhang Z,Piatkowski L,Bakker HJ,Bonn M.2011.Interfacial water structure revealed by ultrafast two dimensional surface vibrational spectroscopy. J. Chem. Phys. 135:021101.

［70］Zhang Z,Piatkowski L,Bakker HJ,Bonn M.2011.Ultrafast vibrational energy transfer at the water/air interface revealed by two-dimensional surface vibrational spectroscopy.Nat. Chem. 3:888-893.

［71］ Bredenbeck J，Ghosh A，Smits M，Bonn M. 2008. Ultrafast two dimensional-infrared spectroscopy of a molecular monolayer. J. Am. Chem. Soc. 130：2152-2153.

［72］ Bredenbeck J，Ghosh A，Nienhuys HK，Bonn M. 2009. Interface-specific ultrafast two-dimensional vibrational spectroscopy. Acc. Chem. Res. 42：1332-1342.

［73］ Xiong W，Laaser JE，Mehlenbacher RD，Zanni MT. 2011. Adding a dimension to the infrared spectra of interfaces using heterodyne detected 2D sum-frequency generation（HD 2D SFG）spectroscopy. Proc. Natl. Acad. Sci. USA 108：20902-20907.

［74］ Stiopkin IV，Weeraman C，Pieniazek PA，Shalhout FY，Skinner JL，Benderskii AV. 2011. Hydrogen bonding at the water surface revealed by isotopic dilution spectroscopy. Nature 474：192-195.

［75］ Bakker HJ，Rezus YLA，Timmer RLA. 2008. Molecular reorientation of liquid water studied with femtosecond mid-infrared spectroscopy. J. Phys. Chem. A 112：11523-11534.

［76］ Ramasesha K，Roberts ST，Nicodemus RA，Mandal A，Tokmakoff A. 2011. Ultrafast 2D IR anisotropy of water reveals reorientation during hydrogen-bond switching. J. Chem. Phys. 135：054509.

［77］ Lin YS，Pieniazek PA，Yang M，Skinner JL. 2010. On the calculation of rotational anisotropy decay，as measured by ultrafast polarization-resolved vibrational pump-probe experiments. J. Chem. Phys. 132：174505.

［78］ Laage D，Hynes JT. 2006. A molecular jump mechanism of water reorientation. Science 311：832-835.

［79］ Piletic IR，Moilanen DE，Spry DB，Levinger NE，Fayer MD. 2006. Testing the core/shell model of nanoconfined water in reverse micelles using linear and nonlinear IR spectroscopy. J. Phys. Chem. A 110：4985-4999.

［80］ Laage D，Hynes JT. 2008. On the molecular mechanism of water reorientation. J. Phys. Chem. B 112：14230-14242.

［81］ Wallqvist A，Berne BJ. 1993. Effective potentials for liquid water using polarizable and nonpolarizable models. J. Phys. Chem. 97：13841-13851.

[82] Hsieh CS, Campen RK, Verde ACV, Bolhuis P, Nienhuys HK, Bonn M. 2011. Ultrafast reorientation of dangling OH groups at the air-water interface using femtosecond vibrational spectroscopy. Phys. Rev. Lett. 107:116102.

[83] Walrafen GE. 1962. Raman spectral studies of the effects of electrolytes on water. J. Chem. Phys. 36:1035-1042.

[84] Bergström PA, Lindgren J. 1991. An IR study of the hydration of ClO_4^-, NO_3^-, I^-, Br^-, Cl^-, and SO_4^{2-} anions in aqueous solution. J. Phys. Chem. 95:8575-8580.

[85] Kropman MF, Bakker HJ. 2001. Dynamics of water molecules in aqueous solvation shells. Science 291:2118-2120.

[86] Kropman MF, Bakker HJ. 2001. Femtosecond mid-infrared spectroscopy of aqueous solvation shells. J. Chem. Phys. 115:8942-8948.

[87] Kropman MF, Nienhuys HK, Bakker HJ. 2002. Real-time measurement of the orientational dynamics of aqueous solvation shells in bulk liquid water. Phys. Rev. Lett. 88:77601.

[88] Kropman MF, Bakker HJ. 2004. Effect of ions on the vibrational relaxation of liquid water. J. Am. Chem. Soc. 126:9135-9141.

[89] Park S, Fayer MD. 2007. Hydrogen bond dynamics in aqueous NaBr solutions. Proc. Natl. Acad. Sci. USA 104:16731-16738.

[90] Park S, Moilanen DE, Fayer MD. 2008. Water dynamics—the effects of ions and nanoconfinement. J. Phys. Chem. B 112:5279-5290.

[91] Timmer RLA, Bakker HJ. 2009. Hydrogen bond fluctuations of the hydration shell of the bromide anion. J. Phys. Chem. A 113:6104-6110.

[92] Hashimoto K, Morokuma K. 1994. *Ab-initio* theoretical study of surface and interior structures of the $Na(H_2O)_4$ cluster and its cation. Chem. Phys. Lett. 223:423-430.

[93] Asada T, Nishimoto K. 1995. Monte-Carlo simulations of $M_+Cl_-(H_2O)_n$ (M = Li, Na) clusters and the dissolving mechanism of ion-pairs in water. Chem. Phys. Lett. 232:518-523.

[94] Ramaniah LM, Bernasconi M, Parrinello M. 1998. Density-functional study of

hydration of sodium in water clusters.J. Chem. Phys. 109：6839-6843.

［95］ Staib A,Hynes JT.1993.Vibrational predissociation in hydrogen-bonded OH···O complexes via OH stretch OO stretch energy-transfer.Chem. Phys. Lett. 204：197-205.

［96］ Bakker HJ.2008.Structural dynamics of aqueous salt solutions.Chem. Rev. 108：1456-1473.

［97］ Laage D,Hynes JT.2007.Reorientational dynamics of water molecules in anionic hydration shells.Proc. Natl. Acad. Sci. USA 104：11167-11172.

［98］ Moilanen DE,Wong DB,Rosenfeld DE,Fenn EE,Fayer MD.2009.Ion-water hydrogen bond switching observed with 2D IR vibrational echo chemical exchange spectroscopy.Proc. Natl. Acad. Sci. USA 106：375-380.

［99］ Park S,Odelius M,Gaffney KJ.2009.Ultrafast dynamics of hydrogen bond exchange in aqueous ionic solutions.J. Phys. Chem. B 113：7825-7835.

［100］ Ji M,Odelius M,Gaffney KJ.2010.Large angular jump mechanism observed for hydrogen bond exchange in aqueous perchlorate solution. Science 328：1003-1005.

［101］ Tielrooij KJ,Garcia-Araez N,Bonn M,Bakker HJ.2011.Cooperativity in ion hydration.Science 328：1006-1009.

［102］ Tielrooij KJ,van der Post ST,Hunger J,Bonn M,Bakker HJ.2011.Anisotropic water reorientation around ions.J. Phys. Chem. B 115：12638-12647.

［103］ Laage D,Hynes JT.2008.On the residence time for water in a solute hydration shell：Application to aqueous halide solutions.J. Phys. Chem. B 112：7697-7701.

［104］ Lee SH,Rasaiah JC.1996.Molecular dynamics simulation of ion mobility.2.Alkali metal and halide ions using the SPC/E model for water at 25 ℃.J. Phys. Chem. 100：1420-1425.

［105］ Heuft JM,Meijer EJ.2005.Density functional theory based molecular-dynamics study of aqueous iodide solvation.J. Chem. Phys. 123：094506.

［106］ Omta AW,Kropman MF,Woutersen S,Bakker HJ.2003.Negligible effect of ions on the hydrogen-bond structure in liquid water.Science 273：347-349.

［107］ Omta AW,Kropman MF,Woutersen S,Bakker HJ.2003.Influence of ions on the hydrogen-bond structure in liquid water. J. Chem. Phys. 119:12457-12461.

[108] Guardia E, Laria D, Marti J. 2006. Hydrogen bond structure and dynamics in aqueous electrolytes at ambient and supercritical conditions. J. Phys. Chem. B 110:6332-6338.

[109] Lin YS, Auer BM, Skinner JL. 2009. Water structure, dynamics, and vibrational spectroscopy in sodium bromide solutions. J. Chem. Phys. 131:144511.

[110] Buchner R, Chen T, Hefter G. 2004. Complexity in simple electrolyte solutions: Ion pairing in $MgSO_4$ (aq). J. Phys. Chem. B 108:2365-2375.

[111] de Grotthuss CJT. 1806. Sur la décomposition de l'eau et des corps qu'elle tient en dissolution à l'aide de l'électricité galvanique. Annales de Chimie 58: 54-73.

[112] Agmon N. 1995. The Grotthuss mechanism. Chem. Phys. Lett. 244: 456-462.

[113] Marx D, Tuckerman ME, Hutter J, Parrinello M. 1999. The nature of the hydrated excess proton in water. Nature 397:601-604.

[114] Schmitt UW, Voth GA. 1999. The computer simulation of proton transport in water. J. Chem. Phys. 111:9361-9381.

[115] Woutersen S, Bakker HJ. 2006. Ultrafast vibrational and structural dynamics of the proton in liquid water. Phys. Rev. Lett. 96:138305.

[116] Timmer RLA, Tielrooij KJ, Bakker HJ. 2010. Vibrational Förster transfer to hydrated protons. J. Chem. Phys. 132:194504.

[117] Pines E, Huppert D, Agmon N. 1998. Geminate recombination in excited-state proton-transfer reactions: Numerical solution of the Debye-Smoluchowski equation with backreaction and comparison with experimental results. J. Chem. Phys. 88:5620-5630.

[118] Tran-Thi TH, Gustavsson T, Prayer C, Pommeret S, Hynes JT. 2000. Primary ultrafast events preceding the photoinduced proton transfer from pyranine to water. Chem. Phys. Lett. 329:421-430.

[119] Spry DB, Goun A, Fayer MD. 2007. Deprotonation dynamics and stokes

shift of pyranine (HPTS).J. Phys. Chem. A,230-237.

[120] Spry DB,Fayer MD.2008.Charge redistribution and photoacidity：Neutral versus cationic photoacids.J. Chem. Phys. 128：084508.

[121] Pines E,Manes BZ,Land MJ,Fleming GR.1997.Direct measurement of intrinsic proton transfer rates in diffusion-controlled reactions.Chem. Phys. Lett. 281：413-420.

[122] Genosar L,Cohen B,Huppert D.2000.Ultrafast direct photoacid-base reaction.J. Phys. Chem. A 104：6689-6698.

[123] Rini M,Magnes BZ,Pines E,Nibbering ETJ.2003.Real-time observation of bimodal proton transfer in acid-base pairs in water.Science 301：349-352.

[124] Rini M,Pines D,Magnes BZ,Pines E,Nibbering ETJ.2004.Bimodal proton transfer in acid-base reactions in water.J. Chem. Phys. 121：9593-9610.

[125] Mohammed OF,Pines D,Dreyer J,Pines E,Nibbering ETJ.2005.Sequential proton transfer through water bridges in acid-base reactions.Science 310：83-86.

[126] Mohammed OF,Pines D,Nibbering ETJ,Pines E.2007.Base-induced solvent switches in acid-base reactions Angew. Chem. Intern. Ed. 46：1458-1461.

[127] Mohammed OF,Pines D,Pines E,Nibbering ETJ.2007.Aqueous bimolecular proton transfer in acid base neutralization.Chem. Phys. 341：240-257.

[128] Siwick BJ,Bakker HJ.2007.On the role of water in intermolecular proton-transfer reactions.J. Am. Chem. Soc. 129：13412-13420.

[129] Siwick BJ,Cox MJ,Bakker HJ.2008.Long-range proton transfer in aqueous acid-base reactions.J. Phys. Chem. B 112：378-389.

[130] Cox MJ,Bakker HJ.2008.Parallel proton transfer pathways in aqueous acid-base reactions.J. Chem. Phys. 128：174501.

[131] Cox MJ,Timmer RLA,Bakker HJ,Park S,Agmon N.2009.Distance-dependent proton transfer along water wires connecting acid-base pairs.J. Phys. Chem. A 113：6599-6606.

[132] Cox MJ,Siwick BJ,Bakker HJ.2009.Influence of ions on aqueous acid-base reactions.Chem. Phys. Chem.10:236-244.

[133] Adamczyk K,Premont-Schwarz M,Pines D,Pines E,Nibbering ETJ. 2009.Real-time observation of carbonic acid formation in aqueous solution.Science 326:1690-1694.

[134] Cox MJ,Bakker HJ.2010.Femtosecond study of the deuteron-transfer dynamics of naphtol salts in water.J. Phys. Chem. A 114:10523-10530.

[135] Marx D,Chandra A,Tuckerman ME.2010.Aqueous basic solutions: Hydroxide solvation,structural diffusion,and comparison to the hydrated proton.Chem. Rev. 110:2174-2216.

[136] Nienhuys HK,Lock AJ,van Santen RA,Bakker HJ.2002.Dynamics of water molecules in an alkaline environment. J. Chem. Phys. 117: 8021-8029.

[137] Liu L,Hunger J,Bakker HJ.2011.Energy relaxation dynamics of the hydration complex of hydroxide.J. Phys. Chem. A 115:14593-14598.

[138] Hunger J,Liu L,Tielrooij KJ,Bonn M,Bakker HJ.2011.Vibrational and orientational dynamics of water in aqueous hydroxide solutions.J. Chem. Phys. 135:124517.

[139] Roberts ST,Petersen PB,Ramasesha K,Tokmakoff A,Ufimtsev IS, Martinez TJ.2009.Observation of a Zundel-like transition state during proton transfer in aqueous hydroxide solutions.Proc. Natl. Acad. Sci. USA 106:15154-15159.

[140] Roberts ST,Ramasesha K,Petersen PB,Mandal A,Tokmakoff A. 2011. Proton transfer in concentrated aqueous hydroxide visualized using ultrafast infrared spectroscopy.J. Phys. Chem. A 115:3957-3972.

[141] Rezus YLA,Bakker HJ.2006.Effect of urea on the structural dynamics of water.Proc. Natl. Acad. Sci. USA 103:18417-18420.

[142] Shimizu A,Fumino K,Yukiyasu K,Taniguchi Y.2000.NMR studies on dynamic behavior of water molecule in aqueous denaturant solutions at 25 ℃:Effects of guanidine hydrochloride,urea and alkylated ureas.J. Mol. Liq. 85:269-278.

[143] Fenn EE，Moilanen DE，Levinger NE，Fayer MD.2009.Water dynamics and interactions in water polyether binary mixtures.J. Am. Chem. Soc. 131：5530-5539.

[144] Frank HS，Evans MW.1945.Free volume and entropy in condensed systems Ⅲ.Entropy in binary liquid mixtures；partial molal entropy in dilute solutions；structure and thermodynamics in aqueous electrolytes.J. Chem. Phys. 13：507-532.

[145] Soper AK，Finney JL.Hydration of methanol in aqueous solution.Phys. Rev. Lett. 71：4346-4349.

[146] Turner J，Soper AK.1994.The effect of apolar solutes on water structure：Alcohols and tetraalkylammonium ions. J. Chem. Phys. 101：6116-6125.

[147] Dixit S，Crain J，Poon WCK，Finney JL，Soper AK.2002.Molecular segregation observed in a concentrated alcohol-water solution.Nature 416：829-832.

[148] Buchanan P，Aldiwan N，Soper AK，Creek JL，Koh CA.2005.Decreased structure on dissolving methane in water. Chem. Phys. Lett. 415：89-93.

[149] Haselmaier R，Holz M，Marbach W，Weingartner H.1995.Water dynamics near a dissolved noble gas—First direct experimental evidence for a retardation effect.J. Phys. Chem. 99：2243-2246.

[150] Ishihara Y，Okouchi S，Uedaira H.1997.Dynamics of hydration of alcohols and diols in aqueous solutions.J. Chem. Soc. Faraday Trans.93：3337-3342.

[151] Kaatze U，Gerke U，Pottel R.1986.Dielectric relaxation in aqueous solutions of urea and some of its derivatives. J. Phys. Chem. 90：5464-5469.

[152] Wachter W，Buchner R，Hefter G.2006.Hydration of tetraphenylphosphonium and tetraphenylborate ions by dielectric relaxation spectroscopy.J. Phys. Chem. B 110：5147-5154.

[153] Rezus YLA，Bakker HJ.2007.Observation of immobilized water mole-

cules around hydrophobic groups.Phys. Rev. Lett. 99:148301-148304.

[154] Rezus YLA,Bakker HJ.2008.Strong slowing down of water reorienta-tion in mixtures of water and tetramethylurea.J. Phys. Chem. A 112:2355-2361.

[155] Bakulin A,Liang C,Jansen TL,Wiersma DA,Bakker HJ,Pshenichnikov MS.2009.Hydrophobic solvation:A 2D IR spectroscopic inquest.Acc. Chem. Res. 42:1229-1238.

[156] Bakulin A,Pshenichnikov MS,Bakker HJ,Petersen C.2011.Hydrophobic molecules slow down the hydrogen-bond dynamics of water.J. Phys. Chem. A 115:1821-1829.

[157] Petersen C,Bakker HJ.2009.Strong temperature dependence of water reori-entation in hydrophobic hydration shells.J. Chem. Phys. 130:214511.

[158] Laage D,Stirnemann G,Hynes JT.2009.Why water reorientation slows without iceberg formation around hydrophobic solutes.J. Phys. Chem. B 113:2428-2435.

[159] Stirnemann G,Hynes JT,Laage D.2010.Water hydrogen bond dynamics in aqueous solutions of amphiphiles.J. Phys. Chem. B 114:3052-3059.

[160] Stirnemann G,Sterpone F,Laage D.2011.Dynamics of water in concen-trated solutions of amphiphiles:Key roles of local structure and aggre-gation.J. Phys. Chem. B 115:3254-3262.

[161] Fumino K,Yukiyasu K,Shimizu A,Taniguchi Y.1998.NMR studies on dynamic behavior of water molecules in tetraalkylammonium bromide-D_2O solutions at 5~25 ℃.J. Mol. Liq. 75:1-12.

[162] Qvist J,Halle B.2008.Thermal signature of hydrophobic hydration dy-namics.J. Am. Chem. Soc. 130:10345-10353.

[163] Schrödle S,Buchner R,Kunz W.2004.Effect of the chain length on the inter-and intramolecular dynamics of liquid oligo(ethylene glycol)s.J. Phys. Chem. B 108:6281-6287.

[164] Tielrooij KJ,Hunger J,Buchner R,Bonn M,Bakker HJ.2010.Influence of concentration and temperature on the dynamics of water in the hy-drophobic hydration shell of tetramethylurea.J. Am. Chem. Soc. 134:

15671-15678.

[165] Bowron DT, Soper AK, Finney JL. 2001. Temperature dependence of the structure of a 0.06 mole fraction tertiary butanol-water solution. J. Chem. Phys. 114:6203-6219.

[166] Petersen C, Bakulin AA, Pavelyev VG, Pshenichnikov MS, Bakker HJ. 2010. Femtosecond mid-infrared study of aggregation behavior in aqueous solutions of amphiphilic molecules J. Chem. Phys. 133:164514.

[167] Yoshida K, Ibuki K, Ueno M. 1998. Pressure and temperature effects on $_2$H spin-lattice relaxation times and 1H chemical shifts in tert-butyl alcohol-and urea-D_2O solutions. J. Chem. Phys. 108:1360-1367.

[168] Gilijamse JJ, Lock AJ, Bakker HJ. 2005. Dynamics of confined water molecules. Proc. Natl. Acad. Sci. USA 102:3202-3207.

[169] Bakker HJ, Gilijamse JJ, Lock AJ. 2005. Energy transfer in single hydrogen-bonded water molecules. Chem. Phys. Chem. 6:1146-1156.

[170] Cringus D, Jansen TlC, Pshenichnikov MS, Wiersma DA. 2007. Ultrafast anisotropy dynamics of water molecules dissolved in acetonitrile. J. Chem. Phys. 127:084507.

[171] Wulf A, Ludwig R. 2006. Structure and dynamics of water confined in dimethyl sulfoxide. Chem. Phys. Chem. 7:266-272.

[172] Timmer RLA, Bakker HJ. 2007. Water as a molecular hinge in amidelike structures. J. Chem. Phys. 126:154507.

[173] Levinger NE. 2002. Water in confinement. Science 298:1722-1723.

[174] Deak JC, Pang Y, Sechler TD, Wang Z, Dlott DD. 2004. Vibrational energy transfer across a reverse micelle surfactant layer. Science 306:473-476.

[175] Dokter AM, Woutersen S, Bakker HJ. 2006. Inhomogeneous dynamics in confined water nanodroplets. Proc. Natl. Acad. Sci. USA 103:15355-15358.

[176] Cringus D, Bakulin A, Lindner J, Vöhringer P, Pshenichnikov MS, Wiersma DA. 2007. Ultrafast energy transfer in water-AOT reverse micelles. J. Phys. Chem. B 111:14193-14207.

[177] Moilanen DE, Fenn EE, Wong DB, Fayer MD. 2009. Water dynamics in

large and small reverse micelles:From two ensembles to collective behavior.J. Chem. Phys. 131:014704.

[178] Moilanen DE,Fenn EE,Wong DB,Fayer MD.2009.Water dynamics at the interface in AOT reverse micelles.J. Phys. Chem. B 113:8560-8568.

[179] Dokter AM,Woutersen S,Bakker HJ.2005.Anomalous slowing down of the vibrational relaxation of liquid water upon nanoscale confinement.Phys. Rev. Lett. 94:178301.

[180] Pieniazek PA,Lin YS,Chowdhary J,Ladanyi BM,Skinner JL.2009.Vibrational spectroscopy and dynamics of water confined inside reverse micelles.J. Phys. Chem. B 113:15017-15028.

[181] Moilanen DE,Fenn EE,Wong D,Fayer MD.2009.Geometry and nanolength scales versus interface interactions:Water dynamics in AOT lamellar structures and reverse micelles J.Am. Chem. Soc. 113:8318-8328.

[182] Dokter AM,Woutersen S,Bakker HJ.2007.Ultrafast dynamics of water in cationic micelles.J. Chem. Phys. 126:124507.

[183] Moilanen DE,Piletic IR,Fayer MD.2007.Water dynamics in Nafion fuel cell membranes:The effects of confinement and structural changes on the hydrogen bond network.J. Phys. Chem. C.111:8884-8891.

[184] Spry DB,Goun A,Glusac K,Moilanen DE,Fayer MD.2007.Proton transport and the water environment in nafion fuel cell membranes and AOT reverse micelles.J. Am. Chem. Soc. 129:8122-8130.

[185] Volkov VV,Palmer DJ,Righini R.2007.Heterogeneity of water at the phospholipid membrane interface.J. Phys. Chem. B 111:1377-1383.

[186] Volkov VV,Takaoka Y,Righini R.2009.What are the sites water occupies at the interface of a phospholipid membrane? J. Phys. Chem. B 113:4119-4124.

[187] Volkov VV,Palmer DJ,Righini R.2007.Distinct water species confined at the interface of a phospholipid membrane.Phys. Rev. Lett. 99:078302.

[188] Zhao W,Moilanen DE,Fenn EE,Fayer MD.2008.Water at the surfaces of aligned phospholipid multibilayer model membranes probed with ultrafast vibrational spectroscopy.J. Am. Chem. Soc. 130:13927-13927.

[189] Ghosh A,Campen RK,Sovago M,Bonn M.2009.Structure and dynamics of

interfacial water in model lung surfactants.Faraday Disc.141:145-159.

[190] Ghosh A,Smits M,Bredenbeck J,Bonn M. 2007. Membrane-bound water is energetically decoupled from nearby bulk water:An ultrafast surface-specific investigation.J. Am. Chem. Soc. 129:9608-9609.

[191] Bonn M,Bakker HJ,Ghosh A,Yamamoto S,Sovago M,Campen RK. 2011.Structural inhomogeneity of interfacial water at lipid monolayers revealed by surface-specific vibrational pump-probe spectroscopy. J. Am. Chem. Soc. 132:14971-14978.

[192] Szyc L,Dwyer JR,Nibbering ETJ,Elsaesser T.2009.Ultrafast dynamics of N—H and O—H stretching excitations in hydrated DNA oligomers.Chem. Phys. Lett. 357:36-44.

[193] Szyc L,Yang M,Elsaesser T.2010.Ultrafast energy exchange via water-phosphate interactions in hydrated DNA.J. Phys. Chem. B 114:7951-7957.

[194] Szyc L,Yang M,Nibbering ETJ,Elsaesser T.2010.Ultrafast vibrational dynamics and local interactions of hydrated DNA.Angew. Chem. Intern. Ed. 49:3598-3610.

[195] Yang M,Szyc L,Elsaesser T.2011.Decelerated water dynamics and vibrational couplings of hydrated DNA mapped by two-dimensional infrared spectroscopy.J. Phys. Chem. B 115:13093-13100.

第 5 章
氢键溶剂体系中振动态的溶剂化动力学：应用三脉冲红外光子回波法研究振动频率涨落

5.1 概述

在凝聚相体系中,溶质、溶剂相互作用在于化学反应动力学以及在许多弛豫过程都起着重要作用[1]。振动跃迁是研究凝聚相中溶质、溶剂分子间局部相互作用的有效探针,这是因为分子的振动频率和跃迁偶极矩的大小强烈地依赖于分子的结构与电荷分布[2]。因此,时间分辨红外(infrared,IR)光谱可以为我们提供关于溶剂中溶质分子的构象变化以及周围环境动力学等信息[3-6]。尤其是非线性 IR 光谱,如 IR 光子回波光谱和二维(two-dimensional,2D) IR 光谱,被表明是研究溶剂化结构的动力学响应的有力手段。

非线性 IR 光谱中的一个关键观测量是振动频率涨落,即 $\Delta\omega(t)=\omega(t)-$

ω_{ave},这里 $\omega(t)$ 为具有时随性的振动频率在 t 时刻的值,ω_{ave} 为其平均值。频率涨落可由其时间相关函数(time-correlation function,TCF)来表征,即〈$\Delta\omega(t)$ $\Delta\omega(0)$〉,它反映了溶质、溶剂相互作用的幅度以及溶剂化动力学的时间尺度[3,7]。在图 5.1 中给出了频率涨落的简化示意图。许多研究组通过检测羟基(OH)的伸缩模式的振动动力学,重点研究了水和一些小分子醇类体系中的氢键动力学[7-11]。此外,非线性 IR 光谱还被用于多肽和小分子蛋白质的结构与动力学研究中,所探测的是酰胺 I 振动[12-18]。

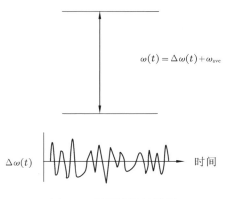

图 5.1　频率涨落示意图

　　在先前的研究中,极性溶剂中小离子的振动动力学可以作为研究电荷分布和简正坐标对其振动动力学影响的一个模型体系。到目前为止,包括我们在内的很多研究组,利用超快非线性 IR 光谱研究了叠氮(N_3^-)、氰酸根(OCN^-)和硫氰酸根(SCN^-)等体系的振动布居弛豫、取向弛豫和光谱扩散过程[19-27]。Hochstrasser 及其同事早在 1990 年初期就进行了开创性的研究[19-21]。Hamm 等人利用三脉冲 IR 光子回波方法研究了叠氮在水中的反对称伸缩模式的光谱扩散过程[3]。此外,我们利用三脉冲 IR 光子回波方法研究了 OCN^- 和 SCN^- 在多种溶剂中的反对称伸缩模式和金属配合物的 CN 伸缩模式在水中的光谱扩散过程[28-32]。我们在近期详细研究了叠氮在水中的振动动力学的温度依性[33]并发表其相关成果。再者,叠氮基团和硫氰酸基团可以结合到多肽与蛋白质中,这有益于研究生物分子的定点涨落[34-38]。深入了解在简单溶液体系中这些振动模式对溶剂化结构与动力学的灵敏性,对于理解蛋白质和细胞膜的定点涨落的作用机理将是非常有用的。

　　氢键液体是非常重要的溶剂,这是由于其与溶剂分子和溶质分子形成氢键的能力,它们通常能作化学反应的优良溶剂。在这类溶剂中有氢键网络形成,并不断地重复着氢键的形成与断裂以及氢键网络的结构重铸。氢键网络的如此涨落会对溶质分子的振动态和电子态都产生很大影响。在众多氢键溶剂中,液态水形成三维氢键网络,这是由于其近四面体结构,拥有两对孤对电子和两个 OH 键。这种三维结构是水的各种特殊行为的原因。再者,水中的氢键动力学对于生命体的各种生理学反应也是至关重要的。

在本章中,我们总结三脉冲红外光子回波研究,以阐述氢键溶剂中的离子(例如三原子离子)和金属配合物振动模式的光谱扩散过程。这些研究阐明了氢键溶剂中溶质离子的微观相互作用和分子动力学(molecular dynamics, MD)。特别地,我们侧重研究氢键动力学在振动频率涨落中的作用。

5.2　理论:三脉冲红外光子回波

IR 光子回波是基于三阶非线性光学极化的时域非线性技术之一。在我们的实验装置中,一束中红外脉冲光拥有脉宽为 $140\sim160$ fs,带宽为 $120\sim130$ cm^{-1},单脉冲能量达 $3\sim4$ μJ,重复频率为 1 kHz[26,28-33,39-43]。该 IR 脉冲光一分为三并以矩形窗(box-car)构型聚焦于样品(图 5.2)。光子回波信号在相位匹配方向 $-k_1+k_2+k_3$ 被检测,其中 k_1、k_2 和 k_3 分别是第一、第二和第三束光的波矢。时间间隔定义为 τ 和 T,其中,τ 是 k_1 和 k_2 光束之间的时间间隔,而当 $\tau>0$ 时,T 为 k_2 和 k_3 光束之间的时间间隔;当 $\tau<0$ 时,T 为 k_1 和 k_3 光束之间的时间间隔。

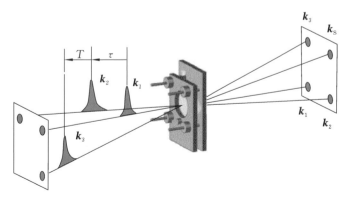

图 5.2　三脉冲光子回波实验的脉冲构型示意图

红外光子回波和瞬态光栅技术都是基于三阶非线性光学极化的时域非线性技术[44]。一个三阶非线性光学信号能表达为光学极化沿时间 t 的积分,其公式如下:

$$I(\tau,T)=\int_0^\infty \mid P(t,T,\tau)\mid^2 dt \qquad (5.1)$$

这里,P 是三阶非线性极化。三阶极化可以表示成响应函数 $R(t_1,t_2,t_3)$ 与激光脉冲电场的卷积[44],即

$$P_i^{(3)}(t,T,\tau)=\int_0^\infty dt_3 \int_0^\infty dt_2 \int_0^\infty dt_1 R_{ijkl}(t_3,t_2,t_1)\times$$

$$E_{3j}(t-t_3)E_{2k}(t+T-t_3-t_2)E_{1l}(t+T+\tau-t_3-t_2-t_1)$$

$$(5.2)$$

这里,i、j、k 和 l 是实验室参考系里的取向指标。我们假设这些取向运动与振动动力学没有耦合。这意味着响应函数可以描述为各向同性的振动响应函数与取向响应函数的积[45],即

$$R_{ijkl}(t_3,t_2,t_1)=Y_{ijkl}(t_3,t_2,t_1)G(t_3,t_2,t_1) \qquad (5.3)$$

这里,$Y_{ijkl}(t_3,t_2,t_1)$ 是取向对响应函数的贡献,$G(t_3,t_2,t_1)$ 是振动响应函数的各向同性部分。取向响应函数取决于输入电场的偏振方向。假设分子是一个球形转子,则偏振对取向响应函数的贡献可以分解为水平和垂直两个偏振方向上,分别表示如下[45]:

$$Y_{ZZZZ}(t_3,t_2,t_1)=\frac{1}{9}\exp(-2Dt_3)\left[1+\frac{4}{5}\exp(-6Dt_2)\right]\exp(-2Dt_1)$$

$$(5.4)$$

$$Y_{YYZZ}(t_3,t_2,t_1)=\frac{1}{9}\exp(-2Dt_3)\left[1-\frac{2}{5}\exp(-6Dt_2)\right]\exp(-2Dt_1)$$

$$(5.5)$$

这里,D 为取向运动的扩散常数,且取向时间定义为

$$\tau_r=\frac{1}{6D} \qquad (5.6)$$

关于响应函数的各向同性组分已经在其他文章中给出了详细的解释[3,44]。简言之,体系与电场的相互作用过程可用费曼图表示。响应函数是如图 5.3 所示各个费曼路径的贡献之和。前三个费曼图贡献于时延 $\tau>0$ 时的光子回波信号,它们是所谓的重聚相路径图,产生光子回波信号。其余的路径图贡献于 τ 为负值时的信号,它们是所谓的非重聚相路径图,给出自由感应衰减信号。响应函数 R_1、R_2、R_4 和 R_5 只包含在延迟时间 τ 和 t 内传播的 $v=0\rightarrow 1$ 跃迁的相干态。响应函数 R_3 和 R_6,包含在 τ 时间内传播的 $v=0\rightarrow 1$ 跃迁的相

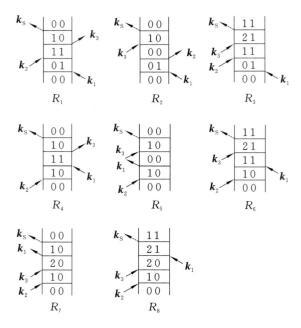

图 5.3　产生光子回波信号的双边费曼图

干态,和在 t 时间内传播的 $v=1\to2$ 跃迁的相干态。R_7 和 R_8 只当 T 接近 0 时才对信号有贡献。

对于瞬态光栅的测量,我们将 τ 设为 0。在冲击极限时,时间依赖的瞬态光栅信号,当泵浦脉冲和探测脉冲互相平行和垂直偏振时,分别表示为

$$I_{\text{TG,parallel}}(T)=I_0\big[N(T)\big]^2\left[1+\frac{4}{5}\exp(-6DT)\right]^2 \tag{5.7}$$

$$I_{\text{TG,perpendicular}}(T)=I_0\big[N(T)\big]^2\left[1-\frac{2}{5}\exp(-6DT)\right]^2 \tag{5.8}$$

这里,$N(T)$ 是 T 时刻下 $v=1$ 能级上的布居数。众所周知,魔角条件下的瞬态光栅信号只包含布居动力学过程,消除了转动对信号的贡献。瞬态光栅信号的各向异性可由下面公式求得:

$$r(T)=\frac{\sqrt{I_{\text{TG,parallel}}(T)}-\sqrt{I_{\text{TG,perpendicular}}(T)}}{\sqrt{I_{\text{TG,parallel}}(T)}+2\sqrt{I_{\text{TG,perpendicular}}(T)}} \tag{5.9}$$

对于瞬态吸收光谱的测量,红外脉冲经 CaF_2 楔形窗片分成泵浦脉冲和探测脉冲。泵浦脉冲和探测脉冲经由一个抛物镜在样品处聚焦。将探测光引入单色仪后由液氮冷却的锑化铟(InSb)检测器或碲镉汞(mercury cadmium telluride,MCT)线阵检测器进行检测。探测脉冲相对于泵浦脉冲的偏振方向

由两个线偏振片控制,一个放置于样品的前方,一个置于样品后方。与瞬态光栅的测量相似,各向异性衰减信号由下述公式得出:

$$r(T) = \frac{I_{\text{PP,parallel}}(T) - I_{\text{PP,perpendicular}}(T)}{I_{\text{PP,parallel}}(T) + 2I_{\text{PP,perpendicular}}(T)} \tag{5.10}$$

这里,$I_{\text{PP,parallel}}(T)$ 和 $I_{\text{PP,perpendicular}}(T)$ 分别是泵浦光和探测光在平行和垂直偏振条件下的泵浦-探测信号,与取向响应函数 Y_{ZZZZ} 和 Y_{YYZZ} 分别对应。

对于光子回波的测量,我们在一定时间 T(布居时间)下扫描延迟时间 τ(相干时间)以获取非线性光学信号[3]。先前的研究表明,三脉冲光子回波信号能够提供振动跃迁频率的非均匀展宽随时间演变的信息。由于非均匀展宽的存在,$\tau > 0$ 时的积分强度要大于 $\tau < 0$(原文误为 0.9,译者注)时的积分强度。随着布居时间 T 的增加,光谱扩散将破坏振动频率分布中的静态非均匀性。当体系中没有非均匀性,或由于光谱扩散导致非均匀性消失殆尽时,重聚相和非重聚相的费曼图同等地贡献于信号,光子回波信号以 $\tau = 0$ fs 时刻呈对称性。因此,光子回波信号的非对称性是振动频率分布非均匀性的一个灵敏的探针[3]。

振动频率涨落的分布可由振动频率涨落的 TCF 来表示:

$$M(t) = \langle \Delta\omega_{01}(t)\Delta\omega_{01}(0) \rangle \tag{5.11}$$

这里,$\Delta\omega_{01}(t)$ 是 t 时刻的振动频率相对于平均值的位移。我们计算三阶非线性响应函数时要用到线型展宽函数 $g(t)$,即

$$g(t) = \int_0^t \mathrm{d}t_1 \int_0^{t_1} \mathrm{d}t_2 \langle \Delta\omega_{01}(t_2)\Delta\omega_{01}(0) \rangle \tag{5.12}$$

这里,我们假设非谐性涨落很小,所以 $\Delta\omega_{12}(t)$ 等于 $\Delta\omega_{01}(t)$。在接下来的模拟计算中,我们考虑了有限脉宽、布居弛豫和取向弛豫的影响。每个费曼图 R_1-R_8 的贡献都取决于三个脉冲的时间顺序,模拟计算中包含了所有的费曼图。

如下文所述,布居弛豫呈现非指数形式。我们需要将非指数形式的布居动力学引入响应函数。根据 Lim 和 Hochstrasser 的工作[46],我们用下式取代了 $v = 1$ 振动态布居的单指数衰减函数:

$$P_{11}(t) = \exp\left[-\int_0^t k_1(t')\mathrm{d}t'\right] \tag{5.13}$$

这里,$k_1(t)$ 是 $v = 1$ 振动态的时间依赖的布居衰减速率。在时间 τ 和 t 范围内,$0 \to 1$ 相干态和 $0 \to 2$ 相干态的衰减因子分别如下:

$$P_{01}(t) = \exp\left[-\frac{1}{2}\int_0^t k_1(t')\mathrm{d}t'\right] \tag{5.14}$$

$$P_{12}(t) = \exp\left[-\frac{1}{2}\int_0^t \{k_1(t') + k_2(t')\}\,\mathrm{d}t'\right] \tag{5.15}$$

这里，$k_2(t)$ 是 $v=2$ 振动态的含时布居衰减速率。我们假设 $v=2$ 振动态的布居弛豫时间是 $v=1$ 振动激发态时间的一半。这一假设是基于跃迁偶极矩的谐性近似，即 $2\mu_{10}^2 = \mu_{21}^2$。跃迁速率由费米黄金法则得出，并且与谐振子的振动量子数呈线性相关[47]。

5.3　布居弛豫和取向弛豫

在本章，我们重点关注在氢键溶剂中溶质分子的振动频率涨落。然而，如前所述，我们需要振动态的布居弛豫和取向弛豫的信息，以便分析光子回波信号，获得振动频率涨落的时间相关函数 TCF。利用红外区域的泵浦-探测或瞬态光栅技术，也都属于三阶非线性光学技术，可以研究并获得这些动力学量。泵浦-探测方法是一种外差检测技术，可以区分 $v=0$ 态与 $v=1$ 态之间的布居弛豫和 $v=1$ 态与 $v=2$ 态之间的布居弛豫。另一方面，瞬态光栅技术是基于零差检测的方法，如果我们不进行频率分辨测量，则其无法分别观测上述动力学量。在表 5.1 中，我们总结了在室温下甲醇和水溶液中的布居弛豫和取向弛豫的结果。作为例子，在几种氢键溶剂中 SCN^- 和 N_3^- 的反对称伸缩振动模式的 FT-IR 光谱在图 5.4 给出。

这里我们简单提一下表 5.1 中的有趣发现。我们研究了 $[Fe(CN)_6]^{4-}$[29,30] 和 $[Ru(CN)_6]^{4-}$[32] 的三重简并态 T_{1u} 模式的振动动力学。对于钌配合物，快组分和慢组分的衰减时间常数在魔角条件下分别是 0.7 ps 和 23.0 ps。各向异性初始值在 0.4 附近开始，以时间常数 2.6 ps 衰减。我们认为各向异性的快衰减是由于这个配合物的对称性破缺所引起的。这类金属配合物具有 O_h 对称性，CN 伸缩振动的 T_{1u} 模式是三重简并的。但是，与其他分子内模式的耦合和/或周围溶剂的涨落，打破了这种三重简并，产生了能级劈裂较小的三个振动模。对称性破缺导致 T_{1u} 模式的各向异性通过两种不同的机理而发生衰减。一种机理是 CN 伸缩模式的 T_{1u} 三个振动态间的布居转移和/或退相[48,49]。三对氰基配体的非对称伸缩模式是沿着直角坐标系 x、y 和 z 中的三个轴方向的。偏振光激发产生三个不同态的一个特定的叠加态。溶剂环境的涨落，具有一定对称性的其他分子内模式的涨落，会改变三个能级间的能隙及其非谐性耦合作用[49]。与 T_{1u} 模式的这些相互作用会引发 T_{1u} 模式中一个态向另一个态的转变,或发生纯退相。因此,跃迁偶极的方向随着时间发生改变,因为沿着三个坐标轴的布居分布的组分在变化,这就引起了瞬态光栅信号的去极化。因此,CN 伸缩模式的三重简并的 T_{1u} 模式的叠加态随着时间发生的演化,可以被看作是初始激发偶极的取向弛豫过程。

表 5.1　探针分子的吸收光谱参数以及室温下的布居弛豫时间和取向弛豫时间

溶　　质	溶剂	V_{max} /cm^{-1}	ΔV/cm^{-1} (FWHM)	布居弛豫 时间 T_1/ps	取向弛豫时 间 T_R/ps	参考文献
OCN$^-$	CH$_3$OH	2161	20	2.9	6.6	[28]
SCN$^-$	CH$_3$OH	2062	45	11.0	8.8	[28]
SCN$^-$	D$_2$O	2063	35	18.3	4.7	[29]
SCN$^-$	FA	2059	28	24.4	8.0	[90]
SCN$^-$	NMF	2056	32	27.9	5.7	[90]
N$_3^-$	D$_2$O	2043	18	2.3	7.1	[91]
N$_3^-$	H$_2$O	2048	25	0.8 ± 0.1^d	1.3 ± 0.3^d	[42]
N$_3^-$	CH$_3$OH	2044	22	3.0	11.5	[90]
N$_3^-$	NMF	2028	23	5.5	10.6	[90]
[Fe(CN)$_6$]$^{4-}$	D$_2$O	2036	16	0.70(17%), 23.0(83%)	2.6	[30]
[Fe(CN)$_6$]$^{4-}$	H$_2$O	2037	16	0.60(20%), 3.7(80%)	2.0	[30]
[Ru(CN)$_6$]$^{4-}$	D$_2$O	2045	14	0.8 ± 0.1(39%), 20.8 ± 1.3(61%)^b	3.1 ± 0.4	[32]
[Fe(CN)$_5$(NO)]$^{3-a}$	D$_2$O	1935	16	7.3	16	[54]
[Fe(CN)$_5$(NO)]$^{3-}$	H$_2$O	1936	15	22	20	[54]
N$_3^-$	RM^c	2037	28	1.4 ± 0.2^d	7.6 ± 2^d	[40]

注:FA,甲酰胺;NMF,N-甲基甲酰胺(N-methylformamide)。

a.探针振动模为 NO 伸缩模式。

b.由 $v=2\rightarrow1$ 跃迁的泵浦-探测信号的各向同性组分得到。

c.RM 表示反胶束(reverse micelle),详见正文。

d.取自文献 [22]。

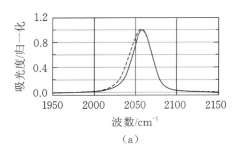

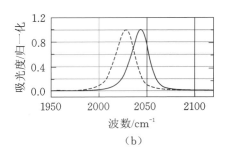

图 5.4 (a)在 FA(实线)中和在 NMF(虚线)中 SCN^- 的反对称伸缩振动模式的 FT-IR 光谱。(b)在甲醇(实线)中和在 NMF(虚线)中 N_3^- 的反对称伸缩振动模式的 FT-IR 光谱

我们观测了魔角条件下$[Fe(CN)_6]^{4-}$ 的瞬态光栅信号的快速衰减组分(约 0.70 ps)。这里,快速衰减组分能被指认为 T_{1u} 模式与拉曼活性的 E_g 和 A_{1g} 模式间的布居平衡,因为这个红外活性模式与拉曼活性模式间的能级差很小[29,50]。T_{1u} 与 E_g 模式的频率差以及 T_{1u} 与 A_{1g} 模式的频率差,对 D_2O 中的 $[Fe(CN)_6]^{4-}$,分别为 21 cm^{-1} 和 58 cm^{-1};对$[Ru(CN)_6]^{4-}$,其报道数值差分别为 23 cm^{-1} 和 63 cm^{-1}。因此,我们可以认为在这两种金属配合物中布居向高能级传递是可行的,并且这种转移可由溶剂的低频运动协助完成。利用飞秒红外脉冲,我们能得到这一能量传递的时间常数对$[Ru(CN)_6]^{4-}$ 和 $[Fe(CN)_6]^{4-}$ 分别是 0.8 ps 和 0.7 ps。这些时间常数彼此是非常相近的。这是因为上述红外活性模式与拉曼活性模式间的能级差,在这两个金属配合物中是很接近的。此外,对于布居转移至关重要的耦合强度,以及溶剂低频运动,在这两个配合物中应该是极为类似的。

泵浦-探测信号中各向同性部分的缓慢衰减组分,被指认为是 CN 伸缩的 T_{1u} 模式的 $v=1$ 态的振动布居弛豫。最初被激发的振动模的布居,会被平衡到具有不同对称性的其他 CN 伸缩模式中,如前文所述。它也可以这样进行弛豫,即将能量转移到一个和频能级,这个和频能级是溶质分子内的低频振动能级与溶剂声子振动能级之和。考虑到溶质和溶剂的振动频率,在 T_{1u} 模式的振动弛豫过程中,至少两个其他振子和一个溶剂声子需要被激发。D_2O 的弯曲振动模频率在 1210 cm^{-1} 左右。因此,最初被激发的 T_{1u} 模式可能将能量转移到氰基-金属配合物的伸缩和弯曲振动、D_2O 的弯曲振动和一个溶剂声子中(这里溶剂声子补偿了能量的不匹配)。虽然$[Ru(CN)_6]^{4-}$ 和 $[Fe(CN)_6]^{4-}$ 两种配合物低频模式振动频率之间的差别能被观测到,但实际上在表 5.2 中这两个配合物的布居弛豫时间是相近的,这说明布居弛豫不受这些频率差别的影响。

表 5.2　频率涨落的时间相关函数参量

分　　　子	溶剂	Δ_1 /ps^{-1}	T_1/ps	T_2^*/ps	Δ_2 /ps^{-1}	T_2/ps	Δ_∞ /ps^{-1}	参考文献
OCN$^-$	CH$_3$OH	1.3	0.12	4.9	1.6	4.5	0.55	[28]
SCN$^-$	CH$_3$OH	2.6	0.09	1.6	3.6	4.1	0.1	[28]
SCN$^-$	D$_2$O	4.3	0.08	0.7	2.7	1.3	0.0	[29]
SCN$^-$	FA	2.8	0.09	1.4	1.8	4.7	0.6	[90]
SCN$^-$	NMF	2.75	0.09	1.5	2.55	5.4	0.3	[90]
N$_3^-$	D$_2$O	2.6	0.08	1.8	1.4	1.3	0.3	[3]
N$_3^-$	H$_2$O	4.0	0.08	0.8	1.0	1.2	0.2	[42]
N$_3^-$	CH$_3$OH	3.1	0.09	1.2	1.25	3.5	0.55	[90]
N$_3^-$	NMF	3.0	0.09	1.2	1.45	3.8	0.75	[90]
[Fe(CN)$_6$]$^{4-}$	D$_2$O	2.8	0.08	1.6	1.15	1.5	0.0	[30]
[Fe(CN)$_6$]$^{4-}$	H$_2$O	2.95	0.08	1.4	1.0	1.4	0.0	[30]
[Ru(CN)$_6$]$^{4-}$	D$_2$O	3.0	0.08	1.4	0.8	1.4	0.1	[32]
[Fe(CN)$_5$(NO)]$^{3-a}$	D$_2$O	3.0	0.09	1.2	1.3	1.0	0.2	[54]
[Fe(CN)$_5$(NO)]$^{3-}$	H$_2$O	2.6	0.09	1.6	1.3	1.0	0.2	[54]
N$_3^-$	RM^b	3.3	0.08	1.1	1.2	1.2	1.0	[40]

注:FA,甲酰胺;NMF,N-甲基甲酰胺(N-methylformamide)。

a.探针振动模为 NO 伸缩模式。

b.RM 表示反胶束(reverse micelle),详见正文。

译者注:表中 T_1 应为 τ_1,T_2 应为 τ_2。

5.4　氢键溶剂体系中的光谱扩散

图 5.5 给出了 SCN$^-$ 在甲酰胺(formamide,FA)中的三脉冲光子回波信号与相干时间(τ)之间的关系。在图 5.6 中光子回波信号沿两个轴给出,即相干时间(τ)和布居时间(T)。当布居时间早于 5 ps 时,光子回波信号的质心在 300 fs 左右,这说明振动频率存在非均匀分布。随着布居时间 T 的增加,回波

信号峰位置逐渐趋向于零。这个现象表明每个振子的局域环境是非均匀分布的,且在几个皮秒的时间尺度上演变。为了描述光子回波信号沿 τ 轴衰减的不对称度,以 T 为变量,求得光子回波信号的一阶矩(first moment)(图 5.6(b)),其定义如下:

$$FM(T) = \frac{\int_{-\infty}^{\infty} d\tau \tau I(\tau, T)}{\int_{-\infty}^{\infty} d\tau I(\tau, T)} \tag{5.16}$$

这里,$I(\tau, T)$ 是实验观测到的光子回波信号强度。随着延迟时间 T 增加,频率得以跨越非均匀展宽的谱线进行采样,这使得一阶矩衰减至零。因此,光子回波信号的一阶矩是跃迁频率分布中"瞬态不均匀度"的灵敏观测量,且其衰减的时间尺度与频率涨落的时间相关函数 TCF 近似成比例[51-53]。三脉冲红外光子回波信号的一阶矩,可以通过实验数据直接得到而无需复杂的数值模拟,因而一阶矩可成为测量非均匀涨落时间的一个有用的参量。

我们定量评估了振动跃迁频率涨落的时间相关函数 TCF 中的参数,利用的是同步模拟三脉冲红外光子回波信号的时间轮廓与红外吸收光谱。模拟红外光子回波信号和红外吸收光谱的具体方法在另文中已述及[28,29]。从延迟时间 τ 和 T 依赖的三脉冲光子回波信号的测量中,我们能得到振动频率涨落相关函数的信息。振动频率涨落相关函数可被假定为一个指数函数和与一个常量之和,即

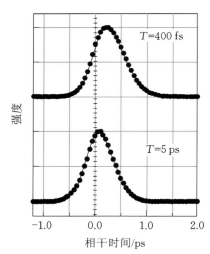

图 5.5 在 $T=400$ fs 和 $T=5$ ps 时 SCN⁻ 在 FA 中的三脉冲光子回波信号与相干时间(τ)的关系

$$M(t) = \sum_{i=1}^{2} \Delta_i^2 \exp(-t/\tau_i) + \Delta_\infty^2 \tag{5.17}$$

这个双指数函数能够很好地再现光子回波信号和吸收光谱。我们依据式(5.1)计算了每个延迟时间 T 下的光子回波信号的时间轮廓,考虑了激光脉冲的脉宽和时序,然后根据式(5.15)计算了光子回波信号的一阶矩。我们也

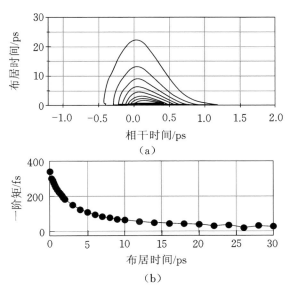

图 5.6 (a)SCN⁻ 在 FA 中的三脉冲光子回波信号相对于延迟时间 τ 和 T 作图。(b)由实验数据获得的光子回波信号的一阶矩(实线圆点)

计算了线性吸收光谱,与实验吸收光谱做了比较。吸收光谱由以下公式计算得到[3,44]:

$$I(\omega) = 2\mathrm{Re} \int_{-\infty}^{\infty} \exp[-i(\omega - \omega_{01})t]\exp[-g(t) - 2Dt]P_{01}(t)\mathrm{d}t \quad (5.18)$$

这里,$P_{01}(t)$ 是 $v=1$ 态的布居衰减。由此看出实验结果与计算模拟能够很好吻合(原文并没有给出实验数据,译者注)。

在表 5.2 中,我们总结了所得的氢键溶剂的振动频率涨落参数。超快组分处于快速调制极限($\tau_1 \times \Delta_1 < 1$),因此只有退相时间($T_2^* = 1/\tau_1\Delta_1^2$)能较准确地得到,而其中的振幅 Δ_1 和时间常数 τ_1 的不确定度则大约为 ±50%。这个时间尺度与在电子态的溶剂化动力学中所观察到结果很相似,电子态溶剂化动力学被认为与溶剂的惯性运动有关。关于慢组分和常量部分,所得的 TCF 振幅只有百分之几的误差。另一方面,时间常数 τ_2 的不确定度大约为 ±20%。

从表 5.2 中我们可以看出慢组分的时间常数 τ_2 与溶质没有明显的关系。相反,慢组分的振幅与溶剂和溶质都相关,在水中(H_2O 和 D_2O)尤为如此。依据溶质分子的不同,尽管振幅 Δ_2 数值会从 0.8 ps^{-1} 变到 2.7 ps^{-1},τ_2 的数值范围却只在 1.0 ps 至 1.5 ps 之间。对于其他溶剂,τ_2 的数值是几个皮秒。由于光子回波信号的强度随着布居的弛豫(T_1 过程)也发生衰减,像 N_3^-/CH_3OH 或 N_3^-/NMF 等 T_1 很短的体系,如果 τ_2 与 T_1 相近或比 T_1 略长,就很难通过分析光子回波信号来确定 τ_2 的精确值。

在讨论溶质频率涨落的分子图像之前,我们先简略地给出三脉冲光子回波实验的一些有趣结果。

5.4.1 模式简并对频率涨落的影响

$[Fe(CN)_6]_4^-$ 在 D_2O 中的振动频率涨落相关函数的时间尺度与 N_3^- 和 SCN^- 在 D_2O 中的结果很相似。这些结果表明在简并态与非简并态体系中的频率涨落没有什么区别。Fayer 及其同事发现,在相同溶剂中,$Rh(CO)_2(C_5H_7O_2)$ 与 $W(CO)_6$ 的纯退相过程的温度依赖性是不同的[49]。他们指出这种差异源于模式简并;$W(CO)_6$ 中的羰基退相是由溶剂局域涨落导致对称性降低引起的,而 $Rh(CO)_2(C_5H_7O_2)$ 不存在这种情况。虽然振动退相可能源自 T_{1u} 模式的 $v=0$ 态和 $v=1$ 态之间的能级差的涨落,以及 T_{1u} 三重简并态之间的能级劈裂的涨落,我们的研究结果表明,$[Fe(CN)_6]_4^-$ 光谱扩散过程的时间尺度的受控机理与 SCN^- 的情形是相同的,与时随的、各向异性的溶质-溶剂相互作用无关。为了证实这一点,我们测量了硝普盐 $[Fe(CN)_5(NO)]^{2-}$ 在 H_2O 和 D_2O 中的 NO 伸缩振动的光子回波信号[54]。如表 5.2 所示,其 τ_2 值与另外其他情形几乎一样,由此证实对称性破缺不是引起光谱扩散的额外原因,这对均匀振动退相过程具有重要性。

5.4.2 准静态组分

有些体系,例如 $[Ru(CN)_6]_4^-/D_2O$,一阶矩 $M(T)$ 表明在很长时间($T>10$ ps)尺度上有一个慢的衰减组分,尽管在这段时间内信噪比变得较差。因此,我们也进行了频率涨落的 TCF 的模拟,这里假设了一个不包含准静态项的三指数函数[32]

$$M(t) = \sum_{i=1}^{3} \Delta_i^2 \exp(-t/\tau_i) \tag{5.19}$$

得到的参数为 $\Delta_1=3.0$ ps^{-1},$\tau_1=0.08$ ps,$\Delta_2=0.7$ ps^{-1},$\tau_2=1.4$ ps,$\Delta_3=0.1$ ps^{-1},$\tau_3=10$ ps。由于在较长的时间延迟下信号很弱,所以很难精准地确定 Δ_3 和 τ_3 的值。若要检测到这样弱的信号,或许 2D IR 更合适,因为它基于外差检测技术。我们也发现,第三个组分的引入并不影响较快组分(例如 τ_2)的模拟结果。

值得注意的是,频率涨落 TCF 的准静态组分 Δ_∞ 在 D_2O 中叠氮化物情形下被观测到了。一个长时间尺度的组分对应着这个时间相关函数中的准静态成分 Δ_∞,在盐溶液的光克尔效应(Kerr effect)[55] 和 2D IR[56-58] 实验中均被观测到了。这些组分可能是由于叠氮及其溶剂化壳层的协同旋转运动的存在所引起的,这将与水分子在离子的溶剂化壳层中的长滞留时间是一致的[59,60]。不过,我们不认为 Na^+ 与/或 N_3^- 离子会改变水的动力学,因为与上述利用了盐溶液的实验相比,本研究中的溶液浓度要低。

5.4.3 反胶束

反胶束(reverse micelle,RM)即油包水微乳液,是典型模型体系之一,能提供纳米维度、尺寸确定的限域空间。由于 RM 的很多性质如黏度或介电常数等有别于体相水,研究其中的溶质分子的振动频率涨落是很有意义的。我们选择了叠氮作探针,研究非离子型的 RM,具体为壬基酚聚氧乙烯(nonyl-phenol poly(oxyethylene)$_7$)[40]。所选体系与 Owrutsky 及其合作者前期研究振动动力学的体系相同,旨在比较振动模式的布居弛豫、取向弛豫和跃迁频率涨落的限域效应[22,23]。

在 RM 中的超快组分和皮秒组分所具有的振幅和时间尺度,与体相水中的结果很相似。但是,在 RM 中静态组分的贡献要大很多。在 RM 中观测到的皮秒组分与体相水有相同的时间尺度(1.2 ps)。该皮秒组分的振幅在 RM 中和在体相水中分别为 $1.2 \ ps^{-1}$ 和 $1.0 \ ps^{-1}$。这清楚地说明,在反胶束中,N_3^- 的反对称伸缩模式在皮秒时间尺度上所受到的扰动,来自于体相水中相同的作用和动力学过程。

静态组分的存在表明,在 RM 中的慢组分动力学具有很长的时间尺度,至少有 1.2 ps。对于现在研究的 RM 体系,很难指认所观察到的静态组分反映的是短于几个皮秒的动力学,还是这个水库的内在静态非均匀性。最近的 RM 中时间分辨研究发现一些时间常数更长的动力学过程,如溶剂化动力学[61-65] 和介电弛豫动力学[66]。振动涨落的时间相关函数 TCF 应该能有这样一个更慢的组分。以前对 RM 中的布居弛豫和取向弛豫的研究表明,叠氮离子或许存在于稍微均匀的水库环境中,意味着较小的非均匀性贡献。

5.5 振动频率涨落的分子图像

水的分子动力学是了解水中的氢键网络动力学分子图像的关键,目前已利用超快红外光谱结合 MD 模拟对水中的氢键网络动力学进行了广泛而深入的研究[7,10,67-75]。Tokmakoff 及其合作者分析了 HOD 分子在 D_2O 中的 OH 伸缩模式的 2D 线型,其动力学有一个 60 fs 的快衰减组分,一个发生在 130 fs 的氢键伸缩导致欠阻尼振荡,以及一个 1.4 ps 的长时间衰减常数[74]。MD 模拟给出了频率的 TCF 与液体结构的时间演化之间的关系。实验与计算结果的比较表明,相关函数的慢组分主要是由于结构重组,包括氢键网络的集体重排。此外,Fayer 及其合作者利用 2D IR 实验测量了 HOD 在 H_2O 中的 OD 伸缩模式,得到其频率相关函数 TCF,其弛豫组分有 48 fs、400 fs 和 1.4 ps[9]。他们发现,采用一个极化水模型的 MD 模拟可预测 TCF 并与实验结果很相近。他们得出的结论是,TCF 中的慢组分与氢键的平衡以及氢键的形成和断裂有关。HOD 在 D_2O 和 H_2O 体系中的光谱扩散比较表明,D_2O 和 H_2O 的氢键动力学非常相似[76]。

我们也观察到对于水中离子溶质的 TCF 慢组分的时间尺度,同位素效应较小。再者,HOD 在 D_2O 和 H_2O 体系中光谱扩散的最慢组分的时间尺度,与水溶液体系的结果是相似的。因为纯水与水溶液的这些相似性,可以认为水溶液体系的频率 TCF 的慢组分,源自纯水体系中 OH 或 OD 伸缩模式相同的机制。

利用 MD 模拟,对水溶液体系进行了振动频率涨落的理论研究。CN^- 和 N_3^- 在水和甲醇中的模拟结果表明,甲醇中氢键动力学的时间尺度约是水中氢键动力学时间尺度的 3 倍[77]。这与我们的实验观测是一致的。另外,MD 模拟的结果还表明氢键动力学对离子的电荷分布非常敏感。由于氢键动力学是离子和溶剂之间的短程静电相互作用,所以容易理解溶质电荷的一个小变化就会影响到氢键的形成和断裂的时间尺度。虽然我们没有离子的电荷分布以及它们的差异对氢键动力学影响在定量水平上的信息,但实验结果已表明,相关函数的动力学行为主要受到溶剂特征参量的影响。

Skinner 及其合作者利用 MD 模拟研究了 N_3^- 在 D_2O 中的振动频率涨落[78]。他们计算了沿着 N_3^- 反对称伸缩模式的来自周围溶剂电场的 TCF、该模式的振动频率涨落和溶质-溶剂的氢键数目涨落。他们也计算了氢键数目涨落的 TCF$\langle \Delta n(t) \Delta n(0) \rangle$,这里 $\Delta n(t) = n(t) - \langle n \rangle$ 是氢键数目偏离平衡值的涨落。他们发现,相比于频率涨落的 TCF,氢键 TCF 在较长时间后($t > 0.5$ ps)衰减得稍快些。他们还计算了沿叠氮化物分子轴向的、由周围水分子引起的电场投影。其结果表明,电场涨落 TCF 的衰减非常类似于振动频率涨落 TCF 的衰减。这与 Tokmakoff 及其合作者对 HOD/D_2O 体系的研究发现是一致的；该研究的结论是,在长时间后($t > 200$ fs),弛豫来自大规模的协同重组而不是来自譬如氢键的形成与断裂等特定的分子运动[79]。Skinner 与其合作者还指出,这两种观点,即氢键涨落与电场涨落,并非彼此排斥的,这是因为最近邻且参与氢键形成与断裂的基团,在电场中占主导[78]。对于 N_3^-/D_2O 和 HOD/D_2O 两个体系,电场涨落在振动频率涨落计算中的重要性,与我们的观察,即水溶液中溶质 TCF 的长时间弛豫与 HOD／D_2O 体系具有相似性,是一致的。

由上述讨论,可以将水溶液中离子的振动频率涨落这样看,即离子探针与水分子之间的氢键影响着探针分子内模式的振动跃迁频率。但是溶质与溶剂间的氢键断裂与形成过程,并不是引起离子振动模式被调制的主要原因。相反,是离子周围更多水分子的集体动力学,也就是水分子本身的特性,对离子振动涨落有着重要影响。正如 Skinner 与其合作者的理论工作结果表明的那样,由离子周围的水分子产生的局部电场涨落可能是引起离子振动涨落的一个原因。在这种情形下,离子探针和相邻水分子之间的静电相互作用可以形成一个相对强的氢键,并且该氢键有涨落但不发生断裂与再形成,这一动态受控于(水的)氢键网络的结构重排。换言之,探针分子通过探针与水之间的氢键来"感觉"水的氢键网络的涨落。这一图像的示意图在图 5.7 中给出。该微观图像解释了几个实验现象,例如慢组分 τ_2 的时间常数对溶质的不灵敏性,以及 τ_2 与纯水的频率涨落时间常数的相似性。该图像也表明,至少在皮秒时间范围内,离子的存在对离子探针周围的氢键网络动力学无显著影响,因为 TCF 的皮秒组分基差不多(据上下文,此处应该是"几乎不",译者注)取决于探针离子。

对于其他氢键溶剂,如甲醇、NMF 或 FA,离子探针的光谱扩散时间常数 τ_2 为几个皮秒,这比在水溶液中的光谱扩散时间常数要长。有趣的是,纯 FA 的 TCF 时间尺度不同于 FA 中溶质振动模式的时间尺度。最近,FA 中 N—H 伸缩振动的 2D IR 研究表明,振动频率涨落的 TCF 可以用时间常数为 0.24 ps、0.8 ps 和 11 ps 的指数函数来表示[80]。我们获得的 SCN^- 在 FA 中的最慢衰减组分的时间常数约为观测 N—H 伸缩振动所得时间常数的一半。该结果表明,三原子离子反对称伸缩模式的 TCF 中慢组分的衰减机理不同于水溶液的情形。溶质离子与溶剂分子之间的氢键的形成与断裂,使得与不同氢键复合物相关的光谱彼此交换并且形成一个谱带。可以想到的是,这种交换是 TCF 慢衰减组分的起源,且 TCF 的衰减与这种交换的时间尺度相对应。通过 2D IR 光谱的进一步研究,将为我们提供有价值的信息,以确定 SCN⁻ 反对称伸缩模式 IR 吸收光谱的深层结构,并用于分辨质子型溶剂中的溶质-溶剂氢键复合物的形成与解离。

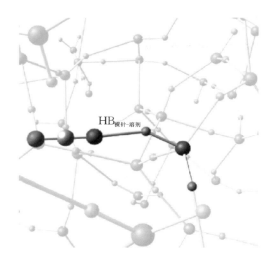

图 5.7 溶质分子在水中的振动频率涨落的示意图

5.6 荧光动态斯托克斯位移的溶剂动力学研究

最后,我们简单介绍一下电子态的频率涨落。到目前为止,我们一直在讨论溶质分子振动模式的跃迁频率涨落的 TCF。这个参量对应于热平衡态下的振动态涨落。在线性响应理论背景之下,平衡态中涨落的 TCF 相当于表征非平衡态弛豫的归一化响应函数。例如,对于极性溶剂中溶质的电子态,动态荧光斯托克斯位移实验被用于研究溶剂化动力学[81,82]。在这些测量中,探针分子如香豆素 153 被激发到电子激发态。探针分子的电荷分布在光激发的瞬间发生改变。因此,人们可以通过测量发射频率的时间依赖性来跟踪溶剂的动态响应,这被称为荧光动态斯托克斯位移。该弛豫由下述响应函数来表征:

$$C(t) = \frac{\nu(t) - \nu(\infty)}{\nu(0) - \nu(\infty)} \tag{5.20}$$

其中,$\nu(t)$、$\nu(0)$ 和 $\nu(\infty)$ 是具有时随性的荧光光谱在时间 t、0 和无穷时刻时的峰值波数。$M(t)$(在式(5.10)中)和 $C(t)$ 之间在以下情况下具有等同性:在热平衡态,跃迁频率围绕其平均值连续地涨落。另一方面,在被激发到激发态之后,其跃迁频率不断发生变化,对应着激发态上从初始非平衡构型开始的弛豫过程。非平衡跃迁能的变化,可以借助线性响应近似,用跃迁频率的 TCF 来描述。

一些研究组利用飞秒荧光上转换方法研究了水的溶剂化动力学。Barbara 及其合作者发表了水溶剂化动力学可以由时间常数为 0.16 ps 和 1.2 ps 的双指数函数来表征[83]的文章。他们利用了阴离子型香豆素染料分子,即 7-(二甲基氨基)香豆素-4-乙酸根(7-(dimethylamino)coumarin-4-acetate)离子。他们还利用香豆素 343 为探针,研究了水中溶剂化动力学的温度依赖性[84]。之后,Fleming 及其合作者采用时间分辨率有改善的实验装置,观察到一个快于 100 fs 的组分,被指认为溶剂的惯性运动[85]。令人惊奇的发现是,该超快组分在总的斯托克斯位移中占主要贡献。他们还采用了基于三阶非线性效应的三脉冲光子回波峰值位移方法,来研究水中的溶剂化动力学[86]。最近,Ernsting 及其合作者选用 N-甲基-6-羟基喹诺酮(N-methyl-6-oxyquinolone)为探针,报道了溶剂化时间的温度依赖性[87]。在 20 ℃ 以上,溶剂化动力学在 H_2O 中与在 D_2O 中是相同的;然而,在该温度以下,在 D_2O 中的动力学将变慢。有趣的是,溶剂化动力学的响应函数 $C(t)$ 有一个皮秒组分,其时间尺度类似于 $M(t)$,而这是水溶液中溶质振动模式的时间相关函数 TCF。

极性溶质在甲醇中的溶剂化动力学已经利用时间依赖的动态斯托克斯位移进行了广泛研究[88,89]。这些研究表明,溶剂化动力学发生在多个时间尺度上。100 fs 组分来自惯性溶剂化动力学。皮秒级衰减的慢组分归因于扩散型溶剂运动。例如,Horng 等人利用荧光斯托克斯位移手段,得到了香豆素 153 在甲醇中斯托克斯位移函数中 3.2 ps 和 15.3 ps 的衰减组分以及一个更快的亚皮秒组分[88]。研究还表明,从惯性及扩散型溶剂运动的两方面来说,甲醇中进行的溶剂化动力学都比水中的要慢一些。比较一下在水及甲醇中的电子跃迁的溶剂化动力学和振动跃迁的溶剂化动力学,两个溶剂化动力学的慢衰减组分的时间尺度似乎是相关的,尽管电子跃迁和振动跃迁二者与溶剂的耦合强度相差两个数量级。可以预测,由短程相互作用如氢键动力学或局域电场涨落引起的动力学,和由于溶剂相关函数中的长距离相互作用引起的动力学,二者对电子跃迁和振动跃迁的相对重要性可能会有所不同。研究电子跃迁和振动跃迁之间的溶剂化动力学是如何关联的一定有意义。

5.7 小结

在本章,我们总结了用三脉冲红外光子回波实验研究离子探针在氢键溶剂(如水、甲醇、FA 和 NMF)中振动频率涨落的一些结果。TCF 的模拟利用了一个双指数函数,并包含一个准静态项;两个组分的时间常数分别为短于 100 fs 和数皮秒。对于水溶液,皮秒时间尺度的时间常数的不灵敏性,以及与液态水的皮秒组分的相似性,表明振动频率涨落主要受围绕探针离子的水的集体动力学的影响,而与离子和溶剂之间氢键的断裂和形成过程无关。对于甲醇、FA 或 NMF,为了从分子水平上研究溶质离子振动频率涨落的机理,需要利用一些方法,例如二维红外光谱法,以积累对这些溶剂的纯液体动力学知识。此外,还需要进行 MD 模拟等进一步研究,来阐明氢键溶剂中振动频率涨落的更详细的图像。

参考文献

[1] Stratt RM and Maroncelli M.1996.Nonreactive dynamics in solution:The emerging molecular view of solvation dynamics and vibrational relaxation. J. Phys. Chem. USA 100(31):12981-12996.

[2] Fayer MD.2000.Ultrafast Infrared and Raman Spectroscopy (Marcel Dekker, New York).

[3] Hamm P,Lim M,and Hochstrasser RM.1998.Non-Markovian dynamics of the vibrations of ions in water from femtosecond infrared three-pulse photon echoes.Phys. Rev. Lett. 81(24):5326-5329.

[4] Hamm P,Lim MH,and Hochstrasser RM.1998.Structure of the amide I band of peptides measured by femtosecond nonlinear-infrared spectroscopy.J. Phys. Chem. B 102(31):6123-6138.

[5] Nibbering ETJ and Elsaesser T.2004.Ultrafast vibrational dynamics of hydrogen bonds in the condensed phase.Chem. Rev. 104(4):1887-1914.

[6] Hamm P and Zanni MT.2011.Concepts and Methods of 2D Infrared Spectroscopy (Cambridge University Press,Cambridge).

[7] Stenger J,Madsen D,Hamm P,Nibbering ETJ,and Elsaesser T.2002.A photon echo peak shift study of liquid water.J. Phys. Chem. A 106(10):

2341-2350.

[8] Asbury JB, et al. 2003. Ultrafast heterodyne detected infrared multidimensional vibrational stimulated echo studies of hydrogen bond dynamics. Chem. Phys. Lett. 374(3-4):362-371.

[9] Asbury JB, et al. 2004. Dynamics of water probed with vibrational echo correlation spectroscopy. J. Chem. Phys. 121(24):12431-12446.

[10] Fecko CJ, Eaves JD, Loparo JJ, Tokmakoff A, and Geissler PL. 2003. Ultrafast hydrogen-bond dynamics in the infrared spectroscopy of water. Science 301(5640):1698-1702.

[11] Loparo JJ, Roberts ST, and Tokmakoff A. 2006. Multidimensional infrared spectroscopy of water. I. Vibrational dynamics in two-dimensional IR line shapes. J. Chem. Phys. 125(19):194521.

[12] DeCamp MF, et al. 2005. Amide I vibrational dynamics of N-methylacetamide in polar solvents: The role of electrostatic interactions. J. Phys. Chem. B 109(21):11016-11026.

[13] Woutersen S and Hamm P. 2000. Structure determination of trialanine in water using polarization sensitive two-dimensional vibrational spectroscopy. J. Phys. Chem. B 104(47):11316-11320.

[14] Kim YS, Wang JP, and Hochstrasser RM. 2005. Two-dimensional infrared spectroscopy of the alanine dipeptide in aqueous solution. J. Phys. Chem. B 109(15):7511-7521.

[15] Maekawa H, Toniolo C, Broxterman QB, and Ge NH. 2007. Two-dimensional infrared spectral signatures of 3(10)- and alpha-helical peptides. J. Phys. Chem. B 111(12):3222-3235.

[16] Demirdoven N, et al. 2004. Two-dimensional infrared spectroscopy of antiparallel beta-sheet secondary structure. J. Am. Chem. Soc. 126(25):7981-7990.

[17] Mukherjee P, Kass I, Arkin I, and Zanni MT. 2006. Picosecond dynamics of a membrane protein revealed by 2D IR. Proc. Natl. Acad. Sci. USA 103(10):3528-3533.

[18] Ganim Z, et al. 2008. Amide I two-dimensional infrared spectroscopy of

proteins.Acc. Chem. Res.41(3):432-441.

[19] Owrutsky JC,Kim YR,Li M,Sarisky MJ,and Hochstrasser RM.1991. Determination of the vibrational energy relaxation time of the azide ion in protic solvents by two-color transient infrared spectroscopy. Chem. Phys. Lett. 184(5-6):368-374.

[20] Li M,et al.1993.Vibrational and rotational relaxation times of solvated molecular ions.J. Chem. Phys. 98(7):5499-5507.

[21] Owrutsky JC,Raftery D,and Hochstrasser RM.1994.Vibrational relaxation dynamics in solutions.Annu. Rev. Phys. Chem. 45:519-555.

[22] Zhong Q,Baronavski AP,and Owrutsky JC.2003.Reorientation and vibrational energy relaxation of pseudohalide ions confined in reverse micelle water pools.J. Chem. Phys. 119(17):9171-9177.

[23] Zhong Q,Baronavski AP,and Owrutsky JC.2003.Vibrational energy relaxation of aqueous azide ion confined in reverse micelles.J. Chem. Phys. 118(15):7074-7080.

[24] Lenchenkov V,She CX,and Lian TQ.2006.Vibrational relaxation of CN stretch of pseudo-halide anions (OCN-,SCN-,and SeCN-) in polar solvents.J. Phys. Chem. B 110(40):19990-19997.

[25] Sando GM,Dahl K,and Owrutsky JC.2007.Vibrational spectroscopy and dynamics of azide ion in ionic liquid and dimethyl sulfoxide water mixtures.J. Phys. Chem. B 111(18):4901-4909.

[26] Ohta K and Tominaga K.2006.Vibrational population relaxation of thiocyanate ion in polar solvents studied by ultrafast infrared spectroscopy. Chem. Phys. Lett. 429(1-3):136-140.

[27] Dahl K,Sando GM,Fox DM,Sutto TE,and Owrutsky JC.2005.Vibrational spectroscopy and dynamics of small anions in ionic liquid solutions.J. Chem. Phys. 123(8):084504.

[28] Ohta K,Maekawa H,Saito S,and Tominaga K. 2003. Probing the spectral diffusion of vibrational transitions of OCN- and SCN- in methanol by three-pulse infrared photon echo spectroscopy.J. Phys. Chem. A 107(30):5643-5649.

［29］ Ohta K,Maekawa H,and Tominaga K.2004.Vibrational population relaxation and dephasing dynamics of $[Fe(CN)_6]^{4-}$ in D_2O with third-order nonlinear infrared spectroscopy.J. Phys. Chem. A 108(8):1333-1341.

［30］ Ohta K,Maekawa H,and Tominaga K.2004.Vibrational population relaxation and dephasing dynamics $[Fe(CN)_6]^{4-}$ in water:Deuterium isotope effect of solvents.Chem. Phys. Lett. 386(1-3):32-37.

［31］ Ohta K and Tominaga K.2005.Dynamical interactions between solute and solvent studied by three-pulse photon echo method.B. Chem. Soc. Jpn. 78(9):1581-1594.

［32］ Tayama J,Banno M,Ohta K,and Tominaga K.2010.Vibrational dynamics of the CN stretching mode of $[Fe(CN)_6]^{4-}$ in D_2O studied by nonlinear infrared spectroscopy.Sci. China Phys. Mech. 53(6):1013-1019.

［33］ Tayama J,et al.2010.Temperature dependence of vibrational frequency fluctuation of N_3^- in D_2O.J. Chem. Phys. 133(1):014505.

［34］ Fafarman AT and Boxer SG.2010.Nitrile bonds as infrared probes of electrostatics in ribonuclease S.J. Phys. Chem. B 114(42):13536-13544.

［35］ Fafarman AT,Sigala PA,Herschlag D,and Boxer SG.2010.Decomposition of vibrational shifts of nitriles into electrostatic and hydrogen-bonding effects.J. Am. Chem. Soc. 132(37):12811-12813.

［36］ Lindquist BA,Furse KE,and Corcelli SA.2009.Nitrile groups as vibrational probes of biomolecular structure and dynamics:An overview. Phys. Chem. Chem. Phys. 11(37):8119-8132.

［37］ Taskent-Sezgin H,et al.2010.Azidohomoalanine:A conformationally sensitive IR probe of protein folding,protein structure,and electrostatics. Angew. Chem. Int. Edit. 49(41):7473-7475.

［38］ Waegele MM,Culik RM,and Gai F.2011.Site-specific spectroscopic reporters of the local electric field,hydration,structure,and dynamics of biomolecules.J. Phys. Chem. Lett. 2(20):2598-2609.

［39］ Maekawa H,Ohta K,and Tominaga K.2004.Vibrational population relaxation of the $-N=C=N-$ antisymmetric stretching mode of carbodiimide studied by the infrared transient grating method.J. Phys. Chem.

A 108(44):9484-9491.

[40] Maekawa H,Ohta K,and Tominaga K.2004.Spectral diffusion of the anti-symmetric stretching mode of azide ion in a reverse micelle studied by infrared three-pulse photon echo method. Phys. Chem. Chem. Phys. 6(16):4074-4077.

[41] Maekawa H,Ohta K,and Tominaga K.2004.Vibrational dynamics of the OH stretching mode of water in reverse micelles studied by infrared nonlinear spectroscopy.Mater. Res. Soc. Symp. P. 790:73-83.

[42] Maekawa H,Ohta K,and Tominaga K.2005.Vibrational dynamics in liquids studied by non-linear infrared spectroscopy.Res. Chem. Intermediat. 31(7-8):703-716.

[43] Ohta K and Tominaga K.2007.Vibrational population relaxation of hydrogen-bonded phenol complexes in solution:Investigation by ultrafast infrared pump-probe spectroscopy.Chem. Phys. 341(1-3):310-319.

[44] Mukamel S.1995.Principles of Nonlinear Optical Spectroscopy (Oxford University,New York).

[45] Tokmakoff A.1996.Orientational correlation functions and polarization selectivity for nonlinear spectroscopy of isotropic media.1.Third order.J. Chem. Phys. 105(1):1-12.

[46] Lim M and Hochstrasser RM.2001.Unusual vibrational dynamics of the acetic acid dimer.J. Chem. Phys. 115(16):7629-7643.

[47] Fourkas JT,Kawashima H,and Nelson KA.1995.Theory of nonlinear-optical experiments with harmonic-oscillators.J. Chem. Phys. 103(11):4393-4407.

[48] Tokmakoff A and Fayer MD.1995.Homogeneous vibrational dynamics and inhomogeneous broadening in glass-forming liquids—Infrared photon-echo experiments from room-temperature to 10 K.J. Chem. Phys. 103(8):2810-2826.

[49] Rector KD and Fayer MD.1998.Vibrational dephasing mechanisms in liquids and glasses:Vibrational echo experiments.J. Chem. Phys. 108(5):1794-1803.

［50］Tokmakoff A,Sauter B,Kwok AS,and Fayer MD.1994.Phonon-induced scattering between vibrations and multiphoton vibrational up-pumping in liquid solution.Chem. Phys. Lett. 221(5-6):412-418.

［51］Cho MH,et al.1996.The integrated photon echo and solvation dynamics. J. Phys. Chem. USA 100(29):11944-11953.

［52］deBoeij WP,Pshenichnikov MS,and Wiersma DA.1996.On the relation between the echo-peak shift and Brownian-oscillator correlation function.Chem. Phys. Lett. 253(1-2):53-60.

［53］Fleming GR and Cho MH.1996.Chromophore-solvent dynamics.Annu. Rev. Phys. Chem. 47:109-134.

［54］Tayama J,Ohta K,and Tominaga K.2012.Vibrational transition frequency fluctuation of the NO stretching mode of sodium nitroprusside in aqueous so-lutions.Chem. Lett. 41(4):366-368.

［55］Turton DA,Hunger J,Hefter G,Buchner R,and Wynne K.2008. Glasslike behavior in aqueous electrolyte solutions.J. Chem. Phys.128 (16):161102.

［56］Park S and Fayer MD.2007.Hydrogen bond dynamics in aqueous NaBr solutions.Proc. Natl. Acad. Sci. USA 104(43):16731-16738.

［57］Ishikawa H et al.2007.Neuroglobin dynamics observed with ultrafast 2D IR vibrational echo spectroscopy.Proc. Natl. Acad. Sci. USA 104(41): 16116-16121.

［58］Bonner GM,Ridley AR,Ibrahim SK,Pickett CJ,and Hunt NT.2010. Probing the effect of the solution environment on the vibrational dy-namics of an enzyme model system with ultrafast 2D IR spectroscopy. Faraday Discuss 145:429-442.

［59］Ohtaki H and Radnai T.1993.Structure and dynamics of hydrated ions. Chem. Rev. 93(3):1157-1204.

［60］Marcus Y. 2009. Effect of ions on the structure of water:Structure making and breaking.Chem. Rev. 109(3):1346-1370.

［61］Nandi N,Bhattacharyya K,and Bagchi B.2000.Dielectric relaxation and solvation dynamics of water in complex chemical and biological systems.

超快红外振动光谱

Chem. Rev. 100(6):2013-2045.

[62] Bhattacharyya K.2003.Solvation dynamics and proton transfer in supramolecular assemblies.Acc. Chem. Res. 36(2):95-101.

[63] Mandal D,Datta A,Pal SK,and Bhattacharyya K.1998.Solvation dynamics of 4-aminophthalimide in water-in-oil microemulsion of Triton X-100 in mixed solvents.J. Phys. Chem. B 102(45):9070-9073.

[64] Riter RE,Willard DM,and Levinger NE.1998.Water immobilization at surfactant interfaces in reverse micelles.J. Phys. Chem. B 102(15):2705-2714.

[65] Satoh T,Okuno H,Tominaga K,and Bhattacharyya K.2004.Excitation wavelength dependence of salvation dynamics in a water pool of a reversed micelle.Chem. Lett. 33(9):1090-1091.

[66] Fioretto D,Freda M,Mannaioli S,Onori G,and Santucci A.1999.Infrared and dielectric study of Ca(AOT)$_2$ reverse micelles.J. Phys. Chem. B 103(14):2631-2635.

[67] Moilanen DE,et al.2008.Water inertial reorientation:Hydrogen bond strength and the angular potential.Proc. Natl. Acad. Sci. USA 105(14):5295-5300.

[68] Asbury JB,et al.2003.Hydrogen bond dynamics probed with ultrafast infrared heterodyne-detected multidimensional vibrational stimulated echoes.Phys. Rev. Lett. 91(23):237402.

[69] Stenger J,Madsen D,Hamm P,Nibbering ETJ,and Elsaesser T.2001.Ultrafast vibrational dephasing of liquid water. Phys. Rev. Lett. 87(2):027401.

[70] Asbury JB,et al.2003.Hydrogen bond breaking probed with multidimensional stimulated vibrational echo correlation spectroscopy.J. Chem. Phys. 119(24):12981-12997.

[71] Bakker HJ and Skinner JL.2010.Vibrational spectroscopy as a probe of structure and dynamics in liquid water.Chem. Rev. 110(3):1498-1517.

[72] Loparo JJ,Roberts ST,and Tokmakoff A.2006.Multidimensional infrared spectroscopy of water. I. Vibrational dynamics in two-dimensional IR line

shapes.J. Chem. Phys. 125(19):194521.

[73] Asbury JB, et al. 2004. Water dynamics: Vibrational echo correlation spectroscopy and comparison to molecular dynamics simulations. J. Phys. Chem. A 108(7):1107-1119.

[74] Fecko CJ, Loparo JJ, Roberts ST, and Tokmakoff A.2005.Local hydrogen bonding dynamics and collective reorganization in water: Ultrafast infrared spectroscopy of HOD/D_2O.J. Chem. Phys. 122(5):054506.

[75] Steinel T et al. 2004. Water dynamics: Dependence on local structure probed with vibrational echo correlation spectroscopy. Chem. Phys. Lett. 386(4-6):295-300.

[76] Kraemer D, et al.2008.Temperature dependence of the two-dimensional infrared spectrum of liquid H_2O.Proc. Natl. Acad. Sci. USA 105(2): 437-442.

[77] Ferrario M, Klein ML, and Mcdonald IR.1993.Dynamical behavior of the azide ion in protic solvents.Chem. Phys. Lett. 213(5-6):537-540.

[78] Li SZ, Schmidt JR, Piryatinski A, Lawrence CP, and Skinner JL.2006. Vibrational spectral diffusion of azide in water.J. Phys. Chem. B 110 (38):18933-18938.

[79] Eaves JD, Tokmakoff A, and Geissler PL.2005.Electric field fluctuations drive vibrational dephasing in water.J. Phys. Chem. A 109(42):9424-9436.

[80] Park J, Ha JH, and Hochstrasser RM.2004.Multidimensional infrared spectroscopy of the N—H bond motions in formamide.J. Chem. Phys. 121(15):7281-7292.

[81] Barbara PF and Jarzeba W. 2007. Ultrafast photochemical intramolecular charge and excited state solvation, in Advances in Photochemistry, Volume 15, eds.D. H. Volman, G. S. Hammond, and K. Gollnick (John Wiley & Sons, Inc., Hoboken, NJ).

[82] Maroncelli M.1993.The dynamics of solvation in polar liquids.J. Mol. Liq. 57:1-37.

[83] Jarzeba W, Walker GC, Johnson AE, Kahlow MA, and Barbara PF.1988. Femtosecond microscopic solvation dynamics of aqueous-solutions. J.

Phys. Chem. USA 92(25):7039-7041.

[84] Barbara PF,Walker GC,Kang TJ,and Jarzeba W.1990.Ultrafast experiments on electron-transfer.Proc. Soc. PhotoOpt. Ins. 1209:18-31.

[85] Jimenez R, Fleming GR, Kumar PV, and Maroncelli M.1994.Femtosecond solvation dynamics of water.Nature 369(6480):471-473.

[86] Lang MJ,Jordanides XJ,Song X,and Fleming GR.1999.Aqueous solvation dynamics studied by photon echo spectroscopy.J. Chem. Phys. 110 (12):5884-5892.

[87] Sajadi M,Weinberger M,Wagenknecht HA,and Ernsting NP.2011.Polar solvation dynamics in water and methanol:Search for molecularity.Phys. Chem. Chem. Phys. 13(39):17768-17774.

[88] Horng ML,Gardecki JA,Papazyan A,and Maroncelli M.1995.Subpicosecond measurements of polar solvation dynamics—Coumarin-153 revisited.J. Phys. Chem. USA. 99(48):17311-17337.

[89] Rosenthal SJ,Jimenez R,Fleming GR,Kumar PV,and Maroncelli M. 1994.Solvation dynamics in methanol—Experimental and molecular-dynamics simulation studies.J. Mol. Liq. 60(1-3):25-56.

[90] Ohta K,Tayama J,and Tominaga K.2012.Ultrafast vibrational dynamics of SCN^- and N_3^- in polar solvents studied by nonlinear infrared spectroscopy. Phys. Chem. Chem. Phys. 14:10455-10465.

[91] Li M,et al.1993.Vibrational and rotational relaxation-times of solvated molecular ions.J. Chem. Phys. 98(7):5499-5507.

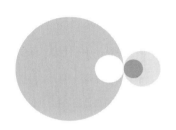

第 6 章
简并振动态的极化各向异性

6.1　前言

当分子离子在气相中具有足够高的对称性以支持简并振动态时,如同能被预期的溶剂运动那样,可以预期,溶剂化的影响将特别明显地降低离子对称性并去掉这些简并性。若平均对称性在溶剂中降低,则此微扰会使简并振动态发生劈裂。然而劈裂或许只是瞬时的,此时平均结构依然具有表观简并态。这些可能性须单独考虑。在任一情况之下,分子近简并的简正模式是如何组成的并非显而易见。劈裂与否,以及所得本征模式之性质,能提供关于溶剂层结构与动力学的直接信息,而这些独特的信息在低对称性离子的类似实验中未必如此独特。因此,本章重点介绍哪些是高对称分子离子的结构与水合动力学的重要参数。这些参数关乎其振动动力学与结构。我们描述了高对称离子的特殊性质,也介绍了这些高对称离子与水的相互作用是如何被应用于它们的简并模式上的线性、振动泵浦-探测和回波红外(IR)等方法所感知的。

专注于拥有简并态的小分子离子,已经有很多关于四原子离子的理论研究,其典型离子如 NO_3^- 和 CO_3^-,有它们的振动光谱预测和溶剂诱导的对称性改变[1-3]。在撰写本章期间,虽有 X 射线[4]、中子衍射[5]及拉曼研究[6]表明这些离子在水溶液中存在对称性破缺,但没有关于这些离子振动动力学研究的报道,如有,也将是利用二维红外光谱(two-dimensional infrared,2D IR)测量。然而,有一些非线性 2D IR 光谱实验,提供了关于某些相对小些的分子离子(图 6.1)的近简并态的动力学的一些有趣而新颖的观点;研究的分子离子有胍阳离子[7,8](即 $C(NH_2)_3^+$)及其微扰变体如甲基胍阳离子与精氨酸[9]、六原子的草酸双阴离子[10](即 $[O_2C\!-\!CO_2]^{2-}$)和三氰基甲烷阴离子(tricyanomethanide,TCM)[11](即 $C(CN)_3^-$)。虽然有关于高对称的三原子叠氮离子在水中的许多实验[12,13]与理论[14,15]研究,但是迄今尚无其简并弯曲振动模的动力学实验报道。

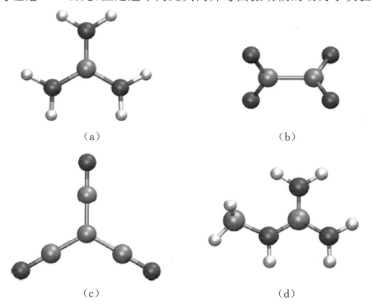

图 6.1　对称离子:(a)胍阳离子,(b)草酸二价阴离子,(c)三氰基甲烷阴离子(TCM)和
(d)甲基胍阳离子

6.2　简并振动模

描述分子的简并振动模式的一般方法需要认识到,如果力常数矩阵具有两个相同的本征值,则描述它们的谐性振动的哈密顿部分(以该模式的零点能为单位)将具有以下形式:

$$H = H_a + H_b$$
$$= -\left(\frac{\partial^2}{\partial y_a^2} + \frac{\partial^2}{\partial y_b^2}\right) + y_a^2 + y_b^2 \tag{6.1}$$

其中，y 是无量纲的简振模位移。第一行的本征态 H_a 和 H_b 是通常的谐振子但具有相同频率，因此这个两振子体系由这些模式的占据数之积组成，写作 $|v_a v_b\rangle$。然而，式(6.1)第二行的二维谐振子的全薛定谔方程是可以解出的（例如利用极坐标转换，这表明轴 a 和 b 不是唯一的），并且它以振动角动量的本征函数为解，该本征函数可表示为 $|v,l\rangle$，其中，v 是振动量子数，l 是相应的振动角动量，且 $l = \pm v, \pm(v-2), \cdots, \pm 1$ 或 0。我们可以在式(6.1)中增加另一个动能项 $\partial^2/\partial y_c^2$ 和坐标 y_c 即可描述一个三维振子。在实际情况中，这些能级通过科里奥利(Coriolis)作用与整个转动态产生耦合。在考虑总角动量的完整计算中，需要考虑所有的简并模式。在目前的讨论中，我们只考虑在一组分子中一个简并模的 $v=0$、$v=1$ 和 $v=2$ 能级的性质。那么，两种解 $|v,l\rangle$ 和 $|v_a v_b\rangle$ 之间存在很简单的关系，我们给出相关的部分如下：

$$
\begin{cases}
|0,0\rangle = |00\rangle \\[2mm]
|1,\pm 1\rangle = \dfrac{-1}{\sqrt{2}}(|10\rangle \pm i|01\rangle) \\[2mm]
|2,0\rangle = \dfrac{-1}{\sqrt{2}}(|20\rangle + |02\rangle) \\[2mm]
|2,\pm 2\rangle = \dfrac{1}{\sqrt{2}}\left\{ \dfrac{1}{\sqrt{2}}(|20\rangle - |02\rangle) \pm i|11\rangle \right\}
\end{cases}
\tag{6.2}
$$

由特征向量的这一等式可见，$v=2$ 态中的角动量，在非转动分子中，被任意的显著非谐性耦合所抑制，因此它们不需要被显性地考虑。例如，在所有相关情形之下都显著的局域模式的对角非谐性，通过下述形式的有效哈密顿给予考虑：

$$
H_A = -\Delta/2\{|10\rangle\langle 10| + |01\rangle\langle 01|\}
$$
$$
-3\Delta/2\{|20\rangle\langle 20| + |02\rangle\langle 02|\} - \delta|11\rangle\langle 11|
\tag{6.3}
$$

该算符将 $|2,+2\rangle$ 与 $|2,-2\rangle$ 态耦合，并将这些角动量本征态的反对称线性组合向低频位移了 Δ。这个反对称组合仍然在 $-\Delta$ 处与 $|2,0\rangle$ 态处于简并。这些新的 $v=2$ 的态是真实的，并且在与非简并态的跃迁中对右旋或左旋偏振光没有偏好。所以在偶极近似条件下，这类实验似乎需要其他途径，正如最初在我们早期的关于四波混频实验中的偏振效应中所总结的那样[16]。在 $-\Delta$ 处的简并对，能等价地被描述为 $|20\rangle$、$|02\rangle$，它们不会因哈密顿中的非谐项而劈裂，而哈密顿被证明可以作为在 2D 谐振子的应用中的简单模拟中的最方便和最常用的基准，这些应用包括弱非谐振子的 2D IR 光谱解释等[7,9,10,17,18]。然而，

非谐性耦合 H_A 不会抑制在 $v=1$ 态中的角动量,这个能态在弱磁场作用下会形成 $|1,\pm1\rangle$ 态。这意味着 $v=1$ 的跃迁可以单独地被左旋和右旋偏振光激发,这会与耦合着整个分子转动的角动量的弛豫过程进行竞争[19]。在接下来的讨论中,$|V_i,V_j\rangle$ 和 $|V_k,V_l\rangle$ 的叠加态的相干会出现在信号中并被标记为 $\rho_{ij,kl}$。

6.3　泵浦-探测光谱的偏振特性

在无外场时,$v=1$ 能级的真实的简并振动态 $|a\rangle$ 和 $|s\rangle$ 在理论上可以选取 $|10\rangle$ 和 $|01\rangle$ 的任意正交线性组合:

$$\begin{cases} |s\rangle=\cos\theta|10\rangle+\sin\theta|01\rangle \\ |a\rangle=-\sin\theta|10\rangle+\cos\theta|01\rangle \end{cases} \tag{6.4}$$

其中,θ 为任意角。跃迁偶极 $\langle00|\vec{\mu}|10\rangle$ 和 $\langle00|\vec{\mu}|01\rangle$ 必须互相垂直以形成模式的双重简并表示的一个基,从而使得跃迁偶极 $\langle00|\vec{\mu}|s\rangle$ 和 $\langle00|\vec{\mu}|a\rangle$ 也互相垂直。这使得简并态与具有弱耦合的激子态之间产生微小的差异。一个二聚体的对称和反对称激子态的跃迁偶极是互相垂直的,但是通常它们的偶极长度不相同,因为位点(site)跃迁偶极不是互相垂直的。在该情形之下,极限各向异性(limiting anisotropy)(见下文讨论)将不等于 0.1;但如下文所示,对于位点偶极之间的角度会表现出依赖性且 $r=0.1$ 是当角度为 $\pi/2$ 时的一个特例[10]。

在与 2D IR 和其他 2D 光谱有关的通常的刘维尔路径表示方法中,每条路径包含 4 个电偶极跃迁矩阵元。因此,在实跃迁偶极的情况下,每条路径可以用四个对应于跃迁偶极在选为驱动场偏振方向的实验室轴上的投影的余弦函数的乘积来表示。如在我们早期的关于 2D IR 信号偏振的文章中[20],我们用 $a,b,\cdots$ 来表示实验室轴,这样最通常的路径有一个取向因子 $\langle i_a(0)j_b(0)k_c(T)l_d(T)\rangle\equiv\langle i_aj_bk_cl_d\rangle$,其中尖括号表示在体系跃迁偶极的各向同性分布上取平均,还有一个该路径的光谱线型因子 $S_{ijkl}(\omega)$。信号取决于所有可能的路径之和。在这种记法中,$(ijkl)$ 是路径中为达到下一步的、时间有序的能级跃迁之偶极方向,所以这个集合是求出光学各向异性特性所需的路径描述。虽然 $(ijkl)$ 的序列是时间有序的,这四个脉冲中心却可以具有任意时序,尽管我们将假设 i 和 j 由泵浦-探测实验中的第一个脉冲所驱动[21]。

简并态分子的泵浦-探测信号对非谐性耦合非常敏感,而非谐性耦合决定了 $v=2$ 能级上的态分布。正常来说,在漂白和受激辐射频率处的信号能用图 6.2所示的四能级体系描述,图中靠近 $2\omega_0$ 的上能态是在 $2\omega_0-\delta$ 处的组合

模 $|11\rangle$,这里的 ω_0 为基础频率。泛频能级 $|02\rangle$ 和 $|20\rangle$ 通常从两倍振动频率处被明显地移动了对角非谐项 Δ。这个结果很清楚地表现在已研究过的不同体系(如酰胺 I 带模式[22]、腈基[23]和 Gdm^+ 简并模式[7])的 2D IR 光谱中。正如我们先前所讨论的,在这个四能级体系中得到的各向异性非常接近 0.4[7]。各向异性的期望结果,可加和受激发射、相干和漂白的路径,忽略任何能级态之间的动力学并假设所有的跃迁偶极都取谐振子之值,由下式得到:

$$r(\omega,T) = \frac{\sum_{\text{pathways}} [\langle i_a j_a k_a l_a \rangle - \langle i_a j_a k_b l_b \rangle] S_{ijkl}(\omega) e^{-T/T_1}}{\sum_{\text{pathways}} [\langle i_a j_a k_a l_a \rangle + 2\langle i_a j_a k_b l_b \rangle] S_{ijkl}(\omega) e^{-T/T_1}} \qquad (6.5)$$

其中,$a \perp b$ 是分子角标,这是从基态到简并对的模式 1($|10\rangle$)或模式 2($|01\rangle$)的跃迁偶极方向,$S_{ijkl}(\omega)$ 是路径的光谱线型因子。尖括号表示分子轴的各向同性的角分布的平均。振动弛豫为 T_1,对所涉及的两个单量子能级被认为是相同的,并在随后所有的表达式中都会被消去。这些(路径)图可显式地给出如下:

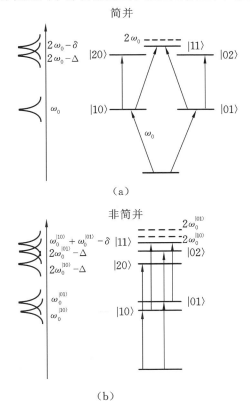

图 6.2 简并(a)和非简并(b)的简振模式对的能级图

$$r(\omega) = \frac{(F_{\parallel} - F_{\perp}) S_F(\omega_0 - \omega) + (C_{\parallel} - C_{\perp}) S_C(\omega_0 - \delta - \omega)}{(F_{\parallel} + 2F_{\perp}) S_F(\omega_0 - \omega) + (C_{\parallel} + 2C_{\perp}) S_C(\omega_0 - \delta - \omega)} \qquad (6.6)$$

其中,$S_F(\omega_0 - \omega)$ 和 $S_C(\omega_0 - \delta - \omega)$ 分别是基础跃迁的光谱线型因子和从基态向组合态模式跃迁的光谱线型因子(关于这些因子的更多细节见 6.4 节),其峰值分别出现在 $\omega = \omega_0$ 和 $\omega = \omega_0 - \delta$ 处,其中 δ 为非对角非谐项。实际上,F 意味着所测定的相干涉及 $|00\rangle$ 态与模式 1($|01\rangle$)或模式 2($|10\rangle$),而 C 意味着所测定的相干涉及单量子模与组合模 $|11\rangle$。F 和 C 信号的取向部分,将泵浦-探测信号中所含的每个带符号的刘维尔路径都写出来,由下式给出:

$$\begin{cases} F_{\parallel} - F_{\perp} = 2\,[\langle 1_a 1_a 1_a 1_a \rangle - \langle 1_a 1_a 1_b 1_b \rangle] + \langle 1_a 2_a 1_a 2_a \rangle - \langle 1_a 2_a 1_b 2_b \rangle \\ \qquad\qquad + \langle 1_a 1_a 2_a 2_a \rangle - \langle 1_a 1_a 2_b 2_b \rangle \\ C_{\parallel} - C_{\perp} = -\,[\langle 1_a 2_a 1_a 2_a \rangle - \langle 1_a 2_a 1_b 2_b \rangle] - [\langle 1_a 1_a 2_a 2_a \rangle - \langle 1_a 1_a 2_b 2_b \rangle] \end{cases} \qquad (6.7)$$

取向平均可以假设固定取向以标准方法[20]进行,得到

$$\begin{cases} F_{\parallel} - F_{\perp} = \dfrac{3}{10}, \quad F_{\parallel} + 2F_{\perp} = 1 \\[2mm] C_{\parallel} - C_{\perp} = -\dfrac{1}{30}, \quad C_{\parallel} + 2C_{\perp} = -\dfrac{1}{3} \end{cases} \qquad (6.8)$$

在没有将两个模式的组合态 $|11\rangle$ 偏离频率 $2\omega_0$ 的非谐性混合的情况下,并假设涉及基态的所有路径图,它们的频率-频率相关函数都相同,它们的 T_1 弛豫也都相同,通常见到的情形也大约如此;我们会发现,对于那些分子轴不转动的体系来说,各向异性一定接近 0.4。需要注意的是现在假设从 $v = 1$ 态到组合态的跃迁偶极等于基础跃迁的偶极,所以在各向异性表达式中分子与分母的跃迁偶极项可以消去。也假设在频率的非均匀分布中跃迁偶极不随频率发生大的变化。在这些条件下,各向异性由下式给出:

$$r(\omega) = \frac{0.9 S_F(\omega_0 - \omega) - 0.1 S_C(\omega_0 - \delta - \omega)}{3 S_F(\omega_0 - \omega) - S_C(\omega_0 - \delta - \omega)} \qquad (6.9)$$

作为一个例子,倘若 C 和 F 项都具有高斯线型,我们会有

$$\begin{cases} S_F(\omega_0 - \omega) = 1/\sigma_F \sqrt{2}\, \mathrm{e}^{-(\omega_F - \omega)^2/2\sigma_F^2} \\ S_C(\omega_0 - \delta - \omega) = 1/\sigma_C \sqrt{2}\, \mathrm{e}^{-(\omega_F - \delta - \omega)^2/2\sigma_C^2} \end{cases} \qquad (6.10)$$

然后可直接看到(图 6.3)被分离的组合带的各向异性将为 0.1,而被分离的 F 带的各向异性将为 0.3。如果光谱因子相等,则各向异性在 0.4 不变。这是当非对角非谐性 δ 可被忽略,并且上述两种跃迁的组成线宽的动力学参数

非常相似的情况。然而,如后文所述,实验测定的线型通常并非高斯型,但其中的原理却是相同的。

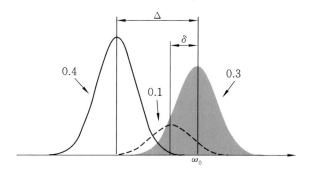

图 6.3　向一个双重简并能级跃迁在 $T=0$ 时的各向异性的光谱组分。信号对应于漂白及受激吸收(灰色实峰),它与新吸收信号(黑色线峰)以非谐项 Δ 分离,与组合模信号(虚线峰)以非对角非谐性 δ 分离。数字对应于 $T=0$ 时各信号的各向异性观测值与按照正文的计算值

　　显然,对于空间中一个固定分子的集合,向一个简并振动能级的跃迁,它的各向异性可能会随频率发生显著变化,其值可在 0.1 到 0.4 之间,取决于非谐性和观测频率。在 $\omega=\omega_0$ 观测时,当 δ 增加到超过跃迁线宽时,各向异性从 0.4 平稳地降低至 0.3。这些结果在我们关于 Gdm^+ 的文章中已讨论过[7],并且用于拟合数值模拟的数据,其中相关函数的真实形式和测定的动力学参数一起被用于计算光谱因子及其对所有刘维尔路径图的各向异性的贡献。可以看出,对于简并振动态的泵浦-探测各向异性,其实没有一个期望的特定值,例如 0.4,即对单振子的观测值。再者,我们没有发现先前在简并的电子跃迁的荧光中被观测到过[24]并被 Jonas 等人[25,26]讨论过的超过 0.4 的值。

　　采用泵浦-探测或者 2D IR 振动各向异性方法研究极高对称性体系的双重简并态只有几个实验方面的例子。振动泵浦-探测各向异性测量,包括对高对称分子如六氰基(三价)铁、六氰基亚(二价)铁[27]和六羰基钨[28-30]的三重简并态的测量,其发现各向异性初值分别为 0.4 和 0.25~0.4。同样,Gdm^+ 的简并 CN 伸缩模的泵浦-探测和振动光子回波各向异性只略小于 0.4(或者远大于 0.3,取决于怎么看),恰如 δ 很小时上述模型所期望的。Gdm^+ 的条件是,简并跃迁的 1/e 线宽为 11 cm^{-1},而它的非对角非谐性为 1~2 cm^{-1}。我们最近测定了另一个三重对称腈基,$C(CN)_3^{-}$ [11]的泵浦-探测各向异性和光子回波张

量,其在 2200 cm^{-1} 区域有一个简并的 CN 伸缩模式。在这个例子中,漂白区的早期各向异性为 0.29,且其非对角非谐性大约是线宽的一半,这与前述模型的观点是一致的。另外一个最近的例子是关于草酸盐的小分子离子,它有 D$_{2d}$ 对称性及一个简并的 CO$_2^-$ 伸缩模在 1600 cm^{-1} 左右。这里,测得的各向异性与 0.4 相差无几,这也与上述模型中模式间非谐性耦合可忽略不计的情形是一致的。在这个下文中将要详论的例子中,两个 CO$_2^-$ 基团之间的耦合在 D$_{2d}$ 对称性中要消失,方可解释为什么非对角非谐项很小。

上面给出的等式仅在泵浦-探测延迟时间非常接近零($T=0$)时才有用,因为在实际情况下,简并态的组分可能会非常迅速地交换布居,特别是在如水或 D$_2$O 这样的快速氢键溶剂中,施加在这些模式上的作用力足够大以至于能充分地混合它们。振动模混合引起各向异性较大的超快变化,这就需要一个与上述完全不同的模型,除非如前所述,当泵浦与探测的时延几乎为零的时刻。此外,上述模型也不包括仅当脉冲实际上有时间重叠才会出现的那些路径图的贡献,例如$\langle 1_a(T)2_b(0)1_b(0)2_a(T)\rangle$。随着延迟时间的增加,总体运动也降低各向异性。会存在某些情况,即相比于混合模的非谐性位移 δ,光谱线型足够尖锐,以至于漂白信号与组合信号出现在不同的光谱区域中。在该情形时,如上所示,漂白区域的各向异性将是 3/10 且更类似于不久前被强调的电子跃迁的期望值[26]。然而,这不大可能是凝聚相的情形,在凝聚相中振动线宽通常大于或者相当于非对角非谐性。在下一节中,我们考虑能态之间发生动力学和交换时所带来的变化。在处理简并态时,这应该是一些振动模式的期望情形,即这些振动模式所涉及的基团对溶剂分子的位置和运动都敏感,而这些溶剂分子在振动运动时间尺度上能与所述模式发生耦合。在这样的情形下,各向异性与时间有关,而且对于平均处于近简并的那些能态而言,为其跃迁偶极取向动力学寻找一个一般解,将更具有挑战性。

6.4　长时间各向异性概述

我们已经看到,三重对称体系简并态的各向异性的初始值依赖于非谐性且通常接近 0.4 但不小于 0.3。对固定在空间中的对称分子的平衡态分布,关于极限各向异性可以给一个更概括的说明。当 T 增加时,脉冲所产生的布居,例如,$\rho_{10,10}$ 将转移到 $\rho_{01,01}$ 的概率也增加,直到这两个布居达成平衡。类似地,我们可假定所产生的相干态 $\rho_{10,01}$ 会与 $\rho_{01,10}$ 达成平衡。因此,用与上述相同的说明,式(6.8)中的因子在相当长的 T 时会变为

$$\begin{cases} F_{\parallel} - F_{\perp} = \dfrac{1}{10}, & F_{\parallel} + 2F_{\perp} = 1 \\[2mm] C_{\parallel} - C_{\perp} = -\dfrac{1}{30}, & C_{\parallel} + 2C_{\perp} = -\dfrac{1}{3} \end{cases} \tag{6.11}$$

需要注意的是 C 项不会随着准平衡态的达成而改变:在前述的假设条件下,角平均具有相同的值且路径数目维持不变,而无论平衡达到与否,这里假设 $|01\rangle \rightarrow |11\rangle$ 和 $|10\rangle \rightarrow |11\rangle$ 的跃迁偶极与 $|00\rangle \rightarrow |01\rangle$ 和 $|00\rangle \rightarrow |10\rangle$ 的那些相同。式(6.11)是由式(6.5)得来的预测,据此,各向异性具有极限值 $r(\infty) = 0.1$,该值与非谐性无关,这类似于在圆吸收子的荧光光谱中,当激发在两个辐射子中同等地分布时的一个众所周知的结果[31]。总的结论是,随着等待时间的增加,可以预期,简并振动跃迁的泵浦-探测各向异性会从一个接近 0.4 但大于 0.3 的值衰减到一个 0.1 的值。注意这是基于上述假设的一个理想结果。

6.5 简并能级的泵浦探测与 2D IR 各向异性之间的关系

在前两个场作用都来自 δ 型泵浦脉冲的泵浦-探测实验中,存在一个为零的相干时间。相反,2D IR 信号则没有这个时间约束,因为前两个作用是时间(通常被记为 τ)扫描的;而检测时间,不再受检测器的时间响应所支配,而是扫描的并在每个 t 值下被外差检测的。2D IR 光谱以相干频率 ω_τ 对检测频率 ω_t 作图。其偏振可能性与泵浦探测相比有显著增加,这是因为,此时在信号中 $\langle i_a j_b k_c l_d \rangle$ 项的四个实验室偏振方向可以被独立地选择[20]。再者,牵涉到近简并的两个组分态那些项,在光谱上被分离成为对角信号之间的交叉峰,并与只涉及其中一个模式的那些路径区别开来。这些因素不仅影响偏振分析方法,也影响光谱线型。因此,近简并能级的 2D IR 光谱具有独特的时随线型,其形成是由于各个组分态之间能量转移的发生。

6.6 各向异性的等待时间依赖性

在上述一些表达式中所引入的等待时间的依赖性,已经被很多前期研究

者处理过。Hochstrasser 提出了一个有用的角系数表给每条刘维尔路径,其相关矩阵($i_a j_b k_c l_d$)可选 $ijkl$ 为列、$abcd$ 为行[20]。涉及振动动力学的很多过程的各向异性特征,都可用这些张量元来表达。泵浦-探测实验的光谱信号可以写成一个 T-依赖的取向部分乘以一个如我们在上面假设过的光谱因子。与溶剂分子(当前例子是水)的相互作用会使简并能级的两个组分态之间发生跃迁。这些效应的具体机制显然不是先验的。如果相互作用,例如氢键发生,则溶剂、水或 D_2O 分子会施加作用力,导致分子偏离其三重对称,因而两个简并模式将发生耦合且能量如上所述将从一个流向另一个。在 Gdm^+、草酸和最近研究的 $C(CN)_3^-$ 的情形中,各向异性在亚皮秒时间尺度上减少至极限值 0.1。这种能量流动可以表示为一个发生在 T 时间内的动力学速率过程。脉冲的偏振性建立了所导致的动力学的初始条件。产生以 $\langle 1_a 1_a 2_b(T) 2_b(T) \rangle$ 所表示的信号贡献的那些分子,在等待时间内可能会与 $\langle 1_a 1_a 1_b(T) 1_b(T) \rangle$ 的分子处于动态平衡。因此,尽管前两个脉冲产生了简并能级的一个组分(记为 1)的布居,体系可能会在与第三个脉冲作用产生信号之前就转移到了态 2。而且,每个最初在态 1 的分子如果在与第三个脉冲作用的时间内仍然处于态 1,那么它只会遵循上面描述的信号。因此,可以看出,由于能量转移,信号分散到了更多的路径中。图 6.4 中用符号明确地给出了这些信号的路径(注意图中使用了不同的态标记法),其中一条水平虚线表示探测脉冲检测到了能量转移态或相干转移态。图下方的符号 P_{11} 和 P_{12} 表示该图对始于态 1 而被测时现于态 1(P_{11})或始于态 1 而被测时现于态 2(P_{12})的信号才有贡献。简并能级的组分态之间的相干也在等待时间内达到平衡。类似地,第二个脉冲所产生的相干也可能在 T 时间内转变成其复共轭。这些图在快速查找哪些路径对泵浦-探测或 2D IR 信号有贡献极其有帮助(参见文献[21],其中详细地描述了这些图)。相干和布居是在图中向上移动的每个时间步中沿着水平方向读取的。例如,在路径 C_1 中(图 6.4),体系经历序列 $\rho_{01} \xrightarrow{\tau} \rho_{21} \xrightarrow{T} \rho_{1+2,1} \xrightarrow{t} \omega_{1+2,1}$,其中最后一个相干表示 $\omega_0 - \delta$ 的发射频率。考虑到所有的路径图后,发射频率可为 $\omega_{10} = \omega_0 = \omega_{20}$,$\omega_{1+2,1} = \omega_0 - \delta$,或 $\omega_{1+1,1} = \omega_0 - \Delta$。泵浦-探测信号的前两个脉冲之间无延迟($\tau = 0$)。

Redfield 理论给出了两态振动相干动力学的一个处理方法(参见文献[32])。对于近简并的振动模,与布居及相干(由第二个脉冲的作用所产生)有

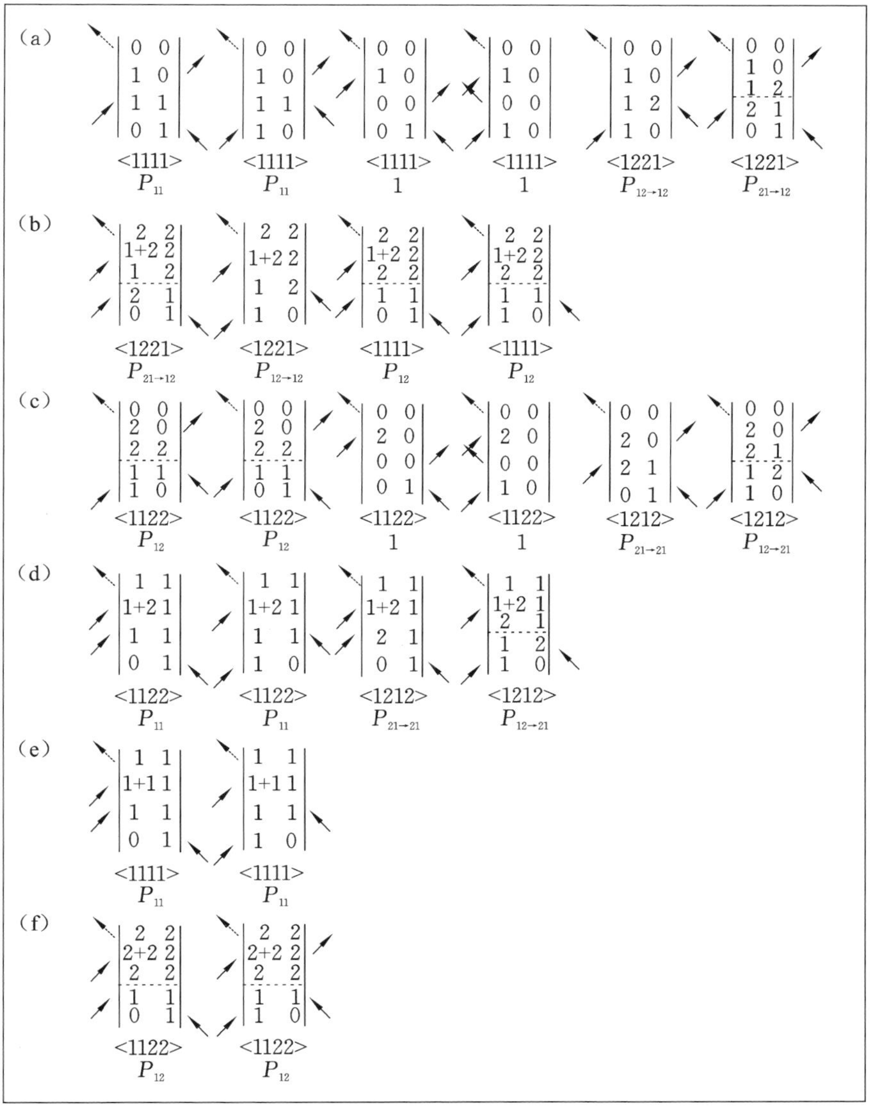

图 6.4　两个耦合振子在$-k_1+k_2+k_3$方向辐射回波信号的刘维尔路径。水平虚线表示在等待时间周期内的自发相干转移或布居转移。这些图按其在 ω_t 轴上的检测频率而排列。(a)$\omega_t=\omega_1$，(b)$\omega_t=\omega_1-\delta$，(c)$\omega_t=\omega_2$，(d)$\omega_t=\omega_2-\delta$，(e)$\omega_t=\omega_1-\Delta$ 和(f)$\omega_t=\omega_2-\Delta$，其中 Δ 为对角模的非谐性，δ 则为混合模的非谐性。本图的本征态用了不同的惯例以节省空间。因此，1、2、1+2、1+1 和 2+2 分别取代$|10\rangle$、$|01\rangle$、$|11\rangle$、$|20\rangle$和$|02\rangle$(见图 6.5)。(提取自 Ghosh A，Tucker MJ，Hochstrasser RM.2011.J. Phys. Chem. A 115(34):9731-9738.)

耦合的 Redfield 矩阵元为零。当布居与相干可以被独立处理时，分离的主方程为

$$\frac{\mathrm{d}}{\mathrm{d}T}\begin{bmatrix} \rho_{11} \\ \rho_{22} \end{bmatrix} = \begin{bmatrix} -k_{\mathrm{et}} & k_{\mathrm{et}} \\ k_{\mathrm{et}} & -k_{\mathrm{et}} \end{bmatrix}\begin{bmatrix} \rho_{11} \\ \rho_{22} \end{bmatrix} \tag{6.12}$$

$$\frac{\mathrm{d}}{\mathrm{d}T}\begin{bmatrix} \rho_{12} \\ \rho_{21} \end{bmatrix} = \begin{bmatrix} -k_{\mathrm{et}}+\mathrm{i}\omega_{12}-\gamma & k_{\mathrm{et}} \\ k_{\mathrm{et}} & -k_{\mathrm{et}}+\mathrm{i}\omega_{12}-\gamma \end{bmatrix}\begin{bmatrix} \rho_{12} \\ \rho_{21} \end{bmatrix} \tag{6.13}$$

对两个简并模（$\omega_{12}=0$），能量传递速率完全相等且可表示为 k_{et}，而 γ 则是一个经验的且较小的相干退相速率。原则上，能量转移速率可通过下式精确求得

$$k_{\mathrm{et}} = \frac{1}{\hbar^2}\int_{-\infty}^{\infty}\mathrm{d}t\,\mathrm{e}^{\mathrm{i}\omega_{12}t}\langle V_{12}(t)V_{21}(0)\rangle \tag{6.14}$$

其中，尖括号表示遍及溶剂（浴）坐标的一个轨迹，$V_{12}(t)$ 是简并能级的两个组分之间的体系——浴相互作用矩阵[33]中的一个矩阵元。这个能量传递速率可以被认为是一个简并振动能量弛豫。一个零频率弛豫直接依赖于该模式上作用力的整体方差。要耦合两个分子态，必须知道溶剂施加在其中一个模式（模 1）上的力之涨落所引起的另外一个模式（如模式 2）的变化。这部分势能对应于 $[(\partial/\partial Q_2)(\partial V(t)/\partial Q_1)]_0 Q_1 Q_2 \equiv \lambda_{21}(t)Q_1 Q_2$ 项，且等同项 1 和 2 可互换。因此，如果 $\omega_{21}\approx 0$，决定转移速率的将是相关函数 $\langle\lambda_{12}(t)\lambda_{21}(0)\rangle$ 的时间积分。对于这里讨论的简单分子，通过经典模拟是可能求得合理的 k_{et}。这里的讨论是定性的，并且描述了一种机制，它或许可以被认为类似于叠氮离子的非对称和对称伸缩之间的弛豫的定量处理[14]。在实践中，对于速率 k_{et} 的一个有意义的计算，考虑到溶剂力作用在溶质的所有坐标上而不只是作用在感兴趣的两个简振模上。在任何情况下，涉及 T 时间内的布居演化的每条路径，都有一个关联着的条件概率 P，其表示在 T 时间演化的过程中能量传递会在模式之间发生的概率。如果一个分子在 $T=0$ 时刻被激发到布居态 i，而在 t 时刻它被检测到在态 j 的概率可写成 $P_{ij}(t)$，其中 $i,j=1,2$。这些条件概率因子可以从式（6.1）（应该是式（6.12），译者注）得到，且它们是

$$\begin{cases} P_{11}(t) = (1+\mathrm{e}^{-2k_{\mathrm{et}}T})/2 \\ P_{12}(t) = (1-\mathrm{e}^{-2k_{\mathrm{et}}T})/2 \end{cases} \tag{6.15}$$

在 T 时间内涉及基态漂白的那些路径图被假设有一个与 T 无关的条件概率分布,这是因为如果 $T=0$ 时一个分子处在基态,那么在所有 $T>0$ 的时刻它都将处于基态,除非它与一个电磁场作用。当然,态 1 和态 2 在 $v=1$ 上的布居均以时间常数 T_1 在减少,而基态布居则以时间常数 T_1 在增加,两个激发态的 T_1 被假定是相同的。在 T 时间内涉及相干演化的那些路径也需要考虑。与第二个脉冲作用产生了一个相干态的体系子系综的密度算符,可以从式(6.13)求得

$$\rho^{(12)}(T)=C_{12\to12}(T)|1\rangle\langle2|+C_{12\to21}(T)|2\rangle\langle1| \qquad (6.16)$$

其中的系数给出如下:

$$C_{12\to12}(T)=\mathrm{e}^{-(k_{\mathrm{et}}+\gamma)T}\left[\cos(\Omega T)-\frac{\mathrm{i}\omega_{12}}{\Omega}\sin(\Omega T)\right] \qquad (6.17)$$

$$=P_{12\to12}-\mathrm{i}\frac{\omega_{12}}{k_{\mathrm{et}}}P_{12\to21}$$

$$C_{12\to21}(T)=P_{12\to21} \qquad (6.18)$$

其中,$\Omega=\sqrt{\omega_{12}^2-k_{\mathrm{et}}^2}$。假设测量所得的能量转移速率在 0.5 ps 范围内[7,10,11],我们会发现只有当简并劈裂超过约 $10~\mathrm{cm}^{-1}$ 时,这些系数将变成振荡型。用来计算各向异性的那些相干路径图也在图 6.4 给出。

6.7 瞬态吸收效应

到目前为止,我们只考虑了在重叠着漂白、受激辐射及组合带的频率范围内的信号,当然在 $\omega_0-\Delta$ 处也有信号。在这种情况下的各向异性仅仅取决于一个具有相对取向因子 $S_D(\omega_0-\omega-\Delta)\langle1_a1_a1_b1_b\rangle$ 的刘维尔路径,使得其各向异性为 $(1/5-1/15)(1/5+2/15)=0.4$。当对角非谐性足够大时,瞬态吸收可以被分开处理,但是当线宽与对角非谐项相差无几时,各向异性变得更加复杂而难解释。因此,式(6.3)可以用下式代替:

$$r(\omega)=\frac{0.9S_F(\omega_0-\omega)-0.1S_C(\omega_0-\delta-\omega)-0.4S_D(\omega_0-\Delta-\omega)}{3S_F(\omega_0-\omega)-S_C(\omega_0-\delta-\omega)-S_D(\omega_0-\Delta-\omega)} \qquad (6.19)$$

需要注意的是,与线宽相比,当非谐性变得完全微不足道时各向异性为 0.4。这种情况,在激光脉冲有足够的带宽以覆盖所有跃迁故而探测光没有任何频率选择性的宽带泵浦-宽带探测实验中,也将占主导。当两个振动组分之间存在能量平衡时,瞬态吸收组分的极限各向异性(T 值很大时)也是 0.1。

有一定意义的是,瞬态吸收的各向异性与中间态是 $|1, \pm 1\rangle$ 或是 $|10\rangle$、$|01\rangle$ 无关,因此这个信号似乎不适合作探针去研究振动角动量的弛豫。

6.8 三重简并态的各向异性

前面提到过,有一些关于三重简并态的各向异性的实验报道[28-30]。依据上面概括的方法,关于溶液相红外实验中的三重简并振动的各向异性及非谐性效应,为其预测一个模型结果是不复杂的。为了这一应用,图 6.4 的那些路径图应该扩展,需要添加一个路径,其对每个含有态 2 的路径都包括一个态 3 (即用标号 3 代替标号 2),而其余部分保持不变。这里,我们定义态 1、2、3 为 $|100\rangle$、$|010\rangle$ 和 $|001\rangle$。在双量子范畴中,我们有六个态,由三个组合态 $|110\rangle$、$|101\rangle$ 和 $|011\rangle$ 和三个泛频态 $|200\rangle$、$|020\rangle$ 和 $|002\rangle$ 所组成。从 0 到 1、2 和 3 的跃迁偶极彼此垂直。这样,所有从态 1 的作用而开始的路径就都被包括在内。那些从态 2 或者 3 起始的路径也会给出类似结果。各向异性将变成

$$r_3(\omega) = \frac{S_F(\omega_0 - \omega) - 0.2 S_C(\omega_0 - \delta - \omega) + 0.8 S_D(\omega_0 - \Delta - \omega)}{4 S_F(\omega_0 - \omega) - 2 S_C(\omega_0 - \delta - \omega) + 2 S_D(\omega_0 - \Delta - \omega)} \tag{6.20}$$

从这个等式可以很容易看出,漂白加受激辐射的各向异性是 0.25,但是当非对角非谐性变得很小、S_F 和 S_C 项得以完全考虑时,各向异性变为 0.4。组合模信号具有 0.1 的各向异性,与双重简并情形相似(式(6.19))。新的吸收也有 0.4 的各向异性(式(6.19))。因此,这种情况与双重简并的情形类似:各向异性在漂白、受激辐射与组合带区域,可能会是介于 0.25 和 0.4 的任何值,依赖于非谐性。如果采用宽带激发,涵盖所有可能的跃迁,或者如果非谐性非常之小,我们可以预期 0.4 的各向异性。在三重简并情形,对于三个平衡的、偏振垂直的态,各向异性的极限值为 0,源自 $1/3(0.4 - 0.2 - 0.2)$。当光谱跃迁很窄并且分辨率高到足以分辨组分态,那么可以计算出涉及 $A \rightarrow T$ 和 $T \rightarrow A + E + T_2$ 的偶极跃迁的每个对称组分的各向异性。

6.9 各向异性与光谱的分离

到目前为止,我们假设泵浦-探测信号可以写成一个光谱 S 与一个跃迁偶极的系综平均 $\langle \ldots \rangle$ 之积。泵浦-探测信号来自 Mukamel 所描述的三阶响应[34]。对于单个吸收子,有三个响应需要考虑:漂白、受激辐射与激发态吸收。该信号

是这些响应的半傅里叶变换的实部,而且除了常数外,都具有以下形式:

$$I_{aabb}(T,\omega) = \mathrm{Re}\int_0^\infty \mathrm{d}t \langle \hat{a} \cdot \mu_i(0)\hat{a} \cdot \mu_j(0)\hat{b} \cdot \mu_k(T)\hat{b} \cdot \mu_l(T+t)\mathrm{e}^{\mathrm{i}\omega t + \mathrm{i}\int_T^{T+t}\omega_{mn}(\tau)\mathrm{d}\tau - t/2T_1}\rangle$$

(6.21)

其中,$\omega_{mn}(t)$ 是与所辐射的相干信号关联的涨落振动频率。这个定义直接导向我们已使用的那些等式,如果偶极的投影之积在统计学上与指数项无关,并且最重要的是,由频率涨落和振动弛豫二者所决定的检测时间 t,其范围非常小,以至于我们在取向部分可假设 $T+t \approx T$。后一条件隐含了泵浦-探测的时延大于振动跃迁的带宽的倒数。我们同时在上述简单关系中假设偶极矩的大小是独立于时间的。稍后我们将给出一个草酸双阴离子的例子,其中这一条件显然没有满足。然而,在这些假设之下,并且时间离 $T=0$ 足够远时,上述信号可以写成

$$I_{aabb}(T,\omega) = \langle i_a j_a k_b(T) l_b(T)\rangle S(\omega_{mn}-\omega)$$ (6.22)

其中,光谱项现在可以定义为

$$S(\omega_{nm}-\omega) = \mathrm{e}^{-T/T_1}\mathrm{Re}\int_0^\infty \mathrm{d}t \langle \mathrm{e}^{\mathrm{i}\omega t + \mathrm{i}\int_T^{T+t}\omega_{mn}(\tau)\mathrm{d}\tau - t/2T_1}\rangle$$ (6.23)

在许多情形之下,系综平均的指数函数可以通过二阶累积展开[34]变换成常见的、依赖于振动频率-频率相关函数的解析光谱形式[21,35]。

6.10　相干转移效应

除了非谐性耦合、能量转移和交换之外,各向异性也可能被相干转移所影响。这种可能性在以前就曾被考虑过[36]。即使假设泵浦脉冲是 δ 函数,探测光的有限宽度可以导致 12 相干之间的相干转移可能性,这些相干态由一个和两个量子态的叠加所组成。简并态之间的振动能量转移时间是数百飞秒,所以我们质疑[7]相干转移速率是否也可能足够快以至于在检测时间内发生。

关于在简并能级上的泵浦-探测实验中的相干转移的要点是,它会在一定程度上移动组合带信号,从 $\omega_0-\delta$ 移到 $\omega_0-\Delta$,也移动一些双激发态信号,从 $\omega_0-\Delta$ 移到 $\omega_0-\delta$。作为这一要点的进一步解释,需要想到振动泵浦-探测实验中的信号是来自探测脉冲所产生的相干。例如,一组具有布居密度矩阵

$\rho_{10,10}$ 的分子,可以与探测脉冲作用,产生一个相干 $\rho_{11,10}$,产生在频率 $\omega_0-\delta$ 处的辐射信号。从 $\rho_{11,10}$ 的相干转移会得到一个相干态 $\rho_{02,01}$,它以频率 $\omega_0-\Delta$ 辐射信号。若其中的一些相干转移步骤发生得足够快,则各向异性会被更改。式(6.4)变为

$$\begin{cases} C_\parallel - C_\perp = -\dfrac{1}{30} + p\sqrt{2}\,[\langle 1_a 1_a 1_b 1_b \rangle - \langle 1_a 1_a 1_a 1_a \rangle] \\ C_\parallel + 2C_\perp = -\dfrac{1}{3} + p\sqrt{2}\,[\langle 1_a 1_a 1_a 1_a \rangle + 2\langle 1_a 1_a 1_b 1_b \rangle] \end{cases} \tag{6.24}$$

谐性近似的利用,得到 $V=1 \rightarrow V=2$ 的跃迁偶极为 $V=0 \rightarrow V=1$ 的 $\sqrt{2}$ 倍。组合带贡献给漂白/受激辐射的信号有一个净增加,这一点再加上一些假设,就给出一个修正的且相对简单的 $r(\omega)$ 等式:

$$r(\omega) \approx \frac{0.9 S_F(\omega_0-\omega) - 0.1(1+4\sqrt{2}\,p)S_C(\omega_0-\delta-\omega)}{3 S_F(\omega_0-\omega) - (1+\sqrt{2}\,p)S_C(\omega_0-\delta-\omega)} \tag{6.25}$$

其中,p 是在信号式(6.24)所指明的路径之间,相干转移会发生的小"积分概率"。这个结果(式(6.25))假定每一条允许路径的相干转移速率均相等。我们稍后会看到,如果相干转移的速率是在数百飞秒范围内,则其对探测信号的影响可能会高至约 10%。由于相干转移发生在检测时间 t 内,它的影响小,除非它进行的快于探测信号的自由衰减,持续的时间短于探测脉冲宽。由于各向同性分布的角度平均,或由于旋转波近似的原因,大多数的相干转移路径图都会从所观测的泵浦-探测信号中被消除。例如,从只用到基频(F 项)的路径不产生相干转移信号,因为它们都消失了,或由于取向平均,或由于能量失配,或由于极其小的跃迁偶极。组合带信号的净增长来自进出能量转移的失衡。因此,可以发现从相干 $\rho_{11,10}$ 到 $\rho_{02,01}$ 的转移可发生,而相关项中的取向因子不变;而从 $\rho_{20,10}$ 到 $\rho_{11,10}$ 的转移可进行,需将 $\langle 1111 \rangle$ 特征引入到式(6.11)的 $C_\parallel - C_\perp$ 项中不存在的组合带信号。当 δ 变得非常大时,p 因子对 ω_0 附近的各向异性没有影响,因为此条件意味着组合带对漂白和受激发射信号没有影响。在其他情形下则可能会有很大影响。这些影响,若使用外差瞬态光栅构型而不是泵浦探测,则可以被直接测到,因为在前一情形下检测时间 t 可通过实验扫描且各向异性在每个 t 值下可被测量。参数 p 在该情形下将与条件概率直接相关,如果特定的路径图对零时刻信号有贡献,则在 t 时刻它将不会有贡献,因为它很有可能会将其在 $\omega_0-\delta$ 的相干转移到一个新频率 $\omega_0-\Delta$,这个频率超出了

在受激辐射频率 ω_0 下的信号采集范围。

作为一个说明相干转移会怎样影响各向异性的具体例子,我们考虑在 $\omega_0 - \Delta$ 处的瞬态吸收信号。转移可以跨越虚线发生,虚线在图 6.5 的贡献信号的每条路径中给出。每条路径对信号的贡献,与其出现的次数成正比,也与其在谐性近似下的幅度及其角因子都成正比。

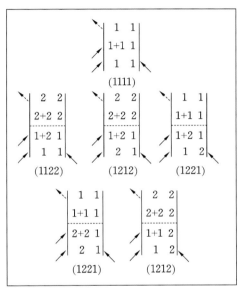

图 6.5 两个耦合振子的泵浦-探测瞬态吸收信号的刘维尔路径图。水平虚线表示在 t 时间周期的自发相干转移

我们假设图 6.5 的第 2 行和第 3 行的相干转移速率分别为 k_2 和 k_3,且都具有一个指数增长 $P_i(t) = 1 - \exp[-k_i t]$,其中 $i = 2,3$,则在 t 时刻各向异性变成

$$r(t) = \frac{4\sqrt{2} + P_2(t) + 3P_3(t)}{10\sqrt{2} + 5P_2(t)} \tag{6.26}$$

式(6.26)中的分子和分母组成了 t 周期中信号的各向异性部分,它们可由 2D IR 外差回波或者瞬态光栅实验测得。在一个其实是自外差的泵浦-探测实验中,测量的是探测电场乘以探测场与各向异性信号场的卷积,所得的积的 t 积分。因此,δ 脉冲激发的各向异性取决于如式(6.26)中的相干转移速率和探测场的包络。这种效应总是降低图 6.6 所示的不同脉宽时的各向异性。第 2 和 3 行的那些路径分别是体系与浴相互作用的级数展开中的四阶和六阶,因此至少 k_3 应该非常之小。

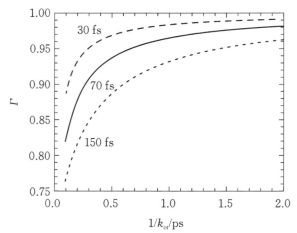

图 6.6 泵浦 - 探测各向异性中的相干转移效应。系数 Γ 是求得的有相干转移与没有相干转移时的各向异性之比,并且以相干转移速率 k_{ct} 为变量呈现

6.11 简并振动跃迁各向异性实例

在本节中,我们给出了本实验室中几个关于具有简并振动模的高对称分子的研究实例,总结了其各向异性研究结果。每个例子都描述了一些略有区别的、涵盖我们期望对许多其他体系具有典型性的特征的集合。所有实例的共同特征是,双重简并对的组分模式有强耦合,其耦合借助了与溶剂的相互作用,所考虑的溶剂是水(或 D_2O),并且有效耦合被默认为氢(或氘)键。在所有情形下,简并性的劈裂近似于或小于振动线宽,这使得即使在水介质中,平均而言这些离子大致有三重对称性。

6.11.1 胍离子

气相 Gdm^+ 计算预测了一个 D_3 对称性离子,其 C 和 N 原子在垂直于三重对称轴的平面上[7,8]。H—N—H 键角为 $120°$,每个 NH_2 基团的平面与 CN_3 平面大约形成 $12°$ 角(图 6.1)。游离离子的简正模分析表明,存在一种主要由 CN_3 伸缩和 NH_2 剪切运动组成的简并模,其频率接近 $1600\ cm^{-1}$,且在 CN_3 原子团平面上具有大的偶极导数。Gdm^+ 的碳原子带正电荷,这使得紧邻 CN_3 平面上方和下方的区域排斥水中的氢原子。因此,在这种情况下,强氢键在 NH_2 基团和趋近离子边缘的水分子之间形成。Gdm^+ 的泵浦 - 探测各向异性(图 6.7)用多指数形式能够很好地拟合,其快组分是由两个简并组分之间的振动能量转移引起的,而慢组分则由整体转动扩散引起的。这些过程的时间分离性赋予其幅度以结构意义。快过程大约 0.4 ps 而转动扩散通常慢于 5 ps。这个差异允许外推到所称的极限各向异性,正如我们已阐明的,其预计值为0.10。对于 Gdm$^+$ 情形,在五种不同 D$_2$O/甘油混合物中,在漂白和瞬态吸收区进行了实验测量。在这 10 个测量中,极限各向异性为 0.1±0.02。在高黏度溶剂如甘油/水混合物中,Gdm$^+$ 离子 C-N 跃迁的简并态被明显地劈裂为两个组分,表明分子的三重对称性发生扭曲。即便在此情形下,振动激发也在亚皮秒时间尺度上在两个态上变得平均化。

6.11.2 草酸双阴离子

草酸二价阴离子的两个相对的羧酸基团呈现出特别有趣的对称性[10]。草酸离子在气相中的对称性为 D$_{2d}$,有三个简并模式。草酸离子羧酸基团的伸缩模式的对称和反对称组合对,分别位于 1400～1500 cm^{-1} 和 1500～1700 cm^{-1}附近。羧基的非对称伸缩振动在 1575 cm^{-1} 附近。在草酸盐中,这些模式的频率位置取决于两个羧酸根平面是否平行。如果它们是平行的(二面角为零,D$_{2h}$对称),则两个不对称伸缩振动分量中只有一个是红外允许的[10]。否则,存在两个允许跃迁,当这个二面角等于 90°,它们成为具有 D$_{2d}$ 对称性的简并 E 模式。气相结构有一个 90°的二面角且是草酸在水溶液中最可能的结构[10]。

草酸盐的两个羧酸根的水合层足够接近(1.5 Å),它们必然共享一些 D$_2$O分子,或者至少每一个键合的溶剂分子对两个负离子中心都会敏感。草酸二价阴离子是一种非常特殊的情况,因为模的简并性会被羧酸二面角的变化所破坏,并且仅在 90°的平均角时才是简并的。此外,跃迁偶极强烈依赖于扭曲角。羧酸根二面角必须调整到接近 90°才能把库仑排斥力最小化,而与水网络的最佳配合不一定是在 90°的构象。因此,我们求得了随二面角变化的平均力的势能。该势能曲线很浅,在室温下的角度变化均方根为 30°。在此基础上,利用一对振动态的跃迁,我们解析了草酸盐的 2D IR 光谱;而这一对振动态,相对于简并构型而言经历着明显的角度涨落。我们将在稍后再介绍一下如何通过量子动力学模拟来解释这些测量。此外,与其他对称离子一样,草酸盐在亚皮秒时间尺度上的泵浦-探测信号(图 6.7)中表现出各向异性的衰减。这种超快偶极取向动力学与激子态之间的布居交换有关,也与羧酸频率的快速涨落有关(见 6.12 节)。

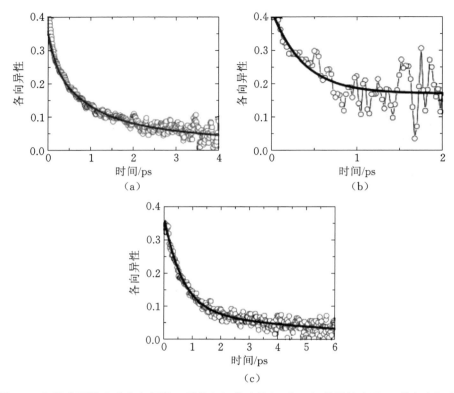

图 6.7 各种离子的实验各向异性。胍盐(a)、草酸盐(b)和三氰基甲烷离子(c)的各向异性
信号(空心圆)及其指数拟合(黑线)。在草酸盐情形中,信噪比由于羧酸根的振动
的超快弛豫(0.3 ps)而降低

6.11.3 三氰基甲烷离子

三氰基甲烷(tricyanomethanide,TCM)离子是由连接到中心碳上的三个
氰基组成的三重对称阴离子[11](图 6.1)。孤立的 TCM 离子具有以 D_{3h} 对称排
列的三个 CN 基团,其在 CN 伸缩区域中产生三个 IR 模式。出于对称性考虑,
这三种模式中的两种是简并的。该简并对与一对非对称的伸缩振动跃迁(A_1
和 A_2 模式)相对应[11]。剩余模式即一个对称伸缩振动(S 模式)[11]。该简并模
是 IR 活性的且位于 2172 cm^{-1},而另一个模式是非 IR 活性并由拉曼光谱在
2225 cm^{-1} 观察到。与 Gdm^+ 离子不同,中心碳原子带负电荷可充当氢键受
体。因而在此情形下,这个离子含有两个化学上不同、能形成氢键的位点:一
个是中心碳,另一个是 CN 基团。CN 基团要与外围水分子作用是可以预期

的,但中心碳将仅与从分子的顶部或底部接近的那些水分子发生作用。如同 Gdm⁺ 的情形,TCM 离子有各向异性泵浦-探测信号(图 6.7),可用多指数很好地描述,其产生的超快组分源于简并态间的布居转移而皮秒组分则源于转动扩散。此外,TCM 还显示了 0.10 的典型极限各向异性,由于布居转移和转动扩散二者的时间尺度之差异。然而,在 Gdm⁺ 中可以认为是 NH_2 基团与水分子的相互作用诱导了布居转移,与之不同,在 TCM 中,能量交换也可以得到水与离子中心碳所形成的氢键之辅助[11]。此外,布居转移机制得到了 2D IR 光谱的等待时间演化的支持,在这里,交叉峰生长的分析提供了很类似于泵浦-探测各向异性中观察到的布居转移速率。

在我们的 TCM 振动动力学研究中,已经建立了一种新的方法来描述简并模式的频率[11]。它包括直接评估在分子动力学模拟中观察到的每个瞬时离子构象的频率。由于离子的对称性,所感兴趣的振动跃迁在整个轨迹上都是近简并的。因此,跃迁频率不能被确定且简单地指认到一个特定的振动模式。为了在 MD 轨迹的整个过程中识别和跟踪每个简并跃迁的频率,我们计算了在两个连续 MD 快照中对每个瞬时模式的位移向量进行比较的相似性因子。所采用的步骤允许在轨迹中瞬时地标记简并对中的每个模式及其对应的频率。这就为评估实验的可观察量,如近简并振动跃迁的频率-频率相关函数和各向异性,提供了工具。

评估振动动力学的另一个策略是通过简正模分析,其宗旨是将离子的笛卡儿位移坐标的轨迹,剔除了整体平动和转动,描绘为简正模特征向量的位移矢量之线性组合。简正模坐标包含着振动模的时间演化,这能很容易地与可观察量如各向异性弛豫或布居转移速率联系起来。在我们的三氰基甲烷离子研究中,我们用了简正模分析来研究简并跃迁的振动动力学。这种方法为 TCM 离子的简并跃迁之间的能量转移及各向异性提供了一个模型,结果与实验符合得很好[11]。

6.11.4　质子化的精氨酸与 Gdm⁺ 的对称相似性

孤立的 Gdm⁺ 具有 D_3 对称性,其中 C 和 3 个 N 原子位于垂直于 C_3 轴的平面上[7,8]。在水溶液中,三重对称性稍被扰动且在约 $1600\ cm^{-1}$ 处的模式的简并性有几个波数的劈裂。正如我们所看到的,D_2O 通过前面讨论的机制在这些近简并模式之间引起了皮秒时间尺度的能量转移。精氨酸(Arg)的侧链由胍基组成(图 6.1),这与对称的 Gdm^+ 体系有所不同,仅因为其 $N-H$ 基团的六个氢原子之一(见图 6.1)被烷基取代所引起的略微破缺的对称性。精氨酸中胍部分的两个 CN_3 伸缩振动模并非完全简并,但胺取代对简并的简正模影响较小,并且与 Gdm^+ 情形相比,在 Arg^+ 中的组分态之间的快速能量转移没有被明显改变。2D IR 光谱允许借助各向异性直接观测超快能量转移,因此,即便是在复杂环境中[9],这一过程被提议作为 Arg^+ 特有的光谱特征。量子计算表明了甲基微扰对 Gdm^+ 简并性的影响:简并能级在 $MeGdm^+$ 中的分裂约为 $20\ cm^{-1}$,这接近于 Arg^- 二肽的实验值[9]。这个劈裂比 k_BT 小得多并且显然不太会影响所报道的 $500\ fs$ 能量转移时间。然而,已注意到对称性降低导致跃迁偶极经历互换,与彼此垂直的方向发生了小偏差。再者,劈裂的存在,使能够利用各向异性 2D IR 方法直接测量涉及两个近简并组分的平衡态动力学。

烷基的微扰也足以把不对称性引入到跃迁偶极的大小之中。一般来讲,路径总是以 μ_1^4 或 $\mu_1^2\mu_2^2$ 为因子。假设光谱线型因子对所有路径都是相同的,且非对角非谐性项 δ 很小,我们可以写出 2D IR 光谱中的交叉峰与对角 2D IR 信号的近似比值。以与上述相同的符号表示,利用合适的跃迁偶极因子和相同的光谱因子,2D IR 光谱中交叉峰信号 S_{12} 与简并性分裂的对角峰 S_{22} 之比,可直接由图 6.3 中的路径图形写出来;并要注意,交叉峰涉及的路径图,在相干和检测时间间隔内是一个不同的组分态(1 或 2):

$$\frac{S_{12}}{S_{22}} \approx \frac{2(P_{12}+1)\langle 1_a 1_a 2_b 2_b\rangle + P_{1212}\langle 1_a 2_a 1_b 2_b\rangle - 2P_{11}\langle 1_a 1_a 2_b 2_b\rangle - P_{1212}\langle 1_a 2_a 1_b 2_b\rangle}{2\left(\frac{\mu_2^2}{\mu_1^2}\right)(P_{11}+1)\langle 1_a 1_a 1_b 1_b\rangle + P_{1212}\langle 1_a 2_a 2_b 1_b\rangle - 2\left(\frac{\mu_2^2}{\mu_1^2}\right)P_{12}\langle 1_a 1_a 1_b 1_b\rangle - P_{1212}\langle 1_a 2_a 2_b 1_b\rangle}$$

$$= \frac{P_{12}\langle 1_a 1_a 2_b 2_b\rangle}{(\mu_2^2/\mu_1^2)P_{11}\langle 1_a 1_a 1_b 1_b\rangle}$$

$$(6.27)$$

这里,$P_{1212} = P_{12\to 12} + P_{12\to 21}$。

$MeGdm^+$ 的 2D IR 光谱作为等待时间的函数在图 6.8 中给出,由能量转移所导致的交叉峰的增长被突出显示。烷基 Gdm^+ 的结果表明,D_2O 可以使两个组分态之间的能量转移成为可能而不改变其位于垂直于三重轴的平面内的跃迁偶极方向,因为计算表明甲基的取代已确定了介电主轴(principal dielectric axes)。

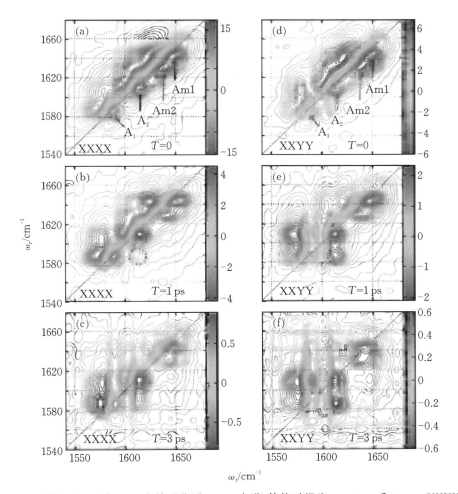

图 6.8 精氨酸二肽在 D_2O 中的吸收型 2D IR 光谱,等待时间为 0 ps、1 ps 和 3 ps。XXXX 偏振方案的光谱在左列给出,XXYY 偏振方案的光谱在右列给出。两个酰胺-I 模式被标记为 Am1 和 Am2。交叉峰区域由点圆圈突出显示。(改编自 Ghosh A, Tucker MJ, and Hochstrasser RM.2011.J. Phys. Chem. A 115(34):9731-9738.)

6.12 各向异性的分子描述

在对称离子如胍、三氰基甲烷离子和草酸盐中,关于各向异性的超快弛豫是如何发生的,有各种分子图像描述。

第一种方法已被讨论过,它涉及偶极的重定向,源自两个简并态之间的能量转移,其返回基态的跃迁偶极彼此垂直(图 6.9(a))。这个(重定向)过程可以被概念化成作用在一个模式上的力对另一个模式的影响,如前所述的那样。第二种可能性涉及准旋转机制(图 6.9(b))。在此情形,体系被概念化为离子和溶剂形成一个寿命长且稳定的构象,且溶剂不对称地围绕离子排列。这一模型产生了一个非简并态体系,起因于离子的非对称水层。能级对被激发后所发生的各向异性的衰减,是由于溶剂分子在等同结构之间的跳跃,而这些等同结构由分子骨架旋转 120° 后得到。在这两个表观上不相同的机理中,可将各向异性评估为两类离子的贡献,一类离子在探测脉冲到达之前,其跃迁偶极矩方向发生了变化,而另一类离子在探测脉冲到达之前,其跃迁偶极矩方向没有发生变化。因此,在某时刻 t 的偏振信号的 $(aabb)$ 张量的分量与一个系综平均成正比,即

$$
\begin{aligned}
I_{aabb}(t) = & \langle P_{ii}(t)\mu_{0i}^2(0)\mu_{0i}^2(t)(i)_a^2(i)_b^2(T) \\
& + \sum_{i \neq j} P_{ij}(t)\mu_{0i}^2(0)\mu_{0j}^2(t)(i)_a^2(j)_b^2(T)\rangle
\end{aligned}
\tag{6.28}
$$

其中,$P_{ii}(t)$ 是如果分子被泵浦到态 $|i\rangle$,在时间 t 后它仍将处于态 $|i\rangle$ 的概率,而 $P_{ij}(t)$ 则是其已经转移到态 $|j\rangle$ 的概率,加和则表示体系可具有的所有其他可能的跃迁偶极方向。当转移仅涉及少数几个态时,它们之间的布居转移动力学就可以用简单的条件性动力学因子来适当地表示,如同在二态、三态跳跃动力学中那样。对于简并跃迁之间的布居转移,这些因子就像在式(6.15)中所给出的那样,其跃迁偶极以 $\pi/2$ 的角度跳跃。如果在转移中涉及三个同等位点,例如在三重轴分子的准旋转,则动力学因子由下式给出:

$$
\begin{cases}
P_{11}(t) = P_{22}(t) = P_{33}(t) = 1/3(1+2e^{-3kt}) \\
P_{12}(t) = P_{13}(t) = P_{23}(t) = 1/3(1-e^{-3kt})
\end{cases}
\tag{6.29}
$$

其中,k 是位点到位点的跳跃速率系数。一个跃迁的跃迁偶极 $\hat{\mu}_{0i}$ 始终垂直于 $\hat{\mu}_{0j}$,因为它们都是离子的简正模式。利用笛卡儿张量,$\langle 1_a^2 2_b^2(t)\rangle = 2/15$、$\langle 1_a^2 1_a^2(t)\rangle = 1/5$ 和 $\langle 1_a^2 1_b^2(t)\rangle = 1/15 = \langle 1_a^2 2_a^2(t)\rangle$,可为布居转移机制推导出各向异性的分子部分

$$
I_{aaaa} - I_{aabb} = \frac{e^{-6Dt}}{3}\left(\frac{2}{5}\langle \mu_1^2(0)\mu_1^2(t)\rangle_\theta P_{11}(t) - \frac{1}{5}\langle \mu_1^2(0)\mu_2^2(t)\rangle_\theta P_{12}(t)\right)
\tag{6.30}
$$

类似地,对于准旋转 I_{aabb}^P,式(6.5)的分子部分是

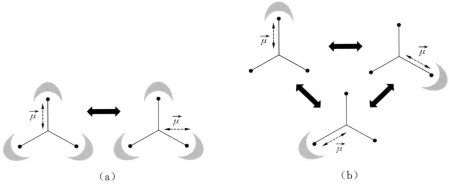

图 6.9 准旋转机制与态叠加机制。在态叠加机制 (a) 中,偶极方向的跳跃只有 $90°$,

而在准旋转机制 (b) 中,跃迁偶极方向有 $120°$ 跳跃

$$I_{aaaa}^{P} - I_{aabb}^{P} = \frac{e^{-6Dt}}{3}\left\{\begin{array}{l} \dfrac{2}{5}\langle\mu_1^2(0)\mu_1^2(t)\rangle_\theta P_{11}(t) \\[2mm] -\dfrac{1}{20}(\langle\mu_1^2(0)\mu_2^2(t)\rangle_\theta P_{12}(t) + \langle\mu_1^2(0)\mu_3^2(t)\rangle_\theta P_{13}(t)) \end{array}\right\}$$

$$(6.31)$$

最后,各向异性可以表示为

$$r(t) = e^{-6Dt}\frac{\{0.4\langle\mu_1^2(0)\mu_1^2(t)\rangle_\theta P_{11}(t) - 0.2\langle\mu_1^2(0)\mu_2^2(t)\rangle_\theta P_{12}(t)\}}{\{\langle\mu_1^2(0)\mu_1^2(t)\rangle_\theta P_{11}(t) + \langle\mu_1^2(0)\mu_2^2(t)\rangle_\theta P_{12}(t)\}}$$

$$(6.32)$$

$$r_p(t) =$$

$$e^{-6Dt}\frac{\{0.4\langle\mu_1^2(0)\mu_1^2(t)\rangle_\theta P_{11}(t) - 0.05(\langle\mu_1^2(0)\mu_2^2(t)\rangle_\theta P_{12}(t) + \langle\mu_1^2(0)\mu_3^2(t)\rangle_\theta P_{13}(t))\}}{\{\langle\mu_1^2(0)\mu_1^2(t)\rangle_\theta P_{11}(t) + \langle\mu_1^2(0)\mu_2^2(t)\rangle_\theta P_{12}(t) + \langle\mu_1^2(0)\mu_3^2(t)\rangle_\theta P_{13}(t)\}}$$

$$(6.33)$$

倘若跃迁偶极是恒定的或经历非常慢的相关性弛豫,且对所有的跃迁是相同的,则各向异性可以简化为其常见形式:

$$r(t) = e^{-6Dt}[0.4P_{11}(t) - 0.2P_{12}(t)] \tag{6.34}$$

$$r(t) = e^{-6Dt}[0.4P_{11}(t) - 0.05P_{12}(t) - 0.05P_{13}(t)] \tag{6.35}$$

从这两个结果可以看出,两种机制(忽略转动扩散)的极限值是相同的,$r(0) = 0.4$ 和 $r(\infty) = 0.1$。因此,各向异性的测量提供了动力学的时间尺度,但其结果并不能区分所提议的那些关于跃迁偶极重定向的微观机制。

然而,2D IR 光谱可以辨析这个不确定性。布居转移使得 2D IR 光谱具有交叉峰,这正是劈裂的简并性的组分间的能量转移之情形。而准旋转则改变对角峰的各向异性而不产生任何交叉峰。体系在等同的但旋转过的态之间跳跃,涉及的是一些不可区分的刘维尔路径。频率明显分离的一对振子的模拟 2D IR 光谱(图 6.10),很清楚地显示了一对经历着能量转移的振动跃迁的光谱效应。

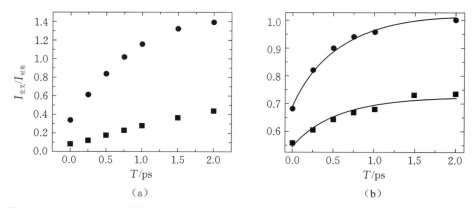

图 6.10 DGdm$^+$ 在 59% 的 D-甘油/D$_2$O 中的模拟和实验 2D IR 交叉峰与对角峰强度比的时间依赖性。(a)模拟 2D IR 光谱,XXXX(圆形)和 XXYY(正方形)偏振条件,假设组分态之间有布居交换。(b)位于 (1601 cm^{-1},1585 cm^{-1}) 处的交叉峰与 (1601 cm^{-1},1601 cm^{-1}) 处的对角峰的振幅比。偏振条件为 XXXX(正方形)和 XXYY(圆形)。数据是指 2D IR 吸收型光谱。单指数拟合以实线给出。(改编自 Vorobyev DY,et al.2009.J. Phys. Chem. B 113(46):15382-15391.)(译者注:(a,b) 中的偏振数据似乎不匹配,引文中亦无此图)

在两个给出的例子中,偶极的大小被认为是常数,这验证了式(6.34)和式(6.35)。然而,当式(6.32)中的偶极的大小随时间发生显著变化时,会出现一个非常有意思的情形。对于草酸二价阴离子,由两个耦合的羧基跃迁之间的角度 θ 的涨落所导致的相关函数 $\langle \mu_i^2(0)\mu_i^2(t)\rangle_\theta$,是其各向异性的时随性的原因。在下一节中,我们总结一下这种情况的典型数值处理方法。

6.13 理论模拟

描述对称离子的主要挑战之一是如何把离子的位置性质关联到实验可观察量,如频率相关时间、各向异性弛豫,等等。连接位点模式和简正模式的一种可能的方法是,将对称离子模拟为耦合振子体系,其中每个位点由单个振子表示。例如,在离子可以被描述为两个耦合振子的情形下(图 6.11),包含了局域位点的基态,一个和两个量子态跃迁的振动哈密顿可表示为

$$
\boldsymbol{H} = \begin{bmatrix}
0 & & & & \\
 & \omega_1(t) & \beta(t) & & & \\
 & \beta(t) & \omega_2(t) & & & \\
 & & & 2\omega_1(t)-\Delta & 0 & \sqrt{2}\beta(t) \\
 & & & 0 & 2\omega_2(t)-\Delta & \sqrt{2}\beta(t) \\
 & & & \sqrt{2}\beta(t) & \sqrt{2}\beta(t) & \omega_1(t)+\omega_2(t)-\delta
\end{bmatrix}
$$

(6.36)

其中,$\omega_i(t)=\omega_{10}+\delta\omega_i(t)$ 是被溶剂扰动($\delta\omega_i(t)$)的位点在无耦时合的频率(ω_{10}),$\beta(t)$ 是耦合强度,Δ 和 δ 分别是局域模和混合模的非谐性。哈密顿的双量子部分的耦合常数中的因子 $\sqrt{2}$ 来自简谐近似。由于假设在一个和两个量子多重态(manifold)之间不存在耦合,所以这个哈密顿可以被分部处理。哈密顿的单量子多重态有解析解,其形式如下:

$$
\boldsymbol{H} = \begin{bmatrix}
\dfrac{\omega_1(t)+\omega_2(t)}{2}-\Omega(t) & \\
 & \dfrac{\omega_1(t)+\omega_2(t)}{2}+\Omega(t)
\end{bmatrix}
$$

(6.37)

这里,$\Omega(t)=\sqrt{\left((\omega_1(t)-\omega_2(t))^2+(2\beta(t))^2\right)}/2$,且本征向量为

$$
\begin{cases}
|+\rangle(t) = \cos\dfrac{\Theta(t_1)}{2}|10\rangle + \sin\dfrac{\Theta(t)}{2}|01\rangle \\[2mm]
|-\rangle(t) = -\sin\dfrac{\Theta(t)}{2}|10\rangle + \cos\dfrac{\Theta(t)}{2}|01\rangle
\end{cases}
$$

(6.38)

这里,$\tan\Theta(t)=2|\beta(t)|/(\omega_1(t)-\omega_2(t))$,如图 6.12 所示,$\beta(t)=|\beta(t)|$。

哈密顿算子的两量子多重态有一个解析解,但其特征值不能用一个简单的等式来表示。然而,双量子本征态可以写成

$$
\begin{cases}
|S_+\rangle(t) = C_{20}^{S+}(t)|20\rangle + C_{02}^{S+}(t)|02\rangle + C_{11}^{S+}(t)|11\rangle \\
|S_-\rangle(t) = C_{20}^{S-}(t)|20\rangle + C_{02}^{S-}(t)|02\rangle + C_{11}^{S-}(t)|11\rangle \\
|a\rangle(t) = C_{20}^{a}(t)|20\rangle + C_{02}^{a}(t)|02\rangle + C_{11}^{a}(t)|11\rangle
\end{cases}
$$

(6.39)

注意到这一表示再现了实验振动光谱,因为跃迁偶极矩算符在位点基组中可以被描述为

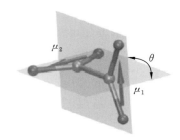

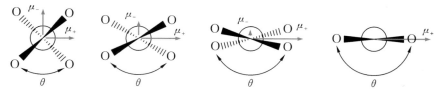

图 6.11 草酸二价阴离子中两个激子跃迁($|+\rangle$和$|-\rangle$)的跃迁偶极大小的角度依赖性。两个羧基面之间的二面角定义为角度 θ

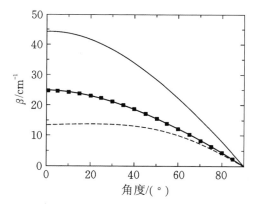

图 6.12 在不同近似方法下孤立的草酸双阴离子的两个羧基的不对称伸缩之间的耦合随二面角的变化。实线、实线加填充方形、虚线分别表示由 TDC、TCC 和 DFT 方法预测的耦合常数。(摘自 Kuroda DG and Hochstrasser RM.2011.J. Chem. Phys.135 (20):044501.)

$$\boldsymbol{\mu} = \begin{bmatrix} & \boldsymbol{\mu}_1 & \boldsymbol{\mu}_2 \\ \boldsymbol{\mu}_1 & & \\ \boldsymbol{\mu}_2 & & \end{bmatrix} \tag{6.40}$$

其中,$\boldsymbol{\mu}_i$是第 i 个位点的跃迁偶极矢量。简正模式基组的跃迁偶极算符,可以施行一个与振动哈密顿算符的对角化同样的酉变换而得到。这样,跃迁偶极的大小是

$$|\mu_{0+}(t)|^2 = |\langle + |\mu|0\rangle|^2 = 1 + \sin\Theta(t)\cos\theta_{ij}(t) \qquad (6.41)$$

$$|\mu_{0-}(t)|^2 = |\langle - |\mu|0\rangle|^2 = 1 - \sin\Theta(t)\cos\theta_{ij}(t) \qquad (6.42)$$

其中,$\theta_{ij}(t)$ 是局域位点基组的跃迁偶极之间的夹角。

如果所有的分子可观察量如位点频率涨落和耦合常数都已知,则可能求解瞬时哈密顿并计算离子的线性 IR 吸收和 2D IR 光谱。因此,我们在本节的下一部分专注于从分子动力学模拟和/或从头算中获得这些分子变量。

6.13.1　耦合常数的估值

2D IR 光谱方法的重要优势之一,是其通过交叉峰的存在测定不同模式之间的耦合的能力。在某些高对称分子中,振动态的一个合理的零阶描述,就是对应于每个孤立体系或位点的激发的振动哈密顿之和,正如 Frenkel 激子理论所述。这些位点模式之间的耦合,可以通过跃迁偶极耦合(transition dipole coupling,TDC)、跃迁电荷耦合(transition charge coupling,TCC)或从头理论计算来评估。在草酸双阴离子的羧基之间的耦合正是如此,其中每个羧基有跃迁偶极,其方向平行于羧酸根两个氧原子的连线。

TDC 模型最为简单,位点间仅通过偶极-偶极近似,以下式的库仑势进行相互作用:

$$V(r_{ij}) = \frac{1}{4\pi\varepsilon_0 r_{ij}^3}\left[\vec{\mu}_i \cdot \vec{\mu}_j - \frac{3(\vec{\mu}_i \cdot \vec{r}_{ij})(\vec{\mu}_j \cdot \vec{r}_{ij})}{r_{ij}^2}\right] \qquad (6.43)$$

其中,$\vec{\mu}_i$ 为第 i 个位点的跃迁偶极矩,$\vec{r}_{ij}$ 为连接它们的向量。当孤立的体系偶极之间的距离远大于偶极的大小时,$|\vec{\mu}_i| \ll |\vec{r}_{ij}|$,这个模型是合理的。在 TCC 中,耦合常数被模型化为由于两个振子的存在所导致的(体系)能量变化,并且考虑了在简正模式位移时所产生的电荷通量效应[37]。TCC 模型不仅考虑了偶极-偶极相互作用,也考虑了其他多极相互作用,例如偶极-四极作用,但忽略了贯键(through-bond)相互作用。电荷及其导数可从包含该位点(振子)且最适宜于计算的分子的从头算中获得,例如,甲酸为羧酸基团作模型,氰化物为腈基作模型。当然,耦合常数可以由直接从头算中获得。

草酸二价阴离子提供了一个由不同方法获得的那些耦合常数的例子[10]。草酸盐是一个很特别的情形,其耦合常数随两个羧酸面之间的二面角而变化。此外,两个羧基仅分开 1.5 Å,这使得某些简单模型不再适用。不出所料,预测的草酸羧基之间的角度型相互作用,通过 TDC 或 TCC,得到的耦合大于密度泛函理论(density functional theory,DFT)的计算结果(图 6.12)。TDC 方法看起来明显地高估了耦合,几乎有 4 倍。TCC 表现出与 DFT 计算更好的一致性,它仍然给出明显地大于 DFT 计算结果几乎 2 倍的耦合常数。TDC 或 TCC 与 DFT 的不符,是由于草酸的羧酸基团之间不可忽略的贯键相互作用,因为这两个位点具有明显重叠的电子密度。然而,随着二面角达到 $\pi/2$ 且对称性趋向 D_{2d},所有耦合模型都趋向于零耦合。

6.13.2 频率涨落

某些振子的激发频率的涨落,可由频率图结合经典分子动力学模拟来求得。频率图是基于溶剂对振子中的一些原子所施加的电场,与振子的振动频率之间的经验相关性,如 Cho 及其合作者所描述的那样[38]。振动模的频率被模型化为

$$\omega = \omega_0 + \sum_{ia} C_{ia} E_{ia}(r_i) \tag{6.44}$$

其中,ω_0 是在真空中的位点频率,$a = \{x, y, z\}$,E_i 是位点中一个给定原子的静电场或其一阶或二阶导数,C_{ia} 是由从头计算得到的静电关联参数。已经发展了一些不同的频率图来描述常见的 IR 探针如腈、叠氮、羧酸和酰胺-I 模式等的 IR 吸收频率与带宽[39-52]。在我们研究草酸的工作中,使用了 Falvo 等人的频率图[43],这要求对每个羧酸根离子组分进行 18 个点的电场评估,并且已经成功地用于描述其他分子体系的羧酸基团[43,53]。

6.13.3 振动动力学的模型化

由于离子位点的动力学和水合层中溶剂分子的动力学,离子-溶剂复合物的振动哈密顿是时随的(式(6.36))。对于一般的二能级动力学,以自相关函数和互相关函数形式给出的、带参数的一些有价值的等式,已由 Silbey 和 Wertheimer 报道过[32]。然而,在某些情况下,微扰理论是不够的,必须求解完整的含时薛定谔方程。我们将在本节给出一个这样计算的例子。求解两个位点的含时哈密顿得到如下形式的微分方程组:

$$\begin{cases} i\dfrac{dc_1}{dt} = \omega_1(t)c_1 + \beta(t)c_2 \\[2mm] i\dfrac{dc_2}{dt} = \omega_2(t)c_2 + \beta(t)c_1 \end{cases} \tag{6.45}$$

其中,$\omega_i(t)$ 是从式(6.44)获得的瞬时频率,$\beta(t)$ 是瞬时耦合常数,两个 c 是位点基组中振动波函数的系数。从含时薛定谔方程得到的微分方程组可以

用标准算法求解。这些系数提供了位点的瞬时布居数和瞬时态之间相干。然而,为了计算在例如瞬态光栅和 2D IR 实验中看到的可观察量,必须计算系综的统计平均。由于模拟一个分子系综在计算上是不可能的,分子动力学模拟是在一个长时间窗口内进行的。因此,密度矩阵可以通过对瞬时值 $c_m^*(t)c_n(t)$ 进行平均来求得,平均是在轨迹中选取大量数目的较短时间窗口上进行,这样做等同于产生一个数值的系综[54]。这一操作可给出统计密度矩阵元

$$\rho_{nm}(t) = \langle c_m^*(t)c_n(t) \rangle \qquad (6.46)$$

这个密度矩阵可使我们从密度矩阵(式(6.46))的系统算符的迹出发,计算参数平均值。

密度矩阵元的时随性提供了描述体系振动动力学所需的信息,例如 $\rho_{11}(t)$ 和 $\rho_{12}(t)$ 表示与浴(bath)有作用的耦合振子体系的布居和相干的时间演化。密度矩阵元可以与实验可观察量相关联。例如,布居的时间演化可以用于认识含有两个近简并跃迁的离子中的布居转移机制,如 6.10 节所给出的例子。

在草酸盐研究[10]中,我们使用密度矩阵演化来获得在位点基组和激子基组中,布居转移和相干转移的特征时间及其各向异性。此外,布居转移与各向异性弛豫之间的比较,使得我们能够根据简单的位点参数,如频率涨落和耦合常数,对草酸中发生的过程进行模拟。

6.13.4　线性吸收光谱

线性吸收光谱由偶极时间相关函数的傅里叶变换给出:

$$I(\omega) \sim \int_{-\infty}^{\infty} dt \, e^{-i\omega t} \langle \mu_a(t)\mu_a(0) \rangle \qquad (6.47)$$

其中,μ_a 是偶极算符的 a 分量。在半经典极限中,一个特定振动模式从基态到第一激发态的跃迁率(transition rate)是

$$I(\omega) \sim \int_{-\infty}^{\infty} e^{-i\omega t} \left\langle \hat{I}_a(0)\,\hat{I}_a(t)\mu_{01}(0)\mu_{10}(t)\exp\left[i\int_0^t \omega_{10}(\tau)d\tau\right]\right\rangle dt \qquad (6.48)$$

其中,$\hat{I}_a$ 是投影到实验室轴的单位跃迁偶极,μ_{10} 是跃迁偶极的大小,ω_{10} 是时随的跃迁频率。假设转动扩散与跃迁偶极的大小的变化没有关联,并引入寿命作为一个经验因子,则线性 IR 光谱表达式变为

$$I(\omega) \sim \int_{-\infty}^{\infty} e^{-i\omega t} e^{-t/T_1} \langle \hat{I}_a(0)\hat{I}_a(t)\rangle \left\langle \mu_{10}(0)\mu_{10}(t)\exp\left[i\int_0^t \omega_{10}(\tau)d\tau\right]\right\rangle dt$$

$$(6.49)$$

其中，T_1 是态的振动寿命。在最后一个等式中，第一个平均表示体系的取向动力学（视体系为球体），即

$$\langle \hat{I}_a(0)\hat{I}_a(t)\rangle = \exp(-2Dt) \tag{6.50}$$

如果跃迁偶极大小在时间上大约为常数，则式(6.49)所得结果可被高度简化。然而，存在一些情况，其频率涨落不是高斯分布且跃迁偶极经历着大幅度的涨落。草酸二价阴离子正是如此情形，因为二面角的时随性意味着跃迁偶极的大小必须被考虑。

在计算草酸盐的红外光谱（图 6.13）时，必须扩展式(6.49)以考虑草酸双阴离子中所存在的两个激子态（$|+\rangle$ 和 $|-\rangle$）。因为两个激子态拥有互相垂直的跃迁偶极，线性 IR 光谱是两个激子态之和，即

$$I(\omega) \sim \int_{-\infty}^{\infty} e^{-i\omega t} e^{-t/T_1} \sum_{j=|+\rangle,|-\rangle} \langle \hat{j}_a(0)\hat{j}_a(t)\rangle \left\langle \mu_{j0}(0)\mu_{j0}(t)\exp\left[i\int_0^t \omega_{j0}(\tau)d\tau\right]\right\rangle dt$$

$$(6.51)$$

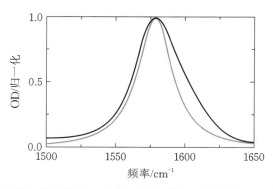

图 6.13 草酸盐的实验与模拟线性 IR 光谱。黑线是实验吸收线型，而灰线则由文中讨论的与式(6.36)有关的模型所预测。(取自 Kuroda DG and Hochstrasser RM.2011. J. Chem. Phys.135(20):044501.)

注意式(6.51)中没有包括布居交换项的显式，因为当从瞬时哈密顿（式(6.36)）的解析解中计算 $|+\rangle$ 和 $|-\rangle$ 态的瞬时频率时已经考虑过布居的交换。数值计算得到的草酸盐吸收光谱在图 6.13 中给出，由结果可看出，线性

IR 光谱具有稍微不对称的线型。线性光谱中存在不对称性，表明跃迁偶极大小的涨落，在描述如对称小离子等耦合体系的线性 IR 光谱时，或许扮演着一个重要角色。

6.13.5 2D IR 吸收光谱

在 2D IR 光谱中，信号 $S(\omega_\tau, T, \omega_t)$ 来自三个 IR 脉冲与体系的作用。这个信号场由一个冲击性地诱导出来的宏观极化所产生，即

$$S(\omega_\tau, T, \omega_t) = \mathrm{Re}\Big[\sum_{i=1}^{20} S_i(\omega_\tau, T, \omega_t)\Big] \tag{6.52}$$

这里

$$S_i(\omega_\tau, T, \omega_t) = \int_0^\infty \mathrm{d}t_1 \int_0^\infty \mathrm{d}t_3 \exp(\mathrm{i}\omega_t t \mp \omega_\tau \tau) R_i(\tau, T, t) \tag{6.53}$$

指数的符号定义了重聚相（rephasing）（＋）或非重聚相（rephasing）（－）对信号的贡献，$R_i(\tau, T, t)$ 是由不同的刘维尔空间路径所给出的相应的响应函数。当一个离子含有两个激子态时，可能对 2D IR 光谱有贡献的响应函数（刘维尔空间路径）的数目是 20（图 6.14）。

在草酸盐的情况下，激子具有时随的相互作用，不需要作 Condon 近似就可以使用响应函数。然而，跃迁偶极的大小极有可能与其方向没有关联，这意味着内部运动与整体运动的分离。对于草酸盐，慢得多的转动扩散就没有关联着内部运动，譬如其超快的二面角变化。因此，在这一假设下，可以简化响应函数。例如，图 6.14 中的响应 $R_i(\tau, T, t)$ 是

$$R_1(\tau, T, t) = \langle \hat{+}_a(0)\, \hat{+}_b(\tau)\, \hat{+}_c(\tau+T)\, \hat{+}_d(\tau+T+t) \rangle$$

$$\times \Big\langle \mu_{+0}(0)\exp\Big[\mathrm{i}\int_0^\tau \omega_{+0}(\Gamma)\mathrm{d}\Gamma\Big]\mu_{+0}(\tau)\mu_{+0}(\tau+T) \tag{6.54}$$

$$\exp\Big[-\mathrm{i}\int_{\tau+T}^{\tau+T+t}\omega_{+0}(\Gamma)\mathrm{d}\Gamma\Big]\mu_{+0}(\tau+T+t)\Big\rangle$$

其中，$\hat{+}_a$ 是投影到 a 轴上的正能态的跃迁偶极的单位向量，μ_{+0} 是跃迁偶极的大小，ω_{+0} 是时随跃迁频率。式（6.54）的第一个平均是本章中前面已描述的取向因子。

所提出的方法使人们在常用的 Condon 近似假设不能被应用时，也可以计算 2D IR 光谱。

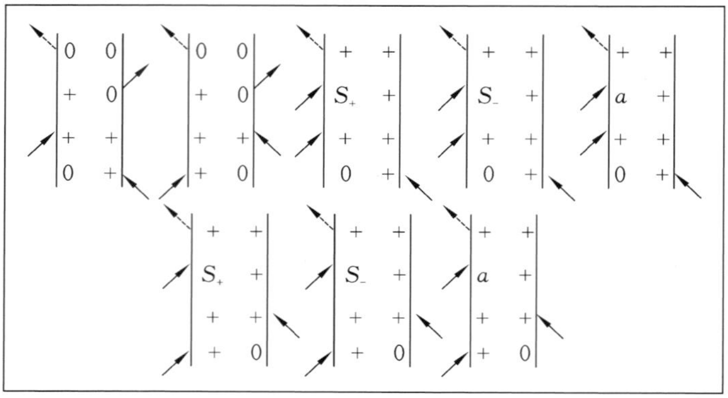

（a）

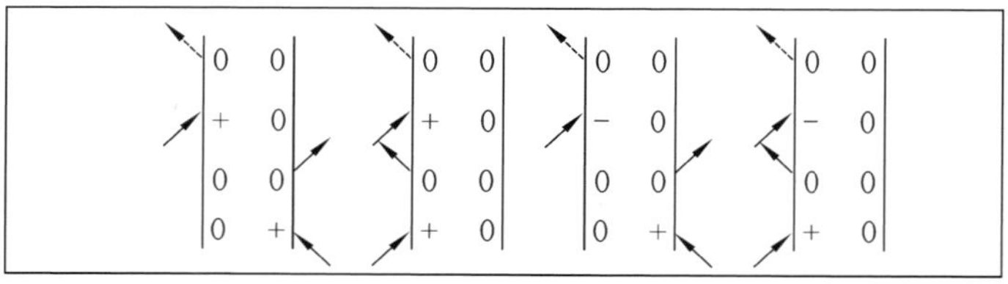

（b）

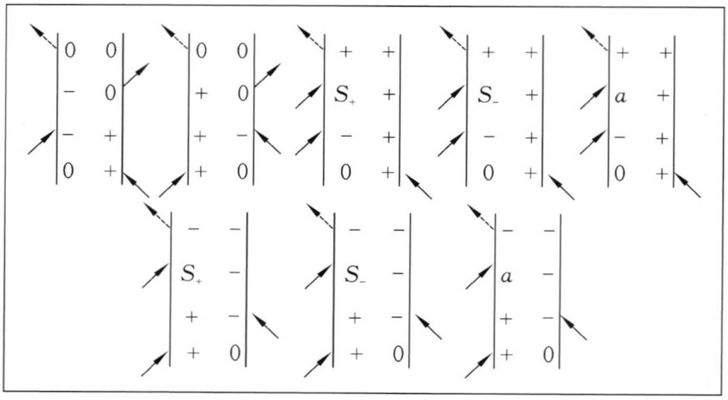

（c）

图 6.14　对 $-k_1+k_2+k_3$ 方向辐射的光子回波信号有贡献的激子跃迁的刘维尔路径图。
路径图按照对下述信号的贡献而排序：（a）新吸收、（b）漂白和（c）在 T 时间段内涉
及相干态。模拟所需的完整路径图集还包括将＋和－标记互换的那些图

6.14　激子的各向异性

具有两个耦合羧基的草酸二价阴离子，在其各向异性响应中表现出一些
独特的情形。$v=1$ 态由两个相互作用的羧基形成，因此它们是有效的激子

态,在 D_{2d} 对称性下耦合消失(图 6.11)。自然地,这些态的相干叠加态也有可能被激发,因而从原理上讲,各向异性应该包含所有的相干路径图以及那些涉及中间布居态的路径图,正如式(6.5)所描述的那样。可利用激子模型来描述两个羧基的非对称伸缩之间的动态耦合。每个羧基跃迁偶极,其方向平行于任意一个羧基的两个氧原子的连线,并且它们可被表示为位于羧酸基团质心的向量 $\mu_{01}^{(1)} = \mu_{01}\hat{1}$ 和 $\mu_{01}^{(2)} = \mu_{01}\hat{2}$,其中,$\mu_{01}$ 是单个羧基不对称伸缩振动模的 $v = 0$ 至 $v = 1$ 跃迁的跃迁偶极的大小。单位矢量 $\hat{\pm} = (\hat{1}(t) + \hat{2}(t))/\sqrt{2}$ 与时间无关,忽略总体转动,因为二面角的变化只会导致向离域态的跃迁偶极大小的变化(图 6.11),在时间 t 时其由下式给出:

$$|\mu_{\pm 0}(t)| = \mu_{01}\sqrt{(1 \pm \overline{\cos\theta(t)})} \tag{6.55}$$

下面更详细描述的计算表明,这个激子密度矩阵的非对角线元弛豫很快。数十飞秒之快的角度分布弛豫,对这些相干态的弛豫有贡献,计算发现大约 100 fs 相干完全消失。因此,激子态的相干不需要包括在各向异性的表达式中。用式(6.28)所给出的 $I_{aabb}(T)$ 接着计算了泵浦探测的平行与垂直信号。我们使用与先前相同的符号将路径态($\pm$)投影到实验室轴($\pm$)$_a$。结果与式(6.32)中的相同,其中假定二面角的运动与整体运动在统计学上彼此独立。偶极大小两端的尖括号,意味着在二面角 θ 的分布上对跃迁矩的大小取平均;这些项,以式(6.32)中的 $\langle\mu_{0+}^2(0)\mu_{0+}^2(t)\rangle_\theta$ 为典型,依赖于二面角的涨落所导致的偶极大小的时间变化。如果不是因为随着二面角的涨落而发生变化的跃迁偶极的大小,各向异性将随着时间常数 $1/k$ 从 0.4 降为 0.1,如式(6.34)所表示的那样。直接加和所有那些刘维尔路径图(图 6.3),也可以得到上述结果;所加和的路径图,都要对处于平衡的一对量子态上的泵浦-探测信号有所贡献。这个结果包含着一个假设,即非对角的非谐性为零,这使得两个激子跃迁的组合带,正好等于基础频率的 2 倍:这就消除了信号中激子态相干激发的贡献。此外,为了抵消这些路径图,要求激子频率的涨落是忽略不计的,这与只存在微小耦合涨落的模型结果是一致的[32]。这个模型的一个最重要的特征是 $|+\rangle$ 和 $|-\rangle$ 之间的布居交换(式(6.32)中的 P_{11} 和 P_{12})会引起各向异性的快速下降,而与任何取向动力学无关。再者,位点态的频率涨落必然导致各向异性的衰减,因为两个羧基间的耦合很小。在此极限,速率表达式(6.14)(原文误作式(6.3),译者注)为

$$k_{\text{et}} = \frac{1}{\hbar^2} \int_{-\infty}^{\infty} dt \langle V_{+-}(t)V_{-+}(0)\rangle \approx \int_{-\infty}^{\infty} dt \langle \delta\omega_{10}(t)\delta\omega_{10}(0)\rangle \tag{6.56}$$

将式(6.56)(原文误作式(6.57),译者注)的结果引入到等式(6.32)得到的各向异性的表达式有如下形式:

$$r(t) = e^{-6Dt} \frac{0.4P_{++}(t) - 0.2\alpha P_{+-}(t)}{P_{++}(t) + \alpha P_{+-}(t)} \tag{6.57}$$

参数 α 依赖于由势能函数和温度所决定的二面角动力学,给出如下:

$$\alpha(t) = \frac{\langle \cos^2(\theta(0)/2)\sin^2(\theta(t)/2)\rangle}{\langle \cos^2(\theta(0)/2)\cos^2(\theta(t)/2)\rangle} \tag{6.58}$$

其中,$\theta(t)$ 是在 $t = 0$ 时从 $\theta(0)$ 的初始值开始,到时间 t 时的二面角。这个 α 参数从 0 变化到 1,故将式(6.57)的第二项项限制为 0.1 到 0.4 之间的值。因此,各向异性受跃迁偶极大小的涨落的存在所影响。然而,如果与各向异性的变化相比,参数 α 很快地增长到 1,那么,时随性的跃迁偶极大小在各向异性中的影响将会减弱。对于草酸盐[10],α 在 $100\sim200$ fs 内衰减。由此分析可见,这个模型可区分该体系最初被激发到了局域态还是离域态,并且提供了一个框架,可依据位点间的相干损失来解释各向异性的时随特性。

6.15　简并振动跃迁中极化效应概述

一些相对较小的分子离子具有足够高的对称性,因而具有简并振动模式。我们给出了三重对称离子的几个例子:胍阳离子、三氰基甲烷阴离子和 D_{2d} 草酸二价阴离子。这些离子具有简并振动能级,处于当前的泵浦-探测和 2D IR 光谱学手段可使用的 IR 光谱区域内。在水中,离子可形成强氢键,简并能级为溶剂结构提供了敏感的探针。溶剂动力学引起高对称构象的涨落,但是也观察到,平均来看,简并性可以发生劈裂。这些结果表明,水倾向于结合不对称的离子结构,使得失真的离子结构成为具有最低自由能的那一个。然而,简并性的劈裂可以非常之小,甚至比光谱线宽还要小很多,正如在三氰基甲烷阴离子的情况,以至于需要 2D IR 光谱线型分析才能确定劈裂。

这些跃迁的 IR 极化极大地揭示了动力学过程。我们讨论了这种简并能级的泵浦-探测各向异性的起源,并表征了非谐性耦合对 IR 极化特性的重要作用。我们表明各向异性不是典范值 0.4,而是可以处于 0.3 和 0.4 之间,后一值被当作是瞬态吸收信号的规则。当非对角非谐性变得非常小时,在漂白和受激辐射信号中，各向异性恢复为典范值 0.4，正如 D_{2d} 的草酸二价阴离子的情形。简并能级的组分态借助溶剂的涨落而彼此强烈耦合，能量也在组分态之间迅速流动。一个组分态的弛豫可被认为是振动能量弛豫进入另一个组分态。这个弛豫被描述为一个态响应于施加在另一个上的溶剂力。这些弛豫时间通常为亚皮秒，而在草酸双阴离子的情形，它们与 300 fs 的羧基弛豫时间进行有效竞争。极限各向异性的典范值为 0.1。

相干转移在处理非线性 IR 实验时是值得考虑的一个因素。由于相干转移速率包含着与能量弛豫相同的密度矩阵元，因此其弛豫时间（速率的倒数）也预期在亚皮秒范围内，所以，我们展示了其将如何影响各向异性的测量。特别地，如果相干转移变得足够快，并且其对泵浦-探测信号的影响就不可被忽略，在检测时间区间内各向异性会预期下降。

最后，我们用草酸双阴离子做了一个测试，发现跃迁偶极大小的大幅度涨落会影响其各向异性。并对当草酸双阴离子的羧基从 D_{2d} 扭转为共面构型时才接踵而来的激子动力学的密度矩阵的动力学方程的解，也给予了详细介绍。我们发现，羧基模式的频率涨落，可能是简并振动的弛豫以及伴随的极化各向异性的丢失的主要贡献者。

本章中没有过多地研究转动扩散的重要性，但整体运动是一个必须考虑的因素。结果发现，简并态之间的振动弛豫比分子整体运动快得多。再者，0.1 的极限各向异性最终能在一个时间区内达到，而在这个时间区内处理实验数据时，转动扩散也必须给予考虑。

致谢

我们要感谢 Prabhat Singh 博士、Matthew Tucker 博士和 Dmitriy Vorobyev 博士采集了这里展示的部分数据。我们感谢 Ayanjeet Ghosh 博士细心地提供了这里展示的部分等式和图。本研究得到了 NIH（RO1GM12592，P41RR001348 和 9P41GM104605-31）和 NSF CHEM 的资助。

参考文献

[1] Lebrero MCG，Bikiel DE，Elola MD，Estrin DA，and Roitberg AE. 2002. Solvent-induced symmetry breaking of nitrate ion in aqueous clusters：A quantum-classical simulation study. J. Chem. Phys. 117(6)：2718-2725.

［2］Ramesh SG，Re S，Boisson J，and Hynes JT.2010.Vibrational symmetry breaking of NO_3^- in aqueous solution：NO asymmetric stretch frequency distribution and mean splitting.J. Phys. Chem. A 114(3)：1255-1269.

［3］Vchirawongkwin V，Kritayakornupong C，Tongraar A，and Rode BM. 2011.Symmetry breaking and hydration structure of carbonate and nitrate in aqueous solutions：A study by ab initio quantum mechanical charge field molecular dynamics.J. Phys. Chem. B 115(43)：12527-12536.

［4］England AH，et al.2011.On the hydration and hydrolysis of carbon dioxide.Chem. Phys. Lett. 514(4-6)：187-195.

［5］Megyes T，et al.2009.Solution structure of $NaNO_3$ in water：Diffraction and molecular dynamics simulation study.J. Phys. Chem. B 113(13)：4054-4064.

［6］Waterland MR and Kelley AM.2000.Far-ultraviolet resonance Raman spectroscopy of nitrate ion in solution.J. Chem. Phys. 113(16)：6760-6773.

［7］Vorobyev DY，et al.2009.Ultrafast vibrational spectroscopy of a degenerate mode of guanidinium chloride.J. Phys. Chem. B 113(46)：15382-15391.

［8］Vorobyev DY，et al.2010.Water-induced relaxation of a degenerate vibration of guanidium using 2D IR echo spectroscopy.J. Phys. Chem. B 114(8)：2944-2953.

［9］Ghosh A，Tucker MJ，and Hochstrasser RM. 2011.Identification of arginine residues in peptides by 2D IR echo spectroscopy.J. Phys. Chem. A 115(34)：9731-9738.

［10］Kuroda DG and Hochstrasser RM.2011.Two-dimensional infrared spectral signature and hydration of the oxalate dianion.J. Chem. Phys. 135(20)：044501.

［11］Kuroda DG，Singh PK，and Hochstrasser RM.2012.Differential hydration of tricyanomethanide observed by time resolved vibrational spectroscopy. J. Chem. Phys.DOI：10.1021/JP3069333.

［12］Hamm P，Lim M，and Hochstrasser RM.1998.Non-Markovian dynamics of the vibrations of ions in water from femtosecond infrared three-pulse photon echoes.Phys. Rev. Lett. 81(24)：5326-5329.

［13］Kuo CH，Vorobyev DY，Chen JX，and Hochstrasser RM．2007．Correlation of the vibrations of the aqueous azide ion with the O—H modes of bound water molecules．J. Phys. Chem. B 111(50)：14028-14033.

［14］Li SZ，Schmidt JR，and Skinner JL．2006．Vibrational energy relaxation of azide in water．J. Chem. Phys. 125(24)：244507.

［15］Li SZ，Schmidt JR，Piryatinski A，Lawrence CP，and Skinner JL．2006．Vibrational spectral diffusion of azide in water．J. Phys. Chem. B 110 (38)：18933-18938.

［16］Zanni MT，Ge NH，Kim YS，and Hochstrasser RM．2001．Two-dimensional IR spectroscopy can be designed to eliminate the diagonal peaks and expose only the crosspeaks needed for structure determination．Proc. Natl. Acad. Sci. USA 98(20)：11265-11270.

［17］Golonzka O，Khalil M，Demirdoven N，and Tokmakoff A．2001．Coupling and orientation between anharmonic vibrations characterized with two-dimensional infrared vibrational echo spectroscopy．J. Chem. Phys. 115 (23)：10814-10828.

［18］Khalil M and Tokmakoff A．2001．Signatures of vibrational interactions in coherent two-dimensional infrared spectroscopy．Chem. Phys. 266(2-3)：213-230.

［19］Wilson EB，Decius JC，and Cross PC．1980．Molecular Vibrations：The Theory of Infrared and Raman Vibrational Spectra (Dover Publications，New York)，pp xi，388.

［20］Hochstrasser RM．2001．Two-dimensional IR-spectroscopy：Polarization anisotropy effects．Chem. Phys. 266(2-3)：273-284.

［21］Hamm P and Zanni MT．2011．Concepts and Methods of 2D Infrared Spectroscopy (Cambridge University Press，Cambridge，New York)，pp ix，286.

［22］Hamm P，Lim MH，and Hochstrasser RM．1998．Structure of the amide I band of peptides measured by femtosecond nonlinear-infrared spectroscopy．J. Phys. Chem. B 102(31)：6123-6138.

［23］Kim YS and Hochstrasser RM.2005.Chemical exchange 2D IR of hydrogen-bond making and breaking.Proc. Natl. Acad. Sci. USA 102（32）：11185-11190.

［24］Galli C，Wynne K，Lecours SM，Therien MJ，and Hochstrasser RM.1993. Direct measurement of electronic dephasing using anisotropy.Chem. Phys. Lett. 206(5-6)：493-499.

［25］Ferro AA and Jonas DM.2001.Pump-probe polarization anisotropy study of doubly degenerate electronic reorientation in silicon naphthalocyanine. J. Chem. Phys. 115(14)：6281-6284.

［26］Smith ER and Jonas DM.2011.Alignment，vibronic level splitting，and coherent coupling effects on the pump-probe polarization anisotropy.J. Phys. Chem. A 115(16)：4101-4113.

［27］Sando GM，Zhong Q，and Owrutsky JC.2004.Vibrational and rotational dynamics of cyanoferrates in solution.J. Chem. Phys. 121(5)：2158-2168.

［28］Banno M，Iwata K，and Hamaguchi H.2007.Intra- and intermolecular vibrational energy transfer in tungsten carbonyl complexes $W(CO)_5(X)(X=CO,$ $CS,CH_3CN,and CD_3CN)$.J. Chem. Phys. 126(20)：204501.

［29］Banno M，Sato S，Iwata K，and Hamaguchi H.2005.Solvent-dependent intra- and intermolecular vibrational energy transfer of $W(CO)_6$ probed with sub-picosecond time-resolved infrared spectroscopy.Chem. Phys. Lett. 412(4-6)：464-469.

［30］Tokmakoff A and Fayer MD.1995.Homogeneous vibrational dynamics and inhomogeneous broadening in glass-forming liquids—Infrared photon-echo experiments from room-temperature to 10 K.J. Chem. Phys. 103(8)：2810-2826.

［31］Smith PG，et al.1994.Electronic coupling and conformational barrier crossing of 9,9'-bifluorenyl studied in a supersonic jet.J. Chem. Phys. 100(5)：3384-3393.

［32］Wertheimer R and Silbey R.1980.On excitation transfer and relaxation models in low-temperature systems.Chem. Phys. Lett. 75(2)：243-248.

[33] Oxtoby DW.1979.Hydrodynamic theory for vibrational dephasing in liquids.J. Chem. Phys. 70(6):2605-2610.

[34] Mukamel S.1995.Principles of Nonlinear Optical Spectroscopy (Oxford University Press,New York),pp xviii,543.

[35] Cho M.2009.Two-Dimensional Optical Spectroscopy (CRC Press,Boca Raton),p378.

[36] Khalil M,Demirdöven N,and Tokmakoff A.2004.Vibrational coherence transfer characterized with Fourier-transform 2D IR.J. Chem. Phys. 121 (1):362.

[37] Hamm P,Lim M,DeGrado WF,and Hochstrasser RM.1999.The two-dimensional IR nonlinear spectroscopy of a cyclic penta-peptide in relation to its three-dimensional structure.Proc. Natl. Acad. Sci. USA 96 (5):2036-2041.

[38] Ham S,Kim JH,Lee H,and Cho MH.2003.Correlation between electronic and molecular structure distortions and vibrational properties. II. Amide I modes of NMA-nD$_2$O complexes.J. Chem. Phys. 118(8): 3491-3498.

[39] Corcelli SA,Lawrence CP,and Skinner JL.2004.Combined electronic structure/molecular dynamics approach for ultrafast infrared spectroscopy of dilute HOD in liquid H$_2$O and D$_2$O.J. Chem. Phys. 120(17): 8107-8117.

[40] Oh KI,et al.2008.Nitrile and thiocyanate IR probes:Molecular dynamics simulation studies.J. Chem. Phys. 128(15):154504.

[41] Waegele MM and Gai F.2010.Computational modeling of the nitrile stretching vibration of 5-cyanoindole in water.J. Phys. Chem. Lett. 1(4):781-786.

[42] Lindquist BA,Haws RT,and Corcelli SA.2008.Optimized quantum mechanics/molecular mechanics strategies for nitrile vibrational probes: Acetonitrile and para-tolunitrile in water and tetrahydrofuran.J. Phys. Chem. B 112(44):13991-14001.

[43] Bagchi S,Falvo C,Mukamel S,and Hochstrasser RM.2009.2D IR exper-

iments and simulations of the coupling between amide-I and ionizable side chains in proteins：Application to the villin headpiece. J. Phys. Chem. B 113(32)：11260-11273.

[44] Li SZ,Schmidt JR,Corcelli SA,Lawrence CP,and Skinner JL.2006.Approaches for the calculation of vibrational frequencies in liquids：Comparison to benchmarks for azide/water clusters. J. Chem. Phys. 124 (20)：204110.

[45] Kwac K and Cho MH.2003.Molecular dynamics simulation study of *N*-methylacetamide in water. I. Amide I mode frequency fluctuation. J. Chem. Phys. 119(4)：2247-2255.

[46] Schmidt JR, Corcelli SA, and Skinner JL. 2004. Ultrafast vibrational spectroscopy of water and aqueous *N*-methylacetamide：Comparison of different electronic structure/molecular dynamics approaches.J. Chem. Phys. 121(18)：8887-8896.

[47] Lin YS,Shorb JM,Mukherjee P,Zanni MT,and Skinner JL.2009.Empirical amide I vibrational frequency map：Application to 2D IR line shapes for isotope-edited membrane peptide bundles.J. Phys. Chem. B 113(3)：592-602.

[48] Hayashi T,Zhuang W,and Mukamel S.2005.Electrostatic DFT map for the complete vibrational amide band of NMA. J. Phys. Chem. A 109 (43)：9747-9759.

[49] Jansen TL and Knoester J.2006.A transferable electrostatic map for solvation effects on amide I vibrations and its application to linear and two-dimensional spectroscopy.J. Chem. Phys. 124(4)：044502.

[50] Bloem R,Dijkstra AG,Jansen TLC,and Knoester J.2008.Simulation of vibrational energy transfer in two-dimensional infrared spectroscopy of amide I and amide II modes in solution.J. Chem. Phys. 129(5)：055101.

[51] Watson TM and Hirst JD.2005.Theoretical studies of the amide I vibrational frequencies of [Leu]-enkephalin.Mol. Phys. 103(11-12)：1531-1546.

[52] Maekawa H and Ge NH.2010.Comparative study of electrostatic models

for the amide-Ⅰ and-Ⅱ modes：Linear and two-dimensional infrared spectra.J. Phys. Chem. B 114(3)：1434-1446.

［53］Kuroda DG，Vorobyev DY，and Hochstrasser RM.2010.Ultrafast relaxation and 2D IR of the aqueous trifluorocarboxylate ion.J. Chem. Phys. 132(4)：044501.

［54］Kobus M，Nguyen PH，and Stock G.2011.Coherent vibrational energy transfer along a peptide helix.J. Chem. Phys. 134(12)：124518.

第 7 章
偏振控制的手性
光学和 2D 光谱

7.1 引言

在微观尺度下，许多分子过程一般发生在飞秒（10^{-15} s）或皮秒（10^{-12} s）的时间尺度上。比如，电子与质子转移分别发生在数飞秒和数皮秒。水分子在液态中在数皮秒内重新定向，在水溶液中则在几个皮秒内交换其氢键配对体[1,2]。碳-碳键的旋转只需要几十飞秒[3]。当溶质受到电子态扰动时，溶质周围的溶剂分子可以在亚皮秒到皮秒的时间尺度上进行重组[4,5]。

超快光谱因此已经被证明是研究化学、物理与生物学中的、在皮秒时间尺度上发生的这些分子过程的强有力的实验工具。在过去的二十年中，随着超短高功率激光器的发展，超快非线性光谱也获得了飞速的进展。现如今，钛蓝宝石振荡器和放大体系可产生脉冲持续时间约 40 fs、脉冲能量为几毫焦（mJ）的飞秒脉冲，并已经实现了商业化。利用各种非线性光学效应，可以很容易地产生从可见到中红外区域的范围内的飞秒脉冲。已经采用多种超快非线性光谱技术研究了分子体系的结构和动力学。

最近，在手性光谱方面取得了一个有趣的进展，这是描述分子手性的特殊工具[6,7]。这里，如果分子的镜像不与其本身重叠，分子就具有手性[8,9]。事实上,几乎所有的天然产物、生物分子和合成药物都是有手性的,并且它们的手性在生物功能、不对称催化反应、药物结合等方面发挥着非常重要的作用。这样的手性分子表现出特有的光学属性,称为旋光活性(optical activity,OA)。因此,各种 OA 测量方法,如圆二色性分析(circular dichroism,CD)、光学旋转色散(optical rotatory dispersion,ORD)、圆发光(circular luminescence)、拉曼旋光活性(Raman optical activity)等,已被广泛地用来阐明重要生物分子(如蛋白质、DNA、RNA 等)的构象与动力学,并确定非对称化合物(药物、催化剂等)的绝对构型[9]。

我们最近的 OA 测量方法主要是指飞秒的 OA 自由电磁感应衰减(free-induction decay,OA-FID)技术,这是因为手性的 FID 场一般用有源外差或自外差方案来进行探测[6,7,10-14]。这里,典型的电偶极 FID 场是指由一组偶极子辐射所产生的电场。从根本上讲,与基于脉冲的 NMR 光谱技术很类似[15,16],由飞秒光脉冲产生并探测到的时间域 OA-FID 直接经过傅里叶变换后获得频率域的 CD 和 ORD 光谱。为了测量方法的成功实施,对入射场及透射手性信号场的偏振态的精确调控是十分必要的。事实证明,这种基于偏振控制和外差检测技术相结合的新方法,相比利用左手性和右手性辐射的传统方法,有以下几点优势:①无背景测量,②非差分检测,③单发脉冲可测量性,④实时 CD/ORD(手性复极化系数的虚部与实部)测量,⑤超快时间分辨能力。在振动和电子跃迁频率范围内进行一些原理验证,表明该方法具有实验可行性并可以提高实验灵敏度。在本章中,我们将详细讨论在线性手性光谱中,控制电磁场的偏振状态的重要性。

除了偏振控制的手性光谱外,时间分辨的泵浦探测(pump-probe,PP)光谱和二维(two-dimensional,2D)光学光谱也利用了各种偏振控制方法[17,18]。在泵浦-探测光谱中,一束强泵浦脉冲能相干地激发感兴趣的分子体系,随后一束具有时间延迟的探测脉冲被用来监测这个分子体系的作为时间函数的弛豫,从而可以提供感兴趣的分子体系的动力学信息。最近,涉及多束可见脉冲或红外脉冲的超快多维光谱得到了发展,并被用来研究复杂体系的分子动力学,这是传统一维光谱法所无法实现的[19]。隐藏在分子体系的一维光谱的拥挤的动力学信息,可在多维频率域中被分离。在本章中,我们不再列举基于泵浦探测或光子回波测量方案的多维光谱的详细理论与实验结果,因为这些内容在以前的综述与书中已经有详尽介绍[17-27]。相反,我们将着重阐述如何控制入射光束的偏振状态,使我们能够提取关键分子结构信息以及可能的多生色团耦合体系的分子内或分子间动力学。

测量溶液中生色团动力学的一种传统方法是通过获得各向异性的信号,该信号被定义为水平偏振和垂直偏振的泵浦-探测信号的差与各向同性信号之比,即

$$R(t) = \frac{S_\parallel(t) - S_\perp(t)}{S_\parallel(t) + 2S_\perp(t)} \tag{7.1}$$

其中,水平(或垂直)的 PP 信号通过控制探测光的偏振方向与泵浦光的偏振方向平行(或垂直)来获得。尽管水平或垂直偏振的 PP 信号通过利用泵浦-探测光之间变化着的时间延迟来监测跃迁偶极子的时间演化过程,但应该注意的是,更一般的 PP 信号可以是泵浦与探测光偏振方向之间的相对角度 φ 的函数,有 $S_{PP} = S_{PP}(t;\varphi)$。考虑到这一点,让我们来简要地讨论一下用于测量 2D 光谱信号的实验构型。通常情况下,三束入射激光脉冲用于在材料中产生三阶极化,所产生的相干信号电场通常采用干涉测量检测法与另一个称为本机振荡器(local oscillator,LO)的场进行表征测量。

因此,一般使用偏振状态可实验控制的四个不同电场进行 2D 光学测量。2D 光信号因而是与三个独立偏振角有关的函数,当四个角度中有一个固定时,即 $S_{2D} = S_{2D}(t_1, t_2, t_3; \varphi_1, \varphi_2, \varphi_3)$,其中,$t_i$ 是脉冲之间的时间延迟。最近,我们展示了 2D 光学测量构型中的偏振角度扫描方法是相当有用的,确定两个不同的跃迁偶极子间的夹角,这对分析分子结构也很重要[17,28-30]。

本章我们将首先讨论偏振控制的手性光谱,并着重分析相干旋光活性测量技术(7.2 节)。特别地,我们将详细地对有源外差和自外差的探测方法进行描述,这些方法主要用于手性 FID 场的相位与振幅的表征。我们将展示在线性手性测量中的有源外差和自外差探测方法与 2D 光学光谱中的泵浦-探测和光子回波技术很相似。在 7.3 节,我们将详细地对偏振控制的泵浦-探测和2D 光学光谱进行讨论。在 7.4 节,从理论上提出了新颖的手性 2D 光谱方法。最后,我们在 7.5 节给出对本章内容的总结和几点结论性意见。

7.2　线性手性光学光谱

光在介质中的传播特性与其在真空中的传播不同,这是因为光的速度与强度分别会被与频率相关的折射率 $n(\omega)$ 与介质的吸收系数 $\kappa(\omega)$ 所影响,这也反映

了介质的固有特性。因此,给定的电磁波同时受到频率依赖的相位阻滞与衰减的影响。如果光学介质在空间上是各向同性的且不含任何手性分子,那么无论辐射偏振态如何,这些量在给定频率下维持不变,这意味着透射光场的偏振状态依旧是一样的。然而,对于一个含有手性分子的溶液来说,以上情况不适用于手性场。因为在手性体系中,材料的性质 $n(\omega)$ 与 $\kappa(\omega)$ 与色散和吸收过程有关,将依赖于体系的手性状态(左手或右手),即 $n_L(\omega) \neq n_R(\omega)$ 且 $\kappa_L(\omega) \neq \kappa_R(\omega)$。通常被称为旋光活性的圆双折射(circular birefringence,CB)与圆二色 CD,分别直接与频率依赖的差分吸收系数 $\Delta\kappa(\omega) = \kappa_L(\omega) - \kappa_R(\omega)$ 和差分折射率 $\Delta n(\omega) = n_L(\omega) - n_R(\omega)$ 有关。理论上讲,$\kappa(\omega)$ 和 $n(\omega)$ 可以通过克莱默-克朗尼格(Kramers-Kronig,K-K)关系彼此产生联系。但实际中,CD 和 ORD 光谱这两个可观察量在实验中应该独立地被测量,这是因为实验的可调谐频率范围有限。CD 光谱在研究手性分子的具体结构方面比 ORD 测量的应用更广泛,这不仅是因为 CD 光谱的测量相对简单,而且还因为能将实验结果与量子力学计算结果进行直接比较。

尽管传统的电子圆二色性光谱和振动圆二色性光谱(ECD 和 VCD)测量方法具有一定的成功之处,但它们仍然具有某些局限性,阻碍了其在更广的应用领域的进一步方法改进,包括生物分子的时间分辨 ECD 和 VCD 研究。

7.2.1 辐射的偏振态

使用的电磁辐射是电场和磁场的横向振荡波,两者处于同相位并且振荡方向相互垂直。振荡电场的空间依赖性可以被表示为

$$\tilde{E}(r,t) = \hat{e}E_0 \exp[i(k \cdot r - \omega t)] \tag{7.2}$$

这里的 $\tilde{E}(r,t)$ 是表示电场的一个复矢量,它的实部是物理上可观察的。E_0 表示电场的最大振幅的标量,$\hat{e}$ 表示辐射偏振态的单位复偏振矢量。要注意的是,这个单位矢量 $\hat{e}$ 的方向与横向传播的电磁波方向相互垂直。在本章中,我们假设辐射沿实验室坐标 Z 轴方向传播,因此有 $k = (\omega/c)\hat{e}_z$,又因为波沿横向传播,因此偏振被限制在 XY 面内。

那么,具有任意偏振状态的电场可以被表示为

$$\tilde{E}(r,t) = \frac{1}{\sqrt{|a_X|^2 + |a_Y|^2}}(a_X\tilde{e}_X + a_Y\tilde{e}_Y)E_0 \exp[i(k \cdot r - \omega t)] \tag{7.3}$$

这里的系数 a_X 和 a_Y 可以为复数。在线性偏振辐射(linearly polarized,LP)中,

我们有

$$\widetilde{E}_{\mathrm{LP}}(\boldsymbol{r},t)=\frac{1}{\sqrt{a_X{}^2+a_Y{}^2}}(a_X\widetilde{\boldsymbol{e}}_X+a_Y\widetilde{\boldsymbol{e}}_Y)E_0\exp[\mathrm{i}(\boldsymbol{k}\cdot\boldsymbol{r}-\omega t)]\qquad(7.4)$$

这里的系数 a_X 和 a_Y 是纯实数。另一方面,左右旋圆偏振辐射场(left-circularly polarized 和 right-circularly polarized,LCP 和 RCP)可以表示为

$$\widetilde{E}_{\mathrm{LCP}}(\boldsymbol{r},t)=\frac{1}{\sqrt{2}}(\widetilde{\boldsymbol{e}}_X+\mathrm{i}\widetilde{\boldsymbol{e}}_Y)E_0\exp[\mathrm{i}(\boldsymbol{k}\cdot\boldsymbol{r}-\omega t)]$$

$$\widetilde{E}_{\mathrm{RCP}}(\boldsymbol{r},t)=\frac{1}{\sqrt{2}}(\widetilde{\boldsymbol{e}}_X-\mathrm{i}\widetilde{\boldsymbol{e}}_Y)E_0\exp[\mathrm{i}(\boldsymbol{k}\cdot\boldsymbol{r}-\omega t)]\qquad(7.5)$$

这里的 a_X 为 1 且 $a_Y=\pm\mathrm{i}$,取决于手性电场的手性。椭圆偏振辐射可以写成线性偏振辐射与圆偏振辐射的线性组合,权重因子依具体情况而定。

7.2.2　差分光强测量:传统方法

对于 CD 信号的传统的差分光强测量主要利用左旋圆偏振 LCP 与右旋圆偏振 RCP 来实现。通常情况下,等量的 LCP 或 RCP 光(I_0)由相位延迟器(phase-retarder,PR)或偏振调制器交替地产生,并入射到手性样品溶液中(图 7.1(a))。发射场的光强($I_{\mathrm{L,R}}$)会被光学样品衰减,这是由于介质极化系数的虚部决定着介质的吸收特性。两个光强分别被光谱仪记录下来,之后对测量结果取对数处理将其转化为相应的吸收光谱,有

$$\Delta A=A_{\mathrm{L}}-A_{\mathrm{R}}=-\log\left(\frac{I_{\mathrm{L}}}{I_0}\right)+\log\left(\frac{I_{\mathrm{R}}}{I_0}\right)=\log\left(\frac{I_{\mathrm{R}}}{I_{\mathrm{L}}}\right)\qquad(7.6)$$

由于 I_{L} 和 I_{R} 与频率有关,差分吸收谱 ΔA 表现出振幅和符号的变化。利用 $\Delta I=I_{\mathrm{L}}-I_{\mathrm{R}}$ 和 $I=(I_{\mathrm{L}}+I_{\mathrm{R}})/2$,$\Delta A$ 可以被近似地表示为 $-\Delta I/(2.303\times I)$。在电子圆二色的情形中,这个强度的比值为 $10^{-4}\sim10^{-3}$,然而对振动圆二色法所得的比值比电子 CD 要小一至两个数量级。当测量 LCP 与 RCP 信号的吸收强度时,大部分被吸收的光子对手性信号有贡献,这被认为是来自电偶极 FID 场的噪声。当我们测量差分强度 ΔI 时,除了光源波动外,这些额外的光子作为波动的噪声,增加了单发脉冲时的噪声。这些效应相结合使得信噪比严重下降。由于 ΔA 值在吸光度 A 接近 1 时通常为 $10^{-5}\sim10^{-3}$,所以即使入射辐射相当稳定即其强度涨落振幅水平仅为其平均值的 0.1% 左右,仍然很难从这样一个大的涨落背景噪声中区分如此弱的手性信号(ΔI)。这因而也是差分测量方法中最困难和最根本的问题之一。我们最近的研究表明,基于光谱干涉

传统的CD

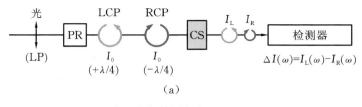

（a）

交叉偏振检测方案

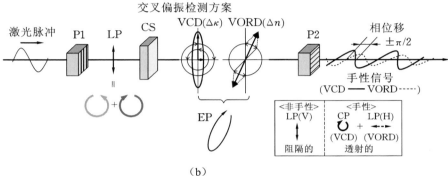

（b）

图 7.1　(a)传统的差分 CD 强度测量方案。PR,相位延迟器；CS,手性样品。PR 通过控制相位延迟($\pm\lambda/4$)将入射线偏振辐射交替地转换成 LCP 和 RCP 辐射。分别测量衰减强度谱,其差值对应于 CD 光谱。(b)交叉偏振检测(CPD)方案,其中 P1 和 P2 是线偏振器。P1(垂直)后的 LP 辐射可以看作是 50% LCP 辐射和 50% RCP 辐射的线性组合。在通过 CS 之后,两个手性相反的场分量的吸收($\Delta\kappa$,CD)和相位移(Δn,ORD)不同,导致圆形偏振变为椭圆偏振,并同时发生光学旋转。P2(水平)用于阻止垂直的 LP(非手性)分量,并且仅允许 CP(CD)和水平的 LP(ORD)分量通过。CD 信号和 ORD 信号彼此为正交($\pm\pi/2$)关系

测量的替代时域方法能够克服这些困难。

7.2.3　旋光活性 FID 场的相位及振幅测量

我们多年来开发的电场方法是一种非差分振幅水平检测技术,其中 OA-FID 场单独进行检测,没有不需要的非手性背景场贡献。通过交叉偏振分析仪之后的透射电场可以反映出手性溶液样品的响应,其中被检测场的偏振方向与入射辐射的偏振方向正交。然后,通过采用傅里叶变换光谱干涉仪(Fourier transform spectral interferometry,FTSI),可实现 OA-FID 场的相位和振幅测量。FTSI[31]是一种有用的方法,可根据光谱相位和振幅描述一个未知的弱电场,这相对地需要一个称为本机振荡器的参考场;已广泛用于外差检

测的 2D 光谱中[18,19,32,33]。使用改进的马赫-曾德尔干涉仪对 OA-FID 进行的这种外差检测,使我们能够同时获得 CD 光谱和 ORD 光谱的信息[6]。此外,交叉偏振检测方法对于去除巨大的非手性背景噪声以及减少入射光强度波动带来的额外非手性噪声很有效[14]。

在图 7.1(b)中,描述了交叉偏振检测技术的基本概念。线偏振器(P1)确保入射光场变为偏振垂直的 LP 光束(=50%LCP+50%RCP)。而穿过手性样品时,相对的手性场分量会产生不同的手性响应,使得两个组分中的一个相对于另一个更加衰减(强度变化)和延迟(相位变化),具体取决于分子手性。其结果是,入射的 LP 光束变换成椭圆偏振光(elliptically polarized,EP),其长轴从垂直轴向左或向右稍微旋转。通过将投射的 EP 场在振幅水平上进行仔细的分析,能将其分解为三个不同的偏振分量:垂直偏振 LP(vertical,V)、水平偏振 LP(horizontal,H)和圆偏振(circular polarization,CP)。LP(V)表示由样品中的振荡电偶极子的集合产生的非手性 FID 电场。但是,通过放置在样品池之后的第二个线性偏振器(P2)可选择性地去除此 LP(V)分量——注意这里 P2 的光轴垂直于 P1 的光轴。因此,P2 之后的透射光场只含有 LP(H)和 CP 成分,而且它们分别与分子手性响应 Δn(ORD)和 $\Delta \kappa$(CD)有关。

这里,偏振分量之间的相位关系需要在随后的测量步骤中被表征。与 ORD 相关的 LP(H)分量具有 0° 或 180° 相位角,这是相对于被表示为 LP(V)的电偶极子 FID 场而言;在这里,精确的相位角取决于所产生的 EP 场的旋转方向。另一方面,CP 的水平分量会产生 +90° 或 -90° 的相移,符号由分子手性决定。因此,透射光场的 CD 和 ORD 组分两者之间满足一个良好的相位正交关系,因为这个光学旋转通常可忽略不计。那么,利用一个合适的相位敏感的电场探测技术,通过直接探测手性电场的相位(对应其手性特性)和振幅(对应其光强信息),就可以获得 CD 和 ORD 的手性特性和光强信息。这也是通过现有的电场测量技术来提高手性选择性的必要基础条件。

在交叉偏振检测(CPD)方案中,入射辐射的单位矢量为 $\tilde{e}=\tilde{e}_Y$(垂直方向),线性偏振 P_X^{CPD} 的(水平)X 分量为[10]

$$P_X^{\mathrm{CPD}}(t) = -\frac{\mathrm{i}}{2}\int_\infty \mathrm{d}\tau \Delta\chi(\tau)E(t-\tau) \tag{7.7}$$

这里的 $\Delta\chi(\tau)$ 是手性响应函数。实际上,实验测量的量不是极化本身,而是电场 $\boldsymbol{E}(t)$。对于样品中 z 位置上的透射信号电场的 X 和 Y 分量,$E_X(z,t)$ 和

$E_Y(z,t)$，我们发现两者在对应的麦克斯韦方程中相互耦合，即

$$\nabla^2 E_X(z,t) - \frac{1}{c^2}\frac{\partial^2}{\partial t^2} E_X(z,t) = \frac{4\pi}{c^2}\frac{\partial^2}{\partial t^2} P_X^{\mathrm{CPD}}(z,t) \qquad (7.8)$$

其中，

$$P_X^{\mathrm{CPD}}(z,t) = -\frac{\mathrm{i}}{2}\int_0^\infty \mathrm{d}\tau\,\Delta\chi(\tau) E_Y(z,t-\tau) + \int_0^\infty \mathrm{d}\tau\,\chi_{\mu\mu}(t) E_X(z,t-\tau)$$

$$(7.9)$$

注意这里的 $P_X^{\mathrm{CPD}}(z,t)$ 由 $E_X(z,t)$ 和 $E_Y(z,t)$ 共同决定，并作为 $E_X(z,t)$ 的产生源。在频率域求解方程 (7.8) 时，可以发现信号电场的 X 分量，即 OA-FID，在经过 L 长的样本距离后可以表示为[10]

$$E_X(\omega) = \left(\frac{\pi\omega L}{cn(\omega)}\right)\Delta\chi(\omega) E_Y(\omega) \qquad (7.10)$$

其中，$n(\omega)$ 和 c 分别是折射率与光速。这里，$E_X(\omega)$ 含有关于分子的手性性质的信息，复函数 $\Delta\chi(\omega)$ 是线性手性极化率。式 (7.10) 表明，利用 $E_X(\omega)$ 和 $E_Y(\omega)$ 之间的相位和振幅关系可以获得 $\Delta\chi(\omega)$ 的信息，其虚部和实部分别对应于 CD 和 ORD 光谱的信息。

用来表征未知电场的光谱相位和振幅信息最有效的一个方法是傅里叶变换光谱干涉测量 (FTSI)，它包括①外差干涉检测和②所测量的干涉光谱的傅里叶逆变换与傅里叶变换 (图 7.2)。信号场与参考场 (所谓的本机振荡器) 进行干涉。被称为光谱干涉图的实验测量光谱，表现出高度振荡的特征，这是由于信号和本机振荡器场之间的时间延迟[7]。通常，本机振荡器场的相位和振幅应通过其他干涉测量方法预先确定，否则需要使用适当的相位校正方案。然而，目前依赖于自参考技术的手性光谱方法不需要对本机振荡器场的相位和振幅进行先期确定。这里，脉冲信号 (E_S) 和本机振荡器 (E_{LO}) 场之间的光谱干涉为

$$S^{\mathrm{het}}(\omega) = 2\mathrm{Re}[E_S(\omega)] E_{\mathrm{LO}}^*(\omega)\exp(\mathrm{i}\omega\tau_d)] \qquad (7.11)$$

这里的 τ_d 表示信号场与 LO 场之间的延迟时间。由于测量的光谱干涉图 $S^{\mathrm{het}}(\omega)$ 本身是一个实函数，它不能直接提供 $E_S(\omega)$ 的光谱相位信息。标准的逆傅里叶变换 (F^{-1}) 与傅里叶变换 (F) 可以将这样的实函数变为其复数形式。逐步过程如下：①逆傅里叶变换，$S^{\mathrm{het}}(\omega) \to F^{-1}\{S^{\mathrm{het}}(\omega)\}$；②将时域的信号 $F^{-1}\{S^{\mathrm{het}}(\omega)\}$ 乘以一个 heavyside 阶跃函数 $\theta(t) \to \theta(t)F^{-1}\{S^{\mathrm{het}}(\omega)\}$；③傅里

叶变换其中的正时间域部分→$F[\theta(t)F^{-1}\{S^{\mathrm{het}}(\omega)\}]$。这样,利用下面的公式可以得到复电场 $E_{\mathrm{S}}(\omega)$ 的表达:

$$E_{\mathrm{S}}(\omega) = \frac{F[\theta(t)F^{-1}\{S^{\mathrm{het}}(\omega)\}]}{2E_{\mathrm{LO}}^*(\omega)\exp(\mathrm{i}\omega\tau_{\mathrm{d}})} \tag{7.12}$$

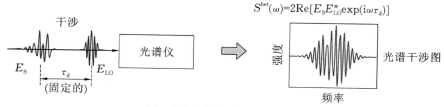

（a）外差检测光谱干涉图

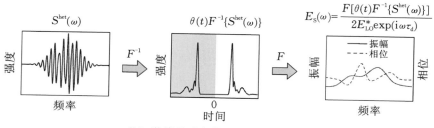

（b）逆傅里叶变换和傅里叶变换

图 7.2　用于未知信号电场(E_{S})的相位和振幅测量的标准傅里叶变换光谱干涉(FTSI)方法。(a)频域外差干涉检测。信号场与本机振荡器场有时间分离,但是两个场在频域上相互干涉。被称为光谱干涉图的干涉光谱,用光谱仪进行检测。(b)逐步逆傅里叶变换与傅里叶变换方法。光谱干涉图被傅里叶变换为相应的时间域信号。对正时间域信号进行傅里叶逆变换可得复信号光谱

从原理上讲,通过使用几个众所周知的非线性光学技术,如 FROG[34]、SPIDER[35] 等,实现对本机振荡器场 $E_{\mathrm{LO}}(\omega)$ 的完整表征是有可能的。然而,这种场表征需要用到复杂的额外测量方法,并且通常是一个困难的任务。此外,在光学周期(小于几个飞秒)内对 τ_{d} 的精确测定也是一个具有挑战性的问题。幸运的是,通过利用复手性极化率 $\Delta\chi(\omega)$ 和手性场($E_X(\omega)$)与非手性场($E_Y(\omega)$)的比值之间的线性关系(式(7.10)),即 $\Delta\chi(\omega)\propto E_X(\omega)/E_Y(\omega)$,可以解决这些问题。注意到,通过控制图 7.1(b)中的第二个线性偏振器 P2 可以容易地实现对 $E_X(\omega)$ 和 $E_Y(\omega)$ 的测量。因此,我们有

$$E_{X,Y}(\omega) = \frac{F[\theta(t)F^{-1}\{S_{X,Y}^{\mathrm{het}}(\omega)\}]}{2E_{\mathrm{LO}}^*(\omega)\exp(\mathrm{i}\omega\tau_{\mathrm{d}})} \tag{7.13}$$

这里的 $S_X^{het}(\omega)$ 和 $S_Y^{het}(\omega)$ 是与入射线性偏振辐射场 LP 所垂直和平行的信号场的探测光谱干涉图。应该强调的是,复光谱 $E_X(\omega)$ 和 $E_Y(\omega)$ 在式(7.13)的分母中有共同的因子。因此,$E_X(\omega)/E_Y(\omega)$ 的比值不取决于具体的本机振荡器场的光谱 $E_{LO}(\omega)$ 或 τ_d。只要在测量 $S_X^{het}(\omega)$ 和 $S_Y^{het}(\omega)$ 的过程中,光谱仪具有相位稳定性,$E_X(\omega)/E_Y(\omega)$ 的比值谱就可以直接体现 $\Delta\chi(\omega)$ 的信息。结合以上结论,我们可以得到实验测得的极化率的表示为

$$\Delta\chi(\omega) \propto \frac{F[\theta(t)F^{-1}\{S_X^{het}(\omega)\}]}{F[\theta(t)F^{-1}\{S_Y^{het}(\omega)\}]} \tag{7.14}$$

这个公式将线性手性极化率与外差检测的光谱干涉联系了起来,表明在没有对 $E_{LO}(\omega)$ 和 τ_d 进行精确表征的条件下,就可以利用电场的方法对复数型进行表征,这使得利用单个激光脉冲测量极弱的手性信号成为可能[14]。

7.2.4 有源外差探测与自外差探测方法

上面讨论的电场方法可以被认为是有源外差检测技术,因为信号场本身与添加到检测器的附加参考场进行干涉。用于选择性地去除非手性背景场的交叉偏振构型是本测量方法成功的重要因素之一。事实上,有一种与此有关但不同的实验方法,它同样利用了手性信号场和入射场关系之间的相干,这种方法被称为椭圆仪技术,采用了具有两个线偏振器的准空构型(图 7.3(a))[36]。Kliger 及其合作者率先研制了椭圆手性光谱仪[36,37]。与交叉偏振测量方案非常相似,也使用了两个交叉的线偏振器。然而,没有用线性偏振辐射,而是用由相位延迟器所产生的具有垂直长轴(Y 轴)的椭圆偏振光束,来产生可见光频域中的电子 OA-FID 场。这里应该注意的是,椭圆偏振辐射可以看作是沿长轴 Y 偏振的线偏光和沿短轴 X 偏振的线偏光的线性组合,后者具有 $\pm\pi/2$ 相移,取决于椭圆辐射偏振的手性。电场的长轴(Y 偏振)分量用于产生偏振方向平行于 X 轴的 OA-FID 场。然后,这个 OA-FID 场与入射的椭圆偏振光束的有相移的 X 偏振分量进行干涉。之后,X 偏振的干涉场的强度可以被选择性地测量。虽然这种技术仍然是一种强度(而不是相位和振幅)测量方法,但它可以被认为是一种自外差检测方案,因为具有正交相差的 X 偏振分量本质上就像本机振荡器,与生成的手性信号场发生干涉,其中信号场的偏振方向也平行于 X 轴。最近,Helbing 及其合作者和我们组通过实验证明,这种椭圆仪技术可以分别地被用于检测振动和电子 CD 光谱,且检测灵敏度有显著的提高[38,39]。

然而,这种椭圆偏振技术和我们的有源外差检测方法之间存在很大不同,

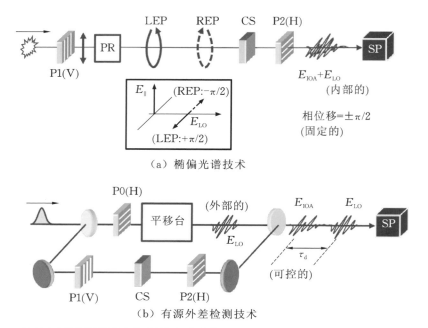

（a）椭偏光谱技术

（b）有源外差检测技术

图 7.3　比较（a）利用椭圆偏振辐射的自外差检测方法和（b）有源外差检测方法。P0-2，线偏振器；V，垂直；H，水平；PR，相延迟器；SP，光谱仪；CS，手性样品。在椭圆偏振自外差检测方案中，入射的椭圆偏振辐射的长轴分量在样本中产生线性极化。之后，与入射辐射长轴的偏振方向垂直的光学信号场，与入射辐射的短轴分量发生干涉。另一方面，有源外差检测方法中，本机振荡器（E_{LO}）是从外部控制的，这使得 E_{LO} 场与信号场之间的时间延迟是可控的

这关系到在外差过程中信号场和参考场（本机振荡器）之间的相对相位的控制方式[7]。在椭圆偏振检测构型，手性信号场与入射的 X 偏振电场分量本身发生干涉。因此，手性信号和内在的本机振荡器场之间的相移不是实验可控的。因此，OA 响应的虚部（CD）和实部（ORD）部分应分开测量。另一方面，如图 7.3（b）所示，利用改进的马赫-曾德尔干涉仪的交叉偏振干涉技术，使用一个外源的本机振荡器（用于进行有源外差），这样，通过上述 FTSI 过程可以同时获得 $\Delta\chi(\omega)$ 的实部和虚部。

　　尽管有源外差和自外差检测技术都具有一定的优点和缺点，但值得注意的是，控制入射辐射以及透射的信号电场的偏振态，是成功实现手性信号的增强和溶液中手性分子的手性光学性质的精确表征的先决条件。

7.2.5　与相干 2D 光谱法的比较

我们已经讨论了用于表征手性信号场的两种不同的干涉(外差)检测方法。注意这两种方法的不同之处在于如何去控制每个测量方法中的信号场和 LO 场之间的相对相位。有趣的是,两种方法之间的关系非常类似于基于四个脉冲的有源外差检测的受激光子回波(photon echo,PE)和基于两个脉冲的自外差检测的泵浦探测方法(pump-probe,PP)之间的关系,这些都被广泛地用在相干 2D 光谱中。在有源外差的 2D PE 光谱中,波矢为 $\boldsymbol{k}_1$、$\boldsymbol{k}_2$ 和 $\boldsymbol{k}_3$ 的三个入射光脉冲被用来产生三阶 PE 极化,且在特定相位匹配方向上产生的信号电场(E_{PE})可通过与一个本机振荡器脉冲发生干涉而被检测。因而,在光谱仪中记录的光谱干涉为

$$S_{PE}(\omega) = 2\mathrm{Re}\big[E_{PE}(\omega)E_{LO}^{*}(\omega)\exp(\mathrm{i}\omega\tau_d)\big] \tag{7.15}$$

利用相同的傅里叶-逆傅里叶变换操作可以将其转化为复数形式的光子回波谱 $E_{PE}(\omega)$。

另一方面,自外差泵浦-探测光谱基本上利用了两个脉冲,其中两次泵浦场-物质作用和一个探测场-物质作用产生三阶 PP 信号场。这个信号场反过来又与探测场本身发生干涉。所产生的 PP 光谱如下:

$$S_{PP}(\omega) = 2\mathrm{Re}\big[E_{PP}(\omega) \cdot E_{pr}^{*}(\omega)\big] \tag{7.16}$$

这里的 $E_{PP}(\omega)$ 和 $E_{pr}(\omega)$ 分别是复数形式的泵浦-探测光谱和入射探测场光谱。注意这里的 $E_{PP}(\omega)$ 场和探测场 $E_{pr}(\omega)$ 始终保持同相或异相的关系。因此,在 2DPP 光谱中的基本干涉现象与上述讨论的自外差手性测量方法非常相似。

然而,应该注意到有源外差和自外差方法之间存在的显著差异。用于光子回波测量的有源外差技术具有所谓的定相问题,这源于在整个测量期间要维持信号场和 LO 场之间的绝对相位差稳定不变的实验性困难。在 2D 光谱学中,通过直接比较投影的 2D 光谱与色散型(dispersed)的泵浦-探测光谱,这个问题可以得到解决。然而,在目前手性信号场的有源外差检测方法中,利用手性光谱与非手性光谱的比值信息,可以消除这种相位涨落噪声(见式(7.10)和式(7.14)),这可以实现对复手性信号场的精确表征。第二,类似于 2D PE 技术可以提供 2D 光谱的实部和虚部信息的情形,有源外差检测方法都有益于测量 CD 和 ORD 光谱,它们分别与手性极化率的虚部和实部相关。现在,我们将转换主题,对 2D PE 和 PP 光谱的偏振角依赖性给出详细描述。

7.3 偏振控制的 2D 光学光谱

在非线性光学,特别是在二维(two-dimensional,2D)光学光谱中,分子体系被三个入射光脉冲照射,进而测量并分析所产生的信号电场[17-19]。因此,它属于被称为四波混频光谱的一般类[40]。可以依据体系的非线性响应函数,从理论上分析这四个电场与给定的分子体系之间的相互作用。

7.3.1 理论背景简述

通常情况下,任何光谱信号都产生于辐射-物质相互作用所导致的分子体系的极化(偶极密度)$P(r,t)$。场-物质相互作用可以表示为外部场与其共轭分子算符之积的一般形式[17]。在 2D 光谱学中,体系与外部电场 $E(r,t)$ 发生相互作用,并且在电偶极子近似中,共轭分子性质是体系的偶极矩 $\hat{m}$。那么,其相互作用能可表示为

$$H_{\text{int}}(t) = -\hat{m} \cdot E(r,t) \tag{7.17}$$

这里的 $E(r,t)$ 是三个入射脉冲 E_1、E_2 和 E_3 的叠加。体系的总哈密顿算符 H 表示为 $H_0 + H_{\text{int}}$,其中 H_0 是在没有光照射时体系的哈密顿算符。体系随着时间的演化过程,由密度算符 $\rho(t)$ 的量子刘维尔方程表示,即

$$\frac{\partial \rho(t)}{\partial t} = -\frac{\text{i}}{\hbar}[H_0, \rho] - \frac{\text{i}}{\hbar}[H_{\text{int}}, \rho] \tag{7.18}$$

解上述方程获得 $\rho(t)$ 之后,体系的任何物理可观察量,例如 $A(t)$,都可以通过取平均 $\text{Tr}[\hat{A}\rho(t)]$ 来得到。这里的 $\hat{A}$ 是可观察量 A 的量子力学算符,而 Tr 表示矩阵的迹。密度矩阵的对角元素 ρ_{aa} 被称为布居,因为它表示体系处于状态 a 的概率,而非对角元素 ρ_{ab} 被称为相干。体系在相干态 ρ_{ab} 的时间演变表现为以一定频率的振荡,该频率由这两个状态的能级之差决定,即 $\omega \approx \omega_{ab} \equiv (E_a - E_b)/\hbar$。

方程(7.18)可以利用含时微扰理论来求解,其中 H_{int} 被视为对以 H_0 为特征的参考体系的微扰。这提供了 $\rho(t)$ 的幂级数展开方式,其中 n 阶项 $\rho^{(n)}(t)$ 中包含 H_{int} 的 n 个参数。零级项是未发生扰动时体系的平衡密度算符 $\rho^{(0)}(t) = \rho_{\text{eq}}$,高阶项表示为[40]

$$\rho^{(n)}(t) = \left(-\frac{\text{i}}{\hbar}\right)^n \int_{t_0}^{t} \text{d}\tau_n \int_{t_0}^{t_n} \text{d}\tau_{n-1} \cdots \int_{t_0}^{t_2} \text{d}\tau_1 G_0(t-\tau_n) L_{\text{int}}(\tau_n) G_0(\tau_n - \tau_{n-1}) L_{\text{int}}(\tau_{n-1})$$

$$\cdots L_{\text{int}}(\tau_1) G_0(\tau_1 - \tau_0)\rho(t_0)$$

$$\tag{7.19}$$

其中,$G_0(t) = \exp(-iL_0 t/\hbar)$,是不考虑外部辐射时的时间演化算符。刘维尔算符对 $a = 0$,int 由 $L_a A = [H_a, A]$ 定义。式(7.19)给出了密度矩阵演化的清晰解释:在 t_0 时刻的初始状态 $\rho(t_0)$ 自由传播一个时段 $\tau_1 - t_0$,即 $G_0(\tau_1 - t_0)$,且在 $t = \tau_1$ 时,发生第一次的场-物质相互作用,对应 $L_{int}(\tau_1)$ 的作用。整个过程会重复 n 次,直到 $t = \tau_n$ 时的最终相互作用,用 $L_{int}(\tau_n)$ 表示。最后,体系自由演化到观测时间 t,其时间演变由 $G_0(t - \tau_n)$ 决定。在时间顺序条件 $t_0 \leqslant \tau_1 \leqslant \cdots \leqslant \tau_n \leqslant t$ 下,按照在 $\tau_1, \cdots, \tau_n$ 上的多次积分的所有的相互作用都是允许的。

式(7.19)得到的各阶密度矩阵提供了相应的 n 阶非线性极化强度 $\boldsymbol{P}^{(n)}(\boldsymbol{r}, t)$ 的表示,即

$$\boldsymbol{P}^{(n)}(\boldsymbol{r}, t) = \text{Tr}[\hat{\boldsymbol{m}}\rho^{(n)}(t)]$$

$$= \int_0^\infty dt_n \cdots \int_0^\infty dt_1 \boldsymbol{R}^{(n)}(t_n, \cdots, t_1) \vdots \boldsymbol{E}(\boldsymbol{r}, t - t_n) \cdots \boldsymbol{E}(\boldsymbol{r}, t - t_n \cdots - t_1)$$

$$(7.20)$$

其中,非线性函数 $\boldsymbol{R}^{(n)}(t_n, \cdots, t_1)$ 定义为

$$\boldsymbol{R}^{(n)}(t_n, \cdots, t_1)$$

$$= \left(\frac{i}{\hbar}\right)^n \theta(t_n) \cdots \theta(t_1) \langle m(t_n + \cdots + t_1)[m(t_{n-1} + \cdots + t_1), [\cdots[m(t_1), [m(t_0), \rho_{eq}]] \cdots]]\rangle$$

$$(7.21)$$

这里的 $m(t) = \exp(iH_0 t/\hbar) m \exp(-iH_0 t/\hbar)$ 是相互作用图像中的偶极子算符,公式中的角括号表示矩阵的迹。在式(7.19)中不同的时间 $\tau_1, \cdots, \tau_n$ 表示每次场-物质相互作用发生的时间,而式(7.20)和式(7.21)中的 $t_1, \cdots, t_n$ 表示它们之间的时间间隔,如 $t_m = \tau_{m+1} - \tau_m (1 \leqslant m \leqslant n-1)$ 和 $t_n = t - \tau_n$。根据式(7.20)中的时间顺序,$\tau_1, \cdots, \tau_n$ 均为正且如果某个时间参数为负则其响应函数一定会消失。这反映了因果关系原理且由 heavyside 阶跃函数强加在式(7.21)中的响应函数中。除此之外,根据式(7.20),连接两个实数量 $\boldsymbol{P}^{(n)}(t)$ 和 $\boldsymbol{E}(\boldsymbol{r}, t)$ 的响应函数也必须是实函数。

在例如 2D PE 和 PP 等三阶光谱中,存在一些实验上可控的入射辐射变量。例如,①中心频率;②脉冲与脉冲之间的延迟时间;③每个脉冲的相关光学相位;④传播方向和⑤偏振状态。最近 Cho 及其合作者表明,通过扫描光子回波测量中脉冲的偏振方向,可以提高对凝聚相耦合的多振子体系中分子结构探

测的灵敏度[17,28-30]。特别是,从实验上展示了耦合振子的两个跃迁偶极之间的夹角,可以通过考察一组入射光束偏振方向(这将导致 2D 光谱中相应的交叉峰值被抑制)来测量。因此,这种扩展的 2D 光谱被称为偏振角扫描二维光谱或简称为 PAS 2D(polarization-angle-scanning two-dimensional)光谱。结合量子化学计算结果的数值模拟研究表明,PAS 2D 光谱可以提供精细的多肽如延伸的 β-折叠的结构细节[30]。

然而,这里需要提到的是,入射辐射偏振方向的分别控制被广泛用于提取关于一对跃迁偶极子矢量之间的旋转动力学和旋转角度信息。在这种情况下,需要利用两个正交偏振方向上测量所得的振幅的线性组合或其比值。例如,利用平行和垂直的偏振 2D 光谱来测量所谓的交叉各向异性,这反过来又可以提供与交叉峰相关的跃迁偶极子之间的角度信息[41]。此外,Hochstrasser 及其合作者表明,通过在平行和垂直的 2D 光谱之间取适当的差值可以同时消除所有对角线峰值,这可以增强交叉峰值的频率分辨率[42]。在泵浦-探测光谱学中,各向同性和各向异性信号分别用于确定激发态的寿命和旋转弛豫速率。

与仅测量两个独立的信号(例如平行和垂直的 2D 光谱)所不同的是,我们可以固定三个偏振方向而只扫描一个偏振方向。这种 PAS2D 光谱从理论上可被写为平行(XXXX)和垂直(XYYX)2D 光谱的线性组合,其中的加权因子由三个光束偏振方向的相对角度确定。然而,在实际过程中,由于激光强度所固有的涨落,测量这两个三阶光谱的绝对强度非常不容易。因此,仅使用两个(XXXX 和 XYYX)2D 光谱来外推描述任意的 PAS 2D 光谱是不太成功的。在本节中,主要讨论耦合双振子体系 2D PE 光谱和 PP 光谱的偏振角依赖性。此外,我们将说明,振动耦合产生的量子拍频信号的振幅和相位信息对于估算跃迁偶极子对之间的相对角度有着重要的意义。更进一步,我们可以通过适当地调整电场偏振方向来选择性地去除振荡量子拍信号的影响。

现在,为了单独描述非线性响应函数中的取向贡献,我们假设电子振动和转动自由度之间的耦合是可以忽略的,也就是 Born-Oppenheimer 近似[43]。那么,分子的哈密顿可以分项写为 $H_{mol} = H_{vib} + H_{rot}$,并且跃迁偶极子的偶极矩为

$$\hat{m} = \mu \hat{\boldsymbol{\mu}} \tag{7.22}$$

其中,μ 是与电子振动跃迁相关的电偶极子算符,$\hat{\boldsymbol{\mu}}$ 是实验室坐标系中表示跃迁偶极子方向的单位向量。那么,每个非线性响应函数分量可以被分解为旋

转项和振动项,也就是[43]

$$\boldsymbol{R}_a(t_3,t_2,t_1)=\boldsymbol{Y}_a(t_3,t_2,t_1)R_a(t_3,t_2,t_1) \tag{7.23}$$

这里,四阶张量函数 $\boldsymbol{Y}_a(t_3,t_2,t_1)$ 表示对非线性响应函数的取向贡献,一般被视为经典函数。

溶液中分子的转向运动被成功地描述为在小角度取向上的随机游走,因此利用 Fokker-Plank 方程来描述旋转相位空间(角坐标与角速度)中的条件概率密度是十分必要的。角速度的初始分布可由麦克斯韦-玻尔兹曼(Maxwell-Boltzmann)表达式给出,在进行角速度的总体平均后,可以重新确定取向函数[41,43,44] $\boldsymbol{Y}_a(t_3,t_2,t_1)$,如下所示:

$$\begin{aligned}\boldsymbol{Y}_a(t_3,t_2,t_1)=\int\mathrm{d}\nu_3\int\mathrm{d}\nu_2\int\mathrm{d}\nu_1\int\mathrm{d}\nu_0\,\hat{\boldsymbol{\mu}}_3(\nu_3)W(\nu_3,t_3\mid\nu_2)\hat{\boldsymbol{\mu}}_2(\nu_2)\\\times W(\nu_2,t_2\mid\nu_1)\hat{\boldsymbol{\mu}}_1(\nu_1)W(\nu_1,t_1\mid\nu_0)\hat{\boldsymbol{\mu}}_0(\nu_0)P_0(\nu_0)\end{aligned}$$

$$\tag{7.24}$$

其中,分子取向由欧拉角 $\nu\equiv(\phi,\theta,\chi)$ 决定,角度构型空间内的条件概率函数表示为 $W(\nu_{j+1},t_{j+1}\mid\nu_j)$。分子取向的初始概率分布表示为 $P_0(\nu_0)$,而对于包含随机取向分子的各向同性体系,恰如溶液中的溶质分子,该概率分布只是简单地等于 $1/8\pi^2$。

在多能级体系的三阶非线性光谱中,每个非线性响应函数可能涉及四个不同的电偶极子跃迁,即

$$\hat{\boldsymbol{\mu}}_3=\hat{\boldsymbol{\mu}}_d,\quad\hat{\boldsymbol{\mu}}_2=\hat{\boldsymbol{\mu}}_c,\quad\hat{\boldsymbol{\mu}}_1=\hat{\boldsymbol{\mu}}_b,\quad\hat{\boldsymbol{\mu}}_0=\hat{\boldsymbol{\mu}}_a \tag{7.25}$$

因此,$Y_{ijkl}^{dcba}(t_3,t_2,t_1)$ 可以具体地表示出非线性响应函数第 $[i,j,k,l]'$ 项元素的取向部分,其中 i,j,k 和 l 在笛卡儿坐标系中。那么,对应的非线性响应函数的 $[i,j,k,l]'$ 项张量元可以被表示为积的形式,即 $Y_{ijkl}^{dcba}(t_3,t_2,t_1)R^{dcba}(t_3,t_2,t_1)$。在本节中,我们假设包括沿 Z 轴传播的信号场和信号场的 X 分量在内的四束光波可以被分别检测。对于信号场的 X 分量的测量,在外差测量的 2D PE 光谱中,可以把本机振荡器场的偏振方向控制在 X 轴方向上进行;或在 PP 光谱中,将探测场偏振方向与 X 轴平行来进行。一般来说,三个入射场辐射的单位向量总可以写为

$$\begin{cases}\tilde{\boldsymbol{e}}_1=Y\sin\varphi_1+X\cos\varphi_1\\\tilde{\boldsymbol{e}}_2=Y\sin\varphi_2+X\cos\varphi_2\\\tilde{\boldsymbol{e}}_3=Y\sin\varphi_3+X\cos\varphi_3\\\tilde{\boldsymbol{e}}_4=X\end{cases} \tag{7.26}$$

这样,2D PE 信号和 PP 信号都变成了 $\varphi_i\,(i=1,2,3)$ 的函数。

7.3.2　泵浦-探测光谱的偏振角扫描

PP 测量的入射电场由两个相隔时间为 T 的脉冲组成,即

$$
\begin{aligned}
\boldsymbol{E}(\boldsymbol{r},t)=&\tilde{\boldsymbol{e}}_{\mathrm{pu}}E_{\mathrm{pu}}(t+T)\exp(\mathrm{i}\boldsymbol{k}_{\mathrm{pu}}\cdot\boldsymbol{r}-\mathrm{i}\omega_{\mathrm{pu}}t)\\
&+\tilde{\boldsymbol{e}}_{\mathrm{pr}}E_{\mathrm{pr}}(t)\exp(\mathrm{i}\boldsymbol{k}_{\mathrm{pr}}\cdot\boldsymbol{r}-\mathrm{i}\omega_{\mathrm{pr}}t)+c.c.
\end{aligned}
\tag{7.27}
$$

前两个辐射与物质的相互作用发生在泵浦脉冲中,以 $\boldsymbol{k}_s=-\boldsymbol{k}_{\mathrm{pu}}+\boldsymbol{k}_{\mathrm{pu}}+\boldsymbol{k}_{\mathrm{pr}}=\boldsymbol{k}_{\mathrm{pr}}$ 波矢方向辐射的信号场用探测脉冲进行自外差检测,得到的 PP 信号的三阶极化为[17]

$$
\begin{aligned}
\boldsymbol{P}_{\mathrm{PP}}^{(3)}(\boldsymbol{r},t)=\ &\mathrm{e}^{\mathrm{i}\boldsymbol{k}_{\mathrm{pr}}\cdot\boldsymbol{r}-\mathrm{i}\omega t}\int_0^\infty\mathrm{d}t_3\int_0^\infty\mathrm{d}t_2\int_0^\infty\mathrm{d}t_1\boldsymbol{R}^{(3)}(t_3,t_2,t_1)\tilde{\boldsymbol{e}}_{\mathrm{pr}}\tilde{\boldsymbol{e}}_{\mathrm{pu}}\tilde{\boldsymbol{e}}_{\mathrm{pu}}^*\times\boldsymbol{E}_{\mathrm{pr}}(t-t_3)\\
&\times\boldsymbol{E}_{\mathrm{pu}}(t+T-t_3-t_2)\boldsymbol{E}_{\mathrm{pu}}(t+T-t_3-t_2-t_1)\exp(\mathrm{i}\omega t_{\mathrm{pr}}-\mathrm{i}\omega t_{\mathrm{pu}})
\end{aligned}
\tag{7.28}
$$

频率分辨的 PP 信号对应于时域信号的傅里叶-拉普拉斯变换(Fourier-Laplace),其形式为

$$
E_{\mathrm{sig}}^{\mathrm{PP}}(T,\omega_t)=\int_0^\infty\mathrm{d}t E_{\mathrm{sig}}^{\mathrm{PP}}(T,t)\exp(\mathrm{i}\omega_t t)
\tag{7.29}
$$

在泵浦-探测测量中,由于仅利用两个脉冲,所以只有单个可控偏振方向角 φ_{pu},它也是泵浦场和探测场偏振方向之间的夹角。在 PAS PP 光谱中,可以改变 φ_{pu} 测量 PP 信号,即 $E_{\mathrm{sig}}^{\mathrm{PP}}=E_{\mathrm{sig}}^{\mathrm{PP}}(T,\omega_{\mathrm{pr}};\varphi_{\mathrm{pu}})$。

以往一般只需要考虑 $\varphi_{\mathrm{pu}}=0$(水平 PP)和 $\varphi_{\mathrm{pu}}=\pi/2$(垂直 PP)两种情况即可。各向同性和各向异性的信号可分别定义为

$$
\begin{cases}
PP_{\mathrm{iso}}=PP_{XXXX}(\varphi_{\mathrm{pu}}=0)+2PP_{XXYY}(\varphi_{\mathrm{pu}}=\pi/2)\\
PP_{\mathrm{aniso}}=\dfrac{(PP_{XXXX}-PP_{XXYY})}{PP_{\mathrm{iso}}}
\end{cases}
\tag{7.30}
$$

对于单振子体系,各向同性(或各向异性)信号不依赖于旋转动力学(或布居弛豫),因此它们可以用来测量体系的寿命(或旋转弛豫时间)。然而,如果目标分子是耦合的多振子体系,由于有额外的刘维尔路径对 PP 信号有贡献,各向同性与各向异性信号的物理过程可能会非常复杂。为了简化起见,我们考虑一个振动耦合的双振子体系,它具有对称与反对称的简正模式,频率分别为 ω_s 与 ω_a。两个振动跃迁偶极子之间的角度记为 θ。不失一

般性,我们可以假定,对称模式的跃迁偶极矩 μ_s($=\langle\nu_s=1|\mu|\nu_s=0\rangle$)与分子体系的 Z 轴是平行的,即 $\mu_s=\hat{z}$,则 μ_a($=\langle\nu_a=1|\mu|\nu_a=0\rangle$)在 ZX 平面内,可以表示为

$$\mu_a=\hat{z}\cos\theta+\hat{x}\sin\theta \tag{7.31}$$

在图 7.4 中描绘了在探测频率为 $\omega_{pr}=\omega_s$ 时,贡献于泵浦-探测信号的 8 条刘维尔路径。此后,我们将考虑正的等待时间 T 下的泵浦-探测信号。尽管在等待时间为 0 时,PP 信号不依赖于振动弛豫和旋转弛豫,但在 $T=0$ 时,三阶的 PP 信号常常被相干假信号和脉冲重叠效应带来的附加刘维尔路径所扰乱[41,45]。

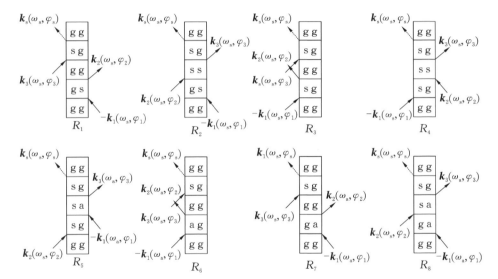

图 7.4　耦合双振子体系的双面 Feynman 算法过程。在偏振角度扫描的 PP 和 2D PE 光谱中,三个入射光场的偏振方向角 φ_1、φ_2、φ_3 可以连续的方式进行控制。对于基于双脉冲的泵浦-探测测量体系中,假设探测光束的偏振方向与 X 轴平行而泵浦光是旋转的,那么泵浦-探测信号由全部的 8 个刘维尔等式 $R_1\sim R_8$ 决定。对于 2D 光子回波实验,为了测量在 $\omega_\tau=\omega_s$ 和 $\omega_t=\omega_a$ 时的对角峰,需要知道 5 个响应函数 $R_1\sim R_5$。在 $\omega_\tau=\omega_s$ 和 $\omega_t=\omega_a$ 时的交叉峰与 $R_6\sim R_8$ 有关。在这些等式中,第 8 个等式 R_8 在等待时间内会产生振荡

在脉冲极限下,图 7.4 中对应着每个刘维尔路径的 8 个响应函数可以表示为

$$\begin{cases} R_{1\sim4}(0,T,t_3)=\mu_s^4 Y_{ZZ\varphi\varphi}^{ssss}(0,T,t_3)R(t_3)\mathrm{e}^{-T/T_{1,s}} \\ R_5(0,T,t_3)=\mu_s^2\mu_a^2 Y_{ZZ\varphi\varphi}^{saas}(0,T,t_3)R_{QB}(t_3)\mathrm{e}^{\mathrm{i}\omega_{sa}T} \\ R_{6\sim7}(0,T,t_3)=\mu_s^2\mu_a^2 Y_{ZZ\varphi\varphi}^{ssaa}(0,T,t_3)R(t_3)\mathrm{e}^{-T/T_{1,a}} \\ R_8(0,T,t_3)=\mu_s^2\mu_a^2 Y_{ZZ\varphi\varphi}^{sasa}(0,T,t_3)R_{QB}(t_3)\mathrm{e}^{\mathrm{i}\omega_{sa}T} \end{cases} \tag{7.32}$$

前四个响应函数组分被表示为由跃迁偶极 μ_s 和其振动寿命 $T_{1,s}$ 所决定的同样的响应函数。在脉冲极限下,响应函数的振动部分 $R(t_3)$ 取决于最终的相干演化时间 t_3,重聚相和非重聚相对 PP 信号有相等的贡献。第 5 个响应函数描述了量子拍频信号,并且仅当泵浦脉冲在光谱上足够宽以至于可以同时激发对称和反对称模式时,信号才能被观测到。类似地,第 8 个响应函数组分表示另一个量子拍频的贡献。注意 R_5 与 R_8 的取向部分不相同。第 6 个和第 7 个响应函数组分的振幅分别由对称模式和反对称模式的偶极子强度决定,同时,它们还取决于两个跃迁偶极子之间的相对角度 θ。通常来说,对于球形转子,式(7.32)中的非线性响应函数组分的取向部分可以写为如下三个函数乘积的形式[41]:

$$Y_a(t_1,T,t_3)=C_1(t_1)y_a(T)C_1(t_3) \tag{7.33}$$

其中,$C_1(t)=\exp[-l(l+1)D_{or}t]$ 且 D_{or} 是取向扩散系数。对于泵浦-探测构型,因为 $t_1=0$,我们有 $Y_a(0,T,t_3)=y_a(T)C_1(t_3)$。在式(7.32)中的取向响应函数 $y_a(T)$ 为

$$\begin{cases} Y_{XX\varphi\varphi}^{ssss}(T)=\frac{1}{9}\left[1+\frac{4}{5}C_2(T)\right]\cos^2\varphi+\frac{1}{9}\left[1-\frac{2}{5}C_2(T)\right]\sin^2\varphi \\ Y_{XX\varphi\varphi}^{ssaa}(T)=\frac{1}{9}\left\{1+\frac{4}{5}C_2(T)\left[\cos^2\theta-\frac{1}{2}\sin^2\theta\right]\right\}\cos^2\varphi \\ \qquad\qquad +\frac{1}{9}\left\{1-\frac{2}{5}C_2(T)\left[\cos^2\theta-\frac{1}{2}\sin^2\theta\right]\right\}\sin^2\varphi \\ Y_{XX\varphi\varphi}^{sasa}(T)=\frac{1}{9}\left\{\cos^2\theta+\frac{1}{5}C_2(T)[4\cos^2\theta+3\sin^2\theta]\right\}\cos^2\varphi \\ \qquad\qquad +\frac{1}{9}\left\{\cos^2\theta-\frac{1}{10}C_2(T)[4\cos^2\theta+3\sin^2\theta]\right\}\sin^2\varphi \end{cases} \tag{7.34}$$

那么,在 $\omega_{pr}=\omega_s$ 时频率分辨的宽带 PP 信号可以表示为 φ 的函数,即

$$PP_{XX\varphi\varphi}(\omega_s,T)=\left[4\mu_s^4 y_{XX\varphi\varphi}^{ssss}(T)\mathrm{e}^{-T/T_{1,s}}+2\mu_a^2\mu_s^2 y_{XX\varphi\varphi}^{ssaa}(T)\mathrm{e}^{-T/T_{1,a}}\right]R^{PP}(\omega_s)$$
$$+2\mu_a^2\mu_s^2 y_{XX\varphi\varphi}^{sasa}(T)\mathrm{e}^{-T/\tau_q}\cos(\omega_{sa}T)R_{QB}^{PP}(\omega_s)$$

$$\tag{7.35}$$

其中,辅助线型函数被定义为

$$
\begin{cases}
R^{PP}(\omega_s) = \mathrm{Im}\Big[\int_0^\infty R(t_3)C_1(t_3)\mathrm{e}^{\mathrm{i}\omega_s t_3}\,\mathrm{d}t_3\Big] \\[4mm]
R_{QB}^{PP}(\omega_s) = \mathrm{Im}\Big[\int_0^\infty R_{QB}(t_3)C_1(t_3)\mathrm{e}^{\mathrm{i}\omega_s t_3}\,\mathrm{d}t_3\Big]
\end{cases}
\tag{7.36}
$$

在式(7.35)中,τ_q 是相干态 $|\nu_s=1\rangle\langle\nu_a=1|$ 的退相干时间。利用 φ 依赖的 PP 信号的一般形式,我们将考虑其他一些极限情形。

7.3.3　耦合双振子体系的各向同性与各向异性 PP 信号

对于单振子体系,式(7.35)中只有第一项是重要的,各向同性和各向异性的 PP 信号简单地表示为 $PP_{\mathrm{iso}}\cong 4/3\mu_s^4\mathrm{e}^{-T/T_1}$ 和 $PP_{\mathrm{aniso}}=0.4C_2(T)$。然而,在耦合的双振子体系中,还存在着两个来自其他刘维尔路径的附加项,因此各向同性 PP 信号可以被表示为

$$
\begin{aligned}
PP_{\mathrm{iso}}(\omega_s,T) =& \Big[\frac{4}{3}\mu_s^4\mathrm{e}^{-T/T_{1,s}}+\frac{2}{3}\mu_a^2\mu_s^2\mathrm{e}^{-T/T_{1,a}}\Big]R^{PP}(\omega_s) \\
&+\frac{2}{3}\cos^2\theta\mu_a^2\mu_s^2\mathrm{e}^{-T/\tau_q}\cos(\omega_{sa}T)R_{QB}^{PP}(\omega_s)
\end{aligned}
\tag{7.37}
$$

注意这里的最后一项描述了所测得各向同性的 PP 信号的振荡组分在时间 τ_q 内的衰减,且其振幅与 $\cos^2\theta$ 成正比。因此,如果一个各向同性的 PP 信号产生了一个频率为 ω_{sa} 的振荡,这说明两个跃迁偶极子彼此之间不是正交的。

为了验证上述理论结果,我们以溶解在氯仿中的二羰基乙酰基丙酮酸铑(I)（$Rh(CO)_2C_5H_7O_2$：RDC）为样本,测量其色散型 PP 光谱。图 7.5 描述了当探测频率位于对称 CO 伸缩简正模频率时的 PP 信号的时间分布。实验中我们测量了超过 100 ps 的 PP 信号,但图中显示的仅为第一个 5 ps 的时间曲线。可以发现,各向同性信号(图 7.5 中粗实线),平行信号的振荡组分与垂直信号的振荡组分量相互抵消,因为它们是异相关系(比较图 7.5 中的细实线(XXXX)与细虚线(XXYY))。另一方面,各向异性的信号会表现出明显的振荡特性。这些结果是由于两个跃迁偶极子彼此正交,也就是说,在此特定条件下,$\cos^2\theta=0$。相反地,各向同性信号中观察到的振荡特性则表示两个跃迁偶极子之间角度偏离了 $\pi/2$。在这种情况下,为了从各向同性信号中获得激发态的粒子寿命,需要首先消除其振荡组分。

在这里讨论一下可以实现这一目的的傅里叶变换滤波法。傅里叶变换滤

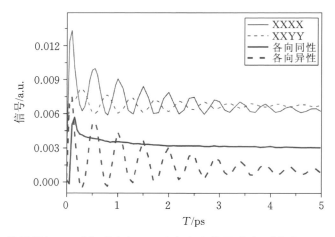

图 7.5 RDC 的平行(XXXX)与垂直(XXYY)方向上的泵浦-探测信号图,以及在 $\omega_{pr}=\omega_s$ 时计算所得的各向同性与各向异性信号。平行和垂直 PP 信号的振荡(量子拍频)组分彼此为异相关系。因为在求得各向同性信号时,异相的量子拍频信号彼此抵消,所以各向同性信号没有表现出振荡特性

波法已被广泛地应用(图 7.6)[46,47]。首先,振荡信号(图 7.6(a))被傅里叶变换为相应的频谱(图 7.6(b))。高频光谱峰在所得光谱中可以得到辨认。除掉这个峰之后(在相应数据处补零),傅里叶变换将给出剔除了振荡组分之后的各向同性信号,这应该对应着式(7.37)中的前两项。值得注意的是,如果对称模式与反对称模式的寿命有明显不同,则在 ω_s 处的各向同性信号会发生双指数衰减。在此情况下,式(7.37)中的指前因子可以由两个模式的偶极强度来预先确定,则双指数衰减的时间常数可以被指认为每个模式的寿命。无论如何,即使在耦合的双振子体系中,各向同性信号也不会受旋转动力学的影响。对于氯仿中 RDC 的各向同性信号(图 7.5),我们发现单指数函数几乎完美地拟合了实验数据,这表明了对称和反对称模式的振动激发态寿命是相同的。

与各向同性的 PP 信号不同,各向异性信号,以一个复杂的方式,不仅依赖于跃迁偶极子之间的夹角,而且依赖于两种跃迁偶极之比 $\mu_{as}=\mu_a/\mu_s$,还依赖于转动动力学。此外,各向异性信号还与两个模式的寿命有关,如果它们彼此不同。具体地说,利用式(7.35),我们发现

$$
\begin{aligned}
PP_{aniso}(\omega_s,T) &= \frac{PP_{XXXX}(\omega_s,T)-PP_{XXYY}(\omega_s,T)}{PP_{iso}(\omega_s,T)} \\
&= \frac{2}{5}C_2(T)\frac{2e^{-T/T_{1,s}}+\mu_{as}^2 e^{-T/T_{1,a}}(3\cos^2\theta-1)/2}{2e^{-T/T_{1,s}}+\mu_{as}^2 e^{-T/T_{1,a}}}
\end{aligned}
\tag{7.38}
$$

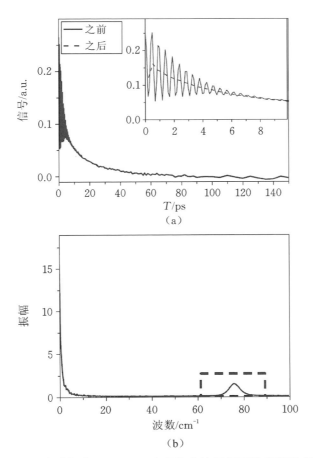

图 7.6　傅里叶变化的滤波操作。(a)RDC 在氯仿中的平行泵浦-探测信号。振荡组分源
　　　于量子拍频(或对称和反对称 CO 伸缩振动之间的振动相干)。(b)对(a)中的平行
　　　PP 信号进行直接傅里叶变换得到的频谱。从 FT 谱中除去 75 cm^{-1} 左右的峰,然
　　　后对其进行逆傅里叶变换以获得不含振荡组分的时域信号(参见(a)中的虚线)。
　　　前 10 ps 内的时间曲线在(a)的插图中显示

注意到,只有当 $T_{1,s} = T_{1,a}$ 和 $\theta = 0$ 或 π 时,各向异性信号才会单纯由二阶旋转函数 $C_2(T)$ 决定。否则,各向异性信号的衰减模式是十分复杂的。通常情况下,通过将各向异性信号外推至 $T = 0$ 时能获得的各向异性初始值,会与熟知的数值 0.4 有所偏离。更具体些,各向异性初始值由下式给出:

$$PP_{aniso}(\omega_s, 0) = 0.4\left\{\frac{2 + \mu_{as}^2(3\cos^2\theta - 1)/2}{2 + \mu_{as}^2}\right\} \tag{7.39}$$

如果两个跃迁偶极子彼此正交，即 $\theta=\pi/2$，并且跃迁偶极的比值 μ_{as} 为 1，那么，初始的各向异性信号值为 0.2。然而，如果两个跃迁偶极矩不同，即 $\mu_{as}\neq1$，各向异性值会变成一个与探测频率相关的函数。为了解释这一点，我们要注意在描述 $\omega_{pr}=\omega_s$ 的各向异性初始值时所需要的跃迁偶极比值为 $\mu_{as}=\mu_a/\mu_s$；而在 $\omega_{pr}=\omega_a$ 时，该比值为 $\mu_{sa}=\mu_s/\mu_a$。作为一个例子，我们估计了 RDC 对称和不对称的 CO 伸缩简正模式的跃迁偶极，通过分析其 FT-IR 光谱。利用跃迁偶极的比值及夹角，发现在 $\omega_{pr}=\omega_s$ 时，各向异性的初始值为 0.18；而在 $\omega_{pr}=\omega_a$ 时，其值为 0.22。因此在量化分析各向异性初始值时应该注意这一点。事实上，Tokmakoff 及其合作者给出了各向异性信号值的一个类似公式，而且他们提出，通过利用初始的各向异性值可以估计跃迁偶极的夹角[41]。然而应该注意的是，在利用偏振控制的 PP 方法来精确地确定跃迁偶极角 θ 时，需要正确地考虑跃迁偶极之比和初始各向异性值的频率依赖性。

通常，按照超快惯性旋转运动，初始各向异性值与 0.4 之间的偏离是可以被解释的[48,49]。然而，对于一般的耦合多振子体系，各向异性 PP 信号成为一个复杂函数，不仅与通常的旋转弛豫有关，而且与跃迁偶极夹角和偶极强度之比值也有关。尽管上述的论证和 Tokmakoff 及其合作者所提出的论点都表明，初始各向异性值可用来估计跃迁偶极夹角，情况可能并不是如此简单，因为超快惯性旋转运动也会使初始的各向异性值偏离 0.4。

7.3.4　偏振角扫描的泵浦-探测光谱

对于单振子体系，各向同性和各向异性的 PP 信号可以提供不受旋转动力学影响的寿命和不受布居弛豫影响的旋转时间等信息。在耦合双振子体系的情况下，尽管初始各向异性值原则上与跃迁偶极角度相关，但由于上述原因仍难以精确地预测跃迁偶极夹角。我们现在深入讨论一下对 PP 信号有贡献的量子拍频。根据式(7.35)，相对于泵浦光，对于一个具有任意偏振角 φ 的探测光，量子拍频贡献为

$$PP_{XX\varphi\varphi}^{QB}(\omega_s,T)=2\mu_a^2\mu_s^2 y_{XX\varphi\varphi}^{sasa}(T)e^{-T/\tau_q}R_{QB}^{PP}(\omega_s)\cos(\omega_{as}T) \qquad (7.40)$$

根据式(7.34)，依赖角度 φ 的量子拍频振幅与取向函数 $y_{XX\varphi\varphi}^{sasa}(T)$ 有关。改变 φ，量子拍频信号的振幅也会改变。因此，应可以准确地找出量子拍频信号振幅信息消失时的偏振角度 φ^*。注意这里的量子拍频项比布居弛豫更快，这是因为 τ_q 应该远小于寿命[17]。因此，在短时间内，旋转弛豫可以被忽略。这种情况下，我们发现跃迁偶极夹角与量子拍频信号振幅为 0 的角度 φ^* 有关，有

$$\cos^2\theta = \frac{1-3\cos^2\varphi^*}{3+\cos^2\varphi^*} \tag{7.41}$$

因为 $\cos^2\theta$ 只在 0 和 1 之间变化,所以没有必要从 0 到 $\pi/2$ 扫描 φ 角,只需从魔角到 90° 之间对偏振角 φ 进行扫描即可,即 $54.7°\leqslant\varphi\leqslant90°$。为了对量子拍频振幅进行定量分析,可以利用傅里叶变换的方法。首先,对给定 φ 角的 PP 信号的时间分布进行傅里叶变换,我们可以看到与振动相干有关的峰。峰值高度或面积将是 φ 的函数。因此,利用非线性曲线拟合的方法,可以得到 φ^*。之后,将得到的 φ^* 代入式(7.41)的右边,即可使我们确定跃迁偶极夹角 θ。

7.3.5 偏振角扫描的 2DP E 光谱

在上文中,我们详细讨论了偏振控制的 PP 光谱。Cho 及其合作者表明偏振角度扫描的 2D 光谱可以用于确定分子结构[28-30]。在光子回波 2D 光谱学中,入射光场由在时间上相距 τ 和 T 的三个脉冲组成。在 $\boldsymbol{k}_s = -\boldsymbol{k}_1 + \boldsymbol{k}_2 + \boldsymbol{k}_3$ 波矢方向上发射的相干回波信号场在振幅水平上利用外差法进行测量。旋转波近似下的三阶极化强度为

$$\boldsymbol{P}^{(3)}(\boldsymbol{r},t) = \mathrm{e}^{\mathrm{i}k_s\cdot r-\mathrm{i}\omega t}\int_0^\infty \mathrm{d}t_3\int_0^\infty \mathrm{d}t_2\int_0^\infty \mathrm{d}t_1 \boldsymbol{R}^{(3)}(t_3,t_2,t_1)\tilde{\boldsymbol{e}}_3\tilde{\boldsymbol{e}}_2\tilde{\boldsymbol{e}}_1^* E_3(t-t_3)$$

$$\times \boldsymbol{E}_2(t+T-t_3-t_2)\boldsymbol{E}_1(t+T+\tau-t_3-t_2-t_1)\exp(\mathrm{i}\omega t_3-\mathrm{i}\omega t_1) \tag{7.42}$$

然后将 $E_{PE}(t,T,\tau)$ 对 τ 和 t 进行 2D 傅里叶-拉普拉斯变换,获得 2D PE 频谱

$$S_{ijkl}^{2D}(\omega_t,T,\omega_\tau) = \int_0^\infty \mathrm{d}t\int_0^\infty \mathrm{d}\tau E_{PE}(\tau,T,t)\exp(\mathrm{i}\omega_t t+\mathrm{i}\omega_\tau t) \tag{7.43}$$

这里的下标 $ijkl$ 分别指四个辐射的偏振方向。如本章所强调的,当检测信号场的偏振方向固定时,2D 光谱是三个入射光束的三个偏振方向角的函数。适当地控制第二和第三脉冲辐射的偏振方向,使其与第一脉冲的偏振方向平行或垂直,我们可以测量对角峰和交叉峰的各向异性值。平行和垂直的 2D PE 信号通常被测量用以确定跃迁偶极角。接下来,我们将讨论给定 2D 光谱中的对角峰和交叉峰的偏振角依赖性,并且,将比较各向异性的测量方法和更一般的 PAS 2D 光谱法。

7.3.6 对角峰和交叉峰的偏振角依赖性

在本节中,我们将在非零的等待时间内讨论 2D 光谱,从而避免因相干贡献引起的任何可能的干扰。为了简单起见,我们假设非谐性频移远远大于振动耦合常数。在冲击极限下,重聚相信号的对角峰的振幅的取向贡献由

$Y_{X\varphi_3\varphi_2 X}(t_3,t_2,t_1)$决定,而非重聚相信号则由$Y_{X\varphi_3 X\varphi_2}(t_3,t_2,t_1)$决定。这里,应注意光谱扩散动力学使得重聚相信号和非重聚相信号的相对振幅随时间发生变化。此外,吸收型的 2D 峰可能会由于重聚相信号和非重聚相信号之间的不平衡而发生失真,这可能会反过来导致峰值振幅评估的不准确性。与一个给定对角峰相关联的两个重聚相路径 $R_1(t_1,T,t_3)$ 和 $R_2(t_1,T,t_3)$ 分别是基态漂白和受激发射的贡献。它们对非重聚相信号的相应贡献分别是 $R_3(t_1,T,t_3)$ 和 $R_4(t_1,T,t_3)$(图 7.4)。而贡献对角峰的另一个组分是 $R_5(t_1,T,t_3)$,它与量子拍频有关。它们被表示如下:

$$\begin{cases} R_1(t_1,T,t_3)=\mu_s^4 Y_{X\varphi_3\varphi_2 X}^{ssss}(t_1,T,t_3)R_{GB}^{R}(t_1,T,t_3) \\ R_2(t_1,T,t_3)=\mu_s^4 Y_{X\varphi_3\varphi_2 X}^{ssss}(t_1,T,t_3)R_{SE}^{R}(t_1,T,t_3) \\ R_3(t_1,T,t_3)=\mu_s^4 Y_{X\varphi_3 X\varphi_2}^{ssss}(t_1,T,t_3)R_{GB}^{NR}(t_1,T,t_3) \\ R_4(t_1,T,t_3)=\mu_s^4 Y_{X\varphi_3 X\varphi_2}^{ssss}(t_1,T,t_3)R_{SE}^{NR}(t_1,T,t_3) \\ R_5(t_1,T,t_3)=\mu_s^2\mu_a^2 Y_{X\varphi_3 X\varphi_2}^{saas}(t_1,T,t_3)R_5^{NR}(t_1,T,t_3)e^{i\omega_{sa}T} \end{cases} \tag{7.44}$$

其中,$R_1 \sim R_4$ 这四个响应函数所对应的取向部分是相同的,即

$$Y_{X\varphi_3\varphi_2 X}^{ssss}(t_1,T,t_3)=Y_{X\varphi_3 X\varphi_2}^{ssss}(t_1,T,t_3)$$

$$=C_1(t_1)C_1(t_3)\left\{\frac{1}{9}\left[1+\frac{4}{5}C_2(T)\right]\cos\varphi_3\cos\varphi_2+\frac{1}{15}C_2(T)\sin\varphi_3\sin\varphi_2\right\} \tag{7.45}$$

第 5 个响应函数组分 $R_5(t_1,T,t_3)$ 以频率 ω_{sa} 进行振荡。它与前四个响应函数的差异不仅在于其跃迁偶极因子,而且还在于其取向部分。与量子拍频有关的取向函数 $Y_{X\varphi_3\varphi_2 X}^{saas}(t_1,T,t_3)$ 取决于跃迁偶极子夹角 θ 和偏振角度 φ_2、φ_3,有

$$Y_{X\varphi_3 X\varphi_2}^{saas}(t_1,T,t_3)=C_1(t_1)C_1(t_3)\left\{\frac{1}{9}\left[1+\frac{4}{5}C_2(T)\right]\cos^2\theta\cos\varphi_3\cos\varphi_2\right.$$

$$+\frac{1}{15}C_2(T)\sin^2\theta\cos\varphi_3\cos\varphi_2+\frac{1}{15}C_2(T)\cos^2\theta\sin\varphi_3\sin\varphi_2$$

$$\left.+\left[\frac{1}{20}C_2(T)-\frac{1}{12}C_1(T)\right]\sin^2\theta\sin\varphi_3\sin\varphi_2\right\} \tag{7.46}$$

现在,吸收型 2D 光谱可以表示为重聚相部分与非重聚相部分的总和形式,即

$$S_{2D}^{C}(\omega_\tau,\omega_t,T)\propto\text{Re}\left[S^R(\omega_\tau,\omega_t,T)+S^{NR}(\omega_\tau,\omega_t,T)\right] \tag{7.47}$$

这其中的两个贡献是

$$
\begin{cases}
S^{R}(\omega_{\tau},\omega_{t},T) = y_{a}(T)\displaystyle\int_{0}^{\infty}\mathrm{d}t_{1}\int_{0}^{\infty}\mathrm{d}t_{3}\exp(\mathrm{i}\omega_{t}t_{3}-\mathrm{i}\omega_{\tau}t_{1})C_{1}(t_{1})C_{1}(t_{3})R^{R}(t_{1},T,t_{3}) \\
\qquad\quad = y_{a}(T)R^{R}(\omega_{\tau},T,\omega_{t}) \\
S^{NR}(\omega_{\tau},\omega_{t},T) = y_{a}(T)\displaystyle\int_{0}^{\infty}\mathrm{d}t_{1}\int_{0}^{\infty}\mathrm{d}t_{3}\exp(\mathrm{i}\omega_{t}t_{3}-\mathrm{i}\omega_{\tau}t_{1})C_{1}(t_{1})C_{1}(t_{3})R^{NR}(t_{1},T,t_{3}) \\
\qquad\quad = y_{a}(T)R^{NR}(\omega_{\tau},T,\omega_{t})
\end{cases}
\tag{7.48}
$$

那么,对角峰值在 $\omega_{\tau}=\omega_{s}$ 和 $\omega_{m}=\omega_{s}$ 时,会是

$$
\begin{aligned}
S_{2D}(\omega_{\tau}=\omega_{s},\omega_{t}=\omega_{s},T) &\propto \mathrm{Re}\left[\sum_{i=1}^{5}R_{i}(\omega_{\tau},\omega_{t},T)\right] \\
&= \mu_{s}^{4}y_{X\varphi_{3}\varphi_{2}X}^{ssss}(T)S_{2D}^{C}(\omega_{\tau},\omega_{t},T)e^{-T/T_{1,s}} \\
&\quad + \mu_{s}^{2}\mu_{a}^{2}y_{X\varphi_{3}\varphi_{2}}^{saas}(T)\mathrm{Re}[R_{5}^{NR}(\omega_{\tau},\omega_{t},T)e^{-T/\tau_{q}}e^{\mathrm{i}\omega_{sa}T}]
\end{aligned}
\tag{7.49}
$$

通常,与量子拍频有关的最后一项总是被忽略,因为它衰减迅速。 然而,如果利用短等待时间的 2D 光谱来提取体系结构信息,就应该适当地考虑量子拍频的影响。

接下来,我们考虑与基态漂白的重聚相（R_{6}）、非重聚相（R_{7}）及量子拍频（R_{8}）项有关的交叉峰振幅,其表达式为

$$
\begin{cases}
R_{6}(t_{1},T,t_{3}) = \mu_{s}^{2}\mu_{a}^{2}Y_{X\varphi_{3}\varphi_{2}X}^{aass}(t_{1},T,t_{3})R_{GB}^{R}(t_{1},T,t_{3}) \\
R_{7}(t_{1},T,t_{3}) = \mu_{s}^{2}\mu_{a}^{2}Y_{X\varphi_{3}X\varphi_{2}}^{aass}(t_{1},T,t_{3})R_{GB}^{NR}(t_{1},T,t_{3}) \\
R_{8}(t_{1},T,t_{3}) = \mu_{s}^{2}\mu_{a}^{2}Y_{X\varphi_{3}\varphi_{2}X}^{asas}(t_{1},T,t_{3})R^{R}(t_{1},T,t_{3})e^{\mathrm{i}\omega_{sa}T}
\end{cases}
\tag{7.50}
$$

则两个交叉峰的幅值为

$$
\begin{aligned}
S_{2D}(\omega_{\tau}=\omega_{s},\omega_{t}=\omega_{s},T) &\propto \mathrm{Re}\left[\sum_{i=6}^{8}R_{i}(\omega_{\tau},\omega_{t},T)\right] \\
&= \mu_{s}^{2}\mu_{a}^{2}y_{X\varphi_{3}\varphi_{2}X}^{ssaa}(T)S_{GB}^{C}(\omega_{\tau},\omega_{t},T)e^{-T/T_{1,a}} \\
&\quad + \mu_{s}^{2}\mu_{a}^{2}y_{X\varphi_{3}\varphi_{2}X}^{sasa}(T)\mathrm{Re}[R_{8}^{NR}(\omega_{\tau},\omega_{t},T)e^{-T/\tau_{q}}e^{\mathrm{i}\omega_{sa}T}] \\
&= \mu_{s}^{2}\mu_{a}^{2}y_{X\varphi_{3}\varphi_{2}X}^{ssaa}(T)S_{GB}^{C}(\omega_{\tau},\omega_{t},T)e^{-T/T_{1,a}} \\
&\quad + \mu_{s}^{2}\mu_{a}^{2}y_{X\varphi_{3}\varphi_{2}X}^{sasa}(T)e^{-T/\tau_{q}}\left[\begin{array}{l}\mathrm{Re}\{R_{8}^{NR}(\omega_{\tau},\omega_{t},T)\}\cos(\omega_{sa}T) \\ +\mathrm{Im}\{R_{8}^{NR}(\omega_{\tau},\omega_{t},T)\}\sin(\omega_{sa}T)\end{array}\right]
\end{aligned}
\tag{7.51a}
$$

$$
\begin{aligned}
S_{2D}(\omega_\tau = \omega_s, \omega_t = \omega_a, T) =\ & \mu_s^2 \mu_a^2 y_{X\varphi_3\varphi_2 X}^{aass}(T) S_{GB}^C(\omega_\tau, \omega_t, T) e^{-T/T_{1,s}} \\
& + \mu_s^2 \mu_a^2 y_{X\varphi_3\varphi_2 X}^{asas}(T) \mathrm{Re}\big[R_8^{NR}(\omega_\tau, \omega_t, T) e^{-T/\tau_q} e^{-i\omega_{sa}T} \big] \\
=\ & \mu_s^2 \mu_a^2 y_{X\varphi_3\varphi_2 X}^{aass}(T) S_{GB}^C(\omega_\tau, \omega_t, T) e^{-T/T_{1,a}} \\
& + \mu_s^2 \mu_a^2 y_{X\varphi_3\varphi_2 X}^{asas}(T) e^{-T/\tau_q}
\begin{bmatrix}
\mathrm{Re}\{R_8^{NR}(\omega_\tau, \omega_t, T)\} \cos(\omega_{sa}T) \\
- \mathrm{Im}\{R_8^{NR}(\omega_\tau, \omega_t, T)\} \sin(\omega_{sa}T)
\end{bmatrix}
\end{aligned}
$$

$$(7.51b)$$

这两个等式和式(7.49)是交叉峰与对角峰振幅的一般表达式。这里应注意,两个交叉峰中的振荡量子拍频的贡献使得这两个交叉峰的振幅并不相等,两者之间的差异取决于等待时间和振荡频率。

7.3.7　平行与垂直 2D 测量

与各向同性和各向异性 PP 信号的测量类似,可以对 2D 测量进行偏振控制,以获得各向异性交叉峰和对角峰,其中平行和垂直的 2D 信号可以表示为 S_{XXXX}^{2D} 和 S_{XYYX}^{2D}。注意,对于耦合的双振子体系,将两个交叉峰的振幅相加,测量 $T^* = (2n+1)\pi/2\omega_{sa}$(对于整数 n)时的信号,可以有效地消除量子拍频的贡献。垂直 2D 光谱中的两个交叉峰之和与平行 2D 光谱中的两个交叉峰之和的比值为

$$
\frac{S_{XYYX}^{2D}(\omega_a, \omega_s, T^*) + S_{XYYX}^{2D}(\omega_s, \omega_a, T^*)}{S_{XXXX}^{2D}(\omega_a, \omega_s, T^*) + S_{XXXX}^{2D}(\omega_s, \omega_a, T^*)} = \frac{10}{3} \frac{C_2(T^*)\{2\cos^2\theta - \sin^2\theta\}}{1 + 0.4 C_2(T^*)\{2\cos^2\theta - \sin^2\theta\}}
$$

$$(7.52)$$

Tokmakoff 及其合作者考虑了在旋转动力学很慢的极限情况下[41],在 $T=0$ 时的振幅比 $S_{XYYX}^{2D}/S_{XXXX}^{2D}$。然而,如式(7.49)和式(7.51)所示,即使在 $T=0$ 时也不能忽略量子拍频的贡献。因此,与各向异性信号 $S_{XYYX}^{2D}/S_{XXXX}^{2D}$ 比较,我们认为式(7.52)中的比值更有用处。

7.3.8　对角峰的选择性消除

Zanni 和 Hochstrasser 发现,通过适当地控制入射脉冲的偏振方向,人们可以选择性地消除所有的对角峰[42]。最近,我们发现所有对角线峰值消失的脉冲的偏振方向之间的关系有一个一般的表达式[17]。对 $\varphi_1 = \varphi_4 = 0$,这个关系式如下:

$$
3\cos\varphi_3^* \cos\varphi_2^* + \sin\varphi_3^* \sin\varphi_2^* = 0 \tag{7.53}
$$

然而,它只在等待时间 T 很小的范围内有效。此外,从式(7.49)可以看到,从量子拍频到对角峰幅值都有一个非零的贡献,即

$$S_{2D}(\omega_\tau = \omega_s, \omega_t = \omega_s, T, \varphi_2^*, \varphi_3^*)$$

$$= \mu_s^2 \mu_a^2 \frac{\sin^2\theta}{6} \cos\varphi_2^* \cos\varphi_3^* \, \mathrm{Re}[R_5^{\mathrm{NR}}(\omega_\tau, \omega_t, T) e^{-T/T_{1,s}} e^{i\omega_{sa}T}] \tag{7.54}$$

在图 7.7 中,给出了满足式(7.53)的特定角度 φ_2^* 和 φ_3^* 下在氯仿中 RDC 的 2D IR 光谱,并将其与平行偏振的 2D IR 光谱进行了比较(见图 7.7 中左上方)。在 φ_2^* 和 φ_3^* 下的 2D IR 光谱的对角峰的确明显小于在平行偏振的 2D IR 光谱中的对角峰,并且也小于光谱在 φ_2^* 和 φ_3^* 下的交叉峰。但是,对角峰的强度仍然不可忽略。我们认为这种甚至在 φ_2^* 和 φ_3^* 下 2D 红外光谱依然残留的对角峰强度来自于量子拍频的贡献。当测量图 7.7 所示的 2D 红外光谱时,等待时间为 0.2 ps[28]。一般来说,在这个等待时间内量子拍频的作用不会消失(图 7.5)。有趣的是,我们发现由量子拍频贡献的残余对角峰值(式(7.54))是跃迁偶极子角度 θ 的函数,表示为 $\sin^2\theta$。因此,为了完全去除给定 2D 频谱中的所有对角峰,我们不仅要控制两个偏振方向角度 φ_2 和 φ_3,使其分别为 φ_2^* 和 φ_3^*,而且还要控制等待时间。

7.3.9　交叉峰的选择性消除

在一个给定的 2D 光谱中观察到交叉峰,是两个振子的振动耦合的直接证明。最近,通过研究交叉峰振幅的偏振方向角依赖性,我们表明 PAS 2D 方法可以用于选择性地消除特定的交叉峰,这反过来又提供了关于跃迁偶极子夹角的相关信息。作为原理性的验证实验,我们对耦合双振子体系,氯仿中的 RDC,进行了 PAS 2D IR 实验[28],发现跃迁偶极子夹角与交叉峰的消失所对应的偏振方向角之间的关系为

$$\cos^2\theta = \frac{\tan\varphi_2^* \tan\varphi_3^* - 2}{4 + 3\tan\varphi_2^* \tan\varphi_3^*} \tag{7.55}$$

实验测量所得的 2D IR 光谱如图 7.8 所示,其中等待时间 T 为零。通常,等待时间为零的 2D 光谱中的交叉峰振幅被利用来估算跃迁偶极子之间的夹角。在 $T=0$ 时,由于脉冲宽度的限制,在交叉峰中要考虑非重聚相的贡献以及重聚相的贡献。对任意偏振方向,我们发现在 $\omega_\tau = \omega_s$ 和 $\omega_t = \omega_a$ 时的交叉峰振幅为

$$S_{2D}(\omega_\tau = \omega_s, \omega_t = \omega_a, T=0)$$

$$= \mu_a^2 \mu_s^2 y_{X\varphi_3\varphi_2 X}^{ssaa}(0)\{S_{\mathrm{GB}}^{\mathrm{C}}(\omega_\tau, \omega_t, 0) + \mathrm{Re}[R^{\mathrm{R}}(\omega_\tau, \omega_t, 0)]\}$$

$$+ 2\mu_a^2 \mu_s^2 y_{X\varphi_3\varphi_2 X}^{sasa}(0) \mathrm{Re}[R^{\mathrm{R}}(\omega_\tau, \omega_t, 0)] + y_{XX\varphi_3\varphi_2}^{asas}(0) \mathrm{Re}[R^{\mathrm{NR}}(\omega_\tau, \omega_t, 0)]$$

$$\tag{7.56}$$

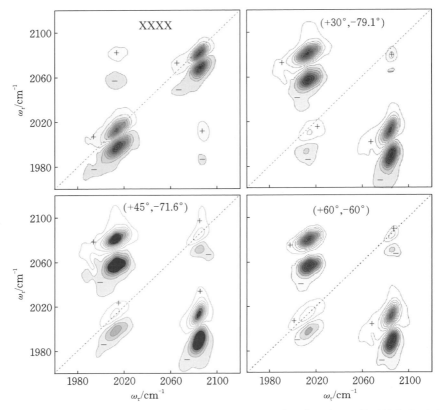

图 7.7 等待时间 $T=0.2$ ps 时,偏振控制的 2D IR 光谱。第一束脉冲和所检测的信号(本机振荡器)场的偏振方向平行于实验室坐标系中的 X 轴。改变两个偏振方向角 φ_2 和 φ_3 使得所有对角峰消失。φ_2 和 φ_3 的角度在图例给出,分别为 $(0°,0°)$、$(+30°,-79.1°)$、$(+45°,-71.6°)$ 和 $(+60°,-60°)$。其中,$(0°,0°)$ 对应于全平行偏振的 2D IR 光谱,记为 XXXX。注意平行偏振的 2D IR 光谱中 Z 轴刻度与其他三个光谱有所不同。更具体地,其他 2D IR 光谱中的对角峰振幅比平行偏振 2D IR 光谱中的对角峰振幅的 5% 还要小。尽管在偏振控制的 2D IR 光谱中对角峰值在很大程度上被消除,但仍然存在来自量子拍频信号的一些对角峰特征

式(7.56)右侧的三个取向函数各不相同,但它们在 $T=0$ 时是一样的,即

$$y_{Z\varphi_3\varphi_2 Z}^{aass}(0) = y_{Z\varphi_3\varphi_2 Z}^{asas}(0) = y_{ZZ\varphi_3\varphi_2}^{saas}(0)$$

$$= \frac{1}{15}\{2\cos^2\theta + 1\}\cos\varphi_3\cos\varphi_2 + \frac{1}{30}\{3\cos^2\theta - 1\}\sin\varphi_3\sin\varphi_2$$

$$(7.57)$$

由于式(7.56)中的不同项取决于相同的取向函数这样一个事实,所有的交叉峰的偏振方向角依赖性通常由式(7.57)来描述。因此,跃迁偶极子夹角的确定过程可以分为以下几步:①扫描偏振方向角;②测量 $T=0$ 时 2D 光谱中的叉峰振幅;③确定交叉峰振幅为零时的 φ_2^* 和 φ_3^* 角;④利用式(7.55)获得 θ。

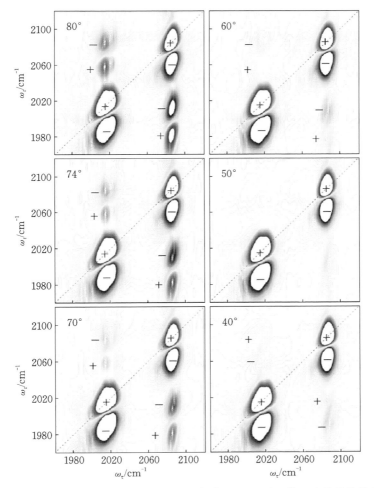

图 7.8　在不同 φ_3 角下氯仿中的 RDC 2D IR 光谱($T=0$ ps)。第一束脉冲和信号(本机振荡器)场的偏振方向平行于实验室坐标系中的 X 轴($\varphi_1=\varphi_s=0°$)。为简单起见,第二束脉冲的偏振角 φ_2 相对于 X 轴的夹角固定为 $60°$ 。当 φ_3 角从 $80°$ 减少至 $40°$,交叉峰振幅(在每个 2D IR 光谱的左上区域)变小,并且在 $\varphi_3=50°$ 附近消失。随着 φ_3 低于 $49°$ 时,具有相反符号的交叉峰振幅将再次增强

虽然可以单独对两个偏振方向角进行扫描,但不失一般性,人们可以固定其中的一个来进行 PAS 的 2D IR 测量。在最近的一些实验中,我们把第二束脉冲光的偏振方向与第一束脉冲的夹角固定在 $60°$,改变角度 φ_3。因为 $\cos^2\theta$ 在 0 到 1 之间取值,我们控制 φ_3 的扫描范围为从 $49.1°$ 到 $120°$。在我们的 PAS 2D IR 实验中,φ_3 从 $80°$ 到 $40°$ 以 $2°$ 的间隔变化。在图 7.8 中绘制了 PAS 2D IR 光谱的实部。当 φ_3 从 $80°$ 减小到 $40°$ 时,在 $\omega_\tau = 2011\ \mathrm{cm}^{-1}$ 和 $\omega_t = 2087\ \mathrm{cm}^{-1}$ 处的交叉峰振幅不断地减小且在约 $50°$ 处时接近零。接着,当 φ_3 进一步减小到低于 $50°$ 时,交叉峰的符号会发生如式(7.57)所预期的变化。在图 7.9 中,交叉峰振幅与扫描角度 φ_3 作图,其中的实线表示的是式(7.57)。从插值线中,我们发现 $\varphi_2^* = 60°$ 和 $\varphi_3^* = 49°$。将以上的数据代入式(7.55)中,我们可以得到对称与反对称的 CO 伸缩模式的跃迁偶极之间的夹角的确等于 $90°$。这表明 PAS 2D 光谱法对测量两个跃迁偶极子之间的夹角是有用的。

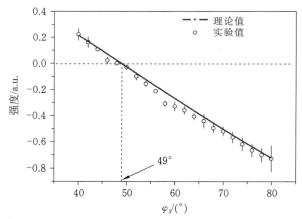

图 7.9 在 $\omega_\tau = 2011\ \mathrm{cm}^{-1}$ 和 $\omega_t = 2085\ \mathrm{cm}^{-1}$ 处,RDC 的 2D IR 光谱中的交叉峰振幅信号,相对第三束脉冲的偏振方向角 φ_3 作图。这里,$\varphi_1 = \varphi_s = 0°$ 且 $\varphi_2 = 60°$,交叉峰强度具有单位任意。图中实线是式(7.55)的理论预测线

尽管 PAS 2D 测量法取得了成功,但在等待时间不是零时,交叉峰振幅会包含来自振动相干的振荡组分,例如来自 $|\nu_s = 1\rangle\langle\nu_a = 1|$;此外,还有振动弛豫和旋转弛豫的强烈影响。但是,应注意将等待时间为 T^* 的 2D 光谱的非对角区域的两个交叉峰相加,则可消除待测交叉峰的振荡。也就是说,在 $T = T^*$ 时交叉峰的共轭对为

$$S_{2D}(\omega_\tau = \omega_a, \omega_m = \omega_s, T^*) + S_{2D}(\omega_\tau = \omega_s, \omega_m = \omega_a, T^*) \tag{7.58}$$
$$= \mu_s^2 \mu_a^2 y_{Z\varphi_3\varphi_3 Z}^{ssaa}(T^*)(e^{-T^*/T_{1,a}} + e^{-T^*/T_{1,s}}) S_{GB}^C(\omega_\tau, \omega_m, T^*)$$

这里的取向函数表示为

$$y_{Z\varphi_3\varphi_2 z}^{ssaa}(T) = \frac{1}{9}\left\{1 + \frac{4}{5}C_2(T)\left[\cos^2\theta - \frac{1}{2}\sin^2\theta\right]\right\}\cos\varphi_3\cos\varphi_2$$

$$+\frac{1}{15}C_2(T)\left[\cos^2\theta - \frac{1}{2}\sin^2\theta\right]\sin\varphi_3\sin\varphi_2 \qquad (7.59)$$

在一个短的等待时间内,我们可以忽略旋转弛豫对交叉峰振幅的贡献,即取 $C_2(T)=1$,这时式(7.59)简化为式(7.57)。

综上所述,在三阶非线性光谱测量中,通过控制多个脉冲的光束偏振方向,我们可以获得关于分子结构和动力学的重要信息。特别地,我们表明通过适当地调节光束的偏振构型,选择性地消除交叉峰是可能的。这反过来容许我们从偏振角度扫描的非线性光谱实验获得耦合跃迁偶极之间的相对角度信息。

7.4 手性 2D 光谱

在 7.2 节中,我们讨论了 CD 和 ORD 测量的线性旋光活性光谱。二色性或折射率的差异本质上由所谓的旋转强度所决定,其定义为 $\mathrm{Im}\left[\boldsymbol{\mu}_{\mathrm{ge}}\cdot\boldsymbol{m}_{\mathrm{eg}}\right]$。从旋转强度的大小及其符号中,可以获得给定手性分子的绝对构型的有关信息。这使得 CD 或任何其他旋光活性光谱在研究分子手性方面有着重要作用。然而,这些线性旋光活性测量方法,尽管其频率分辨率优于其他线性光谱方法,但仍然是一维光谱方法。相比之下,信息密度显著增强的 2D 光谱可以提供一些微弱信号的更为具体的信息,例如对分子结构高度敏感的振动非谐性与耦合。然而,基于四波混频技术的 2D 光谱法不能用于区分两种不同的光学异构体,这是因为 2D 光学跃迁振幅由其非手性跃迁电偶极矩的乘积所决定。希望在不久的将来,可以开发出具有潜在应用价值的 2D 旋光活性测量技术。

7.4.1 非线性旋光活性的测量方法

根据定义可知,旋光活性是同手性分子与左旋辐射和右旋手性辐射的差分相互作用密切关联的。因此,旋光活性信号,记为 ΔS,可以被表示为分别用左旋或右旋偏振辐射获得的两个信号之差:

$$\Delta S = S_{\mathrm{L}} - S_{\mathrm{R}} \qquad (7.60)$$

不再利用 LCP 和 RCP 光,而是根据所研究的旋光活性特质和具体采用的测量方法,人们可以选择左旋或右旋椭圆偏振光,甚至选择纯粹的线性偏振光。最近,Cho 及其合作者在理论上提出了圆偏振的 PP 和 PE 光谱方法,其中一束入射光束的偏振状态可以实现在左右辐射之间的调制,则应该能测量出 PP 或 PE 差分信号[17,50-54]。

除了利用左旋辐射和右旋辐射进行差分测量外,我们还可以进行这样的非线性旋光活性测量,即选择性地探测那些在电偶极近似下不是旋转不变的光谱响应函数,例如 S_{XXXY},其中 X 或 Y 下标的数目为奇数。在全电偶极允许(all-electric-dipole-allowed)的四波混频光谱中,四阶张量响应函数的元素,包括旋转不变的异构体如 $\delta_{l_1l_2}\delta_{l_3l_4}$、$\delta_{l_1l_3}\delta_{l_2l_4}$ 和 $\delta_{l_1l_4}\delta_{l_2l_3}$,可由实验测定。例如,在入射束和发射的光子回波场沿实验室坐标的 Z 轴传播时,水平偏振和垂直偏振的光子回波信号,记为 E_{XXXX}^{PE} 和 E_{XYYX}^{PE},分别与光子回波响应函数中的 XXXX 和 $XYYX$ 张量元有关。相反,全电偶极允许的三阶响应函数的 $XXXY$ 张量元则会消失。然而,由于在这种情况下磁偶极和电四极的贡献是有限的,在电偶极子近似之外(或突破长波长极限)的广义响应函数中手性分子的同样的 $XXXY$ 张量元不会消失。

值得注意的是,在一个给定的电磁场中磁场矢量与电场矢量彼此正交。如果第一束脉冲的电场分量为 X 偏振,则其磁场矢量方向与 Y 轴平行。这样,即使在测量 $YYYX$ 张量元时,也存在着旋转不变的三阶响应函数分量 $[\boldsymbol{\mu\mu\mu m}]_{YYYX}$,其中 m 表示跃迁磁偶极。因此,$YYYX$ 信号的测量不需要使用手性场。在这方面,有关线性手性光谱学的交叉偏振检测方法的研究将是至关重要的。

7.4.2 手性 2D 泵浦-探测

尽管 2D 泵浦-探测光谱已被广泛利用,但它同样不是一个非线性手性光学测量方法。它可以被扩展,如果考虑了超越电偶极近似的其他的场与物质相互作用项。在实验上,此类测量是可行的,如果取左旋圆偏振光 LCP 与右旋圆偏振光 RCP 所得的 PP 信号之差。全电偶极允许的非手性 PP 信号可以通过减法被去掉。

非线性手性光谱学的理论描述应该考虑的最低阶的场与物相互作用的哈密顿是[17]

$$H_{\mathrm{ran-mat}} = -\{m+(m\times\hat{k})+(\mathrm{i}/2)k\cdot Q\}\cdot eE(t)\mathrm{e}^{\mathrm{i}k\cdot r-\mathrm{i}\omega t}$$
$$-\{m+(m\times k)-(\mathrm{i}/2)k\cdot Q\}\cdot e^*E^*(t)\mathrm{e}^{-\mathrm{i}k\cdot r+\mathrm{i}\omega t} \tag{7.61}$$

其中，Q 表示电四极算符。把磁偶极-磁场相互作用和电四极-电场相互作用包括在内，我们可以将泵浦-探测极化信号展开为 m 和 Q 的系列幂级数形式，即

$$P_{pp}(t) = P_{pp}^{(0)}(t) + P_{pp}^{(1)}(t;m) + P_{pp}^{(1)}(t;Q) + \cdots \qquad (7.62)$$

式(7.62)右侧的第一个零级项，即全电偶极 PP 极化，比第二项和第三项大了两到三个数量级。这里的第二项与跃迁磁偶极矩呈线性比例，第三项与电四极矩呈线性比例。由于以下这些不等式，我们可以合理地忽略一些高阶项：

$$\left| P_{pp}^{(0)}(t) \right| \gg \left| P_{pp}^{(1)}(t;m) \right| \approx \left| P_{pp}^{(1)}(t;Q) \right| \gg \left| P_{pp}^{(2)} \right| \gg \left| P_{pp}^{(3)} \right| \qquad (7.63)$$

尽管测量上述式(7.62)中的泵浦-探测极化有各种不同的方法，例如瞬态光栅、瞬态二色性(transient dichroism，TD)和瞬态双折射等，我们仅具体考虑自外差检测的 TD 信号，其定义为

$$S_{TD}(\omega_{pu}, \omega_{pr}; T) = \text{Im}\left[\int_{-\infty}^{\infty} dt E_{pr}^*(t) \cdot P_{pp}(t) \right] \qquad (7.64)$$

将式(7.62)代入式(7.64)中，实验测量的 TD 谱也可以写成幂级数形式，即

$$S_{TD}(\omega_{pu}, \omega_{pr}; T) \cong S_{TD}^{(0)}(\omega_{pu}, \omega_{pr}; T) + S_{TD}^{(1)}(\omega_{pu}, \omega_{pr}; T; m) + S_{TD}^{(1)}(\omega_{pu}, \omega_{pr}; T; Q) \qquad (7.65)$$

式(7.65)中的第一项是通常的电偶极允许的 TD 信号，对于简单的二能级体系，其表示为

$$S_{TD}^{(0)}(\omega_{pu}, \omega_{pr}; T) \propto [m_{ge} m_{eg} m_{ge} m_{eg}] \otimes \tilde{e}_{pr}^* \tilde{e}_{pr} \tilde{e}_{pu}^* \tilde{e}_{pu} \Gamma_{TD}^{2LS}(\omega_{pu}, \omega_{pr}; T) \qquad (7.66)$$

其中，$\Gamma_{TD}^{2LS}(\omega_{pu}, \omega_{pr}; T)$ 是归一化的 2D 峰型函数，其函数形式在此处不重要(有关峰型函数的详细描述参见文献[17])。一旦 TD 信号中包括了手性贡献，我们发现 m 或 Q 的到一阶为止的 2D TD 光谱可以表示为

$$\begin{aligned}
S_{TD}(\omega_{pu}, \omega_{pr}; T) \propto \Big(&[m_{ge} m_{eg} m_{ge} m_{eg}] + \Big\{ [m_{ge} m_{eg} m_{ge}(m_{eg} \times \hat{k}_{pu})] \\
&+ [m_{ge} m_{eg}(m_{eg} \times \hat{k}_{pu}) m_{eg}] + [m_{ge}(m_{eg} \times \hat{k}_{pr}) m_{ge} m_{eg}] \\
&+ [(m_{ge} \times \hat{k}_{pr}) m_{eg} m_{ge} m_{eg}] \Big\} + \frac{i}{2} \Big\{ [m_{ge} m_{eg} m_{ge}(k_{pu} \cdot Q_{eg})] \\
&- [m_{ge} m_{eg}(k_{pu} \cdot Q_{ge}) m_{eg}] + [m_{ge}(k_{pr} \cdot Q_{eg}) m_{ge} m_{eg}] \\
&- [(k_{pr} \cdot Q_{ge}) m_{eg} m_{ge} m_{eg}] \Big\} \Big) \\
&\otimes \tilde{e}_{pr}^* \tilde{e}_{pr} \tilde{e}_{pu}^* \tilde{e}_{pu} \Gamma_{TD}^{2LS}(\omega_{pu}, \omega_{pr}; T)
\end{aligned}$$

$$(7.67)$$

在上述等式中,应该强调,用来描述场偏振状态的单位向量通常是十分复杂的。式(7.67)中的结果适用于任意的波束配置。

接下来,我们将只考虑泵浦光和探测光都沿平行空间坐标系的 Z 轴方向传播的情况,即 $\hat{k}_{\mathrm{pu}} = \hat{k}_{\mathrm{pr}} = \hat{Z}$。线偏振探测(及本机振荡器)光束的偏振方向与 X 轴平行,即 $\hat{e}_{\mathrm{pr}} = \hat{X}$。

接着,如果我们用偏振调谐技术产生 LCP 和 RCP 泵浦脉冲,我们能测量手性光学 2D TD 信号 $\Delta S_{\mathrm{TD}}(\omega_{\mathrm{pu}}, \omega_{\mathrm{pr}}; T)$,其定义为

$$\Delta S_{\mathrm{TD}}(\omega_{\mathrm{pu}}, \omega_{\mathrm{pr}}; T) = S_{\mathrm{TD}}^{\mathrm{LCP\text{-}pump}}(\omega_{\mathrm{pu}}, \omega_{\mathrm{pr}}; T) - S_{\mathrm{TD}}^{\mathrm{RCP\text{-}pump}}(\omega_{\mathrm{pu}}, \omega_{\mathrm{pr}}; T) \quad (7.68)$$

考察四阶张量函数的旋转平均值,我们发现差分 TD 光谱与 TD 信号的 $XXXY$ 组分和 $XXYX$ 组分有关,也就是

$$\Delta S_{\mathrm{TD}}(\omega_{\mathrm{pu}}, \omega_{\mathrm{pr}}; T) = \sqrt{2}\,\mathrm{i}\{S_{\mathrm{TD}}^{XXXY}(\omega_{\mathrm{pu}}, \omega_{\mathrm{pr}}; T) - S_{\mathrm{TD}}^{XXYX}(\omega_{\mathrm{pu}}, \omega_{\mathrm{pr}}; T)\}$$

$$(7.69)$$

上述结果表明,我们可以用左旋场和右旋场的常规方法或线性偏振光的交叉偏振探测方法,对非线性手性光学信号进行测量。在复杂的代数计算之后,我们发现,在二能级体系中电四极子对手性光学 TD 信号的贡献消失。因而对简单二能级体系 $\Delta S_{\mathrm{TD}}(\omega_{\mathrm{pu}}, \omega_{\mathrm{pr}}; T)$ 的最终结果就可被表示为

$$\Delta S_{\mathrm{TD}}(\omega_{\mathrm{pu}}, \omega_{\mathrm{pr}}; T) \propto D_{ee}^{g} R_{ee}^{g} \Gamma_{\mathrm{TD}}^{\mathrm{2LS}}(\omega_{\mathrm{pu}}, \omega_{\mathrm{pr}}; T) \quad (7.70)$$

其中,能级 e 和能级 g 之间的跃迁偶极强度和跃迁旋转强度定义为

$$\begin{cases} D_{ee}^{g} \equiv [\boldsymbol{m}_{ge} \cdot \boldsymbol{m}_{eg}]^{M} \\ R_{ee}^{g} \equiv \mathrm{Im}\,[\boldsymbol{m}_{ge} \cdot \boldsymbol{m}_{eg}]^{M} \end{cases} \quad (7.71)$$

这里的 $\boldsymbol{m}_{eg}$ 和 $\boldsymbol{m}_{ge}$ 是纯虚数。方括号 $[...]^{M}$ 内的跃迁电偶极和跃迁磁偶极的矩阵元是分子固定框架中的对应元素。有趣的是,TD 信号的整个跃迁强度由分子偶极和旋转强度的乘积决定。因此,手性光学 2D TD 信号峰的符号由旋转强度决定,根据相应量子跃迁的手性,其可以是正的或负的。这里,式(7.71)中的偶极强度和旋转强度是基态性质,它们分别决定了从 g 态(基态)到 e 态(激发态)的全电偶极诱导的跃迁概率和电偶极-磁偶极诱导的跃迁概率。在一般非线性光谱中,不仅应考虑 g 态和 e 态之间的跃迁,而且还应考虑 e 态与其他较高(双)激发态之间的跃迁。因此,在定量地描述一些非线性旋光活性特征时,激发态的偶极强度和旋转强度变得十分重要。

本小节我们重点讨论了二能级体系的手性光学 2D PP 光谱。讨论了涉

磁偶极和电四极跃迁矩阵元的四阶及五阶张量的旋转平均。我们下面考虑手性光学 2D PE 光谱,这是 2D COZY(相关谱)NMR 的直接类比。

7.4.3　手性 2D 光子回波谱

为了进行此类手性光学 2D PE 光谱测量,三个入射光场中某一个的偏振方向应该被控制或在两个相反的手性场之间进行调制。这里我们将考虑一种特别的情形,即第一束脉冲场是圆偏振的,以获得 LCP-和 RCP-PE 信号。在这种情况下,再次遵循上述的相同参数的手性光学 2D PP 光谱法,2D PE 光谱可以被写为幂级数的形式:

$$\widetilde{E}_{\mathrm{PE}}(\omega_t, T, \omega_\tau) = \widetilde{E}_{\mathrm{PE}}^{(0)}(\omega_t, T, \omega_\tau) + \widetilde{E}_{\mathrm{PE}}^{(1)}(\omega_t, T, \omega_\tau; m)$$
$$+ \widetilde{E}_{\mathrm{PE}}^{(1)}(\omega_t, T, \omega_\tau; Q) + \cdots \tag{7.72}$$

对于一个简单的二能级体系,全电偶极允许下的 PE 光谱 $\widetilde{E}_{\mathrm{PE}}^{(0)}(\omega_t, T, \omega_\tau)$ 由下式给出:

$$\widetilde{E}_{\mathrm{PE}}^{(0)}(\omega_t, T, \omega_\tau) = 2[\boldsymbol{m}_{\mathrm{ge}}\boldsymbol{m}_{\mathrm{eg}}\boldsymbol{m}_{\mathrm{eg}}\boldsymbol{m}_{\mathrm{ge}}]\otimes \widetilde{\boldsymbol{e}}_s^*\,\widetilde{\boldsymbol{e}}_3\,\widetilde{\boldsymbol{e}}_2\,\widetilde{\boldsymbol{e}}_1^*\,\Gamma(\omega_t = \bar{\omega}_{\mathrm{eg}}, \omega_\tau = \bar{\omega}_{\mathrm{eg}})$$

$$\tag{7.73}$$

这里仅考虑了两个重聚相项,并且在 $(\omega_t = \bar{\omega}_{\mathrm{eg}}, \omega_\tau = \bar{\omega}_{\mathrm{eg}})$ 处的 2D 峰型函数被记为 $\Gamma(\omega_t = \bar{\omega}_{\mathrm{eg}}, \omega_\tau = \bar{\omega}_{\mathrm{eg}})$。

在式(7.72)中的 PE 信号的展开式中,我们发现位于其右侧的第二项和第三项是磁偶极和电四极项,即

$$\widetilde{E}_{\mathrm{PE}}^{(1)}(\omega_t, T, \omega_\tau; m) = 2\{[m_{\mathrm{ge}}m_{\mathrm{eg}}m_{\mathrm{eg}}(\boldsymbol{m}_{\mathrm{ge}}\times\hat{\boldsymbol{k}}_1)] + [m_{\mathrm{ge}}m_{\mathrm{eg}}(\boldsymbol{m}_{\mathrm{eg}}\times\hat{\boldsymbol{k}}_2)m_{\mathrm{ge}}]$$
$$+ [m_{\mathrm{ge}}(\boldsymbol{m}_{\mathrm{eg}}\times\hat{\boldsymbol{k}}_3)m_{\mathrm{eg}}m_{\mathrm{ge}}] + [(\boldsymbol{m}_{\mathrm{ge}}\times\hat{\boldsymbol{k}}_s)m_{\mathrm{eg}}m_{\mathrm{eg}}m_{\mathrm{ge}}]\}$$
$$\otimes \widetilde{\boldsymbol{e}}_s^*\,\widetilde{\boldsymbol{e}}_3\,\widetilde{\boldsymbol{e}}_2\,\widetilde{\boldsymbol{e}}_1^*\,\Gamma(\omega_t = \bar{\omega}_{\mathrm{eg}}, \omega_\tau = \bar{\omega}_{\mathrm{eg}})$$

$$\tag{7.74}$$

$$\widetilde{E}_{\mathrm{PE}}^{(1)}(\omega_t, T, \omega_\tau; Q) = \mathrm{i}\{-[m_{\mathrm{ge}}m_{\mathrm{eg}}m_{\mathrm{eg}}(\boldsymbol{k}_1\cdot\boldsymbol{Q}_{\mathrm{ge}})] + [m_{\mathrm{ge}}m_{\mathrm{eg}}(\boldsymbol{k}_2\cdot\boldsymbol{Q}_{\mathrm{eg}})m_{\mathrm{ge}}]$$
$$+ [m_{\mathrm{ge}}(\boldsymbol{k}_3\cdot\boldsymbol{Q}_{\mathrm{eg}})m_{\mathrm{eg}}m_{\mathrm{ge}}] - [(\boldsymbol{k}_s\cdot\boldsymbol{Q}_{\mathrm{ge}})m_{\mathrm{eg}}m_{\mathrm{eg}}m_{\mathrm{ge}}]\}$$
$$\otimes \widetilde{\boldsymbol{e}}_s^*\,\widetilde{\boldsymbol{e}}_3\,\widetilde{\boldsymbol{e}}_2\,\widetilde{\boldsymbol{e}}_1^*\,\Gamma(\omega_t = \bar{\omega}_{\mathrm{eg}}, \omega_\tau = \bar{\omega}_{\mathrm{eg}})$$

$$\tag{7.75}$$

上述表达式对任意光束偏振构型都成立。

现在为了简单起见,假设三个入射光束的传播方向几乎共线,即对所有 j

的 $\boldsymbol{k}_j = \hat{Z}$,而且除第一束脉冲之外,第二、三项和光子回波场的偏振方向均与实验室坐标系中的 X 轴平行。那么,带有关于分子手性信息的 2D PE 差谱应被考虑,有

$$\Delta \widetilde{E}_{\mathrm{PE}}(\omega_t, T, \omega_\tau) = \widetilde{E}_{\mathrm{PE}}^{\mathrm{LCP}}(\omega_t, T, \omega_\tau) - \widetilde{E}_{\mathrm{PE}}^{\mathrm{RCP}}(\omega_t, T, \omega_\tau) \qquad (7.76)$$

利用旋转不变张量性质的一般论据,我们发现 $\Delta \widetilde{E}_{\mathrm{PE}}(\omega_t, T, \omega_\tau)$ 可以表示为

$$\Delta \widetilde{E}_{\mathrm{PE}}(\omega_t, T, \omega_\tau) = -\sqrt{2}\, \mathrm{i} \widetilde{E}_{\mathrm{PE}}^{XXXY}(\omega_t, T, \omega_\tau) \qquad (7.77)$$

这里的 $\widetilde{E}_{\mathrm{PE}}^{XXXY}(\omega_t, T, \omega_\tau)$ 是 Y 偏振的光束 1、X 偏振的光束 2 和 3,探测相干 PE 信号场的 X 分量所得到的 2D 光子回波光谱。二能级体系的手性光学 2D PE 谱的最终表达式为

$$\Delta \widetilde{E}_{\mathrm{PE}}(\omega_t, T, \omega_\tau) = \frac{8\sqrt{2}}{15} D_{\mathrm{ee}}^{\mathrm{g}} R_{\mathrm{ee}}^{\mathrm{g}} \Gamma(\omega_t = \bar{\omega}_{\mathrm{eg}}, \omega_\tau = \bar{\omega}_{\mathrm{eg}}) \qquad (7.78)$$

在弱非谐振子体系中,来自激发态($v=1 \to v=2$)吸收的负峰值信号不是由基态的而是由激发态的偶极强度和旋转强度的乘积所决定。

7.4.4　耦合二聚体的二能级手性光学 2D PE 谱

能用手性 2D PE 光谱方法进行研究的模型之一是耦合二聚体的二能级体系,其中每个单体均为二能级体系。在此情形下有一个基态(g)、两个单激发态(e_1,e_2)和一个双激发态(f)。尽管这个体系中仅有四个本征态,但许多决定了整个时间分辨的 2D 光谱的动力学时间尺度。在很短时间 $T < \tau_{\mathrm{decoh}}$ 内,这里 τ_{decoh} 为退相干时间,量子拍的贡献影响着对角峰和交叉峰的振幅。在长等待时间内,由于两个单激发态之间的布居(激发)转移,对角峰和交叉峰振幅随时间发生变化。当然,布居衰减时间(τ_{pop})和旋转弛豫会使 2D 光谱特征以一个复杂的方式依赖于等待时间。但是,为简单起见,我们侧重于中部时间区域,即 $\tau_{\mathrm{decoh}} < T < \tau_{\mathrm{pop}}$。在此情形下,2D 手性光谱的两个对角峰为

$$\begin{cases} \Delta \widetilde{E}_{\mathrm{D1}}(\omega_t, T, \omega_\tau) = \dfrac{8\sqrt{2}}{15} D_{\mathrm{e}_1\mathrm{g}}^{\mathrm{g}} R_{\mathrm{e}_1\mathrm{e}_1}^{\mathrm{g}} \Gamma(\omega_t = \bar{\omega}_{\mathrm{e}_1\mathrm{g}}, \omega_\tau = \bar{\omega}_{\mathrm{e}_1\mathrm{g}}) \\[3mm] \Delta \widetilde{E}_{\mathrm{D2}}(\omega_t, T, \omega_\tau) = \dfrac{8\sqrt{2}}{15} D_{\mathrm{e}_2\mathrm{e}_2}^{\mathrm{g}} R_{\mathrm{e}_2\mathrm{e}_2}^{\mathrm{g}} \Gamma(\omega_t = \bar{\omega}_{\mathrm{e}_2\mathrm{g}}, \omega_\tau = \bar{\omega}_{\mathrm{e}_2\mathrm{g}}) \end{cases} \qquad (7.79)$$

单纯来自一阶磁偶极项的交叉峰为

$$
\begin{cases}
\Delta\widetilde{E}_{C12}(\omega_t,T,\omega_\tau;m)=\dfrac{\sqrt{2}}{30}\{6D^{g}_{e_2 e_2}R^{g}_{e_1 e_1}+2D^{g}_{e_2 e_1}R^{g}_{e_2 e_1}\}\Gamma(\omega_t=\bar{\omega}_{e_2 g},\omega_\tau=\bar{\omega}_{e_1 g}) \\[2mm]
\quad -\dfrac{\sqrt{2}}{30}\{6D^{e_1}_{ff}R^{g}_{e_1 e_1}+2[\boldsymbol{m}_{fe_1}\boldsymbol{\cdot}\boldsymbol{m}_{e_1 g}]^{M}\mathrm{Im}[\boldsymbol{m}_{fe_1}\boldsymbol{\cdot}\boldsymbol{m}_{e_1 g}]^{M}\}\Gamma(\omega_t=\bar{\omega}_{fe_1},\omega_\tau=\bar{\omega}_{e_1 g}) \\[2mm]
\Delta\widetilde{E}_{C21}(\omega_t,T,\omega_\tau;m)=\dfrac{\sqrt{2}}{30}\{6D^{g}_{e_1 e_1}R^{g}_{e_2 e_2}+2D^{g}_{e_1 e_2}R^{g}_{e_1 e_2}\}\Gamma(\omega_t=\bar{\omega}_{e_1 g},\omega_\tau=\bar{\omega}_{e_2 g}) \\[2mm]
\quad -\dfrac{\sqrt{2}}{30}\{6D^{e_2}_{ff}R^{g}_{e_2 e_2}+2[\boldsymbol{m}_{fe_2}\boldsymbol{\cdot}\boldsymbol{m}_{e_2 g}]^{M}\mathrm{Im}[\boldsymbol{m}_{fe_2}\boldsymbol{\cdot}\boldsymbol{m}_{e_2 g}]^{M}\}\Gamma(\omega_t=\bar{\omega}_{fe_2},\omega_\tau=\bar{\omega}_{e_2 g})
\end{cases}
$$

$$\tag{7.80}$$

另一方面,来自一阶电四极项的交叉峰为

$$
\Delta\widetilde{E}_{C12}(\omega_t,T,\omega_\tau;Q)=\frac{\sqrt{2}\,k}{30}[\boldsymbol{m}_{ge_2}\boldsymbol{\cdot}\{\boldsymbol{m}_{ge_1}\times(\boldsymbol{Q}_{e_1 g}\boldsymbol{\cdot}\boldsymbol{m}_{e_2 g})\}]^{M}\Gamma(\omega_t=\bar{\omega}_{e_2 g},\omega_\tau=\bar{\omega}_{e_1 g})
$$

$$
\qquad -\frac{\sqrt{2}\,k}{30}[\boldsymbol{m}_{e_1 f}\boldsymbol{\cdot}\{\boldsymbol{m}_{ge_1}\times(\boldsymbol{Q}_{e_1 g}\boldsymbol{\cdot}\boldsymbol{m}_{fe_1})\}]^{M}\Gamma(\omega_t=\bar{\omega}_{fe_1},\omega_\tau=\bar{\omega}_{e_1 g})
$$

$$
\Delta\widetilde{E}_{C21}(\omega_t,T,\omega_\tau;Q)=\frac{\sqrt{2}\,k}{30}[\boldsymbol{m}_{ge_1}\boldsymbol{\cdot}\{\boldsymbol{m}_{ge_2}\times(\boldsymbol{Q}_{e_2 g}\boldsymbol{\cdot}\boldsymbol{m}_{e_1 g})\}]^{M}\Gamma(\omega_t=\bar{\omega}_{e_1 g},\omega_\tau=\bar{\omega}_{e_2 g})
$$

$$
\qquad -\frac{\sqrt{2}\,k}{30}[\boldsymbol{m}_{e_2 f}\boldsymbol{\cdot}\{\boldsymbol{m}_{ge_2}\times(\boldsymbol{Q}_{e_2 g}\boldsymbol{\cdot}\boldsymbol{m}_{fe_2})\}]^{M}\Gamma(\omega_t=\bar{\omega}_{fe_2},\omega_\tau=\bar{\omega}_{e_2 g})
$$

$$\tag{7.81}$$

这里的 $k=|\boldsymbol{k}|$。在上述表达式中,偶极强度和旋转强度定义为

$$
\begin{cases}
D^{g}_{e_j e_k}\equiv[\boldsymbol{m}_{e_j g}\boldsymbol{\cdot}\boldsymbol{m}_{e_k g}]^{M} \\[2mm]
R^{g}_{e_j e_k}\equiv\mathrm{Im}[\boldsymbol{m}_{e_j g}\boldsymbol{\cdot}\boldsymbol{m}_{e_k g}]^{M} \\[2mm]
D^{e_j}_{ff}\equiv[\boldsymbol{m}_{fe_j}\boldsymbol{\cdot}\boldsymbol{m}_{fe_j}]^{M}
\end{cases}
$$

$$\tag{7.82}$$

其中,$j\neq k$ 时的偶极强度 $D^{g}_{e_j e_k}$ 表示与激发态的相干 $\rho^{(2)}_{e_j e_k}$ 有关的跃迁偶极强度,该相干由两个电偶极子与电场相互作用而产生。而 $R^{g}_{e_j e_k}$ 也同样表示跃迁强度,来自电偶极子-电场相互作用和磁偶极-磁场相互作用。注意,它们不应该被看作是跃迁概率,因为结果态不是布居而是相干。偶极强度 $D^{e_j}_{ff}$ 却是发现在双激发态 f 上布居但体系最初处于第 j 个单激发态的跃迁概率。

下面将对角峰和交叉峰中的所有磁偶极和电四极的贡献结合起来,我们可以获得耦合多生色团体系的手性光学 2D PE 光谱的一般表达式:

$$\Delta \widetilde{E}(\omega_t, T, \omega_\tau) = \frac{\sqrt{2}}{30} \Big[\sum_{j,k} \{ 6D^g_{e_k e_k} R^g_{e_j e_j} + 2D^g_{e_k e_j} R^g_{e_k e_j} \} \Gamma(\omega_t = \bar{\omega}_{e_k g}, \omega_\tau = \bar{\omega}_{e_j g})$$

$$- \sum_{j,k} 6D^{e_j}_{f_k f_k} R^g_{e_j e_j} + 2 [\boldsymbol{m}_{f_k e_j} \cdot \boldsymbol{m}_{e_j g}]^M \mathrm{Im} [\boldsymbol{m}_{f_k e_j} \cdot \boldsymbol{m}_{e_j g}]^M \} \Gamma(\omega_t = \bar{\omega}_{f_k e_j}, \omega_\tau = \bar{\omega}_{e_j g})$$

$$+ k \sum_{j,k \neq j} [\boldsymbol{m}_{ge_k} \cdot \{\boldsymbol{m}_{ge_j} \times (\boldsymbol{Q}_{e_j g} \cdot \boldsymbol{m}_{e_k g})\}]^M \Gamma(\omega_t = \bar{\omega}_{e_k g}, \omega_\tau = \bar{\omega}_{e_j g})$$

$$- k \sum_{j,k} [\boldsymbol{m}_{e_j f_k} \cdot \{\boldsymbol{m}_{ge_j} \times (\boldsymbol{Q}_{e_j g} \cdot \boldsymbol{m}_{f_k e_j})\}]^M \Gamma(\omega_t = \bar{\omega}_{f_k e_j}, \omega_\tau = \bar{\omega}_{e_j g})$$

$$(7.84)$$

上述结果在所给的几个近似下是有效的。短时间量子拍贡献（这来源于在单激发态多重态（manifold）上产生的相干）和缓慢的布居弛豫均被忽略了。然而，若考虑 2D PE 光谱的一般理论，并在与 m 和 Q 有关的扩展的非线性响应函数中适当地考虑磁偶极和电四极项的旋转平均，可以容易地将上述贡献纳入进来。

7.5 总结与若干结论

在本章中，我们介绍了利用各种偏振控制和偏振选择探测方法的线性和非线性手性光学光谱的理论描述。详细描述了用于各向同性介质中手性分子的 CD 和 ORD 测量的外差检测的 OA-FID 技术，并讨论了它们的明显特征及其超越传统强度差分测量方法的优势。澄清了当前的外差 OA-FID 技术与基于四波混频方案的 2D 光谱技术之间的类比。

为了表明这些电场方法对手性信号场测量的实验可行性，我们在中红外、近红外乃至可见光频率范围内，对小的有机光学异构体进行了振动 CD/ORD 测量，对手性有机金属化合物和 DNA-染料复合物进行了电子 CD/ORD 测量。虽然我们只考虑了在平衡条件下的稳态旋光活性测量，但相信目前的 OA-FID 方法可以推广到一些与时间分辨相关的应用领域，如果它结合了适当的、在瞬间启动某种非平衡动力学过程的触发方法，例如温度跳跃、pH 跳跃和光裂解等。

在过去十年中，许多相干多维振动光谱或电子光谱方法，作为检测磁化弛豫所产生的射频域 FID 场的脉冲多维 NMR 方法的类似，已开发和应用于广泛的化学和生物体系。如本章所讨论的，我们可以控制入射光的偏振状态来确定跃迁偶极夹角，这反过来又与三维分子结构密切相关。与传统的各向异性测量方法不同,偏振角扫描的 2D 光谱学应用价值更高,这是由于它有选择性地消除所有的对角峰或特定的交叉峰的能力,这使我们能准确地测定跃迁偶极子夹角和转动动力学。

尽管 2D 光谱学提供了关于分子结构和动力学的宝贵信息,但它们中间没有一个对给定手性分子的手性是敏感的。在这方面,我们认为用于线性手性光学测量的脉冲式 OA-FID 技术,在进一步发展手性光学 2D 光谱法方面,将会起到关键作用。然后,这种新型技术可以提供在 2D 频率空间内的非手性(电偶极允许)的量子跃迁和手性跃迁相关性的一些信息。大约十年前,Cho 从理论上提出了 2D 圆偏振的泵浦-探测光谱法。之后,一些其他类型的非线性 OA 光谱技术理论也得以发展。然而,迄今没有成功的相关实验进展,此乃相应信号微弱之故,这就是 $\Delta A_{CD}/A \sim 10^{-4}$,$S_{\text{2D-PE}}/A \sim 10^{-4}$,因此 $\Delta S_{\text{2D-PE}}/A \sim 10^{-8}$。这里的 A、ΔA_{CD}、$S_{\text{2D-PE}}$ 和 $\Delta S_{\text{2D-PE}}$ 分别表示吸光度,CD、2D 光子回波信号和手性 2D 光子回波信号。这类实验成功的一个关键因素是要精确地控制入射光、透射光和散射光的辐射偏振状态,并要能有效地消除线性和非线性的非手性背景噪声。此外,不受激光脉冲串的相位和功率涨落所影响的单脉冲测量技术,对于手性光学 2D 振动或电子耦合测量的实现,将是非常重要的。在这方面,我们期望在本章中讨论的非差分的和无背景的手性光学测量方法,能为手性体系的结构和动力学研究所需的新非线性手性光学手段的进一步研发,起到关键作用。

致谢

这项工作得到了韩国国家研究基金会(NRF)向 MC 提供的项目(编号 20090078897 和 20110020033)的支持,该基金会由韩国政府资助(MEST)。

参考文献

[1] Laage D and Hynes JT.2006.A molecular jump mechanism of water re-orientation.Science 311;832-835.

[2] Cowan ML,et al.2005.Ultrafast memory loss and energy redistribution in the hydrogen bond network of liquid H_2O.Nature 434;199-202.

[3] Zheng J,Kwak K,Xie J,and Fayer MD.2006.Ultrafast carbon-carbon single-bond rotational isomerization in room-temperature solution.Science

313:1951-1955.

[4] Fleming GR and Cho M.1996.Chromophore-solvent dynamics.Ann.Rev. Phys.Chem.47:109-134.

[5] Jimenez R,Fleming GR,Kumar PV,and Maroncelli M.1994.Femtosecond solvation dynamics of water.Nature (London) 369:471-473.

[6] Rhee HJ,et al.2009.Femtosecond characterization of vibrational optical activity of chiral molecules.Nature 458:310-313.

[7] Rhee H,Choi JH,and Cho M.2010.Infrared optical activity:Electric field approaches in time domain.Acc.Chem.Res.43:1527-1536.

[8] Barron LD.2004.Molecular Light Scattering and Optical Activity (Cambridge University Press,New York).

[9] Berova N,Nakanishi K,and Woody RW.2000.Circular Dichroism:Principles and Applications (Wiley-VCH,New York).

[10] Rhee H,Ha JH,Jeon SJ,and Cho M.2008.Femtosecond spectral interferometry of optical activity:Theory.J.Chem.Phys.129:094507.

[11] Rhee H,June YG,Kim ZH,Jeon SJ,and Cho M.2009.Phase sensitive detection of vibrational optical activity free-induction-decay:Vibrational CD and ORD.J.Opt.Soc.Am.B 26:1008-1017.

[12] Rhee H,Kim SS,Jeon SJ,and Cho M.2009.Femtosecond measurements of vibrational circular dichroism and optical rotatory dispersion spectra. Chem.Phys.Chem.10:2209-2211.

[13] Eom I,Ahn SH,Rhee H,and Cho M.2011.Broadband near UV to visible optical activity measurement using self-heterodyned method. Opt. Express 19:10017-10028.

[14] Eom I,Ahn SH,Rhee H,and Cho M.2012.Single-shot electronic optical activity interferometry:Power and phase fluctuation-free measurement. Phys.Rev.Lett.108:103901.

[15] Ernst RR,Bodenhausen G,and Wokaun A.1987.Nuclear Magnetic Resonance in One and Two Dimensions (Oxford University Press,Oxford).

[16] Wuthrich K.1986.NMR of Proteins and Nucleic Acids (John Wiley & Sons, New York).

［17］ Cho M.2009.Two-Dimensional Optical Spectroscopy（CRC Press，Boca Raton）.

［18］ Hamm P and Zanni M.2011.Concepts and Methods of 2D Infrared Spectroscopy（Cambridge University Press，UK）.

［19］ Cho M.2008.Coherent two-dimensional optical spectroscopy.Chem.Rev. 108：1331-1418.

［20］ Cho M.1999.Two-dimensional vibrational spectroscopy.In：Advances in Multi-Photon Processes and Spectroscopy，ed Lin SH，Villaeys AA，Fujimura Y（World Scientific Publishing Co.，Singapore），Vol 12，pp. 229-300.

［21］ Mukamel S.2000.Multidimensional femtosecond correlation spectroscopies of electronic and vibrational excitations.Ann.Rev.Phys.Chem.51： 691-729.

［22］ Ganim Z，et al.2008.Amide I two-dimensional infrared spectroscopy of proteins.Acc.Chem.Res.41：432-441.

［23］ Khalil M，Demirdoven N，and Tokmakoff A.2003.Coherent 2D IR spectroscopy：Molecular structure and dynamics in solution.J.Phys.Chem.A 107：5258.

［24］ Zanni MT and Hochstrasser RM.2001.Two-dimensional infrared spectroscopy：A promising new method for the time resolution of structures. Curr.Opin.Chem.Biol.11：516-522.

［25］ Cho M，Brixner T，Stiopkin I，Vaswani H，and Fleming GR.2006.Two dimensional electronic spectroscopy of molecular complexes. J. Chin. Chem.Soc.53：15-24.

［26］ Cho M，Vaswani HM，Brixner T，Stenger J，and Fleming GR.2005.Exciton analysis in 2D electronic spectroscopy. J. Phys. Chem. B 109： 10542-10556.

［27］ Zhuang W，Hayashi T，and Mukamel S.2009.Coherent multidimensional vibrational spectroscopy of biomolecules：Concepts，simulations，and challenges.Angew.Chem.Int.Ed.48：3750-3781.

［28］ Lee KK，Park KH，Park S，Jeon SJ，and Cho M.2011.Polarization-angle-scanning 2D IR spectroscopy of coupled anharmonic oscillators: A polarization null angle method. J. Phys. Chem. B 115:5456-5464.

[29] Choi JH and Cho M. 2011. Polarization-angle-scanning two-dimensional spectroscopy: Application to dipeptide structure determination. J. Phys. Chem. A 115:3766-3777.

[30] Choi JH and Cho M. 2010. Polarization-angle-scanning two-dimensional infrared spectroscopy of antiparallel beta-sheet polypeptide: Additional dimensions in two-dimensional optical spectroscopy. J. Chem. Phys. 133:241102.

[31] Lepetit L, Cheriaux G, and Joffre M. 1995. Linear techniques of phase measurement by femtosecond spectral interferometry for applications in spectroscopy. J. Opt. Soc. Am. B 12:2467-2474.

[32] Jonas DM. 2003. Two-dimensional femtosecond spectroscopy. Annu. Rev. Phys. Chem. 54:425-463.

[33] Brixner T, Stiopkin IV, and Fleming GR. 2004. Tunable two-dimensional femtosecond spectroscopy. Opt. Lett. 29:884-886.

[34] Kane DJ and Trebino R. 1993. Characterization of arbitrary femtosecond pulses using frequency-resolved optical gating. IEEE J. Quantum Electron. 29:571-579.

[35] Iaconis C and Walmsley IA. 1998. Spectral phase interferometry for direct electric-field reconstruction of ultrashort optical pulses. Opt. Lett. 23:792-794.

[36] Goldbeck RA, Kim-Shapiro DB, and Kliger DS. 1997. Fast natural and magnetic circular dichroism spectroscopy. Ann. Rev. Phys. Chem. 48:453-479.

[37] Lewis JW, et al. 1985. New technique for measuring circular-dichroism changes on a nanosecond time scale—application to (carbonmonoxy) myoglobin and (carbonmonoxy) hemoglobin. J. Phys. Chem. 89:289-294.

[38] Helbing J and Bonmarin M. 2009. Vibrational circular dichroism signal enhancement using self-heterodyning with elliptically polarized laser pulses. J. Chem. Phys. 131:174507.

[39] Bonmarin M and Helbing J.2008.A picosecond time-resolved vibrational circular dichroism spectrometer.Opt.Lett.33:2086-2088.

[40] Mukamel S.1995.Principles of Nonlinear Optical Spectroscopy (Oxford University Press,Oxford).

[41] Golonzka O and Tokmakoff A.2001.Polarization-selective third-order spectroscopy of coupled vibronic states.J.Chem.Phys.115:297-309.

[42] Zanni MT,Ge NH,Kim YS,and Hochstrasser RM.2001.Two-dimensional IR spectroscopy can be designed to eliminate the diagonal peaks and expose only the crosspeaks needed for structure determination.Proc. Natl.Acad.Sci.U.S.A.98:11265-11270.

[43] Cho MH,Fleming GR,and Mukamel S.1993.Nonlinear response functions for birefringence and dichroism measurements in condensed phases.J.Chem.Phys.98:5314-5326.

[44] Sung JY and Silbey RJ.2001.Four wave mixing spectroscopy for a multi-level system.J.Chem.Phys.115:9266-9287.

[45] Ferwerda HA,Terpstra J,and Wiersma DA.1989.Discussion of a coherent artifact in 4-wave mixing experiments.J.Chem.Phys.91:3296-3305.

[46] Baiz CR,McRobbie PL,Anna JM,Geva E,and Kubarych KJ.2009.Two-dimensional infrared spectroscopy of metal carbonyls. Acc. Chem. Res. 42:1395-1404.

[47] Bracewell RN.1965.The Fourier Transform and Its Applications (McGraw-Hill Book Company,New York).

[48] Rezus YLA and Bakker HJ.2005.On the orientational relaxation of HDO in liquid water.J.Chem.Phys.123:114502.

[49] Steinel T,Asbury JB,Zheng JR,and Fayer MD.2004.Watching hydrogen bonds break: A transient absorption study of water. J. Phys. Chem. A 108:10957-10964.

[50] Cho M.2003.Two-dimensional circularly polarized pump-probe spectroscopy.J.Chem.Phys.119:7003-7016.

[51] Cheon S and Cho M.2005.Circularly polarized infrared and visible sum-frequency-generation spectroscopy:Vibrational optical activity measure-

ment.Phys.Rev.A 71:013808.

[52] Choi JH and Cho M.2007.Two-dimensional circularly polarized IR photon echo spectroscopy of polypeptides:Four-wave-mixing optical activity measurement.J.Phys.Chem.A 111:5176-5184.

[53] Choi JH and Cho M.2007.Nonlinear optical activity measurement spectroscopy of coupled multi-chromophore systems.Chem.Phys.341:57-70.

[54] Choi JH,Cheon S,Lee H,and Cho M.2008.Two-dimensional nonlinear optical activity spectroscopy of coupled multi-chromophore system. Phys.Chem.Chem.Phys.10:3839-3856.

[55] Choi JH and Cho M.2007.Quadrupole contribution to the third-order optical activity spectroscopy.J.Chem.Phys.127:024507.

[56] Abramavicius D and Mukamel S.2005.Coherent third-order spectroscopic probes of molecular chirality.J.Chem.Phys.122:134305.

[57] Abramavicius D and Mukamel S.2006.Chirality-induced signals in coherent multidimensional spectroscopy of excitons.J.Chem.Phys.124:034113.

第 8 章
材料中电子过程的超快红外探测法

8.1　引言

　　多年来,超快可见光谱与近红外光谱一直被用于研究新兴电子材料中的电子过程[1-27],尤其着重在诸如激子和极化子等基本的光激发的形成与演变上。很多面向柔性电子和廉价光伏领域应用的新兴材料在本质上属于分子。因此,激发与载流子同分子物种的相互作用在这些材料的光物理和光化学中具有非常重要的地位[28-32]。由于构象的柔性化与热诱导的无序化,这些材料中的电子跃迁往往是宽泛的和非均匀展宽的。因此,从只关注这些材料中的电子跃迁的光谱学研究中只能提取出有限的分子结构信息。

　　超快红外(infrared,IR)光谱作为一个探测手段,在新兴电子材料中的电子过程方面处于一个独特的位置,因为它将超快时间分辨率与瞬时振动光谱结合在一起[33-35]。很多新兴电子材料是纳米晶体或玻璃固体,其振动特征会表现出由分子的顺序和组成的形态学变化而引起的静态不均匀性[36]。这种振动不均匀性似乎会让提取关于材料中的电子过程的组成与形态信息变得复杂，但事实却正好相反。振动不均匀性提供了一种光谱学抓手，来确定独特的组成与形态环境，进而允许上述材料从特定的结构出发被研究，并且是在其他技术难以企及的长度尺度上[28]。在液体中，分子间作用的互变和分子组成的互变，使得光谱扩散发生在非均匀增宽的振动线型内。然而，由于在玻璃固体中光谱扩散发生在长得多的时间尺度上，新兴电子材料中的振动特征的不均匀性在本质上是静态的[37]——从而提供了分子组成与形态的一个局域探针。

除了探测那些能获悉关于电子过程的组成与形态信息的瞬时振动特征之外，超快 IR 光谱还可被用于直接探测新兴电子材料的电子结构和陷阱态分布[31]。中红外光谱区域与无序电子材料中典型的电荷捕获能量相对应（806.6～8066 cm^{-1} 对应 0.1～1.0 eV）。例如，电荷陷阱深度大于 0.5 eV 的无序材料拥有很低的载流子迁移率，并且被认为不具备电活性（即为绝缘体）。深度显著低于 0.1 eV 的电荷陷阱要小于许多无序半导体的能量无序度，因而电荷的捕获并不限制其输运。因此，超快 IR 光谱可以对与新兴电子材料中的有关输运的电荷陷阱进行直接检测[38]，同时揭示那些参与形成陷阱的物种的分子信息。

本章的目的在于，利用近期对有机光伏材料与胶体量子点（colloidal quantum dot，CQD）光伏材料研究中的两个例子，探讨超快 IR 光谱带给电子材料领域的一些独特能力。本章将首先概述从瞬态电子物种的宽带电子跃迁中提取振动特征所用的实验方法。然后描述在许多新兴电子材料尤其是有机光伏材料中发现的振动溶致变色[39]与静态不均匀性[36,37]。接下来讨论配体交换的 CQD 材料的振动光谱，以突出 IR 光谱在探究纳米晶体的表面化学方面的实用性[31,38]。最后，用两个实例研究来阐明超快 IR 光谱所能提供的分子与电子结构信息的独特组合性。在第一个案例中将描述有机光伏中的电子过程，重点放在分子结构对电荷分离机制的影响上[32]。在第二个案例中利用超快 IR 光谱研究了纳米晶体的表面化学与电子结构对电荷传输与复合的影响[31]。

8.2　实验方法

材料中受激的或载电的电子态在 IR 光谱区域会展现出很宽的电子跃迁。这些电子跃迁的本质取决于材料的特性。例如，晶体半导体中的电子或空穴在 IR 区域中发生强烈吸收，这是由于自由载流子的吸收，它随波长 λ 的增长

大约以 λ^3 增长[40,41]。自由载流子的吸收源于自由载流子与声子的耦合,以允许它们通过与光子相互作用来改变其动量态。自由载流子吸收强度随波长的具体变化取决于哪种类型的声子支配与电子自由度的耦合[41]。在无序半导体中,最初自由的载流子也许会被捕获。这些被捕获的载流子在中红外区域中依旧会展现出很宽的电子跃迁,因为它们能够被光激发从陷阱态回到能带态。能带态的高密度导致从陷阱态到能带态的跃迁在中红外区域拥有较大的消光系数[31]。有机半导体通常不支持自由载流子。在这些材料中,强的电子-声子耦合会将载流子波函数定域化形成极化子态[42]。然而,有机半导体中的电荷载流子在 IR 光谱区域仍然会通过大量电子跃迁进行强而广的吸收。在中红外区,这些跃迁被称为极化子吸收;在这一过程中,占据中隙态(mid-gap states)的定域化电荷载流子被光激发而回到半导体的价带或导带中的电子态[5,6]。

为了通过分子的振动模式探究材料中的电子过程,必须准确测量在中红外区域叠加于宽电子跃迁的分子振动线型[30,31]。需要采用具有高的光谱灵敏度的超快 IR 方法从瞬态 IR 光谱提取振动线型,因为中红外电子跃迁的振子强度甚至通常比那些强的振动模式还要大得多。图 8.1 描绘了共轭聚合物 poly(3-hexylthiophene)(P3HT)和电子-接受型功能化富勒烯[6,6]-phenyl-C$_{61}$-butyric acid methyl ester(PCBM)体系的瞬时 IR 光谱中的瞬时振动跃迁强度和瞬时电子跃迁强度的不匹配。振动特征对应的是该聚合物经过光学激发后 PCBM 的羰基伸缩模式。现代超快中红外激光源结合多道检测与规范化技术,足以实现所需的光谱灵敏度[28,30,31,43]。宾夕法尼亚州立大学的设备包括超快掺钛蓝宝石激光器,可以泵浦两台光学参量放大器(optical parametric amplifiers,OPA),开展三种不同的实验。一台 OPA 可产生波长 5.8 μm,脉冲能量 6 μJ,持续时间 100 fs 的中红外脉冲,用于二维红外(two-dimensional infrared,2D IR)和偏振分辨的 IR 泵浦-探测实验中,也可作可见泵浦-红外探测(Vis-IR)实验的探测光。第二台 OPA 用于在前文提到的实验中产生可见泵浦脉冲。在所有情况下均会采用一个含有 64 个单元的碲镉汞双阵列探测器(Infrared Systems/Infrared Associates)来实现从宽的电子跃迁中分离出振动线型所需的光谱灵敏度。双阵列允许通过一个光谱仪(JY Horiba)同时对 32 个探测频率进行测量,同时还能实现单发脉冲归一化。这些测量还允许在样品中使用 100 $\mu J/cm^2$ 的低激发密度。这一激发密度已经接近一个极限,此时非线性弛豫过程(譬如双激子湮没)在瞬态激发态动力学中不再占主导[32]。

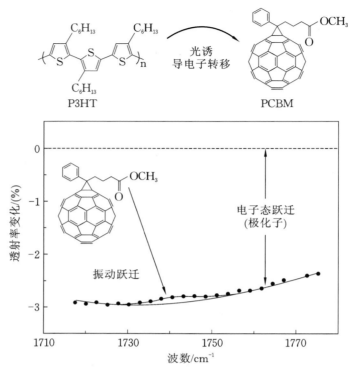

图 8.1 光诱导电子转移产生的一个位于中红外区的宽带电子吸收特征峰（负偏移），源自富勒烯 PCBM 中的共轭聚合物 P3HT 中极化子的形成。在宽带电子跃迁之上叠加的是一个小的振动特征峰（正信号），来自富勒烯中羰基伸缩模式。点代表实验数据，光滑线表示数据拟合。需要高光谱灵敏性以准确地测量振动特征，因为其跃迁振子强度远小于电子跃迁

为了通过分子的振动动力学获取关于材料中电子态的信息，测量分子在电子基态中的振动动力学是至关重要的。可采用超快 2D IR 与偏振分辨宽带 IR 泵浦-探测光谱进行所需的振动动力学测量。自外差的泵浦-探测光束构型被用于两种类型的测量[36,44]。超快激光系统中的一个 OPA 的 IR 脉冲被分成两个强度比为 30∶1 的脉冲。强度较小的探测脉冲在样本上聚焦光斑直径为 $200~\mu m$；强度较大的泵浦脉冲通过法布里-珀罗干涉仪产生一个可连续调节的泵浦光谱，半高宽约为 $7~cm^{-1}$，稳定性为 $\pm 1~cm^{-1}$，在样本处的光斑尺寸为 $250~\mu m$。通过让探测光束经过一个由计算机控制的光学旋转架（Newport Corp.）支撑的偏振片来实现偏振分辨 IR 泵浦-探测研究。在数据收集过程中，相对于泵浦光束，该光学旋转架将探测光在平行偏振与垂直偏振之间进行切

换。偏振片分别放置在样本前后，并且尽可能接近样本以使之与诸如面镜和透镜等光学元件的去偏振作用降至最低[45]。探测光的偏振分辨测量方向被设为与泵浦光束偏振平行或垂直，以避免产生与诸如光栅和镜面等偏振选择性光学元素相关的偏振旋转问题。

8.3 与振动频率相关的分子的形态及组成

8.3.1 振动溶致变色

分子的振动频率对其定域分子环境或溶剂环境的敏感性为我们研究纳米结构材料中的界面电子过程提供了一条特殊的途径[39]。本节将列举一个具体的例子，用这种敏感性，称之为振动溶致变色，来鉴别处于有机供体-受体界面上的分子的独特光谱特征。将这些研究结果与超快 IR 光谱相结合，能够对导致有机光伏材料中发生电子转移和电荷分离的原初过程进行更为细致的研究(8.4.1 节)[32]。

溶致变色源于周围的分子或溶剂环境对嵌入或溶解的分子物种的吸收光谱的影响[46]。早期关于溶致变色的研究主要集中于溶剂对溶质的紫外吸收光谱、可见吸收光谱及近 IR 吸收光谱的影响。人们发现溶致变色源于溶质-溶剂分子间的相互作用，包括特异型(譬如氢键合)与非特异型，共同决定了溶剂的极性[47,48]。溶致变色转换的程度取决于溶剂中溶质的平衡基态与其弗兰克-康登激发态之间的溶剂化能之差异。概言之，溶剂某种单一的物理特性，譬如介电常数或偶极矩，无法决定溶剂-溶质分子间的相互作用对分子的吸收光谱的影响[46]。因此，人们研发出了很多参数经验标度，用来将溶致变色的度量与溶剂的特性(譬如线性自由能量关系[49]或受体数量[50,51])相关联。这些经验标度最初是为了预测分子物种在液体中的可见吸收带的频率移动，如今已延伸到描述各种溶剂环境中的振动跃迁的频率移动[52,53]。

从分子层面看，振动溶致变色的源头可以追溯到围绕一个感兴趣的振动模式的非均匀分布的分子(或溶剂)的局域静电势[54-56]。这一领域有两种理论框架占主导，一个大多集中在蛋白质或其模型体系的酰胺-I 带振动[57-65]，另一个集中在水的羟基伸缩振动[66-72]。在一种方法里，根据 $\omega(\varphi_s) = \omega(\varphi = 0) - \Delta\omega(\varphi_s)$，可以得出在溶剂中溶解的分子的跃迁频率 $\omega(\varphi_s)$[57-63]。跃迁频率 $\omega(\varphi = 0)$ 描述的是处于气相中的孤立分子，由静电势 φ_s 所产生的跃迁频率的微扰由 $\Delta\omega(\varphi_s)$ 表示。第二种方法与之类似，不同之处在于静电势能是通过在参与振动运动的原子位点估测的溶剂电场 E_s 而参数化的[62-65,73-78]。这里可以假设溶剂电场与瞬间振动频率之间存在线性相关或二次方相关。在线性相关的情况下,根据 $\Delta\omega(E_s)=\alpha E_s$ 来计算跃迁频率的微扰,其中参数 α 是比例常数,该常数未必是振动跃迁的 Stark 调谐速率。研究发现其他相互作用,譬如氢键结合,会对许多体系的振动频率产生很大影响。

供电子的共轭聚合物 poly[2-methoxy-5-(2′-ethylhexyloxy)-1,4-(1-cyanovinylene) phenylene(CN-PPV)聚合物,与接受电子的功能化富勒烯 PCBM 形成一系列共混物,其 IR 吸收光谱的比较,给出了振动溶致变色存在于有机光伏材料中的电子供体-受体界面的证据(图 8.2)[39]。IR 光谱表明,随着聚合物含量的增长,PCBM 的甲酯基的羰基伸缩逐渐移向较高频率。尤其值得注意的是振动线型的线宽有所增加,并在跃迁的较高频率有所增宽。由于与 CN-PPV 接触的 PCBM 分子的密度随着膜中聚合物含量的增加而增长,与聚合物接触的分子在整个振动线型中占据了较大部分。振动跃迁逐渐向较高频率的移动,表明与镶嵌在富含富勒烯的团簇内部的 PCBM 分子相比,与聚合物接触的 PCBM 分子表现出较高频率的羰基伸缩振动。在此情况下,富含聚合物的相与富含富勒烯相之间的分子环境差异就会导致 PCBM 的羰基伸缩振动中产生溶致变色。

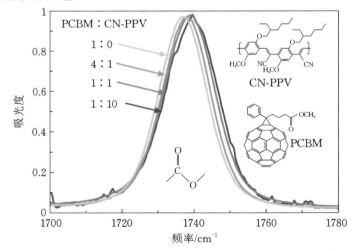

图 8.2　一系列由共轭聚合物 CN-PPV 与富勒烯衍生物 PCBM 组成的混合物有机膜的红外吸收光谱(侧重于 PCBM 中羰基伸缩吸收)的比较。随着聚合物含量的增加,光谱逐渐向高频区移动。频率的移动源自溶致变色,表明 PCBM 分子靠近聚合物时,其羰基伸缩频率较高。(改编自 Pensack RD,Banyas KM,and Asbury JB. 2010.Phys. Chem. Chem. Phys. 12:14144-14152.)

其他电子供体-受体混合物体系中曾报告过相似的羰基振动模式的溶致变色移动。例如,图 8.3 的(a)和(b)显示了两种电子受体,二酰亚胺苝(perylene diimide,PDI)和 PCBM,与共轭聚合物 P3HT 的共混物膜的 IR 吸收光谱,与这两个纯电子受体膜的 IR 吸收光谱的对比[39]。在这两种情况下,其羰基振动频率在与 P3HT 的混合物中都移向了较高的数值——表明这些体系中存在溶致变色。

在图 8.2 和图 8.3 所示的聚合物的混合物中观察到的振动溶致变色可能源于静电势能在电子供体-受体界面的变化,与在酰胺-I 带振动模式和羟基伸缩振动模式的表现类似。此外,由于分子间秩序的扰乱,特别是在与共轭聚合物形成的异质结(heterojunction)上,所造成的分子的密度和极化率的变化,可能是对这些界面振动模式频率的额外影响。

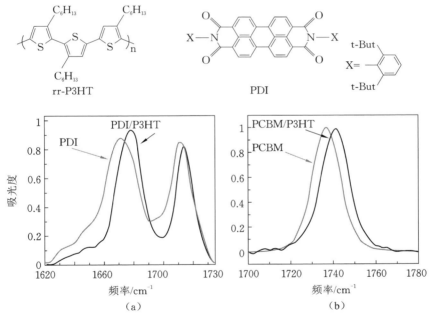

图 8.3 混合了区域规则型的聚(3-正己基噻吩)—P3HT—之后的两种电子受体的有机薄膜的红外光谱。电子受体为:(a) PDI,苝的一个衍生物;(b) PCBM。纯电子受体薄膜的羰基伸缩吸收红外光谱也在图中给出。比较发现:当与共轭聚合物有接触时,两个受体的羰基伸缩模式都表现出溶致变色,向高频移动。频率的移动,为区别处于聚合物-受体界面的受体分子与处于受体团簇内部的受体分子,提供了一个方法。(改编自 Pensack RD,Banyas KM,and Asbury JB. 2010. Phys. Chem. Chem. Phys. 12:14144-14152.)

8.3.2　静态的振动非均匀性

超快 IR 光谱实验中测得的振动动力学与电子材料潜在的光物理学和光化学的相关性,要求我们能够区分热平衡状态下的振动动力学与激发态瞬态物种或光产物的动力学。这一要求,对被用于研究材料中电子过程的振动模式提出了重大限制。例如,振动模式的吸收光谱一定不能显示出很强的温度依赖性,这样电子激发能的热量再分配才不会在该振动模式中引起较大的频率变化[37]。此外,振动模式也不应在探究电子过程所使用的时间尺度上经历完整的光谱扩散。事实上,振动溶致变色效果(如上所述)允许我们对材料中不同的形态与分子组成中的电子物种进行观察——但是,只有当这些分子环境独有的振动频率的交换慢于选定的电子物种在这些环境内部或环境之间的演变时,才能进行此类观察。

在非均匀分布的分子环境的简单互换和分子间相互作用为常态的液态环境中,分子的振动模式通常无法满足上述条件限制。例如,水和乙醇的羟基伸缩表现出很强的温度依赖性,因为这些分子通过氢键相互作用与其周遭环境有耦合[79-81]。蛋白质的酰胺-I 带振动表现出明显的温度敏感性,也是由于类似的原因——由于酰胺基团与其分子环境的耦合,二、三级结构中由温度引起的变化将影响振动频率[82-86]。在这两种情况下,所关心的振动生色团与其环境的耦合是借助了微弱的分子间相互作用,其解离能在 20 kJ/mol 的量级上[87-89]。这些微弱相互作用的振动布居,具有很强的温度依赖性。由于这些振动模式与高频率的羟基或酰胺-I 带模式耦合,它们表现出强烈的温度依赖性。

羟基和酰胺-I 带振动模式都与周围环境有强耦合,而这些周围环境与液体中分子构象的简单互换也存在耦合,这也会导致不均匀增宽的振动吸收带进行快速光谱扩散。例如,水中的快速氢键网络重组导致羟基伸缩振动线型在数皮秒的时间尺度上进行完整的光谱扩散[73,74,76,78,90-92]。蛋白质的振动探针具有某些慢时间尺度的运动,这些运动受到局部结构涨落的影响和二、三级结构演变的影响[86,93-98]。然而研究发现,将蛋白质嵌入玻璃体(如海藻糖)中在很大程度上通过抑制蛋白质的二、三级结构演变,可以阻止酰胺-I 带振动的光谱不均匀性发生完整的随机化现象[99,100]。

有机光伏聚合物的混合物是满足上述要求的代表性电子材料,可通过它们的振动特征来探究光物理与光化学过程[37]。图 8.4 展示了此类材料的 2D IR 光谱。光谱聚焦于混合在共轭聚合物 CN-PPV 中的电子受体 PCBM 的甲酯基的羰基振动。利用自外差的泵浦-探测法对 2D IR 光谱进行测量,用窄带 IR 泵浦脉冲(7 cm^{-1} 半高宽)激发样本,接着进行覆盖全部羰基吸收光谱的宽带探测。在窄带泵浦脉冲与宽带探测脉冲之间以 1 ps、3 ps、10 ps 的时间延迟测量得出的 2D IR 光谱,是分别在 350 K 与 200 K 的温度下得到的,如图 8.4 所示。从基态到第一激发态(0-1)的跃迁的 2D 线型出现在 2D IR 光谱的对角线上,而从第一到第二激发态(1-2)的跃迁却带着负号偏离对角线。数据表明在 1~10 ps 的时间尺度上,振动跃迁的过程中未发生光谱扩散。当温度较低时,反对角线的宽度较小,中心线斜率(用黑色线表示)较大。这些观察结果表明在羰基伸缩模式中,动态增宽线型在低温下较窄。

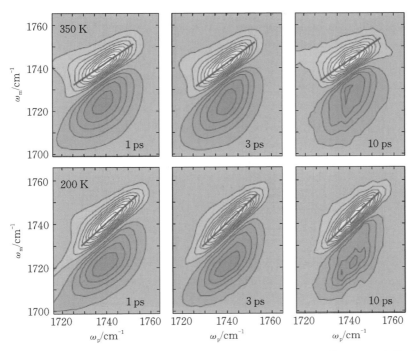

图 8.4　在与 CN-PPV 的混合物中 PCBM 的甲酯基羰基(C=O)伸缩的 2D IR 光谱,在不同的时延和两个温度下测得。对角峰(0-1 跃迁,浅色阴影)的延伸,偏离的对角峰(1-2 跃迁,深色阴影)表明碳基伸缩模式是非均匀增宽的。这些峰在 10 ps 的时间尺度上不增加其反对角宽度,表明在此时间范围内的光谱扩散可被忽略。在低温下,反对角宽度较小,中心线斜率(黑线所示)较大。这些结果表明动态增宽的线型在低温下较窄。(取自 Pensack RD,Banyas KM,and Asbury JB. 2010. J. Phys. Chem. B 114:12242-12251.)

测量 2D IR 光谱中 0-1 跃迁的中心线斜率[101]随时间延迟及温度的变化，能定量化聚合物的混合物中光谱扩散的缺失。图 8.5 展示了在全部时间延迟与温度的情况下 0-1 跃迁中的中心线斜率，表明随着时间延迟的增加，斜率的变化可以忽略不计。不均匀增宽机制受控于振动溶致变色，在这里不同的形态与分子组成会展现出独特的羰基振动频率[39]。光谱扩散的缺失证明了这些环境在两个温度下都不会在超快时间尺度上进行相互转换。由于聚合物的混合物为玻璃态固体，它们不均匀的分子环境事实上会在慢时间尺度上进行相互转换——这个时间尺度要比研究材料中的电子过程所用的超快时间区域长得多[37]。

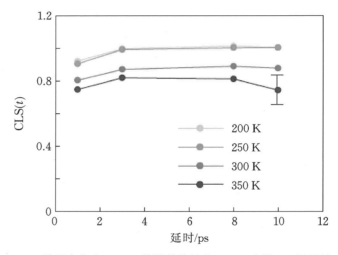

图 8.5 与 CN-PPV 的混合物中 PCBM 的羰基伸缩的 2D IR 光谱 0-1 跃迁的二维峰型的中心线斜率，在几个温度下测得。中心线斜率缺乏向零线的衰减，验证了羰基伸缩模式在 10 ps 时间尺度上的光谱扩散可被忽略。光谱扩散的缺乏源于溶致变色非均匀增宽机制。PCBM 分子必须在固态基体中扩散才会随机化源自溶致变色的振动频率变化。这样的扩散过程对玻璃体中的大分子是非常缓慢的。(摘自 Pensack RD，Banyas KM，and Asbury JB.2010.J. Phys. Chem. B 114:12242-12251.)

聚合物的共混物中 PCBM 甲酯基的羰基伸缩模式同样显示出微弱的温度依赖性，这是准确测量瞬态电子物种的动力学而不受热量的再分配过程干扰所必需的。图 8.6 描绘了 PCBM 与 CN-PPV 聚合物的共混物在温度范围为 390 K 到 184 K 时测量所得的 8 条 IR 吸收光谱的比较。光谱显示在整个温度范围出现了 1.5 cm^{-1} 的峰值频率变化，而从 300 K 到 390 K 只发生了 0.5 cm^{-1} 的变化。羰基

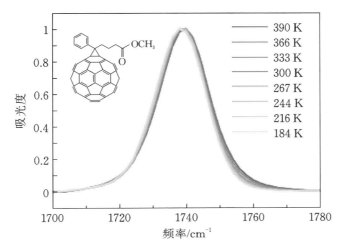

图 8.6 在一定温度范围内测得的 PCBM 与 CN-PPV 的混合物中羰基伸缩模式的一些红外光谱。光谱表现出微弱的温度依赖性,在标明的温度范围内,峰位置向高频的移动有 1.5 cm^{-1}。大部分的向高频移动(1 cm^{-1})发生在 184 K 和 300 K 之间,其余的 0.5 cm^{-1} 移动发生在 300 K 和 390 K 之间。(改编自 Pensack RD,Banyas KM,and Asbury JB. 2010.J. Phys. Chem. B 114:12242-12251.)

伸缩模式的超快偏振分辨宽带 IR 泵浦-检测测量法允许对甲酯基的振动激发态的寿命与取向扩散时间分别进行测量[37]。用平行 $S_{\parallel}(t)$ 和垂直 $S_{\perp}(t)$ 泵浦探测得出的羰基在 1740 cm^{-1} 的 0-1 跃迁峰附近的动力学弛豫轨迹,在图 8.7 中给出,其中的插图表明在样本的瞬态 IR 泵浦-检测光谱中测量动力学所用的频率。将平行的偏振动力学踪迹与垂直的踪迹相结合,根据 $P(t) = 1/3(S_{\parallel}(t) + 2S_{\perp}(t))$,用于建构激发态布居的弛豫动力学 $P(t)$。激发态动力学反映出在室温条件下发生在 300 fs 和 1.7 ps 的时间尺度上的两过程布居弛豫。依赖于温度的激发态布居动力学测量表明振动寿命在温度低至 200 K 时几乎未发生变化[37]。然而,从偏振分辨动力学踪迹,利用 $r(t) = 0.4C_2(t) = (S_{\parallel}(t) - S_{\perp}(t))/(S_{\parallel}(t) + 2S_{\perp}(t))$ 计算得到的几种不同温度下的取向扩散动力学,表明取向运动随温度而改变。图 8.8 显示了在几种不同温度下测量的聚合物共混物中的 PCBM 羰基的各向异性的衰变踪迹。数据表明有半角锥形运动的快速摆动从 350 K 的 34°(亚皮秒弛豫组分较大)降至 200 K 的 24°(亚皮秒弛豫组分较小)。锥角摆动的变化,是由于在混合物中自由体积的缺失所导致的,这与膜在温度较低时密度的增加有关[102]。

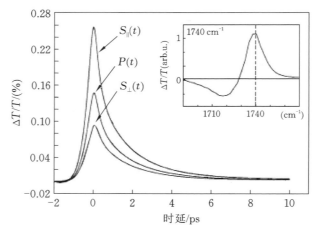

图 8.7 偏振分辨的超快红外泵浦-探测动力学,在 PCBM 与 CN-PPV 的混合物中羰基伸缩模式的 0-1 跃迁峰附近测得。在 $1740~cm^{-1}$ 处测量的布居动力学曲线 $P(t)$ 表现出双指数弛豫。插图表明在 100 fs 时延下相对于红外泵浦-探测光谱的 0-1 跃迁峰进行动力学测量所用的频率。(改编自 Pensack RD,Banyas KM,and Asbury JB.2010. J. Phys. Chem. B 114:12242-12251.)

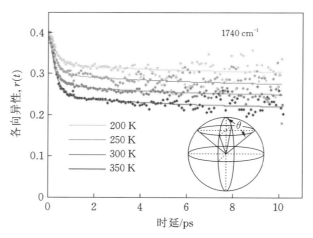

图 8.8 在 $1740~cm^{-1}$ 处在几个温度下测量的 PCBM 与 CN-PPV 的混合物中羰基伸缩各向异性弛豫动力学。结果揭示双过程各向异性弛豫,起因于亚皮秒时间尺度上的锥形取向运动的(见插图)快速摇摆,然后是在时间尺度远大于 10 ps 的慢扩散型取向过程。摆动的锥形角随温度的升高而加大,这是由于聚合物的混合物的热膨胀所致。(改编自 Pensack RD,Banyas KM,and Asbury JB.2010.J. Phys. Chem. B 114:12242-12251.)

8.3.3 配体交换的振动光谱

CQD 或纳米晶体材料能够将无机半导体的良好特性,譬如离域化的波函数与高介电质电容率(dielectric permittivity),与低温溶液可加工性的优势相结合[103]。为了使纳米晶体材料能够成为理想的电子材料,必须在其表面对悬挂键进行钝化,同时将纳米晶体装进紧密(理想状态下)排列的点阵中[69,104-107]。将纳米晶体装进密实的膜中会使邻近纳米晶体中的电子波函数的重叠部分最大化,从而实现纳米晶体间的简单电荷传输。纳米晶体表面的钝化会使电荷陷阱的密度与能阱(energetic depth)最小化,使高载流子跃迁率成为可能[31]。

通常会用分子或无机物种作为配体来钝化悬挂键[66-72,105,108-117],因此期望用尽可能短的分子配体或无机配体。这些小配体与纳米晶体合成过程中使用的配体并不相同,因为原始的配体必须包含很长的脂肪链以维持胶体的稳定性。所以,必须将初合成的纳米晶体的原始配体与适合用来将纳米晶体装进密实的固体膜中的较小配体进行交换。配体交换的反应程度很难描述[118]。因此,研究用于定量分析配体交换程度的方法,对于理解与控制胶体电子材料的表面化学和电子特性具有重大意义。

IR 光谱提供了一种用于探测依附在纳米晶体表面的配体性质的方法,利用了配体特有振动特征[31]。常见的表面活性官能团不仅拥有独特的振动频率,能够对量子点表面的分子进行化学鉴别,并且当官能团与表面键合时,与不键合的情况相比,这些振动模式的频率将发生变化。图 8.9 描绘了在制作 PbS CQD 光伏材料时使用到的四种配体的这种性能[36,68,108]。量子点合成过程中使用到的原油酸酯(original oleate,OA)配体展示了其在 IR 吸收光谱 $1400\sim1500\ cm^{-1}$ 区域内的振动特征,表明有羧酸基与铅表面位点相结合[119]。由于 OA 配体拥有较长的脂肪链,在约为 $2900\ cm^{-1}$ 的 C—H 区域内可以观察到很强的吸收。当使用同样含有羧酸基的 3-巯基丙酸(3-mercaptopropionic acid,3-MPA)来处理量子点时,在 $1400\sim1500\ cm^{-1}$ 区域内也能观察到同样的振动特征。然而,由于 MPA 的 C—H 基团数量较少,$2900\ cm^{-1}$ 区域内的吸收振幅有很大减弱。用乙二硫醇(ethane dithiol,EDT)替代 MPA 进行配体交换将导致 $1400\sim1500\ cm^{-1}$ 区域内的羧酸基伸缩模式的消失——表明了该情况下进行的是完整的配体交换。MPA 处理的膜中发生了完整的配体交换的证据是,经 EDT 与 MPA(各自带有相同数量的亚甲基)处理的 PbS 膜,在

2900 cm^{-1} 的区域内产生了相同的吸收强度。由于与 EDT 进行的配体交换因羧酸基的消失而被证明是完整的,因此可以得出的结论是,与 MPA 进行的配体交换同样是完整的[31]。与 EDT 处理的膜中的吸收带相比,MPA 处理的膜中的任意残留的 OA 配体将在 2900 cm^{-1} 区域内产生较大的 C—H 伸缩吸收带。利用卤素离子进行的全无机钝化策略会导致有机物从 PbS 表面全部脱离[38]。与 CQD 膜(PbS-Br)相应的 IR 吸收光谱揭示了不存在膜中分子的振动模式。

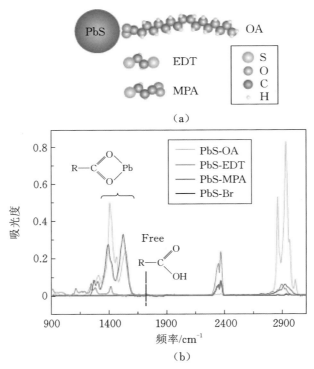

图 8.9 **(a)**用于替换 PbS 胶体量子点制备所用的原油酸酯(original oleate,OA)短配体结构。**(b)**用几个配体(包括 OA、EDT、MPA 和 Br)处理的胶体量子点膜的红外光谱。配体的振动特征为考察量子点的表面化学特性提供了一个途径。(取自 Jeong KS,et al.2012.ACS Nano 6:89-99.)

IR 光谱还可被用于探究配体交换过程中的纳米晶体材料的表面化学特性。图 8.10 展示了 PbS CQD 膜在配体交换过程中不同阶段的 IR 吸收光谱。配体交换(PbS-OA)前的膜光谱显示了与初合成的 PbS 纳米晶体相结合的 OA 配体的振动特征。在甲醇中用 MPA 溶剂进行化学处理之后,IR 光谱(干燥前的 PbS-MPA)表明 OA 配体已被全部移除,其证据在于 2900 cm⁻¹ 区域内高密度的 C—H 伸缩吸收带消失了。然而,1700 cm⁻¹ 区域内存在着的高频率羧酸伸缩模式表明 MPA 的羧酸基团并未完全依附于纳米晶体的表面。该频率下的振动特征表明羧酸基已被质子化,因而尚未与纳米晶体表面的铅原子形成化学键。或者,1700 cm⁻¹ 区域内的振动特征产生于在单齿几何(通过单一键合的 C—O 基团)中与表面铅原子键合的羧酸基团[119]。这一光谱采集于真空中的培育进行之前,其残留的依附于纳米晶体表面的甲醇溶剂分子已经被驱散。从该真空培育阶段开始,所有的羧酸基团均与纳米晶体表面以桥接或螯合几何形成双齿配位键(干燥后的 PbS-MPA),正如高频羰基伸缩模式的消失所表明的那样。

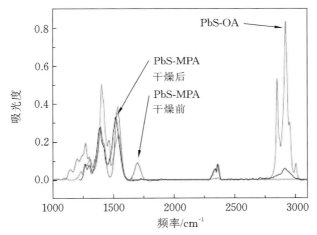

图 8.10 MPA 处理的 PbS CQD 膜在不同配体交换阶段的红外吸收光谱。在配体交换前,膜具有原油酸酯的振动特征(PbS-OA)。在配体交换刚刚完成之后,原油酸酯被除去,但 MPA 的羧酸还没有全部键合在 PbS 表面,导致 1700 cm⁻¹ 处有自由的羧酸基吸收(干燥前的 PbS-MPA)。真空干燥一定时间后,MPA 的羧酸基完全键合在 PbS 表面,其自由羧酸基峰消失(干燥后的 PbS-MPA)。(改编自 Jeong KS, et al.2012.ACS Nano 6:89-99.)

8.4 新兴光伏材料中的电子过程

8.4.1 有机光伏材料中的电荷分离

超快 IR 光谱特别适合用来研究有机光伏材料内引发电荷分离和光电流生

成的原始过程,因为这些材料中含有在纳米尺度上存在相分离的共混物,而且组成这些共混物的电子供体和电子受体物种都具有溶致变色性质。图 8.11(a)是一种由共轭聚合物 P3HT 与 PCBM 构成的共混物的能量过滤透射电镜图像,其中,图中的亮区对应富硫(聚合物)相[120]。如图 8.11(a)所示,电子供体和受体相在纳米尺度上存在相互渗透,这是有机光伏材料的典型特点。要理解这些材料的光电生成机制,就要详细了解电子供体-受体界面的那些电子过程,但这一过程难以直接研究,因为它们掩藏在聚合物共混物膜的内部。

图 8.11(b)简要说明了与有机光伏材料内部、供体-受体界面上的电荷载流子生成有关的一部分光物理过程[121,122]。这些过程包括材料吸收光产生激子、电子供体-受体界面上发生电子转移导致激子分离形成电荷转移(charge transfer,CT)态以及 CT 态分离形成电荷分离(charge-separated,CS)态。由于两种状态电子性质的相似性,后者(即 CT 态分离形成 CS 态的过程)难以清楚观察。幸运的是,利用分子振动模式对局部分子环境(溶致变色性质,见8.3.1 节)的敏感性,可以通过其振动频率的不同[39]将电子供体-受体界面上参与形成 CT 态的分子与涉及 CS 态的分子区分开来。最近研究出的超快溶致变色辅助振动光谱(solvatochromism-assisted vibrational spectroscopy,SAVS),就是利用这一敏感性探索有机光伏聚合物共混物材料[30]的电荷分离机制的一种方法。此类材料中电荷分离机制的关键技术要素和主要结论描述如下。

超快 SAVS 法综合了几种成熟的超快 IR 光谱技术,为纳米结构材料基本光物理过程的研究提供了一种新的思路。它将 2D IR[36,37]和其他 IR 三阶技术[28,29,43,123,124]相结合,用以描绘所关心的处于基态电子势能的振动模式的动力学。纳米结构材料光物理过程的研究利用 Vis-IR 探测光谱[28,29,43,123,124]得以实现。而具体应用到有机光伏材料时,与 CT 态的形成及后续分离有关的振动动力学,可将超快 IR 探测脉冲调节至所关心的振动模式进行测量[123]。利用这些技术的实验方法已在 8.2 节和文献[28,37,39,43]有过介绍。

超快 SAVS 法最近被用于解释电子受体结构对有机光伏材料中的电荷分离的时间尺度和能量学的影响[32]。研究了两类电子受体:以 PDI 衍生物为代表的具有平面共轭结构的共轭分子(图 8.3),和以功能化富勒烯(PCBM)为代表的具有三维拓扑结构的共轭分子(图 8.2)。每个受体都与 P3HT 混合,共同塑形为厚度 300～500 nm 的固态膜。根据每种聚合物共混物选择对应的可见

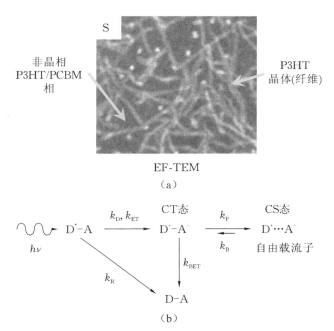

图 8.11　(a)能量过滤透射电镜(TEM)图像,表明区域规则型的 P3HT 与 PCBM 的共混
物的富硫区域。P3HT 结晶成为高纵横比的纤维,嵌在 P3HT 与 PCBM 的非晶
相中。该图像代表了需要在供体-受体界面分离激子的一个纳米级的相分离的
例子。(b)在有机光伏材料中的电子供体(D)和受体(A)界面的光物理过程示意
图。随着激子扩散和电子转移,电荷转移(charge transfer,CT)态在 D-A 界面形
成。紧接着,CT 态解离,形成分离的载流子(CS 态)。CT 态的解离过程是本节
的重点。(改编自 Pensack RD,et al.2012.J. Phys. Chem. C 116:4824-4831.)

激发波长以选择性地激发 P3HT 而几乎不直接激发受体,故在聚合物中的激
子引起的电子转移发生之前,受体振动模式的扰动就不会被观测到。

　　在图 8.12 中给出的是在 300 K 左右测定的、重点观测 PDI 和 PCBM 分子
在各自聚合物共混物中的羰基吸收特征的、典型的超快瞬态吸收光谱。这些
光谱在可见泵浦和 IR 探测脉冲之间的若干延迟时间下给出,表明了叠加在宽
广的电子跃迁之上的羰基漂白特征的时间演变。电子跃迁导致了这些光谱中
的时随偏移。通过比较瞬态光谱的最佳拟合(贯穿瞬态光谱的平滑曲线)与宽
广的电子跃迁的最佳拟合(漂白特征之下的平滑曲线),羰基漂白特征可以明
显被看到。由于激发波长在以上两例中都被选定以便选择性地激发 P3HT,
羰基漂白特征的出现,表明电子已经在超快时间尺度上转移给受体。以上两例

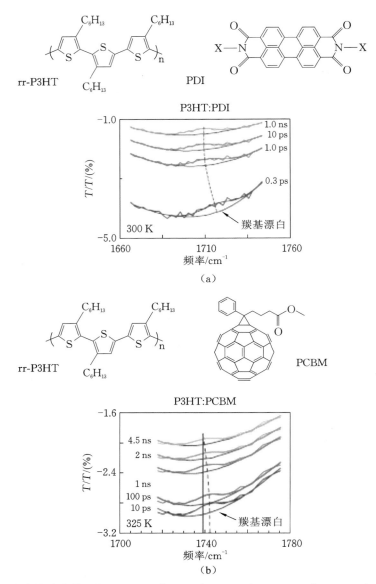

图 8.12　激发聚合物共混物(a)P3HT 与 PDI 在 300 K 和(b)P3HT 与 PCBM 在 325 K,之后所测得瞬态红外光谱。每个受体的羰基漂白特征叠加在宽广的极化子吸收之上。两个瞬态特征都来自电子从光激发的 P3HT 向电子受体的转移。羰基漂白特征最初出现在较高频率是由于接触 P3HT 的受体振动模式的溶致变色移动。羰基漂白中心频率向低数值的时随移动用虚线突出显示。(改编自 Pensack RD, et al.2012.J. Phys. Chem. C 116：4824-4831.)

中，初始羰基漂白特征出现的频率高于聚合物共混物的平衡光谱，并且随着时间的推移逐渐趋近并达到平衡光谱。两个瞬态振动光谱中的虚线，都显示出羰基漂白特征随着时间推移逐渐向平衡中心频率趋近。如前所述，羰基漂白特征向平衡光谱趋近，是由电子供体-受体界面上 CT 态分离而形成 CS 态所导致[123]。通过一个拟合程序可以将羰基漂白光谱从瞬态吸收光谱中提取出来，以便将电荷分离动力学定量化。通过拟合程序得到的 P3HT 聚合物与 PCBM 的共混物中羰基漂白光谱的频率-时间二维谱，如图 8.13 所示。如瞬态光谱所示，羰基漂白首先出现的频率区域高于平衡带中心（在 1740 cm^{-1} 处的水平虚线表示），在纳秒尺度上向平衡中心频率趋近。

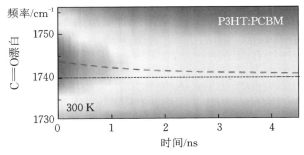

图 8.13 与 P3HT 共混的 PCBM 中的羰基吸收特征的二维频率-时间图。以 P3HT 激发后的时间延迟作图。羰基漂白特征初始以高于 1740 cm^{-1} 的频率和较大的幅度出现。随着时延的增加，特征变宽，最大幅度降低，在纳秒时间尺度上向平衡光谱中心（虚线）移动。羰基漂白特征的移动用虚线突出表示。（改编自 Pensack RD and Asbury JB. 2011.Chem. Phys. Lett. 515：197-205.）

为了研究受体结构对电荷分离的能量势垒的影响，在不同温度下对两个体系进行了电荷分离动力学研究。不同温度下在两种聚合物共混物中测出的羰基漂白光谱的中心频率随时间的变化，如图 8.14（a）和 8.14（b）所示。与瞬态光谱测量时延对应的羰基漂白光谱中心频率已用圆点标出。在这两例中，由于电子起初所占据的 CT 态的构成分子有频率较高的羰基伸缩振动，所以其中心频率随时间的降低表明存在着电荷分离。CT 态的分离形成 CS 态，导致羰基漂白特征向较低频率趋近。用对数时间轴表示在以 PDI 为电子受体的聚合物共混物中测出的频率移动动力学，而在含有 PCBM 的共混物情形则使用了线性标度。我们选择了不同单位标度时间轴以便对数据做出最清晰的表达。图 8.14（b）的插图表示 P3HT-PCBM 聚合物共混物中的电荷分离在 100 ps

的时间尺度上可以忽略不计。

P3HT-PDI 和 P3HT-PCBM 的聚合物共混物电荷分离的平均速率对温度的依赖性分别如图 8.14(c)和图 8.14(d)所示。在这两例中将平均速率的对数与温度的倒数作图,其阿仑尼乌斯特征体现为一条直线,其斜率表示反应活化势垒。平均速率是根据频率的变化率 $G(t)$ 得到的平均时间常数进行计算而得出,利用了公式

$$\langle \tau \rangle = \int t(G(t) - g(\infty)) \mathrm{d}t \Big/ \int (G(t) - g(\infty)) \mathrm{d}t$$

其中,$g(\infty)$ 表示羰基漂白光谱在无限长时间后仍保持不变的概率。置信度为平均速率的 $\pm 30\%$,用图 8.14(d)中的误差线表示。误差线范围小于图 8.14(c)中所示结果。

聚合物 P3HT-PDI 共混物中的电荷分离速率对温度变化十分敏感,这表明该过程是在聚合物的混合物的内部被活化的。用两个温度最低点所确定的斜率,得到活化能大约为 0.1 eV。虽然用于获得活化能的动力学弛豫彼此有明显不同(图 8.14(a)),但这个活化能数值应该作为估算结果,因为它来自有限的数据样本。

当电荷分离时间从较低温度下的 10 ps 以上减少到较高温度下的 1 ps 时,对温度的依赖性由强到弱的转变也就发生了。这个似乎是非阿仑尼乌斯的表现,是因为用于测量快速电荷分离动力学的羰基振动模式的有限的带宽[32]。快于 1 ps 的电荷分离被约 1 ps 的羰基漂白特征(半高宽为 15 cm^{-1})的自由-感应衰减所遮蔽。用一个具有更大带宽的振动模式来探测动力学,将很可能揭示这个动力学在更高温度下遵循期望的符合阿仑尼乌斯行为。

与 P3HT-PDI 聚合物共混物相反,P3HT-PCBM 共混物中的电荷分离速率随温度变化的趋势并不明显,表明这种聚合物共混物内发生的是无势垒的电荷分离。人们已在多种体系中观察到无势垒电荷分离,包括染料敏化太阳能电池[125-128]、染料敏化卤化银晶体[129,130] 和光合作用中心[131-133] 等。这些研究已经发现了一些能弱化温度依赖的机制[125-130,132-137],其中最具应用性的机制,起源于电子的离域化对于库仑势的影响及其对于重组能的影响,它们都与聚合物共混物中的电荷分离密切相关。由于 CT 态是由电性相反、距离接近的电子和空穴组成的,这些电荷的分离必须克服它们之间的库仑引力。增加电子波函数的离域性可以减少库仑吸引力,因为分布的电荷密度在库仑势上

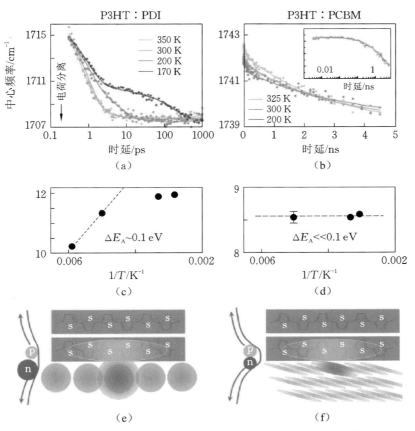

图 8.14　聚合物光激发的电荷分离动力学,由 P3HT 与 PDI(**a**)和 P3HT 与 PCBM(**b**)的聚合物共混物的羰基伸缩漂白频率移动所测得。在不同温度下测定了电荷分离动力学以评估该过程的有效势垒。含 PDI(**c**)和 PCBM(**d**)的聚合物共混物电荷分离平均速率与温度倒数作图。含 PDI 的共混物表现出活化型电荷分离,而含 PCBM 的共混物却没有。在 PDI(**e**)和 PCBM(**f**)的共混物中分子结构对电荷分离自由能势垒的影响示意图。与 PDI 分子相比,PCBM 的较大的三维共轭框架造成较大程度的电子离域。比较表明,与具有三维拓扑的受体分子(如富勒烯)相比,对于电荷分离而言,具有二维拓扑的受体分子展示出较强的库仑力和较高的重组能。(改编自 Pensack RD,et al. 2012.J. Phys. Chem. C 116:4824-4831.)

的均匀化,因此避免了近距离时产生的强引力。会导致 CT 态分离的、电子转移过程的速率的温度依赖性,也取决于重组能,这个重组能紧密联系着电子从一个分子向另一个分子的转移。同样,增加电子波函数的离域性可以通过把电荷分散在一个更大的体积内而减少重组能。较少的电荷分布变化导致较小的原子核位置改变,也导致较低的与重组有关的能量。电子的离域化对聚合物共混物中的电荷分离的势垒的不同影响,在图 8.14(e)和图 8.14(f)中给出。如图所示,与 P3HT-PCBM 界面相比,P3HT-PDI 界面的电子电荷分布较少。

P3HT-PDI 的聚合物共混物表现出的电荷分离势垒与 P3HT-PCBM 完全不同,这可以用受体分子结构不同及它们构成的共混物的形态差异来解释。例如,一个向 PCBM 分子转移的电子可以在组成富勒烯笼全部 60 个原子的共轭骨架上继续离域化。这样,即使只局限于单个富勒烯分子,电子波函数也是非常分散的。如果 PCBM 分子之间距离非常近(X 射线衍射研究表明部分分子确实如此),那么电子波函数也就能向邻近分子离域。这样,电子向多个分子的离域化所导致的电荷密度接近于有机半导体内的库仑俘获半径(Coulomb capture radius)(约 10 nm)。在这样的间隔内,库仑力可以忽略不计。此外,由于分子具有各向同性,因此只要富勒烯紧密排列,它们在与晶体排列存在显著差异的情况下也仍可支持电子离域。

不同于 PCBM 分子所拥有的大的三维拓扑,PDI 分子的共轭结构较小,呈平面,而且具有各异向性。电子密度必须离域到更多 PDI 分子才能达到与富勒烯相同的空间离域程度。然而,X 射线衍射研究表明,本研究中考察的 PDI 变体并未形成有序晶体。PDI 分子共轭结构所具有的平面、各向异性的拓扑性质使它们之间的分子间耦合,随着与晶体排列的偏离程度而产生巨大差异。这些性质导致较为定域化的波函数及相应的较大的重组能和较强的库仑力。相对于 PCBM 体系,PDI 体系中观测到的电荷分离速率较快,说明分子间电子耦合的程度较高。不过,如果没有形成纯 PDI 的有序相,高度离域化可能难以实现。

8.4.2　CQD 光伏材料的表面化学特性对电荷输运和复合的影响

超快 IR 光谱在解决与 CQD 光伏材料开发有关的紧迫问题方面具有独特优势,因为它能提供超快时间分辨、分子结构敏感性和电荷陷阱直接探测能力的独特组合。考虑到这些材料有高密度的界面,这种能力组合对 CQD 光伏材料的开发尤其重要。例如,在 PbS CQD 的紧密排列膜内,有近一半 Pb 和 S 原子,都与优化过的 CQD 太阳能电池内用到的纳米晶体的表面相关[103]。这些表面原子结合着小配位体,这些配体能钝化不饱和化学键并能使邻近的量子点可以进行近距离的电传输。因此,理解纳米晶体表面电子结构并理解配位体之间的相互作用如何决定该电子结构,是开发高效 CQD 光伏材料的一个重要领域。超快 IR 光谱提供了一个途径以同时探测这些性质[31]。

由于最初使用的、在合成时使纳米晶体处于胶体稳定态的配位体不支持纳米晶体间流畅的电传输，因此理解和控制 CQD 光伏材料中配位体与纳米晶体表面之间的相互作用就显得尤为迫切。必须用允许纳米晶体紧密排列和近距离排布的更小配位体来代替这些配位体，才能达到使电荷能轻松地隧穿邻近晶体的目的。目前已有数种配位体交换方案被开发出来，包括使用乙二硫醇[66-72]、二巯基硫醇[113-115]、联氨[105,116] 和氮苯等，来代替最初的配体。薄膜晶体管测量结果显示，这些方案可大幅提升致密 CQD 膜内的载流子迁移率。然而，对于 CQD 光伏材料而言，更重要的因素是决定少数载流子扩散和漂流长度[103] 的综合迁移率和电荷载流子寿命。这些性质，受电荷载流子迁移率和载流子的复合、捕获时间的影响，在 CQD 光伏领域引起的关注相对较少。

最近，人们将时间分辨 IR 光谱与 PbS CQD 光伏材料的电学测量结合，用以研究材料中的电荷载流子迁移率和复合寿命，并确定能决定上述性质的配位体的分子相互作用。图 8.15 是在同样设备状态的条件下制备的 PbS CQD 膜在 532 nm 激发后的瞬态 IR 光谱。三条光谱分别对应膜处理所用的三种不同配位体：EDT（PbS-EDT）、3-MPA（PbS-MPA）和溴化物离子（PbS-Br）。光谱是在一个纳秒级持续时间的激发脉冲之后 500 ns 被采集的，并已根据膜吸收的光子数量进行了比例缩放，使信号振幅可定量比较。这些光谱包含两个重要组分，一个覆盖整个中红外区的宽广电子跃迁，以及一些对应多种配位体官能团的小幅度振动特征。

瞬态光谱的电子组分和电子-振动组分之间关系密切，同时揭示了超快 IR 光谱在 CQD 光伏材料研究中最具实用性（同时也是最出乎意料）的应用之一。回顾光物理过程，激子最初是由 532 nm 激发脉冲对 CQD 材料的带隙激发而产生的。之后，载流子在纳米晶体的定域化的表面态上被陷俘（图 8.15，卡通图中的横向虚箭头）。这些被捕获的载流子（在掺磷 PbS 膜中是电子）受激之后又回到纳米晶体的芯（core）或能带态上（卡通图中的对角线实箭头），从而产生宽电子跃迁。这些跃迁叫做陷阱-能带跃迁[31]。陷阱-能带跃迁的光谱，提供了有关电荷陷阱平均能量深度的信息。将电荷载流子定域在表面陷阱态中，改变了电荷分布，被束缚在表面、与陷阱态有关的配位体所感知，所以 IR 探测脉冲可以在激发纳米晶体中的陷阱-能带跃迁的同时，探测出配位体相关振动频率的改变。因此，电荷被捕获前测量的配位体振动光谱和位于有电荷的陷阱内的配位体的光谱，都显示在了瞬态振动光谱上[31]。正是这些电荷陷

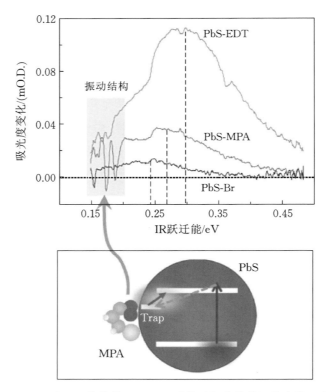

图 8.15　用 EDT、MPA 和 Br⁻ 钝化的 PbS CQD 膜的时间分辨的红外光谱。光谱均在膜样品的带隙的光学激发 500 ns 之后采集。窄振动特征叠加在宽电子跃迁信号之上。如卡通图所示，宽电子跃迁对应着量子点表面的载流子从陷阱态（trap state）返回到能带态（band state）。宽吸收特征的峰型提供了关于平均陷俘能（trap energy）的信息。载流子的激发改变了电荷分布，被表面结合的配体所感知，导致瞬态光谱中出现振动特征。振动特征的频率提供的信息，与决定着陷俘能的纳米晶体-配体的相互作用有关联。（改编自 Tang J，et al.2011.Nat. Mater. 10：765-771.）

阱电子结构的信息，与纳米晶体表面/配位体的相互作用（导致陷阱的产生）的振动信息二者的结合，使超快振动光谱成为了开发 CQD 光伏材料技术的重要工具。

　　例如，将超快 IR 光谱与电测量结合可以检测 PbS CQD 光伏膜中的电荷输运情况，现介绍如下。陷阱-能带跃迁的振幅随时间变化，如图 8.15 所示，提供了 CQD 膜中的电荷复合动力学的测量方法[38]。图 8.16（a）中出现的动力学轨迹表示经过 EDT、己二硫醇（hexanedithiol，HDT）、MPA 和 Br⁻ 处理的

PbS CQD 膜被 532 nm 激光激发后的电荷复合动力学。图 8.16(b)中的纵轴表示根据这些速率轨迹计算出的平均电荷复合寿命。横轴表示由相应 PbS CQD 膜的陷阱-能带跃迁确定的平均电荷捕获深度。两项数据的相关性说明，PbS CQD 膜的平均电荷复合寿命与纳米晶体的平均电荷捕获阱深有关。

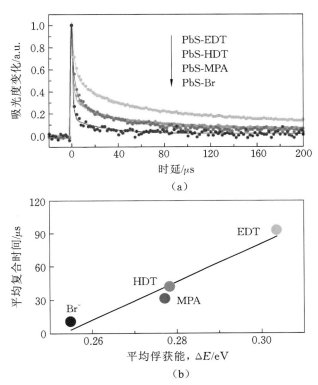

图 8.16　(a)在由各种配位体钝化的 PbS CQD 膜中，当带隙被光学激发后，在陷阱-能带跃迁的峰值处测量的时间-分辨红外光谱动力学曲线。幅值的衰减为膜内电荷复合的动力学提供了测量。配体钝化选择策略强烈地影响着光伏膜的电荷复合寿命。(b)从(a)中动力学曲线得到的平均电荷复合寿命，与来自瞬态红外光谱的平均俘获能作图。Br^--钝化膜的复合寿命，与 EDT 处理膜相比，缩短了 10 倍。(改编自 Tang J，et al.2011.Nat. Mater. 10:765-771.)

　　IR 光谱测量也可与薄膜晶体管测量共同进行，用以评估少数载流子迁移率(图 8.17)[31]。这些测量揭示，电子迁移率与 PbS CQD 膜的电荷复合寿命呈负相关，这也符合扩散控制的电荷复合理论的预期。经 Br^- 钝化的 CQD 膜中的少数载流子(电子)迁移率是经 EDT 处理的 CQD 膜的 200 倍。重要的是，相同膜下，从 EDT 处理膜到 Br⁻ 处理膜所得到的 200 倍迁移率提升，比同等条件下的电荷复合寿命 10 倍地减少，效应要高很多。这一数据说明，在经配位体处理的膜系列内，电子迁移率和复合寿命的乘积以 20 倍的速度增加。这相当于将经 Br⁻ 处理的 PbS CQD 膜内的电子扩散长度提升了 4 倍。值得指出的是，以下组合能使相应 PbS CQD 光伏器件的光电转化效率（power conversion efficiency，PCE）提升 3 倍：EDT 处理的器件（2％ PCE）[108]、MPA 处理的器件（5％ PCE）[68]和 Br⁻ 处理的器件（6％ PCE）[38]。减少 PbS CQD 光伏材料的电荷陷阱密度、提升其电子扩散长度，能够显著提升 PCE 增益[31,38]。

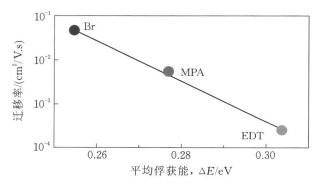

图 8.17 用各种配位体钝化 PbS CQD 膜的少数载流子（电子）迁移率与膜的平均电荷捕获能作图。所得相关性表明 Br⁻-钝化膜的迁移率是 EDT 钝化膜的迁移率的 200 倍。（改编自 Tang J，et al.2011.Nat. Mater. 10：765-771.）

使用超快 IR 光谱研究 CQD 光伏材料电荷载流子输运的优势之一是它探测材料的分子类型及结构缺陷的能力。这一能力非常重要，因为它可以不断根据现有器件提供的分子信息指导开发更高效的未来器件。该能力的应用实例见图 8.18：上图描绘了两个经 MPA 和 Br⁻ 配位体处理的 PbS CQD 膜的 IR 吸收光谱。经 MPA 处理的膜的光谱显示出羧基伸缩振动模式的特征吸收谱带位于 1400 cm⁻¹ 到 1500 cm⁻¹ 之间，而 C—H 伸缩振动模式大约位于 2900 cm⁻¹。经 Br⁻ 处理的膜的光谱在 1100～3100 cm⁻¹ 区段不具有明显的振动谱带，因为所有有机分子均已通过配位体交换过程移除。下图表示经 MPA 和 Br⁻ 处理的膜在被 532 nm 激光激发后 500 ns 时的时间分辨 IR 光谱。经 MPA 处理的膜的瞬态光谱表现出如前文描述的叠加在宽广的陷阱-能带跃迁特征之上的羧基的窄型振动特征。经 Br⁻ 处理的膜的瞬态光谱表现出同类型的陷阱-能带跃迁，尽管其振幅较低。与经 MPA 处理的膜相似的是，经 Br⁻ 处理的膜的瞬态光谱在约 1300 cm^{-1} 处表现出窄型振动特征,表明有一个 C—H 弯曲或面外摇摆振动。该发现出乎意料,因为经 Br$^-$ 处理的膜中不应含有在 1300 cm^{-1} 处有振动的有机物种。该瞬态光谱说明:①有残留有机物种存于经过 Br$^-$ 处理的膜内;②这些残留物种与膜中存在的电荷陷阱密切相关。因此,瞬态 IR 光谱为进一步提升 PbS CQD 器件的光电转化效率揭示了一个途径。更彻底地去除残留有机物种,既能减少陷阱密度又能提升器件的 PCE。

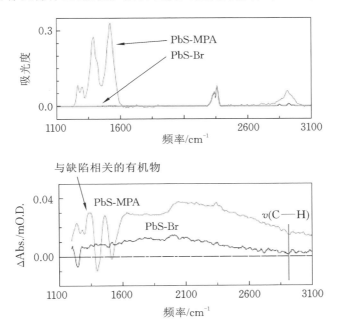

图 8.18　上图显示经 MPA 和 Br$^-$ 配位体处理的 PbS CQD 膜的红外吸收光谱。MPA 的特征羰基伸缩振动显现在 1400 cm^{-1} 和 1500 cm^{-1} 附近。Br$^-$ 钝化的膜没有明显的振动特征,因为配位体交换过程移除了膜中所有的有机物质。下图表示相应的 PbS CQD 膜在带隙激发后 500 ns 时测得的瞬态 IR 光谱。陷阱-能带跃迁出现在整个中红外并伴随一些瞬态振动特征。在 MPA 处理的膜中,这些特征对应于所期待的 MPA 分子的羰基。有趣的是,Br$^-$ 处理的膜也在约 1300 cm^{-1} 处有一个振动特征,意味着 C—H 弯曲或面外摇摆振动。数据表明,在纯无机 Br$^-$ 钝化的 PbS CQD 膜残留着有机杂质且与膜中缺陷紧密相关。这个发现说明更彻底地去除合成 PbS CQD 膜时所用的有机中间体,可以减少缺陷密度,并改善光伏效率

8.5　结论及未来方向

关乎柔性电子器件和廉价光伏器件的应用的新材料的出现，要求人们了解并最终控制激发及电荷载流子与分子物种间的相互作用。虽然许多这些材料都具有纳米形态和纳米成分，但设计用于明确地研究其分子结构和形态对其激发态和电性质的影响的实验技术十分有限。超快 IR 光谱为探测材料中的电子过程提供了一种独特的方法，因为它能探测瞬态电子物种的性质和动力学，利用的是这些物种的振动特征。由于这些振动特征对分子的局部组成和形态是敏感的，该方法还能提供关于材料的纳米结构信息，而瞬态电子物种的演化是以这些纳米结构为基础的。

本文从近期工作中选取了有关有机材料和 CQD 光伏材料的两个实例，用以说明超快 IR 光谱为电子材料的研究带来的独特能力。在一个例子中，超快IR 法被用于考察有机光伏材料的分子结构对电荷分离机制的影响。有机半导体分子的振动频率对于局部分子及形态的环境所具有的敏感性（振动溶致变色），为从光谱的角度出发，辨析电子供体-受体界面的分子与那些掩藏在供体或受体相的内部分子，提供了一个途径。这种敏感性，使电荷分离能量势垒第一次得以被直接测量，为研究能量势垒对分子结构的依赖性提供了新的视角。

在第二个例子中，利用超快 IR 光谱，考察了纳米晶体表面化学和电子结构对电荷输运和电荷复合的影响。无序电子材料中的电荷陷阱深度的典型能量范围（$0.1 \sim 1.0$ eV）与中红外光谱区（$806.6 \sim 8066$ cm^{-1}）相对应。因此，超快 IR 光谱提供的方法，能直接探测新兴电子材料的电子结构和陷阱态的分布，也能同时通过分子的振动模式来研究瞬态电粒子。

多种 CQD 光伏材料的电荷陷阱能量分布得以被研究，并与相应的电荷陷阱密度关联起来，也与配位体和纳米晶体表面的相互作用关联起来。这些研究为电荷输运，尤为重要的是，为如何进一步减少今后 CQD 光伏材料中缺陷的密度和缺陷的能量分布，提供了一些新的思路。

这些实例说明，超快 IR 光谱为研究新兴材料基本电荷载流子的动力学提供了契机，它可以帮助人们了解材料，并实现对材料的最终控制。在材料领域，由于材料的种类繁多，而且许多问题悬而未决，新颖的超快 IR 光谱具有很大的拓展空间。除了基于材料的拓展外，更高阶的超快光谱方法，如改进的瞬态 2D IR 光谱、和频光谱及瞬态和频光谱、时间分辨拉曼光谱等,也将为研究新兴材料中的电子过程开辟新的空间。

致谢

本章所讨论的光谱学内容是作者有幸与之共事的多位极具才华的研究者共同努力的结果。特别感谢作者课题组的 Ryan Pensack、Kwang Jeong、Jihye Kim 和 Larry Barbour 博士,以及宾夕法尼亚州立大学的 Enrique Gomez、Changhe Guo 和 Kiarash Vakhshouri 三位教授。感谢多伦多大学的 Edward Sargent 教授、Jiang Tang 博士、Kyle Kemp 和 Huan Liu 博士提供 PbS CQDs 样品、膜沉积步骤,以及电学表征 PbS CQDs 膜样品。本研究由美国国家科学基金(CHE-0846241 and DMR-0820404)、海军研究办公室(N00014-11-1-0239)和石油研究基金(49639-ND6)支持。

参考文献

[1] Sariciftci NS, Smilowitz L, Heeger AJ, and Wudl F. 1992. Photoinduced electron-transfer from a conducting polymer to buckminsterfullerene. Science 258:1474-1476.

[2] Hwang I W, Moses D, and Heeger AJ. 2008. Photoinduced carrier generation in P3HT/PCBM bulk heterojunction materials. J. Phys. Chem. C 112:4350-4354.

[3] Beljonne D, Pourtois G, Silva C, Hennebicq E, Herz LM, Friend RH, Scholes GD, Setayesh S, Mullen K, and Bredas JL. 2002. Interchain vs. intrachain energy transfer in acceptor-capped conjugated polymers. Proc. Natl. Acad. Sci. USA 99:10982-10987.

[4] Silva CD, Russel AS, Stevens DM, Arias MA, MacKenzie AC, Greenham NC, Friend RH, Setayesh S, and Mullen K. 2001. Efficient exciton dissociation via two-step photoexcitation in polymeric semiconductors. Phys. Rev. B 64:125211.

[5] Jiang XM, Osterbacka R, Korovyanko O, An CP, Horovitz B, Janssen RAJ, and Vardeny ZV. 2002. Spectroscopic studies of photoexcitations in regioregular and regiorandom polythiophene films. Adv. Funct. Mater.

12:587-597.

[6] Sheng CX, Tong M, Singh S, and Vardeny ZV. 2007. Experimental determination of the charge/neutral braning ration in the photoexcitation of pi-conjugated polymers by broadband ultrafast spectroscopy. Phys Rev B 75:085206(7).

[7] Muller JG, Lupton JM, Feldmann J, Lemmer U, Scharber MC, Sariciftci NS, Brabec CJ and Scherf U. 2005. Ultrafast dynamics of charge carrier photogeneration and geminate recombination in conjugated polymer: Fullerene solar cells. Phys. Rev. B 72:195208(10).

[8] Kersting R, Lemmer U, Mahrt RF, Leo K, Kurz H, Bassler H, and Gobel EO. 1993. Femtosecond energy relaxation in pi-conjugated polymers. Phys. Rev. Lett. 70:3820-3823.

[9] Ma YZ, Stenger J, Zimmermann J, Bachilo SM, Smalley RE, Weisman RB, and Fleming GR. 2004. Ultrafast carrier dynamics in single-walled carbon nanotubes probed by femtosecond spectroscopy. J. Chem. Phys. 120:3368-3373.

[10] Graham MW, Ma YZ, and Fleming GR. 2008. Femtosecond photon echo spectroscopy of semiconducting single-walled carbon nanotubes. Nano Lett. 8:3936-3941.

[11] Scholes GD, and Rumbles G. 2006. Excitons in nanoscale systems. Nat. Mater. 5:683-696.

[12] Collini E, and Scholes GD. 2009. Coherent intrachain energy migration in a conjugated polymer at room temperature. Science 323:369-373.

[13] Wehrenberg BL, Wang CJ, and Guyot-Sionnest P. 2002. Interband and intraband optical studies of PbSe colloidal quantum dots. J. Phys. Chem. B 106:10634-10640.

[14] Yu D, Wang C, Wehrenberg BL, and Guyot-Sionnest P. 2004. Variable range hopping conduction in semiconductor nanocrystal solids. Phys. Rev. Lett. 92:216802(4).

[15] Pandey A, and Guyot-Sionnest P. 2010. Hot electron extraction from colloidal quantum dots. J. Phys. Chem. Lett. 1:45-47.

［16］ Trinh MT，Houtepen AJ，Schins JM，Hanrath T，Piris J，Knulst W，Goosens APLM，and Siebbeles LDA. 2008. In spite of recent doubts carrier multiplication does occur in PbSe nanocrystals.Nano Lett. 8：1713-1718.

［17］ Piris J，Dykstra TE，Bakulin AA，van Loosdrecht PHM，Knulst W，Trinh MT，Schins JM，and Siebbeles LDA. 2009. Photogeneration and ultrafast dynamics of excitons and charges in P3HT/PCBM blends.J. Phys. Chem. C 113：14500-14506.

［18］ Grzegorczyk WJ，Savenije TJ，Dykstra TE，Piris J，Schins JM，and Siebbeles LDA. 2010. Temperature-independent charge carrier photogeneration in P3HT-PCBM blends with different morphology. J. Phys. Chem. C 114：5182-5186.

［19］ Ai X，Beard MC，Knutsen KP，Shaheen SE，Rumbles G，and Ellingson RJ.2006.Photoinduced charge carrier generation in a poly(3-hexylthiophene) and methanofullerene bulk heterojunction investigated by time-resolved terahertz spectroscopy.J. Phys. Chem. B 110：25462-25471.

［20］ Coffey DC，Ferguson AJ，Kopidakis N，and Rumbles G. 2010. Photovoltaic charge generation in organic semiconductors based on long-range energy transfer.ACS Nano 4：5437-5445.

［21］ Klimov VI.2000.Optical nonlinearities and ultrafast carrier dynamics in semiconductor nanocrystals.J. Phys. Chem. B 104：6112-6123.

［22］ Schaller RD，and Klimov VI.2004.High efficiency carrier multiplication in PbSe nanocrystals：Implications for solar energy conversion. Phys. Rev. Lett. 92：186601.

［23］ Asbury JB，Ellingson RJ，Ghosh HN，Ferrere S，Nozik AJ，and Lian T. 1999.Femtosecond IR study of excited-state relaxation and electron-injection dynamics of Ru(dcbpy)$_2$(NCS)$_2$ in solution and on nanocrystalline TiO$_2$ and Al$_2$O$_3$ thin films.J. Phys. Chem. B 103：3110-3119.

［24］ Asbury JB，Hao E，Wang Y，Ghosh HN，and Lian T.2001.Ultrafast electron transfer dynamics from molecular adsorbates to semiconductor nanocrystalline thin films.J. Phys. Chem. B 105：4545-4557.

［25］ Hsu JWP，Yan M，Jedju TM，and Rothberg LJ.1994.Assignment of the picosecond photoinduced absorption in phenylene vinylene polymers. Phys. Rev. B 49:712-715.

[26] Rothberg LJ, Yan M, Papadimitrakopoulos F, Galvin ME, Kwock EW, and Miller TM. 1996. Photophysics of phenylenevinylene polymers. Synth. Met. 80:41-58.

[27] Cuppoletti, C. M. and Rothberg, L. J. 2003. Persistent photoluminescence in conjugated polymers. Synth. Met. 139:867-871.

[28] Barbour LW, Hegadorn M, and Asbury JB. 2007. Watching electrons move in real time: Ultrafast infrared spectroscopy of a polymer blend photovoltaic material. J. Am. Chem. Soc. 129:15884-15894.

[29] Pensack RD, Banyas KM, and Asbury JB. 2010. Charge trapping in organic photovoltaic materials examined with time resolved vibrational spectroscopy. J. Phys. Chem. C 114:5344-5350.

[30] Pensack RD, and Asbury JB. 2011. Ultrafast probes of charge transfer states in organic photovoltaic materials. Chem. Phys. Lett. 515:197-205.

[31] Jeong KS, Tang J, Liu H, Kim J, Schaefer AW, Kemp K, Levina L, et al. 2012. Enhanced mobility-lifetime products in colloidal quantum dot photovoltaics. ACS Nano 6:89-99.

[32] Pensack RD, Guo C, Vakhshouri K, Gomez ED, and Asbury JB. 2012. Influence of acceptor structure on barriers to charge separation in organic photovoltaic materials. J. Phys. Chem. C 116:4824-4831.

[33] Anglin TC, Sohrabpour Z, and Massari AM. 2011. Nonlinear spectroscopic markers of structural change during charge accumulation in organic field-effect transistors. J. Phys. Chem. C 115:20258-20266.

[34] Anglin TC, Speros JC, and Massari AM. 2011. Interfacial ring orientation in polythiophene field effect transistors on functionalized dielectrics. J. Phys. Chem. C 115:16027-16036.

[35] Anglin TC, O'Brien DB, and Massari AM. 2010. Monitoring the charge accumulation process in polymeric field-effect transistors via *in situ* sum frequency generation. J. Phys. Chem. C 114:17629-17637.

[36] Barbour LW, Hegadorn M, and Asbury JB. 2006. Microscopic inhomoge-

neity and ultrafast orientational motion in an organic photovoltaic bulk heterojunction thin film studied with 2D IR vibrational spectroscopy.J. Phys. Chem. B 110：24281-24286.

[37] Pensack RD,Banyas KM,and Asbury JB.2010.Temperature independent vibrational dynamics in an organic photovoltaic material.J. Phys. Chem. B 114：12242-12251.

[38] Tang J,Kemp K,Hoogland S,Jeong KS,Liu H,Levina L,Furukawa M, et al.2011.Colloidal quantum dot photovoltaics using atomic ligand passivation.Nat. Mater. 10：765-771.

[39] Pensack RD,Banyas KM,and Asbury JB.2010.Vibrational solvatochromism in organic photovoltaic materials：Method to distinguish molecules at donor/ acceptor interfaces.Phys. Chem. Chem. Phys. 12：14144-14152.

[40] Baer WS.1966.Free-carrier absorption in reduced $SrTiO_3$.Phys. Rev. 144：734-738.

[41] Walukiewicz W,Lagowski L,Jastrzebski L,Lichtensteiger M,and Gatos HC.1979.Electron mobility and free carrier absorption in GaAs：Determination of the compensation ratio.J.Appl. Phys. 50：899-908.

[42] Pope M and Swenberg CE.1999.Electronic Processes in Organic Crystals and Polymers (Oxford University Press,New York).

[43] Barbour LW,Pensack RD,Hegadorn M,Arzhantsev S,and Asbury JB. 2008.Excitation transport and charge separation in an organic photovoltaic material：Watching excitations diffuse to interfaces.J. Phys. Chem. C 112：3926-3934.

[44] Hamm P,Lim M,DeGrado WF,and Hochstrasser RM.2000.Pump/probe self heterodyned 2D spectroscopy of vibrational transitions of a small globular peptide.J. Chem. Phys. 112：1907-1916.

[45] Tan HS,Piletic IR,and Fayer MD.2005.Polarization selective spectroscopy experiments：Methodology and pitfalls.J. Opt. Soc. Am. B 22：2009-2017.

[46] Reichardt C.1994.Solvatochromic dyes as solvent polarity indicators.Chem. Rev. 94：2319-2358.

[47] Reichardt C.1988.Solvents and Solvent Effects in Organic Chemistry

（VCH Publishers，Weinheim）．

[48] Reichardt C.1965.Empirical parameters of the polarity of solvents.Angew. Chem. Int. Ed. 4:29-40.

[49] Kamlet MJ，Abboud JLM，and Taft RW.1981.An examination of linear solvation energy relationships，In Progress in Physical Organic Chemistry，ed.Taft，R.W.(John Wiley and Sons，New York)，Vol.13，pp.485-630.

[50] Mayer U，Gutmann V，and Gerger W.1975.Acceptor number——Quantitative empirical parameter for the electrophilic properties of solvents. Monatschefte Chem.106:1235-1257.

[51] Gutmann V.1978. The Donor-Acceptor Approach to Molecular Interactions (Plenum Press，New York).

[52] Engberts JBFN，Famini GR，Perjessy A，and Wilson LY.1998.Solvent effects on $C=O$ stretching frequencies of some 1-substituted 2-pyrrolidinones.J. Phys. Org. Chem. 11:261-272.

[53] Vdovenko SI，Gerus II，and Kuhmar VP.2009.Solvent influence on the infrared spectra of β-alkoxyvinyl methyl ketones.Ⅱ.Stretching vibrations and integrated intensities of carbonyl and vinyl bands of $(3Z,E)$-4-ethoxy-1,1,1-trifluoro-5,5-dimethylhex-3-en-2-one. Spectrochim. Acta，Part A：Molec. Biomolec.Spec.72:229-235.

[54] Lee H，Lee G，Jeon J，and Cho M.2012.Vibrational spectroscopic determination of local solvent electric field，solute-solvent electrostatic interaction energy，and their fluctuation amplitudes.J. Phys. Chem. A 116: 347-357.

[55] Choi JH，and Cho M.2011.Vibrational solvatochromism and electrochromism of infrared probe molecules containing CO，CN，$C=O$，or C—F vibrational chromophore.J. Chem. Phys. 134:154513(12).

[56] Cho M.2009.Vibrational solvatochromism and electrochromism:Coarsegrained models and their relationships.J. Chem. Phys. 130:094505(15).

[57] Ham S，Kim JH，Lee H，and Cho M.2003.Correlation between electronic and molecular structure distortions and vibrational properties. Ⅱ.Amide I modes of NMA-ND$_2$O complexes.J. Chem. Phys. 118:3491-3498.

[58] Kwac，K，and Cho，M. 2003. Molecular dynamics simulation study of N-methylacetamide in water. I. Amide I mode frequency fluctuation. J. Chem. Phys. 119:2247-2255.

[59] Choi JH，Hahn S，and Cho M. 2005. Amide I IR，VCD，and 2D IR spectra of isotope-labeled alpha-helix in liquid water: Numerical simulation studies. Int. J. Quantum Chem. 104:616-634.

[60] Choi JH，Ham S，and Cho M. 2003. Local amide I mode frequencies and coupling constants in polypeptides. J. Phys. Chem. B 107:9132-9138.

[61] DeCamp MF，Deflores LP，McCracken JM，Tokmakoff A，Kwac K，and Cho M. 2005. Amide I vibrational dynamics of N-methylacetamide in polar solvents: The role of electrostatic interactions. J. Phys. Chem. B 109:11016-11026.

[62] la Cour Jansen T，Dijkstra A，Watson TM，Hirst JD，and Knoester J. 2006. Modeling the amide I bands of small peptides. J. Chem. Phys. 125: 044312(9).

[63] Schmidt JR，Corcelli SA，and Skinner JL. 2004. Ultrafast vibrational spectroscopy of water and aqueous N-methylacetamide: Comparison of different electronic structure/molecular dynamics approaches. J. Chem. Phys. 121: 8887-8896.

[64] la Cour Jansen T，and Knoester J. 2006. A transferable electrostatic map for solvation effects on amide I vibrations and its application to linear and two-dimensional spectroscopy. J. Chem. Phys. 124:044502(11).

[65] Hayashi T，Zhuang，W，and Mukamel，S. 2005. Electrostatic DFT map for the complete vibrational amide band of NMA. J. Phys. Chem. A 109: 9747-9759.

[66] Johnston KW，Pattantyus-Abraham AG，Clifford JP，Myrskog SH，Hoogland S，Shukla H，Klem EJD，Levina L，and Sargent EH. 2008. Efficient Schottky-quantum-dot photovoltaics: The roles of depletion，drift，and diffusion. Appl. Phys. Lett. 92:122111(3).

[67] Debnath R，Tang J，Barkhouse DAR，Wang X，Pattantyus-Abraham AG，Brzozowski L，Levina L，and Sargent EH. 2010. Ambient-processed colloidal

quantum dot solar cells via individual pre-encapsulation of nanoparticles. J. Am. Chem. Soc. 132:5952-5953.

[68] Pattantyus-Abraham AG,Kramer IJ,Barkhouse AR,Wang X,Konstantatos G,Debnath R,Levina L,Nazeeruddin MK,Gratzel M,and Sargent EH.2010.Depleted-heterojunction colloidal quantum dot solar cells.ACS Nano 4:3374-3380.

[69] Kovalenko MV,Scheele M,and Talapin DV.2009.Colloidal nanocrystals with molecular metal chalcogenide surface ligands.Science 324:1417-1420.

[70] Kovalenko MV, Bodnarchuk MI, Zaumseil J, Lee JS, and Talapin DV. 2010.Expanding the chemical versatility of colloidal nanocrystals capped with molecular metal chalcogenide ligands. J. Am. Chem. Soc. 132: 10085-10092.

[71] Porter VJ,Geyer S,Halpert JE,Kastner MA,and Bawendi MG.2008. Photoconductivity in annealed and chemically treated CdSe/ZnS inorganic nanocrystal films.J. Phys. Chem. C 112:2308-2316.

[72] Geyer S,Porter VJ,Halpert JE,Mentzel TS,Kastner MA,and Bawendi MG. 2010.Charge transport in mixed CdSe and CdTe colloidal nanocrystal films. Phys. Rev. B 82:155201(8).

[73] Asbury JB,Steinel T,Stromberg C,Corcelli SA,Lawrence CP,Skinner JL,and Fayer MD.2004.Dynamics of water probed with vibrational echo correlation spectroscopy.J. Chem. Phys. 121:12431-12446.

[74] Asbury JB,Steinel T,Stromberg C,Corcelli SA,Lawrence CP,Skinner JL,and Fayer MD.2004.Water dynamics:Vibrational echo correlation spectroscopy and comparison to molecular dynamics simulations. J. Phys. Chem. A 108:1107-1119.

[75] Corcelli SA,Lawrence CP,and Skinner JL.2004.Combined electronic structure/molecular dynamics approach for ultrafast infrared spectroscopy of dilute HOD in liquid H_2O and D_2O.J. Chem. Phys. 120:8107-8117.

[76] Fecko CJ,Eaves JD,Loparo JJ,Tokmakoff A,and Geissler PL.2003.Ultrafast hydrogen-bond dynamics in the infrared spectroscopy of water. Science 301:1698-1702.

[77] Hayashi T,Jansen TlC,Zhuang W,and Mukamel S.2005.Collective solvent coordinates for the infrared spectrum of HOD in D_2O based on an ab initio electrostatic map.J. Phys. Chem. A 109:64-82.

[78] Auer B,Kumar R,Schmidt JR,and Skinner JL.2007.Hydrogen bonding and Raman,IR,and 2D IR spectroscopy of dilute HOD in liquid D_2O. Proc. Natl. Acad. Sci. USA 104:14215-14220.

[79] Fishman E,and Saumagne P.1965.Near-infrared spectrum of liquid water.J. Phys. Chem. 69:3671.

[80] Falk M,and Ford T A.1966.Infrared spectrum and structure of liquid water.Can. J. Chem. 44:1699-1707.

[81] Libnau F O,Toft J,Christy AA,and Kvalheim OM.1994.Structure of liquid water determined from infrared temperature profiling and evolutionary curve resolution.J.Am. Chem. Soc. 116:8311-8316.

[82] Wang J,and El-Sayed MA.1999.Temperature jump-induced secondary structural change of the membrane protein bacteriorhodopsin in the premelting temperature region: A nanosecond time-resolved Fourier transform infrared study.Biophys. J. 76:2777-2783.

[83] Fabian H,Schultz C,Naimann D,Landt O,Hahn U,and Saenger W. 1993.Secondary structure and temperature-induced unfolding and refolding of ribonuclease T_1 in aqueous solution:A Fourier transform infrared spectroscopic study.J. Mol. Biol. 232:967-981.

[84] Reinstadler D,Fabian H,Backmann J,and Naumann D.1996.Refolding of thermally and urea-denatured ribonuclease A monitored by time-resolved FTIR spectroscopy.Biochemistry 35:15822-15830.

[85] Chung HS,Khalil M,Smith AW,Ganim Z,and Tokmakoff A.2005.Conformational changes during the nanosecond-to-millisecond unfolding of ubiquitin.Proc. Natl. Acad. Sci. USA 102:612-617.

[86] Ganim Z,Chung HS,Smith AW,Deflores LP,Jones KC,and Tokmakoff A.2008.Amide I two-dimensional infrared spectroscopy of proteins.Acc. Chem. Res. 41:432-441.

[87] Solomonov BN,Novikov VB,Varfolomeev MA,and Klimovitskii AE.

2005.Colorimetric determination of hydrogen-bonding enthalpy for near aliphatic alcohols.J. Phys. Org. Chem. 18:1132-1137.

[88] Khan A.2000.A liquid water model:Density variation from supercooled to superheated states,Prediction of H-bonds,and temperature limits.J. Phys. Chem. B 104:11268-11274.

[89] Suresh SJ,and Naik VM.2000.Hydrogen bond thermodynamic properties of water from dielectric constant data.J. Chem. Phys. 113:9727-9732.

[90] Steinel T,Asbury JB,Zheng J,and Fayer MD.2004.Watching hydrogen bonds break:A transient absorption study of water.J. Phys. Chem. A 108:10957-10964.

[91] Eaves JD,Loparo JJ,Fecko CJ,Roberts ST,Tokmakoff A,and Geissler PL.2005. Hydrogen bonds in liquid water are broken only fleetingly. Proc. Natl. Acad. Sci. USA 102:13019-13022.

[92] Loparo JJ,Roberts ST,and Tokmakoff A.2006.Multidimensional infrared spectroscopy of water. I. vibrational dynamics in two-dimensional IR line shapes.J. Chem. Phys. 125:194521(13).

[93] Fayer MD.2001.Fast protein dynamics probed with infrared vibrational echo experiments.Annu. Rev. Phys. Chem.52:315-356.

[94] Merchant KA,Noid WG,Akiyama R,Finkelstein IJ,Goun A,McClain BL,Loring RF and Fayer MD.2003.Myoglobin-CO substate structures and dynamics:Multidimensional vibrational echoes and molecular dynamics simulations.J. Am. Chem. Soc. 125:13804-13818.

[95] Chung HS,and Tokmakoff A.2006.Visualization and characterization of the infrared active amide I vibrations of proteins.J. Phys. Chem. B 110:2888-2898.

[96] Lim MH,Hamm P,and Hochstrasser RM.1998.Protein fluctuations are sensed by stimulated infrared echoes of the vibrations of carbon monoxide and azide probes.Proc. Natl. Acad. Sci. USA 95:15315-15320.

[97] Dutta S,Li YL,Rock W,Houtman JCD,Kohen A,and Cheatum CM.2012.3-Picolyl azide adenine dinucleotide as a probe of femtosecond to picosecond enzyme dynamics.J. Phys. Chem. B 116:542-548.

[98] Bandaria JN,Dutta S,Nydegger MW,Rock W,Kohen A,and Cheatum CM. 2010. Characterizing the dynamics of functionally relevant complexes of formate dehydrogenase.Proc. Natl. Acad. Sci. USA 107:17974-17979.

[99] Massari AM,Finkelstein IJ,McClain BL,Goj A,Wen X,Bren KL, Loring RF,and Fayer MD.2005.The influence of aqueous versus glassy solvents on protein dynamics:Vibrational echo experiments and molecular dynamics simulations.J. Am. Chem. Soc. 127:14279-14289.

[100] Londergan CH,Kim YS,and Hochstrasser RM.2005.Two-dimensional infrared spectroscopy of dipeptides in trehalose glass.Mol. Phys. 103: 1547-1553.

[101] Kwak K,Park S,Finkelstein IJ,and Fayer MD.2007.Frequency-frequency correlation functions and apodization in two-dimensional infrared vibrational echo spectroscopy:A new approach.J. Chem. Phys. 127:124503(17).

[102] Brandrup J,Immergut EH,and Grulke EA.1999.Polymer Handbook (John Wiley and Sons,New York).

[103] Tang J,and Sargent EH.2011.Infrared colloidal quantum dots for photovoltaics:Fundamentals and recent progress.Adv. Mater. 23:12-29.

[104] Fafarman AT,Koh WK,Diroll BT,Kim DK,Ko DK,Oh SJ,Ye X,et al.2011.Thiocyanate capped nanocrystal colloids:Vibrational reporter of surface chemistry and solution-based route to enhanced coupling in nanocrystal solids.J. Am. Chem. Soc. 133:15753-15761.

[105] Talapin DV,and Murray CB.2005.PbSe nanocrystal solids for n- and p-channel thin film field-effect transistors.Science 310:86-89.

[106] Choi JJ,Bealing CR,Bian K,Hughes KJ,Zhang W,Smilgies DM,Hennig RG,Engstrom JR,and Hanrath T.2011.Controlling nanocrystal superlattice symmetry and shape-anisotropic interactions through variable ligand surface coverage.J. Am. Chem. Soc. 133:3131-3138.

[107] Hanrath T,Choi JJ,and Smilgies DM.2009.Structure/property relationships of highly ordered lead salt nanocrystal superlattices. ACS Nano 3:2975-2988.

[108] Tang J,Brzozowski L,Barkhouse DAR,Wang X,Debnath R,Wolowiec

R,Palmiano E,et al.2010.Quantum dot photovoltaics in the extreme quantum confinement regime:The surface-chemical origins of exceptional air- and light-stability.ACS Nano 4:869-878.

[109] Luther JM,Law M,Beard MC,Song Q,Reese MO,Ellingson RJ,and Nozik AJ.2008.Schottky solar cells based on colloidal nanocrystal films.Nano Lett.8:3488-3492.

[110] Luther JM,Gao J,Lloyd MT,Semonin OE,Beard MC,and Nozik AJ. 2010.Stability assessment on a 3% bilayer PbS/ZnO quantum dot heterojunction solar cell.Adv. Mater. 22:3704-3707.

[111] Choi JJ,Lim YF,Santiago-Berrios MB,Oh M,Hyun BR,Sun L,Bartnik AC,et al.2009.PbSe nanocrystal excitonic solar cells.Nano Lett. 9:3749-3755.

[112] Leschkies KS,Beatty TJ,Kang MS,Norris DJ,and Aydil ES.2009. Solar cells based on junctions between colloidal PbSe nanocrystals and thin ZnO films.ACS Nano 3:3638-3648.

[113] Koleilat GI,Levina L,Shukla H,Myrskog SH,Hinds S,Pattantyus-Abraham AG,and Sargent EH.2008.Efficient,stable infrared photovoltaics based on solution-cast colloidal quantum dots. ACS Nano 2: 833-840.

[114] Ma W,Luther JM,Zheng H,Wu Y,and Alivisatos AP.2009.Photovoltaic devices employing ternary PbS_xSe_{x-1} nanocrystals.Nano Lett. 9:1699-1703.

[115] Tsang SW,Fu H,Wang R,Lu J,Yu K,and Tao Y.2009.Highly efficient cross-linked PbS nanocrystal/C_{60} hybrid heterojunction photovoltaic cells. Appl. Phys. Lett. 95:183505(3).

[116] Urban JJ,Talapin DV,Shevchenko EV,and Murray CB.2006.Self-assembly of PbTe quantum dots into nanocrystal superlattices and glassy films.J. Am. Chem. Soc. 128:3248-3255.

[117] Sun B,Findikoglu AT,Sykora M,Werder DJ,and Klimov VI.2009.Hybrid photovoltaics based on semiconductor nanocrystals and amorphous silicon.Nano Lett. 9:1235-1241.

[118] Owen JS,Park J,Trudeau PE,and Alivisatos AP.2008.Reaction chemistry and ligand exchange at cadmium-selenide nanocrystal surfaces.J.

Am. Chem. Soc. 130：12279-12281.

[119] Deacon GB，and Phillips RJ.1980.Relationships between the carbon-oxygen stretching frequencies of carboxylato complexes and the type of carboxylate coordination.Coord. Chem. Rev. 33：227-250.

[120] Kozub DR，Vakhshouri K，Orme LM，Wang C，Hexemer A，and Gomez ED.2011. Polymer crystallization of partially miscible polythiophene/fullerene mixtures controls morphology.Macromolecules 44：5722-5726.

[121] Bredas JL，Norton JE，Cornil J，and Coropceanu V.2009.Molecular understanding of organic solar cells：The challenges.Acc. Chem. Res. 42：1691-1699.

[122] Clarke TM，and Durrant JR.2010.Charge photogeneration in organic solar cells.Chem. Rev. 110：6736-6767.

[123] Pensack RD，Banyas KM，Barbour LW，Hegadorn M，and Asbury JB. 2009.Ultrafast vibrational spectroscopy of charge carrier dynamics in organic photovoltaic materials. Phys. Chem. Chem. Phys. 11：2575-2591.

[124] Pensack RD，and Asbury JB.2009.Barrierless free carrier formation in an organic photovoltaic material measured with ultrafast vibrational spectroscopy.J. Am. Chem. Soc. 131：15986-15987.

[125] Hashimoto K，Hiramoto M，and Sakata T.1988.Temperature-independent electron transfer：Rhodamine B/oxide semiconductor dye-sensitization system.J. Phys. Chem. 92：4272-4274.

[126] Burfeindt B，Hannappel T，Storck W，and Willig F.1996.Measurement of temperature-independent femtosecond interfacial electron transfer from an anchored molecular electron donor to a semiconductor as acceptor.J. Phys. Chem. 100：16463-16465.

[127] Ramakrishnan S，and Willig F.2000.Pump-probe spectroscopy of ultrafast electron injection from the excited state of an anchored chromophore to a semiconductor surface in UHV：A theoretical model. J. Phys. Chem. B 104：68-77.

[128] Duncan WR，and Prezhdo OV.2008.Temperature independence of the

photoinduced electron injection in dye-sensitized TiO$_2$ rationalized by ab initio time-domain density functional theory. J. Am. Chem. Soc. 130:9756-9762.

[129] Trosken B,Willig F,Schwarzburg K,Ehret A,and Spitler M.1995.The primary steps in photography:Excited J-aggregates on AgBr microcystals.Adv. Mater. 7:448-450.

[130] Trosken B, Willig F, Schwarzburg K, Ehert A, and Spitler M. 1995. Electron transfer quenching of excited J-aggregate dyes on AgBr microcrystals between 300 and 5 K.J. Phys. Chem. 99:5152-5160.

[131] Bixon M,and Jortner J.1989.Activationless and pseudoactivationless primary electron transfer in photosynthetic bacterial reaction centers. Chem. Phys. Lett. 159:17-20.

[132] Haffa ALM,Lin S,Katilius E,Williams JC,Taguchi AKW,Allen JP,and Woodbury NW.2002.The dependence of the initial electron-transfer rate on driving force in Rhodobacter sphaeroides reaction centers.J. Phys. Chem. B 106:7376-7384.

[133] Chuang JI,Boxer SG,Holten D,and Kirmaier C.2008.Temperature dependence of electron transfer to the M-side bacteriopheophytin in rhodobacter capsulatus reaction centers.J. Phys. Chem. B 112:5487-5499.

[134] Bixon M,and Jortner J.1991.Non-Arrhenius temperature dependence of electron transfer rates.J. Phys. Chem. 95:1941-1944.

[135] Bixon M,and Jortner J.1993.Charge separation and recombination in isolated supermolecules.J. Phys. Chem. 97:13061-13066.

[136] Ramakrishnan S,Willig F,and May V.2001.Theory of ultrafast photoinduced heterogeneous electron transfer:Decay of vibrational coherence into a finite electronic-vibrational quasicontinuum.J. Chem. Phys. 115:2743-2756.

[137] Khundkar LR,Perry JW,Hanson JE,and Dervan PB.1994.Weak temperature dependence of electron transfer rates in fixed-distance porphyrin-quinone model systems.J. Am. Chem. Soc. 116:9700-9709.

第 9 章
液体中的振动能量和分子温度计：超快红外-拉曼光谱学

9.1　引言

在这个自我们 2001 年的研究[1,2]之后的最新进展中,我们将介绍在红外-拉曼(IR-Raman)光谱学设备和分子液体中振动能量测量两方面的进展。我们将把重点放在能量转移路径效率的定量测定以及分子温度计[3-9]的使用上,后者能够在被振动激发的分子向溶剂浴散发多余能量时感测到溶剂浴激发的上升水平。将进行详细探讨的体系有极端条件下的水和水溶液中的生物相关分子,其中水本身充当温度计;以及苯和 d_6-苯,其中溶解的 CCl_4 充当分子温度计。

贯穿本章内容,我们将使用以下统一术语。振动弛豫(vibrational relaxation,VR)指振动能量弛豫,与相位弛豫相对应。分子内振动弛豫(intramolecular vibrational relaxation,IVR)指的是浴散发很少或不散发能量的 VR 过程。VR 或 IVR 中的单个能态的寿命记为 T_1。振动冷却(vibrational cooling, VC)指涉及多个 VR 步骤以及可能的数个 IVR 步骤的过程[10-12]，其中被振动激发的分子将与浴实现热平衡。有时也会使用术语"热化"来描述 VC。在这里，当态-态跃迁的细节被充分解析时，我们使用 VC；而当观察到累积过程如温升增加时，则使用热化。

在红外-拉曼测量中，会用一束超短红外（infrared, IR）脉冲来向选定的分子跃迁传递能量（即"亲本"激发），并用时间延后的可见探测脉冲来生成亲本态及其全部的拉曼活性的子态的随时间变化的一系列拉曼光谱。子态是指由于本态激发引起的 VC 过程而导致被激发或暂时激发。对于不存在对称中心的分子而言，原则上，本态和所有子态都能被探测到。用我们现有的激光设备，我们能够同时探测斯托克斯和反斯托克斯-拉曼光谱，而且通过不同拉曼跃迁的强度，我们可以量化地测定与每次拉曼跃迁相对应的态的瞬时占有数。红外-拉曼法的优势在于其能够在能量离开亲本态并通过受激分子振动传入浴的过程中对其进行跟踪[13]。红外-拉曼法的弱势源自量级较小的拉曼截面，这使得微弱散射信号的检测成为必要；而此类弱信号又可能会被淹没在一系列干扰因素中，例如甚至是极微弱的荧光，或由强泵浦和探测脉冲，与样品或样品窗片的非线性过程所产生的光场[6,14,15]。出于这些原因，红外-拉曼实验通常（但并非总是）仅限于研究可以无窗片喷流体形式流动的液体，其中液体由只进行高位电子跃迁的小分子（以较大的分子数密度）构成。

在可生成脉冲波长为 1 μm 和 0.5 μm 的早期皮秒激光器时代，采用受激拉曼泵浦和相干或非相干散射来研究液体中的振动[13]。但是相干拉曼探测仅敏感于分子的退相位过程，而该过程也会影响到拉曼光谱线型，因此这些实验大多提供的是由拉曼散射就可获得的信息[16]。再后来，采用的是受激拉曼泵浦结合非相干反斯托克斯拉曼探测[13]，但微弱的非相干信号很容易被探测脉冲的散射或脉冲与介质间的非线性作用而产生的信号所污染。最终，事实证明采用振动 IR 脉冲进行激发是更优的选择。1974 年，Laubereau 及其同事们获得了近 3 μm 的振动红外强皮秒脉冲，该波长附近有 CH 伸缩和 OH 伸缩的基础跃迁[17]，随后在 1978 年，Spanner、Laubereau 和 Kaiser 对乙醇和氯仿进行了首次红外-拉曼测量[18]。不幸的是，1976 年的激光技术仅能以最多每分钟一个的速率产生约 3 ps 的脉冲，使得这些实验的开展变得极为困难；仅对几种分子液体进行了研究，两篇很好的回顾文章有所总结[13,19]。回顾后我们发现，实验结果往往会由于非线性光散射（nonlinear light scattering, NLS）而导致在 $t = 0$ 附近出现的伪差所污染[20]。NLS 现象会导致一个在泵浦-探测频率处信号的产生[21],而这恰好是亲本激发产生的反斯托克斯信号的频率。

1978 年后,激光技术的发展也使得我们以外的几个小组对几个体系进行了精确的红外-拉曼测量[22-26],其中最重要的当属 Graener 及其同事们的工作[27-32],他们采用了一个 50 Hz 的 Nd:YLF 激光系统来生成 4 ps 的脉冲。啁啾脉冲放大 Ti:sapphire 激光的开发是超快激光技术最重要的进展之一,它能生成频率为 1 kHz 的毫焦级超短脉冲,通过与光学参量放大器搭配使用,便能生成同步的可见脉冲与可调谐振动红外脉冲。事实上,Ti:sapphire 面临的难题在于如何将通常的光学带宽大于 140 cm^{-1}、持续时间低于 100 fs 的脉冲延长,从而创造出适合用于分辨分子液体中拉曼谱线宽度的带宽为 10～30 cm^{-1}、持续时间约 1 ps 的脉冲。在 1997 年,我们组搭造了这样一套 1 kHz 激光系统,具有可调的 IR 泵浦脉冲,以及光谱带宽约 25 cm^{-1},持续时间约 1 ps,单脉冲能量约为 50 μJ 的 532 nm 固定探测脉冲[33]。该激光系统经过一系列改进后,成为了我们红外-拉曼实验的基础,使我们能将这一多用途技术用于多个有趣的化学体系,大幅提升了我们识别和消除 NLS 等伪差的能力,从而对液体中的振动能流动进行高质量的定量测量。

如今,大多数的凝聚相振动能量研究都采用 IR 泵浦-探测法,这很大程度上是因为较大的红外截面。典型的红外截面为 10^{-20} cm^2,而典型的拉曼截面积则为 10^{-30} $cm^2 \cdot Sr^{-1}$。单色红外泵浦-探测法能测量亲本态的振动能损失,但不能像红外-拉曼法一样直接监控这些能量到子态的传输。红外-拉曼法都能间接地观测振动能,利用的是其离开亲本态之后对亲本态光谱所造成的影响。例如,热化完成后,红外泵浦脉冲会在样本中造成整体温度阶跃(T 阶跃)ΔT,这会导致亲本态光谱变宽。但除此之外,则需要双色红外法来探测亲本态到子态的能量流动。在本章节中对所有之前的红外研究进行回顾是不切实际的,而且本书收录的其他作者会详细探讨这些方法,所以,为简单起见,我们将仅介绍几个对于认识 VR 帮助较大的近期重要的双色红外研究工作。T.Elsaesser小组采用双色红外泵浦-探测法研究了液体水中从亲本代 OH 伸缩到子代弯曲和摇摆振动态的能量流动[34-37],从水到水合 DNA 的磷酸基的能量流动[38]以及从磷脂胶束中限域水的能量流动[39]。H.Bakker 小组研究了 N-甲基乙酰胺簇中的酰胺 Ⅰ 和酰胺 Ⅱ 基团的 VR[40]和冰 Ih 中 H_2O 和 HOD 的 OH 伸缩模间的振动福斯特转移[41]。由于相对较大的红外截面,多种红外光学相干性和相干多维技术变得可能,例如 2D IR[42],如在本文其他章节详述的那样。双色多维红外技术很适合用于测量亲本态到子态的振动能流动。例如，J.R.Zheng 小组测量了从氘代氯仿到硒氰酸苯酯的能量转移[43]，电解质水溶液中非共振和共振的模式——专一的振动能交换[44]，以及 CCl₄ 中 1-氰基乙烯乙酸酯的分子内能量流动和构象弛豫[45]；I.Rubtsov 小组利用了弛豫辅助的 2D IR 法，可对长距离内分子内振动能爆发的效果进行跟踪[46-50]，在聚乙二醇聚合物链中最长距离可达 6 nm[47]。

9.2 红外-拉曼测量设备

当前我们实验室使用的是第二代设备[51]，相比我们之前版本做出了许多改进。两个版本均以皮秒啁啾脉冲放大 Ti：sapphire 激光器为基础，以便获得足够窄的红外和拉曼脉冲光谱，约 25 cm⁻¹，以供用于分子液体中振动跃迁的选择性泵浦和探测。在该类型的皮秒激光器中，Ti：sapphire 振荡器会产生飞秒脉冲，但在脉冲展宽器中会使用掩膜来使光谱变窄。掩膜形状通过计算机计算得出，以实现所需的高斯型光谱。掩膜形状用一个多项式拟合，输入到计算机控制的铣床中。使用该硬掩膜，光谱具有高斯线型但激光束是空间啁啾的；然而，在多次穿过再生放大器之后，该空间啁啾就会变得无关紧要。在我们的系统中，Ti：sapphire 放大器（Quantronix Titan）以 1 kHz 重复率运行；通过 Nd：YLF 激光器（Quantronix Darwin）泵浦，该激光器可生成 527 nm、15 mJ 的脉冲，压缩后可输出 800 nm、3 mJ 的脉冲。800 nm 自相关半高宽（full-width at half maximum，FWHM）为 1.2 ps，对应约 0.9 ps 的脉冲宽度，带宽约为 20 cm⁻¹。

在老式的实验设备中[33]，800 nm 的 Ti：sapphire 激光输出与 Q 开关单纵模 Nd：YAG 激光器产生的 1.064 μm、20 ns 的脉冲信号在 KTA 晶体中混合。该混合会产生一个皮秒的闲散中红外泵浦脉冲和一个 1.064 μm 的皮秒的信号脉冲，后者被倍频到 532 nm 用于拉曼探测。通过将 Ti：sapphire 激光器在 766～820 nm 范围内进行调谐，将中红外脉冲调至 2800～3650 cm⁻¹ 范围，而探测脉冲则保持在 532 nm。由于需要昂贵的光学陷波滤波器来消除弹性散射光，因此采用固定频率的探测脉冲是十分必要的。不幸的是，啁啾脉冲放大器的调谐以及展宽器和压缩器的重新优化都十分费时费力。我们的新设备则具备更高的功率、更短的脉冲持续时间、更广的红外可调范围，最重要的是，它能更简便地进行红外调谐。

如图 9.1 所示，在当前设备中，800 nm 脉冲被分为了两部分。具有约 1.5 mJ 能量的一部分频率翻倍，以产生 400 nm、0.84 mJ 的脉冲，该脉冲随后再被分为两个部分，用于泵浦两台光学参量放大器（Optical parametric amplifier，OPA；

Light Conversion TOPAS 400 ps)。探测脉冲发生器固定为 532 nm,生成持续时间 0.7 ps、带宽 30 cm^{-1}、能量约 50 μJ 的脉冲。拉曼探测脉冲会穿过一台 0.8 nm 的带通滤波器(Omega Optics),用于清除 OPA 光学器件或调控光学元件所生成的非 532 nm 的杂散光。滤波后,探测脉冲带宽变为 28 cm^{-1}。第二部分的 800 nm 脉冲在 KTA 晶体中与第二台 OPA 产生的在 0.95~1.25 μm 范围内调谐的闲散光混合,以生成 2000~3800 cm^{-1} 范围的可调红外脉冲。在 3000 cm^{-1} 处的红外脉冲的能量约为 50 μJ。TOPAS OPA 配有计算机控制的步进电机系统,可用于调谐波长。我们还建造了一个附加系统来实现中红外脉冲的持续扫描,用了一台额外的计算机控制步进电机来调谐 KTA 晶体角度,用了另一台步进电机来旋转 KTA 晶体后的一面镜子,以补偿光束漂移。通过在水中交叉关联红外与可见脉冲,测量了设备的时间响应函数,其中 NLS 信号[21] 作为时延的函数进行检测。设备时间响应函数有 1.0 ps 的 FWHM。

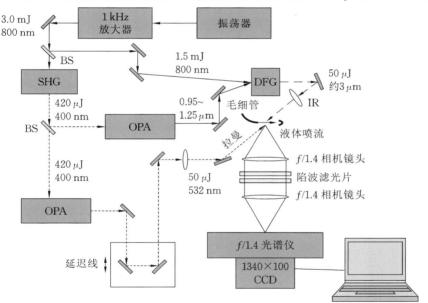

图 9.1 S 红外-拉曼光谱设备示意图。BS:**分光片**(beam splitter);SHG:**二次谐波晶体**(second harmonic generation crystal);OPA:**光学参量放大器**(optical parametric amplifier);DFG:**差频晶体**(difference-frequency generation crystal);CCD:**电荷-耦合阵列检测器**(charge-coupled detector array)。(摘自 Fang Y, et al. Vibrational energy dynamics of glycine, N-methyl acetamide and benzoate anion in aqueous (D$_2$O) solution.J. Phys. Chem. A 113:75-84,版权 2009,美国化学会。)

拉曼检测系统中包含一台独特的 $f/1.4$ 大光圈光谱仪，可同时收集 $-3800\ \mathrm{cm}^{-1}$ 至 $3800\ \mathrm{cm}^{-1}$ 范围内的斯托克斯和反斯托克斯光谱，光谱分辨率约为 $20\ \mathrm{cm}^{-1}$，因此光谱仪不会使 $30\ \mathrm{cm}^{-1}$ 带宽的探测脉冲生成的拉曼光谱明显变宽。该光谱仪由 Kaiser Optical 制造（Ann Arbor，MI），配备 $f/1.4$ 光圈和全息衍射光栅，在 Princeton Instruments 制造的 CCD（charge-coupled detector array）检测器（1340×100 单元，像素间距为 20 μm）上对 443～671 nm 的光谱区进行成像，所得离散度为 $5.7\ \mathrm{cm}^{-1}$/像素。使用一个经过校准的黑体源（Ocean Optics）来校正检测系统的波长相关响应。从一个 60 μm 的液柱中收集拉曼光，并通过两块尼康 $f/1.4$ 相机镜头在 50 μm 的光谱仪狭缝中进行 1∶1 成像。图 9.2 为室温下通过皮秒探测脉冲和一对拉曼陷波滤波器获得的典型氯苯拉曼光谱。

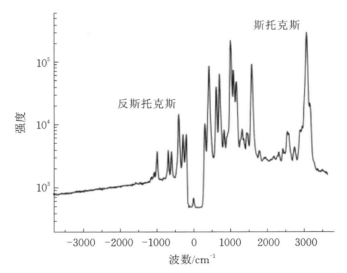

图 9.2 60 μm 直径喷嘴的流动液体氯苯的拉曼光谱，用了 1 s 积分时间，1 ps 523 nm 激发，一对拉曼陷波滤波器，$f/1.4$ 大光圈光谱仪（可同时检测斯托克斯和反斯托克斯信号）

几年间，我们采用了许多不同的样本配置，其中无光学窗口片的流动液柱取得了最佳的效果。此外，我们还想要通过降低流速来减小样本体积。我们尝试了很多不同的喷嘴，大多数为矩形截面，比较难以获得或制造。最终，我们发现将简单的 60 μm 直径不锈钢毛细管用作喷嘴就能取得绝佳的效果。找到这种简单的喷嘴后，剩下的最大问题就是泵浦导致的液体流速波动，该波动会导致液流直径和拉曼强度发生变化。我们尝试使用了高压液相色谱仪注射泵,但注射器重置时的回调周期成为了一个问题。最终,为减少波动,我们选择了一个配备双注射器泵的高质量液相色谱法系统(HP 1090)。双注射器基本消除了注射器完成冲程时的压力波动。

拉曼光谱是成对获得的,包括一个在给定正时延的信号,和一个在负时延获得的背景信号(探测先于红外泵浦)。数据采集过程中会对斯托克斯光谱进行监测,以确保液柱没有发生漂移,或在使用溶液的情况下样本没有因为蒸发发生浓度变化。按照以下方式,将斯托克斯和反斯托克斯信号相结合来定量判断占有数。当振动频率 ω 的占有数为 n_ω,激光频率为 ω_L 时,斯托克斯强度为

$$I_{ST} \propto \omega_L (\omega_L + \omega)^3 [n_\omega + 1] \sigma_R \qquad (9.1)$$

反斯托克斯强度为

$$I_{AS} \propto \omega_L (\omega_L + \omega)^3 n_\omega \sigma_R \qquad (9.2)$$

其中,强度用于表示跃迁的积分面积,σ_R 为 ω_L 下的拉曼截面。积分面积通过使用 Microcal Origin 软件将每个振动跃迁用一个 Voigt 线型函数拟合[51]。之所以选用 Voigt 函数是因为它能良好地拟合所有跃迁。使用 Voigt 函数并非意在传递关于振动失相位之本质的特定观点[51]。可将式(9.1)和式(9.2)合并来消除比例常数,该常数为检测系统的函数且对斯托克斯和反斯托克斯光谱测量是相同的;并且当 $n_\omega \ll 1$ 时,受激态中的分子数目比例由 I_{AS}/I_{ST} 给出。对于多重简并模式,式(9.1)和式(9.2)可提供简并模的联合占有数。

9.3 压力和温度阶跃

由于采用了强度较大的红外泵浦脉冲来产生强的拉曼瞬态信号,因此存在一个过程,所产生的非平衡态在数皮秒内衰减到一个态,它有临时的压力阶跃(P-阶跃)ΔP 和 T-阶跃 ΔT[52]。产生这些阶跃的原因在于,就数皮秒的时间尺度而言,加热过程是近似于绝热等容的。由于泵浦脉冲的近似高斯分布和比尔吸收定律的指数性质,此类阶跃具有比较复杂的空间分布。一般,我们会选取泵浦光束中心的 ΔT 和 ΔP 峰值,因为探测脉冲所探测的是泵浦光束近似高斯分布的中心。P-阶跃会因体积膨胀在数百皮秒内衰减,T-阶跃则会因热扩散在数百微秒内衰减。在 1 μs 后的下一束激光到来之前,T-阶跃和 P-阶跃会完全弛豫掉,而且样本也会被刷新。

以良好精度来预估 P-阶跃和 T-阶跃的峰值是可能实现的[52]。峰值发生在样本表面正对高斯光束分布中心的 IR 脉冲处。在本章后半部分,我们会以水为例说明如何进行预估。设高斯分布红外脉冲能量为 E_p,则平均积分通量 $J_{avg} = E_p/(\pi r_0^2)$,其中,$r_0$ 为高斯光束半径的 $1/e^2$。光束中心的积分通量峰值为该值的两倍,$J_c = 2E_p/(\pi r_0^2)$。水中辐射表面附近的峰值能量密度 $E_v = J_c\alpha$,其中 α 为吸收系数。纯水的 α 值已在参考文献[53]的表格中列明。温度和压力阶跃的峰值分别为[54]

$$\Delta T = \frac{J_c\alpha}{\rho C_v} = \frac{2E_p\alpha}{\pi r_0^2 \rho C_v} \tag{9.3}$$

$$\Delta P \approx \left(\frac{\partial P}{\partial T}\right)_V \Delta T = \left(\frac{\beta}{\kappa_T}\right)\Delta T \tag{9.4}$$

其中,β 为热膨胀系数,κ_T 为等温压缩率。

对于室温下的水,$\rho C_v = 4.2$ MJ $K^{-1}m^{-3}$,$(\partial P/\partial T)_V = 1.8$ MPa K^{-1},对水进行 1 K 的等体积加热会导致压力上升 18 bar。对于 $E_p = 9.5\ \mu J$,$r_0 = 150\ \mu m$,被调谐至 3310 cm^{-1} 的红外脉冲,设吸收系数 $\alpha = 4660\ cm^{-1}$[53],则 ΔT 峰值为 30 K,对应的 ΔP 为 54 MPa(约 0.5 kbar)。

9.4 红外-拉曼和红外-泵浦探测

探测分子振动时,采用拉曼探测或红外探测,两者间存在诸多不同之处[55,56]。产生这些差异的根本原因在于,在拉曼探测中,基态和激发态都会对光谱的斯托克斯(下移的)部分有贡献,但只有激发态才会对反斯托克斯(上移的)部分有贡献。在红外探测中,分为吸收和受激发射过程,基态和激发态都会对每个过程有贡献。

在拉曼探测中,如图 9.3(a)所示,一个频率为 ω_L 的激光脉冲入射到样本上,然后通过多通道阵列对非弹性散射光进行收集、光谱分辨和检测[57]。没有泵浦脉冲时,高频段振动跃迁($h\nu/k_B T \gg 1$)的斯托克斯信号强度远高于反斯托克斯信号。在之前的研究中[21,58-62],我们仅获得了反斯托克斯光谱,但正如我们在 9.2 节提到的,现在已经可以同时获取斯托克斯和反斯托克斯光谱[63],如图 9.2 所示。一个"拉曼瞬态"指的是在泵浦光到达前后探测光所测得的拉曼信号强度的变化。反斯托克斯瞬态产生自单一来源,即激发态辐射,且振动频率较高,激发态在与几乎全黑的背景对比下检测得出[13,19]。斯托克斯瞬态的阐释则比较困难[32,63]。斯托克斯瞬态产生自两个来源——基态的损耗和激发态的斯托克斯散射,相对于基态斯托克斯散射所产生的强大背景,两者的效应都被视为微小变化[63]。

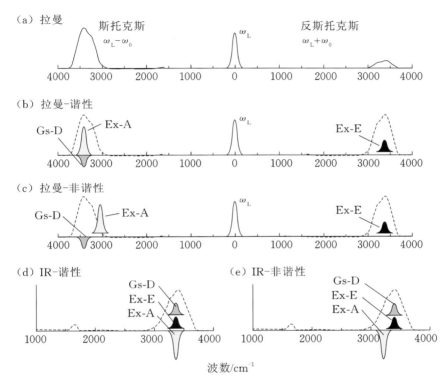

图 9.3　由一束红外泵浦脉冲产生的 ν_{OH} 激发,被一束拉曼或红外探测脉冲监测。两种探测方法都检测到:基态吸收的损耗(Gs-D)、激发态的发射(Ex-E)和激发态的吸收(Ex-A)。(a)拉曼光谱,有斯托克斯和反斯托克斯分枝。(b、c)Ex-E 出现在反斯托克斯区域,Ex-A and Gs-D 出现在斯托克斯区域。在简谐近似下(b),Ex-A 与 Gs-D 稍有错位,但对非简谐振动(c),Ex-A 相对 Gs-D 红移。(d)在红外简谐振动中,Ex-E、Ex-A 和 Gs-D 相互抵消,故无红外信号。(e)当非简谐性存在时,Ex-A 红移产生两极化的红外信号。(摘自 Wang Z,Pang Y,Dlott DD.Hydrogen-bond disruption by vibrational excitations in water.J. Phys. Chem. A 111:3196-3208,版权 2007,美国化学会。)

在一个双色红外泵浦-探测实验中,信号是泵浦引发的透射探测脉冲强度的变化[64]。相比一个大的背景,泵浦引发的探测强度变化影响很小,但如果激光脉冲具有良好的强度稳定性,则可以实现极佳的信噪比。红外探测脉冲信号的阐释可能比斯托克斯或反斯托克斯拉曼信号都更为困难,因为该探测脉冲传输同时受到三个过程的影响,即激发态发射、基态吸收损耗和激发态吸收[63,64]。

在一个倘若所有振动均为简谐振动的基本假设下,也在更切合实际的有部分非谐性激发的框架里,思考一下拉曼和红外实验将看到什么,是很有用的。在许多分子中,对角非谐性(0→1 和 1→2 跃迁之间的频率差)都不超过几个百分点。例如,在水中,δ_{H_2O} 的对角非谐性约为 40 cm^{-1}(约为跃迁频率的 2.4%)[65],而 ν_{OH} 的非谐性则很大,达到约 250 cm^{-1}(约为跃迁频率的 7%)。

在简谐近似下进行的拉曼实验中(图 9.3(b)),泵浦产生的激发态会在反斯托克斯区域引发一个突然的强度阶跃[13,63]。在斯托克斯区域,基态损耗会导致强度下降,而激发态吸收会导致 2 倍于下降幅度的强度上升,因此其净结果是突然产生一个与反斯托克斯阶跃幅度相等的斯托克斯强度阶跃[63]。之所以出现这种情况,是因为在简谐近似下,激发态吸收的截面相当于基态吸收的 2 倍。当引入非谐性后,如图 9.3(c)所示,反斯托克斯瞬态不受影响,但在斯托克斯光谱中,激发态吸收红移离开了基态吸收。此时斯托克斯瞬态出现两极化,包括一个基态损耗导致的负向部分和一个激发态吸收引发的约 2 倍幅度的正向部分[63]。当非谐性偏移小于振动线宽时,如何清楚区分这两者对斯托克斯瞬态的贡献就成为了一个难题。

对于红外探测,在简谐近似下则获得了一个有趣而众所周知的结果[19,64](图 9.3(d)):红外探测传输测量中没有信号。基态损耗会增强传输的探测信号,激发态发射会进一步增强相同量的探测信号。但激发态吸收会减弱探测信号,其幅度恰好抵消其他两个因素的影响。在非谐性红外探测情况下(图 9.3(e)),红外信号出现两极化,包括一个激发态吸收导致的负向部分及一个基态损耗和激发态发射联合引发的正向部分[66]。

9.5 多原子(液体或固体)分子中的振动能路线图

在对多种含有"中等尺寸"的分子或溶质的分子液体和溶液进行研究后,我们绘制了一幅路线图来描述激发高能基础振动所引发的 VC 过程,通常是 3000 cm^{-1} 左右的 CH 伸缩或 OH 伸缩激发,或 2000 cm^{-1} 左右的 CD 伸缩激发。"中等尺寸"是介于小分子和大分子之间的尺寸[67]。在小分子中(一般为 2、3 或 4 个原子),振动能级是非常分散的,这是相比于浴激发的基础频率,为 50~100 cm^{-1}。而在大分子中,例如聚合物链,不同的模态可能在分子不相邻的部分发生定域化,因此激发的传递会受到距离和传播效应的限制。

传统上,多原子液体中的 VC 过程被视为振动阶式消失,即沿振动阶梯多级下降[68]。振动阶式消失能够很好地描述凝聚相双原子分子的高位振动态,其中的分子,例如固体 Ar 中的 XeF 可能在 $\nu = 20$ 时制备,然后沿低位 v 态阶梯逐级下降,直到冷却[69]。但对于较大的多原子分子,红外-拉曼和热荧光测量没有观测到这样的逐级阶式下降[68]。亲本激发的能量更倾向于随机化而非阶式下降。我们小组针对凝聚相分子的 VC 引入了一个三级模型[51,70,71],用于描述初始激发具有足够能量来通过 IVR 让主要衰减发生的情况[51,70],也就是说,初始激发高于 IVR 的能量阈值。我们小组发表的结果对该模型进行了广泛讨论[51,71]。如图 9.4 所示,我们将分子振动激发分为三阶段:亲本态 P、中等能级 M 和低能级 L,以及一个包含连续低能级集体激发的浴。该划分方法是以 Nitzan 和 Jortner 在 1979 年发表的论文为基础[67]。

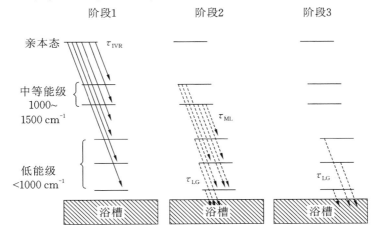

图 9.4 描述在 IVR 阈值之上激发较高频率的振动的振动冷却(vibrational cooling,VC)的三阶段路线图示意。阶段 1:一个亲本态模式 P,例如 CH-伸缩被激发。P 发生快速 IVR,包含一个相干转移部分,在 T_2 时间尺度上,和一个非相干 IVR,时间常数 τ_{IVR}.这些过程在大部分较低能级振动上产生布居。阶段 2:中等能级 M 进行振动弛豫(VR),其寿命 τ_{ML};期间激发较低能级振动 L 及浴槽,而 L 进行 VR,其时间常数 τ_{LG}(G 表示振动基态)期间只激发浴槽振动。阶段 3:源自阶段 2 的第二代较低能级振动发生弛豫,时间常数 τ_{LG}。(取自 Seong N-H,Fang Y,Dlott DD.Vibrational energy dynamics of normal and deuterated liquid benzene.J. Phys. Chem. A 113:1445-1452,版权 2009,美国化学会。)

第一阶段是激发态 P 的弛豫，激光激发产生的明态。泵浦率为 $\alpha J(t)$，其中 α 为吸收系数，$J(t)$ 为红外泵浦脉冲的时随积分通量（光子数 m^{-2}）。影响激发态 P 特性的其他振动也会直接由激光泵浦，这些态被描述为与 P 有着"相干耦合"[7,8,57,72]。

我们用术语"相干耦合"来描述以相互作用而与亲本明态有耦合的振动激发，约大于等于 $(T_2)^{-1}$，其中 T_2 为退相位的时间常数[7,57]。为了解此类耦合的影响，以常见的 CH 伸缩和弯曲的 2∶1 费米共振为例来讲解。激光最初激发一个以伸缩特性为主的态，但该态演化成了一个伸缩-弯曲的混合态。这就是一种 IVR 过程。当时间分辨率较高时，该时间演化通常表现为阻尼量子拍的形式，这在电子振动光谱学[73]和超快红外光谱学[74]中很常见。正如之前讨论的[75]，在我们的反斯托克斯实验中，红外激发是半冲击的，意即其脉冲持续时间长于相比较的振动周期，与 T_2 相近，比 T_1 短，因此我们探测的是在一个约等于 T_2 的时间段内亲本态及其耦合态的平均振动布居，并且通常不分辨量子拍。一般情况下，在量子拍测量中，探测脉冲对亲本态或其耦合态具有灵敏性，因此随着布居数在它们之间的振荡，信号强度也振荡。在反斯托克斯-拉曼实验中，探测情况则有所不同，因为在探测带宽大于非谐耦合的反斯托克斯-拉曼实验中，存在一个看起来如同基础激发但幅度有 2 倍之多的泛频信号，和一个两种基础频率都激发而出现的组合频信号[30]。以 2∶1 费米共振为例，我们会看到一个 CH 伸缩的 $v=1{\rightarrow}0$ 跃迁在约 3000 cm^{-1} 处和一个 CH 弯曲的 $v=2{\rightarrow}1$ 跃迁在约 1500 cm^{-1} 处。因此，在我们的反斯托克斯-拉曼实验中，"相干耦合"被视为一个低能级振动的即时激发，它可组合其他振动以产生与亲本态能级相近的态。参数 α' 和 α''，通常为零，分别表征 M 级或 L 级振动各自通过与 P 级振动的 IR 泵浦发生相干耦合而被激发的速率。

在初始激发准备完毕后，P 级振动中的布居会通过 IVR 以时间常数 τ_{IVR} 衰减。该 IVR 过程不会或仅会将很少的能量散发到浴中。但这并不意味着这一液态 IVR 过程与孤立分子中的 IVR 过程相同，因为浴可以在不消耗能量的情况下调节分子的能级。亲本态的 IVR 会激发很多 M 级和 L 级振动。但 M 级和 L 级振动的激发程度各有不同，这取决于具体的分子间耦合。我们用下标 i 来代表 M 级振动，下标 j 代表 L 级振动。那么，ϕ_{PMi} 就是从 P 级到 M 级模态 i 的 IVR 的量子效率，ϕ_{PLj} 是 P 级到 L 级模态 j 的 IVR 的量子效率。

在第二阶段中，受激的 M 级和 L 级振动发生衰减，但机制不同。M 级振动通过激发 L 级振动和浴,以时间常数 τ_{ML} 衰减。低能级振动则仅激发浴以时间常数 τ_{LG}(G 代表振动基态)衰减。从中等能级的模态 i 传输到低能级的模态 j 的量子效率为 $\phi_{M_iL_j}$。但是,我们的实验无法判断具体是哪个 M 级振动激发了哪个 L 级振动,因此我们只能测量从所有 M 模态传输到 L_j 模态的净量子效率 ϕ_{ML_j},$\sum M_i(t) = \sum \phi_{M_iL_j} M_i(t)$。

在第三阶段中,P 级或 M 级振动中均已不存在激发态。剩下的 L 级激发态以时间常数 τ_{LG} 衰减至浴中。为简化该模型,消除数量繁多的拟合参数,我们假设 M 级中的所有振动具有相同的寿命 τ_{ML},L 级中的所有振动具有相同的寿命 τ_{LG}。我们是说 M 级和 L 级中振动寿命的波动较小,但如果波动较大,则该模型不适用,必须引入额外的参数。这样,VR 过程即可通过三个全局速率常数来描述,即 $k_{IVR} = (\tau_{IVR})^{-1}$、$k_{ML} = (\tau_{ML})^{-1}$ 和 $k_{LG} = (\tau_{LG})^{-1}$。

该三级模型可通过以下一组方程式来概括:

$$\begin{cases} \dfrac{dP(t)}{dt} = -k_{IVR}[P(t) - P^{eq}] + \alpha J(t) \\[2mm] \dfrac{dM_i(t)}{dt} = k_{IVR}\phi_{PM_i}[P(t) - P^{eq}] - k_{ML}[M_i(t) - M_i^{eq}] + \alpha_i' J(t) \\[2mm] \dfrac{dL_j(t)}{dt} = k_{IVR}\phi_{PL_j}[P(t) - P^{eq}] + k_{ML}\phi_{ML_j}\sum[M_i(t) - M_i^{eq}] \\[2mm] \qquad\qquad - k_{LG}[L_j(t) - L_j^{eq}] + \alpha_j'' J(t) \end{cases} \quad (9.5)$$

在式(9.5)中,上标 eq 代表最终温度 T_f 下的热平衡布居,这些方程式可用于解释 T-阶跃。尽管由于我们并没有对很多分子振动进行检测,因此直接确定了量子效率 ϕ_{PM_i}、ϕ_{PL_j} 和 ϕ_{ML_j},但我们发现使用条件式 $\sum \phi_{PM_i} + \sum \phi_{PL_j} = 1$ 和 $\sum \phi_{ML_j} = 1$ 来规范观察到的振动能会更加便利。举例而言,如果我们观察到具有相同传输量子效率的两个 M 级振动和一个 L 级振动,则每个振动的 $\phi = 0.33$,即使未观察到的振动中也可能存在大量能量。

三个阶段在 VC 过程中的参与情况各不相同。第一阶段是纯粹的 IVR 过程,因此仅会将很少的能量散发到浴中,有时甚至不会散发能量。第二个 M→L 阶段仅占 VC 的一小部分,因为散发的能量是 M 级和 L 级能量之间的差值。例如,某 M→L 弛豫可能涉及一个 1500 cm^{-1} 的 M 级振动,在激发一个 1000 cm^{-1} 的 L 级振动加上 500 cm^{-1} 的浴激发态后衰减。L→G 弛豫过程占 VC 的大部分,因为所有 L 级激发态的能量都被转化为了浴激发态。

9.6　水中振动激发导致的氢键破坏

水是一种极其复杂的液体,因此水的振动激发展示出复杂且不同寻常的特性也并不意外。之前关于水中氢键对激发 ν_{OH} 的超快脉冲的响应情况的研究数量繁多,在此不再一一列举,但参考文献[76]是一个近期回顾,并且在参考文献[55]中的"水振动弛豫测量简史"一节中可找到许多单项研究的文献。该节内容的重点在于这一发现:对水的 OH 伸缩 ν_{OH} 的激发会对水中的局部氢键产生独特的破坏效果[36,55]。这种破坏并不像 Staib 和 Hynes 最初提出的那样[77],是与许多氢键团簇一样的即时振动预离解,而是由振动受激水分子的能量爆发导致的时延破坏。这种破坏效果是由于脆弱的氢键网络承受了在小体积、短时间内释放的大量振动能而导致,其影响特别大,因为在水中,相对高频(约 3400 cm^{-1})的 OH 伸缩激发的能量只在三个原子间扩散,并且 ν_{OH} 伸缩和 δ_{H_2O} 弯曲激发的寿命都极其短暂,都仅约 0.2 ps,因此能量释放非常迅速,因为爆发是在约 0.4 ps 的时间尺度上产生的[55]。

图 9.5 为能量爆发过程的图解。几个 OH 伸缩,被激发的水原子(图 9.5(a))释放能量爆发,创造出氢键被局部地削弱的瞬时非平衡态,记为 H$_2$O*(图 9.5(b))。H$_2$O* 的构象并不唯一;相反,实验表明其具有广泛的构象分布。最先观察到氢键的延后非平衡断裂应该归功于,我们认为是 Fayer 小组,是他们对 CCl$_4$ 中乙醇低聚物的 OD 伸缩[78-80],以及 H$_2$O 中 HOD 的 OD 伸缩激发[81]进行了研究。最终,这个非平衡态弛豫变为热化态,每个之前受激的水分子周围的区域都处于温度升高的热平衡状态(图 9.5(c)),最后的热扩散引发一个局部均匀T-阶跃。T-阶跃的量级取决于 ν_{OH} 激发的原始浓度。

一般而言,随着温度升高,水的氢键变弱,丰度降低,因此图 9.5(c)和图 9.5(d)表示的态为氢键弱化的态,但我们在此强调,H$_2$O* 是一种瞬时、极端的态,并不能通过简单地改变平衡状态下的温度和/或压力来实现。

H$_2$O* 的发现非常意外和偶然。这是[82]由于我们用于红外-拉曼探测的0.8 ps 激光脉冲的持续时间比水中 OH 伸缩或弯曲的 0.2 ps 寿命都要长,因此当我们激发水的 ν_{OH} 时,在脉冲过程中有足够的时间可供振动能爆发产生H$_2$O*,然后可被 IR 泵浦脉冲的后沿所激发,并可被反斯托尔斯-拉曼脉冲所检测。

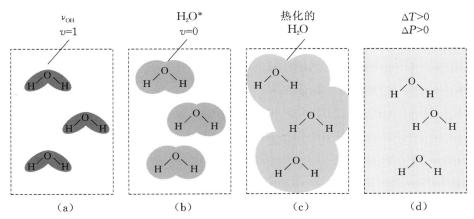

图 9.5 振动激发水导致氢键的瞬间断裂。(a)水分子带着被激发的 OH 伸缩 ν_{OH}。(b)ν_{OH} 的振动激发,由每个被激发的分子产生能量爆发,打断了氢键在振动基态形成 H_2O^*。(c)、(d)H_2O^* 热化,多余能量被均匀地在时间和空间释放,产生一个温度阶跃 ΔT 和压力阶跃 ΔP 后的平衡态。(取自 Wang Z,Pang Y,Dlott DD. Hydrogen-bond disruption by vibrational excitations in water.J.Phys.Chem.A 111:3196-3208,版权 2007,美国化学会。)

能量爆发的强度非常高。为加入一些数据佐证,我们举一个粗略但有效的示例。如果一个具有 3400 cm^{-1} 能量的 CH 伸缩被加入典型的非线性三原子分子中($C_v = 6\ k_B$),局部温度将会是 1100 K(图 9.5(a))。如果该能量在两个或三个相邻分子间扩散(图 9.5(b)和图 9.5(c)),局部温度分别将变为 700 K 或 570 K[55]。显然,我们可以用其他局部热容模型来得出不同答案,例如纳入氢键,但高的局部温度的图像不会改变。记住,根据式(9.3),对于 3400 cm^{-1} 的 ν_{OH} 激发,最终的平衡 T-阶跃与激发频率无关,而是取决于激发的初始密度,该参数可通过改变红外脉冲能量来控制,但能量爆发的特性则只取决于水的动态和 IR 泵浦波数,与 ΔT 的大小无关。甚至是最微弱的红外源,例如 FTIR 光谱仪中使用的发光棒(glow bars)都能引发这种能量的爆发。

作为参考,图 9.6 展示了温度对水的拉曼光谱中 ν_{OH} 区域的影响。随着温度上升,低波数一侧的光谱强度下降。这与氢键强度随温度上升而普遍下降,以及氢键强度与振动红移之间众所周知的关联,即具有最高氢键强度的 OH 伸缩振子的红移最多,是一致的。图 9.6(b)为加热水产生的拉曼差谱。拉曼差谱具有典型的双极形状,是测量 T-阶跃的绝佳温度计。

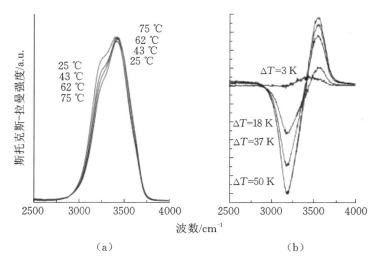

（a）　　　　　　　　　　　　　　　　（b）

图 9.6　**（a）在不同温度下水的拉曼光谱（归一到同一峰幅度）。（b）在标示的 T-阶跃 ΔT 下**
　　　　的拉曼差谱，表明双极形状可作分子温度计

在此处描述的红外-拉曼实验中，红外激发脉冲被调节为产生 30 K 的
ΔT。图 9.7 是在时延 $t=0$ 情况下获得的一个典型反斯托克斯和斯托克斯瞬
态对。如前文所述[61,75]，由于 NLS 导致在 $t=0$ 附近出现的相干假象已被移
除[20,21,83]。窄带泵浦脉冲的中心位于 3140 cm^{-1} 处，在水 ν_{OH} 跃迁的红边上
（图 9.7 中的虚线）。瞬时斯托克斯信号具有双极性，具有两个波峰和一个波
谷。波谷是由基态损耗而导致。红移波峰是由激发态吸收而导致。蓝移波峰
是由于 H_2O^* 吸收（$v=0\rightarrow1$）而导致。请记住激光泵浦脉冲的 0.8 ps 持续时
间要长于从 ν_{OH} 中产生 H_2O^* 所需的约 0.4 ps，因此这种激光可以在 OH 伸缩
基态中产生 H_2O^*，并随后在相同的泵浦脉冲过程中激发其 OH 伸缩。反斯托
克斯瞬态则完全取决于激发态发射。反斯托克斯光谱具有未分辨的双波峰结
构。红移波峰是由水的激发态反斯托克斯散射而导致，蓝移波峰是由（$v=1$）态
中 H_2O^* 的激发态反斯托克斯散射而导致。

图 9.8 提供了振动激发 H_2O 和 H_2O^* 及其衰减路径的相关信息。在图 9.8
中，尖锐且标记为 NLS 的特征峰是由于 NLS 而产生的相干假象，并已从图 9.7
的数据中移除。NLS 是一种由体相水样本产生的红外加可见和频信号[21]。
通常和频信号（sum-frequency generation，SFG）在以水为代表的体相中心对
称液体中是不会发生的，但这仅限于偶极近似情况。只有当泵浦和探测脉冲

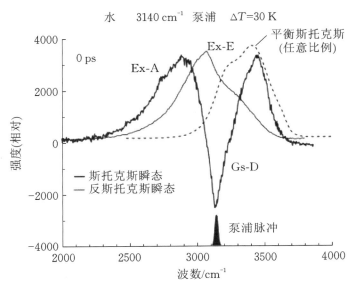

图 9.7 水的拉曼光谱(虚线)相比于 3140 cm^{-1} 泵浦脉冲,30 K 的 ΔT,在时延 $t = 0$ 时的
斯托克斯和反斯托克斯瞬态谱。反斯托克斯来自 ν_{OH} 的激发态发射(Ex-E),其中
一个窄的蓝移带来自 H_2O^* 的($v = 1$)态。激发态 H_2O^* 的产生有两步:ν_{OH} 激发
后弛豫到 H_2O^*($v = 0$),紧接着是 H_2O^* 被激发到($v = 1$)态。(取自 Wang Z,
Pang Y,Dlott DD.Hydrogen-bond disruption by vibrational excitations in water.J.
Phys. Chem. A 111:3196-3208,版权 2007,美国化学会。)

在时间上重叠时才会出现 NLS 信号。图 9.8 展示了在红边 3300 cm^{-1} 泵浦
(图 9.8(a))和蓝边 3600 cm^{-1} 泵浦时水的反斯托克斯光谱。前文提到过,反
托克斯光谱仅会显示振动激发的水,通过蓝边泵浦,产生了更多受激的 H_2O^*,
因为与 H_2O^* 相关的弱化氢键会导致其出现蓝移吸收。图 9.8(a)的 1640 cm^{-1}
附近出现了受激 δ_{OH} 弯曲振动,但图 9.8(b)中并未出现,这表明水的 ν_{OH} 会通
过生成 δ_{OH} 发生衰减(已通过双色泵浦探测测量单独得知),但 H_2O^* 的 ν_{OH}
不会。

通过应用 0.8 ps 脉冲的红外-拉曼技术,我们能够看到两种类型的水,即
普通的水和 H_2O^*。与水相比,受激 ν_{OH} 引发的 H_2O^* 反斯托克斯散射(峰位
置约为 3500 cm^{-1},FWHM 约为 200 cm^{-1} 的高斯线型)与水相比,发生了蓝移
和窄化,而且其寿命为 0.8 ps,而水的寿命则为 0.2 ps。其弛豫由与水的受激
ν_{OH} 完全不同的机制引发,产生的 δ_{OH} 激发要少得多。

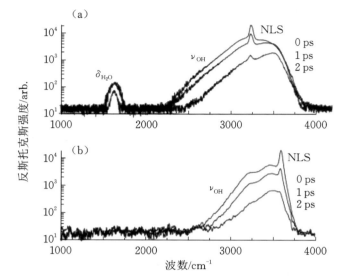

图 9.8　(a)水的红边泵浦；(b)水的蓝边泵浦。水的瞬态反斯托克斯光谱，红边泵浦在 3200 cm^{-1}，蓝边泵浦在 3600 cm^{-1}，$\Delta T = 30$ K。泵浦波数处的窄峰来自非线性光散射(nonlinear light scattering，NLS)。δ_{H_2O} 信号在红边泵浦时观测到，蓝边泵浦则主要产生 H_2O^*。(取自 Wang Z，et al. Vibrational substructure in the OH stretching transition of water and HOD. J. Phys. Chem. A 108：9054-9063，版权 2004，美国化学会。)

　　通过将平衡水光谱视为温度和压力的函数，我们可以了解很多 H_2O^* 的相关信息。对水在极端条件下的拉曼光谱稍作研究就能发现[84,85]，H_2O^* 非常类似于超临界水。例如，$P = 40$ MPa，$T = 300$ ℃时的拉曼光谱[84]就与我们的 H_2O^* 光谱(峰值为 3500 cm^{-1}，FWHM 为 200 cm^{-1})非常接近。

　　那么，既然 H_2O^* 具有亚稳定性且无法在平衡实验中重复，有几项我们想要提请注意。由于 ν_{OH} 弛豫导致的能量爆发形成的局部条件接近于高温高压状态，但密度被惯性约束，固定为 1000 kg/m^3。1998 年对超临界水拉曼光谱的研究[84]表明，恒定密度下温度不高于 500 ℃时氢键的强度不会发生很大改变。换言之，水的平衡 ν_{OH} 光谱通常随温度增加发生的恒压蓝移和窄化应主要归因于密度的降低。在临界点(critical point)附近($P_c = 22.1$ MPa，$T_c = 374$ ℃，$\rho_c = 322$ kg/m^3)，ν_{OH} 光谱的峰值为 3620 cm^{-1}，但 FWHM 仅为 60 cm^{-1}。当观察到与 H_2O^* 光谱非常相近的光谱时[84,85]($P = 40$ MPa，$T = 300$ ℃)，其对应的密度要稍高，约为 0.6 g/cm³。因此，我们认为可以断定，H_2O^* 的特性由局部环境决定，且其氢键强度类似于密度为 0.6 g/cm³ 时的水。

与 H_2O^* 关联的光谱清楚地表明其结构为非均匀分布，但我们不禁想问，为什么所有结果好像都表明只存在两种，而不是很多种类的水样[61]。最合理的解答就如同 Fayer 小组所建议的[81]，将 H_2O^* 视为这样的水，它只有一个供体断裂的氢键且其他结构参数是广泛分布的。对我们而言，很难理解为何稠密液态中"完整"和"断裂"的氢键之间会存在如此巨大的区别。但需要注意的是，当被用于计算包含一个断裂供体氢键的水的光谱时[86,87]，假设氢键发生锐利断截的模型确实能得出与我们的反斯托克斯光谱非常相近的结果[61]。

9.7 激光烧蚀引发的水的长时间界面振动

在前文中，我们描述了振动能爆发产生的 H_2O^* 的振动激发，其具有蓝移 OH 伸缩光谱，寿命 8 ps，约比水中的长 4 倍。在本节，我们将介绍由更为猛烈的过程，即超快激光烧蚀引发的振动激发，这会对氢键网络造成巨大破坏。在烧蚀过程中，水体会发生相爆炸，使其过渡到由微小液滴组成的烧蚀烟羽，平均密度随之迅速降低。根据激光烧蚀模拟，Zhigilei 等人[88]将约 200 ps 时存在的状态形容为"互连液体团簇的泡沫状瞬时结构"[47]。

振动 SFG 光谱学已对液-气界面的水 ν_{OH} 振动进行了广泛研究[89-91]，红外团簇预离解光谱学则对团簇-真空界面的水振动进行了研究[92]。在两种测量中，都在 3700 cm⁻¹ 附近观察到了一个约 20 cm⁻¹ 宽的尖峰，这是源于自由的表面 OH 基团。附近的低波数有较宽的光谱特征，这归因于不同的冰状和液状结构以及包含破裂氢键的结构[89,90,92]。水/气界面的自由 OH 基团的振动寿命为 0.8 ps[93]，比水体中的 OH 伸缩寿命长 4 倍。

在我们的实验中，当 3310 cm⁻¹ 的红外脉冲聚焦于一个 $(1/e^2)$ 半径 $r_0 = 150\ \mu m$ 的光束产生了 30 μJ 的能量时，喷射水流的烧蚀得以发生。在阈值，可观察到探测（绿色）光散射突然增加并伴有大幅波动，同时有细微的水滴喷雾。本文描述的烧蚀测量[52]在略微高于阈值下进行，$E_p = 43\ \mu J$，此时烧蚀过程更稳定。连接到真空的吸管的尖端被放置在水面附近，以便在 1 ms 的激光束时间间隔内吸走水滴。

在 3310 cm^{-1} 处水的吸收系数相当大,$\alpha = 4660$ cm^{-1}[53],因此泵浦脉冲对 1 μm 深的水块进行了强加热。用 $E_v = J_c \alpha$ 可计算出泵浦水量的峰值能量密度 E_v。振动激发在几皮秒内被热化[34,94-96],在这个时间尺度上,加热既是绝热的又是等容的。峰值能量密度在阈值处为 $E_v \approx 400$ J/cm^3,而在这里的烧蚀测量中 $E_v = 570$ J/cm^3。作为参考,$E_v = 315$ J/cm^3 时,25 ℃ 的水将被加热到 100 ℃;而 $E_v = 2575$ J/cm^3 时,25 ℃ 的水将被完全汽化。因此,烧蚀区域对应的是弱过热的水,其中红外脉冲有足够的能量将约 10% 的受热液体转化为蒸气。水中的压力阶跃约为 0.2 GPa。

图 9.9 显示了 ν_{OH} 区域的反斯托克斯数据,其强度范围很广。在 3310 cm^{-1} 处的尖锐特征是由 NLS 导致的[21]。图 9.9(a) 到图 9.9(c) 比较了通过渐进式高强度泵浦脉冲所获得的结果。每当脉冲强度加倍时,信号水平也加倍。当 $\Delta T = 35$ K 和 $\Delta T = 70$ K(图 9.9(a) 和 9.9(b))时,结果是相似的,并且与我们之前报告的结果相似[58,60,61]。在 3~4 ps 后,ν_{OH} 激发水平已降至低于我们的检测限。通过在烧蚀阈值以上获得的数据,如图 9.9(c) 所示,观察到一个新特征。ν_{OH} 激发的反斯托克斯-拉曼光谱继续窄化并蓝移,直至约 10 ps。随后,接近 3600 cm^{-1} 处的光谱峰值保持不变到至少 200 ps。从相对强度来看,这一长寿命的激发态 ν_{OH} 布居包括几个百分比的初始水激发态。在图 9.10 中,我们将这种长寿命的激发态与水的光谱进行了比较。

毫无疑问,图 9.9(c) 中的 200 ps 反斯托克斯信号与水的长寿命的激发 ν_{OH} ($v = 1$) 有关。倘若该光谱是由于泵浦和探测脉冲之间的非线性相互作用而产生的伪影,则它将以 3310 cm^{-1} 为中心,并且在时间延迟超过 2 ps 后消失。光谱也有错的形状和错的强度,因而不是由于泵浦脉冲加热的平衡水的反斯托克斯散射引起的。峰值能量密度 $E_v = 570$ J/cm^3 对应的是表面上 25% 的水分子被激发到 $v = 1$,因此,图 9.9(c) 中的长寿命光谱,其强度比 $t = 0$ 时的信号弱 50 倍,所代表的占据数 $n \approx 5 \times 10^{-3}$。倘若这是由于普通加热过程所导致的,则温度必须是 900 K,而这是不可想象的。

我们将图 9.9(c) 中的长寿命光谱归因于与快速膨胀所产生的液-汽界面有关的 ν_{OH} 激发。与平静的二维液-汽界面相比,这些界面具有复杂的三维结构。长寿命光谱太宽、太红移,因而不会是源于水蒸气或孤立的水分子。当光谱在烧蚀过程中出现后,当图 9.10 中的蓝移表明断裂的氢键时,以及当 OH 伸缩

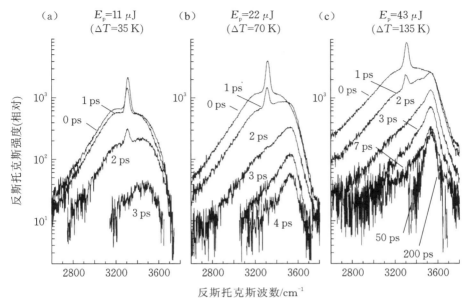

图 9.9 3310 cm^{-1}泵浦脉冲,在所标出的能量下激发得到的瞬态反斯托克斯光谱。水的
ν_{OH}激发被产生和检测。(a、b)低于 30 μJ 烧蚀阈值时,红移的激发发生更快的弛
豫,产生一个时间依赖的光谱蓝移。5 ps 之后。所有的 ν_{OH}激发都弛豫消失。
(c)高于烧蚀阈值时,产生了一个长寿命的蓝移光谱,持续到 200 ps 以外。(取自
Wang Z,Pang Y,Dlott DD. Long-lived interfacial vibrations of water. J. Phys.
Chem. B 110:20115-20117,版权 2006,美国化学会。)

寿命的大幅(>1000 倍)增加暗示了与流体相态的弱耦合时,该光谱与界面水
的关联就建立了。

在图 9.10 中给出了在 3600 cm^{-1}处的 100 cm^{-1}宽的跃迁,与之特征相似
的结果常见于 SFG 和水簇研究中。在水-空气界面的 SFG 研究文献[89,90]
中,这些特征被描述为由那些具有一个键合 OH 及一个自由表面 OH 的表面水
分子的键合 OH 的伸缩振动。在水模拟研究的文献[86,87,97]中,已经计算了
具有不同氢键的原子系综的光谱。我们研究的光谱非常类似于具有一个非氢键
键合的 H 原子及一个非氢键键合的 O 原子的水分子体系[86]。换言之,图 9.10
中的瞬态光谱最好被描述为代表了拥有多处断裂氢键的液态水分子。这些键
维持断裂的时间比在水中要长得多,因为在烧蚀羽流中,快速的体积膨胀阻碍
了氢键的再形成。

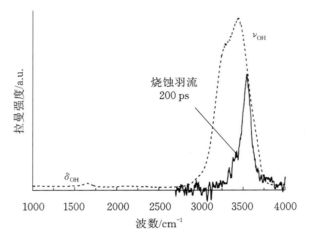

图 9.10 激光烧蚀观测到的长寿命的水的 ν_{OH} 激发瞬态反斯托克斯拉曼光谱与平衡态斯托克斯-拉曼光谱的比较。(取自 Wang Z,Pang Y,Dlott DD.Long-lived interfacial vibrations of water.J. Phys. Chem. B 110:20115-20117,版权 2006,美国化学会。)

9.8 生物构成要素中的振动能

在本节中,我们将通过对较为简单的构成要素的详细研究,探讨用"自下而上"的方法解决蛋白质中的振动能问题。重点放在用红外-拉曼光谱来检测整个 VC 过程的能力,而这个 VC 过程则是通过泵浦较高能量的振动基频(即 CH-伸缩跃迁)和使用含水介质[55,63]作为分子温度计[3,5,98]。我们研究了三种生物相关分子在含水(D_2O)溶液中的振动能流动,包括甘氨酸(glycine,GLY)——形式为 d_3-甘氨酸两性离子的最简单的氨基酸 d_1-N-甲基乙酰胺(methyl acetamide,NMA)——具有肽键的最简单分子之一,以及苯甲酸酯(benzoate,BZ)-肽的芳香侧链模型分子。研究结果在 9.5 节中,提出的振动路线图也得到了解释。

以往对于蛋白质振动能的研究,大多采用了"自上而下"的方法来研究其能量耗散机制,这可能与酶催化等生物功能有关。众所周知的例子包括肌红蛋白、血红蛋白或细胞色素 c,其中血红素是受电子激发的[98-105]。由于超快内转换,电子激发在约 5 ps 内被转换成血红素振动能,随后热血红素被 20～40 ps 的由蛋白质到水介质的能量转移而冷却[98-102,106]。使用瞬态光栅[107]、血红素的共振反斯托克斯-拉曼测量法[100-103,108,109]、血红蛋白的紫外共振拉曼测量法[110-112]和作为分子温度计的水介质的红外吸收[98]等,监测了血红素的冷却。实验[111]和理论[106,113-115]研究表明,能量可以从热卟啉通过其侧链注入到蛋白质的特定部分。蛋白质振动能的"自下而上"法使用了红外泵浦-探测技术来研究小配体的 VR,例如与血红素蛋白的活性位点[116-119],或肽骨架本身[120]结合的 CO;研究后者要借用酰胺 I 模式[120-123],其主要是 CO-伸缩激发。

此处研究的分子 GLY、NMA 和 BZ,分别有 10、12 和 14 个原子,产生了24、30 和 36 个简正振动模式,但是在最有利的情形(NMA)下,我们灵敏地探测了其中仅 9 个模式。这里的水相分子温度计可以用来确定所观测到的振动能是否可代表总分子能量。一个代表性的分子将会是一个更为有用的蛋白质振动能探针。

D_2O 的斯托克斯光谱可被作为分子温度计。当水温从 T_i 增加到 T_f 时,OH-伸缩或 OD-伸缩区域中的拉曼差异光谱显示出与在 H_2O 中的相似的双极形状特征(参见图 9.6(b))。在 D_2O 中,差分光谱中最显著的特征是在 2330 cm^{-1} 附近的凹陷,其振幅随温度的升高而增大。这种响应源于在较高温度下由于氢键减弱而导致的蓝移,如在 H_2O 中(参见图 9.6(a))。分子温度计利用了基态振动态跃迁的温度移动。在较短时间内,也可能存在由红外泵浦脉冲产生的振动激发态,从而在斯托克斯谱[63]中也可能存在基态漂白和激发态吸收效应。在这种情况下,水相斯托克斯光谱看起来就不像是热化后的参考光谱。先前[70],我们展示了如何使用奇异值分解(singular-value decomposition,SVD)分析将瞬态斯托克斯光谱分离成我们未使用的激发态部分和热化基态(分子温度计)部分。我们无需在此使用该奇异值分解法。由红外脉冲泵浦的亲本CH-伸缩与 D_2O 伸缩在光谱上几乎没有重叠,因此泵浦脉冲在 D_2O 分子温度计中产生的振动激发量可忽略不计。

图 9.11 总结了红外泵浦亚甲基 CH-伸缩之后的 GLY 响应。图的顶部是一个 D_2O 伸缩跃迁被截掉的斯托克斯参考光谱。在图 9.11 中的反斯托克斯瞬态光谱中,我们看到亲本 $\nu_s(CH_2)$ 和五个子振动(按波数下降的顺序排列):$\nu_a(COO^-)$、$\nu_s(COO^-)$、$\rho(CH_2)$、$\nu(CN)+\nu(CC)$ 和 $\rho(ND^{3+})$。图 9.11 还显示了 D_2O 介质在 ν_{OD} 区域中的斯托克斯瞬态光谱。通过将瞬态斯托克斯和反斯托克斯光谱(未示出)相结合,我们发现泵浦脉冲激发了 2.1% 的 GLY 溶质和 0.2% 的 D_2O 溶剂。

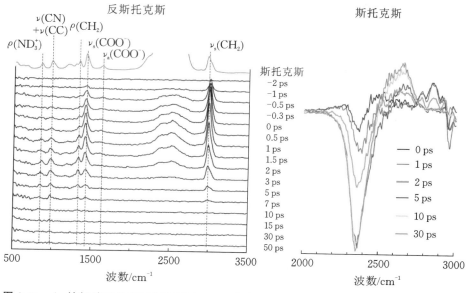

图 9.11 d_3-甘氨酸两性离子(GLY)在 D_2O 中激发 $\nu_s(CH_2)$ 的瞬态拉曼光谱结果。斯托克斯光谱及其指认(点线)在顶部给出作为参考。在 CH-伸缩激发之后,在反斯托克斯区域观测到亲本振动和 5 个子振动(左)。D_2O 分子温度计在右侧图给出。(改编自 Fang Y, et al. Vibrational energy dynamics of glycine, N-methyl acetamide and benzoate anion in aqueous(D_2O)solution.J. Phys. Chem. A 113:75-84,版权 2009,美国化学会。)

图 9.12 和图 9.13 概括了 d_1-NMA 数据。在图 9.12 的反斯托克斯数据中,我们看到亲本 $\nu_s(CH_3)$ 及 8 个子振动,依据波数降低的顺序,依次为酰胺 I′、酰胺 II′、CCH$_3$ab、NCH$_3$sb、$\nu_s(NC)$、酰胺 III′、骨架扭曲和酰胺 IV′,撇表示酰胺氘化。参考文献[71]的表 2 中给出了振动指认[122,124,125]。此外,图 9.12 中给出的是 D_2O 分子温度计数据。图 9.13 中显示了反斯托克斯瞬态光谱。在图 9.13(a)到图 9.13(d)中,用它们的绝对布居绘制了瞬变曲线,光滑曲线是拟合三阶段模型,参数在文献[71]中列出。在图 9.13(e)和图 9.13(f)中,瞬态值均被归一化到同一最大强度,用以比较上升时间。注意中值 M 振动的中频段的上升是如何跟踪图 9.13(e)中的亲本激发的衰减的,以及通过比较图 9.13(e)和图 9.13(f),M 振动的上升是如何领先于低能 L 振动的上升的。图 9.13(a)中的亲本衰减给出 $\tau_{IVR}=(1.2\pm0.2)$ ps。在图 9.13(e)中观测到的中频区的子态的瞬变,则给出 $\tau_{ML}=(1.7\pm0.2)$ ps。酰胺 II′振动表现出比其

他 M 振动更快的上升,表明与亲本态有一定的相干耦合。图 9.13(f)中较低能量的瞬变给出 $\tau_{LG}=(2.8\pm0.3)$ ps。使用 9.5 节中描述的模型和文献[71]中列出的参数,计算了用于拟合数据的平滑曲线。

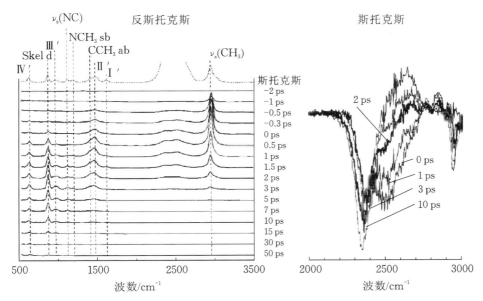

图 9.12 d_1-N-甲基乙酰胺(NMA)在 D_2O 中激发 $\nu_s(CH_3)$ 的瞬态拉曼光谱结果。斯托克斯光谱及其指认(点线)在顶部给出作为参考。在反斯托克斯区域观测到亲本振动和 8 个子振动(左)。D_2O 分子温度计在右侧图给出。(改编自 Fang Y, et al. Vibrational energy dynamics of glycine, N-methyl acetamide and benzoate anion in aqueous (D_2O) solution. J. Phys. Chem. A 113:75-84,版权 2009,美国化学会。)

图 9.14 汇总了 BZ 数据。在反斯托克斯数据中,我们观察到亲本 $\nu_s(CH)$ 和 6 个子振动,按波数下降的顺序排列为 $\nu_s(CC)$、$\nu_s(COO^-)$、$\rho(CH)$、$\nu_s($苯基$)$、$\delta_{OOP}(CH)$ 和 $\rho(CCC)$。亲本衰减给出 $\tau_{IVR}=(1\pm0.2)$ ps。中频振动给出的 $\tau_{ML}=(2.5\pm0.2)$ ps,而较低能级振动给出 $\tau_{LG}=(2.7\pm0.3)$ ps。BZ 数据中最引人注目的发现是水介质中苯基振动激发的弛豫时间尺度与纯苯之间有较大差异[126],后者的 VR 在下一节中进行详细描述。BZ 寿命均在 1~3 ps 的时间范围内,而在液态苯中观测到的振动寿命在 8~100 ps 的时间范围内[126]。

图 9.15 显示了分子温度计的时间依赖性。如果温度计的响应是由单一能级的指数衰减引起的,那么温度计的上升则是一个上升指数。如果响应是由许多单一能级衰减过程的积累所引起的,每个都是一个时间指数,那么温度计

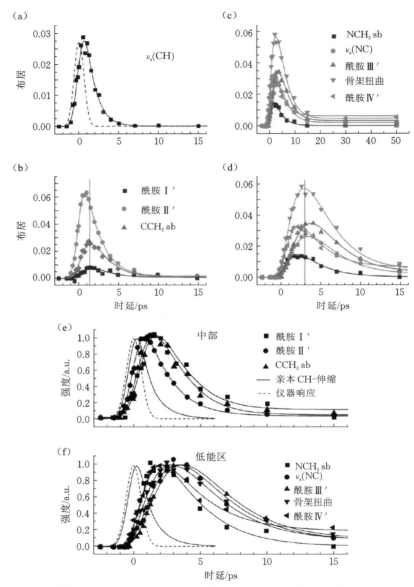

图 9.13 d_1-N-甲基乙酰胺(NMA)在 D_2O 中激发 $\nu_s(CH_3)$ 的反斯托克斯瞬态。光滑曲线是 9.5 节介绍的三阶段模型的拟合。(a)中虚线为仪器的时间响应;(b)和(d)中的竖线是为了看图方便;(d)中数据与(c)相同但时间尺度被放大;(e)和(f)中值 M 瞬态和低能级 L 瞬态,其强度被归一化以便比较。(改编自 Fang Y, et al. Vibrational energy dynamics of glycine, N-methyl acetamide and benzoate anion in aqueous (D_2O) solution. J. Phys. Chem. A 113:75-84,版权 2009,美国化学会。)

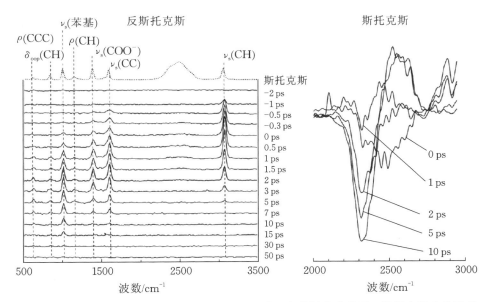

图 9.14 苯负离子(BZ)在 D_2O 中激发 $\nu_s(CH_2)$ 的瞬态拉曼光谱结果。斯托克斯光谱及其指认(点线)在顶部给出作为参考。在反斯托克斯区域观测到亲本振动和 5 个子振动(左)。D_2O 分子温度计在右侧图给出。(改编自 Fang Y, et al. Vibrational energy dynamics of glycine, N-methyl acetamide and benzoate anion in aqueous (D_2O) solution. J. Phys. Chem. A 113:75-84,版权 2009,美国化学会。)

的上升应该接近误差函数[11]。我们用单指数函数拟合温度计上升,因为数据的质量无需使用更复杂的处理。图 9.15(a)是纯 D_2O 的结果。通过泵浦纯 D_2O 在 2950 cm^{-1} 处的 $\nu(OD)$,测量 D_2O 分子温度计的内在响应,激发态浓度为 0.7%,其时间常数为 1.8 ps。这是基于 1.4 ps 的 ν_{OD} 寿命[81] 和约 0.5 ps 的 D_2O 热化时间常数[35,36,55,95,127]时可以预见的结果。当加入溶质时,由于与溶质吸收的竞争,由红外脉冲激发的 $\nu(OD)$ 的分数降低。$\nu(OD)$ 激发分数和纯 D_2O 的 1.8 ps 时间依赖性可以被从直接泵浦 $\nu(OD)$ 引起的温度计的响应中扣除。仅由溶质泵浦引起的 GLY、NMA 和 BZ 的最终分子温度计响应在图 9.15(b)到图 9.15(d)中标示出。用温度计上升表示的最快的 VC 为 4.9 ps,是在 NMA 中观测到的。用 GLY 和 BZ,VC 的时间常数分别为 7.2 ps 和 8 ps。

利用图 9.11、图 9.12 和图 9.14 中的反斯托克斯数据,我们用下述公式确定了观测到的振动能的时间依赖性:

$$E_{\text{vib}}^{\text{obs}}(t) = \sum_{i=1}^{\#\text{obs}} h\nu_i n_i(t) \tag{9.6}$$

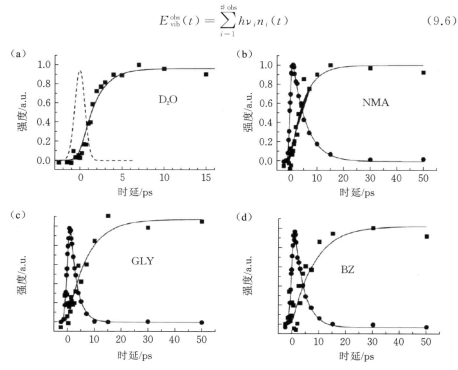

图 9.15 分子温度计响应。分子温度计利用 D_2O 的 OD-伸缩区域的斯托克斯光谱。氢键的减弱造成光谱跃迁蓝移。(a)泵浦 $2950\ \text{cm}^{-1}$ 的纯 D_2O 的结果可进行指数拟合,时间常数 $1.8\ \text{ps}$。虚线为仪器的时间响应。(b~d)CH-伸缩泵浦后 NMA、GLY、BZ 的温度计数据(正方形)。圆圈表示通过溶质振动跃迁的反斯托克斯光谱探测到的总振动能。在 NMA 中,观察到的能量代表温度计响应所检测到的溶质冷却过程。在 GLY 和 BZ 中,观察到的能量弛豫比温度计的热化要快,表明能量被储存于一个未观测到的振动库中。观察到的能量不代表 GLY 和 BZ 的溶质冷却过程。(取自 Fang Y, Shigeto S, Seong N-H, et al. Vibrational energy dynamics of glycine, N-methyl acetamide and benzoate anion in aqueous (D_2O) solution.J. Phys. Chem. A 113:75-84,版权 2009,美国化学会。)

所得结果是各溶质的衰减曲线,均可以合理地用指数衰减拟合。图 9.15(b)至图 9.15(d)中显示了 E_{obs} 的指数拟合。在所观察到的振动中能量损失的时间常数:D_2O 为 $0.8\ \text{ps}$,甘氨酸为 $2.6\ \text{ps}$,NMA 为 $5.1\ \text{ps}$,钠 BZ 为 $3.6\ \text{ps}$。

亲本振动能热化的总时间常数,对 NMA 约为 $5\ \text{ps}$,对 GLY 和 BZ 约为 $8\ \text{ps}$。因此,基于数据的推测,存储在多肽骨架或的柔性侧链的能量将大约在

5 ps 内热化,甚至在刚性侧链结构中存储的能量也会在 10 ps 内热化。

在 NMA 的强拉曼活性振动中观测到的能量的耗散,代表了分子温度计监测到的整体热化过程(参见文献[71]的表 1),其意思是 E_{obs} 和分子温度计具有相同的指数时间常数。然而,GLY 和 BZ 观测到的振动能损耗比热化快约 3 倍。因此,强拉曼活性 NMA 振动能很好地代表能量流过溶质,而 GLY 和 BZ 振动却不是这样。GLY 和 BZ 分子温度计的响应比所观测到的振动能慢。这意味着至少有一个未观测到的状态,其向周围环境释放的能量比我们观测到的拉曼活性态释放的能量要慢很多。观测到的 NMA 振动与 GLY 和 BZ 的代表性与非代表性本质,可能来自其特定的振动弛豫路径的本质,但可能还有更为简单的统计学解释。NMA 是一个我们观察到的最多振动模式的分子,有 9 个模式,与其相比,GLY 和 BZ 的振动模式分别只有 5 个和 6 个。观测到的振动模式数越多,观测到的振动能就越有可能代表整个分子。

9.9 苯和全氘苯的振动能量量热法

在这些研究中,我们探测了苯或 d_6-苯中的振动能[2]。我们还用 CCl_4 分子温度计对苯进行了加标。CCl_4 大约以 15% 的体积比例存在,但通过与纯苯的直接对比,我们发现,即使如此含量的 CCl_4 对苯的 VR 的影响也是可以忽略不计的。CCl_4 显然是一种近乎惰性的观测者,它对施加在振动激发的苯之上的涨落的力只有很小的影响。

苯具有高分子对称性 D_{6h},比上述讨论的分子具有更刚性的骨架。拉曼强度集中在相当少数的跃迁(6 个或 7 个)中。不同于以往对 $CHCl_3$[30] 或 CH_3NO_2[51] 的研究,其中大部分甚至所有的振动都可以被探测到,在苯中,大部分振动能将处在我们无法观测的拉曼非活性模式中。正如在前一节生物构成要素的研究中所论述的,我们将要讨论的一个问题是,可观测振动能在多大程度上能代表总能量。为了做到这一点,我们在分子温度计方法的基础上进一步建立了"超快拉曼量热法"。有一个来自激光脉冲的已知能量输入值,我们可以对来自苯和 CCl_4 的反斯托克斯测量结果的所有观测到的振动能和浴能进行合计。基于能量守恒,剩下的便代表时间依赖的不可见振动能的总和。

苯的振动能曾在孤立的分子、液体和低温晶体中被研究过。在孤立的分子中,在 3050 cm^{-1} 附近的 CH-伸缩基频具有非常缓慢的 VR,以至于态的衰减需要借助红外发射[128]。孤立分子的一些较高的 CH-伸缩泛频[129-133]确实具有随意的 IVR，因为态密度比基频的要大得多。先前对低温晶体的研究[130,134,135]涉及在频率或时域中探测红外或拉曼线宽的间接方法。环境液体中的振动线宽通常由纯粹退相过程支配[136,137]，有时由非均匀加宽[68]支配，因此无法根据线宽测量结果确定 T_1。然而，在低温同位素纯晶体中[138]，T_1 过程被认为是占主导的[139]，因此 T_1 可根据拉曼线宽确定。在液体状态下，Fendt 和同事[140]用时间分辨反斯托克斯拉曼法研究了苯。但是这些研究仅探讨了亲本弛豫过程，而且事实上，亲本 CH-伸缩寿命被不正确地测定了，因为检测到的信号似乎源自 NLS[126]产生的相干伪影。Iwaki 和同事[126]测得亲本 CH-伸缩寿命为 $T_1 = 8$ ps，并且在 1584 cm^{-1}、991 cm^{-1} 和 606 cm^{-1} 处观察到了来自子激发的信号。CCl_4 分子温度计的数据是有噪声的，但表明了 VC 总时间常数大约为 80 ps。

在我们的实验中，红外脉冲被调谐到接近 3050 cm^{-1} 的 CH-伸缩吸收或接近 2280 cm^{-1} 的 CD-伸缩吸收。泵浦脉冲附近最强的跃迁被指认为 ν_{12}。在苯的拉曼光谱中，ν_1、ν_2、ν_{11}、ν_{16}、ν_{17} 和 ν_{18} 6 个跃迁占主导地位。其中，ν_1 和 ν_2 为单重简并，其他 4 个为双重简并，因此我们共观察到了 10 个模式。

图 9.16 显示的是苯与 CCl_4 在 3063 cm^{-1} 附近的红外泵浦之后的反斯托克斯谱的时间序列，图 9.17 列出了从图 9.16 中的数据中提取的 6 个观测到的苯的跃迁和 CCl_4 激发的振动布居（占据数）的时间依赖性。CCl_4 有 3 个低频拉曼活性振动，3 个的表现都好似分子温度计。我们采用 459 cm^{-1} 的模式为温度计。对于双重简并态，占据数是总的布居数。除振动 ν_{11} 和 ν_{17} 外，所有的振动都在上升沿表现出一个瞬时组分。这一瞬时组分表明，通过调谐红外脉冲到 ν_{12} 而激发的亲本"亮"态，包含 ν_{12} 与 ν_1、ν_2、ν_{16}、ν_{18} 的混合，以及与我们无法观察到的其他态的混合。利用 9.5 节中描述的三阶段模型，我们可以很好地拟合苯的数据。用于拟合数据的参数列在表 9.1 中，取自参考文献 [2]。

在 VC 过程完成后，样品在最终温度 T_f 达到平衡，T_f 代表在红外脉冲泵浦的液体的空间非均匀区域上的平均值[51]。图 9.18 显示了我们如何测定采用量热法测量的 T_f。图中比较了样品在环境温度下、在负延迟时（探针先于泵）获得的苯+CCl_4 的反斯托克斯谱，以及在亲本激发热化后的较长的延迟时间时所获得的光谱。反斯托克斯跃迁的 T_f 的测定精度，对于具有较大拉曼截面的较

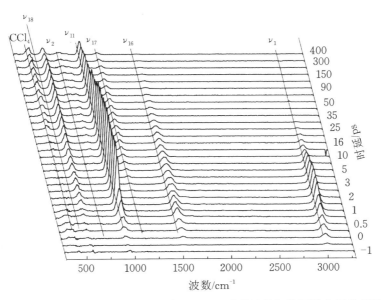

图 9.16 苯与 17% $CCl_4(V/V)$ 的混合物在 $3053\ cm^{-1}$ 附近的红外泵浦之后的反斯托克斯谱的时间序列。注意延迟时间并非线性标度。(改编自 Seong N-H,Fang Y,Dlott DD.Vibrational energy dynamics of normal and deuterated liquid benzene.J. Phys. Chem. A 113:1445-1452,版权 2009,美国化学会。)

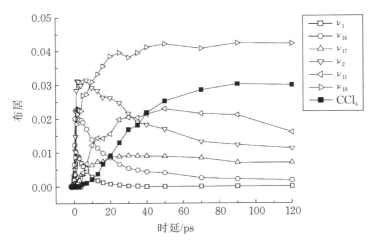

图 9.17 利用时间依赖的反斯托克斯谱确定的苯和 CCl_4 的振动布居瞬态。(改编自 Seong N-H,Fang Y,Dlott DD.Vibrational energy dynamics of normal and deuterated liquid benzene.J. Phys. Chem. A 113:1445-1452,版权 2009,美国化学会。)

表 9.1　苯和 d_6-苯的振动冷却参数

苯					
波数/cm^{-1}	指认	寿命	激发源		
		T_1/ps	IR 泵浦脉冲[a]	亲本	从 M 到 L
3063	ν_1：ν_s(CH)	6.2	17%		
1589	ν_{16}：ν(CC)/(992+606)	20	28%		
1176	ν_{17}：δ_{ip}(CH)	146	0	42%	8%
992	ν_2：分子环呼吸振动	55	34%	39%	0
850	ν_{11}：δ_{oop}(CH)	125	0	0	44%
606	ν_{18}：δ_{ip}(CCC)	300	21%	19%	48%

d_6-苯					
波数/cm^{-1}	指认	寿命	激发源		
		T_1/ps	IR 泵浦脉冲[b]	亲本	X 态[c]
2282	ν_1：ν_s(CD)	6.4	27%		
2254	ν_{15}：ν_{as}(CD)	4.5	24%		
1551	ν_{16}：ν(CC)	25	0	22%	0
937	ν_2：分子环呼吸振动	26	48%	0	0
868	ν_{17}：δ_{ip}(CD)	53	0	13%	19%
653	ν_{11}：δ_{oop}(CD)	137	0	36%	26%
578	ν_{18}：δ_{ip}(CCC)	91	0	29%	55%

来源：改编自 Seong N-H，Fang Y，Dlott DD. Vibrational energy dynamics of normal and deuterated liquid benzene. J. Phys. Chem. A 113：1445-1452，版权 2009，美国化学会。

a. 在苯中由 IR 泵浦脉冲所产生的 CH 伸缩激发的绝对分数为 1.3%。

b. 在 d_6-苯中由 IR 泵浦脉冲所产生的 CD 伸缩激发的绝对分数为 0.5%。

c. X 态的寿命为 80 ps。

高频率跃迁，是最大的[14,141]。如图 9.18 所示，我们可以测定 ν_{18}、ν_2 和 ν_{17} 的 T_f，估计误差为 2~4 K，当每个振动的结果被平均化时，得到 $\Delta T = 40$ K。

　　在 d_6-苯中，我们观察到了与在苯中相同的跃迁，即 ν_1、ν_2、ν_{11}、ν_{16}、ν_{17} 和 ν_{18}，还看到了另外的 CD-伸缩跃迁 ν_{15}。由于这 7 个模式中有 5 个是双简并的，所以我们总共观察到了 12 个振动。图 9.19 显示了 d_6-苯中的时间分辨反斯托克斯数据，图 9.20 显示了随时间变化的布居瞬变。用于拟合数据的参数在表 9.1 中，取

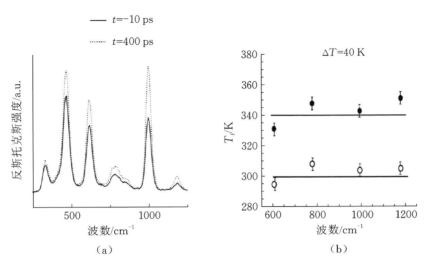

（a） （b）

图 9.18 （a）苯与 17% CCl_4 (V/V) 在 IR 泵浦脉冲前 -10 ps 时的反斯托克斯谱,此时溶液处于室温平衡态,和在 IR 泵浦脉冲之后 400 ps 时的光谱,此时溶液被热化。（b）ΔT 的测定。实心圆,利用 400 ps 数据计算的温度;空心圆,利用 -10 ps 数据计算的参考温度。（改编自 Seong N-H,Fang Y,Dlott DD. Vibrational energy dynamics of normal and deuterated liquid benzene. J. Phys. Chem. A 113:1445-1452,版权 2009,美国化学会。）

自文献 [2]。当我们用图 9.18 所示的方法对 d_6-苯进行温度阶跃分析时,得到 $\Delta T = 10$ K。T-阶跃比在苯中的小,因为 CD-伸缩吸收系数和红外激光能量均较小。

在苯-CCl_4 实验中,我们在强的拉曼活性振动中观察到了部分苯振动能量 $E_{obs}(t)$。我们也知道输入系统的总能量,可以根据红外脉冲特性和样品吸收系数计算,或者更方便地根据 ΔT 和溶液热容计算得到。CCl_4 分子温度计测量了能量消散到浴中的速率[5]。溶液的集体浴能态的低频连续体强烈耦合着最低频的 E-对称 CCl_4 振动[5],因此 CCl_4 在几皮秒内受到激励,从而允许分子温度计快速回应浴激发的积累。通过适当地归一化总能量、观测能量和浴能量,我们可以通过能量守恒来确定在不可见苯振动中存在多少能量。这种用超快拉曼量热计来测定不可见振动能量 $E_{invis}(t)$ 是一种易于理解的想法,但到目前为止,我们还没有足够可靠的数据来实现它。

当在室温下用红外脉冲将能量注入苯和 CCl_4 溶液中时,热化后将产生温度阶跃 ΔT,这对于苯是 40 K,对于 d_6-苯是 10 K。对于 δ 函数激发,对应特定值

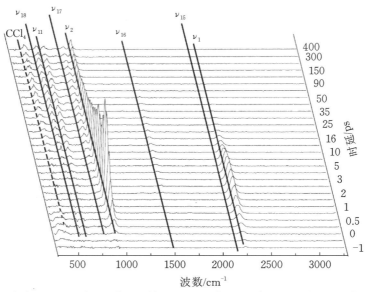

图 9.19 激发 $2280\ cm^{-1}$ 附近的 CD-伸缩跃迁 d_6-苯及 17% CCl_4 中的反斯托克斯光谱。
注意延迟时间并非线性标度

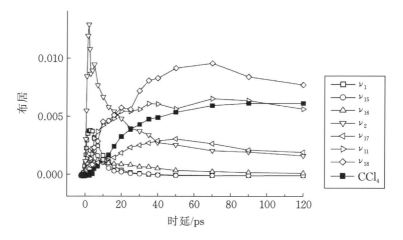

图 9.20 利用时间依赖的反斯托克斯谱确定的 d_6-苯和 CCl_4 的振动布居瞬态

ΔT 的总能量增加将会是[2]

$$\Delta E_{tot}(t)=0, \quad t<0$$
$$\Delta E_{tot}(t)=C_{tot}\Delta T, \quad t\geqslant 0$$

(9.7)

其中,C_{tot} 是溶液的热容。我们用文献[142]表格中苯和 CCl_4 的热容数据,考虑到反斯托克斯数据的质量,我们认为有足够的依据假设 $C_{tot} = C_{benzene} + C_{CCl_4}$,且 C_{tot} 可被视为常数,尽管存在小体积膨胀的温度阶跃和相关的压力阶跃。设 $P(t)$ 为激光装置函数,是一个 FWHM 为 1.4 ps 的高斯函数,它在这种情况下被归一化,即 $\int P(t)\mathrm{d}t = 1$。这样,用这个持续时间有限的脉冲,时间依赖的总能量增加为

$$\Delta E_{tot}(t) = \int_{-\infty}^{t} P(t')\Delta E_{tot}(t')\mathrm{d}t' \qquad (9.8)$$

现在将溶液看作由两部分组成,一个苯振动"体系"和一个由其他物质组成的"浴":双组分溶液的较低能级的振动的集合态的连续体外加 CCl_4。浴的热容 C_{bath} 则可以写成[2]

$$C_{bath} = C_{tot} - \sum_{i=1}^{n}\left(\frac{h\nu_i}{k_B T}\right)\frac{\exp(-h\nu_i/k_B T)}{[1-\exp(-h\nu_i/k_B T)]^2} \qquad (9.9)$$

其中的加和在苯的所有振动($n = 30$)上进行。为了测定 C_{bath},再次避免温度依赖的热容的复杂性,在平均温度 $T_i + \Delta T/2$ 下对式(9.9)进行求解。苯的振动频率 ν_i 取自文献[43]。

CCl_4 分子温度计的归一化时间响应用 $T_{th}(t)$ 表示,$T_{th}(t)$ 在红外脉冲之前为 0,长时间为 1。浴槽中的时间依赖的能量则表示为[2]

$$E_{bath}(t) = T_{th}(t)C_{bath}\Delta T \qquad (9.10)$$

而不可见振动能则表示为

$$E_{invis}(t) = E_{tot}(t) - E_{obs}(t) - E_{bath}(t) \qquad (9.11)$$

在图 9.21 和图 9.22 中,我们给出了苯和 d_6-苯情况下的 $E_{tot}(t)$、$E_{obs}(t)$、$E_{bath}(t)$ 和 $E_{invis}(t)$。在图 9.21 中,由 CCl_4 监测的浴能量的积累直到大约 5 ps 的时间延迟后才开始,这与苯的由 IVR 过程导致的 6 ps 的亲本衰减是一致的,这个过程不涉及明显的向浴中的耗散。我们不认为这一时间延迟是由分子温度计的迟缓响应所引起的,因为以前在乙腈研究中观察到了明显较快的 CCl_4 响应[7]。浴堆积的半时间为 30 ps,热化基本上在 100 ps 内完成。虽然 ν_{11} 和 ν_{18} 振动的寿命超过 100 ps,但它们是较低能级激发,在 100 ps 之后,它们对总耗散能量的贡献很小。由于仪器和方法经过了改进,苯 VC 过程的这些测量应当比我们以前的研究[126]更为准确。

在图 9.21(插图)中,$E_{invis}(t)$ 的上升沿明显快于 $E_{obs}(t)$ 的上升,并且在红

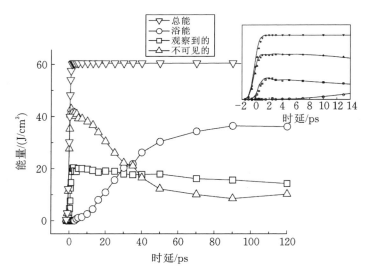

图 **9.21** 苯＋17% CCl$_4$ 的超快拉曼量热。总能量输入曲线以仪器的响应时间上升。观测的振动能是拉曼探测的 10 个拉曼活性振动能量之和。浴槽,包含所有苯振动以外的所有激发,由 CCl$_4$ 分子温度计探测。浴能是通过长时间拖尾信号及溶液的热容量确定的。不可见能量是苯振动的没有被观测到的能量,利用了能量守恒。嵌入图表示不同的上升时间：E_{obs}、E_{invis} 和 E_{bath}。（改编自 Seong N-H,Fang Y,Dlott DD. Vibrational energy dynamics of normal and deuterated liquid benzene. J. Phys. Chem. A 113:1445-1452,版权 2009,美国化学会。）

外脉冲停止泵浦苯之后的 $2\sim3$ ps 较短的时间延迟内,能量比 $E_{invis}/E_{obs} = 2.1$。由激光激发的红外活性振动对拉曼探针是不可见的,因此在较短的时间内,红外脉冲直接向不可见振动中注入了更多能量。在 3 ps 内,注入到不可见振动中的能量大约是注入所观察到的振动中能量的 2 倍。这一点是可以预计的,因为红外脉冲会在 3050 cm^{-1} 附近泵浦红外活性振动,如 ν_{12},而我们在探测诸如 ν_1 和 ν_2 之类的红外非活性振动。换言之,构成明亮态的简正模式的相干混合体,其红外非活性模式特征大约是红外活性模式特征的 2 倍。图 9.21 所示的 $E_{invis}(t)$ 的衰减速率可能比 $E_{obs}(t)$ 快 50%。

在苯实验中,观测到的振动模数为 10 个,而总的振动模数为 30 个。我们观测了 33% 的振动,而 E_{obs}/E_{tot}（图 9.12）的最大值也为 33%。因此,在苯中,每个模式的振动能量值在强拉曼活性的"观察到的"振动中与在"不可见的"振动中是相同的。

图 9.22 显示了 CD-伸缩泵浦后的 d_6-苯振动能量。在图 9.22 中,$E_{invis}(t)$ 的上升沿也明显快于 $E_{obs}(t)$ 的上升,并且当延迟时间为较短的 2 ps 时,能量比 $E_{invis}/E_{obs} = 2.1$。这表明,如在苯中那样,红外脉冲直接向不可见振动所泵浦的能量,是其向可观察到的振动中所泵浦的能量的 2 倍。在分子温度计开始上升之前有一个大约 5 ps 的时间延迟,表明亲本 CD-伸缩的衰减与在苯中一样,主要发生在分子内。浴堆积的半衰期为 20 ps,明显短于苯的 30 ps 半衰期。热化基本上是在 100 ps 内完成的。$E_{invis}(t)$ 和 $E_{obs}(t)$ 的衰减速率太相似以至于难以区分。对于 d_6-苯,观测到的振动数为 12,振动总数为 30,于是我们观察了 40% 的振动,E_{obs}/E_{tot}(图 9.13)的最大值为 36%。因此,在 d_6-苯中,"观察到的"拉曼活性振动的单位振动的能量值比"不可见的"振动少 10%。

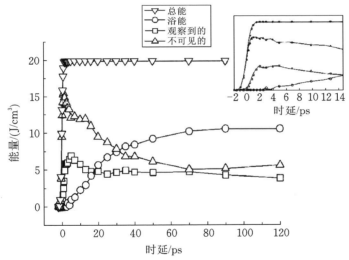

图 9.22 d_6-苯 $+17\%$ CCl_4 的反斯托克斯拉曼量热,展示了 IR 脉冲的总能量输入,12 个观测到的 d_6-苯振动能量,用 CCl_4 分子温度计探测的浴能,以及拉曼探测不到的 d_6-苯的不可见能量。嵌入图表示不同的上升时间:E_{obs}、E_{invis} 和 E_{bath}。(改编自 Seong N-H, Fang Y, Dlott DD. Vibrational energy dynamics of normal and deuterated liquid benzene. J. Phys. Chem. A 113:1445-1452,版权 2009,美国化学会。)

在此,我们展示了迄今为止对液体苯中振动能量动力学的最详细的研究,以及对液体 d_6-苯中振动能量的首次研究。由于这些分子具有反演对称性,红外泵浦必须激发拉曼非活性的能态。拉曼强度集中在少数跃迁中,其中几个是双简并的。然而,我们只观察了 30 个振动的一小部分,33% 在苯中,40% 在 d_6-苯中。使用 CCl_4 分子温度计,我们可以监测从振动激发的苯散发到浴的总能量,从而推断在未观察到的总振动中振动能量的时间依赖性。在前面描述的三种状态模型的背景下,对详细的振动到振动弛豫路径进行了分析,需要了解的是刚性分子骨架可能产生比先前在其他物种(如前文探讨的水甘氨酸两性离子[70,71])中观察到的更具体的弛豫路径。

我们的测量结果表明,在苯和 d_6-苯中的亲本激发,其实是 CH-伸缩激发(3050 cm^{-1},泵浦带宽约 40 cm^{-1})或 CD-伸缩激发(2280 cm^{-1},泵浦带宽约 40 cm^{-1}),表明了许多与其他态的相干耦合,而引言中介绍的相干耦合则意味着能量再分配要快于 T_2。红外-拉曼测量经常观察到与 CH-弯曲和 CD-弯曲振动[56]的这类耦合,偶尔也耦合其他振动,其频率大约为亲本频率的一半,如 CH_3NO_2[8,51] 的 NO_2 伸缩,但是我们用反斯托克斯-拉曼法观察到的强耦合模式的数目在苯中要比在迄今研究的其他任何分子中都大得多。此外,超快量热数据表明,更多的泵浦脉冲能量与一些不可见振动有相干耦合。

我们只观察到了 33% 或 40% 的苯或 d_6-苯振动,但是我们用超快量热法进行了部分补偿,该方法就只观察拉曼活性振动是否提供了准确的苯的 VC 图像这一问题,提供了一些新的见解。在 d_6-苯中,这显然是正确的。观察到的和不可见的振动的平均能量(每个模式)在 10% 以内,衰减速率也非常相似。在苯中,我们得出的结论是,拉曼活性振动几乎代表了振动能量的整体。每个模式的平均能量在观察到的和不可见的振动中是相同的,但是不可见的振动能量上升得更快一点,衰减也更快一点。拉曼活性振动在苯中而非在 d_6-苯中的能量衰减较慢,这与结晶萘[10,139,144-146]、蒽[144]和并五苯[147,148]的许多低温相干拉曼研究是一致的,这表明 A_g 振动以及那些具备最大拉曼截面的振动在原代物种中寿命很长,在氘物种中寿命却不是如此[149]。

值得强调的一点是存在很大差异的初始阶段的衰减时间尺度,大约 6 ps,以及整个 VC 过程[11]。冷却过程表现为在苯(d_6-苯)中 30 ps 的半衰期[20],然而有清楚的证据表明,对振动热分子这个时间甚至达到 80 ps。

9.10 总结和结论

本章是 2001 年所发表工作的最新进展,在此我们重点研究了红外-拉曼光谱的近期应用。以两种方式研究了极端条件下的水。第一种方式涉及水伸缩振动受红外光子激发时产生的能量爆发。在短时间内,水具有被削弱的氢键,这看起来就像是在密度相对于 60% 的环境密度情况下的平衡水。第二种方法涉及水的激光烧蚀,高速膨胀产生了具有许多断裂氢键的泡沫介质。事实上,断裂键的数量非常多,以至于水的衰减寿命增加了至少 1000 倍。

研究对象还包括代表蛋白质构建块的分子,即氨基酸,具有肽键的分子和具有芳香侧链的分子。使用水介质的分子温度计表明,VC 的总速率比亲本态的 VR 寿命长得多。该温度计还表明,在拉曼光谱中可以看到的 NMA 的振动代表了振动能量的总数,而对 GLY 或 BZ 却不是如此。在 9.5 节中介绍的 VC 的三阶段模型很好地描述了 VR。

我们迄今为止最详细的研究涉及的是液体苯及其氘化类似物。需要指出的是,对硝基甲烷及其氘化类似物也进行了同等详细程度的类似研究。在这些研究中,我们表明可以确定所有可观测的振动的绝对占有数,我们可以使用三阶段模型拟合瞬变,并且通过将中等能级 M 和低能级 L 振动的寿命和量子效率集中在一起,我们可以从数量上确定图 9.4 所示的所有过程的速率常数和量子效率。采用超快振动量热法,从数量上可以确定在所观察到的、不可见的和浴的振动中的任何时刻存在多少能量。在苯中,热化过程大约需要 10 倍于亲本衰减的时长,因此对个体能级 VR 的研究不太能表明整个 VC 过程。当苯在 CH-伸缩区被 IR 脉冲泵浦时,需要几皮秒将能量从"看不见的"红外活性振动转移到"观察到的"拉曼活性振动。IVR 机制归因于亲本态衰减是通过发现浴中缺少能量积累而证实的。

随着我们如今对红外-拉曼光谱的灵敏度和精确度的掌握,可以将本研究应用到许多新的方向,其中被证明特别有成效的一个方向是研究单取代苯[150]中的能量转移,在研究中可以观察到从取代基到苯基的能量流动及其反过程。

致谢

本工作所介绍的研究是在美国国家科学基金会(基金编号 DMR-09-55259)和美国空军科学研究办事处(基金编号 FA9550-09-1-0163)的资助下进行的工作。

🏵 参考文献

[1] Iwaki LK, Deàk JC, Rhea ST, Dlott DD. 2001. Vibrational energy redistribution in polyatomic liquids: Ultrafast IR-Raman spectroscopy. Ultrafast Infrared and Raman Spectroscopy, ed Fayer MD (Marcel Dekker, New York), pp 541-592.

［2］ Seong N-H，Fang Y，Dlott DD．2009．Vibrational energy dynamics of normal and deuterated liquid benzene．J. Phys. Chem. A 113：1445-1452．

［3］ Seilmeier A，Scherer POJ，Kaiser W．1984．Ultrafast energy dissipation in solutions measured by a molecular thermometer．Chem. Phys. Lett. 105（2）：140-146．

［4］ Lee I-YS，Wen X，Tolbert WA，Dlott DD．1992．Direct measurement of polymer temperature during laser ablation using a molecular thermometer．J. Appl. Phys. 72：2440-2448．

［5］ Graham PB，Matus KJM，Stratt RM．2004．The workings of a molecular thermometer：The vibrational excitation of carbon tetrachloride by a solvent．J. Chem. Phys. 121：5348-5354．

［6］ Chen S，Lee I-YS，Tolbert W，Wen X，Dlott DD．1992．Applications of ultrafast temperature jump spectroscopy to condensed phase molecular dynamics．J. Phys. Chem. 96：7178-7186．

［7］ Deàk JC，Iwaki LK，Dlott DD．1998．Vibrational energy relaxation of polyatomic molecules in liquids：Acetonitrile．J. Phys. Chem. 102：8193-8201．

［8］ Deàk JC，Iwaki LK，Dlott DD．1999．Vibrational energy redistribution in polyatomic liquids：Ultrafast IR-Raman spectroscopy of nitromethane．J. Phys. Chem. A 103：971-979．

［9］ Dlott DD．2001．Vibrational energy redistribution in polyatomic liquids：3D infrared-Raman spectroscopy．Chem. Phys. 266：149-166．

［10］ Hill JR，Chronister EL，Chang T-C，Kim H，Postlewaite JC，Dlott DD．1988．Vibrational relaxation and vibrational cooling in low temperature molecular crystals．J. Chem. Phys. 88：949-967．

［11］ Hill JR，Dlott DD．1988．A model for ultrafast vibrational cooling in molecular crystals．J. Chem. Phys. 89（2）：830-841．

［12］ Hill JR，Dlott DD．1988．Theory of vibrational cooling in molecular crystals：Application to crystalline naphthalene．J. Chem. Phys. 89：842-858．

［13］ Laubereau A，Kaiser W．1978．Vibrational dynamics of liquids and solids investigated by picosecond light pulses．Rev. Mod. Phys. 50（3）：607-665．

［14］ Chen S，Hong X，Hill JR，Dlott DD．1995．Ultrafast energy transfer in high explosives:Vibrational cooling.J. Phys. Chem. 99:4525-4530.

[15] Hong X,Chen S,Dlott DD.1995.Ultrafast mode-specific intermolecular vibrational energy transfer to liquid nitromethane.J. Phys. Chem. 99: 9102-9109.

[16] Mukamel S.1995.Principles of Nonlinear Optical Spectroscopy (Oxford University Press,New York).

[17] Laubereau A,Greiter L,Kaiser W. 1974. Intense tunable picosecond pulses in the infrared.Appl. Phys. Lett. 25(1):87-89.

[18] Spanner K,Laubereau A,Kaiser W.1976.Vibrational energy redistribution of polyatomic molecules in liquids after ultrashort infrared excitation. Chem. Phys. Lett. 44(1):88-92.

[19] Seilmeier A,Kaiser W.1988.Ultrashort intramolecular and intermolecular vibrational energy transfer of polyatomic molecules in liquids.Ultrashort Laser Pulses and Applications,Topics in Applied Physics,ed Kaiser W (Springer Verlag,Berlin),Vol 60,pp 279-315.

[20] Terhune RW,Maker PD,Savage CM.1965.Measurements of nonlinear light scattering.Phys. Rev. Lett. 14:681-684.

[21] Deàk JC,Rhea ST,Iwaki LK,Dlott DD.2000.Vibrational energy relaxation and vibrational spectral diffusion in liquid water and deuterated water.J. Phys. Chem. A 104:4866-4875.

[22] Tokmakoff A,Sauter B,Kwok AS,Fayer MD.1994.Phonon-induced scattering between vibrations and multiphoton vibrational up-pumping in liquid solution. Chem. Phys. Lett. 221:412-418.

[23] Ambroseo JR,Hochstrasser RM.1988.Pathways of relaxation of the N-H stretching vibration of pyrrole in liquids. J. Chem. Phys. 89(9): 5956-5957.

[24] Ambroseo JR,Hochstrasser RM.1988.Vibrational relaxation pathways of the N-H stretch of pyrrole in liquids.Ultrafast Phenomena Ⅵ,Springer Series in Chemical Physics,eds Yajima T,Yoshihara K,Harris CB,Shionoya S (Springer-Verlag,Berlin Heidelberg),Vol 48,pp 450-451.

[25] Kozich V,Dreyer J,Werncke W.2009.Mode-selective vibrational redistribution

after spectrally selective N-H stretching mode excitation in intermolecular hydrogen bonds.J. Chem. Phys. 130(3):034505.

[26] Kozich V,Szyc Ł,Nibbering ETJ,Werncke W,Elsaesser T.2009.Ultrafast redistribution of vibrational energy after excitation of NH stretching modes in DNA oligomers.Chem. Phys. Lett. 473(1-3):171-175.

[27] Graener H.1990.The equilibration of vibrational excess energy.Chem. Phys. Lett. 165(1):110-114.

[28] Graener H,Laubereau A.1982.New results on vibrational population decay in simple liquids.Appl. Phys. B 29:213-218.

[29] Graener H,Laubereau A.1983.Ultrafast overtone excitation for the study of vibrational population decay in liquids.Chem. Phys. Lett. 102:100-104.

[30] Graener H,Zürl R,Hofmann M.1997.Vibrational relaxation of liquid chloroform.J. Phys. Chem. 101:1745-1749.

[31] Hofmann M,Graener H.1995.Time resolved incoherent anti-Stokes Raman spectroscopy of dichloromethane.Chem. Phys.206:129-137.

[32] Seifert G,Zürl R,Graener H.1999.Novel information about vibrational relaxation in liquids using time resolved Stokes probing after picosecond IR excitation.J. Phys. Chem. A 103(50):10749-10754.

[33] Deàk JC,Iwaki LK,Dlott DD.1997.High power picosecond mid-infrared optical parametric amplifier for infrared-Raman spectroscopy.Opt. Lett. 22:1796-1798.

[34] Huse N,Ashihara S,Nibbering ETJ,Elsaesser T.2005.Ultrafast vibrational relaxation of O—H bending and librational excitations in liquid H_2O.Chem. Phys. Lett. 404:389-393.

[35] Ashihara S,Huse N,Espagne A,Nibbering ETJ,Elsaesser T.2006.Vibrational couplings and ultrafast relaxation of the O—H bending mode in liquid H_2O.Chem. Phys. Lett. 424:66-70.

[36] Elsaesser T,Ashihara S,Huse N,Espagne A,Nibbering E.2007.Ultrafast structural dynamics of water induced by dissipation of vibrational energy.J. Phys. Chem. A 111:743-746.

[37] Rey R,Ingrosso F,Elsaesser T,Hynes JT.2009.Pathways for H_2O bend

vibrational relaxation in liquid water. J. Phys. Chem. A 113（31）：8949-8962.

[38] Szyc L，Yang M，Elsaesser T.2010.Ultrafast energy exchange via water-phosphate interactions in hydrated DNA.J. Phys. Chem. B 114（23）：7951-7957.

[39] Levinger NE，Costard R，Nibbering ETJ，Elsaesser T.2011.Ultrafast energy migration pathways in selfassembled phospholipids Interacting with confined water.J. Phys. Chem. A 115(43)：11952-11959.

[40] Piatkowski L，Bakker HJ.2010.Vibrational relaxation pathways of AI and AII modes in N-methylacetamide clusters.J. Phys. Chem. A 114（43）：11462-11470.

[41] Timmer RLA，Bakker HJ.2010.Vibrational Fröster transfer in ice Ih.J. Phys. Chem. A 114(12)：4148-4155.

[42] Hamm P，Zanni MT.2011.Concepts and Methods of 2D Infrared Spectroscopy（Cambridge University Press，Cambridge）.

[43] Bian HT，Li JB，Wen XW，Zheng JR.2010.Mode-specific intermolecular vibrational energy transfer.I.Phenyl selenocyanate and deuterated chloroform mixture.J. Chem. Phys. 132(18)：184505.

[44] Bian HT，Chen HL，Li JB，Wen XW，Zheng JR.2011.Nonresonant and resonant mode-specific intermolecular vibrational energy transfers in electrolyte aqueous solutions.J. Phys. Chem. A 115(42)：11657-11664.

[45] Bian HT，Li JB，Wen XW，Sun ZG，Song JA，Zhuang W，Zheng JR.2011. Mapping molecular conformations with multiple-mode two-dimensional infrared spectroscopy.J. Phys. Chem. A 115(15)：3357-3365.

[46] Naraharisetty SRG，Kasyanenko VM，Rubtsov IV.2008.Bond connectivity measured via relaxation assisted two-dimensional infrared spectroscopy. J. Chem. Phys. 128：104502.

[47] Lin ZW，Rubtsov IV.2012.Constant-speed vibrational signaling along polyethyleneglycol chain up to 60-angstrom distance.Proc. Natl. Acad. Sci. USA 109(5)：1413-1418.

[48] Kasyanenko VM，Tesar SL，Rubtsov GI，Burin AL，Rubtsov IV.2011.Structure

dependent energy transport: Relaxation-assisted 2D IR measurements and theoretical studies. J. Phys. Chem. B 115(38):11063-11073.

[49] Rubtsov IV. 2009. Relaxation-assisted two-dimensional infrared (RA 2D IR) method: Accessing distances over 10 angstrom and measuring bond connectivity patterns. Acct. Chem. Res. 42(9):1385-1394.

[50] Kasyanenko VM, Lin ZW, Rubtsov GI, Donahue JP, Rubtsov IV. 2009. Energy transport via coordination bonds. J. Chem. Phys. 131(15):154508.

[51] Shigeto S, Pang Y, Fang Y, Dlott DD. 2008. Vibrational relaxation of normal and deuterated liquid nitromethane. J. Phys. Chem. B 112:232-241.

[52] Wang Z, Pang Y, Dlott DD. 2006. Long-lived interfacial vibrations of water. J. Phys. Chem. B 110:20115-20117.

[53] Bertie JE, Lan Z. 1996. Infrared intensities of liquids XX: The intensity of the OH stretching band of liquid water revisited, and the best current values of the optical constants of $H_2O(l)$ at 25 ℃ between 15000 and 1 cm^{-1}. Appl. Spectrosc. 50:1047-1057.

[54] Hare DE, Franken J, Dlott DD. 1995. Coherent Raman measurements of polymer thin film pressure and temperature during picosecond laser ablation. J. Appl. Phys. 77:5950-5960.

[55] Wang Z, Pang Y, Dlott DD. 2007. Hydrogen-bond disruption by vibrational excitations in water. J. Phys. Chem. A 111:3196-3208.

[56] Iwaki LK, Deàk JC, Rhea ST, Dlott DD. 2001. Vibrational energy redistribution in polyatomic liquids: Ultrafast IR-Raman spectroscopy. Ultrafast Infrared and Raman Spectroscopy, ed Fayer MD (Marcel Dekker, New York), pp 541-592.

[57] Deàk JC, Iwaki LK, Rhea ST, Dlott DD. 2000. Ultrafast infrared-Raman studies of vibrational energy redistribution in polyatomic liquids. J. Raman Spectrosc. 31:263-274.

[58] Pakoulev A, Wang Z, Dlott DD. 2003. Vibrational relaxation and spectral evolution following ultrafast OH stretch excitation of water. Chem. Phys. Lett. 371:594-600.

[59] Pakoulev A, Wang Z, Pang Y, Dlott DD. 2003. Vibrational energy relaxation pathways of water. Chem. Phys. Lett. 380:404-410.

[60] Wang Z,Pakoulev A,Pang Y,Dlott DD.2003.Vibrational substructure in the OH stretching band of water.Chem. Phys. Lett. 378:281-288.

[61] Wang Z,Pakoulev A,Pang Y,Dlott DD.2004.Vibrational substructure in the OH stretching transition of water and HOD.J. Phys. Chem. A 108:9054-9063.

[62] Wang Z,Pang Y,Dlott DD.2004.The vibrational Stokes shift of water (HOD in D_2O).J. Chem. Phys. 120:8345-8348.

[63] Wang Z,Pang Y,Dlott DD.2004.Vibrational energy dynamics of water studied with ultrafast Stokes and anti-Stokes Raman spectroscopy. Chem. Phys. Lett. 397:40-45.

[64] Fayer MD. 2001. Ultrafast Infrared and Raman Spectroscopy (Marcel Dekker,Inc.,New York).

[65] Herzberg G.1945.Molecular Spectra and Molecular Structure Ⅱ.Infrared and Raman Spectra of Polyatomic Molecules (Van Nostrand Reinhold, New York).

[66] Graener H,Seifert G,Laubereau A.1991.New spectroscopy of water using tunable picosecond pulses in the infrared.Phys. Rev. Lett. 66(16):2092-2095.

[67] Nitzan A,Jortner J.1973.Vibrational relaxation of a molecule in a dense medium.Molec. Phys. 25(3):713-734.

[68] Iwaki L,Dlott DD.2001.Vibrational energy transfer in condensed phases.Encyclopedia of Chemical Physics and Physical Chemistry,eds Moore JH, Spencer ND (IOP Publishing Ltd.,London),pp.2717-2736.

[69] Hoffman GJ,Imre DG,Zadoyan R,Schwentner N,Apkarian VA.1993. Relaxation dynamics in the B(1/2) and C(3/2) charge transfer states of XeF in solid Ar.J. Chem. Phys. 98(12):9233-9240.

[70] Shigeto S,Dlott DD. 2007. Vibrational relaxation of an amino acid in aqueous solution.Chem. Phys. Lett. 447:134-139.

[71] Fang Y,Shigeto S,Seong N-H,Dlott DD.2009.Vibrational energy dynamics of glycine,*N*-methyl acetamide and benzoate anion in aqueous (D_2O) solution.J. Phys. Chem. A 113:75-84.

[72] Deàk JC,Iwaki LK,Dlott DD.1998.When vibrations interact:Ultrafast

energy relaxation of vibrational pairs in polyatomic liquids.Chem. Phys. Lett. 293:405-411.

[73] Felker PM,Zewail AH.1984.Direct observation of nonchaotic multilevel vibrational energy flow in isolated polyatomic molecules. Phys. Rev. Lett. 53:501-504.

[74] Tokmakoff A,Kowk AS,Urdahl RS,Francis RS,Fayer MD.1995.Multilevel vibrational dephasing and vibrational anharmonicity from infrared photon echo beats.Chem. Phys.Lett.234:289-295.

[75] Iwaki LK,Dlott DD.2000.Three-dimensional spectroscopy of vibrational energy relaxation in liquid methanol.J. Phys. Chem. A 104:9101-9112.

[76] Skinner JL,Auer BM,Lin YS.2009.Vibrational line shapes,spectral diffusion,and hydrogen bonding in liquid water. Advances in Chemical Physics,Vol 142,Advances in Chemical Physics,ed Rice SA (John Wiley & Sons Inc,New York),Vol 142,pp 59-103.

[77] Staib A,Hynes JT.1993.Vibrational predissociation in hydrogen-bonded OH...O complexes via OH stretch-OO stretch energy transfer.Chem. Phys. Lett. 204:197-205.

[78] Asbury JB,Steinel T,Fayer MD.2004.Hydrogen bond networks:Structure and evolution after hydrogen bond breaking.J. Phys. Chem. B 108:6544-6554.

[79] Asbury JB,Steinel T,Stromberg C,Gaffney KJ,Piletic IR,Fayer MD.2003. Hydrogen bond breaking probed with multidimensional stimulated vibrational echo correlation spectroscopy.J. Chem. Phys. 119:12981-12997.

[80] Gaffney JJ,Piletic IR,Fayer MD.2002.Hydrogen bond breaking and reformation in alcohol oligomers following vibrational relaxation of a non-hydrogen-bond donating hydroxyl stretch. J. Phys. Chem. A 106:9428-9435.

[81] Steinel T,Asbury JB,Zheng JR,Fayer MD.2004.Watching hydrogen bonds break:A transient absorption study of water.J. Phys. Chem. A 108:10957-10964.

[82] Bakker HJ,Lock AJ,Madsen D.2004.Strong feedback effect in the vi-

brational relaxation of liquid water.Chem. Phys. Lett. 384:236-241.

[83] Kauranen M,Persoons P.1996.Theory of polarization measurements of second-order nonlinear light scattering.J. Chem. Phys. 104:3445-3456.

[84] Ikushima Y,Hatakeda K,Saito N.1998.An in situ Raman spectroscopy study of subcritical and supercritical water:The peculiarity of hydrogen bonding near the critical point.J. Chem. Phys. 198:5855-5860.

[85] Lin J-F,Militzer B,Struzhkin VV,Gregoryanz E,Hemley RJ,Mao H. 2004.High pressure-temperature Raman measurements of H_2O melting to 22 GPa and 900 K.J. Chem. Phys. 121:8423-8427.

[86] Lawrence CP,Skinner JL.2003.Ultrafast infrared spectroscopy probes hydrogen bonding dynamics in liquid water. Chem. Phys. Lett. 369: 472-477.

[87] Rey R,Møller KB,Hynes JT.2002.Hydrogen bond dynamics in water and ultrafast infrared spectroscopy.J. Phys. Chem. A 106:11993-11996.

[88] Zhigilei LV,Leveugle E,Garrison BJ.2003.Computer simulations of laser ablation of molecular substrates.Chem. Rev. 103:321-347.

[89] Richmond GL.2002.Molecular bonding and interactions at aqueous surfaces as probed by vibrational sum frequency spectroscopy.Chem. Rev. 102:2693-2724.

[90] Shen YR,Ostroverkhov V.2006.Sum-frequency vibrational spectroscopy on water interfaces:Polar orientation of water molecules at interfaces. Chem. Rev. 106:1140-1154.

[91] Skinner JL,Pieniazek PA,Gruenbaum SM.2012.Vibrational spectroscopy of water at interfaces.Acct.Chem. Res. 45(1):93-100.

[92] Steinbach C,Andersson P,Kazimirski JK,Buck U,Buch V,Beu TA. 2004.Infrared predissociation spectroscopy of large water clusters:A unique probe of cluster surfaces.J. Phys. Chem. A 108:6165-6174.

[93] Hsieh C-S,Campen RK,Vila Verde AC,Bolhuis P,Nienhuys H-K,Bonn M.2011.Ultrafast reorientation of dangling OH groups at the air-water interface using femtosecond vibrational Spectroscopy.Phys. Rev. Lett. 107(11):116102.

［94］ Lock AJ, Bakker HJ. 2002. Temperature dependence of vibrational relaxation in liquid H_2O. J. Chem. Phys. 117:1708-1713.

［95］ Lock AJ, Woutersen S, Bakker HJ. 2001. Ultrafast energy equilibration in hydrogen-bonded liquids. J. Phys. Chem. A 105:1238-1243.

［96］ Cringus D, Lindner J, Milder MTW, Pshenichnikov MS, Vöhringer P, Wiersma DA. 2005. Femtosecond water dynamics in reverse-micellar nanodroplets. Chem. Phys. Lett. 408:162-168.

［97］ Lawrence CP, Skinner JL. 2002. Vibrational spectroscopy of HOD in liquid D_2O. II. Infrared line shapes and vibrational Stokes shift. J. Chem. Phys. 117: 8847-8854.

［98］ Lian T, Locke B, Kholodenko Y, Hochstrasser RM. 1994. Energy flow from solute to solvent probed by femtosecond IR spectroscopy: Malachite green and heme protein solutions. J. Phys. Chem. 98:11648-11656.

［99］ Henry ER, Eaton WA, Hochstrasser RM. 1986. Molecular dynamics simulations of cooling in laser excited heme proteins. Proc. Natl. Acad. Sci. USA 83:8982-8986.

［100］ Uchida T, Kitagawa T. 2005. Mechanism for transduction of the ligand-binding signal in heme-based gas sensory proteins revealed by resonance Raman spectroscopy. Acct. Chem. Res. 2005:662-670.

［101］ Lingle RJ, Xu X, Zhu H, Yu S-C, Hopkins JB. 1991. Picosecond Raman study of energy flow in a photoexcited heme protein. J. Phys. Chem. 95:9320-9331.

［102］ Lingle RJ, Xu XB, Zhu HP, Yu S-C, Hopkins JB. 1991. Direct observation of hot vibrations in photoexcited deoxyhemoglobin using picosecond Raman spectroscopy. J. Am. Chem. Soc. 113:3992-3994.

［103］ Li P, Sage JT, Champion PM. 1992. Probing picosecond processes with nanosecond lasers: Electronic and vibrational relaxation dynamics of heme proteins. J. Chem. Phys. 97:3214-3227.

［104］ Li P, Champion PM. 1994. Investigations of the thermal response of laser-excited biomolecules. Biophys. J. 66:430-436.

［105］ Ye X, Demidov A, Rosca F, Wang W, Kumar A, Ionascu D, Zhu L, Barrick

D,Wharton D,Champion PM.2003.Investigation of heme protein absorption lineshapes, vibrational relaxation and resonance Raman scattering on ultrafast time scales.J. Phys. Chem. A 107:8156-8165.

[106] Fujisaki H,Straub JE.2005.Vibrational energy relaxation in proteins. Proc. Natl. Acad. Sci. USA 102:6726-6731.

[107] Miller RJD.1991.Vibrational-energy relaxation and structural dynamics of heme proteins.Annu. Rev. Phys. Chem. 42:581-614.

[108] Simpson MC,Peterson ES,Shannon CF,Eads DD,Friedman JM,Cheatum CM, Ondrias MR. 1997. Transient Raman observations of heme electronic and vibrational photodynamics in deoxyhemoglobin.J. Am. Chem.Soc.119:5110-5117.

[109] Challa JR,Gunaratne TC,Simpson MC.2006.State preparation and excited electronic and vibrational behavior in hemes.J. Phys. Chem. B 110:19956-19965.

[110] Sato A,Gao Y,Kitagawa T.2007.Primary protein resonse after ligand photodissociation in carbonmonoxy myoglobin.Proc. Natl. Acad. Sci. USA 104:9627-9632.

[111] Gao Y,Koyama M,El-Mashtoly SF,Hayashi T,Harada K,Mizutani Y,Kitagawa T.2006.Time-resolved Raman evidence for energy "funneling" through propionate side chains in heme "cooling" upon photolysis of carbonmonoxy myoglobin. Chem. Phys. Lett. 429: 239-243.

[112] Gao Y,El-Mashtoly SF,Pal B,Hayashi T,Harada K,Kitagawa T.2006. Pathway of information transmission from heme to protein upon ligand binding/dissociation in myoglobin revealed by UV resonance Raman spectroscopy.J. Biol. Chem. 281:24637-24646.

[113] Bu L,Straub JE.2003.Vibrational energy relaxation of "tailored" hemes in myoglobin followed ligand photolysis supports energy funneling mechanism of heme "cooling".J. Phys. Chem. B 107:10634-10639.

[114] Zhang Y,Fujisaki H,Straub JE.2007.Molecular dynamics study on the solvent dependent heme cooling following ligand photolysis in carbon-

monoxy myoglobin.J. Phys. Chem. B 111:3243-3250.

[115] Sagnella DE,Straub JE.2001.Directed energy "funneling" mechanism for heme cooling following ligand photolysis or direct excitation in solvated carbonmonoxy myoglobin.J. Phys. Chem. B 105:7057-7063.

[116] Hill JR,Tokmakoff A,Peterson KA,Sauter B,Zimdars D,Dlott DD,Fayer MD.1994.Vibrational dynamics of carbon monoxide at the active site of myoglobin:Picosecond infrared free-electron laser pump-probe experiments.J. Phys. Chem. 98:11213-11219.

[117] Peterson KA,Hill JR,Tokmakoff A,Sauter B,Zimdars D,Dlott DD,Fayer MD.1994.Vibrational dynamics at the active site of myoglobin:Picosecond infrared free-electron-laser experiments. Ultrafast Phenomena IX,Springer Series in Chemical Physics,ed Barbara PF (Springer-Verlag,Berlin,Heidelberg,New York),Vol 60,pp 445-447.

[118] Peterson KA,Boxer SG,Decatur SM,Dlott DD,Fayer MD,Hill JR,Rella CW,Rosenblatt MM,Suslick KS,Ziegler CJ.1996.Vibrational relaxation of carbon monoxide in myoglobin mutants and model heme compounds.Time-Resolved Vibrational Spectroscopy Ⅶ (Los Alamos National Laboratory Technical Report LA-13290-C, Los Alamos, NM),pp 173-177.

[119] Owrutsky JC,Li M,Locke B,Hochstrasser RM.1995.Vibrational relaxation of the CO stretch vibration in hemoglobin-CO, myoglobin-CO,and protoheme-CO.J. Phys. Chem. 99:4842-4846.

[120] Fujisaki H,Straub JE.2007.Vibrational energy relaxation of isotopically labeled amide I modes in cytochrome c:Theoretical investigation of vibrational energy relaxation rates and pathways.J. Phys. Chem. B 111:12017-12023.

[121] Hamm P,Lim M,Hochstrasser RM.1998.Ultrafast dynamics of amide-Ⅰ vibrations.Biophys. J. 74:A332-A332.

[122] DeFlores LP,Ganim Z,Ackley SF,Chung HS,Tokmakoff A.2006.The anharmonic vibrational potential and relaxation pathways of the Amide Ⅰ and Ⅱ modes of N-methylacetamide.J. Phys. Chem. B 110:18973-18980.

[123] Peterson KA,Rella CW,Engholm JR,Schwettman HA.1999.Ultrafast

vibrational dynamics of the myoglobin amide Ⅰ band.J. Phys. Chem. B 103:557-561.

[124] Chen XG,Schweitzer-Stenner R,Asher SA,Mirkin NG,Krimm S. 1995.Vibrational assignments oftrans-N-methylacetamide and some of its deuterated isotopomers from band decomposition of IR,visible,and resonance Raman spectra.J. Phys. Chem. 99:3074-3083.

[125] Kubelka J,Keiderling TA.2001.Ab initio calculation of amide carbonyl stretch vibrational frequencies in solution with modified basis sets.1.N-Methyl acetamide.J. Phys. Chem. A 105:10922-10928.

[126] Iwaki LK,Deàk JC,Rhea ST,Dlott DD.1999.Vibrational energy redistribution in liquid benzene.Chem. Phys. Lett. 303:176-182.

[127] Kropman MF,Nienhuys H-K,Woutersen S,Bakker HJ.2001.Vibrational relaxation and hydrogen-bond dynamics of HDO:H_2O.J. Phys. Chem. A 105: 4622-4626.

[128] Stewart GM,McDonald JD.1983.Intramolecular vibrational relaxation from C—H stretch fundamentals.J. Chem. Phys. 78:3907-3915.

[129] Callegari A,Srivastava HK,Merker U,Lehmann KK,Scoles G,Davis MJ.1997.Eigenstate resolved infrared-infrared double-resonance study of intramolecular vibrational relaxation in benzene:First overtone of the CH stretch.J. Chem. Phys. 106:432-435.

[130] Reddy KV,Heller DF,Berry MJ.1982.Highly vibrationally excited benzene: Overtone spectroscopy and intramolecular dynamics of C_6H_6,C_6D_6 and partially deuterated or substituted benzenes.J. Chem. Phys. 76:2814-2837.

[131] Sibert Ⅲ EL,Hynes JT,WReinhardt WP.1984.Classical dynamics of highly excited CH and CD overtones in benzene and perdeuterobenzene.J. Chem. Phys. 81:1135-1144.

[132] Sibert Ⅲ EL,Reinhardt WP,Hynes JT.1982.Intramolecular vibrational-relaxation of CH overtones in benzene.Chem. Phys. Lett. 92:455-458.

[133] Sibert Ⅲ EL,Reinhardt WP,Hynes JT.1984.Intramolecular vibrational relaxation and spectra of CH and CD overtones in benzene and perdeuterobenzene.J. Chem. Phys. 81(3):1115-1134.

[134] Ho F,Tsay W-S,Trout J,Velsko S,Hochstrasser RM.1983.Picosecond time-resolved CARS in isotopically mixed crystals of benzene.Chem. Phys. Lett. 97:141-146.

[135] Velsko S,Hochstrasser RM.1985.Studies of vibrational relaxation in low-temperature molecular crystals using coherent Raman spectroscopy.J. Phys. Chem. 89:2240-2253.

[136] Neuman MN,Tabisz GC.1976.On a Raman linewidth study of molecular motion in liquid benzene.Chem. Phys. 15:195-200.

[137] Tanabe K,Jonas J.1977.Raman study of vibrational relaxation of benzene in solution.Chem. Phys. Lett. 53:278-281.

[138] Trout TJ,Velsko S,Bozio R,Decola PL,Hochstrasser RM.1984.Nonlinear Raman study of line shapes and relaxation of vibrational states of isotopically pure and mixed crystals of benzene.J. Chem. Phys. 81 (11):4746-4759.

[139] Decola PL,Hochstrasser RM,Trommsdorff HP.1980.Vibrational relaxation in molecular crystals by four-wave mixing:Naphthalene.Chem. Phys. Lett. 72:1-4.

[140] Fendt A,Fischer SF,Kaiser W.1981.Vibrational lifetime and Fermi resonance in polyatomic molecules.Chem. Phys. 57:55-64.

[141] Chen S,Tolbert WA,Dlott DD.1994.Direct measurement of ultrafast multiphonon up pumping in high explosives.J. Phys. Chem. 98:7759-7766.

[142] Watanabe H,Kato H.2004.Thermal conductivity and thermal diffusivity of twenty-nine liquids:Alkenes,cyclic (alkanes,alkenes,alkadienes,aromatics) and deuterated hydrocarbons.J. Chem. Eng. Ref. Data 49:809-825.

[143] Shimanouchi T.1972.Tables of Molecular Vibrational Frequencies.Consolidated Volume I (US Government Printing Office,Washington, D.C.).

[144] Schosser CL,Dlott DD.1984.A picosecond CARS study of vibron dynamics in molecular crystals:Temperature dependence of homogeneous and inhomogeneous linewidths.J. Chem. Phys. 80:1394-1406.

[145] Bellows JC,Prasad PN.1979.Dephasing times and linewidths of optical

transitions in molecular crystals: Temperature dependence of line shapes, linewidths, and frequencies of raman active phonons in naphthalene. J. Chem. Phys. 70(4):1864-1871.

[146] Hesp BH, Wiersma DA. 1980. Vibrational relaxation in neat crystals of naphthalene by picosecond cars. Chem. Phys. Lett. 75:423-426.

[147] Hill JR, Chronister EL, Chang T-C, Kim H, Postlewaite JC, Dlott DD. 1988. Vibrational relaxation of guest and host in mixed molecular crystals. J. Chem. Phys. 88:2361-2371.

[148] Hesselink WH, Wiersma DA. 1980. Optical dephasing and vibronic relaxation in molecular mixed crystals: A picosecond photon echo and optical study of pentacene in naphthalene and p-terphenyl. J. Chem. Phys. 73(2):648-663.

[149] Dlott DD. 1988. Dynamics of molecular crystal vibrations. Laser Spectroscopy of Solids II, ed Yen W (Springer Verlag, Berlin), pp 167-200.

[150] Pein BC, Seong N-H, Dlott DD. 2010. Vibrational energy relaxation of liquid aryl-halides X—C_6H_5 (X = F, Cl, Br, I). J. Phys. Chem. A 114(39):10500-10507.

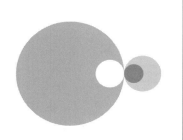

第 10 章
利用时间分辨和频光谱研究液体界面的超快过程

10.1 引言

　　界面上的分子处于物质两相之间,受到的作用力具有与生俱来的各向异性的特点,由此可产生一系列独特的性质、结构与动力学[1-7]。界面的许多平衡态特征,诸如分子取向[8-10]、化学组成[11-13]与极性[14-20]等,都是界面的不对称环境所带来的具体表现。与此类似,界面分子在光激发或外加电场等外来刺激下[1-7,21-23]的响应,往往不同于体相介质中所观测到的动态变化。例如,界面处的物质传递[21-25]、分子转动[26-33]、溶剂化效应[29,34-40]、能量弛豫[41,42]、电子转移[43]以及化学反应[23,44,45]等,均与体相物质中的相应过程有所区别。目前,大量分子器件的实际应用都取决于不同材料之间结合点处的电荷分离过程,生物体系中也广泛利用膜界面实现物质传递与化学反应,因此对界面的平衡态与动态变化过程展开深入细致的研究,在基础与实际应用方面都具有重要意义[1-3,46,47]。

　　界面分子数目相对于溶液中分子总数而言,仅占有极小的比例。因此紫外-可见、红外、拉曼、核磁共振与电子顺磁共振谱等传统光谱手段中[48],来自少量界面分子的光谱信号往往湮没在大量的体相背景信号中[49-53]。为克服传统光谱方法在测量表面性质方面的困难,人们可采用包括二次谐波[10,17,21,50,54-70]与和频光谱[9,45,71-99]在内的二阶非线性光谱技术,选择性地研究界面分子体系的各向异性分布。其中,二次谐波能敏感地测量界面分子的电子结构,而和频光谱对分子的电子与振动能级均能实现测量。对于两种不同体相之间仅具有分子厚度的薄层过渡区域,这两种光谱手段均能有效地捕获其光谱特征[57,72,78,84,87,100]。在此基础上,在二次谐波与和频光谱实验中再加入一束光学激发脉冲,即可对界面分子的转动动力学、溶剂化效应与电子转移等光诱导的超快动态变化过程进行有效的跟踪[26-28,30-40,43,101]。在本章中,我们将分别针对这几方面的研究展开详细的讨论。

静态的二次谐波与和频光谱技术可提供分子指认、取向分布与酸碱平衡等丰富的界面结构信息[9,10,17,21,45,50,54-99]。但是,当人们希望在时间尺度上直接研究单个泵浦脉冲所诱导产生的多重动力学变化过程时,频域测量所获得的信息往往有限,而时间分辨的测量手段则具有较大优势[26-29,31-39,41,43,101]。以此为目标,时间分辨的二次谐波技术已经被广泛用于研究多个界面超快过程,包括溶剂化与分子转动动力学、电子、能量与质子转移以及激发态寿命等[42,102-104]。相对而言,时间分辨的和频光谱研究尚不多见,并且在已经发表的相关工作中,大多利用红外脉冲对电子基态中的振动模式进行激发,再用和频光谱对后续的动力学过程进行研究[42,102-104]。而在本章中,我们将重点总结回顾近年来电子激发态时间演化方面的时间分辨和频光谱研究工作。在这些工作中,时间分辨和频光谱被用于选择性地跟踪界面分子中特定官能团的某一振动模式在电子激发态中的行为。

在下文中具体描述的实验中,我们利用一束光学泵浦脉冲将空气/水溶液界面的香豆 314(C314,结构式见图示 10.1)激发至第一单线激发态,然后利用和频光谱实现对 C314 分子的溶剂化与取向动力学的时间演变进行跟踪。此外,我们也将介绍利用时间分辨和频光谱研究光激发的 C314 与 N,N-二甲基苯胺(N,N-dimethylaniline,DMA,结构式见图示 10.1)之间在水/DMA 单层膜界面的电子转移动力学研究。总体而言,这些研究发现,虽然界面处的某些动力学过程与体相动力学惊人地相似,但电子转移等其他一些界面动力学过程与体相中所观测到的现象截然不同。结果表明,以往针对体相的电子激发态弛豫动力学的研究成果虽然可起到一定的借鉴作用,但并不能简单套用体相中的模型与分子机理,将其直接用于空气/水溶液界面电子激发态行为的解释或预测。因此,我们有必要深入理解分子在界面的基本性质。在具体介绍特定的实验与结果之前,我们将首先简单介绍一下时间分辨和频光谱的理论框架。

图示 10.1　香豆素 314(C314)、N,N-二甲基苯胺(DMA)、香豆素 343(C343)和香豆素 153(C153)的化学结构

10.2　理论考虑

时间分辨和频光谱是一种泵浦-探测实验方法。在实验中,我们利用一束光学泵浦脉冲对表面分子进行共振激发,然后利用时间分辨和频振动光谱探测脉冲对分子中的特定化学基团进行时间尺度上的跟踪[31,40]。尽管这种技术中的泵浦脉冲也有可能同时激发界面以外的溶液体相分子,和频光谱的界面选择性保证了其被探测的部分仅仅由界面分子组成。

和频光谱实验中主要涉及两束激光脉冲:一束可见光脉冲和一束与界面分子振动能级跃迁共振的红外激光脉冲。所测得的和频振动光谱强度 $I(\omega_{SF})$ 正比于所有和频极化率之和的平方。和频极化率可分为两部分:当红外脉冲的频率与所研究的分子振动跃迁共振时的共振项 $\chi_R^{(2)}$ 与非共振项 $\chi_{NR}^{(2)}$。和频光谱强度可由式(10.1)表示[9,54,55]:

$$I(\omega_{SF}) \propto \left| \chi_{NR}^{(2)} + \chi_R^{(2)} \right|^2 I(\omega_{Vis}) I(\omega_{IR})$$

$$= \left| \chi_{NR}^{(2)} + \sum_q \frac{A_q}{\omega_{IR} - \omega_q + i\Gamma_q} \right|^2 I(\omega_{Vis}) I(\omega_{IR})$$

(10.1)

其中,A_q 是第 q 项简正振动模式的拉曼与红外矩阵元的乘积;ω_q 定义为第 q 项简正振动模式的共振频率;ω_{IR} 为红外光频率;Γ_q 为振动态的光谱宽度。

共振的二阶非线性极化率可由分子坐标系到实验室坐标系空间变换,转换为分子超极化率 $\alpha_{ijk}^{(2)}$ 的表达式[10,100]:

$$\chi^{(2)}_{R.IJK} = N \sum_{ikk} \langle R_{Ii} R_{Jj} R_{Kk} \rangle \alpha^{(2)}_{ijk} \tag{10.2}$$

其中,R_{Ii}、R_{Jj} 与 R_{Kk} 是将实验室坐标系($I,J,K = X,Y,Z$)转换为分子坐标系($i,j,k = x,y,z$)的方向余弦矩阵元,N 为平衡态时基态分子的表面密度,$\langle\rangle$ 代表了取向分布的系综平均。当二次谐波波长与分子 z 轴方向上的跃迁具有较强的共振时,可假设分子超极化率只在单轴方向含有唯一一个张量元 $\alpha^{(2)}_{zzz}$[73,74,105-108]。但在振动态共振的和频光谱实验中,某个振动偶极矩的分子超极化率很有可能含有多个张量元,其具体情况取决于被研究的化学基团的分子对称性。这是因为某一特定化学键的电子极化强度,本质上是电子对外加场作出的响应,而这种响应通常具有各向异性的特点。通常情况下被考虑的分子对称点群包括 $C_{\infty v}$、C_{2v} 与 C_{3v},对应于一最常见的化学官能团。具体而言,以—CH_3 与—CF_3 官能团为代表的 C_{3v} 对称点群共含有 11 项非零的微观超极化率张量元,其中 3 项对应着 C_{3v} 官能团的对称伸缩振动模式,另外 8 项对应于非对称伸缩模式[9,55,106-111]。以—CH_2 官能团为代表的 C_{2v} 分子对称点群,则含有 7 项非零的微观超极化率张量元,其中 3 项贡献于对称伸缩振动模式,另外 4 项贡献于非对称伸缩模式[12,86,106-108]。而 $C_{\infty v}$ 对称点群用来描述—$C\!=\!O$,—CN 与—CH 这样的官能团,其非零的微观超极化率张量元包括了 $\alpha^{(2)}_{xxz}$、$\alpha^{(2)}_{yyz}$ 与 $\alpha^{(2)}_{zzz}$。超极化率张量元 $\alpha^{(2)}_{xxz}$ 与 $\alpha^{(2)}_{zzz}$ 之间的关系可由单键超极化率比值 $r = \alpha^{(2)}_{xxz}/\alpha^{(2)}_{zzz}$ 表示[73,74,110,111]。通过测量拉曼退偏率,并通过在和频光谱实验中将红外与可见光的偏振方向设置成互相平行或互相垂直,测得其相对和频光谱强度,从而得到比值 r[73,74,110,111]。

10.2.1 基态极化率与取向有序度参数

在液体界面上,只存在 7 个非零张量元 $\chi^{(2)}_{XZX} = \chi^{(2)}_{YZY}$、$\chi^{(2)}_{ZXX} = \chi^{(2)}_{ZYY}$、$\chi^{(2)}_{XXZ} = \chi^{(2)}_{YYZ}$ 与 $\chi^{(2)}_{ZZZ}$(对于 XOY 平面内各向同性的液体界面而言,X 轴与 Y 轴互为等价)[10,50,54,100]。对—$C\!=\!O$ 这一类型的 $C_{\infty v}$ 官能团来说,在光激发之前,对称伸缩振动模的二阶非线性极化率可表示为[86,110,111]

$$\chi^{(2)}_{XXZ}(-\infty) = \chi^{(2)}_{YYZ}(-\infty)$$
$$= \frac{1}{2} N\alpha^{(2)}_{zzz} [(1+r)\langle\cos\theta(-\infty)\rangle - (1-r)\langle\cos^3\theta(-\infty)\rangle]$$

$$\chi^{(2)}_{XZX}(-\infty) = \chi^{(2)}_{YZY}(-\infty) = \chi^{(2)}_{ZYY}(-\infty) = \chi^{(2)}_{ZXX}(-\infty) \tag{10.3}$$
$$= \frac{1}{2} N\alpha^{(2)}_{zzz}(1-r)[\langle\cos\theta(-\infty)\rangle - \langle\cos^3\theta(-\infty)\rangle]$$

$$\chi^{(2)}_{ZZZ}(-\infty) = N\alpha^{(2)}_{zzz}[r\langle\cos\theta(-\infty)\rangle + (1-r)\langle\cos^3\theta(-\infty)\rangle]$$

和频光谱实验中往往使用入射激光与所产生的信号光的不同偏振组合，经常采用的 4 种典型的偏振包括 SSP、PPP、SPS 与 PSS(S 与 P 方向互相正交，并垂直于光的传播方向，其中 S 方向垂直于入射平面，而 P 方向在入射平面之内）。在和频光谱实验偏振组合的定义中，首字母代表和频信号光的偏振方向，第二个字母代表可见光的偏振方向，最后一个字母代表红外激光的偏振方向。这 4 种偏振组合下的宏观和频极化率可通过局域场校正因子 L_{ii} 与 7 个非零的二阶非线性极化率联系在一起[10,86,110-114]：

$$\chi_{SSP}^{(2)}(-\infty) = L_{XX}L_{XX}L_{ZZ}\sin\beta_3\chi_{XXZ}^{(2)}(-\infty)$$

$$\chi_{SPS}^{(2)}(-\infty) = L_{XX}L_{ZZ}L_{XX}\sin\beta_2\chi_{XZX}^{(2)}(-\infty)$$

$$\chi_{PSS}^{(2)}(-\infty) = L_{ZZ}L_{XX}L_{XX}\sin\beta_1\chi_{ZXX}^{(2)}(-\infty)$$

$$\chi_{PPP}^{(2)}(-\infty) = L_{ZZ}L_{ZZ}L_{ZZ}\sin\beta_1\sin\beta_2\sin\beta_3\chi_{ZZZ}^{(2)}(-\infty)$$
$$+ L_{ZZ}L_{YY}L_{YY}\sin\beta_1\cos\beta_2\cos\beta_3\chi_{ZYY}^{(2)}(-\infty)$$
$$- L_{YY}L_{ZZ}L_{YY}\cos\beta_1\sin\beta_2\cos\beta_3\chi_{YZY}^{(2)}(-\infty)$$
$$- L_{YY}L_{YY}L_{ZZ}\cos\beta_1\cos\beta_2\sin\beta_3\chi_{YYZ}^{(2)}(-\infty)$$

(10.4)

结合式(10.1)、式(10.3)与式(10.4)，在光激发发生之前的任意偏振组合下的和频光谱强度 $I_{SFG}^{\delta\eta\xi}(-\infty)$($\delta,\eta,\xi = S$ 或 P)，可以用一个通用的表达式来表示[31,33,40]：

$$I_{SFG}^{\delta\eta\xi}(-\infty) \propto |\chi_{\delta\eta\xi}^{(2)}(-\infty)|^2 I_{Vis}^{\eta} I_{IR}^{\xi}$$

(10.5)

相应地，人们也可以通过测量这 4 种偏正组合中任意两种组合下的和频光谱强度或和频光谱零位角实验，获得光激发发生之前平衡状态下的有序度参数 $D(-\infty)$[10,33,54,62,64,75,86,100,110,111,115-117]：

$$D(-\infty) = \frac{\langle\cos\theta(-\infty)\rangle}{\langle\cos^3\theta(-\infty)\rangle}$$

(10.6)

10.2.2　时间分辨和频光谱

在光激发之后，和频光谱的总极化率由分别来自电子基态与激发态分子的贡献共同组成，时间依赖的和频光谱强度可表示为[28,31,33,40]

$$I_{SF}(t) \propto |\chi_g^{(2)}(t) + \chi_e^{(2)}(t)|^2 = |\langle(N-n(t))\alpha_g^{(2)}\rangle_{\rho_g(\Omega,t)} + \langle n(t)\alpha_e^{(2)}\rangle_{\rho_e(\Omega,t)}|^2$$

(10.7)

其中，$n(t)$ 是随时间衰减的处于激发态的表面分子密度，其寿命在几个纳秒的量级。由于电子基态取向概率函数 $\rho_g(\Omega,t)$ 与激发态取向概率函数 $\rho_e(\Omega,t)$

分别随时间而演变,因此取向平均表达式$\langle \rangle_{\rho_g(\Omega,t)}$与$\langle \rangle_{\rho_e(\Omega,t)}$也是时间依赖的。取向概率函数演化的时间尺度在几百个皮秒的量级上[28,30,32]。而电子激发态非线性极化率$\chi_e^{(2)}(t)$也依赖于时间,并在较早的延时阶段(皮秒量级)随着界面激发态分子周围的溶剂重构而发生改变。由于和频光谱是一个相干光学过程,电子基态与激发态分子产生的和频信号可以互相干涉。两者之间的相对相位决定了这种干涉是相加或相消干涉。

10.3 实验技术

10.3.1 光学系统

在目前较为常见的宽带和频光谱实验中,红外入射脉冲的光谱宽度往往远大于被研究的振动能级跃迁共振的光谱宽度[75,88,118-122]。因此,一个激光脉冲即可用于检测几百个 cm^{-1} 范围内被红外脉冲光谱宽度所覆盖的所有振动模式,从而使界面分子振动光谱的快速获取成为可能。另一方面,通过单独使用皮秒级的激光系统[79,123],或者对商业化的飞秒级钛蓝宝石激光再生放大系统或多通放大系统的飞秒输出脉冲进行一定的调控[75,88,118-122],可获得在频域较窄的可见激光脉冲,从而保证和频光谱实验中有较好的光谱分辨率。宽带和频光谱技术可进一步与一束光学泵浦脉冲相组合,从而同时获取时间与光谱分辨的和频信号[31,40]。由中心波长为 800 nm 的皮秒可见脉冲与中心波长在 2.8 μm 至 10 μm 范围内可调的红外脉冲组合而成的和频信号,其波长分布范围介于 622 nm 至 740 nm 之间。通过可见泵浦-和频探测实验,人们经常希望研究有机生色团的结构动力学,因此所用的激发脉冲波长(比如 400 nm 左右)会经常诱导产生较大的荧光背景信号,其强度远远大于较弱的和频信号。而被研究的样品体系的荧光信号波长范围一般较宽,其中心波长在 450 nm 左右,并一直延伸到 750 nm 左右的长波范围,与所产生的和频信号的波长范围相重叠。为避免和频信号被大量的荧光信号所覆盖,实验中可采用中心波长在 400 nm 的皮秒可见脉冲,其与宽带红外脉冲组合以后,和频信号的波长范围将移至 340 nm 到 380 nm 之间,从而可以避开可见泵浦脉冲所产生的荧光波长范围。为了将中心波长为 800 nm 的飞秒激光输出转换为中心波长为 400 nm 的窄带皮秒脉冲,我们在实验中采用了相位共轭技术,其细节将在下文中阐述[31,40]。

图 10.1 展示了时间分辨和频光谱测量中典型的实验构型[31,40]。一台重复频率为 80 MHz 的钛蓝宝石飞秒激光振荡腔（MaiTai）为钛蓝宝石可再生放大激光系统（Spitfire，光谱物理公司）提供种子光源，后者输出中心波长为 800 nm，重复频率为 1 kHz 的激光脉冲。在利用 800 nm 可见脉冲与宽带和频脉冲进行和频光谱数据采集的实验中，一套自行搭建的脉冲整形系统被用于产生脉宽为 2.5 ps 与带宽为 10 cm^{-1} 的 800 nm 脉冲。为了产生皮秒级 400 nm 脉冲，飞秒放大系统输出光的一部分被单独分离，并进一步分束形成两部分：一部分由正啁啾展宽至 10 ps，而另一部分由负啁啾展宽至 10 ps。两束啁啾脉冲经过空间准直平行，在一块 1 mm 厚的第一类 BBO 晶体中实现时间上的重合，最终产生脉宽为 10 ps 的 400 nm 脉冲，其典型频域带宽为 12 cm^{-1}，单脉冲能量可达 7 μJ。实验中所用的红外光束，在中心波长为 5.7 μm 时的典型功率为每脉冲 1.5 μJ，通过一块 BaF$_2$ 凸透镜聚焦于样品表面，其相对于界面法线方向的入射角为 67°。无论是使用 800 nm 或 400 nm 皮秒脉冲的和频光谱实验，皮秒激光的入射角相对于界面法线均为 76°。为获得和频非线性光学转换，需要保证入射的红外与可见脉冲在样品界面处实现时间与空间上的重合。

飞秒泵浦脉冲的中心波长为 423 nm，由一台光参量放大器的闲散光输出再经过四倍频产生。在图 10.1 中，有两种不同的可见泵浦-和频光谱探测的实验构型。在图 10.1(a) 所示的第一种实验构型中，泵浦光束处于皮秒可见脉冲与飞秒宽带红外脉冲之间，适用于对时间分辨率要求较高的实验，例如针对超快溶剂化效应与界面电子转移的研究[40]。而在如图 10.1(b) 所示的第二种构型中，泵浦光沿着界面法线方向入射[31]，适用于那些采用圆偏光激发脉冲并需要将面外转动动力学与面内转动动力学进行有效分离的实验；如果在这一构型中采用两种不同的线性偏振泵浦光，则可将面内转动动力学信息有效地提取出来。

该类仪器的时间分辨率取决于红外脉冲与可见泵浦脉冲之间的交叉相关。泵浦与探测脉冲之间的交叉相关可由 BBO 晶体或 GaAs 晶体界面上产生的差频信号独立测得。所测定的仪器响应半高宽为 185 fs。此外，实验中将装盛样品的容器置于一匀速旋转的样品台上，转速控制在每分钟 2.5 圈，用以降低样品所受的激光加热与降解效应。

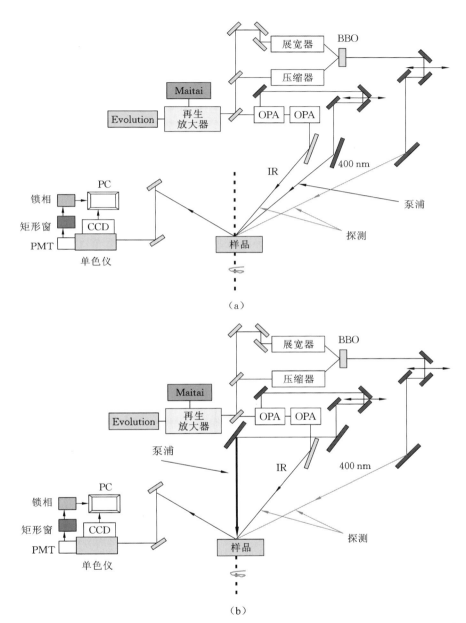

图 10.1 时间分辨和频光谱实验装置示意图。关于装置的细节请参见正文。其中(a)中所示装置可用于研究溶剂化动力学与电子转移,而(b)中所示适用于转动动力学的研究。在装置(b)中,泵浦激光沿界面法线方向入射。在这种构型下,利用圆偏泵浦光可将面外运动与面内运动区分开来,而若使用两束线性偏振光,则可跟踪面内的转动运动

10.3.2　检测系统

在信号采集系统中,一台焦长为 300 mm,并配有一个入射狭缝、两个出射狭缝的光谱仪将实验中产生的和频辐射信号进行色散。色散后的和频信号由一台工作温度为 $-120\ ℃$ 的液氮冷却背照式电荷耦合器件(CCD)相机(Roper Scientific,1340×400 像素)采集。光谱仪中共配有三块光栅可供选择使用:①闪耀波长在 450 nm、1200 道光刻线/nm;②闪耀波长在 500 nm、1200 道光刻线/nm;③闪耀波长在 4 μm、600 道光刻线/nm。其中闪耀波长在 450 nm 的光栅被用于和频信号的色散。在某些特定的时间分辨实验中,和频信号被聚焦到一台单色仪中进行波长选择,然后利用光电倍增管(PMT,滨松(Hamamatsu))检测。光电倍增管中产生的电信号随即被送入一台 BOXCAR 积分器与以泵浦光路中的 500 Hz 斩波频率为参比的锁相放大器中。实验中的光学延时平移台与锁相放大装置产生的信号均由计算机软件 LabView 控制与收集读出。

10.4　界面溶剂化动力学

溶剂化是一个复杂的过程,不仅依赖于静电力、极化力这样的非特异化的相互作用力,也依赖于包括氢键在内的特异化相互作用。这些相互作用在平衡态或随时间变化的动态过程中均有所体现[29,35,36,40,101,124-142]。一般而言,溶剂化性质描述的是溶剂分子为了容纳溶质分子、降低溶液体系中总的自由能而所需要进行的结构重排[29,35,36,40,101,124-145]。水作为地球上含量最丰富的液体,已经被科学家们利用各种理论与实验方法进行了充分广泛的研究[3,146]。许多研究表明了在水中进行的动态过程的复杂性涉及水分子的运动,这是其氢键网络的重要部分[127,137,147-151]。氢键的动态生成与断裂动力学,是水分子与溶质分子转动与平动运动的决定因素。

在针对体相溶剂化动力学的研究中,一种常见的实验手段是利用超快时间尺度的光把体相溶剂分子激发到电子激发态,从而形成不同于电子基态的分子内电荷分布(如偶极矩等)[125,127,152]。随着时间的推移,激发态溶剂分子周围的水分子将进行进一步结构重排,以达到最低溶解能量。因此,实验中可以利用对激发态分子能量变化较为敏感的探测脉冲在不同的延时时间跟踪,获得关于水分子结构重排的动力学信息。以往的实验表明,以香豆素为代表的有机生色分子在水溶液体相中的溶剂化动力学可用三个时间常数来描述[125,127,152-155],包括一个被认为与水分子的摆动有关的小于 50 fs 的超快过程,以及两个时间尺度分别在几百个飞秒与几个皮秒量级的相对较慢的过程,后两者被认为与分子扩散有关[125,127,152-155]。关于水的分子运动的实验观测无法直接揭示这两种溶剂化扩散运动时间尺度的本质来源,扩散运动的时间尺度一般被认为由氢键的断裂与生成,以及水分子网络结构的重排决定[149,151,156,157]。

与体相过程类似[29,35,36,40,43,101,124-142],界面溶剂化过程的能量与动态变化对于液体界面的吸附、化学平衡、极性以及反应动力学都有着深刻的影响[13-15,17,18,20,40,43,105,158-161]。许多基本的生命过程,包括电子转移、能量传递、生化合成与分子识别,都是在生物膜的表面进行的[1-3,162]。界面附近水分子的溶剂化性质对于化学反应的能量与动力学都有着深远的影响。举例来说,溶剂化动力学有可能是界面电子转移的限速步骤。生物界面由许多不同部分组成,与水分子之间的相互作用较为复杂,因此界面周围的水分子性质会与体相水分子截然不同。事实上,科学家们为此特地创造了"生物水"这样一个术语,用以描述细胞膜、细胞器和蛋白质等生物质结构周围的薄层水分子[3,143-145]。无论是以固体、液体或气体形式存在的界面分子物种,还是电子或离子组成的表面电荷,其所处环境的不对称性是它们固有的特征[133,143-145,163-167]。尽管吸附物与溶剂分子之间的相互作用是如此之重要,处于界面环境之中的化学物种的溶剂化动力学研究还相对较少。

在这里介绍的研究工作之前,C314 在界面上的溶剂化动力学已经用光学泵浦-时间分辨二次谐波探测的技术进行了研究,包括在空气/纯水界面以及中性、带正电荷或负电荷的表面活性剂与纯水之间界面[34-39]。其中一个有趣的发现是:带有负电荷的表面活性剂头基的化学组成对溶剂化动力学没有任何影响[35,36,38,39]。已经被研究过的表面活性剂包括带有负电荷的十二烷基磺酸根离子 $CH_3(CH_2)_{11}OSO_3^-$(SDS),以及 $CH_3(CH_2)_{16}COO^-$ 的阴离子形式。实验发现在相同的界面覆盖率之下,带负电荷的离子形式 $CH_3(CH_2)_{16}COO^-$ 的溶剂化动力学比中性形式 $CH_3(CH_2)_{16}COOH$ 要慢 4 倍左右,表明表面电荷对界面水的网络结构有着比较显著的影响。此外,对带有正电荷的表面活性剂与带有负电荷的表面活性剂进行比较后发现,无论是对于静态还是动态界面性质(例如吸附物的空间取向与溶剂化动力学),表面电荷正负性带来的影响都存在着显著的差异。电荷相反的表面活性剂所产生的静电相互作用将使水分子以相反的方向排列准直,并使 C314 分子分布到不同的界面区域。在带有正电荷的十二烷基三甲基溴化铵(DTAB)存在时,C314 分子处于表面活性剂头基之下的那一层中;而在带有负电荷的十二烷基磺酸根离子存在时,C314 分子与表面活性剂头基处于同一层。

在研究溶剂化过程的时候,空气/水界面的 C314 分子从电子基态(S_0 态)被激发到最低的单线态电子激发态(S_1 态)。前者(S_0 态)具有大约 8 D(德拜)大小的永久偶极矩,而后者(S_1 态)大约具有 12 D 的永久偶极矩[28,34]。C314 电子基态与激发态的能量依赖于溶质周围溶剂分子的组装结构。当界面分子受到光激发时,原先对应于基态溶质分子的溶剂结构,现在包围着激发态分子,因而诱导出溶剂构型的非平衡态分布。接下来,这个非平衡态溶剂构型将会经过一个弛豫过程,以适应 S_1 态的电荷分布并降低 S_1 态的能量。

在以往的研究中,较为常见的是利用红外泵浦光激发电子基态中的振动激发态,然后利用和频光谱探测随后的振动弛豫过程[42,102,168]。而此处所描述的工作中,波长为 423 nm 的泵浦光将分子激发到电子激发态。此外,和频光谱已经被成功地应用于测量碳氢链中的振动能量传递动力学[169]。在此处报道的和频光谱工作中,我们将入射的飞秒红外激光调至环上的羰基对称伸缩振动的共振频率,用于探测空气/水界面 C314 的界面溶剂化动力学。

在接近振动共振时,和频光谱超极化率可用下式表示[170-172]:

$$\alpha_{IJK}^{(2)}(\omega_{SF}) = \alpha_{NR}^{(2)}(\omega_{SF}) + \alpha_{R}^{(2)}(\omega_{SF})$$

$$\alpha_{R}^{(2)}(\omega_{SF}) \propto \frac{\mu_{gv,gv'}(I)}{\omega_{gv,gv'} - \omega_{IR} + i\Gamma_{gv,gv'}} \sum_{eu} \left[\frac{\mu_{gv,eu}(J)\mu_{eu,gv}(K)}{\omega_{eu,gv} - \omega_{IR} - \omega_{Vis}} + \frac{\mu_{eu,gv}(K)\mu_{eu,gv'}(J)}{\omega_{eu,gv'} + \omega_{IR} + \omega_{Vis}} \right]$$

$$(10.8)$$

其中,gv、gv′ 与 eu 分别被用于定义分子的初始振动态、红外激发的振动态及电子-振动中间态。$\mu_{gv,gv'}(I)$、$\mu_{gv,eu}(J)$ 与 $\mu_{eu,gv}(K)$ 为基态中的振动跃迁偶极矩与电子态跃迁偶极矩。$\omega_{gv,gv'}$ 是基态中的振动跃迁频率,而 $\Gamma_{gv,gv'}$ 则是振动跃迁的谱线宽度。可以看到,式(10.8)中和频超极化率的拉曼部分类似于二次谐波超极化率,依赖于电子态的能量,可表示为[170-172]

$$\alpha_{IJK}^{(2)}(\omega_{SH}) = \alpha_{NR}^{(2)}(\omega_{SH}) + \alpha_{R}^{(2)}(\omega_{SH})$$

$$\alpha_{R}^{(2)}(\omega_{SH}) \propto \frac{\mu_{gv,eu}(I)}{\omega_{eu,gv} - 2\omega_{Vis} + i\Gamma_{ge}} \sum_{mw} \left[\frac{\mu_{mw,gv}(J)\mu_{eu,mw}(K)}{\omega_{mw,gv} - \omega_{Vis}} + \frac{\mu_{mw,gv}(K)\mu_{eu,mw}(J)}{\omega_{mw,gv} - \omega_{Vis}} \right]$$

$$(10.9)$$

其中,gv、mw 与 eu 分别被用于定义电子-振动态的初始态、中间态与终态。$\mu_{\mathrm{gv,eu}}(I)$、$\mu_{\mathrm{mw,gv}}(J)$ 与 $\mu_{\mathrm{eu,mw}}(K)$ 为电子态跃迁偶极矩。$\omega_{\mathrm{eu,gv}}$ 是分子从基态到激发态的跃迁频率,Γ_{ge} 则是电子态跃迁的谱线宽度。

图 10.2 展示了在 SSP 偏振组合下,空气/水界面 C314 中—C═O 基团的和频光谱。图中包括了 800 nm 激光与红外光混频,以及 400 nm 紫外光与红外光混频两种实验的结果,假设红外光的中心波长为 5.7 μm,带宽为 150 cm^{-1} 左右。图 10.2 中的和频光谱显示了位于 1738 cm^{-1} 及 1680 cm^{-1} 处的两个谱峰,后者的光谱强度较小。为归属 1738 cm^{-1} 处的主峰,我们利用结构类似于 C314,但只含有一个羰基的香豆素 153(C153,其结构式见图示 10.1)进行了控制对比实验。香豆素 153 在界面的和频光谱实验只有一个单峰,位置在 1723 cm^{-1} 附近。据此,1738 cm^{-1} 附近的主峰可被归属为 C314 环上的碳基基团的对称伸缩振动模,而 1680 cm^{-1} 附近的小峰可被归属为 C314 的脂基基团上的羰基的对称伸缩振动模。此外,尽管 800 nm 激光的峰值激光能量比 400 nm 可见脉冲能量大了 3 倍,但是从图 10.2 中可以看到,利用 400 nm 皮秒脉冲产生的和频光谱强度远大于利用 800 nm 皮秒脉冲所获得的和频光谱强度。这一现象可解释为 400 nm 以及和频光频率与 C314 的电子吸收波段处于近共振范围,从而增强了和频光的强度。

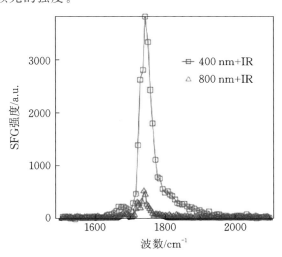

图 10.2 空气/水界面 C314 的—C═O 基团在 SSP 偏振组合下的和频光谱。其中方形数据点代表利用 400 nm 紫外光与红外光混频而成的和频光谱。三角形数据点代表利用 800 nm 激光与红外光混频而成的和频光谱

和频光谱中时间依赖的来自激发态的贡献$\chi_e^{(2)}(t)$,随着激发态分子周围溶剂结构的重组而演化(图 10.3(a))。如图 10.3(b)所示,实验中所观测到的激发脉冲的影响,具体体现为泵浦脉冲发生之后正的时间延时处($+1$ ps)和频光谱强度的减小。这一结果被用来与-2 ps(泵浦脉冲在和频探测脉冲之后到达)时的和频信号相比较。在时间分辨和频光谱中并没有观测到羰基发色团的任何频率位移,表明在 6 cm^{-1}左右的实验精度下,单线激发态中的羰基振动频率与电子基态中的相同。此外,在体相二氯甲烷与体相 DMA 中,具有相似结构的 C337 在处于单线态激发态时的羰基伸缩振动频率也未发生可被检测的频率位移[173]。

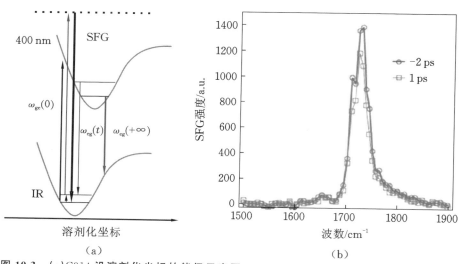

图 10.3　(a)C314 沿溶剂化坐标的能级示意图。(b)C314 中—C=O 基团在两种不同的时间延时的 SSP 和频光谱

　　图 10.4 显示了空气/水界面的 C314 分子被激发后所观察到的时间分辨和频电场强度以及随之发生的溶剂化动力学。和频信号在初始时间阶段的下降来自于 C314 基态布居数的减少,以及电子基态与激发态极化率之间可能的相消干涉。利用时间分辨和频光谱对空气/水界面的 C314 的溶剂化过程进行跟踪,发现和频光谱获得的时间常数与二次谐波实验获得的时间常数一致。具体而言,从时间分辨和频光谱测得的时间常数为(230 ± 40) fs 与(2.17 ± 0.3) ps,而从时间分辨二次谐波实验获得的时间常数为(250 ± 50) fs 与(2.0 ± 0.4) ps。与此类似,两种实验手段所获得的各个动力学组成部分之间的相对强度也相

同：在和频光谱实验中，快组分为 0.46，慢组分为 0.3；而在二次谐波实验中，快组分为 0.5，慢组分为 0.24[34-36,38,39]。和频光谱与二次谐波测得的强度平均的溶剂化时间分别为 1.0 ps 与 0.88 ps[34-36,38,39]。对于二次谐波与和频光谱实验结果类似的一个解释是：溶剂化动力学反应的是电子激发态能量随时间的变化，因此在二次谐波超极化率以及和频超极化率的拉曼部分中具有类似的表现形式（见式(10.8)与式(10.9)）。此外，针对空气/水界面 C314 分子溶剂化过程的分子动力学模拟所获得的时间常数，也与在实验中测量获得的结果很相符[174,175]。

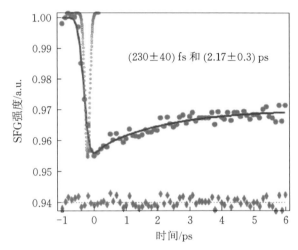

图 10.4 空气/水界面的香豆素 314 分子环上的—C＝O 基团的电子激发态溶解动力学。其中交叉相关时间(185 fs，图中圆圈所示)由泵浦激光与红外脉冲之间的差频实现测量。实验数据(实心圆点)可用两组指数衰减函数之和进行拟合，获得的时间常数为 $\tau_1 = (230 \pm 40)$ fs，$\tau_2 = (2.17 \pm 0.3)$ ps。菱形表示拟合数值与实际测量值之间的残差，在图中一并画出，用以说明曲线拟合质量

10.5 界面电子转移

电子转移是一个非常重要的基本过程，与人工合成或自然生物体系的光合作用、光电化学、液体/半导体之间的异质结构以及气溶胶界面过程都密切相关[176-179]。自从激发态电荷转移化合物被发现之后，正向与逆向的电子转移反应都已经被进行了充分的研究[163,180-183]。电子转移反应是激发态分子进行能量耗散的一个通道，其结果可生成自由基离子或处于电荷转移激发态的复合物，并进一步通过辐射或非辐射衰减通道进行弛豫[163,180-183]。由于其动力学

过程丰富、反应通道与中间产物存在多种可能性,电子转移反应对于基础研究具有相当的科学意义[163,180-183]。再者,对界面电子转移过程进行分子层次上的描述,对涉及电子转移过程的应用技术领域的持续发展也至关重要[177,178]。

迄今为止,已有大量的测量手段,例如荧光上转换与瞬态吸收光谱,试图对体相介质中的激发态电子转移反应的反应机理与超快动力学进行辨别[163-165,184-188]。类似地,瞬态振动光谱方法,譬如红外和拉曼,也被用于建立电子转移反应与电荷转移物种的结构变化之间的关联[163,164,173,177,178,183,186,188-191]。理论模型的发展也大大提高了电子转移反应中基本物理过程的理解与解释[176-178,192,193]。光谱与电化学技术已经被用于研究液/液界面的电子转移动力学[46]。但在电化学技术中,两种液体都需要支持电解质,其扩散效应必须在数据分析中给予明确考虑。

在本章所回顾的工作中,时间分辨和频光谱被用于研究空气/水界面的激发态电子转移动力学。反应中,被光激发的 C314 分子起到电子受体的作用,而处于电子基态的 DMA 则作为电子供体。此处 DMA 被选为电子供体是因为它以单分子膜的形式存在,因此可以忽略其因为水平面内的扩散运动而造成的与界面电子受体分子之间的碰撞与反应。类似的措施,在早期对受光激发的蒽分子与二乙基苯胺溶剂分子之间的反应进行皮秒时间尺度上的研究时,也被采用过[164,194]。

图 10.5 显示了利用二次谐波技术测量获得的 C314 分子在水/DMA 单分子膜界面的电子光谱。相对于体相 DMA 与水中的最大吸收峰,C314 分子在界面的二次谐波测量结果呈一定的蓝移,表面界面的 C314 分子与在液体体相中相比,所受的环境极性较小。图 10.6 显示了在 SSP 偏振组合下采集的 C314 分子在水/DMA 单分子膜界面的和频振动光谱。与上一小节中的相同,1738 cm^{-1} 附近的谱峰来自于 C314 环上的—C≡O 基团的对称伸缩振动,而 1680 cm^{-1} 附近较弱的谱峰则来自于 C314 的脂基基团上的羰基的对称伸缩振动模[31]。利用 SSP 与 PPP 和频光谱强度的比值,并假设取向分布非常窄[75,86],可测量获得在 DMA 存在的情况下,环上的碳基基团的取向角相对于界面法线为 73°,并指向体相水的方向。

与溶剂化动力学实验一样,一束光学泵浦激光脉冲被用于对 C314 进行光激发。通过监测泵浦和探测光束之间不同时间延迟时的和频光谱信号,可以获得界面物种时间依赖性的演化过程,其数学表达式如下[28,31,33]:

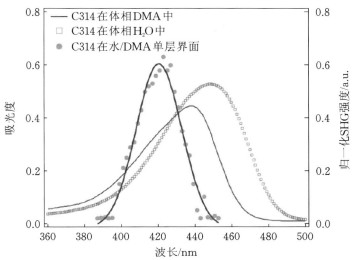

图 10.5 C314 分子在水/DMA 单分子膜界面的二次谐波光谱(实心圆)以及体相 DMA 中(实线)与体相水中(空心方框)C314 分子的光学吸收谱

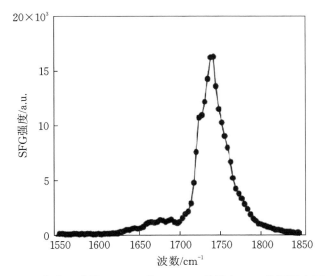

图 10.6 水/DMA 单分子膜界面 C314 的—C=O 基团在 SSP 偏振组合下的和频光谱

$$I_{SF}(t) \propto \left| \chi_g^{(2)}(t) + \chi_e^{(2)}(t) \right|^2 I(\omega_{Vis}) / I(\omega_{IR}) \qquad (10.10)$$

正如溶剂化动力学小节中所描述的,时间依赖的激发态极化率 $\chi_e^{(2)}(t)$ 随着新被激发的 C314 分子周围溶剂分子的重组而变化,包括了 C314 分子取向运动以及电子转移反应两方面的贡献。图 10.7 显示了以泵浦脉冲与和频探测脉冲之间的时间延迟为函数变量,和频光谱强度的变化。当泵浦脉冲与和频探测脉冲之间的时间延迟改变时,和频光谱强度变小。这一光谱强度的减弱是因为基态 C314 的光漂白效应,以及来自于基态与电子态的和频电场之间可能的相消干涉造成的。C314 分子在空气/水界面与水/DMA 单分子膜界面的和频光谱强度随时间变化的曲线如图 10.8 所示。在这两个实验中,仪器响应时间均为 185 fs。在 C314 分子被光激发以后,发生了如下过程:

① C314 的溶剂化动力学;

② 电子从 DMA 被转移到处于激发态的 C314 分子;

③ 基态与光激发的分子向其平衡态取向进行旋转;

④ 从 C314 阴离子自由基 C314$^{-\cdot}$ 到 DMA 阳离子自由基 DMA$^{+\cdot}$ 的逆向电子转移,其过程见图示 10.2。

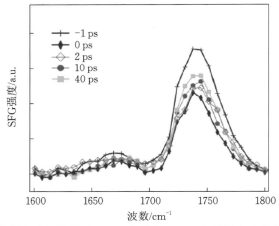

图 10.7 在 SSP 偏振组合下取得的 C314 分子中—C ═O 基团在水/DMA 单分子膜界面的和频光谱随不同时间延迟的变化

如图 10.8 所示,水/DMA 单分子膜界面和频光谱场强的恢复要快于空气/水界面。然而对大约小于 5 ps 的较早时间延迟时的瞬态信号进行仔细检查,发现在测量的误差范围之内瞬态信号并无差别。其原因是两个实验中的早期反应动力学均由激发态 C314 分子的溶剂化所主导。两组信号之间的区别在较长时间延迟时更为明显,此时正向电子转移开始发生,并且溶剂化过程已经结束。当出现更长的延迟时间时,逆向电子转移与界面分子的转动运动的两种时间常数较为接近,因此观察到的动力学包含来自两者的共同贡献。为了将逆向电子转移的时间尺度与 C314 分子的旋转动力学进行分离,需要设计仅有旋转动力学发生的实验。为了做到这一点,我们可利用不与被光激发的 C314 分

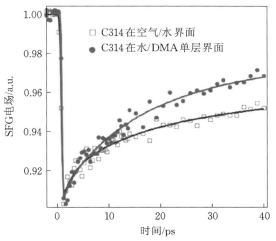

图 10.8 C314 分子环上—C=O 基团在水/DMA 单分子膜界面(实心圆)与空气/水界面
(空心正方形)和频光谱场强的时间曲线

子进行电子转移反应的苄腈单分子层代替 DMA 单分子膜。此外,苄腈在室温
下的黏度为 1.24 cp,接近于 DMA 的 1.30 cp 的黏度。因此,苄腈实验中的旋转
动力学可用来代替 DMA 实验中 C314 分子的旋转动力学。基于这一方法,我们
可将 C314-DMA 反应中的逆向电子转移动力学与取向弛豫动力学区分开来。实
验发现,C314 分子在水/苄腈单分子膜界面的旋转弛豫时间为(247±20) ps。

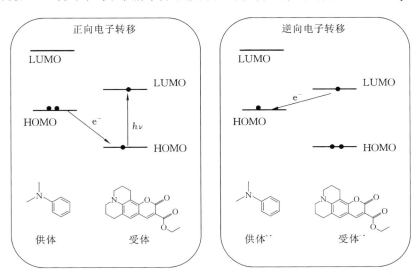

图示 10.2 被光激发的 C314 分子和基态 DMA 分子之间界面正向电子转移和逆向电子转
移示意图

如图 10.9 所示,较长时间延迟时的逆向电子转移动力学显示,在 600 ps 左右,基态与激发态的布居数都几乎彻底回到了光激发发生之前所观察到的平衡态构型。利用三指数函数(含有时间常数与幅度变量)对数据进行拟合,用以描述回归到基态时发生的不同机理,其中最快的时间尺度为(16 ± 2) ps (幅度为 0.7),属于正向电子转移过程。第二个时间尺度为(174 ± 21) ps(幅度为 0.2),可被归属为逆向电子转移动力学。第三个组分是从苄腈实验中获得的取向弛豫过程,时间尺度为(247 ± 20) ps(幅度为 0.1)。这些测到的时间常数和幅度与之前对同一体系的电子转移动力学进行的二次谐波测量相比,其结果非常一致[43]。

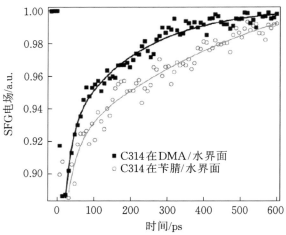

图 10.9　C314 分子环上—C═O 基团在水/DMA 单分子膜界面(实心正方形)与水/苄腈单分子膜界面(空心圆)的和频光谱场强的时间曲线

之前发表的时间分辨二次谐波实验对正向电子转移速率进行了两种不同的测量[43,195]。其中一个实验中,二次谐波辐射频率与 C314 分子 $S_0 \rightarrow S_1$ 跃迁共振,因此本质上跟踪的是 C314 分子的激发态。在第二个测量中,监测的是 DMA 阳离子自由基 $DMA^{+\cdot}$ 的生成动力学,因此直接获得电子转移反应的动力学。这是通过调节二次谐波的波长,使其与 DMA 自由基阳离子的光学跃迁匹配,从而避免了 C314 分子对二次谐波信号的贡献。在对 C314 分子进行共振测量的二次谐波实验中,正向电子传递的寿命被发现为(14 ± 2) ps[43],与和频光谱实验中发现的(16 ± 2) ps 一致。二次谐波与和频光谱实验证实了观察到的动力学是电子转移,而不是一些其他的耗散过程。二次谐波与和频光谱实验获得的时间尺度非常一致,但目前还没有已知的体相介质中电子传递时间尺度的报告可以与界面时间尺度直接进行比较。

为了定性地比较界面处与体相处的正向电子转移时间常数,可以考虑结构类似的 C153 分子。其还原电位仅比 C314 分子大 0.01 eV,并且它的界面和体相电子转移时间尺度均为已知[43,195,196]。在单独进行的实验中,C153 的二次谐波实验结果,表明水/DMA 单分子膜界面处的正向电子传递动力学要比 DMA 体相中的电子转移得更快。基于在水/DMA 单分子膜界面中 C314 和 C153 的电子转移时间常数相同的发现,我们可以推测 C314 在水/DMA 单分子膜界面处的电子传递速率要比 DMA 体相中观察到的更快。

电子转移的动力学依赖于溶剂重组能量以及供体和受体分子间的相互作用力,后者是分子相对取向和分子间距离的函数。从单独进行的二次谐波实验(图 10.5)可以推测,界面的极性较低,表明在界面处的重组自由能比在 DMA 体相中的更小,因此导致更快的电子转移反应。另一方面,体相溶液中 DMA 相对于界面的密度更高,意味着在 C314 分子周围存在着大量的 DMA 分子。与水/DMA 单分子膜界面相比,体相中有更多的 DMA 可以获得有利的分子取向,使得它们可以用作电子供体。因此,体相溶液中更大的密度有利于 DMA 体相中的电子转移,比界面处的更快。综上所述,界面处重组能量更低的因素应该是界面电子转移更快的关键。值得注意的是,界面处 C314 与 DMA 分子均以界面法线为参考,具有一定的空间取向,因此在光激发之前,部分供体/受体对有可能已经形成了有利于反应进行的几何构型。

10.6 界面取向运动

溶解于体相水中的溶质分子可以在各个方向自由旋转和扩散。相比之下,在空气/水界面处的溶质分子因为界面势能的不对称,其自由度受到明显的限制[26-28,30-33]。分子的一些部分由于亲水相互作用可能更倾向于朝下投向水中,而其他部分由于疏水性可能倾向于朝上投入空气中。因此,表面势能的不对称性将会诱导界面处取向运动的各向异性。换句话说,平面内的旋转运动将不同于平面外的运动[3,28,30-32]。

之前已经提到了二次谐波泵浦-探测测量观测了 $S_0 \to S_1$ 跃迁偶极矩相对于界面法线的旋转运动,而跃迁偶极矩平行于 C314 分子的永久偶极矩轴[26-28,30,33]。在这里讨论的工作中,我们将利用 C314 环中的羰基伸缩模式,

超快红外振动光谱

来观察在空气/水界面羰基的旋转动力学。

图 10.10(a)描述了分析中使用的坐标系;面外角 θ 定义为分子坐标系中 Z 轴和垂直于该表面的 Z 轴之间的夹角;面内角 ϕ 是分子坐标系中 Z 轴在表面所处平面的投影[33]。应该注意的是,因为分子间作用力随时间积分平均之后是各向同性的,所以平衡态时基态物种的面内角分布也是各向同性的。与之相反,面外的作用力具有各向异性的特点,造成了分子在界面处具有特定的取向。为了区别面内与面外的取向运动,泵浦脉冲采用了垂直于界面的圆偏振光,具体细节将在下面进行讨论。

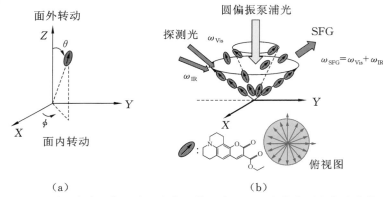

图 10.10 (a)面外取向角 θ 与面内取向角 ϕ 的示意图;(b)光激发后取向分布的示意图和表面的俯视图

10.6.1　C314 在空气/水界面的绝对取向

通过在 SSP 和 PPP 偏振组合下记录空气/水界面 C314 分子的和频光谱(见图 10.11),我们可获得环上羰基基团在空气/水界面的取向。在假设取向分布很窄的前提下,发现羰基的取向相对于界面法线约为 110°。之前的二次谐波结果表明,C314 分子的 $S_0{\rightarrow}S_1$ 跃迁偶极矩轴线与表面法线之间的夹角为 $70°$[28,38,39,195]。使用之前已经描述的方法,求得了 C314 分子在空气/水界面上的绝对取向[75],结果表明分子平面的法线和界面法线之间的角度为 20°,如图 10.12 所示。

10.6.2　泵浦光诱导的非平衡态取向分布

激发脉冲可对基态布居进行光漂白,从而产生激发态分子和剩余的基态分子的非平衡态取向分布。因为圆偏振泵浦脉冲以垂直于界面的方式入射到

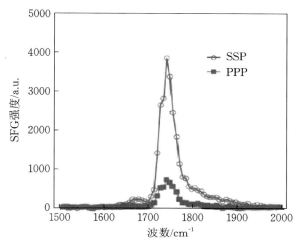

图 **10.11** SSP 和 PPP 偏振组合下测量获得的 C314 分子中—C＝O 基团在空气/水界面
的和频光谱

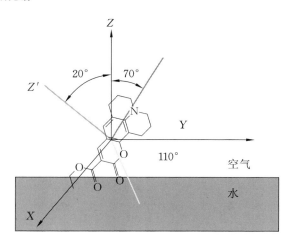

图 **10.12** C314 分子在空气/水界面的绝对取向。分子平面法线与界面法线之间的夹角为
20°。电子偶极方向相对于界面法线为 70°,羰基与界面法线之间的夹角为 110°

样品表面,所以在界面所处平面内的所有方向上具有同等强度[28,30-33]。因此,
基态和激发态分子在平行于界面的平面内的取向是各向同性的,但面外取向
并非各向同性分布且随时间而改变。因而,这个动力学代表了面外旋转运动
随时间的演变过程。拥有相对于界面法线夹角为 θ 的跃迁,偶极矩为 μ 的基
态分子被光激发概率为[28]

$$|\mu\vec{E}_c|^2 = |\mu|^2 |E|^2 \sin^2\theta \tag{10.11}$$

其中 $\vec{E}_c$ 是入射的圆偏泵浦脉冲的电场。被扰动的基态取向分布 $\rho_g(\theta_0,0)$ 在时间零点 $t=0$ 时受光激发的诱导,产生一个新的基态分子取向分布,可以用 $\rho_g(\theta_0,t<0)\ [1-\zeta\ |\mu|^2\ |E|^2\ \sin^2\theta_0]$ 表示,其中 ζ 是与光激发相关的常数的集合[33]。需要注意的是,因为此处的面内激发具有各向同性,因此这里只考虑极角 θ_0。与此类似,激发态分子在被激发时的取向分布可以用 $\rho_g(\theta_0,t<0)$ $\zeta|\mu|^2\ |E|^2\sin^2\theta_0$ 表示。当系统向平衡态取向分布弛豫时,基态和激发态取向分布的概率函数随着时间的推移而改变。$\rho_g(\theta_0,0)$ 与 $\rho_e(\theta_0,t)$ 的时间演变可以写成[28,31,33]

$$\rho_g(\theta,t)=\int G(\theta,t;\theta_0,0)\,\rho_g(\theta_0,0)\,\sin\theta_0\,\mathrm{d}\theta_0$$

$$=\int G(\theta,t;\theta_0,0)\,\rho_g(\theta_0,t<0)\ [1-\zeta\ |\mu|^2\ |E|^2\ \sin^2\theta_0]\,\sin\theta_0\,\mathrm{d}\theta_0$$

$$\rho_e(\theta,t)=\int G(\theta,t;\theta_0,0)\,\rho_e(\theta_0,0)\,\sin\theta_0\,\mathrm{d}\theta_0$$

$$=\int G(\theta,t;\theta_0,0)\,\rho_g(\theta_0,t<0)\ \zeta\ |\mu|^2\ |E|^2\ \sin^2\theta_0\sin\theta_0\,\mathrm{d}\theta_0$$

$$\text{(10.12)}$$

其中,时间演变函数 $G(\theta,t;\theta_0,0)$ 描述了一个分子从时间零点 $t=0$ 时的取向角 θ_0 变为一定时间延迟 t 时取向角 θ 的旋转运动。

在任何偏振组合 $(\delta\eta\xi)$ 下,时间依赖的基态和激发态和频光谱极化率可以写成[31,33]

$$\chi_{g,\text{SFG}}^{\delta\eta\xi}(t)=\alpha_{g,zzz}^{(2)}\int A\,(\cos\theta-c\cos^3\theta)\,\rho_g(\theta,t)\,\sin\theta\,\mathrm{d}\theta$$

$$\chi_{e,\text{SFG}}^{\delta\eta\xi}(t)=\alpha_{e,zzz}^{(2)}\int A\,(\cos\theta-c\cos^3\theta)\,\rho_e(\theta,t)\,\sin\theta\,\mathrm{d}\theta$$

$$\text{(10.13)}$$

其中,参数 A 和 c 是与实验条件有关的函数,其涉及的变量包括入射激光和出射的和频信号光相对于界面法线的夹角、入射激光与和频信号光相对于入射面的偏振角、介质体相和单分子层的(波长依赖)介电常数。

尽管在相互作用力各向同性的体相体系中,可以通过求解旋转扩散方程而产生取向演化函数[197-200],但是在对于界面处各向异性的旋转运动,这种方程并不存在[199,201]。目前,分子动力学模拟有望为描述界面上的取向运动提供可能的解决方法[160,202]。

10.6.3 —C=O 基团的面外取向运动

图 10.13 给出了在测量面外旋转动力学时获取的时间分辨和频光谱信号。

对该时间演化的单指数拟合给出了最好的拟合结果,获取的时间常数为
(220 ± 20) ps。如果基态与激发态分子有着不同旋转动力学,实验所获得的曲
线将更适合用多指数函数拟合,但此处的多指数并没有提高拟合质量。由于
实验数据可以很好地被单指数衰减函数描述,可能意味着基态与激发态的
C314 分子可能具有相似的转动动力学,并且激发态中较大的偶极矩不足以使
周围的水分子发生重组、改变分子转动过程中受到的摩擦力。之前的时间分
辨二次谐波测量发现,C314 分子的偶极矩在空气/水界面的转动时间尺度为
(343 ± 13) ps[28,43],明显慢于和频光谱测量获得的时间常数。需要指出的是,
二次谐波与和频光谱测量中针对的是同一分子结构的两个不同方面,二次谐
波跟踪的是 $S_0\rightarrow S_1$ 的电子态跃迁偶极矩,而和频光谱跟踪羰基振动键轴的转
动,两者在 C314 分子中代表了两个不同方向的分子轴。因此,考虑到相应的
极化张量元不同,绕着不同分子轴的转动运动具有不同的能量势垒,二次谐波
与和频光谱测量中获得的取向重排动力学显著不同,这一现象并不奇怪。举
例来说,考虑到 C314 分子环中的羰基指向溶液体相并且会与水分子形成氢
键,该键轴朝向界面的转动在能量上是明显不利的。换句话说,关于分子不同
键轴的转动运动所受到的摩擦阻力环境并不相同,因此具有不同的动力学。

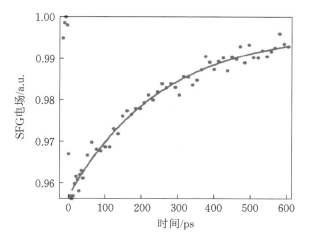

图 10.13 在 C314 分子被沿着界面法线入射、中心波长在 423 nm 的飞秒圆偏光激发后,
C314 分子环中的 C═O 基团和频电场强度随泵浦-探测时间延迟变化的曲线。实
线是利用单指数函数对数据进行拟合的结果,获得的恢复时间为 (220 ± 20) ps。
为了排除溶剂化动力学的贡献,时间延迟在 12 ps 之前的数据没有在图中显示

迄今为止,关于界面分子转动的严格处理尚未出现在文献报道中。锥体扩散模型可为取向动力学提供一些定性的解释。顾名思义,该模型将分子转动限制在一个锥形体内[199,200],并预测了转动动力学可用多指数衰减函数描述。在实际的实验中,时间分辨二次谐波与时间分辨和频光谱数据中,均未观察到理论所预测的多指数衰减过程,表明该模型在定量预测界面处的转动动力学时具有一定的局限性。但是该模型也确实预测到,受限于较小锥体内的分子转动运动与较宽锥体内的分子转动相比,具有更快的速度。这一结论与我们的物理直觉相吻合:极角范围越小,界面运动越快[200]。

10.7 结论与展望

时间分辨和频光谱被用于观察水溶液界面分子溶剂化、转动运动和分子间电子转移的超快动力学。在溶剂化实验中测得了两个时间常数:(230 ± 40) fs 和 (2.17 ± 0.3) ps。在允许的实验误差范围内,从和频光谱实验中获得的时间常数与从时间分辨二次谐波实验中得到的时间常数相同。这可以归因于二次谐波超极化率与和频超极化率中的拉曼部分有着相似的频率依赖关系。

时间分辨和频光谱还被用于研究了水/DMA 单分子膜界面处从基态 DMA 到光激发的香豆素 314(C314)的界面电子转移超快动力学。实验发现其正向电子转移的时间常数为(16 ± 2) ps,与具有类似分子结构的香豆素 153 在体相 DMA 中的电子转移相比,界面处的电子转移速度快了约 2 倍。决定电子转移速率的关键因素包括结构重组过程中的自由能以及供体分子与受体分子之间的电子耦合。和频光谱结果显示在界面处比体相中有着更快的动力学。这反映了界面比体相水具有更低的极性,表明重组过程中自由能是决定电子传递速率的最主要因素。实验中发现逆向电子转移过程时间常数为(174 ± 21) ps,在测量中可利用对比实验,用不向激发态 C314 提供电子的苯腈代替 DMA,实现逆向电子转移时间常数与分子转动运动时间尺度这两个物理量的单独测量。

此外,可以利用羰基振动模式测量其极角随时间的变化,从而获得光激发的 C314 在空气/水界面的面外转动动力学。实验发现羰基的取向弛豫时间为(220 ± 20) ps,这比通过泵浦-二次谐波探测实验获得的 C314 中永久偶极矩轴线在相同界面的取向弛豫时间(343 ± 13) ps 要快得多。我们也讨论了羰基与界面水之间的氢键相互作用对—C $=\!=$ O 键轴转动的可能影响。通过测量平衡态时永久偶极矩轴和羰基轴的取向,并借助于这两者在分子中的相对取向夹角的有关知识,我们可以进一步获取 C314 分子在空气/水界面的绝对取向。

时间分辨泵浦-探测和频光谱技术为材料、生物和环境相关的界面结构动力学研究提供了潜在的可能,开辟了新途径。实验中所获得的结构与动力学信息将大大加深我们对于界面所扮演的微妙但又至关重要的角色的理解。

致谢

K.B.E.感谢美国国家科学基金会的资助(CHE-1057483)和美国能源部以及 DTRA 的资助(W911NF-07-1-0116)。N.J.T.感谢美国国家科学基金会的资助(CHE-11-11398 和 DRM 02-13774)。作者感谢与 Ilan Benjamin 教授、Tony F.Heinz 教授、Hongfei Wang 教授、Feng Wang 教授、Daohua Song 博士、Hugen Yan 博士、Salvo Mamone 博士、Mahamud Subir 博士、Xiaoming Shang 博士、Jian Liu 博士、Eric A.McArthur 博士、Soohwan Sul 博士、Man Xu 博士、Steffen Jockusch 博士和 Sung-Young Hong 的讨论。

参考文献

[1] Adam NK.1991.The Physics and Chemistry of Surfaces (Oxford University Press,London).

[2] Adamson SW and Cast AP ed.1997.Physical Chemistry of Surfaces (Wiley,New York),6th Ed.

[3] Volkov AG,Deamer DW,Tanelian DL,and Markin VSS.1998.Liquid Interfaces in Chemistry and Biology (Wiley,New York) pp. x,551 ill. 524 cm.

[4] Birdi DK ed.1984. Adsorption and the Gibbs Surface Excess (Plenum Press,New York).

[5] Israelachvili JN.1991.Intermolecular and Surface Forces (Academic Press,London) 2nd ed,pp.xxi,450 ill.424 cm.

[6] Lyklema J. 1991. Fundamentals of Interface and Colloid Science (Academic Press,London).pp.v,ill.26 cm.

[7] Rosen MJ ed.2004.Surfactants and Interfacial Phenomena (Wiley,Chichester,UK),3rd.ed,pp.65-80.

[8] Goh MC,et al.1988.Absolute orientation of water-molecules at the neat

water-surface.J.Phys.Chem.92(18):5074-5075.

[9] Superfine R, Huang JY, and Shen YR.1991.Nonlinear optical studies of the pure liquid vapor interface—Vibrational-spectra and polar ordering. Phys.Rev.Lett.66(8):1066-1069.

[10] Heinz TF, Tom HWK, and Shen YR.1983.Determination of molecular-orientation of monolayer adsorbates by optical 2nd-harmonic generation. Phys.Rev.A 28(3):1883-1885.

[11] Vogel V and Shen YR.1991.Air liquid interfaces and adsorbed molecular monolayers studied with nonlinear optical techniques.Annu.Rev.Mater. Sci.21:515-534.

[12] Vogel V, Mullin CS, Shen YR, and Kim MW.1991.Surface-density of soluble surfactants at the air water-interface—Adsorption equilibrium studied by 2nd harmonic-generation.J.Chem.Phys.95(6):4620-4625.

[13] Castro A, Bhattacharyya K, and Eisenthal KB.1991.Energetics of ad-sorption of neutral and charged molecules at the air-water-interface by 2nd harmonic-generation—Hydrophobic and solvation effects.J.Chem. Phys.95(2):1310-1315.

[14] Wang HF, Borguet E, and Eisenthal KB.1997.Polarity of liquid interfaces by second harmonic generation spectroscopy.J.Phys.Chem.A 101(4):713-718.

[15] Wang HF, Borguet E, and Eisenthal KB.1998.Generalized interface po-larity scale based on second harmonic spectroscopy.J.Phys.Chem.B 102 (25):4927-4932.

[16] Steel WH, Damkaci F, Nolan R, and Walker RA.2002.Molecular rulers: New families of molecules for measuring interfacial widths.J. Am. Chem.Soc.124(17):4824-4831.

[17] Steel WH and Walker RA.2003.Measuring dipolar width across liquid-liquid interfaces with 'molecular rulers'.Nature 424(6946):296-299.

[18] Zhang X, Steel WH, and Walker RA.2003.Probing solvent polarity across strongly associating solid/liquid interfaces using molecular rulers.J. Phys. Chem.B 107(16):3829-3836.

[19] Zhang XY, Cunningham MM, and Walker RA.2003.Solvent polarity at

polar solid surfaces: The role of solvent structure. J. Phys. Chem. B 107
(14):3183-3195.

[20] Steel WH, Beildeck CL, and Walker RA. 2004. Solvent polarity across
strongly associating interfaces. J. Phys. Chem. B 108(41):16107-16116.

[21] Eisenthal KB. 1992. Equilibrium and dynamic processes at interfaces by
2nd harmonic and sum frequency generation. Annu. Rev. Phys. Chem. 43:
627-661.

[22] Eisenthal KB. 1996. Photochemistry and photophysics of liquid interfaces
by second harmonic spectroscopy. J. Phys. Chem. 100(31):12997-13006.

[23] Corn RM and Higgins DA. 1994. Optical 2nd-harmonic generation as S
probe of surface-chemistry. Chem. Rev. (Washington, DC, USA) 94(1):
107-125.

[24] Garrett BC, Schenter GK, and Morita A. 2006. Molecular simulations of
the transport of molecules across the liquid/vapor interface of water.
Chem. Rev. (Washington, DC, USA) 106(4):1355-1374.

[25] Davidovits P, Kolb CE, Williams LR, Jayne JT, and Worsnop DR. 2006.
Mass accommodation and chemical reactions at gas-liquid interfaces.
Chem. Rev. (Washington, DC, USA) 106(4):1323-1354.

[26] Castro A, Sitzmann EV, Zhang D, and Eisenthal KB. 1991. Rotational re-
laxation at the air-water-interface by time-resolved 2nd harmonic-gener-
ation. J. Phys. Chem 95(18):6752-6753.

[27] Shi X, Borguet E, Tarnovsky AN, and Eisenthal KB. 1996. Ultrafast dy-
namics and structure at aqueous interfaces by second harmonic genera-
tion. Chem. Phys. 205(1-2):167-178.

[28] Zimdars D, Dadap JI, Eisenthal KB, and Heinz TF. 1999. Anisotropic ori-
entational motion of molecular adsorbates at the air-water interface. J.
Phys. Chem. B 103(17):3425-3433.

[29] Zimdars D and Eisenthal KB. 1999. Effect of solute orientation on solva-
tion dynamics at the air/water interface. J. Phys. Chem. A 103(49):
10567-10570.

[30] Nguyen KT, Shang XM, and Eisenthal KB. 2006. Molecular rotation at

negatively charged surfactant/aqueous interfaces. J. Phys. Chem. B 110 (40):19788-19792.

[31] Rao Y, Song DH, Turro NJ, and Eisenthal KB. 2008. Orientational motions of vibrational chromophores in molecules at the air/water interface with time-resolved sum frequency generation. J. Phys. Chem. B 112(43):13572-13576.

[32] Shang XM, Nguyen K, Rao Y, and Eisenthal KB. 2008. In-plane molecular rotational dynamics at a negatively charged surfactant/aqueous interface. J. Phys. Chem. C 112(51):20375-20381.

[33] Rao Y, Hong SY, Turro NJ, and Eisenthal KB. 2011. Molecular orientational distribution at interfaces using second harmonic generation. J. Phys. Chem. C 115(23):11678-11683.

[34] Zimdars D, Dadap JI, Eisenthal KB, and Heinz TF. 1999. Femtosecond dynamics of solvation at the air/water interface. Chem. Phys. Lett. 301(1-2):112-120.

[35] Benderskii AV and Eisenthal KB. 2000. Effect of organic surfactant on femtosecond solvation dynamics at the air-water interface. J. Phys. Chem. B 104(49):11723-11728.

[36] Benderskii AV and Eisenthal KB. 2001. Aqueous solvation dynamics at the anionic surfactant air/water interface. J. Phys. Chem. B 105(28): 6698-6703.

[37] Zimdars D and Eisenthal KB. 2001. Static and dynamic solvation at the air/water interface. J. Phys. Chem. B 105(28):3993-4002.

[38] Benderskii AV and Eisenthal KB. 2002. Dynamical time scales of aqueous solvation at negatively charged lipid/water interfaces. J. Phys. Chem. A 106(33):7482-7490.

[39] Benderskii AV, Henzie J, Basu S, Shang XM, and Eisenthal KB. 2004. Femtosecond aqueous solvation at a positively charged surfactant/water interface. J. Phys. Chem. B 108(37):14017-14024.

[40] Rao Y, Turro NJ, and Eisenthal KB. 2010. Solvation dynamics at the air/water interface with time resolved sum-frequency generation. J. Phys. Chem. C 114(41):17703-17708.

［41］ Sitzmann EV and Eisenthal KB.1989.Dynamics of intermolecular elec-
tronic-energy transfer at an air liquid interface.J.Chem.Phys.90（5）：
2831-2832.

［42］ McGuire JA and Shen YR.2006.Ultrafast vibrational dynamics at water
interfaces.Science 313（5795）：1945-1948.

［43］ McArthur EA and Eisenthal KB.2006.Ultrafast excited-state electron
transfer at an organic liquid/aqueous interface.J.Am.Chem.Soc.128（4）：
1068-1069.

［44］ Zhao XL,Ong SW,Wang HF,and Eisenthal KB.1993.New method for
determination of surface pk（a）using 2nd-harmonic generation.Chem.
Phys.Lett.214（2）：203-207.

［45］ Rao Y,Subir M,McArthur EA,Turro NJ,and Eisenthal KB.2009.Or-
ganic ions at the air/water interface.Chem.Phys.Lett.477（4-6）：241-244.

［46］ Bard AJ and Faulkner LR ed.2000.Electrochemical Methods：Fundamen-
tals and Applications（Wiley,New York）,2nd ed.

［47］ Lyklema J.1991.Fundamentals of Interface and Colloid Science——Funda-
mentals（Academic Press,New York）.

［48］ Levine IN.1975.Molecular Spectroscopy（Wiley,New York）pp.x,491
ill.423 cm.

［49］ Boyd RW.1992.Nonlinear optics（Academic Press,Boston）pp.xiii,439
ill.424 cm.

［50］ Shen YR.1984.The Principles of Nonlinear Optics（Wiley,New York）
pp.xii,563 ill.525 cm.

［51］ Mills DL.1991.Nonlinear Optics：Basic Concepts（Springer-Verlag,Ber-
lin）pp.viii,184 ill.124 cm.

［52］ Nelson DR.2004.Statistical mechanics of membranes and surfaces［Electronic
resource］.World Scientific Publishing,Singapore,pp.xvi,426 ill.

［53］ Rosen MJ.1989.Surfactants and Interfacial Phenomena（Wiley,New York）,
2nd ed,pp.xv,431 ill.423 cm.

［54］ Shen YR.1989.Surface-properties probed by 2nd-harmonic and sum-fre-
quency generation.Nature 337（6207）：519-525.

［55］ Vogel V，Mullin CS，and Shen YR.1991.Probing the structure of the adsorption layer of soluble amphiphilic molecules at the air-water-interface. Langmuir 7(6):1222-1224.

［56］ Kemnitz K，et al.1986.The phase of 2nd-harmonic light generated at an interface and its relation to absolute molecular-orientation.Chem.Phys. Lett.131(4-5):285-290.

［57］ Eisenthal KB.1996.Liquid interfaces probed by second-harmonic and sum-frequency spectroscopy.Chem.Rev.(Washington，DC，USA)96(4): 1343-1360.

［58］ Georgiadis R and Richmond GL.1991.Wavelength-dependent 2nd harmonic-generation from ag(111)in solution.J.Phys.Chem.95(7): 2895-2899.

［59］ Li JW，He G，and Xu Z.1997.Determination of the ratio of nonlinear optical tensor components at solid liquid interfaces using transmission second-harmonic generation(TSHG).J.Phys.Chem.B 101(18):3523-3529.

［60］ Wark A，et al.1997.In-situ ellipsometry and SHG measurements of the growth of CdS layers on CdxHg1-xTe.J.Electroanal.Chem.435(1-2): 173-178.

［61］ Yamada S and Lee IYS.1998.Recent progress in analytical SHG spectroscopy.Anal.Sci.14(6):1045-1051.

［62］ Simpson GJ and Rowlen KL.1999.An SHG magic angle:Dependence of second harmonic generation orientation measurements on the width of the orientation distribution.J.Am.Chem.Soc.121(11):2635-2636.

［63］ Petersen PB，Saykally RJ，Mucha M，and Jungwirth P.2005.Enhanced concentration of polarizable anions at the liquid water surface:SHG spectroscopy and MD simulations of sodium thiocyanide.J.Phys.Chem.B 109(21):10915-10921.

［64］ Rao Y，Tao YS，and Wang HF.2003.Quantitative analysis of orientational order in the molecular monolayer by surface second harmonic generation.J. Chem.Phys.119(10):5226-5236.

［65］ Xu YY，et al. 2009. Inhomogeneous and spontaneous formation of chirality in the Langmuir monolayer of achiral molecules at the air/water interface probed by in situ surface second harmonic generation linear dichroism. J. Phys. Chem. C 113(10):4088-4098.

[66] Wang H, Yan ECY, Borguet E, and Eisenthal KB. 1996. Second harmonic generation from the surface of centrosymmetric particles in bulk solution. Chem. Phys. Lett. 259(1-2):15-20.

[67] Kriech MA and Conboy JC. 2005. Using the intrinsic chirality of a molecule as a label-free probe to detect molecular adsorption to a surface by second harmonic generation. Appl. Spectrosc. 59(6):746-753.

[68] Mifflin AL, Konek CT, and Geiger FM. 2006. Tracking oxytetracyline mobility across environmental interfaces by second harmonic generation. J. Phys. Chem. B 110(45):22577-22585.

[69] Jen SH, Gonella G, and Dai HL. 2009. The effect of particle size in second harmonic generation from the surface of spherical colloidal particles. I: Experimental observations. J. Phys. Chem. A 113(16):4758-4762.

[70] Fomenko V, Gusev EP, and Borguet E. 2005. Optical second harmonic generation studies of ultrathin high-k dielectric stacks. J. Appl. Phys. 97 (8):083711.

[71] Du Q, Superfine R, Freysz E, and Shen YR. 1993. Vibrational spectroscopy of water at the vapor water interface. Phys. Rev. Lett. 70(15):2313-2316.

[72] Miranda PB and Shen YR. 1999. Liquid interfaces: A study by sum-frequency vibrational spectroscopy. J. Phys. Chem. B 103(17):3292-3307.

[73] Zhang D, Gutow J, and Eisenthal KB. 1994. Vibrational-spectra, orientations, and phase-transitions in long-chain amphiphiles at the air-water-interface— Probing the head and tail groups by sum-frequency generation. J. Phys. Chem. 98(51):13729-13734.

[74] Zhang D, Gutow JH, and Eisenthal KB. 1996. Structural phase transitions of small molecules at air/water interfaces. J. Chem. Soc.-Faraday Trans. 92(4):539-543.

[75] Rao Y, Comstock M, and Eisenthal KB. 2006. Absolute orientation of molecules at interfaces. J. Phys. Chem. B 110(4):1727-1732.

[76] Rao Y,Turro NJ,and Eisenthal KB.2009.Water structure at air/acetoni-
trile aqueous solution interfaces.J.Phys.Chem.C 113(32):14384-14389.

[77] Messmer MC,Conboy JC,and Richmond GL.1995.A resonant sum-fre-
quency generation study of surfactant conformation at the liquid-liquid
interface as a function of alkyl chain-length.Abstr.Pap.Am.Chem.Soc.
210:116.

[78] Richmond GL.2001.Structure and bonding of molecules at aqueous sur-
faces.Annu.Rev.Phys.Chem.52:357-389.

[79] Hommel EL,Ma G,and Allen HC.2001.Broadband vibrational sum fre-
quency generation spectroscopy of a liquid surface. Anal. Sci. 17(11):
1325-1329.

[80] Gopalakrishnan S,Liu DF,Allen HC,Kuo M,and Shultz MJ.2006.Vi-
brational spectroscopic studies of aqueous interfaces:Salts,acids,bases,
and nanodrops.Chem.Rev.(Washington,DC,USA) 106(4):1155-1175.

[81] Baldelli S,Schnitzer C,Campbell DJ,and Shultz MJ.1999.Effect of H_2SO_4 and
alkali metal SO_4^{2-}/HSO_4^- Salt solutions on surface water molecules using
sum frequency generation.J.Phys.Chem.B 103(14):2789-2795.

[82] Wang CY,Groenzin H,and Shultz MJ.2005.Comparative study of acetic
acid,methanol,and water adsorbed on anatase TiO_2 probed by sum fre-
quency generation spectroscopy.J.Am.Chem.Soc.127(27):9736-9744.

[83] Baldelli S.2005.Probing electric fields at the ionic liquid-electrode inter-
face using sum frequency generation spectroscopy and electrochemistry.
J.Phys.Chem.B 109(27):13049-13051.

[84] Chen Z,Shen YR,and Somorjai GA.2002.Studies of polymer surfaces by
sum frequency generation vibrational spectroscopy. Annu. Rev. Phys.
Chem.53:437-465.

[85] Lu R,Gan W,Wu BH,Chen H,and Wang HF.2004.Vibrational polari-
zation spectroscopy of CH stretching modes of the methylene goup at
the vapor/liquid interfaces with sum frequency generation.J.Phys.Chem.
B 108(22):7297-7306.

[86] Wang HF,Gan W,Lu R,Rao Y,and Wu BH.2005.Quantitative spectral and

orientational analysis in surface sum frequency generation vibrational spectroscopy (SFG-VS).Int.Rev.Phys.Chem.24(2):191-256.

[87] Geiger FM.2009.Second harmonic generation,sum frequency generation,and chi((3)):Dissecting environmental interfaces with a nonlinear optical Swiss army knife.Annu.Rev.Phys.Chem.60:61-83.

[88] Richter LJ,Petralli-Mallow TP,and Stephenson JC.1998.Vibrationally resolved sum-frequency generation with broad-bandwidth infrared pulses.Opt.Lett.23(20):1594-1596.

[89] Can SZ,Mago DD,Esenturk O,and Walker RA.2007.Balancing hydrophobic and hydrophilic forces at the water/vapor interface:Surface structure of soluble alcohol monolayers.J.Phys.Chem.C 111(25):8739-8748.

[90] Fourkas JT,Walker RA,Can SZ,and Gershgoren E.2007.Effects of reorientation in vibrational sum frequency spectroscopy.J.Phys.Chem.C 111(25):8902-8915.

[91] Ding F,et al.2010.Interfacial organization of acetonitrile:Simulation and experiment.J.Phys.Chem.C 114(41):17651-17659.

[92] Roke S,Kleyn AW,and Bonn M.2005.Femtosecond sum frequency generation at the metal-liquid interface.Surf.Sci.593(1-3):79-88.

[93] Wurpel GWH,Sovago M,and Bonn M.2007.Sensitive probing of DNA binding to a cationic lipid monolayer.J.Am.Chem.Soc.129(27):8420.

[94] Yamaguchi S and Taharaa T.2008.Heterodyne-detected electronic sum frequency generation:"Up" versus "down" alignment of interfacial molecules.J.Chem.Phys.129(10):101102.

[95] Ye S and Osawa M.2009.Molecular structures on solid substrates probed by sum frequency generation (SFG) vibration spectroscopy.Chem.Lett.38(5):386-391.

[96] Liu J and Conboy JC.2004.Phase transition of a single lipid bilayer measured by sum-frequency vibrational spectroscopy. J. Am. Chem. Soc. 126 (29): 8894-8895.

[97] Fan YB,Chen X,Yang LJ,Cremer PS,and Gao YQ.2009.On the structure of water at the aqueous/air interface. J. Phys. Chem. B 113 (34):

11672-11679.

[98] Bordenyuk AN and Benderskii AV.2005.Spectrally-and time-resolved vibrational surface spectroscopy: Ultrafast hydrogen-bonding dynamics at D_2O/CaF_2 interface.J.Chem.Phys.122(13):134713.

[99] Fu L,Liu J,and Yan ECY.2011.Chiral sum frequency generation spectroscopy for characterizing protein secondary structures at interfaces.J. Am.Chem.Soc.133(21):8094-8097.

[100] Shen YR.1989.Optical 2nd harmonic-generation at interfaces.Annu. Rev.Phys.Chem.40:327-350.

[101] Shang XM,Benderskii AV,and Eisenthal KB.2001.Ultrafast solvation dynamics at silica/liquid interfaces probed by time-resolved second harmonic generation.J.Phys.Chem.B 105(47):11578-11585.

[102] Harris AL and Rothberg L.1991.Surface vibrational-energy relaxation by sum frequency generation—5-wave mixing and coherent transients. J.Chem.Phys.94(4):2449-2457.

[103] Ghosh A,et al.2008.Ultrafast vibrational dynamics of interfacial water. Chem.Phys.350(1-3):23-30.

[104] Eftekhari-Bafrooei A and Borguet E.2010.Effect of hydrogen-bond strength on the vibrational relaxation of interfacial water.J.Am.Chem. Soc.132(11):3756-3761.

[105] Zhang D,Gutow JH,Eisenthal KB,and Heinz TF.1993.Sudden structural-change at an air binary-liquid interface—Sum frequency study of the air acetonitrile-water interface.J.Chem.Phys.98(6):5099-5101.

[106] Hirose C,Akamatsu N,and Domen K.1992.Formulas for the analysis of the surface sfg spectrum and transformation coefficients of cartesian sfg tensor components.Appl.Spectrosc.46(6):1051-1072.

[107] Hirose C,Akamatsu N,and Domen K.1992.Formulas for the analysis of surface sum-frequency generation spectrum by ch stretching modes of methyl and methylene groups.J.Chem.Phys.96(2):997-1004.

[108] Hirose C,Yamamoto H,Akamatsu N,and Domen K.1993.Orientation analysis by simulation of vibrational sum-frequency generation spec-

trum—ch stretching bands of the methyl-group.J.Phys.Chem.97(39)：10064-10069.

[109] Stanners CD,et al.1995.Polar ordering at the liquid-vapor interface of N-alcohols (C-1-C-8).Chem.Phys.Lett.232(4)：407-413.

[110] Zhuang X,Miranda PB,Kim D,and Shen YR.1999.Mapping molecular orientation and conformation at interfaces by surface nonlinear optics. Phys.Rev.B 59(19)：12632-12640.

[111] Wei X,Hong SC,Zhuang XW,Goto T,and Shen YR.2000.Nonlinear optical studies of liquid crystal alignment on a rubbed polyvinyl alcohol surface.Phys.Rev.E 62(4)：5160-5172.

[112] Luca AAT,Hebert P,Brevet PF,and Girault HH.1995.Surface 2nd-harmonic generation at air/solvent and solvent/solvent interfaces. J. Chem.Soc.-Faraday Trans.91(12)：1763-1768.

[113] Brevet PF.1996.Phenomenological three-layer model for surface second-harmonic generation at the interface between two centrosymmetric media.J. Chem.Soc.-Faraday Trans.92(22)：4547-4554.

[114] Vidal F and Tadjeddine A.2005.Sum-firequency generation spectroscopy of interfaces.Rep.Prog.Phys.68(5)：1095-1127.

[115] Simpson GJ and Rowlen KL.2000.Orientation-insensitive methodology for second harmonic generation. 1. Theory. Anal. Chem. 72（15）：3399-3406.

[116] Simpson GJ,Westerbuhr SG,and Rowlen KL.2000.Molecular orientation and angular distribution probed by angle-resolved absorbance and second harmonic generation.Anal.Chem.72(5)：887-898.

[117] Simpson GJ.2001.New tools for surface second-harmonic generation. Appl.Spectrosc.55(1)：16A-32A.

[118] Esenturk O and Walker RA.2006.Surface vibrational structure at alkane liquid/vapor interfaces.J.Chem.Phys.125(17)：174701.

[119] Voges AB,et al.2004.Carboxylic acid-and ester-functionalized siloxane scaffolds on glass studied by broadband sum frequency generation.J. Phys.Chem.B 108(48)：18675-18682.

［120］Smits M，et al. 2007. Polarization-resolved broad-bandwidth sum-frequency generation spectroscopy of monolayer relaxation.J.Phys.Chem. C 111(25):8878-8883.

［121］Wang ZH，et al.2008.Ultrafast dynamics of heat flow across molecules. Chem.Phys.350(1-3):31-44.

［122］Jayathilake HD，et al.2009.Molecular order in langmuir-blodgett monolayers of metal-ligand surfactants probed by sum frequency generation. Langmuir 25(12):6880-6886.

［123］Velarde L，et al.2011.Communication:Spectroscopic phase and lineshapes in high-resolution broadband sum frequency vibrational spectroscopy:Resolving interfacial inhomogeneities of "identical" molecular groups.J.Chem.Phys.135(24):241102.

［124］Maroncelli M and Fleming GR.1987.Picosecond solvation dynamics of coumarin-153—The importance of molecular aspects of solvation. J. Chem.Phys.86(11):6221-6239.

［125］Kahlow MA，Jarzeba W，Kang TJ，and Barbara PF.1989.Femtosecond resolved solvation dynamics in polar-solvents. J. Chem. Phys. 90 (1): 151-158.

［126］Kang TJ，Jarzeba W，Barbara PF，and Fonseca T.1990.A photodynamical model for the excited-state electron-transfer of bianthryl and related molecules.Chem.Phys.149(1-2):81-95.

［127］Jimenez R，Fleming GR，Kumar PV，and Maroncelli M.1994.Femtosecond solvation dynamics of water.Nature 369(6480):471-473.

［128］Rosenthal SJ，Jimenez R，Fleming GR，Kumar PV，and Maroncelli M. 1994.Solvation dynamics in methanol—Experimental and moleculardynamics simulation studies.J.Mol.Liq.60(1-3):25-56.

［129］Gardecki J，Horng ML，Papazyan A，and Maroncelli M.1995.Ultrafast measurements of the dynamics of solvation in polar and nondipolar solvents.J.Mol.Liq.65-66:49-57.

［130］Horng ML，Gardecki JA，Papazyan A，and Maroncelli M.1995.Subpicosecond measurements of polar solvation dynamics—Coumarin-153 revisited.J.Phys.Chem.99(48):17311-17337.

[131] Kumar PV and Maroncelli M.1995.Polar solvation dynamics of polya-tomic solutes—Simulation studies in acetonitrile and methanol. J. Chem.Phys.103(8):3038-3060.

[132] Reid PJ and Barbara PF.1995.Dynamic solvent effect on betaine-30 electron-transfer kinetics in alcohols.J.Phys.Chem.99(11):3554-3565.

[133] Shi XL,Long FH,and Eisenthal KB.1995.Electron solvation in neat al-cohols.J.Phys.Chem.99(18):6917-6922.

[134] Sarkar N,Datta A,Das S,and Bhattacharyya K.1996.Solvation dynamics of coumarin 480 in micelles.J.Phys.Chem.100(38):15483-15486.

[135] Passino SA,Nagasawa Y,Joo T,and Fleming GR.1997.Three-pulse echo peak shift studies of polar solvation dynamics. J. Phys. Chem. A 101(4):725-731.

[136] de Boeij WP,Pshenichnikov MS,and Wiersma DA.1998.Ultrafast sol-vation dynamics explored by femtosecond photon echo spectroscopies. Annu.Rev.Phys.Chem.49:99-123.

[137] Lang MJ,Jordanides XJ,Song X,and Fleming GR.1999.Aqueous solvation dynamics studied by photon echo spectroscopy. J. Chem. Phys. 110 (12): 5884-5892.

[138] Levinger NE.2000.Ultrafast dynamics in reverse micelles,microemul-sions,and vesicles.Curr.Opin.Colloid Interface Sci.5(1-2):118-124.

[139] Pant D and Levinger NE.2000.Polar solvation dynamics in nonionic re-verse micelles and model polymer solutions. Langmuir 16 (26): 10123-10130.

[140] Faeder J and Ladanyi BM.2001.Solvation dynamics in aqueous reverse micelles：A computer simulation study. J. Phys. Chem. B 105 (45): 11148-11158.

[141] Hazra P and Sarkar N.2002.Solvation dynamics of Coumarin 490 in methanol and acetonitrile reverse micelles. Phys. Chem. Chem. Phys. 4 (6):1040-1045.

[142] Matyushov DV.2005.On the microscopic theory of polar solvation dy-

namics.J.Chem.Phys.122(4):044502.

[143] Gauduel Y and Rossky PJ ed.1994.Ultrafast Reaction Dynamics and Solvent Effects:Royaumont,France 1993 (American Institute of Physics,New York) pp.x,564 ill.524 cm.

[144] Simon JD ed.1994.Ultrafast Dynamics of Chemical Systems (Kluwer Academic Publishers,Dordrecht) pp.vi,385 ill.325 cm.

[145] Dogonadze RR.1985.The Chemical Physics of Solvation (Elsevier,Amsterdam) pp.3,v.ill.25 cm.

[146] Marechal Y.2007.The Hydrogen Bond and the Water Molecule:The Physics and Chemistry of Water,Aqueous and Bio Media (Elsevier,Amsterdam) 1st Ed,pp.xiii,318 ill.325 cm.

[147] Auer BM and Skinner JL.2009.Water:Hydrogen bonding and vibrational spectroscopy,in the bulk liquid and at the liquid/vapor interface.Chem.Phys.Lett.470(1-3):13-20.

[148] Gale GM,Gallot G,Hache F,and Lascoux N.1999.Femtosecond dynamics of hydrogen bonds in liquid water:A real time study.Phys.Rev.Lett.82:1-4.

[149] Koffas TS,Kim J,Lawrence CC,and Somorjai GA.2003.Detection of immobilized protein on latex microspheres by IR-visible sum frequency generation and scanning force microscopy.Langmuir 19(9):3563-3566.

[150] Tokmakoff A.2003.Coherent 2D IR spectroscopy:Molecular structure and dynamics in solution.J.Phys.Chem.A 107(27):5258-5279.

[151] Yeremenko S,Pshenichnikov MS,and Wiersma DA.2003.Hydrogen-bond dynamics in water explored by heterodyne-detected photon echo.Chem.Phys.Lett.369:107-113.

[152] Nagarajan V,Brearley AM,Kang TJ,and Barbara PF.1987.Time-resolved spectroscopic measurements on microscopic solvation dynamics.J.Chem.Phys.86(6):3183-3196.

[153] Chandler D,et al.1988.Solvation-General discussion.Faraday Discuss.85:77-106.

[154] Jarzeba W,Walker GC,Johnson AE,Kahlow MA,and Barbara PF.

1988. Femtosecond microscopic solvation dynamics of aqueous-solutions.J.Phys.Chem.92(25):7039-7041.

[155] Kahlow MA，Kang TJ，and Barbara PF.1988.Transient solvation of polar dye molecules in polar aproticsolvents. J. Chem. Phys. 88（4）：2372-2378.

[156] Asbury JB，Steinel T，and Fayer MD.2004.Hydrogen bond networks：Structure and evolution after hydrogen bond breaking.J.Phys.Chem.B 108(21):6544-6554.

[157] Woutersen S and Bakker HJ.1999.Hydrogen bond in liquid water as a Brownian oscillator.Phys.Rev.Lett.83(10):2077-2080.

[158] Benjamin I.1991.Theoretical-study of ion solvation at the water liquid-vapor interface.J.Chem.Phys.95(5):3698-3709.

[159] Benjamin I.2002.Chemical reaction dynamics at liquid interfaces：A computational approach.Prog.React.Kinet.Mech.27(2):87-126.

[160] Benjamin I.2009.Solute dynamics at aqueous interfaces.Chem.Phys.Lett.469(4-6):229-241.

[161] Esenturk O and Walker RA.2004.Surface structure at hexadecane and halo-hexadecane liquid/vapor interfaces. J. Phys. Chem. B 108（30）：10631-10635.

[162] Volkov AG ed.2001.Liquid interfaces in chemical，biological，and phar-maceutical applications［Electronic resource].In Surfactant Science Se-ries，v.95(Marcel Dekker，New York).

[163] Chuang TJ and Eisenthal KB.1975.Studies of excited-state charge-transfer interactions with picosecond laser pulses.J.Chem.Phys.62(6):2213-2222.

[164] Gnadig K and Eisenthal KB.1977.Picosecond kinetics of excited charge-transfer interactions.Chem.Phys.Lett.46(2):339-342.

[165] Wang Y，Crawford MK，McAuliffe MJ，and Eisenthal KB.1980.Picosec-ond laser studies of electron solvation in alcohols.Chem.Phys.Lett.74(1):160-165.

[166] Long FH，Shi XL，Lu H，and Eisenthal KB.1994.Electron photodetach-

ment from halide-ions in solution—Excited-state dynamics in the polarization well.J.Phys.Chem.98(30):7252-7255.

[167] Long FH,Lu H,and Eisenthal KB.1995.Femtosecond transient absorption studies of electrons in liquid alkanes.J.Phys.Chem.99(19): 7436-7438.

[168] Sovago M,et al.2008.Vibrational response of hydrogen-bonded interfacial water is dominated by intramolecular coupling.Phys.Rev.Lett.100 (17):173901.

[169] Wang ZH,et al.2008.Ultrafast dynamics of heat flow across molecules. Chem.Phys.Lett.350(1-3):31-44.

[170] Lin SH and Villaeys AA.1994.Theoretical description of steady-state sum-frequency generation in molecular adsorbates.Phys.Rev.A 50(6): 5134-5144.

[171] Villaeys AA,Pflumio V,and Lin SH.1994.Theory of 2nd-harmonic generation of molecular-systems—The case of coincident pulses.Phys. Rev.A 49(6):4996-5014.

[172] Lin SH,et al.1996.Molecular theory of second-order sum-frequency generation.Physica B 222(1-3):191-208.

[173] Wang CF,Akhremitchev B,and Walker GC.1997.Femtosecond infrared and visible spectroscopy of photoinduced intermolecular electron transfer dynamics and solvent-solute reaction geometries:Coumarin 337 in dimethylaniline.J.Phys.Chem.A 101(15):2735-2738.

[174] Pantano DA and Laria D.2003.Molecular dynamics study of solvation of coumarin 314 at the water/air interface.J.Phys.Chem.B 107:2971-2977.

[175] Pantano DA,Sonoda MT,Skaf MS,and Laria D.2005.Solvation of coumarin 314 at water/air interfaces containing anionic surfactants.I.Low coverage.J.Phys.Chem.B 109(15):7365-7372.

[176] Marcus RA.1956.On the theory of oxidation-reduction reactions involving electron transfer.1.J.Chem.Phys.24(5):966-978.

[177] Bolton JR,Mataga N,McLendon G ed.1991.Electron Transfer in Inorganic,Organic,and Biological Systems（American Chemical Society,

Washington, DC) pp.viii, 295 ill.224 cm.

[178] Bixon M and Jortner J ed.1999.Electron Transfer—From Isolated Molecules to Biomolecules (Wiley, New York) pp.2, v.ill.24 cm.

[179] Gratzel M.1989.Heterogeneous Photochemical Electron Transfer (CRC Press, Boca Raton, FL) pp.159, ill.127 cm.

[180] Leonhardt H and Weller A.1963.Elektronenubertragungsreaktionen des angeregten perylens [Electron transfer reaction of the excited perylene].Berichte Der Bunsen-Gesellschaft Fur Physikalische Chemie 67(8):791-795.

[181] Syage JA, Felker PM, and Zewail AH.1984.Picosecond excitation and selective intramolecular rates in supersonic molecular-beams.3.Photochemistry and rates of a charge-transfer reaction.J.Chem.Phys.81(5): 2233-2256.

[182] Chuang TJ and Eisentha KB.1973.Measurements of rate of excited charge-transfer complex-formation using picosecond laser pulses.J.Chem.Phys.59(4):2140-2141.

[183] Eisenthal KB.1975.Studies of chemical and physical processes with picosecond lasers.Acc.Chem.Res.8(4):118-123.

[184] Wang Y, Crawford MK, and Eisenthal KB.1980.Intramolecular excited-state charge-transfer interactions and the role of ground-state conformations.J.Phys.Chem.84(21):2696-2698.

[185] Wang Y, Crawford MC, and Eisenthal KB.1982.Picosecond laser studies of intramolecular excited-state charge-transfer dynamics and small-chain relaxation.J.Am.Chem.Soc.104(22):5874-5878.

[186] Weidemaier K, Tavernier HL, Swallen SF, and Fayer MD.1997.Photoinduced electron transfer and geminate recombination in liquids.J.Phys.Chem.A 101(10):1887-1902.

[187] Castner EW, Kennedy D, and Cave RJ.2000.Solvent as electron donor: Donor/acceptor electronic coupling is a dynamical variable.J.Phys.Chem.A 104(13):2869-2885.

[188] Fox MA.1988.Photoinduced Electron Transfer (Elsevier, New York)

pp.4,v.ill.25 cm.

[189] Frontiera RR,Dasgupta J,and Mathies RA.2009.Probing interfacial electron transfer in coumarin 343 sensitized TiO_2 nanoparticles with femtosecond stimulated Raman.J.Am.Chem.Soc.131(43):15630-15632.

[190] Huber R,Moser JE,Gratzel M,and Wachtveitl J.2002.Observation of photoinduced electron transfer in dye/semiconductor colloidal systems with different coupling strengths.Chem.Phys.285(1):39-45.

[191] Johnson AE,Tominaga K,Walker GC,Jarzeba W,and Barbara PF. 1993. Femtosecond electron-transfer—experiment and theory. Pure Appl.Chem.65(8):1677-1680.

[192] Benjamin I and Pollak E.1996.Variational transition state theory for electron transfer reactions in solution.J.Chem.Phys.105(20):9093-9103.

[193] Vieceli J and Benjamin I.2004.Electron transfer at the interface between water and self-assembled monolayers.Chem.Phys.Lett.385(1-2):79-84.

[194] Chuang TJ,Cox RJ,and Eisentha KB.1974.Picosecond studies of excited charge-transfer interactions in anthracene-$(CH_2)_3$-N,N-dimethylaniline systems.J.Am.Chem.Soc.96(22):6828-6831.

[195] McArthur EA.2008.Time-resolved second harmonic generation (TR-SHG) studies at aqueous liquid interfaces.PhD thesis.

[196] Shirota H,Pal H,Tominaga K,and Yoshihara K.1998.Substituent effect and deuterium isotope effect of ultrafast intermolecular electron transfer:Coumarin in electron-donating solvent. J. Phys. Chem. A 102 (18):3089-3102.

[197] Chuang TJ and Eisentha KB.1972.Theory of fluorescence depolarization by anisotropic rotational diffusion.J.Chem.Phys.57(12):5094.

[198] Tao T.1969.Time-dependent fluorescence depolarization and brownian rotational diffusion coefficients of macromolecules.Biopolymers 8(5): 609-632.

[199] Szabo A.1984.Theory of fluorescence depolarization in macromolecules and membranes.J.Chem.Phys.81(1):150-167.

[200] Wang CC and Pecora R.1980.Time-correlation functions for restricted

rotational diffusion.J.Chem.Phys.72(10):5333-5340.

[201] Gengeliczki Z,Rosenfeld DE,and Fayer MD.2010.Theory of interfacial orientational relaxation spectroscopic observables. J. Chem. Phys. 132 (24):244703.

[202] Johnson ML,Rodriguez C,and Benjamin I.2009.Rotational dynamics of strongly adsorbed solute at the water surface.J.Phys.Chem.A 113(10): 2086-2091.

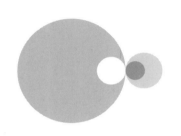

第 11 章

通过弛豫辅助 2D IR 光谱学研究分子中的能量输运

11.1 简介

二维红外(2D IR)方法允许将分子体系中不同振子的频率分布相关联,从而提供结构约束及对分子动力学的重要见解[1-6]。2D IR 方法作为分析技术的适用性将由几个因素决定,如灵敏度、便利空间局域振动标记的可用性,以及有效收集任意给定分子体系大量结构约束的能力。双频 2D IR 测量使用外差探测三脉冲非线性方法,提供了最高灵敏度,并允许在抑制对角峰的同时,收集大量交叉峰[7-9]。这些测量的细节将在下一节讨论,其重点是灵敏度和相位稳定性问题。最近提出的弛豫辅助 2D IR(relaxation-assisted,RA 2D IR)方法[10]允许将交叉峰幅度提高超一个量级,并且提供附加结构约束,这与键连接式样及振动模的离域程度都相关。11.3 节给出原理和实例来说明 RA 2D IR 光谱的优点。RA 2D IR 允许测量分子尺度的能量输运;这种输运分子体系将在 11.4 节中讨论。涉及指纹区域中离域模式的 2D IR 测量,将在 11.5 节中讨论。

11.2　双频 2D IR 测量

双频 2D IR 装置的原理图如图 11.1 所示。两个光学参量放大器(optical parametric amplifier,OPA)和两个不同频率发生(different frequency generation,DFG)单元用以产生两束中 IR 光(mIR1 和 mIR2)。两束中红外光都会分为两部分,于是形成 k_1、k_2、k_3 和本机振荡(local oscillator,LO)光。这些光随后经历计算机控制的延时台,允许以高精度设置 IR 脉冲间的延迟。在延时台之后,用成对的波片和线栅偏振器设置所有四束光的偏振。k_1、k_2 和 k_3 光束聚焦到样品中(图 11.1)以满足相位匹配条件。相位匹配条件取决于三阶响应频率。对 $\omega_3 < \omega_1 (=\omega_2)$(图 11.2(a))和 $\omega_3 > \omega_1 (=\omega_2)$(图 11.2(b))的情形,图 11.2 以 $\omega_{EF} = \omega_3$ 的三阶响应为例展示相位匹配要求。这里,$\hbar\omega_{1-3}$ 是由 k_1、k_2,k_3 各束光激发后分子体系状态的能量。光的方向应满足能量和动量守恒关系:$\omega_{EF} = -\omega_1 + \omega_2 + \omega_3$ 和 $k_{EF} = -k_1 + k_2 + k_3$。这里,使用实验室坐标下的波矢标记每束光。注意,将一束光标为 k_1,并不一定意味着该束光脉冲先与样品作用。实际脉冲的排序由每束光引入的时间延迟确定,传统上由双 Feynman 图表示[4]。图 11.3 显示用于描述一个交叉峰对的 Feynman 图,包括所谓的重聚相实验(R_1 和 R_2),其中脉冲 k_1 先到达;和非重聚相实验(N_1 和 N_2),其中脉冲 k_2 先到达。请注意,如果目标是不同的交叉峰,则需改变聚焦到抛物面反射镜(P1)前的三束光的几何排布(图 11.2)。这种要求使得在一个大光谱区域上的 2D IR 光谱扫描变得复杂。在相位匹配方向发射的三阶信号,由抛物面反射镜(P2)重新准直,再使用 50/50 分束器(beam splitter,BS)与 LO 混合,并通过一对单通道探测器的平衡检测方案[11],或通过连接到单色仪的阵列探测器(D3)来测量。利用一对单通道探测器,三阶场和 LO 的干涉图以两个延迟时间的函数来测量($M(\tau,t)$),其中,退相时间 τ 是前两个脉冲 k_1 和 k_2 间的延迟,探测时间 t 是脉冲 k_3 和 k_{LO} 间的延迟。等待时间 T 在这些测量中保持不变。2D IR 光谱通过 $M(\tau,t)$ 数据集的双傅里叶变换得到,并以 ω_t 和 ω_τ 为横纵坐标绘制等高线图。若使用多通道探测器,当扫描单个时间轴(τ)时,ω_t 轴可直接从探测器获得。可以测得在不同等待时间下的 2D IR 光谱。

2D IR 方法是一种相位敏感技术,因此要求实验中的脉冲相位精度高且可控。脉冲对(k_1,k_2)和(k_3,k_{LO})中的相位差,由它们从分束点到样品池传播光程差的差异决定。延时台(通常是机械的)给脉冲对(来自同一束中 IR 光)

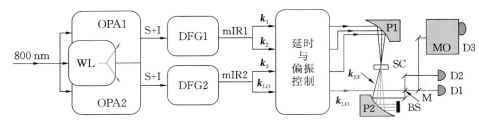

图 11.1 利用外差检测的双频 2D IR 装置方案。两台 OPA 以共用 Ti:S 再生放大器(ω_F）输出为泵，以共用白光（white light，WL）为种子源。在 $\omega_1 = \omega_F - \omega_S$ 的参量生成过程中，产生两对近 IR 脉冲：信号光（ω_S）和闲频光（ω_1）。每对信号、闲频脉冲产生一束差频光：$\omega_{mIR} = \omega_S - \omega_1$。产生的中 IR 脉冲（mIR1 和 mIR2）在 2.5 μm 至 20 μm 间可调，且脉冲持续时间大约与 800 nm 脉冲的持续时间相当。抛物面反射镜 P1 和 P2 将三束中 IR 光聚焦到样品上并重新准直三阶信号。这里表示为发射场（emitted field，EF）的三阶信号使用 50/50 分束器（beam splitter，BS）指向一对单通道探测器（D1 和 D2）。LO 与 EF 共线，也导向探测器。注意为了进行单通道平衡检测，应拆除反射镜 M。或者，连接到单色仪（monochromator，MO）（和反射镜 M）的阵列探测器（D3）可用于光谱干涉测量以探测 2D IR 光谱

的相对相位引入最大不确定性。外部相位测量体系，对昂贵平移台而言是一个优越替代，其通常基于利用连续光（continuous wave，CW）HeNe 激光的干涉位置测量，有两种方案被使用过。

一种方法是，中 IR 光被分成两束（k_1 和 k_2）之前，就将 HeNe 光引入其光路中。当中 IR 光被分成 k_1 和 k_2 两束光时，HeNe 光也被分成两束。这两束反映 k_1 和 k_2 光的 HeNe 光在抛物面反射镜（P1）前被反射，用于进行条纹计数干涉测量[12]。在这种方法中，在评估两束中 IR 脉冲相对相位时，通过 HeNe 光共同传播的所有元件的波动都被包括内。

另一种方法是，每个平移台都使用一台外部 HeNe 干涉仪[13]。在这种情况下，每个平移台的绝对位置被精确地测量。已发现这种外部位置测量体系为中 IR 测量提供了足够的精度。可以测试这个位置控制体系的性能：在 IR 路径上引入另一束 HeNe 光，记录其与自身的干涉以对其频谱进行测量，同时使用外部干涉位置测量体系测定延时台的延迟时间。HeNe 激光相干长度约为 10 cm，记录到其线宽约为 1 cm^{-1}（FWHM，图 11.4）。发现所测延迟的精度优于 7 nm（<50 as）。使用外部位置测量体系所获结果表明，常规的反射镜支架可为中 IR 区的相位敏感测量提供足够稳定性，并确认最大不稳定性来自

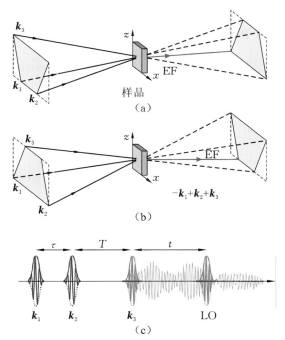

图 11.2 满足 $\omega_3 < \omega_1$(a)和 $\omega_3 > \omega_1$(b)情况下相位匹配条件($k_{EF} = -k_1 + k_2 + k_3$ 和 $\omega_{EF} = \omega_1 - \omega_2 + \omega_3$)的光的几何排布。EF 矢量表示双频三阶信号的方向。(c)实验中所用脉冲序列的一个例子,其中,脉冲 k_1 首先到达,k_2 其次,k_3 第三个到达。虽然在特定实验中的脉冲序列可以不同,但总是用 τ 表示第一个与第二个到达样品脉冲间的延迟。同样,T 表示第二个和第三个到达脉冲间的延迟

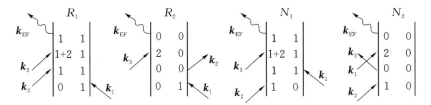

图 11.3 刘维尔路径,描述在 k_1 和 k_2 脉冲对应模式 1、k_3 和 k_{LO} 脉冲对应模式 2 的脉冲序列下,所测双频 2D IR 光谱中模式 1 和模式 2 间的交叉峰。所示图描述重聚相(R_1 和 R_2)和非重聚相(N_1 和 N_2)实验

机械平移台。

　　双频 2D IR 测量使用的两对脉冲来自两个不同的 OPA。这些脉冲的相对相位有多稳定呢?脉冲的相位稳定性可以通过将两台 OPA 所得的脉冲调

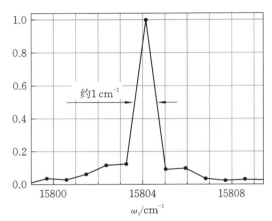

图 11.4 使用外部位置测量体系，从 1 cm 长的干涉图中恢复的 HeNe 光光谱。(取自 Kasyanenko VM，et al.2009.J.Chem.Phys.131:154508/154501-154508/154512.)

谐到相同频率并观察它们之间的干涉来测试。或者，可以调整两束中 IR 光，使它们的中心频率相差一个两倍因子。其中一束中 IR 光产生二次谐波使它们具有相同频率，从而可观察其干涉。这样就将相对相位的不稳定性转换成干涉图样的幅度不稳定性。为了使两台 OPA 的输出拥有稳定的相位关系，基础激光脉冲的模式质量很重要。两台 OPA 使用共用白光(图 11.1)不仅方便，而且有助于实现两台 OPA 的脉冲的稳定相位关系。虽然通常所有四束脉冲间的相位稳定性都很重要，但有几类实验(即脉冲序列)仅需要相同中心频率的成对脉冲之间具有相位稳定性(图 11.3)——这些脉冲序列主要用于已报道的双频 2D IR 实验[7,14]。

几种内秉相位稳定的设计已由"单色"2D IR 测量所实现，其中所有的中 IR 光都源自单台 OPA，这包括使用衍射光学[15,16]和脉冲整形[17]等方法。Zanni 组开发了一种精巧的 2D IR 光谱仪[17]，用中 IR 脉冲整形器产生共同传播的脉冲对，脉冲之间的延迟在脉冲整形器中通过电子控制而实现[17]。这两束脉冲被用作 k_1 和 k_2 脉冲，第三束(探测)脉冲与前两束脉冲以一定角度在样品中交汇且其强度用光谱干涉法探测。除了相位稳定性，该方法具有极快的数据采集功能，并可有效抑制噪声。这些手段在双频 2D IR 测量方向的发展将是很有意义的。

11.2.1 灵敏度

对任何分析技术而言，其灵敏度都是一个重要要求。有三个非共线中 IR

脉冲的 2D IR 方法具有优异灵敏度,因为它形式上是一种无背景技术,能独立控制第三束脉冲光强度和本机振荡光强度。前两束中 IR 脉冲的非共线性,导致它们在样品中形成瞬态光栅(图 11.2)。光栅周期由光矢刻画,是前两束脉冲光矢的矢量差。根据前两束脉冲各自的偏振,强度光栅或相位光栅可占主导地位。第三束光被光栅衍射到与三束激光脉冲不同的方向,允许无背景测量。三阶信号的发射场 EF 指向探测器,并在此处与 LO 光共线重叠。由于 LO 脉冲与第三脉冲不同,与共线 k_1 和 k_2 脉冲的方案相反,这里的 k_3 脉冲功率可与前两束脉冲相似,从而提高了被衍射的三阶信号的幅度。LO 可被独立调节以免探测器饱和。结果是,测量信号并非与零差探测和泵浦-探测方案那样取决于第三束(探测)脉冲的强度(E_3^2),而是取决于 $E_3 E_{LO}$,其中 E_3 与 E_{LO} 分别表示第三束(探测)脉冲和 LO 的电场振幅。由于第三束脉冲和 LO 的这种功能分离,外差探测非共线三脉冲配置中的测量灵敏度是优异的。报道中这种方法已有测量小于 $0.005~\mathrm{cm}^{-1}$ 反对角非谐性的能力[18]。

2D IR 光谱的等待时间依赖性,可提供关于分子体系结构和动力学的有价值数据。例如,分子体系中的结构变化,可借助所谓的化学交换方法[19-21]用 2D IR 光谱进行跟踪,如果它们发生在与受激振动模式寿命相当的时间尺度上。振动与电子的烧孔和荧光峰移位测量,具有相同的一般原理:受激振子的频率作为等待时间的函数在光谱上进行跟踪,能反映相关振子的变化。通常在此种测量中观察所选振子的频率:当体系中发生构象或化学变化时,频率发生变化。

通过 2D IR 光谱所得交叉峰也随等待时间的变化而改变其形状和幅度。通过名为弛豫辅助(relaxation-assisted,RA)2D IR 光谱,可从其等待时间依赖性获得关于体系的重要信息,包括模式连接式样、模式空间位置、能量输运路径和效率等[10]。

11.3　弛豫辅助 2D IR:新结构的报告者

11.3.1　原理

2D IR 交叉峰如何依赖于等待时间? $T=0$ 处交叉峰的幅度和形状由所涉模式的耦合所决定,这导致了其组合带能级的偏移(图 11.5(a))。在实验中,前两束 IR 脉冲在 ω_1 处作用于模式,第三束脉冲探测到约为 ω_2 的跃迁,在

2D IR 光谱的$(\omega_\tau,\omega_t)=(\omega_1,\omega_2)$区域观察到交叉峰对(图 11.5(a)和图 11.3)。沿ω_t(探测)方向的信号贡献涉及在ω_2(通常称为基态漂白,图中R_1或N_1)处和在$\omega_2-\Delta_{12}$(激发态吸收,图中R_2或N_2)处的跃迁。注意受激辐射信号不会出现在交叉峰区域,因为频率ω_2不能激发频率ω_1处的跃迁。两种贡献(路径)的相位差为π,这导致 2D IR 光谱中两峰的不同符号。虽然可任意选择 2D IR 光谱的总体符号,但我们遵循泵浦-探测光谱学的惯例,即 2D IR 峰幅度具有吸光度单位,并且在如此假定下,当较少探测光达到探测器时其为正(激发态吸收)。由前两束脉冲激发的模式在本章中被称为标签模式,由第三束脉冲探测的模式被称为报告者模式。

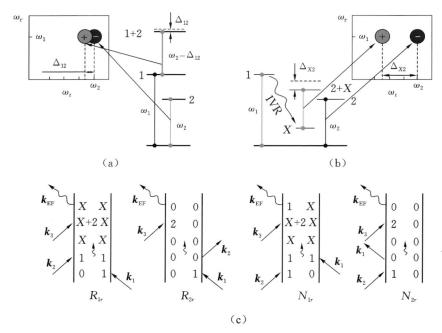

(a)　　　　　　　　　　(b)

(c)

图 11.5　所涉三个耦合振荡振子$(\omega_1$、ω_2、$\omega_X)$的能量图,以及中 IR 脉冲序列的传统 2D IR (a)、RA 2D IR(b)二维频谱图。在此脉冲序列中,k_1和k_2光激发ω_1模式,k_3光激发ω_2、$\omega_2-\Delta_{12}$和$\omega_2-\Delta_{X2}$的跃迁。用细箭头表示导致交叉峰对中峰的跃迁。(c)主导 RA 2D IR 交叉峰的刘维尔途径。图描述了重聚相实验(R_{1r}和R_{2r})和非重聚相实验(N_{1r}和N_{2r})

注意若两个模式在空间上有良好分离,则它们的耦合(非谐性位移Δ_{12})很小(图 11.5(a))。2D IR 光谱中两峰间的小分离(图 11.5(a)),导致图 11.3 中R_1和R_2或N_1和N_2图描述的交叉峰对中,负(在$\omega_t=\omega_2$时)和正(在$\omega_t=$

ω_2 时)交叉峰的抵消。这种抵消导致交叉峰对中两峰幅度的显著降低。有趣的是,在 $\Delta_{12} \ll \delta\omega$ 条件下,所得交叉峰间的分离(图 11.6(a))与 Δ_{12} 无关,却是 $\delta\omega$ 的简单函数,其中 $\delta\omega$ 是跃迁的 FWHM[22]。例如,若跃迁可用 Lorentz 剖面近似,则当 $\Delta_{12} \ll \delta\omega$ 时,交叉峰对中最小值与最大值间的频率差约为 $1.58\delta\omega$ (图 11.6(a))。而对小 Δ_{12} 而言,峰的分离不表征 Δ_{12},而交叉峰幅度却表征。如果 $\Delta_{12}/\delta\omega \ll 1$,交叉峰幅度线性依赖于 Δ_{12}(图 11.6(b))。

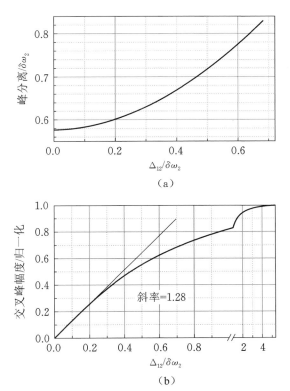

图 11.6 沿 ω_t 轴的交叉峰对中,极值的表观分离(a)及所产生的交叉峰幅度(b[①]),都作为归一化到报告者的跃迁宽度($\delta\omega_2$)的反对角非谐性(Δ_{12})的函数

由于标签模式的弛豫、分子体系中其他模式的激发,交叉峰幅度随等待时间而变化。源自图 11.3 所示刘维尔路径的信号减少,与图 11.5(c)所示路径相关的新信号出现。此动力学可被理解为由分子中的受激模式(X)所引起的报告者模式频率变化。若与报告者模式有强烈耦合一个模式(X)通过振动弛豫

---

① 译者添。

产生布居,则可很容易观察到交叉峰对中正峰的偏移(大 $\Delta_{X/report}$)。图 11.7 显示三个等待时间下,香豆素-3 腈中的 CN/CO 交叉峰对。在 $\omega_\tau = \omega_{tag}$ 处的峰对 (ω_0^i)中的正峰和负峰间的零等高线的 ω_t,可作为信号起源变化的指示符。注意,当两种跃迁变得不可区分、模式耦合(Δ_{12})趋于零时,$\langle 01| \to \langle 11|$ 跃迁的频谱包络趋向于 $\langle 00| \to \langle 10|$ 跃迁的频谱包络。等待时间接近零时(图 11.7(a)),$\omega_0^{cr.p.}$ 接近 ω_{CO} 频率,其偏移量很小,难以精确评估。对角 CO 峰对在每个图中看充当合宜参考;C=O 模式有大的对角非谐性(约 15 cm^{-1}),导致约 15 cm^{-1} 的峰对中峰的分离,以及在 $\omega_t \sim \omega_{CO}$ 处负峰(基态漂白)的出现。在较大时间延迟下,交叉峰对移动到较小频率上(图 11.7(b)和 11.7(c)),这表明一个或多个与 CO 报告者有较大非谐性的模式,通过振动弛豫(vibrational relaxation,VR)和分子内振动能量再分配(intramolecular vibrational energy redistribution,IVR)过程进行了布居。这些 VR 和 IVR 过程有空间组分,这决定了交叉峰的等待时间依赖性。在这个例子中,CN 模式和 CO 模式是相当接近的,所以它们的直接耦合足够强,并且没有发现等待时间变化而增长的交叉(在时间延迟小于 5 ps 时交叉峰基本上表现出一个平台)[10]。

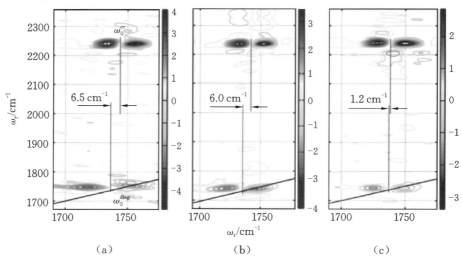

图 11.7　等待时间依次为 0.670 ps(a)、2 ps(b)和 4 ps(c)时,所测二氯甲烷中,香豆素-3 腈的吸收型 2D IR 光谱。注意到 k_1、k_2 脉冲以约 2200 cm^{-1} 为中心,并在 1750 cm^{-1} 处有很小强度,产生一个被强烈抑制的 C=O 对角峰。竖线表示对角峰(ω_0^{diag})和交叉峰(ω_0^{cr})的峰对中,峰间的零等高线位置。(取自 Kurochkin DV, Naraharisetty SG, and Rubtsov IV. 2007. Proc. Natl. Acad. Sci. USA 104:14209-14214.)

另一个例子如图 11.8 所示：标签模式（CN）和三个报告者，即位于同一分子上的酰胺 I、酰胺 II 和 C═O 伸缩模式。在这里，报告者与标签(C≡N)分开 5.8 Å(Am-I)、7.1Å(Am-II) 和 11.4 Å(C═O) 的可观距离。这些给出的距离是基于 DFT 计算的结构，并分别测量了 Am-I 模式中酰胺的碳原子、Am-II 模式中酰胺的氮原子、C═O 模式羰基的碳原子，与氰基碳原子间的距离。注意跨过苯基和哌啶环的距离被视为环上对位原子间的隔空距离。因为直接的标签-报告者耦合对所有这些报告者而言都足够弱，振动能量输运对所有三个交叉峰都会产生较大的增强（图 11.8(b)）。对 CN/CO 交叉峰，观察到交叉峰有可观的 18 倍放大。在一个超过 10 个原子的分子中，高频模式的振动弛豫通常是有效率的，因为分子的不同模式间有大的机械耦合，且在高频模式所在处

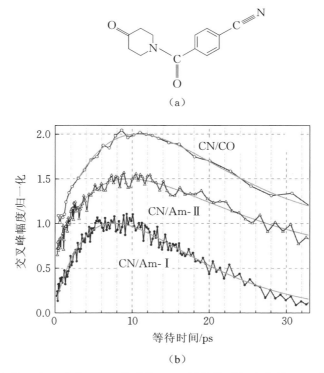

（a）

（b）

图 11.8　(a)聚萘二酸丁醇酯(PBN)的结构。(b)随等待时间变化的 PBN 的 CN/Am-I、CN/Am-II 和 CN/CO 交叉峰的归一化的绝对值幅度。双指数函数的拟合用灰线显示。为清楚起见，CN/Am-II、CN/CO 交叉峰的基线分别偏移了 0.5 和 1.0。(取自 Naraharisetty SG, Kasyanenko VM, and Rubtsov IV.2008.J. Chem. Phys. 128:104502/104501-104502/104507.)

态密度相当大[23,24]。这种分子内耦合导致高频模式的典型寿命为 $1\sim5$ ps。弛豫后，多余能量被捕获在分子中，并在分子中随时间传播并耗散到溶剂中。IVR 过程的速率依赖于作用矩阵元素的平方，而反过来又依赖于所涉模式的空间交叠。其结果是能量传播不是瞬时的，而是从一处到另一处跳跃，直到分子内的完全热平衡。注意尽管许多分子振动有部分离域特征，IVR 过程因其需要相关模式的空间重叠，仍然是跳跃过程；能量至少在部分重叠的模式间被传递。重要的是，在 RA 2D IR 实验中被典型地使用的标签和报告者模式是局域化的，这是在其离域范围远小于模式间距的层面上而言的。由于报告者模式是局域化的，所以预期与局域在同一位点的其他模式有最强耦合。需要通过能量输运对这种模式进行激发，才能引起报告者模式的最大频移，导致最大的交叉峰。因此，IVR 过程预期以类似扩散或类似 Brownian 的方式而进行，其中正向和反向 IVR 步骤几乎以等概率发生。注意这些实验中各分子的能量过剩（energy excess）一般很小（约 2000 cm^{-1}）。

11.3.2 跃迁偶极子间的切入角

尽管 RA 2D IR 交叉峰并非起源于标签模式和报告者模式的耦合，但 RA 2D IR 交叉峰的各向异性，依然给出标签与报告者跃迁偶极子间的夹角。这是因为交叉峰各向异性，量度为 $r=(S_{zzzz}-S_{zzxx})/(S_{zzzz}+2S_{zzxx})$，仅对偏振 IR 脉冲作用模式的相互取向敏感，但对报告者频移的起源不敏感；这里，S_{zzzz} 和 S_{zzxx} 为用所有四个脉冲（k_1、k_2、k_3 和 LO）在所示偏振方向下，平行于 z 或 x 轴，所测量的交叉峰幅度（图 11.2(a)）。在泵浦-探测测量下（其 $\tau=0$），交叉峰各向异性（r_{12}）能容易地与跃迁矩之间的夹角（θ_{12}）关联：

$$r_{12}=\frac{2}{5}\langle P_2(\cos\theta_{12})\rangle \tag{11.1}$$

其中，$P_2(x)=(3\cos^2 x-1)/2$ 是二阶 Legendre 多项式，并对分子结构分布取平均。在三束脉冲的测量中，式(11.1)的有效性要求在退相时间 τ 内的退极化可被忽略[25]。该退极化可包括携带此模式基团的旋转，或整个分子的旋转，以及在几个不同取向共振状态间跃迁的准旋转[26,27]。然而，注意到标签的快速退极化也会在等待时间内引起快速各向异性衰减，产生不怎么有用的数据。因此，长等待时间的各向异性测量仅在退极化比等待时间慢得多时才实用，才可能使用式(11.1)。若退极化缓慢，例如在蛋白质等大分子中，标签和报告者跃迁矩之间的角度可在长等待时间下从交叉峰测量，利用了交叉峰的放大，因而可以测量具有更长间距的标签和报告者的角度关系。

11.3.3 连接式样

IVR 过程的空间组分,使得能量输运的时间与携带着标签模式和报告者模式的基团间距二者具有相关性。这种相关性可在图 11.8(b)中清晰看出,在 CN/Am-Ⅰ 和 CN/CO 的交叉峰的 T_{max} 值间有明显差异[9]。T_{max} 值是达到交叉峰最大值的等待时间,被认为是表征能量输运时间的实用参量。或者可以用有等待时间依赖性的上升时间来表征这个输运。困难是等待时间动力学有复杂形式,通常不能用指数增长函数拟合。例如,从图 11.8(b)中 CN/CO 的交叉峰中,可看到具诱导期的上升动力学。也可使用信号增长的拐点[28],这是非常明确的,如在 CN/CO 的动力学中(图 11.8)。然而,对较短距离的模式,如在 CN/Am-Ⅰ 和 CN/Am-Ⅱ(图 11.8)中,不能准确地确定拐点。将 T 依赖性进行理论模型拟合应该是最适当的方法,虽然其涉及很多方面。该 T_{max} 值易于进行准确实验评估,因此目前被用作能量输运的特征。T_{max} 值方法可采用的理由是基于不同报告者所给出的能量耗散动力学的相似性。确实,在较长等待时间内观察到的不同交叉峰的衰减尾部相似(尽管不一样),这导致它们对 T_{max} 值的相似影响。

CN/CO 交叉峰的 T_{max} 值(10.6 ps)显著大于 CN/Am-Ⅰ峰的值(7.5 ps),这与相应基团之间的连键距离(约 11 Å 和 6.5 Å)是相关的。CN/Am-Ⅰ(7.5 ps)和 CN/Am-Ⅱ(9.0 ps)的 T_{max} 值比较表明 Am-Ⅱ 报告者的能量受体模式的位置是远离 C≡N 标签的。注意到 Am-Ⅰ 和 Am-Ⅱ 两者都位于相同的酰胺上,因此可认为它们的直观位置是相似的。更详细的考虑表明在分子骨架上 Am-Ⅰ 模式涉及酰胺上碳原子的运动,而 Am-Ⅱ 模式涉及碳和氮原子的运动。此外,氮原子相邻两碳原子的CH_2 弯曲运动对 Am-Ⅱ 模式也有贡献,其将有效模式位置向酰胺氮原子移动。这个结论被 C=O/Am-Ⅱ 交叉峰比 C=O/Am-Ⅰ 交叉峰的较小的 T_{max} 值所支持(见图 11.18(b))。因此,从所有三位报告者中发现了一个 T_{max} 与距离的单调相关性。能量输运时间与距离的这一单调相关性允许评估分子中的连接式样,与多维 NMR 光谱的 TOCSY 和 HMBC 方法是很类似的。

重要的是,放大因子也与这三种模式间距相关,其数值对 CN/Am-Ⅰ、CN/Am-Ⅱ 和 CN/CO 交叉峰分别是 4.3、5.4 和 18。这种相关性的起源在于直接耦合随距离的变化而急剧减弱,这使得远距离的报告者在 $T=0$ 时只有弱耦合。同时,分子间能量输运似乎足够有效,即使对更长距离而言。假设分子内能量输运可通过宏观傅里叶定律近似,在离热源一定距离处达到的最大温度,在三维、二维和一维空间,相应地与热传导距离的立方、平方或一次方成反比。即使在三维空间中,这种距离依赖性比用局域模式(Δ_{12})的直接模式耦合更弱。后者可有两项贡献:隔空跃迁偶极子相互作用,其以 R^{-6} 的形式依赖于距离(R);贯键(through-bond)的机械耦合,其在远距离时以指数衰减。直接模式耦合和能量输运效率的距离依赖性的差异,解释了放大系数与距离的相关性。然而注意到,隔空作用取决于相互作用模式跃迁偶极子的取向;贯键作用和隔空作用的组合可能会导致 Δ_{12} 非谐性的变化,使其与距离无关。因此,放大因子与距离的相关性,不如能量输运时间那样具有一般性。

11.4　由 RA 2D IR 研究原子尺度能量输运

从分子向溶剂的能量耗散,已在过去几十年中被广泛研究[29-31],但直到最近发展的红外泵浦/反斯托克斯拉曼探测方法[32-34]和 RA 2D IR 方法[10],一些具体的输运路径才被研究。使用 RA 2D IR(原文误为 RA 2IR,译者注)方法,已在一些包括中等尺寸的典型化合物[9,14,35,36]、肽[37,38]、过渡金属络合物[13,39]和聚合物[40,41]等分子体系中观察到能量输运时间与距离的相关性。本节将讨论几个特征示例。

11.4.1　结构依赖的能量输运

为了解振动能量输运如何依赖于分子结构,针对乙酰苯腈(acetylbenzonitrile,AcPhCN)的邻位、间位和对位异构体进行了 RA 2D IR 实验,关注氰基和羰基伸缩模式间的交叉峰,发现这三种化合物的等待时间行为非常不同(图 11.9)[36]。此外,CN 模式寿命也不同,对 o-AcPhCN、m-AcPhCN 和 p-AcPhCN,分别测量为 3.4 ps、7.1 ps 和 7.2 ps。为了消除标签模式寿命对 T_{max} 值的影响,可用表示 CN 激发态动力学的函数来解卷积(图 11.9)。更实际的是将 CN 激发态动力学与表示纯能量输运性质的函数二者的卷积作为一个双指数(上升-衰减)函数,从而对实验数据进行拟合。所得函数表示对应着标签能量瞬时释放情况的一个真实的能量输运(图 11.9,细黑线)。o-AcPhCN 的真实输运动力学表明,上升时间基本为零(小于 0.1 ps),表明 CN 模式弛豫的第一步就布居了对交叉峰贡献最大的模式。因此,相对高频的模式在相当于 T_{max} 的延迟时间,贡献于交叉峰信号。发现 m-AcPhCN、p-AcPhCN 的上升时间分别为 0.7 ps 和 1.0 ps,表明对位异构体比间位异构体需要更多的弛豫步骤。除了非常局域的模式外,指纹区域模式的特征寿命为 0.5～1 ps。因此,上升时间说明,能量达到间位和对位异构体中的报告模式区域只需一个或两个 IVR 步骤。三种异构体的输运时间差异,表明苯环实际受到乙酰基和氰基取代基的很大干扰;不能认为环的模式在环六个碳原子上均匀离域。发现以解卷积函数的上升时间表示的能量输运时间与距离相关,即使在这么短的距离且离域间隔如苯环的情形下。

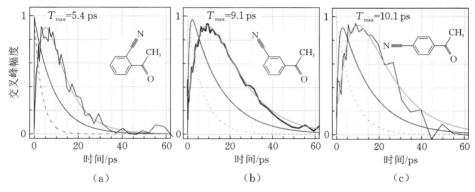

图 11.9　邻位(a)、间位(b)和对位(c(原文误为 d,译者注))AcPhCN 的等待时间依赖性实验结果(粗黑线)。数据的拟合通过一个函数来进行,该函数是一个指数衰减函数(虚线)和一个双指数(上升-衰减)函数(细黑线)的卷积(粗灰线)。对应于每个化合物中的 CN 模式,分别测得 3.4 ps(a)、7.1 ps(b)和 7.2 ps(c)。所获得的解卷积函数(粗黑线)的特征时间分别是小于 0.1 ps 和(9±1) ps(a)、(0.7±0.4) ps 和(14±1) ps(b)以及(1.0±0.3) ps 和(14±1) ps(c)。它们在(a)小于 0.2 ps、(b)2.2 ps 和(c)2.8 ps 时达到各自最大值。(取自 Kasyanenko VM,et al.2011.J. Phys. Chem. B 115:11063-11073.)

对 CO 报告者在三种 AcPhCN 异构体中的时间依赖频移,最近被用 A.Burin 提出的新方法建模研究。该法用 Marcus 型方程来评估简谐振动态(简正模式)间的跃迁概率,由一个孤立分子的 DFT 非谐性计算而得[42]。分子本身的低频模式,可作为促进振动态之间 IVR 跃迁的浴。该方法的唯一自由参量,是唯象地引入的分子的总体冷却。邻位、间位和对位异构体的 CN 模式寿命,从模型计算分别得到 1.2 ps、3.8 ps 和 3.4 ps,这与实验观察所得趋势相匹配(3.4 ps、7.1 ps和 7.2 ps)[36]。对 o-AcPhCN、m-AcPhCN 和 p-AcPhCN 的 T_{max} 计算值分别为2.9 ps、6.7 ps 和 6.9 ps,重现了 5.4 ps、9.1 ps 和 10.1 ps 的实验趋势。因此看起来理论与实验的区别主要在于计算所得 CN 寿命的偏差。该理论也用于计算 PBN 中的能量输运动力学(图 11.8)。对 CN/Am-I 和 CN/CO 交叉峰的 $T_{\max}$ 计算值分别为 6.9 ps 和 11.5 ps,与 7.5 ps 和 10.5 ps 的实验值很好地符合[43]。

一般而言,通过不同的桥接模体的能量输运的效率预期是不同的。有三个或更多振子的量子数发生变化的这个 IVR 过程,受控于随着键的强度而变化的非谐性相互作用。典型的配位键比典型的共价键弱得多,通过配位键研究能量输运的效率具有重要意义。

11.4.2　通过配位键进行能量输运

过渡金属络合物中配体间的振动能量输运所涉阶段中,能量必须越过配位金属原子与配体间较弱的配位键。研究了由 J.Donahue 博士的研究小组合成的二马来腈双硫纶酸根·亚硝酰基合铁(Ⅲ)酸四乙胺(FNS)络合物(图 11.10)。在一组 RA 2D IR 测量中,亚硝酰基配体的 N≡O 伸缩模式作为标签,C≡N 和 C—C 伸缩模式作为报告者(图 11.10(c)~图 11.10(e))。在另一组测量中,角色交换,CN 模式作为标签而 NO 作为报告者(图 11.10(b))[13]。注意到 FNS 中配体间的能量转移不具有仅涉及高频基础跃迁的共振路径,这是例如在金属羰基络合物中的羰基配体间的能量转移情形[44]。

由于振动能量从标签向报告者输运,三个交叉峰都显出可观的放大(图 11.10(b)~图 11.10(d)),包括对 C≡N/N≡O 交叉峰观察到的 27 倍放大记录(图 11.10(b))。如预期的那样,标签模式的有限寿命影响等待时间动力学。由于标签寿命远短于能量输运时间,标签的能量释放可视作瞬间完成,并且所测 T 动力学基本上代表纯能量输运动力学。当 CN 模式作为标签时,能量释放并非瞬时,因为 CN 寿命((2.9 ± 0.1) ps)仅约为 $T_{\max}$(9.8 ps)的三分之一。若标签衰减动力学比输运动力学慢,则 T 依赖性受标签寿命强影响,于是 $T_{\max}$ 值不代表能量输运时间。当 NO 模式作为标签时即如此(图 11.10(c)和图 11.10(d))。FNS 中受激 NO 模式的寿命((51.2 ± 0.3) ps),不仅比 FNS 特征能量输运时间慢,而且比络合物中马来腈双硫纶配体的特征冷却时间(约 20 ps)慢(图 11.10(b))。结果,NO/CN 和 NO/CC 交叉峰的衰减时间与 NO 模式寿命很好地匹配,因为 NO 弛豫代表整个能量耗散过程中的最慢一步。为了消除标签寿命的影响,并从 T 相关性中提取真实能量输运动力学,进行了解卷积得到 3 ps 和 15 ps(CN/NO)、2 ps 和 10 ps(NO/CN,图 11.10(f))以及 1 ps 和 8 ps(NO/CC)的特征上升和衰减时间。因为两值部分关联,得到的解卷积函数参量的误差是显著的,但 T_{max} 值对解卷积函数更为准确一些,结果发现纯输运的 T_{max} 值约为 6.0 ps(CN/NO)、4.0 ps(NO/CN)和 2.4 ps(NO/CC),如在图 11.10(a)所示。上升时间值、解卷积所得 T_{max} 值都与输运距离相关;从 NO 基团到 CN 基团比到 CC 基团要花更长的时间。

注意到 N=O/C≡N 交叉峰,其报告者模式频率大于标签模式频率,显示了 9 倍放大。这无疑证明了观察到交叉峰增强并不需要报告者本身的、借助来自标签能量输运的激发,且证明了低频模式充当能量接受模式。在 RA 2D IR 实验中,用抗衡离子(四乙胺阳离子)跃迁,位于 $1400 \sim 1490 \ cm^{-1}$ 和约在 $1180 \ cm^{-1}$ 处,作为报告者进行了测试:用 NO 或 CN 为标签,都没有观察到大的交叉峰。这一结果强化了在有效的能量输运中,与金属的配位键的重要性,以及标签与报告者之间的共价键的重要性。

这些实验表明,通过弱配位键的能量输运,能有效与分子向溶剂的总体冷却竞争,这使得用 RA 2D IR 方法有利于过渡金属络合物的结构性研究。有趣的是从 NO 到 CN 的能量转移时间不同于从 CN 到 NO。考虑到导致所需过程的路径的部分差异,可如此理解这一不对称性:大部分从 NO 的弛豫路径使得能量转移到其他配体上,而仅有少数路径从二硫纶配体导向 NO 配体。这种不对称能量输运本质上是有趣的,并可借此开发实用的重要装置。

11.4.3 向溶剂能量耗散

除了贯键的能量输运路径,溶剂的能量耗散总是存在。虽然溶质高频模式向溶剂高频模式的直接弛豫仅有很小概率,但溶剂可通过提供或吸收一些量子态能量来促进 IVR 过程[45,46]。当溶质中过度激发的区域增加、多余能量弛豫到较小能量的模式中时,随时间推移,溶剂的能量耗散变得更加有效。多余能量耗散到溶质的第一个溶剂化壳中,之后进一步传播到溶剂中。一种扩散型向团簇溶剂的能量耗散机制可被预期[47,48]。在更大的时间延迟下,通过标签激发引入的超额能量在受激区域(原英文是 exited region,似乎是 excited region,译者注)内达到热平衡。每个受激标签热平衡后的平均体积等于 $V_T = (f \cdot C \cdot N_A)^{-1}$。其中,$f$ 是受激标签的分数,C 是标签浓度,N_A 是阿伏伽德罗常数。在 50 mmol/L 的浓度和 0.2 的激发分数下,所得体积等于半径为 34 Å

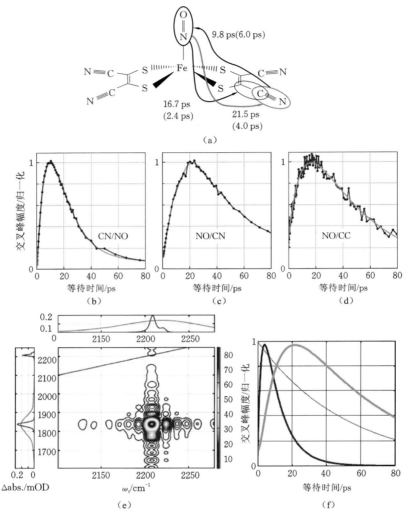

图 11.10　(a)给出了三个交叉峰 T_{max} 实验值的 FNS 的结构。括号中的数字表示纯能量输运时间(T_{max}),通过对相关标签寿命 T 依赖性解卷积得到。(b、c、d)上图所示的三个交叉峰幅度的等待时间依赖性。在最大值附近用双指数函数拟合(由灰线显示),用于确定 T_{max} 值。(e)关注 FNS 络合物 NO/CN 交叉峰的双频 2D IR 光谱。线性光谱图和测量中所用 IR 脉冲的光谱,也列在附图中。(f)图(c)中所示数据解卷积(用卷积拟合)的结果。粗灰曲线是一个双指数(上升-衰减)函数(粗黑线)与 51 ps 的指数衰减函数(细黑线)的卷积。所获解卷积函数具有 2 ps 和 10 ps 的特征时间,并在 4.0 ps 处达到最大值。(取自 Kasyanenko VM, et al. 2009. J. Chem. Phys. 131:154508/154501-154508/154512.)

球体的体积。达到如此体积的热平衡在数十皮秒的时间尺度上发生,这在不少实验结果(参见图 11.8 至图 11.10)中是显而易见的。热平衡完成时最终的温度上升(ΔT)可由 $\Delta T = Q/(c_V V_T)$ 计算,其中 Q 是单个标签吸收的光子能量,c_V 是单位体积的比热容(如氯仿是 1.42 J·cm^{-3}·K^{-1})。在 2D IR 测量中所用样品的典型温度上升约为 0.1 K[18]。若模式频率对温度足够敏感,则这种温度上升是容易测量的。振动模式中心频率对温度的典型灵敏度在 0.01~0.06 cm^{-1}/K 之间[18,49]。这导致在长等待时间的 RA 2D IR 测量中,典型的报告者模式频移为 0.001~0.006 cm^{-1}。然而注意到受激体积中所有报告者的频率在热平衡后都发生移动,不再是与受激标签配对的频率;与在 $T \approx 0$ 相比,该效应使达到平台期的交叉峰增加了一个因子 f^{-1}。

图 11.11 显示了 azPEG0 N≡N/1742 cm^{-1} 交叉峰的等待时间依赖关系(图 11.11 中插图)。与直接 N$_3$—CO 耦合相关 $T=0$ 处的交叉峰,被改为 RA 2D IR 的贡献,其贯键能量输运在约 4.5 ps 处达到最大值,之后由于向溶剂的能量耗散而衰减,其特征时间为 15~20 ps。在 $T>50$ ps 时,由于受激区域中多余能量完全热平衡到达平台期。来自琥珀酰亚胺部分(图 11.11 中插图),C═O 不对称伸缩运动的 1742 cm^{-1} 模式,其对温度灵敏度显著($\eta_{1742} = 0.058$ cm^{-1}/K),导致热平衡后温度上升导致的平台易被测量。在 N≡N 伸缩模式的对角峰中也可看到一个平台(图 11.12(b)),这也是温度敏感但在加热时移动到较低频($\eta_{N_3} = -0.035$ cm^{-1}/K,图 11.13)。注意到平台上交叉和对角峰都来源于共振信号(图 11.12(c) 和图 11.12(d))。

在 N$_3$/1742 cm^{-1} 交叉峰等效时间依赖性约 50 ps 的位置,观察到一个有趣的凹陷(图 11.11)。这种凹陷被指认为一个抵消效应:分子内非谐性耦合(intramolecular anharmonic coupling,IAC)贡献将 CO 频率转移到较低值,这在时间延迟小于 40 ps 的信号中占主导,而将 CO 频率移动到更大值的热贡献则在 $T>50$ ps 时占主导[18],已在多个体系中观察到这种信号切换[18,36,50]。若所涉频率偏移(正和负)取绝对值时较小,则这种抵消效应预期将更强[36]。凹陷提供了所涉交叉峰贡献符号变化的明确指标。注意到对角 N$_3$ 信号(图 11.12(b))无此种凹陷,表明分子内非谐性耦合贡献和热贡献有相同的符号。的确,N$_3$ 对角非谐性和 N$_3$ 热灵敏度($\eta_{N_3} = -0.035$ cm^{-1}/K,图 11.13(a))都是负的。

与多余能量热平衡相关的平台期,可借助于精确测量小的反对角非谐性。

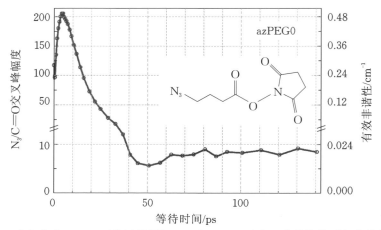

图 11.11 在氯仿中 azPEG0(参见插图)N≡N/1742 cm^{-1}交叉峰的等待时间依赖性。(取自 Lin Z and Rubtsov IV.2012.Proc.Natl.Acad.Sci.USA 109：1413-1418.)

正如我们前面所讨论的,交叉峰的形状对小的非谐性值是个差指标;小至 0.005 cm^{-1} 的非谐性目前是可测的[40]。虽然交叉峰幅度与非谐性成正比,但难以获得对应于已知非谐性的交叉峰幅度的参考点。对角峰提供其中一种自然参考,其由已知或易测的对角非谐性控制。2D IR 测量从 (ω_1,ω_2) 交叉峰到 (ω_1,ω_1) 对角峰的切换,需要实验条件的显著变化,包括其中一台 OPA 的频率调谐,并改变三束中红外脉冲的几何配置以满足相位匹配条件。这些变化是复杂的,会限制交叉峰和对角峰绝对幅度的比较精度。

注意到这些对角峰和交叉峰中的平台,是由相同的样本温度上升引起的,因为在实验中两束测量脉冲 k_1、k_2 激发相同的跃迁(ω_1)。因此,在两个实验中,平台期可用来关联 2D IR 特征的幅度[18]。由于已知的对角非谐性支配着 $T=0$ 时对角峰幅度,所以可测定在 $T=0$ 时支配着交叉峰的反对角非谐性。假设每个振子(ω_1 和 ω_2)由单个跃迁构成,且两种非谐性都小于相应的跃迁宽度,则反对角非谐性可表示如下:

$$\Delta_{12}=\Delta_{11}\frac{\eta_2}{\eta_1}\frac{A_{pl}^{diag}}{A_0^{diag}}\frac{A_0^{cross}}{A_{pl}^{cross}}$$

这里,A_0^{diag}、A_0^{cross}、A_{pl}^{diag} 和 A_{pl}^{cross} 分别是 $T=0$ 处和平台处的对角和交叉峰幅度,Δ_{11} 是模式 ω_1 的对角非谐性,η_i 是模式 i 温度依赖性的斜率。若上述假设不成立,则可在时域中直接建模[18]。这种方法允许利用有效的非谐性来校准交

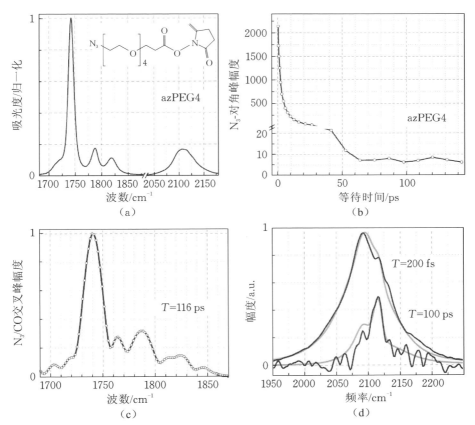

图 11.12　(a)氯仿中 azPEG4 的线性吸收光谱。(b)N_3 对角峰大小,随等待时间而变化,在
　　　　魔角条件下所测($\tau=0$)。(c)在 $\tau=0$、$T=116$ ps 条件下测量的 N_3/CO 幅度谱。
　　　　k_1 和 k_3 光谱分别以 2110 cm^{-1} 和 1770 cm^{-1} 为中心。(d)在 $\tau=0$、$T=200$ fs(较
　　　　大频谱)和 $T=100$ ps 处测量的 N_3 对角幅度谱。灰线表示建模结果。(取自 Lin
　　　　Z,Keiffer P,and Rubtsov IV.2011.J.Phys.Chem.B 115:5347-5353.)

叉峰的等待时间依赖性,并将交叉峰幅度轴替换为有效非谐性的幅度轴。
图 11.11的右侧轴给出了这种替换的一个例子。

　　所描述的方法,允许只用交叉峰与对角峰的测量相对幅度来评估小的
非谐性值。它还需要了解所涉及的两种模式对温度的灵敏度。虽然这一方
法的灵敏度取决于分子体系的各种具体参量,例如所涉及的高频模式的跃迁
偶极和温度灵敏度,但用 N_3 和 C=O 模式对时可测定小至 0.005 cm^{-1} 的非
谐性。

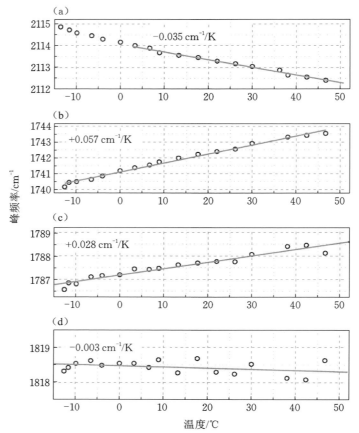

图 11.13 峰频率的温度依赖性。在 azPEG4 中，N≡N 峰频约在 2138 cm⁻¹ **(a)**，对三个 CO 跃迁而言，在 1742 cm⁻¹ **(b)**、1788 cm⁻¹ **(c)** 和 1819 cm⁻¹ **(d)** 处。室温下评估的温度灵敏度标注在插图中。（取自 Lin Z，Keiffer P，and Rubtsov IV.2011.J.Phys. Chem.B 115：5347-5353.）

11.4.4 评估距离分布

在化合物的混合物中可看到 2D IR 交叉峰的热响应，其中的标签和报告者位于不同的化合物上。图 11.14 显示了一个这种动力学实例，即以 N≡N 标记为特征的 4-叠氮基丁酸甲酯，和以酰胺-Ⅰ报告者为特征的 N,N-二甲基烟酰胺的混合物[41]。数据显示在 $T=0$ 时交叉峰非常小，表明不存在两种化合物的聚集。N≡N/Am-Ⅰ交叉峰基本以指数方式增长，直至在 $T>50$ ps 时达到与完全热平衡相关的平台期。在 $T=0$ 处的交叉峰幅度，反映了所涉 IR 标记间的距离分布，再一次说明，可通过测量交叉峰和对角峰等待时间依赖性，校准使用两数据集平台值的有效非谐性波数中的交叉峰幅度,来测量初始平均非谐性。在 $T=0$ 时观察到的平均非谐性,可与两种化合物的平衡常数相关。预计该方法对评估小的关联常数将特别有用。

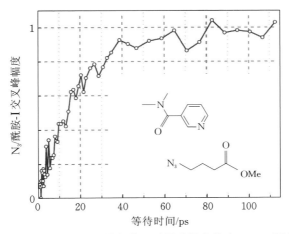

图 11.14 N,N-二甲基烟酰胺和 4-叠氮基丁酸甲酯混合物中 N≡N/酰胺-Ⅰ交叉峰的等待时间依赖性。(取自 Lin Z,et al.2012.Phys.Chem.Chem.Phys.30(14):10445-10454. DOI:10.1039/c2cp40187h.)

11.5 在更大光谱范围内的 2D IR 和 RA 2D IR 测量

双频 2D IR 和 RA 2D IR 方法允许测量大量交叉峰,再通过适当建模,可获得大量的结构约束条件。指纹光谱区为这种测量带来了很多机会。用指纹区域进行结构评估,有一些众所周知的复杂度,这源于峰的复杂化。首先,该区域拥挤,频谱由很多重叠严重的峰构成。此外,所涉模式通常在以共价键连接的、在振动运动中涉及的几个基团中离域。这导致指纹区域中典型模式具有可观的尺寸。

用光谱上可分辨且局域化的单个标记来测量 2D IR 光谱,可克服频谱的拥挤问题。聚焦在此种标签与拥挤区域中模式的相互作用的 2D IR 光谱,将自动选择在空间上接近这个在光谱上被隔离的标签模式(与之由强烈的相互作用),从而得到简化的 2D IR 光谱[51,52]。模式离域化问题更难克服。量子化学计算可为模式内容提供良好的估计,但通常不能提供足够的精度。指纹区域中计算所得吸收光谱,可为判断主要的吸收贡献者提供良好的指导,但要准确地再现指纹区的吸收光谱具有挑战性。两个想法会对光谱的指认有所帮助。首先,若在指纹区域存在一个强局域化模式并有占主导的跃迁矩,则在其频率附近的吸收光谱中,其对各种离域模式的贡献将占主导。这能显著地简化吸收光谱,并在用量子化学计算方法时得出更好的定量描述。例如,一组亚砜中一个强的 S═O 伸缩模式的存在,使得 $1100\ cm^{-1}$ 附近吸收光谱能被很好地建模(图 11.15)[39]。用单一局域模式作标签,例如 RuBzSO 邻甲亚砜基苯甲酸配体(图 11.15(a),插图)中的 C═O 伸缩模式,导致 2D IR 光谱所现基本上是该配体的结构(图 11.16)。已表明,当络合物结构从 S 键合构型变化到 O 键合构型时,2D IR 光谱变化明显[35]。

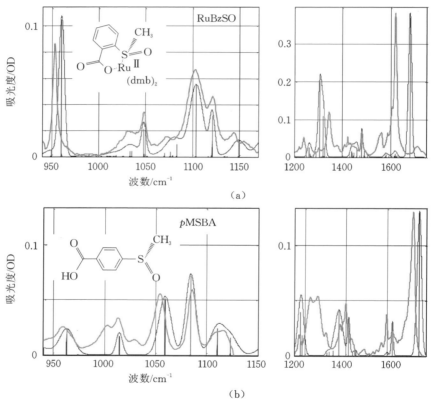

图 11.15　(a)在 CH_2Cl_2 中的双(4,4′-二甲基-2,2′-联吡啶)(邻甲亚砜基苯甲酸)钌Ⅱ络合物(RuBzSO)和(b)$CH_3CN/D_2O(v/v=95/5)$ 中的 4-甲亚砜基苯甲酸(pMSBA)的线性吸收光谱(粗灰线)。DFT 计算的频率用条柱普表示。理论谱(细黑线)是通过高斯线型函数加宽条柱谱而产生的。(取自 Keating CS,et al.2010.J.Chem.Phys.133:144513.)

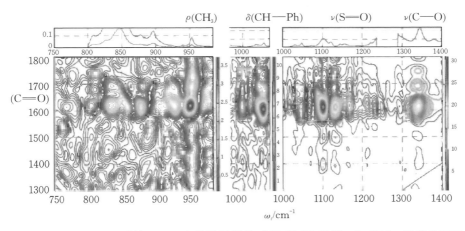

图 11.16　$T = 267$ fs 时的 RuBzSO 非重聚相绝对值 2D IR 光谱。k_1 和 k_3 光谱分别以 1620 cm^{-1} 和 1050 cm^{-1} 为中心。（取自 Keating CS, et al. 2010. J. Chem. Phys. 133 : 144513.）

可用 RA 2D IR 方法从实验上测量离域化程度[9.39]。例如，图 11.17(a)中显示了 C═O 伸缩模式和 RuBzSO 指纹区域四种模式间的交叉峰幅度的等待时间依赖性。所获 T_{max} 值与所涉模式间的有效距离相关。空间一点，选为 C═O 基团的中心，与一个模式(k)间的有效距离，可用下式计算：

$$\chi_k^{C-O} = \left(\sum_{i, atoms} \frac{dx_{ik}^2 + dy_{ik}^2 + dz_{ik}^2}{l_i} \right)^{-1} \tag{11.2}$$

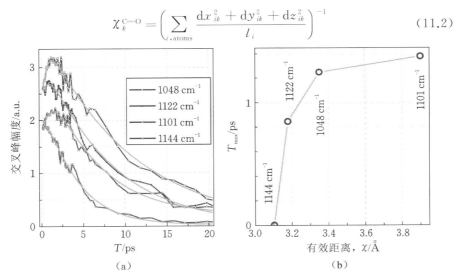

图 11.17　(a)C═O 伸缩模式和 RuBzSO 的插图中所示模式间的交叉峰幅度的等待时间依赖性。双指数函数的拟合用灰线显示。(b)将 T_{max} 值作为有效模式间距离的函数作图。（取自 Keating CS, et al. 2010. J. Chem. Phys. 133 : 144513.）

这里，dx_{ik}、dy_{ik}和dz_{ik}是简正模式k中第i个原子的位移，l_i是第i个原子与 C $=$ O 基团中心的距离。由于式（11.2）中的分子是无量纲的，即$\sum_{i,atoms} dx_{ik}^2 + dy_{ik}^2 + dz_{ik}^2 = 1$，所以$\chi_k^{C=O}$参量具长度单位。注意到对于远离的局域模式，有效距离等于实际距离（式（11.2））。介于 C $=$ O 和在 1101 cm^{-1}处的模式之间的 3.9 Å 的有效距离，其有显著的 SO 贡献，与 C $=$ O 键和 SO 键的中心间距（约为 4.4 Å）相似（但较小），表明了后者的离域特征。指纹区域中的几种模式的T_{max}值被绘成了与 C $=$ O 基团有效距离的函数（图 11.17(b)）。T_{max}与有效距离的明确相关性，允许评估化合物中模式的特殊位置。毫不奇怪，占主导的 SO 伸缩贡献（1101 cm^{-1}）的模式似乎是离 C $=$ O 基团最远的模式，并决定了在相同配体中不同模式的T_{max}可能值的范围。

T_{max}与距离的相关性允许评估指纹区域中的那些指认不怎么确定的模式的空间位置。图 11.18(a)显示了 PBN 的绝对值重聚相 RA 2D IR 光谱。图 11.18综合了三个标签模式（CN、Am-I 和 CO）与 PBN 中一系列报告者（在右边表明）的 RA 2D IR 数据。例如，图 11.18(b)中的上图显示 CN/1277 cm^{-1}、CO/1277 cm^{-1}和 Am-I/1277 cm^{-1}交叉峰的T_{max}值分别为 9.5 ps、3.5 ps 和 0 ps，其中 0 表示在等待时间依赖性中没有观察到峰。该图给出了指纹区域中几个模式的离域范围的定性评估。更多的定量分析，例如使用式（11.2），是可能的但需要合理的模式指认。该实验预测，在 1402 cm^{-1}处的吸收峰模式产生了跨分子的大离域。DFT 计算确认了这个大的离域。1402 cm^{-1}处的模式被指定为CH$_2$弯曲运动和苯环中 CC 伸缩的组合，如图 11.19 所示。此例说明 RA 2D IR 光谱可以帮助基于 DFT 计算的模式指认。

关注于指纹区域中模式间耦合的 2D IR 和 RA 2D IR 光谱，提供了丰富的分子特征峰图样（图 11.20）。预期这种图样，结合基于量子化学的建模分析可提供关于分子结构的有价值信息。

近来已用 2D IR 相关光谱来鉴定，在单个立体化学中心，不同的乙酰化2-叠氮-2-脱氧-d-吡喃葡萄糖两种端基异构体的特征光谱特征（图 11.21 和图 11.22）[50]。尽管 α 端基异构体和 β 端基异构体的线性吸收光谱不同（图 11.22(a)，原文误为图 11.23(a)，译者注），但它们的实质差异仅在 1000 cm^{-1}和 1200 cm^{-1}间的光谱区域中发现（图 11.22(a)，原文误为图 11.24(a)，译者注）。它们在该光谱区域的 2D 相关光谱非常不同（图 11.24(b)和图 11.24(c)），这并不奇怪。2D IR

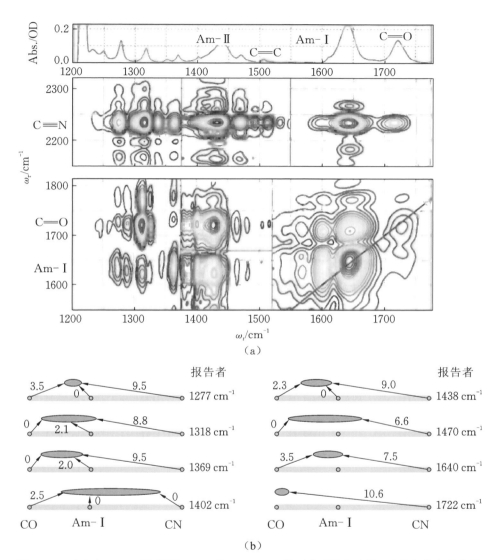

图 **11.18** (a)在 10 ps 时测量的 PBN 的 RA 2D IR 绝对值重聚相光谱。(b)在箭头上方用 ps 表示的,对 PBN 所测能量输运时间总结(见文本)。箭头从三个初始受激模式 CN、Am-Ⅰ和 CO 开始,并在每个图的右侧标出报告者模式的能量输运时间。(取自 Naraharisetty SG, Kasyanenko VM, and Rubtsov IV. 2008. J. Chem. Phys. 128:104502/104501-104502/104507.)

相关光谱比线性吸收光谱的优势之处是前者对背景吸收的不敏感性。鉴于标签模式对端基异构体是独特的,在其他化合物基本上在指纹区域中吸收

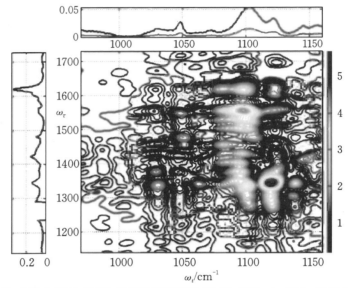

图 11.19 PBN 中 1402 cm^{-1} 峰的简正模式的原子位移指认。(取自 Naraharisetty SG，Kasyanenko VM，and Rubtsov IV. 2008. J. Chem. Phys. 128：104502/104501-104502/104507.)

图 11.20 $T=267$ fs 时 RuBzSO 的绝对值重聚相 2D IR 光谱。k_1 和 k_3 脉冲的 IR 光谱的中心分别在 1420 cm^{-1} 和 1100 cm^{-1}

的条件下，对端基异构体预期有类似的 2D IR 光谱。有趣的是，即使在其线性吸收光谱相似的区域中，例如在 1750 cm^{-1} 附近的 C═O 伸缩区域中，也发现 2D IR 相关光谱有显著不同。发现 $T\approx0$ 时 N≡N/C═O 的交叉峰非常不同(图 11.24(b)，原文误为图 11.23(b)，译者注)。此外，还发现起源于 N≡N 伸缩模式弛豫的能量输运时间对两个端基异构体是不同的(上限约 1.8 倍，图 11.25)。结果表明，针对糖在单一立体化学中心上变化的端基异构体，2D IR 和 RA 2D IR 光谱能提供独特的光谱数据。单个糖立体化学单元内的独特耦合网络，具有识别这些单元的潜力。

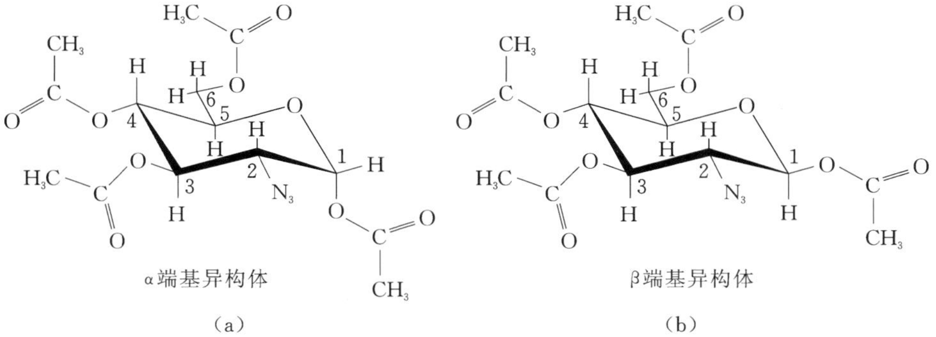

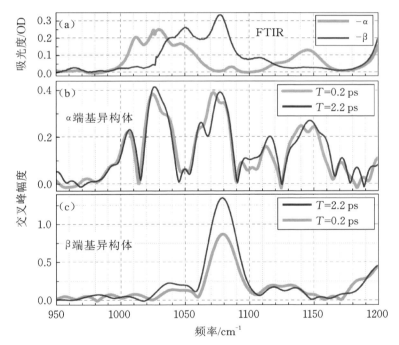

图 11.21　(a)1,3,4,6-四-O-乙酰基-2-叠氮-2-脱氧-α-d-吡喃葡萄糖(α端基异构体)和(b)1,
3,4,6-四-O-乙酰基-2-叠氮-2-脱氧-β-d-吡喃葡萄糖(β端基异构体)的分子结构

图 11.22　(a)在氘化氯仿中、(81 ± 5) mmol/L 浓度下所测得的 α 端基异构体和 β 端基异构
体的线性吸收光谱。等待时间为 0.2 ps 和 2.2 ps 时,α 端基异构体(b)和 β 端基
异构体(c)的相关光谱。k_1 和 k_3 脉冲的 IR 光谱分别以 2110 cm^{-1} 和 1060 cm^{-1}
为中心。(取自 Lin Z,Bendiak B,and Rubtsov IV.2012.Phys.Chem.Chem.Phys.
14:6179-6191.)

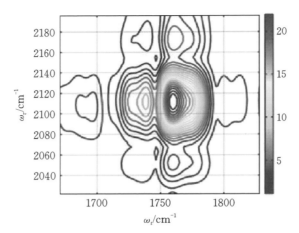

图 11.23 在 0.67 ps 的等待时间下所测得的 β 端基异构体的 2D IR 相关光谱。k_1 和 k_3 脉冲的 IR 光谱分别以 2110 cm^{-1} 和 1750 cm^{-1} 为中心。(取自 Lin Z,Bendiak B, and Rubtsov IV.2012.Phys.Chem.Chem.Phys.14:6179-6191.)

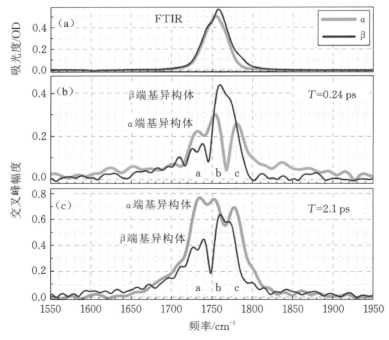

图 11.24 (a) α 和 β 端基异构体的线性吸收光谱。在 0.24 ps(b)和 2.1 ps(c)的等待时间下,α 端基异构体(粗灰线)和 β 端基异构体(细黑线)的相关光谱。(取自 Lin Z, Bendiak B,and Rubtsov IV.2012.Phys. Chem. Chem. Phys. 14:6179-6191.)

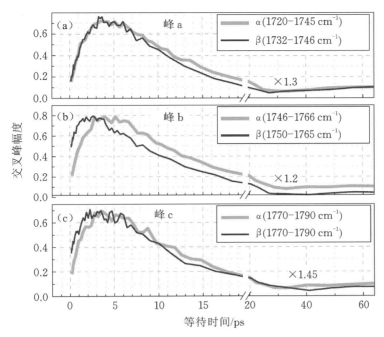

图 11.25 在给定频率下两个端基异构体的等待时间动力学,分别对应于图 11.24 中的峰 (a)、(b)和(c)。积分范围和相应的归一化因子显示在插图中。(来自 Lin Z, Bendiak B,and Rubtsov IV.2012.Phys.Chem.Chem.Phys.14:6179-6191.)

11.6　结论

　　本工作展示了弛豫辅助 2D IR 方法在若干分子体系中的应用。依靠强的交叉峰放大,RA 2D IR 方法提供了用于结构测量的一个拓展的距离范围。它还允许测量分子中的连接式样、模式离域范围以及振动报告者间的距离分布。为了增加弛豫辅助 2D IR 光谱的实际应用范围,需要更好地了解分子尺度能量输运。进一步发展能量输运定量预测的理论方法,应包括能量输运到溶剂中,并通过溶剂或周围介质传播的实际模型。最近的实验表明,一部分振动的多余能量,在提供高度离域振动态的分子中可进行弹道性传播[28,40,50,53,54]。开发适用于大分子体系同时具有相干和非相干能量转移路径的模型,对描述和利用这种能量输运方式至关重要。

致谢

诚挚地感谢美国国家科学基金会(CHE-0750415)的支持。

参考文献

[1] Hamm P,Lim M,and Hochstrasser RM.1998.Structure of the amide I band of peptides measured by femtosecond non-linear infrared spectroscopy.J.Phys.Chem.B 102:6123-6138.

[2] Zimdars D,Tokmakoff A,Chen S,Greenfield SR,and Fayer MD.1993.Picosecond,infrared,vibrational photon echoes in a liquid and glass using a free-electron laser.Phys.Rev.Lett.70:2718-2721.

[3] Asplund MC,Zanni MT,and Hochstrasser RM.2000.Two-dimensional infrared spectroscopy of peptides by phase-controlled femtosecond vibrational photon echoes.Proc.Natl.Acad.Sci.USA 97:8219-8224.

[4] Mukamel S.1995.Principles of Nonlinear Spectroscopy (Oxford University Press,New York).

[5] Golonzka O,Khalil M,Demirdoven N,and Tokmakoff A.2001.Vibrational anharmonicities revealed by coherent two-dimensional infrared spectroscopy. Phys.Rev.Lett.86:2154-2157.

[6] Asbury JB,et al.2003.Ultrafast heterodyne detected infrared multidimensional vibrational stimulated echo studies of hydrogen bond dynamics. Chem.Phys.Lett.374:362-371.

[7] Rubtsov IV,Wang J,and Hochstrasser RM.2003.Dual frequency 2D IR heterodyned photon-echo of the peptide bond.Proc. Natl. Acad. Sci. USA 100:5601-5606.

[8] Kurochkin DV,Naraharisetty SG,and Rubtsov IV.2005.Dual-frequency 2D IR on interaction of weak and strong IR modes.J.Phys.Chem.A 109: 10799-10802.

[9] Naraharisetty SG,Kasyanenko VM,and Rubtsov IV.2008.Bond connectivity measured via relaxationassisted two-dimensional infrared spectroscopy.J.Chem.Phys.128:104502/104501-104502/104507.

［10］Kurochkin DV，Naraharisetty SG，and Rubtsov IV.2007.Relaxation-assisted 2D IR spectroscopy method. Proc. Natl. Acad. Sci. USA 104：14209-14214.

［11］Middleton CT，Strasfeld DB，and Zanni MT.2009.Polarization shaping in the mid-IR and polarization-based balanced heterodyne detection with application to 2D IR spectroscopy.Opt.Express 17：14526-14533.

［12］Volkov V，Schanz R，and Hamm P.2005.Active phase stabilization in Fourier-transform two-dimensional infrared spectroscopy.Opt.Lett.30：2010-2012.

［13］Kasyanenko VM，Lin Z，Rubtsov GI，Donahue JP，and Rubtsov IV.2009. Energy transport via coordination bonds. J. Chem. Phys. 131：154508/154501-154508/154512.

［14］Rubtsov IV.2009.Relaxation-assisted 2D IR：Accessing distances over 10 Å and measuring bond connectivity patterns. Acc. Chem. Res. 42：1385-1394.

［15］Goodno GD，Dadusc G，and Miller RJD.1998.Ultrafast heterodyne-detected transient-grating spectroscopy using diffractive optics. J. Opt. Soc. Am.15：1791-1794.

［16］Turner DB，Stone KW，Gundogdu K，and Nelson KA.2011.The coherent optical laser beam recombination technique（COLBERT）spectrometer：Coherent multidimensional spectroscopy made easier.Rev.Sci.Instr.82：081301/081301-081301/081322.

［17］Shim S-H，Strasfeld DB，Ling YL，and Zanni MT.2007.Automated two-dimensional IR spectroscopy using a mid-IR pulse shaper and application of this technology to the human islet amyloid polypeptide. Proc.Natl.Acad.Sci.USA 104：14197-14202.

［18］Lin Z，Keiffer P，and Rubtsov IV.2011.A method for determining small anharmonicity values from 2D IR spectra using thermally induced shifts of frequencies of high-frequency modes.J.Phys.Chem.B 115：5347-5353.

［19］Woutersen S，Mu Y，Stock G，and Hamm P.2001.Hydrogen-bond lifetime measured by time-resolved 2D IR spectroscopy：N-Methylacetamide in methanol.Chem.Phys.266:137-147.

[20] Zheng J, et al.2005.Ultrafast dynamics of solute-solvent complexation observed at thermal equilibrium in real time.Science 309:1338-1343.

[21] Kim YS and Hochstrasser RM.2005.Chemical exchange 2D IR of hydrogen-bond making and breaking.Proc.Natl.Acad.Sci.USA 102:11185-11190.

[22] Rubtsov IV and Hochstrasser RM. 2002. Vibrational dynamics, mode coupling and structure constraints for acetylproline-NH_2.J.Phys.Chem. B 106:9165-9171.

[23] Stuchebrukhov AA and Marcus RA.1993.Theoretical study of intramolecular vibrational relaxation of acetylenic CH vibration for $v=1$ and 2 in large polyatomic molecules ethynyltrimethylmethane and ethynyltrimethylsilane $((CX_3)_3YCCH$, where $X=H$ or D and $Y=C$ or Si).J. Chem.Phys.98:6044-6061.

[24] Bigwood R,Gruebele M,Leitner D,and Wolynes P.1998.The vibrational energy flow transition in organic molecules:Theory meets experiment. Proc.Natl.Acad.Sci.USA 95:5960-5964.

[25] Bredenbeck J,Helbing J,and Hamm P.2004.Transient two-dimensional infrared spectroscopy:Exploring the polarization dependence.J.Chem. Phys.121:5943-5957.

[26] Qian W and Jonas DM.2003.Role of cyclic sets of transition dipoles in the pump-probe polarization anisotropy:Application to square symmetric molecules and perpendicular chromophore pairs.J.Chem.Phys.119:1611-1622.

[27] Rubtsov IV,Khudiakov DV,Nadtochenko VA ,Lobach AS,and Moravskii AP.1994.Rotational reorientation dynamics of C-60 in various solvents—picosecond transient grating dynamics.Chem.Phys.Lett.229:517-523.

[28] Wang Z, et al.2007.Ultrafast flash thermal conductance of molecular chains.Science 317:787-790.

[29] Elsaesser T and Kaiser W.1991.Vibrational and vibronic relaxation of large polyatomic molecules in liquids.Annu.Rev.Phys.Chem.42:83-107.

[30] Lian T,Locke B,Kholodenko Y,and Hochstrasser RM.1994.Energy flow from solute to solvent probed by femtosecond IR spectroscopy:

Malachite green and heme protein solutions. J. Phys. Chem. 98：11648-11656.

[31] Ashihara S，Huse N，Espagne A，Nibbering ETJ，and Elsaesser T.2007. Ultrafast structural dynamics of water induced by dissipation of vibrational energy.J.Phys.Chem.A 111：743-746.

[32] Deak JC，Iwaki LK，and Rhea ST.2000.Ultrafast infrared-Raman studies of vibrational energy redistribution in polyatomic liquids. J. Raman Spectr.31：263-274.

[33] Wang Z，Pakoulev A，and Dlott DD.2002.Watching vibrational energy transfer in liquids with atomic spatial resolution.Science 296：2201-2203.

[34] Pang Y，et al.2007. Vibrational energy in molecules probed with high time and space resolution.Int.Rev.Phys.Chem.26：223-248.

[35] Keating CS，McClure BA，Rack JJ，and Rubtsov IV.2010.Mode coupling pattern changes drastically upon photoisomerization in Ru Ⅱ complex. J.Phys.Chem.C 114：16740-16745.

[36] Kasyanenko VM，Tesar SL，Rubtsov GI，Burin AL，and Rubtsov IV. 2011.Structure dependent energy transport：Relaxation-assisted 2D IR and theoretical studies.J.Phys.Chem.B 115：11063-11073.

[37] Naraharisetty SRG，et al.2009.C-D modes of deuterated side chain of leucine as structural reporters via dual-frequency two-dimensional infrared spectroscopy.J.Phys.Chem.B 113：4940-4946.

[38] Backus EHG，et al.2008.Energy transport in peptide helices：A comparison between high- and low-energy excitation.J.Phys.Chem.112：9091-9099.

[39] Keating CS，McClure BA，Rack JJ，and Rubtsov IV.2010.Sulfoxide stretching mode as a structural reporter via dual-frequency two-dimensional infrared spectroscopy.J.Chem.Phys.133：144513.

[40] Lin Z and Rubtsov IV.2012.Constant-speed vibrational signaling along polyethyleneglycol chain up to 60 Å distance.Proc.Natl.Acad.Sci.USA 109：1413-1418.

[41] Lin，Z，Zhang，N，Jayawickramarajah，J，Rubtsov，IV. 2012. Ballistic energy transport along PEG chains：Distance dependence of the

transport efficiency; (invited) Phys. Chem. Chem. Phys. 30 (14): 10445-10454. DOI: 10.1039/c2cp40187h.

[42] Burin AL, Tesar SL, Kasyanenko VM, Rubtsov IV, and Rubtsov GI. 2010. Semiclassical model for vibrational dynamics of polyatomic molecules: Investigation of internal vibrational relaxation. J. Phys. Chem. C 114: 20510-20517.

[43] Tesar SL, Kasyanenko VM, Rubtsov IV, Rubtsov GI, and Burin AL. Theoretical study of internal vibrational relaxation and energy transport in polyatomic molecules; submitted to J. Phys. Chem.

[44] Anna JM, King JT, and Kubarych KJ. 2011. Multiple structures and dynamics of $[CpRu(CO)_2]_2$ and $[CpFe(CO)_2]_2$ in solution revealed with two-dimensional infrared spectroscopy. Inorg. Chem. 50: 9273-9283.

[45] Yu X and Leitner DM. 2003. Vibrational energy transfer and heat conduction in a protein. J. Phys. Chem. B 107: 1698-1707.

[46] Davydov AS. 1985. Solitons in Molecular Systems (Kluwer Academic, Dordrecht, Holland).

[47] Leitner DM. 2005. Heat transport in molecules and reaction kinetics: The role of quantum energy flow and localization. Adv. Chem. Phys. 130 B: 205-256.

[48] Nitzan A. 2007. Molecules take the heat. Science 317: 759-760.

[49] Kasyanenko VM, Keiffer P, and Rubtsov IV. 2012. Intramolecular contribution to temperature dependence of vibrational modes frequencies. J. Chem. Phys. 136: 144503/144501-144503/144510.

[50] Lin Z, Bendiak B, and Rubtsov IV. 2012. Discrimination between coupling networks of glucopyranosides varying at a single stereocenter using two-dimensional vibrational correlation spectroscopy. Phys. Chem. Chem. Phys. 14: 6179-6191.

[51] Hamm P and Hochstrasser RM. 2000. Structure and dynamics of proteins and peptides: Femtosecond two-dimensional infrared spectroscopy. Ultrafast Infrared and Raman Spectroscopy, ed Fayer MD (Marcel Dekker Inc., New York), p 273.

［52］Zhuang W，Hayashi T，and Mukamel S.2009.Coherent multidimensional vibrational spectroscopy of biomolecules：Concepts，simulations，and challenges.Angewandte Chemie Int.Ed.48：3750-3781.

［53］Schwarzer D，Hanisch C，Kutne P，and Troe J.2002.Vibrational energy transfer in highly excited bridged azulene-aryl compounds：Direct observation of energy flow through aliphatic chains and into the solvent.J. Phys.Chem.A 106：8019-8028.

［54］Backus EHG，et al.2009.Dynamical transition in a small helical peptide and its implication for vibrational energy transport.J.Phys.Chem.B 113：13405-13409.

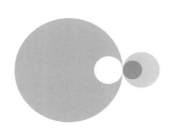

第 12 章
蛋白质 2D IR
光谱导论

12.1 导论

蛋白质是一种在其生物功能过程中表现美丽且令人惊叹的分子,并且所有的生物过程都涉及蛋白质构象变化。这些过程可能是酶催化、运输和信号传导、结构动态支架、电荷转移以及机械能或电能转换。人们对这些过程的理解,会被所采取的研究方法所渲染,而我们对蛋白质的认识大多基于结构研究和生化分析。生物化学家和生物学家依据导向运动来考虑蛋白质所参与的过程,经常通过动画来描绘它们,但在当前的实验中,人们极少实际观察到直接发生的构象变化。二维红外(two-dimensional infrared,2D IR)光谱法[1-3]如今提供了一种新的方法,可以用来描述被传统方法掩盖的特征,尤其是将皮秒到毫秒时间尺度上的构象动力学变得可视化,并能表征构象的变化和结构的无序度。此外,它也正在被证明对于例如蛋白质聚集和淀粉体纤维[4,5]、本质上无序的多肽[6]、膜蛋白[7,8]等传统手段难以研究的样品是有用的。

二维 IR 光谱技术被发展成为研究溶液中的瞬态分子结构和动力学的一种手段。作为一种振动光谱,它直接考察化学键的振动以及一个分子的多个振动如何与其环境相互作用。受到核磁共振(nuclear magnetic resonance,

NMR)领域中最先发展的二维(two-dimensional,2D)方法的启发,2D IR 光谱法将一个振动光谱在两个频率轴上展开,反映了一个给定频率的振动激发在一段等待时间后是如何影响探测窗口内所有其他振动模式的。以频率、幅度和线型为形式的光谱特征,以及这些特征的随时间演化,被用来认识在时空中的结构连接性,并为研究分子结构、动力学和动态异质性提供了新途径。如果有足够的关于振动相互作用机制的信息,人们就可以模拟光谱,以揭示观测到的振动中的结构信息。

从亚皮秒的水涨落到一小时时长的聚合过程,生物物理过程在时间上有许多数量级的变化,因此需要能够跨越很宽时间尺度的方法。图 12.1 显示了各种过程及其相应的时间尺度[9,10]。由于 2D IR 光谱测量是用皮秒或更快的"快门速度"进行的,因此它在比大多数动力学过程要快的时间尺度上捕捉分子结构信息,因而特别适合探测许多这些过程。相关 2D IR(correlation 2D IR),其等待时间是变化的,能够在皮秒时间尺度上表征动力学。2D IR 的非平衡态变体,例如温度阶跃 2D IR,将该方法的动力学范围从皮秒扩展到毫秒,并使得例如蛋白质折叠或缔合等瞬态过程的研究成为可能[11]。快采集连续扫描 2D IR 方法可以达到更长的时间尺度。

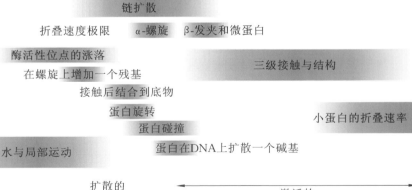

图 12.1　蛋白质动力学时间尺度

对实验对象的仔细考虑有助于 2D IR 实验的设计。例如,短程结构与动力学如氢键环境,能通过定域化振动的 2D 线型分析[12]或等待时间动力学实验[13]而变得可视化,而离域的酰胺Ⅰ带则能给出蛋白质结构的全局信息[14]。触发实验可被用于研究非平衡构象动力学。最后,对实验谱的解释可以在多个层面上进行:经验规则提供基本的结构信息,而更复杂的结构图像则涉及光谱建模。与 NMR 光谱学类似,2D IR 提供了一组结构约束,可以与基于结构的建模方法一起使用,以提供与实验约束相一致的结构[12]。我们的方法根据半经典静电图来描述 2D IR 光谱,这类静电图描述蛋白质内的结构依赖振动耦合和频率变化[15-18]。这些方法可以与分子动力学(molecular dynamics,MD)模拟和马尔可夫态(Markov-state)模型相结合,也可以与基于结构的计算生物物理模拟模型相结合。

本章为那些希望利用 2D IR 技术来阐明关于蛋白质结构与动力学问题的初学者提供了一个 2D IR 方法介绍。12.2 节和 12.3 节介绍骨架 2D IR 光谱的方法、理论和应用,以作为蛋白质结构、蛋白质溶剂化、折叠与结合,以及蛋白-蛋白相互作用的探针。迄今为止,大部分的 2D IR 光谱都集中在酰胺Ⅰ带的振动上,其主要由酰胺基元的 C=O 伸缩和 N—H 摇摆振动组成。由于在整个蛋白质骨架上离域化,酰胺Ⅰ模式对蛋白质的全局结构是敏感的。然而,也有许多可替代的振动探针,它们可经专门设计用于探测局域结构、溶剂曝露性和氢键作用。不同振动模式之间的交叉相关集成了个体模式所包含的信息,可以提供单个振动所不具备的新的结构洞见。12.3 节讨论局域振动探针和其他骨架模式的优点。振动模型化提供了结构与光谱之间的关键环节。12.4 节描述蛋白质 2D IR 光谱的建模框架和蛋白质 2D IR 分析的现有方法。12.4 节则是针对那些有 MD 模拟经验和量子力学基本背景的理论工作者。12.5 节介绍 2D IR 光谱学的近期实例,以展示 2D IR 在研究蛋白质结构、构象异质性、溶剂曝露性和瞬态温度-阶跃诱导变性等方面的应用。

12.2 背景

12.2.1 酰胺Ⅰ带

多肽骨架的酰胺振动是蛋白质的红外(infrared,IR)研究中最常用的振动[19-22]。其中,在 1600~1700 cm^{-1} 内观测到的酰胺Ⅰ带振动特别有趣,因为它们提供了在肽和蛋白质中的二级结构和氢键接触的独特光谱特征。如图 12.2 所示,酰胺 I 振动是骨架酰胺基团的 C＝O 伸缩和面内 N—H 弯曲振动的组合,具有很强的 IR 跃迁偶极矩。蛋白质的多个肽单元的酰胺 I 振动之间的物理相互作用或耦合,导致了蛋白质骨架的离域化振动。除了脯氨酸外,侧链振动与酰胺 I 振动没有强烈的相互作用。因此,酰胺基团在整个骨架上是化学等同的且具有相似的振动频率,允许每一酰胺上的局域模式的有效耦合以形成离域化振动。我们把肽单元的振动称为局域酰胺 I 模式(或位点),它作为一种基,用来描述这种离域化振动——在谐波体系中被称为简正模式,或更普遍地被称为激子,一个从固体物理学[23]借来的术语——作为这些位点的线性组合[22]。图 12.2 显示了泛素的被编码到带状图中的一个典型的 β-折叠的简正模式。与小分子中的振动相似,简正模式的特征是由蛋白质骨架的局域对称性决定的:α-螺旋和 β-折叠表现出相应结构中残基的局部排列所特有的振动模[24-28]。

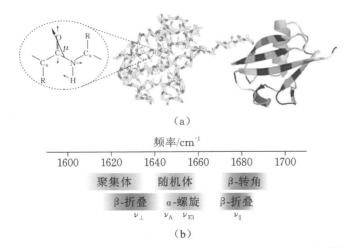

（a）

频率/cm^{-1}

| 1600 | 1620 | 1640 | 1660 | 1680 | 1700 |

聚集体　　随机体　　　β-转角

β-折叠　　α-螺旋　　β-折叠

$\nu_\perp$　　ν_A　ν_{E1}　　$\nu_\parallel$

（b）

图 12.2 蛋白质的酰胺 I 光谱:(a)在单个酰胺单元中与酰胺 I 振动相关联的原子位移和跃迁偶极矩,以及不同单元对泛素中一个简正模式的贡献。振动的幅度与相位被编码到灰度强度上:深色与浅色彼此有 180° 的相位差。(b)对应于不同结构模体的实验观测到的 IR 谱带示意图

　　如在 12.4 节中更详细地讨论的那样,肽单元间耦合作用的结构模型提供了一种将红外光谱中包含的激子带信息与蛋白质结构相连接的方法。不幸的是,宽的吸收线型和大量的非局域模式掩盖了酰胺 I 光谱中所储存的大部分

信息,使得从吸收光谱中提取结构的任务变得特别艰巨。将光谱内容铺展到两个频率轴上并测量多个振动之间的频率相关性,二维光谱学可将结构信息提取出来。

12.2.2　酰胺Ⅰ红外光谱的结构解释

图 12.2 显示了常见的二级结构和在酰胺Ⅰ光谱中观察到的光谱特征之间的经验关系。α-螺旋展示一个集中在 1650 cm^{-1} 附近的单峰,而 β-折叠展示集中在 1630 cm^{-1} 和 1680 cm^{-1} 附近的两个峰,其中心频率和强度取决于 β 链(strand,或股)的长度和数量[14、25]。与非结构性区域相关的振动也表现为一个在 1650 cm^{-1} 附近的宽峰。图 12.3 显示了傅里叶变换红外光谱(FTIR)和具有不同二级结构的蛋白的 2D IR 光谱:肌红蛋白(α-螺旋)、泛素(混合的 α/β)和伴刀豆球蛋白 A(反平行 β-折叠)。在这里,我们提供对酰胺Ⅰ带 2D IR 光谱的简要解析,更详细的 2D IR 光谱学描述以及对一张 2D IR 光谱的循序渐进的解释,将在下一节给出。

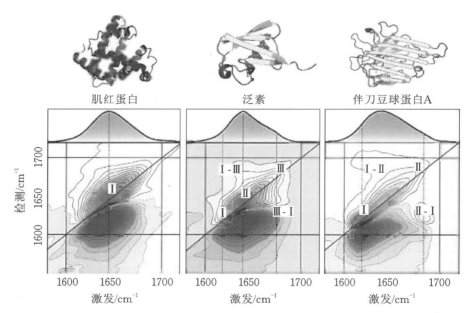

图 12.3　肌红蛋白、泛素和伴刀豆球蛋白 A 的酰胺Ⅰ吸收光谱和 2D IR 光谱。虚线表示大致峰位置。卡通结构被给出作为参考(PDB 代码:1MBO,1UBQ,1JBC)。非线性标度的等高线突出光谱中的低振幅信号特征

二维光谱可以被解释为连接一组激发频率(ω_1)和一组探测频率(ω_3)的一幅二维图。

沿对角线观测到的特征对应于同一频率的激发和探测,可近似地与吸收光谱联系起来。非对角峰对应于激发一个特定峰并探测来自另一个峰的发射,这反映了两个模式之间的耦合或能量转移。由于振动的非谐性,光谱中的每个峰都表现为正负双峰。当这些峰位于拥挤的光谱中时,复杂的线型会出现。肌红蛋白展现出以 1650 cm^{-1} 附近为中心的圆形对角峰(表示为 I)。伴刀豆球蛋白 A 有中心在 1620 cm^{-1} 和 1670 cm^{-1} 附近的两个峰,在 2D 光谱中标记为 I 和 II。由于这两个峰很宽,所以光谱沿对角线看起来很长。然而,狭窄的非对角峰(I-II 和 II-I)的存在表明在宽对角线型下面存在两个不同的跃迁。β-折叠的酰胺 I 光谱清晰地说明二维光谱学所获信息内容胜过一维光谱学技术[29]。对于泛素情形,来自 α-螺旋和 β-折叠残基的贡献在 1640 cm^{-1}(II)附近表现出一个特征,即向低频(I)和高频(III)区域的明显对角延伸。在 [1640, 1680] cm^{-1} 附近观察到交叉峰(I-III 和 III-I),这是 β-折叠贡献的明显特征。类似地,在相应的 FTIR 光谱中观察到中心在 1640 cm^{-1} 和 1680 cm^{-1} 附近的两个宽峰。混合的 α/β 蛋白,如泛素,倾向于显示类似纯 α-螺旋和纯 β-折叠光谱的组合线型。2D IR 研究[14,29,30]极大地帮助解释了这些特征,如下所述。

1. 二级结构的光谱特征

与大多数光谱技术相似,理论建模和模拟也促进了结构的指认[24,31]。12.4 节描述了通常的建模方法。本节提供了与不同二级结构相关联的光谱特征的定性解释。

1) α-螺旋

对于理想化的 α-螺旋的模拟揭示了具有 A 和 E$_1$ 对称性的两个主要的 IR-活性模式的存在:最强的 A 模式,约占强度的 70%,涉及螺旋中所有残基的同相振荡,而 E$_1$ 模式每周期有约 3.6 个残基的周期性相移[18,26,32]。A 模式从约 1660 cm^{-1}(对于 5~10 个残基长度的螺旋)红移至 1650 cm^{-1}(对于多于 20 个残基的螺旋)。相比之下,E$_1$ 模式几乎没有关于螺旋长度的频率依赖性。A-E$_1$ 频率分裂和 E$_1$ 相位扭曲归因于在相邻肽单元之间观察到的较大的正耦合以及形成氢键的肽单元之间的负耦合。由于在 α-螺旋的主要的谱带强度中 A 模式占大部分,因此能观察到 α-螺旋为主的蛋白质对螺旋长度的频率依赖性。然而,与酰胺 I 带的约 60 cm^{-1} 的总峰宽相比,10 cm^{-1} 的位移相对较小。偏振控制的 2D IR 实验已经能够在 21 个残基的短螺旋肽从实验上辨析两个模式,其 E_1 和 A 模式分别集中在 1638 cm^{-1} 和 1650 cm$^{-1[33]}$ 处。

2) 3_{10} 螺旋

3_{10} 螺旋的光谱特征与在 α-螺旋中观察到的那些非常相似:根据螺旋长度的不同,低频 A 模式和高频 E 模式之间的劈裂为 10~15 cm$^{-1[34]}$。根据振动圆二色光和 FTIR 以及计算研究表明,与 α-螺旋相比,3_{10} 螺旋的峰红移 5~10 cm$^{-1[35,36]}$。由于线宽很宽之故,通过 IR 吸收光谱很难区分 α-螺旋与 3_{10} 螺旋,但是最近的研究表明酰胺 I 带的 2D IR 光谱含有 3_{10} 螺旋的特定光谱特征,可从光谱上将其与 α-螺旋区分开来[37-39]。

3) β-折叠

反平行 β-折叠由重复的矩形四肽单元构建而成[25,29]。对于理想化的无限折叠,单个单元的振动描述了观察到的折叠振动。反平行折叠的晶胞由四个振子组成,因此可以观察到四个不同的模式,其中只有两个是 IR 活性的。最低的 IR-活性模式承载了大部分的强度,以一个窄带出现在 1630~1640 cm^{-1} 附近(参见图 12.3 中的伴刀豆球蛋白 A 光谱)并且涉及相邻股的位点的同相位(in-phase)振动。在这个四肽单元中,这个模式涉及位于矩形对角角落的那些单振子的、沿对角线的同相位振荡。由于跃迁偶极距垂直于 β-股[40-44],所以这个特征振动可表示为 $\nu_\perp$。由 $\nu_\parallel$ 表示的高频红外活性模式大约以 1670 cm^{-1} 为中心,由于其涉及沿着 β-股相邻残基的同相振荡而总体强度较低,但相对相邻股上的氢键形成的残基是反相的。图 12.4 显示了理想的反平行 β-折叠的模拟光谱。随着折叠尺寸的增加,$\nu_\perp$ 红移约 20 cm^{-1} 并相对于 $\nu_\parallel$ 获得额外的强度。高频率 $\nu_\parallel$ 峰位几乎保持不变,因此可作为 β-折叠结构内在的参考探针。因此,β-折叠中的 $\nu_\perp$ 的红移可用来表征 β-折叠尺寸的大小[25]。

平行的 β-折叠可以被描述为两个残基晶胞单元的重复[28]。因此,无限平行 β-折叠的振动谱将显示两个主振动带。在 4×4 残基的理想化折叠中,高频带出现在 1660 cm^{-1} 附近,但几乎没有可观察的强度。大部分振荡强度转移到低频带,集中在 1635 cm^{-1} 左右,被描述为同一肽股内残基的异相位振动。这一特征振动的跃迁偶极子模式垂直于 β-股。

4) β-转角

β-转角结构中的残基贡献很难通过实验分离出来。出于这个原因,β-转角的光谱指认主要来自模拟。一般来说,β-转角峰出现在 1680 cm^{-1} 附近[45]。由

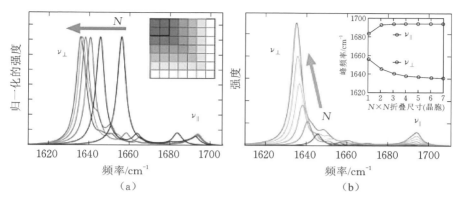

图 12.4 从 2×2 到 7×7 单元的理想化 $N\times N$ 单元反平行的 β-折叠结构的模拟光谱。每个单元对应四个残基,以 2×2 的正方形排列。(a)$\nu_\parallel$ 和 $\nu_\perp$ 峰位的尺寸依赖性。(b)峰强的尺寸依赖性。插图显示了两个峰的中心频率随着折叠尺寸的变化

于 β-折叠的 $\nu_\parallel$ 带也出现在相同的频率范围内,并且预计这两个峰的幅度都较低,前者是由于 β-转角构象中相对较少的振子,后者则是由于 $\nu_\parallel$ 的低振荡强度,因此 $1680~\text{cm}^{-1}$ 及以上区域的峰很容易被错误指认。因而在指认与 β-转角相关的光谱特征时我们必须特别小心。

5)卷曲

非结构化的卷曲看起来是一个无特征宽峰,集中在 $1650\sim1660~\text{cm}^{-1}$ 附近。由于缺乏长程有序,卷曲呈现随机耦合模式而表现出一个宽峰。另外,骨架在溶剂中的曝露会增加位点频率的变化并进一步使峰加宽。区分无规则卷曲与 α-螺旋的困难性是酰胺Ⅰ带的红外吸收光谱法的缺点之一。由于无规则卷曲更多地曝露于溶剂中,氢/氘交换实验[46]和等待-时间实验[47]结合同位素标记可以帮助指认二级结构中的单个残基。

2. 门槛模式分析

对蛋白质的单个酰胺Ⅰ模式的直观解释是困难的,主要有两个原因:首先,大量的简正模式拥挤在一个小的光谱区域内,并且这些模式具有部分混合的特征,例如,单个模式通常离域化于 α-螺旋或 β-折叠。其次,简正模式的特征是高度动态的,结构或溶剂环境的轻微变化可以重新混合这些模式。因此,虽然简正模式图像为描述模型提供了一个便利的框架,但单个简正模式与解释光谱的相关性是有限的。由于同一频率范围内的简正模式具有相似的整体特性,所以比起关注单个模式,通过门槛模式分析可以获得更直观的解释。简

而言之,这里描述的门槛模式分析依赖于奇异值分解,从而在一个小频率窗口内突出一组简正模式中的共享振动特征[24,27,48]。强度加权组分被称作门槛模式并可在所选频率范围内给出简正模式特征的一个直观显示。主成分模式的特征受结构微小变化的影响较小,从而允许比较一个蛋白质或甚至不同蛋白质中不同构象的模式。

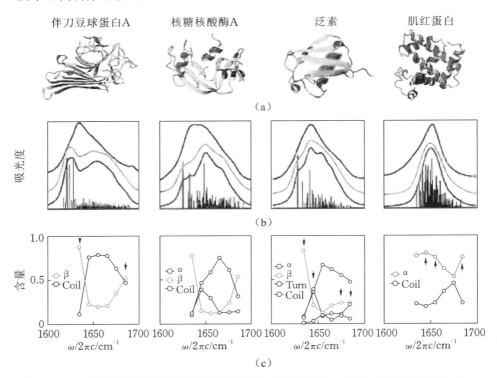

图 12.5 **(a)**选择进行门槛模式分析的四种蛋白的晶体结构。**(b)**(上)蛋白质在 D_2O 中的实验吸收光谱;(中)考虑位点无序度的计算光谱;(下)没有位点无序度的计算光谱。黑线表示单个模式的频率和强度。**(c)**门槛模式的振幅加权结构。(改编自 Chung HS,Tokmakoff A.2006.J.Phys.Chem.B 110:2888-2898.)

图 12.5 显示了具有变化的 α-螺旋/β-折叠构象的四种蛋白质的模拟吸收光谱:从 50%β-折叠(伴刀豆球蛋白 A)到 75%α-螺旋(肌红蛋白)。为了解释酰胺Ⅰ光谱特征,将每个残基指认为四种结构之一:α-螺旋、β-折叠、β-转角和卷曲。通过振幅加权每个振子对一个单独的二级结构的贡献,可计算门槛态的结构特征。例如,与 α-螺旋相比,一个 β-折叠门槛模式,在贡献给该模式的β-折叠构象中将有大量的振幅加权残基。门槛模式分析(图 12.5(c))显示 β-折

叠主要贡献于 1630 cm^{-1} 以下和 1670 cm^{-1} 以上的区域,而 α-螺旋贡献的强度主要趋于酰胺 I 带的中部。无规则卷曲也在 1650~1670 cm^{-1} 区域内有贡献,并与部分螺旋峰发生重叠。这些观察结果与图 12.3 所示的光谱指认一致。

3. 超二级结构

上面介绍的简例不足以解释在 2D IR 中观察到的所有特征,这表明光谱还包含更多的与蛋白质特定结构相关的信息。例如,具有相似残基百分比的 α-螺旋和 β-折叠构象的蛋白质的 2D IR 光谱显示出非常不同的特征,表明蛋白质的三维构造被编码在光谱中[14]。迄今为止,超二级结构模体的光谱特征仍然大部分未被探索。人们需要进一步研究,以了解以下问题:一个扭曲的 β-折叠的光谱与一个平面的、理想化的 β-折叠有什么不同? 在实际体系中我们如何区分平行 β-折叠的连接与反平行 β-折叠的连接? 在一个明确的结构册 (registry)中的多个二级结构,例如卷曲螺旋或蛋白质低聚物,是否具有不同的分子间耦合? 这些都是很活跃的研究领域。

误折叠的蛋白质,例如被广泛研究的 β-淀粉样蛋白肽,可聚集成带有特定堆叠的平行交叉 β-折叠构型的不溶性纤维。其高度有序及有限的水渗透,导致其在吸收光谱中观察到尖锐的 β-折叠峰[4,5,49,50]。利用红外光谱可以容易地监测淀粉样蛋白聚集动力学,同位素标记实验则有助于从分子角度认识其聚集机制[4,51]。其他不溶性蛋白质聚集体则在 1620 cm^{-1} 附近表现为单峰。窄的线型和红移的频率(1620~1630 cm^{-1})使红外光谱对样品中聚集体的存在特别敏感。非线性方法进一步增强了这些光谱特征,因而即使只有少量的聚集物存在于样品中也会产生较强并主导着酰胺 I 带的光谱特征。

胰岛素谱图(图 12.6)说明了多维光谱如何具有灵敏性,以用于探测引起蛋白二聚化、寡聚化和聚集的蛋白质间的接触和相互作用。与单体谱图相比,二聚体显示与 β-折叠相关的特征:一个双峰结构和一个较明显的 β-脊,这都是二聚体中存在蛋白质间的 β-折叠的迹象,并且意味着单体的界面残基保持着无序的构型。聚集和纤维化样品都显示双峰模式但具有不同的中心频率和峰强之比,表明其聚集体在 α-螺旋或无序区域具有显著的残基百分比,而纤维则表现出有序 β-折叠的一些特征。虽然是定性的,但对数据的这一简单解释,有助于表征那些与蛋白质的缔合及纤维形成有关的结构变化。最近对淀粉样蛋白 β 肽的研究表明了定量模拟与同位素标记相结合可为蛋白质聚集和纤维形成的机制提供详细的洞见[51]。

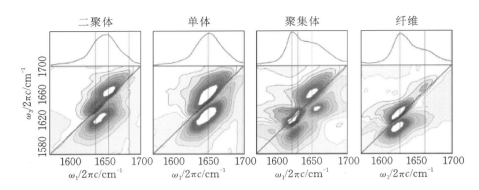

图 12.6 不同形态的胰岛素的二维图谱。图中的实与虚等高线分别表示正峰与负峰

12.2.3 光谱分离位点：氢键与同位素标记

1. 氢键

氢键能够稳定蛋白质结构。红外光谱是少数对氢键敏感的实验技术之一：酰胺Ⅰ带振动模式的位移取决于酰胺单元中氧原子接受的氢键数或氢原子所提供的氢键数[52]。酰胺氧原子和水分子之间的单个氢键使酰胺Ⅰ带频率发生约 16 cm^{-1} 的红移[53]。与锁定在稳定的蛋白质-蛋白质氢键中的残基相比，氧原子接受多个氢键的能力将引起曝露于溶剂的残基拥有强的红移跃迁。可以直观地看待氢键诱导的频移之原因：振动频率与键伸缩常数的平方根成正比，与振子的约化质量成反比。从化学键的角度来看，氢键减少了 CO 的 π-轨道重叠，使 C＝O···H 中的双键具有部分单键 C—O—H 的特征。类似地，可以认为氢原子有效地增加氧原子以及 C＝O 键的约化质量，从而降低了振动频率。氢键强度和振动频率之间的关系已在很多体系中进行了测量。一般来说，观察到的振动频率的位移与氢键的强度成正比。氢键距离与 C＝O 频移 $\delta\nu$（单位为 cm^{-1}）之间的经验关系式，对于水中二肽，可由下式给出：

$$\delta\nu = 30(r_{OH} - 2.6) \tag{12.1}$$

其中，r_{OH} 是羰基氧和水氢原子之间的距离（单位为 Å）[52,54]。这一简单的关系表明红外光谱具有亚埃级的灵敏度。

2. 同位素标记

振动光谱学的一个独特优势是其能够利用非侵入性同位素标记进行光谱学分离感兴趣的单个残基或小区域[22,50,55,56]。同位素标记有助于确定肽链或蛋白质内个别残基的局部结构和动力学[57]。单个 [13]C-同位素标记会使局域振动红移 35~40 cm^{-1},很大程度地将该位点与其他残基退耦合。由于酰胺 Ⅰ 带峰宽为 80~100 cm^{-1},虽然单个 [13]C 提供的光谱偏移不一定足以将特定残基峰与主带分开,但 [18]O 标记可额外提供分辨单个残基峰所需的 25~35 cm^{-1}[58]。

图 12.7 直接说明了在具有 12 个残基的 β-发夹 TrpZip2 的 K8 位置进行同位素标记后,二维红外光谱如何揭示构象异质性[12]。K8 标记显示相隔单氢键差别(16 cm^{-1})的两个峰。这两个峰可归属于不同的 β-转角构象:K8-1 对应于凸起的环结构,其中溶剂暴露的羰基平均接受两个氢键;而 K8-2 归因于具有单个 K8-W4 内氢键的 Ⅰ'-型转角。光谱的指认基于分子动力学模拟和马尔可夫态建模的光谱模拟。两个结构之间的微小结构差异说明了振动光谱的精细结构分辨率。构象动力学可以从二维线型中提取,对角峰的线宽与构象的无序性有关,反对角峰线宽则描述了分子在这些态进行取样的时间尺度(见 12.3 节)。K8-2 具有更宽的对角线型,表明溶剂暴露的构象比有更刚性 K8-W4 氢键的构象增加了很多无序度。预测这两个 β-转角构象在微秒时间尺度进行相互转换。这个例子突显了非线性红外光谱的结构分辨率与固有的超快时间分辨率。相反,多维核磁谱的毫秒时间分辨率导致光谱的平均化而不能区分两种构象。

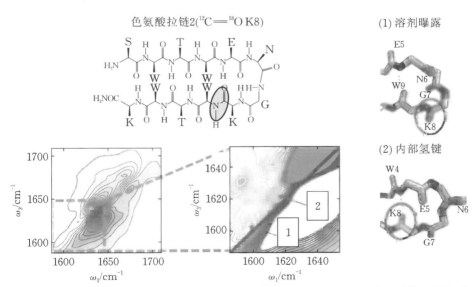

图 12.7 $^{12}C{=\!=}^{18}O$ K8 TrpZip2 的结构和 2D IR 谱。在 1600~1630 cm^{-1} 区域的两个峰对应于图中所示的两个不同的 β-转角构象

12.2.4 额外的蛋白质结构探针:酰胺Ⅱ带和侧链的振动

在这里,我们描述 $1400\sim1800~cm^{-1}$ 区域内的振动,其中包含着结构和动力学信息[20,59]。

1. 酰胺Ⅱ带的振动

酰胺Ⅱ带模式的特征在于结合了 N—H 弯曲振动模式的大振幅的 C—N 键伸缩。氢原子的大幅度运动使这一模式在氘带后从 $1550~cm^{-1}$(酰胺Ⅱ带)红移到 $1450~cm^{-1}$(酰胺Ⅱ′带)。相比之下,也包含 N—H 弯曲振动的酰胺Ⅰ带在氘带后仅发生大约 $10~cm^{-1}$ 的红移。氢/氘(H/D)交换速率取决于溶剂曝露和蛋白质的构象柔韧性。酰胺Ⅱ带与酰胺Ⅱ′带峰强度的比值正比于质子化和氘化残基数之比。然而,一般认为酰胺Ⅱ带的振动模式对结构不太敏感。况且,多种侧链吸收峰与酰胺Ⅱ带发生重叠。因此,迄今为止,探索酰胺Ⅱ振动模的结构敏感性的实验和理论工作仍相对较少。12.5 节描述了最近的将酰胺Ⅰ带与酰胺Ⅱ带结合直接测量蛋白质中曝露于溶剂的单个二级结构的 2D IR 方法。

2. 其他酰胺振动模

除了酰胺Ⅰ带和酰胺Ⅱ带振动模式之外,还有很多其他与酰胺部分有关的骨架振动:酰胺Ⅲ带($1200\sim1400~cm^{-1}$)由 C—C 和 C—N 键振动与 C=O 面内弯曲贡献的同相组合构成。酰胺Ⅳ带(约 $630~cm^{-1}$)主要由 C=O 面内弯曲振动以及少部分 C—C 伸缩和 C—C—N 弯曲振动组成。酰胺 A 和酰胺 B 模式(约 $3170~cm^{-1}$ 和约 $3300~cm^{-1}$)以 N—H 伸缩为特征[59]。由于各种原因,这些模式作为蛋白质结构的光谱标记物并未得到很多关注。

3. 侧链振动吸收

带有羧基、芳环的侧链,或胍基元,在酰胺Ⅰ区附近有吸收[60]。包括精氨酸、天冬酰胺、天冬氨酸、谷氨酸、谷氨酰胺、酪氨酸和色氨酸的氨基酸侧链振动,可以作为探测蛋白质结构的有用探针:羧酸对金属配位及其自身的质子化状态敏感,因此对 pH 和溶剂曝露很灵敏。一些模式,特别是涉及氢原子的大幅运动的模式,对氘带也很敏感,因此,其频率可以用来研究氢/氘交换实验中的溶剂曝露情况。相反,芳香环模式的特点是其对环境保持不敏感的窄线型和中心频率。非共价相互作用,诸如静电相互作用(即盐桥)或非极性芳族相互作用,对于稳定蛋白质结构以及提供蛋白质识别和结合的界面接触,都是至关重要的。结合袋内的侧链决定了底物的选择性并提供催化所需的必要相互作用。特别是当与酰胺Ⅰ带或酰胺Ⅱ带光谱结合时,侧链光谱可以为结构、异质性、折叠或催化机理提供有用的见解[46]。超快红外光源产生的宽带脉冲有助于在 $3\sim7\ \mu m$ 区域内同时测量主链酰胺Ⅰ带和酰胺Ⅱ带以及侧链振动(见图 12.9)。探索主链和侧链动力学之间的差异,对于确定驱动蛋白质折叠中主链和侧链的有序化的关键相互作用是非常有价值的[61]。

表 12.1 提供了一个常见侧链在 D_2O 中的吸收以及单个侧链的 pK_a 值的参考。注意到在 Asp 和 Glu 中,质子化后,与羧酸中的 C=O 振动相关的振动模的蓝移大于 $100\ cm^{-1}$。

表 12.1　氘化侧链在酰胺Ⅰ区附近观察到的常见吸收频率

AA	频率/cm^{-1}	模式	pK_a
$Arg(NH_2^+)$	1605	$\nu_{as}CN_3D_5^+$	$11.6\sim12.6$
	1586	$\nu_sCN_3D_3^+$	
$Asp(COOH)$	1713	$\nu C=O$	$4.0\sim4.8$
$Asp(COO^-)$	1584	$\nu_{as}COO^-$	
	1404	ν_sCOO^-	
Asn	1648	$\nu C=O$	
Cys	1849	νSD	$8.0\sim9.5$
$Glu(COOH)$	1706	$\nu C=O$	$4.4\sim4.6$
$Glu(COO^-)$	1567	$\nu_{as}COO^-$	
	1407	ν_sCOO^-	
Glu	1640	$\nu C=O$	
	1409	$\nu C-N$	
His	1600	$\nu C=C(D_2^+)$	$6.0\sim7.0$
	1569	$\nu C=C(D)$	
	1439	$\delta CD_3 , \nu CN$	
Trp	1618	$\nu C=C , \nu C-C$	
	1455	$\delta C-D , \nu C=C , \nu C=N$	
	1382	$\delta C-D , \nu C=C , \nu N-D$	
$Tyr(OH)$	1615	$\nu C=C , \nu C-D$	$9.8\sim10.4$
	1590	$\nu C=C$	
	1515	$\nu C=C , \nu C-D$	
$Tyr(O^-)$	1630	$\nu C=C$	
	1499	$\nu C=C , \delta C-H$	

4. 振动探针和非天然氨基酸

一个相对新近的实验策略涉及将非天然侧链作为结构和动力学的局部探针[62]。利用酰胺 I 带与在 3 μm 的 C—H、N—H 或 O—H 伸缩振动区域之间的沉寂光谱区域,振动探针提供了一种最低限度微扰的方式来获得对所选蛋白质位点的空间和振动局域化的精准控制。常见的探针包括腈基(—C≡N)、叠氮化物(—N≡N≡N)、硫氰基(—S—C≡N)和 C—D 键[63−65]。

在合成肽的情形,振动探针可以很容易地在固相合成过程中插入。较大的蛋白质可以通过重组表达产生。一种常见的方法是将细菌生长培养基中的一种氨基酸取代为与其结构相近的类似物[66]。然而,贯穿蛋白质的多位点取代,限制了这一技术的位点选择性。新的技术,通过创建一个独特的、不编码的任何天然氨基酸的 tRNA 密码子,利用相应的氨基酰基 tRNA 合成酶[67],可在特定位点插入非天然氨基酸。迄今为止,有超过 30 种非天然氨基酸已被插入并用于光谱学和反应活性研究。值得一提的是,第一个超快红外光谱实验是在血红素蛋白中金属结合的 C≡O 配体上进行的[68]。窄线型、长振动寿命和大吸收系数使金属羰基化合物成为非线性红外光谱学的优异振动探针。更具体地说,C≡O—结合的肌红蛋白的振动退相(dephasing)和寿命,以及 2D IR 测量提供了局部视图,显示了这个血红素蛋白在活性位点的涨落[69]。最近,被称为 CO 释放分子的钌羰基化合物,与溶剂暴露的组氨酸芳香环结合后,为球形蛋白中的界面水动力学提供了很有用的洞见[70]。

小的振动探针具有可以进行高级理论建模的优点[71]。可以从半经典模拟中提取光谱可观测量,如吸收线型、频率-频率时间相关函数和振动弛豫速率[72]。计算模拟有两个目的:首先,模拟光谱可与实验比较。如果有很好的一致性,模拟结果可对实验数据进行原子水平的解释。其次,模拟可用于协助实验的战略发展,将数据可提取的结构信息量最大化。例如,标记光谱的模拟对于选择独特标记位点特别有用。对于包括腈基、叠氮化物和硫氰基在内的许多探针[63,64],类似于 12.4 节描述的那些静电图已有建立。在半经典的涨落频率近似中,环境的影响被位点的涨落频率所捕获,该涨落频率是通过 MD 模拟与频谱图相结合,将静电势轨迹转换为频率轨迹而计算出来的。一旦获得这个轨迹,计算线性和非线性谱图就变得相对简单。虽然短振动寿命将 2D IR 光谱限制在皮秒时间尺度,但快速涨落对生物功能所具有的重要性正逐渐变得明显起来。

12.3 实验方法

在这里,我们从实践的角度出发,对实验 IR 光谱进行概述。我们介绍理解 2D IR 光谱实验的实施、数据处理方法和光谱解释所需的基本背景知识。描述一般的样品制备步骤,并概述主要的实验限制和其他实际因素的考虑。

12.3.1 红外光谱一、二维

红外吸收是电磁场与振荡分子偶极矩之间相互作用的结果。在经典图像中,振荡电场与分子中的原子电荷相互作用,并放大与入射光频率共振的振动。反过来,振荡电荷会发出与入射光相位不同的电磁场,这就产生相消干涉,从而引起观察到的吸收峰。较多的原子电荷会产生强的振荡偶极矩,从而产生强的吸收峰。

通常使用非相干光进行红外吸收光谱实验。如果使用短脉冲的相干光,红外脉冲通过样品后振荡的极化持续存在,就像钟被用锤子敲打后的钟声一样。使其与变化着的时间延迟后到达的第二个脉冲进行干涉,我们能直接测量这个极化的辐射场。这一时域振荡的傅里叶变换产生吸收光谱。使用干涉仪产生的成对电场来测量吸收光谱是最常用的傅里叶变换光谱法。该光谱与在频域实验中所观察到的是相同的;在频域实验中,我们测量透过样品的光强度,并将之作为单色场频率的函数。这些频域、时域测量都是一维实验,因为有一个独立时间或频率变量(见图 12.8)。

在二维光谱的情况下,我们测量在一个独立频率下的激发所引起的吸收光谱的变化。这也可以在频域中通过具有独立激发和探测光束的双共振实验来实现;然而,在这里傅里叶变换方法也更普遍地应用于二维光谱的一个或两个维度。随着最初的短脉冲激发,后续脉冲可以与样品的极化发生作用,以产生非线性极化[1,73]。由于多个脉冲可以多次激发/去激发样品,最终的非线性极化将辐射出光频率,其中携带着线性吸收光谱所不具有的分子势能新信息。

图 12.8 给出了用于 2D IR 光谱的脉冲序列。通过将发射信号与参考光束重叠,对每一个 τ_1 延迟记录对应的干涉图,并且通过光谱干涉法来复原发射电场的幅值和相位。发射信号的频率成分直接表示在频谱的探测轴上。信号沿前两个脉冲之间时间延迟(τ_1)的傅里叶变换产生激发频率(ω_1)。第二和第三

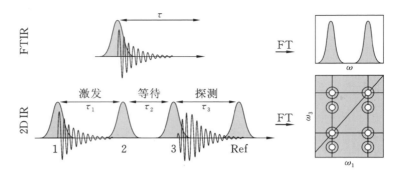

图 12.8　FTIR 和 2D IR 光谱的脉冲序列

脉冲之间的延迟(τ_2)被称为等待或布居数时间,对应于激发和探测之间的时间间隔。由于测量的信号涉及不同态在这段时间内的相干叠加,所以激发和探测之间的时间通常被称为相干时间。

　　可用于 2D IR 光谱测量的振动模式取决于实验中所使用的飞秒 IR 脉冲的载波频率、脉宽和光谱带宽。目前市场上可买到的激光源产生脉冲在 3 μm 到 8 μm($3600 \sim 1200$ cm^{-1})之间,脉冲长度在 50 fs 到 100 fs 之间,相应带宽为 $300 \sim 150$ cm^{-1}。为了说明这些光源的功能和局限性,图 12.9 显示了泛素和 N-甲基乙酰胺(N-methylacetamide,NMA)的红外吸收光谱以及典型光学参量放大器(OPA)光源的光谱。近来新的基于等离子体的宽带 IR(plasma-based broadband IR,BBIR)生成方法表明其产生的红外脉冲涵盖了从太赫兹到 4000 cm^{-1} 的整个振动频谱[74,75]。目前,低脉冲能量阻止了它们作为红外激发源的应用,但是为同时探测窄带泵浦光作用后的多振动跃迁提供了一个新途径。

　　二维光谱是样品的复三阶红外响应的最完整表示。响应函数的一维投影可以用色散泵浦探测(dispersed pump probe,DPP)、色散振动回波(dispersed vibrational echo,DVE)和外差探测振动回波(heterodyne-detected vibrational echo,HDVE)等信号形式进行测量。但是,这些信号含有 2D IR 光谱投影到单个频率轴上的很多信息。它们能以比完整 2D IR 光谱快得多的速度进行采集。因此,一些实验,例如下面描述的温度阶跃实验,用 DPP 和 HDVE 作为动力学探测,而在几个选定的时间延迟下收集 2D IR 光谱以获得瞬态响应的结构视图。二维光谱是复数量,包含吸收和色散特征;然而,通常仅绘制吸收组分,即光谱。色散泵浦-探测或简称为泵浦-探测,光谱是吸收型的,对应于将

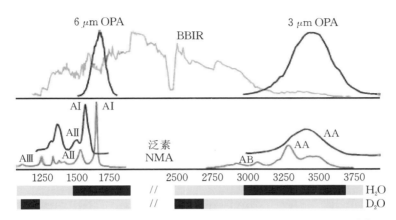

图 12.9 泛素在 D_2O 和 N-甲基乙酰胺（NMA）在 DMSO 中的吸收光谱。光谱中显示了一些骨架酰胺带（酰胺 I/II/III/A/AB）。作为参考，将 H_2O 和 D_2O 的透明窗口显示为灰色。顶部图板显示了 $3\ \mu m$ 区域（约 35 fs 脉冲）和 $6\ \mu m$ 区域（约 90 fs 脉冲）的中红外光参量放大器的典型输出光谱以及基于等离子体的宽带 IR（BBIR）源的光谱

2D IR 光谱的实部投影到 ω_3（探测）轴上（图 12.10）。复数的 HDVE 光谱对应于将复数的 2D IR 光谱投影到探测轴上，尽管通常只绘制 HDVE 光谱的实部（相当于 DPP 光谱）。DPP 和 HDVE 信号通常是将信号与参考脉冲耦合起来进行干涉型测量。DVE 谱图代表复数 HDVE 谱的功率谱（绝对值的平方），并在无参考的情况下测量。

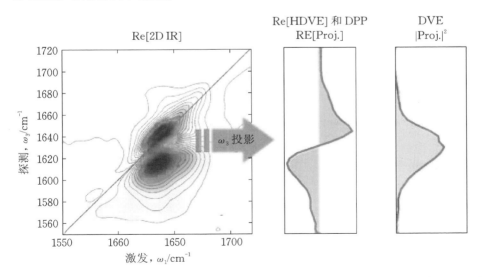

图 12.10 D_2O 中的泛素在 ZZYY 偏振条件下采集的吸收型 2D IR、DPP、实部 [HDVE] 和 DVE 谱

除了激发和探测频率之外,一个重要的光谱自由度是四个 IR 脉冲的偏振(polarization),这里指的是脉冲电场矢量在空间中的取向(orientation),而不是上面讨论的样品的集体振荡偶极矩。特定的偏振条件,其中实验者能控制四个激发和探测场的偏振,可用于抑制或增强某些光谱特征,并且可用于确定分子内不同跃迁的取向,从而提供额外的结构信息。两个主要的偏振条件是平行 ZZZZ(所有四个脉冲的偏振相互平行)和垂直 ZZYY(第一对垂直于其他)[76]。平行和垂直的偏振条件分别增强了那些具有相对平行和垂直的跃迁偶极间的振动交叉峰。两个跃迁偶极子之间的角度可以从不同偏振条件下的峰强度直接求得。

为了说明 2D IR 光谱中的信息内容,图 12.11 显示了模型化合物乙酰丙酮合二羰基铑(rhodium acetylacetonato dicarbonyl,RDC)在正己烷中的羰基振动吸收和 2D IR 光谱[77]。两个羰基伸缩的窄峰清晰地提供了在 2D IR 光谱中观察到的典型峰形。吸收光谱(顶部)在 2014 cm^{-1} 和 2084 cm^{-1} 处出现两个窄峰,对应着不对称(asymmetric,ω_a)和对称(symmetric,ω_s)伸缩振动。在这方面,澄清局域模式、简正模式和本征态之间的区别很重要。局域模式通常联系着单键振动,而且,重要的是局域模式形成了描述简正模式的基组。在 RDC 中,两个局域模式对应着每个单独的末端 C≡O 键的伸缩。在蛋白质中,我们使用的酰胺 I 带局域模式基组对应着肽基的 C=O 伸缩振动与 N—H 弯曲振动的组合。局域模式通常被称为位点振子。简正模式需要局域模式的线性组合,各个位点的同相和异相振荡赋予每个简正模式一个独特的特征,而且,由于这两种模式表示之间由一个线性变换相连,所以简正模式的数目等于局域模式的数目。在 RDC 情形下,两个简正模式分别对应于 C≡O 振子的同相和异相振动:对称伸缩和非对称伸缩。最后,本征态表示从振动体系的哈密顿导出的完全正交的非简谐振动集,并且通常被描述为简正模式的微扰混合。例如,对称伸缩、非对称伸缩,以及不对称与对称伸缩的组合态,都是本征态。在简正模式表示中,本征态由每个简正模式中的量子数表示。例如,单重和双重激发态对称伸缩可分别表示为 |s⟩ 和 |2s⟩,而组合态则表示为 |as⟩。区别简正模式和本征态在非线性光谱学中是很重要的,这些区别恰恰来自我们希望测量的那些振动耦合,而且也因为光谱对本征态之间(而不是简正模式之间)的跃迁频率差和偶极振幅敏感。

二维 IR 光谱可以被解释为由一个激发轴(ω_1)和一个探测轴(ω_3)所构成

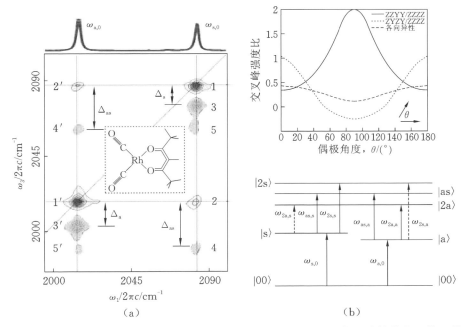

图 12.11　(a) 乙酰丙酮二羰基铑 (RDC,给出分子结构供参考) 的末端羰基伸缩区的红外
吸收和 2D IR 光谱。实线等高线和虚线等高线分别表示正峰和负峰。(b) 以两
个耦合振子之间跃迁偶极子夹角为函数模拟的两个偏振条件下的交叉峰比值

的二维图,两轴分别表示在横坐标和纵坐标上。对角峰 (1 和 1′,图 12.11) 对
应于相同频率下的激发和探测。在对角峰 (3 和 3′) 的正下方出现的峰对应于
$|0\rangle \rightarrow 1\rangle$($|0\rangle \rightarrow |s\rangle$、$|0\rangle \rightarrow |a\rangle$)) 的跃迁,及在探测时间内 $|1\rangle \rightarrow |2\rangle$($|s\rangle \rightarrow |2s\rangle$ 或
$|a\rangle \rightarrow |2a\rangle$) 的进一步跃迁。交叉峰 (2) 表示 $|0\rangle \rightarrow |s\rangle$ 振动激发和 $|a\rangle \rightarrow |0\rangle$ 的
受激辐射。类似地,峰 2′ 对应于不对称伸缩的激发和对称伸缩的探测。峰 4
和 4′ 来源于包含着两个量子组合态的跃迁。最后,峰 5 和 5′ 来源于对称 (不对
称) 伸缩 $|0\rangle \rightarrow |s\rangle$($|0\rangle \rightarrow |a\rangle$)) 的激发和不对称 $|2a\rangle |a\rangle \rightarrow$(对称) 伸缩 ($|2s\rangle \rightarrow$
$|s\rangle$)) 的受激发射。分子的一个和两个量子态能级可以直接从峰位置读出。非
谐性常数和耦合常数可以通过光谱建模来确定。考虑到激发和探测脉冲的偏
振条件,交叉峰强度的变化由两个振动之间的跃迁偶极子的相对角度而确定。
为了说明这个例子,图 12.11 显示了利用三种不同偏振构型作为两个耦合
(ZZYY/ZZZZ,ZYZY/ZZZZ) 的谐振子之间跃迁偶极子夹角的函数计算得到
的交叉峰比值。

　　结构信息是从峰的位置和强度中提取出来的,而动力学是从峰形,更具体地

说是从峰的椭圆率以及椭圆率随等待时间的变化中提取出来的[78]。图 12.12 显示了线型随着等待时间变化的一个例子:在早期等待时间下的沿对角线伸长,这是因为系综内的每个构象具有不同的跃迁频率,并且激发频率和探测频率之间存在很大的相关性。节点线随等待时间而旋转,因为动力学效应导致相关性降低。频率相关性丢失的速率与样品中分子的频率涨落能够直接相关,这一过程被称为光谱扩散。沿对角线的拉长被称为非均匀展宽,而沿着反对角线的拉长被称为均匀展宽。该实例显示了被锁定在刚性分子内氢键构型中的残基如何具有较慢的动力学(V1 峰),并形成较小的频率涨落,以及节点线的较慢旋转,而溶剂暴露的残基(N-乙酰基脯氨酸)会迅速失去激发和探测之间的相关性。

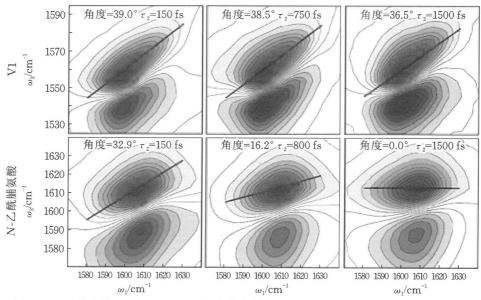

图 12.12 β-转角肽 GVGVP * GVG 和单个氨基酸 N-乙酰脯氨酸在 D_2O 中的等待时间 2D IR 光谱。星号表示 $^{13}C = ^{18}O$ 标记

12.3.2 瞬态温度-阶跃 2D IR 光谱

虽然等待时间的 2D IR 光谱提供亚皮秒时间分辨率的结构信息,但是通过将 2D IR 光谱与非平衡方法结合起来可开发一个强大的实验手段来研究更长时间尺度的蛋白质折叠、动力学和功能。由于 IR 光谱产生系综测量,因此需要一个快速触发来同步系综的时间演变。激发光的时间分辨率和探测光可达到的时间尺度通常决定了可以研究的动力学类型。"探测"方法(如 2D IR)

必须具有高时间分辨率和高结构灵敏度,但最重要的是,反应坐标必须有利地投影到选定的光谱坐标上。就蛋白质而言,同位素标记通常提供一种选择一组感兴趣的光谱变量的方法。

常见的触发包括以下几种[79](括号中表示大致时间分辨率):①电子激发(10~100 fs)探测激发态超快动力学和光诱导反应,或门控笼状化合物的光释放[80];②温度阶跃光谱学(1~10 ns)研究热变性、蛋白质折叠、缔合和非平衡动力学[81,82];③压力阶跃(1 μs)研究压力引起的蛋白质构象变化,如部分变性[83];④pH 阶跃法(100 μs)研究 pH 诱导的构象动力学或不同蛋白质位点的快速质子化[84];⑤停流(stopped-flow)快速混合技术(1~3 ms)来探测由变性剂或混合溶剂引起的蛋白质解折叠和构象变化[85]。

在这些触发方法中,只有电子激发和温度阶跃触发已经在超快 2D IR 光谱中有应用[80,86,87]。原则上,这些技术中的任何一种都可以与 2D IR 探测相结合;然而,一个实际受限原因是生物样品中观察到的生物信号很弱而不可避免地导致数据收集时间较长。因此,触发方法必须引起信号的大变化,并且具有与感兴趣的时间尺度相称的重复率,以使测量的工作时间(duty time)最大化。

这里,我们关注由温度阶跃引发的非平衡 2D IR 光谱。图 12.13 显示了样品 T-阶跃后的温度分布示意图。2D IR 脉冲序列能够探测从纳秒到毫秒时间尺度的结构重排。蛋白质动力学发生在各种时间尺度上,但通常,纳秒到微秒的响应时间对应于无势垒重排,而发生在 100 μs 到 1 ms 的转变则被指认为跨势垒过程。延迟时间受 T-阶跃激光器重复频率和样品弛豫的限制。在我们目前的实验中,最大延迟是 50 ms[81]。

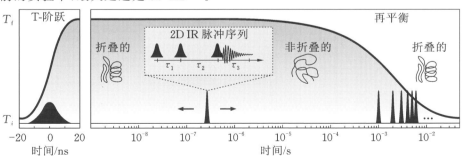

图 12.13 T-阶跃脉冲序列及其温度分布示意图。T-阶跃脉冲和 2D IR 脉冲序列之间的延迟由电子控制。其中,2D IR 脉冲组的 1 ms 的重复率使我们能够利用随后的脉冲串来汇集从 1 ms 到 50 ms 的时间延迟

T-阶跃脉冲必须携带足够的能量将溶剂的温度提高几度。在我们的系统中,通过与光参量振荡器(optical parametric oscillator,OPO)耦合的倍频钕掺杂的钇铝石榴石(Nd：YAG,yttrium aluminum garnet)激光器在 20 Hz 的重复频率下产生以 2 μm 为中心的 20 mJ 脉冲。T-阶跃激光器被电子定时到 1 kHz 飞秒激光源。最短的延迟(10 ns)是由 T-阶跃脉冲宽度决定的,而最长延迟(50 ms)则由 T-阶跃激光重复频率给出。T-阶跃脉冲与(氘代水)溶剂中(原文误为光密度 optical density(OD),译者注)的 OD 伸缩的泛频进行共振。在温度阶跃之后,随热量从焦点区域扩散,溶剂恢复平衡。温度弛豫曲线可由一个时间常数约为 3 ms 的广延(stretched)指数进行描述。为了实现聚焦区域的均匀加热,T-阶跃脉冲在样品上被聚焦成约 1 mm 的点,并仅有约 10％的光被吸收。干涉测量的要求非常高,因为在触发之前和之后,所有光束的相位必须保持不变。在我们的实验中,所有的脉冲都聚焦在相互作用区域,因此就使 T-阶跃引起的溶剂吸收和折射率有相同变化。在一定的初始温度下,10 ℃的温度阶跃导致酰胺Ⅰ带区域中透射发生大约 5％的变化而放大非线性信号。在每一激光脉冲下,参考脉冲的频谱与信号一起采集,且信号被校正以补偿透射光的变化。为了解释 2D IR 差谱以及获得未失真的样品动力学,这个校正是必要的[88]。与吸收光谱相反,非线性红外光谱的一个重要优势是溶剂信号被大大抑制,因此,没有必要单独测量溶剂背景以分离溶质响应。

　　2D IR 光谱是三阶振动响应的最完整表征,但由于各种原因,2D IR 光谱的采集相对较慢。缩短数据收集时间的技术更适合于精确地对 T-阶跃后的时间延迟进行采样,以测量动力学。三种频率分辨的非线性测量可以用 2D IR 光谱仪进行：DPP、DVE 和 HDVE 光谱[89]。DPP 测量的是探测脉冲在"激发"脉冲的 IR 激发之后的透射变化,所测量的 DPP 信号等同于在激发轴上积分的 2D IR 信号,因此 DPP 不能清楚地将 2D IR 光谱的对角峰和非对角峰的贡献区分开来。类似地,DVE 和 HDVE 表示样品在与时间延迟固定的三个 IR 脉冲作用之后所发射的四波混合信号。从 DVE 和 HDVE 测量结果中可提取出类似的信息,但 HDVE 是一种更为苛刻的相位敏感测量,它对 T-阶跃脉冲引起的参考光的幅度和相位变化都很敏感。与 DPP 不同,DVE 和 HDVE 是无背景测量,因此提供了改善的信噪比和灵敏度,而且 DPP 信号可以从 HDVE 测量中获得。在脉冲 1 和 2 之间的各种延迟时间下的一系列 HDVE 光谱的傅里叶变换,可给出 2D IR 光谱。由于 HDVE 光谱的采集速度可以比相应的 2D IR 光谱快 250～500 倍,所以 HDVE 被用于采集动力学数据而 2D IR 则被用于在选定的时间延迟下提取结构信息。

12.3.3　样品准备

相比常规的生物物理技术,2D IR 光谱的样品制备步骤相对简单。在这里,我们描述了肽和蛋白质的典型样品制备。对于酰胺 I 带光谱,蛋白质样品常常溶解在 D_2O 中,并轻轻加热几小时以部分变性蛋白质并用氘核交换不稳定的质子。然后将样品冻干并重新溶解于纯 D_2O 中,溶液置于两个带有垫片的 CaF_2 窗片之间,D_2O 的透明度将路径长度限制为 50 μm。原则上,收集谱图所需的最小体积为 10 pL,但实际上,每个样品至少需要 200 nL。由于 D_2O 弯曲振动在 1500 cm^{-1} 以下吸收强烈(见图 12.9),因此路径长度必须保持在最小值,样品浓度必须相对较高。残留的 H_2O 弯曲振动与酰胺 I 带重叠,因此残留的 H_2O 含量应保持在小于 3% 的状态。在蛋白质中,酰胺 I 的吸光度与残基的数量成比例;如果我们考虑一个残基的平均量为 120 g/mol,那么对于大多数蛋白质来说,2D IR 所需的近似浓度为 80 mmol/L/残基(约 10 mg/mL)。当吸收带较锐利时,例如在聚集体或膜蛋白的情况下,浓度可以较低。除了 2D IR 中使用的样品体积明显更小之外,这一样品浓度方案与 NMR 光谱学所使用的是相当的。由于吸收带与酰胺 I 带重叠,所以必须避免羧酸缓冲液(如乙酸盐)或含有羰基的化合物(如尿素)。在合成肽的情况下,固态合成和后续纯化步骤中残留的三氟乙酸必须通过酸性溶液中的多次冻干彻底除去。

12.3.4　同位素标记

同位素标记,通过将单残基的跃迁频率从主带中红移出去而实现其在光谱上的分离。一个单[13]C 取代并不总是足够实现一个残基的振动分离,特别是在较大的蛋白质中,约 1% 的 [13]C 天然丰度增加了在主链中找到其他天然存在的 [13]C 位点的可能性。另外,宽的线型将隐藏主带下面的残基峰。脯氨酸残基也在 1630 cm^{-1} 区域贡献强度[6]。由于这些贡献,通常需要将 [13]C $=$ [18]O 双标记,以便将频谱分离出所感兴趣的区域。[13]C-标记的氨基酸是可商购的,但 [18]O 取代体需要合成。最近开发了一种新的合成 [13]C 和 [18]O 双标记的 N-9-芴基甲氧基羰基(N-9-fluorenylmethoxycarbonyl,FMOC)氨基酸的方法,该方法对于没有酸活性的侧链保护基团的氨基酸(如 Gly、Ala、Val、Ile、Leu、Phe、Trp 和 Pro)[90]具有较高的 [18]O 引入率。酸水解反应通过在 $H_2^{18}O$ 和有机溶剂的酸性混合物中将 FMOC 氨基酸回流 3～30 h 来进行。有机溶剂必须溶解 FMOC 氨基酸,但不能作为 ^{16}O 的来源。通过冻干反应混合物来回收最终产物,富集率通常大于 90%,因此回收的产物可以不经进一步纯化而使用。

12.4 理论

生物体系的红外光谱的一个重要特征是该领域建立在一个成熟的理论基础之上,因此在许多情况下,可以将实验数据与分子层次上的模型(如 MD 模拟)进行比较。通过这种方法,红外光谱可以直接探测蛋白质的结构和动力学。在本节中,我们概述了应用于红外吸收光谱和 2D IR 光谱的酰胺 I 带振动光谱学理论的基本特征。

从实验的角度来看,蛋白质 2D IR 光谱的信息含量以两种形式呈现:局域结构信息,例如氢键和溶剂曝露可由定点同位素标记所提供;而全局二级结构的内容,则被编码在离域的激子带中,如 β-折叠的 $\nu_{//}$ 和 $\nu_{\perp}$ 峰。酰胺 I 带光谱学的理论模型必须既考虑局部效应,特别是谐振子的局部静电环境对其振动频率的影响,还要考虑由于位点间耦合而产生的类似酰胺激发(即激子)而离域化的整体效应。在介绍整体非局域化振动模型的激子处理和估算酰胺 I 带振动相关参数的计算方法之前,我们从局部参数开始讨论,特别是与同位素标记实验相关的参数。最后,在对 2D IR 光谱本身的理论进行简要说明之后,我们对简化酰胺 I 带光谱的 2D IR 模型的实际应用进行简短的描述。

12.4.1 振荡位点能

简单来说,在描述酰胺 I 带光谱理论时必须能描述与局部环境有关的每个振子的频率,它也被称为位点能。我们可以从局域相互作用对酰胺基团内的键强度影响的角度来进行直观的理解。例如,水分子向酰胺基团中的氧原子提供氢键可使 C═O 键更加稳定,从而降低了它的振动频率并导致相应的酰胺 I 吸收峰发生红移。因此,这个位点能可以反映给定肽所处位置的局域氢键构型。从计算角度来说,局域结构与振动频率的相关性可以用静电变量(势、场、梯度等)来表示,这是大多数位点能图的基础,这些将在下面进行更详细的讨论[16-18,53,71,91-96]。虽然这些方法的细节各不相同,但它们都试图根据给定结构中每个振子的局域静电环境(例如利用 MD 模拟)来预测红外光谱特征。

在蛋白质结构中,这些静电因子在蛋白质主链中为单个酰胺振子提供了一个广泛的位点能分布,它们可以反映蛋白质之间以及蛋白质与溶剂之间的相互作用。酰胺 I 带振动的频率变化,相对于孤立的振子,可达 40 cm^{-1},取决于这些相互作用的本质。实验中,通过将 ^{13}C 和/或 ^{18}O 同位素标记引入蛋白质主链上的特定酰胺 I 带羰基基团中,可以很容易地获得特定振子的位移。同位素标记单元拥有较大的约化质量,导致相应的酰胺 I 带振动发生 40～75 cm^{-1} 的红移,这就解耦了选定的振子与其他酰胺 I 振动,并将其吸收谱移动到一个光谱窗口中,以便直接地观察位点能的改变。这些同位素标记样品在 2D IR 光谱中特别有用,这是由于峰型不仅能反映跃迁频率的总分布,还能提供光谱扩散和退相的时间尺度。因此,清楚地理解局域静电效应与振荡频率之间的关系,能提供光谱特征与分子结构和动力学(如氢键构型与寿命)之间的直接联系。

12.4.2 非局域振动和激子

虽然局域静电效应足以描述单个位点的振动频率,但相邻残基之间的相互作用产生了跨越多个残基的振动模式的非局域化,使图像变得复杂化。因此,除了静电学之外,大多数关于酰胺 I 带和 II 带振动的理论描述的中心特征是激子的概念,它是由许多独立位点间相互作用产生的非局域激发态。激子的概念最初被引入固体物理中[23],但在许多生物物理建模过程中得到了应用,包括光合体系的可见光吸收光谱[97]以及蛋白质主链的紫外光圆二色性[98]。

在酰胺 I 带和 II 带光谱中观察到的振动激子在许多方面表现为一个由振子(或位点)的耦合组成的单一体系的网络,就像在一个弹簧床垫中,大量的弹簧连接在一起产生一个床垫。正如床垫中一个弹簧的变形影响相邻弹簧那样,蛋白质中酰胺基团之间的振动耦合,使得任意给定酰胺的振动激发都引起相邻基团的振动,这个过程称为离域作用。振动运动在一个体系上的离域程度,取决于位点的数量、位点间的耦合强度以及位点能的变化。对于位点能为 ε_1 和 ε_2,耦合强度为 J 的两个振子的耦合,产生的激子态的能量为

$$E_{\pm} = \frac{1}{2}(\varepsilon_1 + \varepsilon_2) \pm \frac{1}{2}\sqrt{(\varepsilon_1 - \varepsilon_2)^2 + 4J^2}$$

类似的位点能可产生最大的非局域化,因为它允许相邻位点彼此同相振荡而不受干扰。酰胺 I 带振动的情况是复杂的,这是由于振动耦合的变化,通常在 -10 cm^{-1} 到 $+10$ cm^{-1} 之间;与位点能的变化具有相同的量级,后者一般在 30～40 cm^{-1}。

这些概念首先被 Miyazawa 应用于酰胺 Ⅰ 和 Ⅱ 的振动,他证明了在 α-螺旋和 β-折叠结构中观测到的特征酰胺 Ⅰ 带 IR 吸收光谱能够用简正模式分析进行很好的解释,其中每个羰基作为一个单振子且振动耦合着其最近邻振子及氢键配体[99]。如 Miyazawa 所述,在穿过蛋白质主链上的羰基位点能的相似性,以及 α-螺旋和 β-折叠的有规律的重复结构,产生了强烈非局域化的激发态。这些看法多年来由许多研究者拓展,特别是 Krimm[100],他引入了跃迁偶极耦合模型(transition dipole coupling,TDC),从分子结构预测位点间的耦合常数;而 Torii 和 Tasumi[48]则更加明确地表达了从其余的蛋白质振动中绝热分离出酰胺 Ⅰ 带子空间的概念。

12.4.3　酰胺 Ⅰ 带哈密顿

这些方法由 Hamm、Lim 和 Hochstrasser 应用在非线性光谱学中,他们将早期的力常数矩阵计算变换成包括双激发态的量子哈密顿[54]。他们将激子态描述为 N 个位点之间相互作用的哈密顿算符的本征态:

$$
\begin{aligned}
\hat{H} = &\sum_{n=1}^{N} \varepsilon_n \mid n \rangle \langle n \mid + \sum_{m,n=1}^{N} J_{mn} \mid m \rangle \langle n \mid \\
&+ \sum_{m,n=1}^{N} (\varepsilon_m + \varepsilon_n - \Delta \delta_{mn}) \mid mn \rangle \langle mn \mid \\
&+ \sum_{m,n=1}^{N} \sum_{\substack{j,k=1 \\ (m,n) \neq (j,k)}}^{N} J_{mn,jk} \mid mn \rangle \langle jk \mid
\end{aligned}
\tag{12.2}
$$

式中,ε_n 和 J_{mn} 分别表示位点能和单激发态之间的耦合常数。第二组项表示双激发态,其中单振子被激发两次($m=n$)或两个不同的振子各被激发($m \neq n$)。非谐性值 Δ(酰胺 Ⅰ 带约为 16 cm^{-1})是基态(0→1)跃迁与其泛频跃迁(1→2)的吸收频率之差。这个值对于 2D IR 光谱尤为重要,因为在一个完美的谐波体系中($\Delta=0$),2D IR 信号由于基态和泛频跃迁之间的干涉而消失。注意这里忽略了单量子态和双量子态之间的耦合,这样这些态就被分成零、一和双量子空间。所产生的对角方块酰胺 Ⅰ 带哈密顿在图 12.14 中给出了图解说明,其中位点能出现在对角线上,位点-位点之间的耦合出现在单激子和双激子方块中的非对角区域。通过对所得矩阵进行数字对角化,获得体系的本征态,从而提供吸收频率值、偶极矩和振子强度。

计算所必需的输入是每个态的位点能及其耦合常数。在基于结构的模型

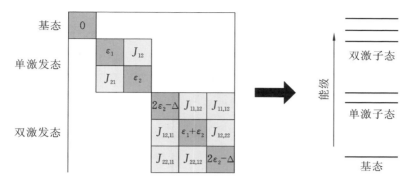

图 12.14　双振子体系的激子哈密顿矩阵和能级示意图

中,位点能依赖于关乎位点的局域结构,而耦合将取决于两个位点之间的相对构型,例如偶极-偶极相互作用。下面描述的结构/光谱图,有助于上述这些参数的指认。通常,采用谐波近似法可以从单激子的能量 ε_n 和耦合常数 J_{mn} 中得到双激子的耦合常数。

在概述了这种混合量子——经典方法的原理之后,有必要说明这种建模所采用的假设。一个原理性假设是酰胺Ⅰ带振动模式与蛋白质动力学的绝热分离。半经典近似指出,实质上所有的大幅度的蛋白质运动(如构象涨落)通过静态蛋白质结构或 MD 模拟可以进行经典力学处理,而受到红外辐射作用的高频振动(如酰胺Ⅰ带)则必须进行量子力学处理。酰胺Ⅰ带振动和蛋白质结构之间的相互作用是由下面描述的频率图(mapping)方法进行处理的。对于动态计算,蛋白质的经典运动决定了量子-激子哈密顿的参数,这个哈密顿则描述了高频酰胺Ⅰ带动力学以及体系与微扰电磁场之间的作用。

12.4.4　基于结构的计算

一系列方案已被建立起来用于直接从分子结构(例如 MD 模拟)中获得单激子的位点能与耦合常数。对于小型体系,可以直接应用密度泛函理论等电子结构方法获得能级、耦合和跃迁偶极矩。然而,这样的计算仅限于,至少到目前为止,不大于几个氨基酸并最多只包括几个溶剂分子的体系。目前已经构造出各种参数化的频率图,以预测较大体系中的频率与耦合,而无需进行电子结构计算。这些图利用了酰胺键的局部结构和静电环境与相关振动模式的频率之间存在着的相关性,从而大大减少了计算位点频率的计算成本。例如,图 12.15 的左侧框架显示了使用这样一种频率图计算的位于酰胺单元周围的+0.5 个点电荷所引起的位点-能量之偏移[15]。右侧框架使用另一种频率图[16]，用于对比一个小 β-转角中的氢键供体/受体的距离和位点-能量偏移之间的相关性。尽管这些图在细节上有所不同，但都反映了酰胺Ⅰ带位点能在氢键形成后的红移现象。这些静电图主要通过电子结构计算进行参数化，如图 12.16 所示，很好地重现局域环境对小模型体系跃迁频率的影响。

位点能图可能包括两个不同的贡献。

• 静电图：在酰胺键上预测的静电势、电场或梯度引起的非特异性静电频移。这一贡献来自于模拟中所有原子的净静电效应（不包括最近邻原子）而不论其种类，可以解释氢键和溶剂诱导的偏移等效应。一个例子是由 Skinner 及其同事发展的频率图[15]，其位点频率（ω 单位为 cm^{-1}）由下式给出：

$$\omega = 1684 + 7729E_C - 3576E_N$$

其中，E_C 和 E_N 分别代表在 C 位点和 N 位点沿着 C==O 键（原子单位）投影的电场。其他常见的图中的选择位点包括 O、H 原子。在 x-y 面中由不同位置的点电荷引起的、用上面的关系图计算所得的频率偏移，在图 12.15 中给出。

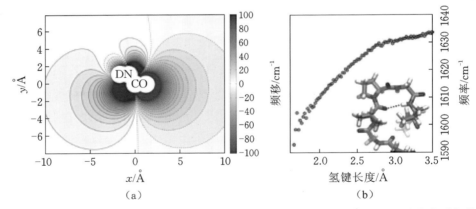

（a）   （b）

图 12.15　（a）使用 Skinner 等人的频率图计算的酰胺单元周围的 0.5 a.u.的测试电荷引起的频移[12]。（b）β-转角肽 $GVGV_1P*GV_4G$ 中 V_1-V_4 氢键长度与 V_1 频率的相关性。频率计算利用了 Jansen 和 Knoester[17] 的参数化方案（见表 12.2）

• 最近邻频移：特定的贯键（through-bond）频移由肽中相邻氨基酸的二面角对 (ψ, φ) 来确定。这种贡献反映了一个事实，即酰胺Ⅰ带振动在实际上没有完全与其他振动脱耦合。这个频移只是多肽链骨架构象的函数，并解释了由于最近邻效应（例如相邻残基之间的空间张力）而导致的位点能移动。图 12.16 演示了这样一个最近邻图[96]。

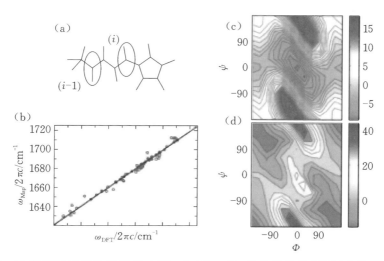

图 12.16　对应于两残基片段的静电图。(a) Pro-Gly 片段的结构 (椭圆内为两个骨架 C＝O)。(b) 由 DFT 计算的频率与由静电图计算的频率之间的相关图。(c) 耦合常数 (cm^{-1}) 作为 Φ 和 ψ 角的函数。(d) 位点 i 的扰动在位点 $i-1$ 所产生的频移 (cm^{-1})。(改编自 Roy S, et al. 2011. C. J Chem. Phys. 135：234507.)

　　尽管现有的位点能图大部分都是基于这两种贡献的某种组合,但它们在细节上存在很大差异。特别是,静电参数的选择 (通常指电势、场或梯度),以及酰胺键周围的取样点 (通常在 N、H、C 和 O 原子处估算,可能要加上其他相邻点),均存在很大差异。

　　类似地,已经提出了各种方法来预测位点间耦合常数 J_{mn},包括通过贯键 (最近邻生色团) 和贯空 (through-space) 效应[101]。

　　•跃迁偶极耦合 (TDC) 通过将每个振子作为一个简单的偶极矢量来处理贯空耦合,而偶极矢量通过耦合因子与相邻偶极子作用,这个耦合因子类似于 Förster 共振能量转移 (Förster resonance energy transfer, FRET) 研究所用到的几何因子。

　　•跃迁电荷耦合 (transition charge coupling, TCC) 是对 TDC 模型的改进,在该模型中,将跃迁电荷分配给酰胺键的每个原子 (或空间中选择的其他合适的邻近点),并计算每个原子之间的相互作用能。TCC 方法能精确到比 TDC 更短一些的距离。

　　•最近邻耦合或贯键耦合,通常是用与位点能计算的最近邻频率偏移大致相同的方式来处理 (见图 12.16)。一组电子结构计算用于参数化近邻残基之间耦合的二面角图,以解释空间效应和贯键相互作用。

表 12.2 列出了近年来发表的一些酰胺振动频率图的基本特征的比较。2D IR 实验数据与通过各种频率图计算所得光谱的比较在图 12.18 中给出。

表 12.2 专为酰胺振动频率而开发的一些静电图的总结

模　　　型	静电变量	位点	酰胺模式	位点能	耦合	系　　　统
Torii 与 Tasumi[55,133]	N/A	N/A	I	No	是	Gly$_2$ 和 Gly$_3$
Hamm 与 Woutersen[101]	N/A	N/A	I	No	是	Gly$_2$
Cho[53]	电势	4	I	Yes	是	NMA 和 Gly$_2$
Bour 与 Keiderling[91]	电势	4	I	Yes	否	NMA 和五肽
Skinner[17]	电场	4/2	I	Yes	否	NMA 和小肽分子
Mukamel[71]	电场,梯度,二级倒数	19	10 个最低模式	Yes	否	NMA
Hirst[92]	电势	4/7	I	Yes	是	NMA 和亮氨酸 Leu-脑啡肽
Jansen 与 Knoester[16,93,96]	电场与梯度	4	I	Yes	是	NMA
Wang[94]	电势	4	I	Yes	是	Ala$_2$ 和 Gly$_2$
Ge[37]	电势	4	I 和 II	Yes	是	3-10 肽

注:列表示用于将图参数化的模型体系、用于描述振动的静电参数、位点数(通常是酰胺键的 N、H、C 和 O 原子位置),及所考虑的振动模式。

12.4.5　非线性极化与信号

到目前为止,我们的讨论集中在一个蛋白质个体内的振动模式的微观图像。非线性光谱,另一方面,通常用一系列微扰电磁场(激光脉冲)在样品中诱导所产生的宏观非线性极化 $P(R,t)$ 来描述[73,102,106]。这种诱导极化反过来又产生了一个振荡的电磁场并从样品中辐射出来,且与极化本身具有相同的波矢匹配方向,并能通过实验进行测量。两个图像之间的联系有以下关系式给出:

$$E(R,t) \propto P(R,t) = \langle \mu(R,t) \rangle \tag{12.3}$$

即宏观极化,亦即辐射的电场,与在样品不同位置估计的微观偶极矩的期望值成正比[73,102]*。

---

* 尽管从形式上极化 $P(R,t)$ 是麦克斯韦方程组的源输入,但一个很好的近似是电场看起来像是一个相位偏移的 $P(R,t)$,因而对于大多数用途来说,等同处理两者就足够了。

在对酰胺 I 光谱所采用的半经典近似下，来自激子体系的非线性信号的最终表达式可以写为两项之和。这就是所谓的重聚相信号和非重聚相信号，而且它们在激发阶段 τ_1 内的振荡相干的相位不同[103]。如果我们假设微扰场以一个静态哈密顿来干扰体系，那么我们可以根据相应的本征态来表达信号，有

$$
\begin{cases}
E^{\mathrm{R}}_{ijkl}(\tau_1,\tau_2,\tau_3) \propto \mathrm{Im}\sum_{ab}\{\langle \widetilde{\mu}_i^{0a}\,\mu_j^{0b}\,\widetilde{\mu}_k^{a0}\,\mu_l^{b0}\rangle\,\mathrm{e}^{-i\omega_{0a}\tau_1}\,\mathrm{e}^{-i\omega_{ba}\tau_2}\,\mathrm{e}^{-i\omega_{b0}\tau_3}\\
\qquad +\langle \widetilde{\mu}_i^{0a}\,\widetilde{\mu}_j^{a0}\,\mu_k^{0b}\,\mu_l^{b0}\rangle\,\mathrm{e}^{-i\omega_{0a}\tau_1}\,\mathrm{e}^{-i\omega_{b0}\tau_3}\}\\
\qquad -\mathrm{Im}\sum_{abc}\{\langle \widetilde{\mu}_i^{0a}\,\mu_j^{0b}\,\mu_k^{bc}\,\mu_l^{ca}\rangle\,\mathrm{e}^{-i\omega_{a0}\tau_1}\,\mathrm{e}^{-i\omega_{ba}\tau_2}\,\mathrm{e}^{-i\omega_{ca}\tau_3}\}\\
E^{\mathrm{NR}}_{ijkl}(\tau_1,\tau_2,\tau_3) \propto \mathrm{Im}\sum_{ab}\{\langle \mu_i^{0a}\,\widetilde{\mu}_j^{0b}\,\widetilde{\mu}_k^{b0}\,\mu_l^{a0}\rangle\,\mathrm{e}^{-i\omega_{a0}\tau_1}\,\mathrm{e}^{-i\omega_{ab}\tau_2}\,\mathrm{e}^{-i\omega_{a0}\tau_3}\\
\qquad +\langle \mu_i^{0a}\,\mu_j^{a0}\,\mu_k^{0b}\,\mu_l^{b0}\rangle\,\mathrm{e}^{-i\omega_{a0}\tau_1}\,\mathrm{e}^{-i\omega_{b0}\tau_3}\}\\
\qquad -\mathrm{Im}\sum_{abc}\{\langle \mu_i^{0a}\,\widetilde{\mu}_j^{0b}\,\mu_k^{ac}\,\mu_l^{cb}\rangle\,\mathrm{e}^{-i\omega_{a0}\tau_1}\,\mathrm{e}^{-i\omega_{ab}\tau_2}\,\mathrm{e}^{-i\omega_{cb}\tau_3}\}
\end{cases}
$$

$$(12.4)$$

在这些表达式中，三个连续时间间隔 τ_1、τ_2、τ_3 如图 12.8 所示。指标 a 和 b 取所有可能的单量子本征态，而第三个指标 c 则取所有可能的双量子本征态。在某些矩阵元素上的波浪号表示复共轭。下指标 i、j、k 和 l 表示在实验室坐标系中三个激光脉冲（i、j 和 k）或信号解析脉冲（l）的偏振方向。尖括号表示在分子参考系方向上取系综平均[102,104]。12.4.7 节提供了用于模拟 2D IR 光谱的实用指南。

根据每项起始处的跃迁偶极元素，可以容易地理解这些表达式：前三个元素 μ_i、μ_j 和 μ_k 表示由三个激发脉冲引起的吸收或辐射；最后一个元素 μ_l 表示实验中探测到的最终辐射。对应着三个时间间隔 τ_1、τ_2 和 τ_3 的振荡指数函数分别表示产生了相干态（双量子态叠加所产生的振荡期望值）或布居（可观测值的静态贡献，反映了单量子态的占据数）。在重聚相和非重聚相的响应函数中，相干会引起极化以首末延迟时间 τ_1 和 τ_3 为函数的快速振荡，而以 τ_2 为函数的较为缓慢的振荡，这是因为对两个几乎简并的量子态而言，其差频 $\omega_{ab} \approx 0$。

12.4.6　频域光谱

到目前为止我们所讨论的表达式将极化（或信号电场）描述为时间的函

数。我们希望在实验中获得的是一个二维频率-频率相关谱图,将 τ_1 期间的"吸收"频率与 τ_3 期间的"发射"频率联系起来。在实验上,可以通过单色仪将辐射场分散到阵列探测器上直接获得一个频率维度,本质上是沿 τ_3 直接进行辐射场的傅里叶变换。这就在单个 τ_1 值下给出了一个以发射频率(ω_3)为函数的频域谱图,但没有提供 τ_1 期间相互作用的信息。再次参考式(12.4),注意到尽管沿 τ_1 的振荡频率不会直接影响发射信号的(积分)强度,但却会改变信号的相位。这种依赖性可以在实验中用外差探测进行跟踪,其中发射信号与一个相位固定的参考脉冲(本机振荡器)进行重叠;然后,将两个脉冲之间的干涉图记录为延迟时间(τ_1)和发射频率(ω_3)的函数。最后,对收集到的数据沿 τ_1 轴进行数值傅里叶变换的后期处理,以得到以 ω_1 和 ω_3 两个变量所绘制的二维频率-频率图。注意这将赋予重聚相光谱峰在 ω_1 上的负频率,因此必须将频谱沿 ω_1 轴反转,$-\omega_1 \rightarrow \omega_1$,以便与非重聚相光谱进行比较[105]。

上面的表达式(式(12.4))描述了具有许多离散能级且不发生布居弛豫的一个体系的非线性响应,从而在频域谱中产生了一个离散的 δ 函数组。当然,对于一个实际体系,这两个假设都不是完全合适的。当激发的振子返回到基态时,布居弛豫引起信号强度的整体衰减,而不直接影响相位;而与低频的声子模式的耦合,则导致信号的纯粹退相(pure dephasing),这是由于密集分布的模式之间的干扰而使相位逐渐杂乱。在频域中,退相和弛豫过程共同产生相位扭曲的 2D 光谱,其中沿 ω_1 的吸收(幅度调制)特征混合了色散(相位调制)特征,所导致的复杂线型通常很难被直观地解释[103,106]。图 12.17 上方的图片说明了这些效应,其中绘制了泛素蛋白的实验和计算的重聚相和非重聚相光谱。注意到沿重聚相光谱的对角线和沿非重聚相光谱的反对角线方向有很强的光谱"涂抹"现象。可以将重聚相和非重聚相信号叠加在一起以获得左图所示的纯吸收型光谱来消除这种失真。注意,只有在纯吸收型光谱中,才可以将沿着 $\omega_3 \approx 1680$ cm^{-1} 区域的 β-折叠交叉峰脊与单独的重聚相或非重聚相图中的散射特征区分开来。

12.4.7　静态模拟

最后,通过将刚描述的 2D IR 计算与 12.4.3 节所述的参数化的激子哈密顿相结合,我们可以直接将结构数据(MD 模拟或 NMR/X 射线结构)与光谱观测量联系起来。就最简单的情形而言,从静电图哈密顿获得激子本征态能量和跃迁偶极矢量,将其代入式(12.4)中的复指数或它们的 δ 函数傅里叶变

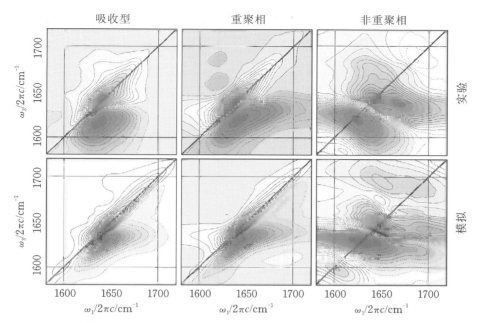

图 12.17 泛素的实验和模拟的吸收型、重聚相和非重聚相光谱图。大的重聚相振幅会使吸收光谱产生强烈不均匀展宽的吸收型谱,如本例所示。在上部等高线图中,重聚相和非重聚相信号的振幅被归一化。正等高线和负等高线分别用实线和虚线表示。采用非线性等高线间距以突显低振幅特征

换表示中,我们可构建与单个蛋白质结构对应的 2D IR 光谱[31]。给每项加入指数衰减,就可在时域中将退相整合进来;用复洛伦兹(指数衰减的傅里叶变换)进行卷积,就可在频域中将退相整合进来。作为参考,我们在此总结进行这些计算所需的步骤并给出必要的数值因子。

(1) 溶剂化结构:首先生成一个结构集合,通常是由完全溶剂化的 MD 模拟结果产生的。在这里,包含显式溶剂对于获得表面残基的准确溶剂诱导频率位移是非常重要的。

(2) 单量子哈密顿:然后,这些初始结构作为输入,利用上面讨论的其中一个静电和/或最近邻图来生成哈密顿轨迹/系综。所生成的参数包含一套单量子位点能 ε_n、耦合常数 J_{mn} 和零量子态到第一量子态的跃迁偶极矩 $\mu^{0,m}$。

(3) 双量子哈密顿:利用上面描述的弱的非简谐体系假设,可将单量子哈密顿生成双量子哈密顿,关系如下:

$$\begin{cases} \langle nn \mid \hat{H} \mid nn \rangle = 2\varepsilon_n - \Delta_n \\ \langle mn \mid \hat{H} \mid mn \rangle = \varepsilon_m + \varepsilon_n \end{cases} \tag{12.5}$$

对角元素(位点能)项中有 $\Delta = 16\ \text{cm}^{-1}$,非对角元素(耦合)为

$$\begin{cases} \langle mm \mid \hat{H} \mid mp \rangle = \sqrt{2}\, J_{mp} \\ \langle mn \mid \hat{H} \mid mp \rangle = J_{np} \\ \langle mn \mid \hat{H} \mid pq \rangle = 0 \end{cases} \tag{12.6}$$

其中,n、m、p 及 q 作为不同的位点指标。偶极矩可以通过谐振子标度类似地得到。

$$\begin{cases} \mu^{m,mm} = \sqrt{2}\, \mu^{0,m} \\ \mu^{m,mn} = \mu^{0,n} \\ \mu^{m,np} = 0 \end{cases} \tag{12.7}$$

(4)本征态和柱状谱(stick spectra):针对轨迹中的每一帧画面,将上面所产生的哈密顿对角化,用特征值和特征向量计算跃迁频率和偶极矩。这些值进而作为输入产生柱状光谱,亦即上面静态场表达式的傅里叶变换。

$$\begin{cases} S_{ijkl}^{\text{R}}(\omega_1, \omega_3) \propto \sum_{a,b=1}^{N} \delta(\omega_1 + \omega_{a0}) \left\{ \left(\langle \mu_i^{0a} \mu_j^{0b} \mu_k^{a0} \mu_l^{b0} \rangle + \langle \mu_i^{0a} \mu_j^{a0} \mu_k^{0b} \mu_l^{b0} \rangle \right) \right. \\ \qquad\qquad \left. \cdot\, \delta(\omega_3 - \omega_{b0}) - \sum_{c=1}^{N(N+1)/2} \langle \mu_i^{0a} \mu_j^{0b} \mu_k^{bc} \mu_l^{ca} \rangle \delta(\omega_3 - \omega_{ca}) \right\} \\[4pt] S_{ijkl}^{\text{NR}}(\omega_1, \omega_3) \propto \sum_{a,b=1}^{N} \delta(\omega_1 - \omega_{a0}) \left\{ \left(\langle \mu_i^{0a} \mu_j^{0b} \mu_k^{b0} \mu_l^{a0} \rangle + \langle \mu_i^{0a} \mu_j^{a0} \mu_k^{0b} \mu_l^{b0} \rangle \right) \right. \\ \qquad\qquad \left. \cdot\, \delta(\omega_3 - \omega_{a0}) - \sum_{c=1}^{N(N+1)/2} \langle \mu_i^{0a} \mu_j^{0b} \mu_k^{ac} \mu_l^{cb} \rangle \delta(\omega_3 - \omega_{cb}) \right\} \end{cases}$$

$$\tag{12.8}$$

同上,指标 a 和 b 表示单量子态,加和 c 包括所有双量子态。注意这里的重聚相信号在 ω_1 的负频率上给出;在与非重聚相信号进行比较之前,需将频谱翻转(在上述卷积之后)。为了获得正确的峰强度,必须对实验坐标系下的偶极矩分量 $\mu_i^A \mu_j^B \mu_k^C \mu_l^D$ 进行系综平均,以考虑样品中分子相对于激光偏振方向的随机取向。

对于分子取向的球形对称分布,解析结果如下[102,104]:

$$
\begin{cases}
\mu_Z^A \mu_Z^B \mu_Z^C \mu_Z^D = \sum_\alpha \left[\frac{1}{5} M_\alpha^A M_\alpha^B M_\alpha^C M_\alpha^D + \frac{1}{15} \sum_{\beta \neq \alpha} (M_\alpha^A M_\alpha^B M_\beta^C M_\beta^D \right. \\
\qquad\qquad \left. + M_\alpha^A M_\beta^B M_\alpha^C M_\beta^D + M_\alpha^A M_\beta^B M_\beta^C M_\alpha^D) \right] \\[2mm]
\mu_Z^A \mu_Z^B \mu_Y^C \mu_Y^D = \sum_\alpha \left[\frac{1}{15} M_\alpha^A M_\alpha^B M_\alpha^C M_\alpha^D + \frac{1}{30} \sum_{\beta \neq \alpha} (4 M_\alpha^A M_\alpha^B M_\beta^C M_\beta^D \right. \\
\qquad\qquad \left. - M_\alpha^A M_\beta^B M_\alpha^C M_\beta^D - M_\alpha^A M_\beta^B M_\beta^C M_\alpha^D) \right] \\[2mm]
\mu_Z^A \mu_Y^B \mu_Y^C \mu_Z^D = \sum_\alpha \left[\frac{1}{15} M_\alpha^A M_\alpha^B M_\alpha^C M_\alpha^D - \frac{1}{30} \sum_{\beta \neq \alpha} (M_\alpha^A M_\alpha^B M_\beta^C M_\beta^D \right. \\
\qquad\qquad \left. - 4 M_\alpha^A M_\beta^B M_\alpha^C M_\beta^D + M_\alpha^A M_\beta^B M_\beta^C M_\alpha^D) \right]
\end{cases}
\tag{12.9}
$$

指标 Z 和 Y 指实验室笛卡儿坐标轴,下标 α 和 β 是分子结构坐标系中 x、y 和 z 轴,M_α^A 是直接从上述 MD 模拟轨迹获得的分子结构坐标系中的跃迁偶极矩分量。对于球形对称体系,只有四个实验室坐标偏振方向 $ZZZZ$、$ZZYY$、$ZYZY$ 和 $ZYYZ$ 提供了非消失信号,最后一个条件 $\langle \mu_Z^A \mu_Y^B \mu_Y^C \mu_Z^D \rangle$ 通过下面的关系式得到:

$$
\langle \mu_Z^A \mu_Z^B \mu_Z^C \mu_Z^D \rangle = \langle \mu_Z^A \mu_Z^B \mu_Y^C \mu_Y^D \rangle + \langle \mu_Z^A \mu_Y^B \mu_Y^C \mu_Z^D \rangle + \langle \mu_Z^A \mu_Y^B \mu_Z^C \mu_Y^D \rangle
$$

(5) 卷积:为了模拟退相位和布居衰减,将柱状谱与下列复函数进行卷积:

$$
\frac{1}{(i\omega_1 + \gamma)(i\omega_3 + \gamma)} = \frac{\gamma^2 - \omega_1 \omega_3}{(\omega_1^2 + \gamma^2)(\omega_3^2 + \gamma^2)} - i \frac{\gamma(\omega_1 + \omega_3)}{(\omega_1^2 + \gamma^2)(\omega_3^2 + \gamma^2)}
\tag{12.10}
$$

这是 2D 指数衰减的半侧傅里叶变换。

(6) 组合光谱:最后,将 $-\omega_1$ 换成 ω_1,水平翻转重聚相光谱。复光谱可以用多种方法进行作图,以与实验进行比较。重聚相和非重聚相信号之和的实部给出了所谓的纯吸收(或相关)谱,而两者之差的实部则给出其色散贡献。(复信号的,而不是实部的)绝对值谱有时可被作图,避免了在谱图中出现负峰,但会显著增加峰宽。

使用三种不同频率图模拟了静态系综的二维红外谱图,将其进行比较,可看到在实验光谱中观测到的特征是如何被这些不同的频率图方法定性地重复出来的(见图 12.18)[16,31,91,92]。与 β-折叠相关的双峰光谱和 α-螺旋的单个对称峰,都在三个频率图方法中得到了再现;但是,一些细节,例如光谱的整体偏移、与 $\nu_\parallel$ 和 $\nu_\perp$ 对应的峰的强度之比,以及与 β-折叠谱相关的脊结构,在模拟中没有被很好地表达出来。频率图的参数化没有包括蛋白质的其他残基的影响，因而这种影响就不一定会在模拟中得以体现。最后，与实验相比，计算所得的峰较宽，部分是由于在静态模拟中没有考虑到动生变窄（motional narrowing）效应[16]。

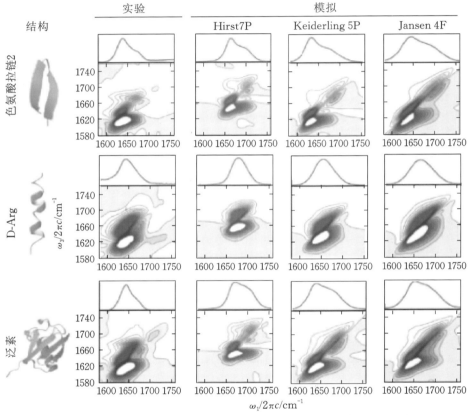

图 12.18 采用三个不同的位点频率图的模拟光谱与实验光谱之比较。（改编自 Ganim Z，Tokmakoff A.2006.Biophys J.91：2636-2646.）

12.4.8　动态模拟

目前为止所述的方法，通过组合一系列单个静态结构计算的"快照"2D 光谱来模拟 2D IR 光谱。实际上，尽管蛋白质整体结构在与 2D IR 测量相关的皮秒时间尺度上是静态的，局部溶剂环境却在亚皮秒时间尺度上的确发生涨落，因此给 2D 光谱，特别是其作为等待时间的函数时，引入了复杂的动态影响。可以使用源于 Torii[107]描述酰胺Ⅰ振动的并由 Jansen 和 Knoester 应用于各种体系的数值积分方法[72]，在更高层次上对退相和弛豫过程进行模拟。在这种方法中，从 MD 模拟轨迹生成的随时间变化的激子哈密顿（上面列出的步骤(3)）被分解为较小的时间间隔，在该时间间隔内可以假定它是静态的。然后计算每个单独时间段的指数时间演化算符，从而可以对无微扰体系的含时薛定谔方程进行数值积分。这种方法特别有助于为 2D 光谱提供逼真的线型，以及为位点间或能带间（酰胺 I 带和 II 带）的能量传递提供直接的数值描述[18,108]。这种方法的准确性在很大程度上取决于参数化激子哈密顿所用的频率图的准确性。

最近，各种混合的量子力学/分子力学（quantum mechanics/molecular mechanics，QM/MM）型的计算方法已经开始应用于线性和 2D 酰胺 I 带光谱[109-111]。这些方法之所以吸引人，是因为它们原则上允许由从头计算中直接获得光谱特征，尽管就目前而言，计算方面的需求限制了计算结果的准确性以及可适用体系的尺寸。在未来若干年中，所有这些方法的一个重要挑战，将是弥合酰胺 I 光谱的定性描述，与 IR 光谱和蛋白质结构及其溶液动力学的定量图，二者之间的鸿沟。

12.4.9　总结与展望

结构-光谱联系图提供了结构和光谱之间的基本关系。尽管结果大部分只是定性描述，但模拟可以直观地解释光谱特征，帮助解释实验数据，并为新实验的设计提供信息。例如，可以使用模拟来探索不同位置的同位素标记的影响，以便很好地选择标记位点。必须强调的是，实验光谱提供了结构性限制，并且此类联系图的质量决定了实验数据可以被解释的程度，以及从测量的光谱中可以提取结构信息的多少。由于模拟相对廉价且容易并行化，因此可以模拟成百上千个试验结构以提取最能描述实验数据的那些结构。更重要的是，这些联系图可以很容易地对接马尔可夫态模型，以探索小蛋白质中折叠机制的异质性[12]。

值得指出未来工作的一些可能性，对于扩大酰胺 I 带光谱模拟的功能范围可能是有用的。尽管如上所述，现有模型对实验酰胺 I 带光谱提供了很好的定性描述，但是定量精度往往不够。蛋白质侧链方面的考虑提供了一些改进的机会。例如，尽管几个侧链基团在酰胺 I 带的光谱区域有吸收（特别是 Asp、Glu、Asn、Gln 和 Arg），但这些部分通常在光谱计算中被忽略。这些基团的位点能图的精确参数化，将会有益于许多应用，特别是由于它们的振动预计在很大程度上是局部化的,使其成为潜在有用的局部结构探针。同样,对酰胺Ⅰ带和Ⅱ带振动的侧链特异性研究将有助于更好地研究单个侧链对相邻肽基团的位点能的影响[96,112]。一般而言,应该注意到现有的光谱联系图是针对相对少量的一些模型化合物(特别是 NMA、丙氨酸和甘氨酸二肽)进行参数化及测试的,从而引发了有关将其转移至新体系(例如大蛋白)时定量准确性的质疑。这些计算中的基本假设是位点能的偏移在本质上是非特异性的,因此,就可以同等地对待例如溶剂水的静电影响与相邻侧链和主链原子的静电影响。逐一考察这些假设将是非常有益的,通过对不同氨基酸或官能团进行单独的参数设置,有望提高准确性。在实验方面,一些残基的定点同位素标记能够协助这一过程,因为它们提供了有关单个残基位点能偏移的非扰动的、在光谱上被分离的局部探针。

12.5 蛋白质 2D IR 光谱实例

本节的实例中将把多维光谱学作为一种方法,展示其在测量蛋白质结构、构象柔性和瞬时多肽解折叠机制方面的能力。第一个例子表明了如何从酰胺Ⅰ带 2D IR 光谱中提取蛋白质二级结构。第二个例子突显了交叉峰如何提供蛋白质溶剂暴露的直接结构视图。第三个例子描述了利用非平衡温度阶跃2D IR 光谱研究的一个小分子肽 TrpZip2 的解折叠机制。

12.5.1 用 2D IR 光谱测定蛋白质结构组成

本实例说明了 2D IR 光谱的分析能力及其在基于酰胺Ⅰ带 2D 光谱的二级结构组成的定量测量中的应用。如前面部分所述,二级蛋白质结构在酰胺Ⅰ带光谱中表现出特定的特征。然而,迄今为止,大多数关于蛋白质结构的 IR研究只提供了定性的结构信息,或者是在平衡结构已知的体系上进行。先前从 FTIR 光谱定量化二级结构的尝试,是基于光谱去卷积结合线型拟合方法,它们都依赖于许多假设,因而就限制了其有用性和适用性[113]。在这里,我们提供一个例子,说明结构灵敏性增强的 2D IR 光谱是如何可用来发展成定量分析蛋白质二级结构组成的方法的,而无需先验性的光谱指认[14]。

简言之,通过收集晶体结构已知的蛋白质的谱图来构建一个数据库,并且通过奇异值分解(singular value decomposition,SVD)(一种主成分分析的形式)提取各个二级结构的光谱指纹。为分析之目的,将蛋白质视为 α-螺旋、β-

折叠和未指定构象的混合物。作两个重要假设：

（1）不管结构细节如何，所有 α-螺旋或 β-折叠都具有相同的光谱特征。例如，假设平行和反平行的 β-折叠具有相同的光谱。如前所述，峰中心频率和峰强之比取决于 β-折叠股的尺寸和数目。

（2）光谱对超级结构不敏感，即二级结构之间的耦合可以忽略不计。

图 12.19 显示了从蛋白质组中分解的 2D IR 光谱。螺旋谱显示了一个典型的"数字 8 形"，由一个以 1650 cm^{-1} 附近为中心的单峰为代表；β-折叠在对角线上延伸的谱带分别对应以 1630 cm^{-1} 和 1670 cm^{-1} 为中心的 $\nu_\perp$ 和 $\nu_{//}$ 带，这些线型与交叉脊线一起使光谱呈"Z 形"特征。"未知"光谱在 α-螺旋和 β-折叠成分光谱上的投影，分别与未知蛋白中的 α-螺旋和 β-折叠构象的残基百分比成正比。图 12.20 显示了从 2D IR 光谱预测的不同二级结构中的残基分数以及从晶体结构分析中提取的各个份额。均方根误差为：α-螺旋 6.7%，β-折叠 7.7%，非结构构象 8.2%。这些结果与线性 IR 吸收光谱相比有显著的改进：对于这些结果，相同的奇异值分解分析法会产生 α-螺旋 19.5%、β-折叠 8.3%、未知构象 21.5% 的平均误差。这一比较突显了非线性光谱学所具有的增强的结构灵敏度，这是由于在非线性光谱中，非谐性位点能量与振动耦合，对酰胺 I 带振动的贡献是内源敏感的。

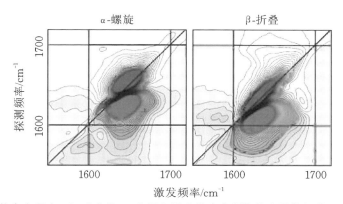

图 12.19 **从含有混合 α/β 成分的 16 个蛋白质光谱库中提取的奇异值组分。（改编自 Baiz CR，et al.2012.Analyst 137:1793-1799.）**

尽管数据分析忽略了与不同蛋白质结构相关的光谱细节，但结果的准确性证明了我们的假设。原则上，构象的选择性可以通过扩大蛋白质的集合和涵盖更多变化的二级和超二级结构模体，得到进一步改进。最后，这里展示的

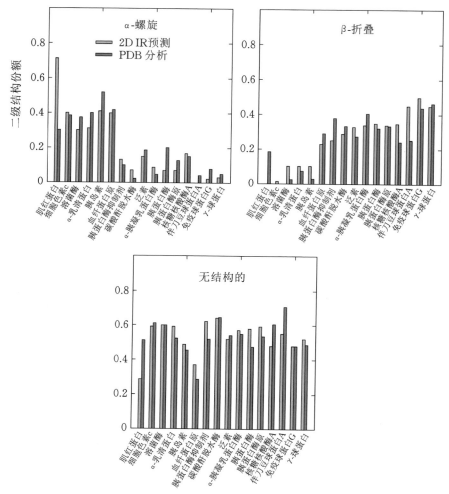

图 12.20 晶体结构已知的 16 个蛋白质在 α-螺旋、β-折叠和非结构化构型中的残基百分比。深色条表示从晶体结构提取的值,浅色条表示由实验 2D IR 光谱分析的预测值。(改编自 Baiz CR,et al.2012.Analyst 137:1793-1799.)

例子突出了 IR 光谱学的以下特殊优势。

（1）不需要复杂的样品制备技术就可以对原料蛋白进行分析。

（2）蛋白质光谱可以在生物条件下在溶液中收集[*]。

---

[*] 在这个例子中,光谱在 pH[*] =1 时收集,此时侧链振动被移动到酰胺 I 带窗口之外,可简化数据分析。

（3）分析不限于完全溶剂化的球形蛋白质：膜蛋白、蛋白质复合物、聚集体或其他难以用传统技术进行表征的样品，都可以用酰胺 I 带 2D IR 光谱进行分析。

12.5.2　通过多模酰胺 I / II 带 2D IR 光谱测量二级结构的溶剂暴露

尽管酰胺 I 带作为结构探针受到了很大关注，酰胺 II 振动却是构象柔性和溶剂曝露的极好标记。占主导的 N—H 弯曲特征是使氢氘(hydrogen-deuterium, H-D)交换时观察到大的频移的原因。二维光谱具有能够测量酰胺 I 带和酰胺 II 带模式之间耦合的优点，这就能整合酰胺 I 带的结构敏感性和酰胺 II 带的溶剂暴露灵敏性[46,114]。两个带主要通过共享骨架原子的运动而耦合，因此，拥有共同残基的模式之间比离域化到蛋白质主链的不同部分的模式之间具有更强的耦合。共享的残基数目决定了耦合强度。在 H-D 交换实验中，溶剂曝露的残基比蛋白质内核中埋藏的残基交换得更快。酰胺 II 和 II′模式之间的 $100\ \mathrm{cm}^{-1}$ 频率差允许选择性地激发氘代的亦即溶剂暴露的、或质子的亦即掩埋的那些残基。现场耦合允许向酰胺 I 带的有效能量转移。如前所述，酰胺 I 峰能与蛋白质二级结构关联起来，因此，酰胺 II / II′和酰胺 I / I′之间的 2D IR 交叉峰含有溶剂暴露的结构视图。简言之，酰胺 II 带激发选择性地"标记"掩埋或暴露的残基，而酰胺 I 带探测则提取出与二级结构有关的光谱信息。

图 12.21 显示了伴刀豆球蛋白 A、肌红蛋白、核糖核酸酶 A 和泛素的多模式 2D IR 光谱，以及酰胺 I 带主峰和酰胺 I / II 带交叉峰在探测轴上的投影。在对角峰投影和交叉峰中观测到的特征差异，提供了关于二级结构的定性视图。交叉峰的缺失表明该蛋白质的快速 H-D 交换。首先，在伴刀豆球蛋白 A 和泛素的情况下，与酰胺 I / I′带对角峰的切片谱相比，酰胺 II / I 切片谱在带中心($1660\sim1680\ \mathrm{cm}^{-1}$)显示出明显的较低强度，表明转角和卷曲区域的交换速度比 α-螺旋或 β-折叠得更快，其酰胺I带 2D IR 光谱和晶体结构如图 12.3 所示。类似地，肌红蛋白的交叉峰投影相对于对角线切片发生红移，表明主要在卷曲区域交换。核糖核酸酶 A 包含 β-折叠和 α-螺旋的特征，表明在实验条件下的结构高度稳定性。对于泛素，$1680\ \mathrm{cm}^{-1}$ 附近没有峰强度，表明 β-折叠构象中的残基不太稳定，并且更倾向于进行 H-D 交换。

总之，多模 H-D 交换光谱直观地显示了蛋白质内二级结构的稳定性和溶剂曝露性。该技术是通用的，不需要标记，并且具有高时间分辨率，这原则上

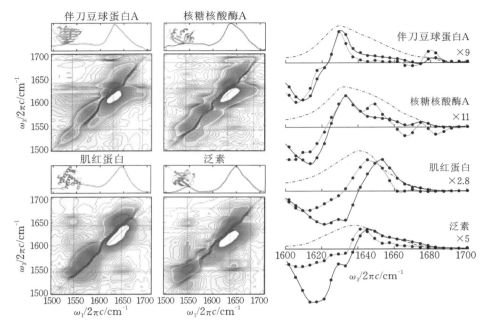

图 12.21 伴刀豆球蛋白 A(ConA)、核糖核酸酶 A、泛素和肌红蛋白的酰胺 I/Ⅱ的 2D IR
光谱。光谱显示了两个主要对角带,对应着酰胺 I/I′(约 1650 cm⁻¹)和酰胺
Ⅱ(1550 cm⁻¹)。(改编自 DeFlores LP,et al.2009.J.Am.Chem.Soc.131:3385-3391.)

允许 H-D 交换与温度阶跃的组合,以探测蛋白质在解折叠期间的结构变化。
毫秒时间分辨率可以通过快速混合实验获得。结合同位素标记,多模式 2D IR
光谱具有测量单个残基的交换动力学的能力,从而为主链溶剂曝露性提供更
详细的信息。

12.5.3 TrpZip2 解折叠动力学的瞬态 T-阶跃光谱学探测

认识蛋白质折叠是现代生物物理学和生物学中的一个突出挑战。蛋白质
的三维结构被编码在氨基酸序列中,但是并不清楚蛋白质怎样采取稳定构象,
序列如何决定结构,或者在成千上万个自由度之中,哪些微观相互作用与折叠
过程有关。由接触点的形成与蛋白质-溶剂的焓和熵之间的微妙的能量相互
作用所决定的构象动力学,仍然非常难以利用当前的实验技术来进行研究。
计算机技术的发展使得在最近已可进行蛋白质折叠过程的原子水平 MD 模
拟[115-117]。虽然模拟提供了非常详细的蛋白质折叠机制,但实际上几乎没有实
验数据可验证所给的预测。温度-阶跃(T-阶跃)2D IR 光谱是一种有前途的新

方法,它利用了 2D IR 光谱的结构分辨能力,并将其用于肽和蛋白质的热诱导变化的研究之中[81,88,118]。如 12.2 节所述,同位素编辑的酰胺 I 带 2D IR 光谱可探测在肽变性过程中的结构紊乱和异质性的局域化信息。除了蛋白质-蛋白质或蛋白质-溶剂相互作用的超快皮秒动力学之外,超快测量还可使在微秒到纳秒的时间尺度上相互转换的构象得以区分。

色氨酸拉链 2(TrpZip2),如图 12.22 所示,形成 I 型 β 转角,被色氨酸吲哚环的交叉股间疏水作用所稳定[119]。快的折叠速率和较少的残基数使其成为实验和计算折叠研究的引人注目的对象。如 12.2 节所述,温度依赖性 2D IR 光谱已被用于表征 TrpZip2 的残基结构和无序性[12]。光谱表明存在至少两个稳定的转角构象:一个原生 I 型 β-转角和一个无序凸起环。

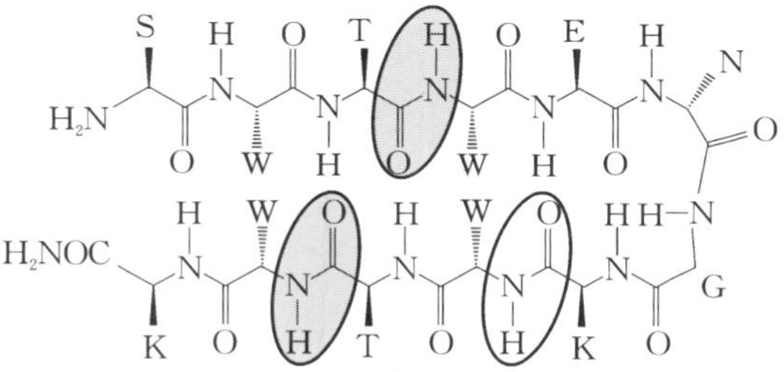

图 12.22 色氨酸拉链 2(TrpZip2)。选作同位素标记的 T3、K8 和 T10 残基被高亮显示

T-阶跃光谱,在 T-阶跃之后,能够以时间延迟为函数考察同位素峰的动力学,以评估各个态之间的相互转化速率。在这里,我们给出 T-阶跃 HDVE 和 2D IR 光谱的组合。由于 HDVE 光谱的采集速度可以比 2D IR 快 300 倍以上,所以通常的方法包括利用 HDVE 光谱法对 T-阶跃延迟进行精确采样来获得动力学速率,再利用 T-阶跃的 2D IR 光谱在选定时刻提取结构信息。图 12.23 给出了测量的样品响应时间。曲线是从动力学轨迹的奇异值分解(SVD)分析中提取的。观察到三种不同的时间尺度:一个小幅度的纳秒上升、一个比较强的微秒上升和一个毫秒衰减。这个毫秒衰减是由于热量从激光焦点区域消散而导致的再平衡。前两个组分归因于肽的响应。为了从结构角度解释这些速率,在 T-阶跃之后的纳秒和微秒延迟下采集了 2D IR 光谱。T-阶跃差谱(瞬态-平衡)如图 12.23 所示。对角线上方的峰为正,而对角线下方的峰为负。在差谱中,对角线上方的负峰代表信号减少,而对角线下方的负峰代表信号增加,反之亦然。

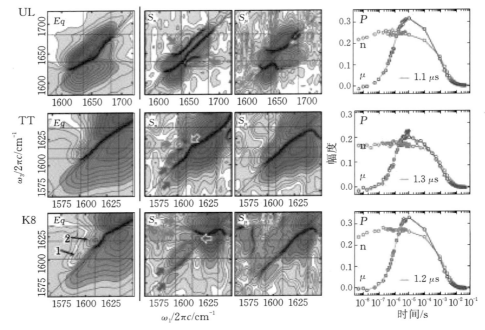

图 12.23 TrpZip2 的瞬态和平衡态 2D IR 光谱和 HDVE 动力学曲线。最左侧部分显示未标记(UL)、T3T10(TT)和 K8^{13}C $=$ ^{18}O 同位素标记样品的平衡态 2D IR 光谱。中间两列显示与纳秒(右)和微秒(左)响应相关的差谱。实等高线和虚等高线分别表示正峰和负峰。最右侧显示用 HDVE 光谱测量的响应曲线

1. 瞬态 2D IR:纳秒响应

纳秒组分表现为正/负双峰,跨越整个对角峰区域,具有较窄的反对角峰宽。在 1635 cm^{-1} 和 1670 cm^{-1} 附近的低频区和高频区漂白信号最强,对应着平行和反平行 β-折叠模式的平衡态损失。非对角峰的凸起归因于构象柔性的增加和较弱的股间氢键所引起的峰展宽。K8 和 TT 双标记显示出的特征,与氢键的损失是一致的:由沿对角箭头所表示的平衡峰的损失,伴随着由水平箭头所表示的蓝移峰的出现。光谱位移可由氢键强度的变化而导致,并不一定反映体系内大的构象变化。

2. 瞬态 2D IR:微秒响应

在微秒光谱中观察到的变化(图 12.23,第 3 列)表明了 β-股的无序化和潜在的受损。在 1640 cm^{-1} 和 1680 cm^{-1} 处的两个峰以及相应非对角脊的消失,与 β-折叠结构的消失有关。由箭头指示的 1660 cm^{-1} 区域的增加特征,归因于

受损或部分无序的肽构象。这一解释与马尔可夫态模拟结果一致,该模拟表明无序构象在 1650 cm^{-1} 区域表现为强度增加。双标记 TT 光谱显示出在对角线上方和下方的特征减少,表明由于中部肽股区域的接触减弱所引起的总强度损失。在耦合失去时,预计 TT 峰约有 15 cm^{-1} 的蓝移,这会导致新生峰隐藏在主酰胺 I 带的漂白特征中。

3. 马尔可夫态的指认

在马尔可夫态模拟的背景下对 T-阶跃 2D IR 光谱的解释(见参考文献[12])表明存在三个主要状态:一个折叠态,其特征在于通过股间氢键和侧链包装而稳定的 I′-型转角;一个错误折叠构象,表现为一个有溶剂暴露的 K8 参与的、有错位氢键接触的凸起转角构象;一个无序态,代表着缺乏标准的股间氢键的构象。平衡光谱表明,很大一部分错误折叠态与折叠态处于平衡。受脉冲宽度所限的响应(小于 5 ns)来源于股间接触点的松散化;微秒响应表明部分折叠态和错误折叠态的布居转移至无序态。由于再折叠的动力学明显快于温度弛豫,所以没有触发事件来同步再折叠过程。因此,肽响应遵循溶剂弛豫动力学,这使得再折叠相关的光谱变化与溶剂响应难以被区分开来。

12.5.4　其他例子

上面的例子是对蛋白质的酰胺 2D IR 光谱所能实现的功能的一些描述。2D IR 光谱学最近在蛋白质结构和动力学研究中的应用有很多,我们在这里简单地给读者提供这种方法的最近的一些例子。最近由胰淀素形成淀粉样蛋白的研究被用于解释纤维成核与生长机制[51]以及与纤维抑制剂的结合[4]。使用同位素标记的结构研究描述了多肽的构象异质态[6,12]。多种手段已被用于研究膜蛋白(包括 CD3ζ 跨膜肽[120]、流感病毒 M2 质子通道[7,8]和跨膜螺旋二聚体[121])的结构、构象变化和快速涨落。瞬态 2D IR 光谱已用于蛋白质折叠研究,针对的是认识小分子肽中的光引发结构重排[122],和温度-阶跃诱导的泛素解折叠动力学[123,124]。瞬态方法和稳态方法揭示了在酶活性位点的快时间尺度涨落和定点蛋白质动力学,如肌红蛋白[125]、辣根过氧化物酶[126]、甲酸脱氢酶[127]、体相溶液、绒毛头状核[128,129]和人类免疫缺陷病毒(human immunodeficiency virus,HIV)逆转录酶[130]。在胰岛素二聚体中已观察到蛋白质-蛋白质相互作用以及与结合相关的折叠[131]。从最近的一些关于蛋白质 2D IR 的综述中可以获得更广阔的视野[3,30,55]。

12.6 总结与展望

在过去的十年中,蛋白质 2D IR 光谱已经从一种新颖的光学技术发展成为一种更成熟的研究工具,它提供了阐明与蛋白质结构和构象动力学有关的问题所需要的结构灵敏度和超快时间分辨率。由于能够在传统方法所不易应对的体系中探测结构信息,我们认为这一学科将继续获得各种应用。它将在膜蛋白的研究中变得愈发有益,被用于研究包括单个蛋白及其复合物的结构和折叠,离子和小分子经由通道的转移机制[132],以及受体的信号传导过程。同位素编辑 2D IR 和结构模拟的结合,不仅将为解析那些不适合晶体学或核磁共振研究的体系的结构提供约束,还将使得无序蛋白质和非结构化态的研究成为可能。我们认为这些研究将提供一些结构系综,以表征内在无序的肽链,这在蛋白质-蛋白质与蛋白质-DNA 相互作用的耦合折叠与结合问题中会遇到。各种蛋白质结构问题所需的结构细节水平,从原子到纳米尺度不等。可以设计 2D IR 方法用于揭示结合位点的接触、蛋白质复合物的大体特征,甚至寡聚过程。为了实现这样的研究,同位素标记不仅需要在特定的位点,而且可以应用到整个二级结构、域或蛋白质,以促进介观结构的研究。

2D IR 的真正独特本质在于其珠联璧合的结构分辨率与时间分辨率,能够进行动力学(kinetics)与动态学(dynamics)研究,并为直接观察蛋白质的功能打开了大门。折叠、结合和信号传导中的构象动力学是这样一些过程,它们有可能以高时间分辨率、用触发式瞬态 2D IR 方法进行观测。类似地,酶和膜蛋白中的质子和离子转运过程也可被触发并以超快时间分辨率进行跟踪。

技术端面已得到改进并简化了实验方法,使得 2D IR 仪器能被商业化。尽管如此,这一方法的创新和发展的需求依然比以往任何时候都高。需要在仪器、理论和综合方面进一步发展以使它们得到更广泛的应用。扩增的蛋白质振动库可用于详细的结构解释,新的脉冲 IR 光源以允许同时激发和探测多个振动模式,都是极大地拓展其应用的途径。需要进一步努力为 2D IR 约束发展基于结构的模型,这些约束能定量、准确而有意义地区分埃尺度上的构象变化和溶剂环境。实验科学家需要与蛋白质模拟领域的科学家保持密切的联系,以便在原子层次解释数据,并提供可用于验证模拟中所用力场的新数据。同样地,将同位素和分子标记嵌入蛋白质的方法对于这些研究将变得越来越重要。幸运的是,这一研究领域对许多光谱学都具有广泛的兴趣,并且与蛋白质 NMR 团体多年来研究的问题密切相关。

总之，2D IR 光谱的超快时间分辨率和结构灵敏性为研究蛋白质结构和快速构象运动提供了一种广泛适用的方法，这些运动几乎无法通过传统技术进行探究。鉴于对膜蛋白、复合物、纤维、寡聚体和聚集体以及无序体系等复杂样品的可能性和适用性，我们相信蛋白质 2D IR 的信息内容和应用未来将有迅速的增长。

致谢

我们感谢 Tokmakoff 组的成员，他们过去十年的成就都体现在了本章的内容上。他们是 Hoi Sung Chung、Matthew Decamp、Lauren DeFlores、Nuri Demirdöven、Ziad Ganim、Munira Khalil、Poul Petersen 和 Adam Smith。还要感谢 Adam Squires 和 Ziad Ganim 提供了未发表的胰岛素数据，Krupa Ramasesha 和 Luigi DeMarco 提供了图 12.9 中的 BBIR 光谱，Kevin Jones 提供了 TrpZip2 T-阶跃数据，还有 Joshua Lessing 提供了弹性蛋白类似肽的等待时间数据。我们感谢 Kevin Jones 和 Chunte Sam Peng 对本章的有益建议。本工作得到了美国国家科学基金会(CHE-0911107)和 Agilent Technologies 公司的资助。本章介绍的一些研究部分得到了美国能源部的资助(DE-FG02-99ER14988)。

参考文献

[1] Hamm P,Zanni M.2011.Concepts and Methods of 2D Infrared Spectroscopy (Cambridge University Press,Cambridge,New York).

[2] Cho M.2009.Two-Dimensional Optical Spectroscopy (CRC Press,Boca Raton,FL).

[3] Fayer MD.2009.Dynamics of liquids,molecules,and proteins measured with ultrafast 2D IR vibrational echo chemical exchange spectroscopy. Annu. Rev. Phys. Chem.60:21.

[4] Middleton CT,et al.2012.Two-dimensional infrared spectroscopy reveals the complex behaviour of an amyloid fibril inhibitor.Nat.Chem.4:355-360.

[5] Kim YS,Liu L,Axelsen PH,Hochstrasser RM.2009.2D IR provides evidence for mobile water molecules in beta-amyloid fibrils. Proc. Natl. Acad. Sci. USA 106:17751-17756.

［6］Lessing J，et al.2012.Identifying residual structure in intrinsically disordered systems：A 2D IR spectroscopic study of the GVGXPGVG peptide. J. Am. Chem. Soc.134：5032-5035.

［7］Ghosh A，Qiu J，DeGrado WF，Hochstrasser RM.2011.Tidal surge in the M2 proton channel，sensed by 2D IR spectroscopy.Proc. Natl. Acad. Sci. USA 108：6115-6120.

［8］Manor J，et al.2009.Gating mechanism of the influenza A M2 channel revealed by 1D and 2D IR spectroscopies.Structure 17：247-254.

［9］Munoz V.2007.Conformational dynamics and ensembles in protein folding. Annu. Rev. Bioph. Biom. 36：395-412.

［10］Kubelka J，Hofrichter J，Eaton WA.2004. The protein folding "speed limit".Curr. Opin. Struc. Biol. 14：76-88.

［11］Chung HS，Shandiz A，Sosnick TR，Tokmakoff A.2008.Probing the folding transition state of ubiquitin mutants by temperature-jump-induced downhill unfolding.Biochemistry USA 47：13870-13877.

［12］Smith AW，et al.2010.Melting of a beta-Hairpin peptide using isotope-edited 2D IR spectroscopy and simulations.J. Phys. Chem. B 114：10913-10924.

［13］Woutersen S，Mu Y，Stock G，Hamm P.2001.Hydrogen-bond lifetime measured by time-resolved 2D IR spectroscopy：N-methylacetamide in methanol.Chem. Phys. 266：137-147.

［14］Baiz CR，Peng CS，Reppert ME，Jones KC，Tokmakoff A.2012.Coherent two-dimensional infrared spectroscopy：Quantitative analysis of protein secondary structure in solution.Analyst 137：1793-1799.

［15］Wang L，Middleton CT，Zanni MT，Skinner JL.2011.Development and validation of transferable amide I vibrational frequency maps for peptides.J. Phys. Chem. B 115：3713-3724.

［16］Jansen TL，Knoester J.2006.A transferable electrostatic map for solvation effects on amide I vibrations and its application to linear and two-dimensional spectroscopy.J. Chem. Phys. 124：044502.

［17］Schmidt JR，Corcelli SA，Skinner JL.2004.Ultrafast vibrational spectroscopy of water and aqueous N-methylacetamide：Comparison of different

electronic structure/molecular dynamics approaches.J.Chem.Phys. 121：
8887-8896.

[18] Bloem R，Dijkstra AG，Jansen TLC，Knoester J.2008.Simulation of vi-
brational energy transfer in two dimensional infrared spectroscopy of
amide I and amide II modes in solution.J. Chem. Phys. 129：055101.

[19] Barth A.2007.Infrared spectroscopy of proteins.Bba-Bioenergetics 1767：
1073-1101.

[20] Barth A，Zscherp C.2002.What vibrations tell us about proteins.Q. Rev.
Biophys. 35：369-430.

[21] Jackson M，Mantsch HH.1995.The use and misuse of FTIR spectroscopy in
the determination of protein structure.Crit. Rev. Biochem. Mol. 30：95-120.

[22] Krimm S，Bandekar J.1986.Vibrational spectroscopy and conformation
of peptides，polypeptides，and proteins.Adv. Protein. Chem. 38：181-364.

[23] Davydov AS.1971. Theory of Molecular Excitons（Plenum Press，New
York）.

[24] Chung HS，Tokmakoff A.2006.Visualization and characterization of the
infrared active amide I vibrations of proteins.J. Phys. Chem. B 110：
2888-2898.

[25] Cheatum CM，Tokmakoff A，Knoester J.2004.Signatures of beta-sheet sec-
ondary structures in linear and two-dimensional infrared spectroscopy. J.
Chem. Phys. 120：8201-8215.

[26] Torii H，Tasumi M.1992.3-Dimensional doorway-state theory for analyses of
absorption-bands of many-oscillator systems.J. Chem. Phys.97：86-91.

[27] Torii H，Tasumi M. 1992. Application of the 3-dimensional doorway-
state theory to analyses of the amide-I infrared bands of globular-pro-
teins.J. Chem. Phys.97：92-98.

[28] Abramavicius D，Zhuang W，Mukamel S.2004.Peptide secondary structure de-
termination by three-pulse coherent vibrational spectroscopies：A simulation
study.J. Phys. Chem. B 108：18034-18045.

[29] Demirdoven N，et al.2004.Two-dimensional infrared spectroscopy of antiparallel
beta-sheet secondary structure.J. Am. Chem. Soc.126：7981-7990.

[30] Ganim Z,et al.2008.Amide I two-dimensional infrared spectroscopy of proteins.Acc. Chem. Res.41:432-441.

[31] Ganim Z,Tokmakoff A.2006.Spectral signatures of heterogeneous protein ensembles revealed by MD simulations of 2D IR spectra. Biophys. J. 91: 2636-2646.

[32] Nevskaya NA,Chirgadze YN.1976.Infrared-spectra and resonance interactions of amide-one and amide-2 vibrations of alpha-helix.Biopolymers 15:637-648.

[33] Woutersen S,Hamm P.2002.Nonlinear two-dimensional vibrational spectroscopy of peptides.J. Phys.:Condens. Matter 14:1035-1062.

[34] Wang J,Hochstrasser RM.2004.Characteristics of the two-dimensional infrared spectroscopy of helices from approximate simulations and analytic models.Chem. Phys. 297:195-219.

[35] Kubelka J,Silva RAGD,Keiderling TA. 2002. Discrimination between peptide 3(10)- and alpha-helices. Theoretical analysis of the impact of alpha-methyl substitution on experimental spectra.J. Am. Chem. Soc. 124:5325-5332.

[36] Silva RAGD,et al.2002.Discriminating 3(10)- from alpha helices:Vibrational and electronic CD and IR absorption study of related Aib-containing oligopeptides.Biopolymers 65:229-243.

[37] Maekawa H,Toniolo C,Moretto A,Broxterman QB,Ge NH.2006.Different spectral signatures of octapeptide 3(10) and alpha-helices revealed by two-dimensional infrared spectroscopy. J. Phys. Chem. B 110:5834-5837.

[38] Maekawa H,Toniolo C,Broxterman QB,Ge NH.2007.Two-dimensional infrared spectral signatures of 3(10)- and alpha-helical peptides.J. Phys. Chem. B 111:3222-3235.

[39] Wang J. 2008.Conformational dependence of anharmonic vibrations in peptides:Amide-I modes in model dipeptide.J. Phys. Chem. B 112: 4790-4800.

[40] Karjalainen EL,Ravi HK,Barth A.2011.Simulation of the amide I ab-

sorption of stacked beta-sheets.J. Phys. Chem. B 115:749-757.

[41] Kubelka J,Keiderling TA.2001.Differentiation of beta-sheet-forming structures:Ab initio-based simulations of IR absorption and vibrational CD for model peptide and protein beta-sheets.J. Am. Chem. Soc. 123:12048-12058.

[42] Lee C,Cho MH.2004.Local amide I mode frequencies and coupling constants in multiple-stranded antiparallel beta-sheet polypeptides.J. Phys. Chem. B 108:20397-20407.

[43] Moore WH,Krimm S.1975.Transition dipole coupling in amide I modes of beta polypeptides.Proc. Natl. Acad. Sci. USA 72:4933-4935.

[44] Maekawa H,Ge NH.2010.Comparative study of electrostatic models for the amide-I and -II modes:Linear and two-dimensional infrared spectra. J. Phys. Chem. B 114:1434-1446.

[45] Choi JH,Kim JS,Cho MH.2005.Amide I vibrational circular dichroism of polypeptides: Generalized fragmentation approximation method. J. Chem. Phys. 122:174903.

[46] DeFlores LP,Ganim Z,Nicodemus RA,Tokmakoff A.2009.Amide I"-II" 2D IR spectroscopy provides enhanced protein secondary structural sensitivity.J. Am. Chem. Soc. 131:3385-3391.

[47] Middleton CT,Buchanan LE,Dunkelberger EB,Zanni MT.2011.Utilizing lifetimes to suppress random coil features in 2D IR spectra of peptides.J. Phys. Chem. Lett. 2:2357-2361.

[48] Torii H,Tasumi M.1992.Model-calculations on the amide-I infrared bands of globular-proteins.J. Chem. Phys. 96:3379-3387.

[49] Wang L,et al.2011.2D IR spectroscopy of human amylin fibrils reflects stable beta-sheet structure.J. Am. Chem. Soc.133:16062-16071.

[50] Middleton CT,Woys AM,Mukherjee SS,Zanni MT.2010.Residue-specific structural kinetics of proteins through the union of isotope labeling,mid-IR pulse shaping,and coherent 2D IR spectroscopy.Methods 52:12-22.

[51] Shim SH,et al.2009.Two-dimensional IR spectroscopy and isotope labeling defines the pathway of amyloid formation with residue-specific res-

olution.Proc. Natl. Acad. Sci. USA 106:6614-6619.

[52] Gnanakaran S,Hochstrasser RM.2001.Conformational preferences and vibrational frequency distributions of short peptides in relation to multi-dimensional infrared spectroscopy.J. Am. Chem. Soc. 123:12886-12898.

[53] Ham S,Kim JH,Lee H,Cho MH.2003.Correlation between electronic and molecular structure distortions and vibrational properties.II.Amide I modes of NMA-nD$_2$O complexes.J. Chem. Phys. 118:3491-3498.

[54] Hamm P,Lim MH,Hochstrasser RM.1998.Structure of the amide I band of peptides measured by femtosecond nonlinear-infrared spectros-copy.J. Phys. Chem. B 102:6123-6138.

[55] Kim YS,Hochstrasser RM.2009.Applications of 2D IR spectroscopy to peptides,proteins,and hydrogen-bond dynamics.J. Phys. Chem. B 113:8231-8251.

[56] Decatur SM.2006.Elucidation of residue-level structure and dynamics of polypeptides via isotope edited infrared spectroscopy.Acc. Chem. Res. 39:169-175.

[57] Barber-Armstrong W,Donaldson T,Wijesooriya H,Silva RAGD,Decatur SM.2004.Empirical relationships between isotope-edited IR spectra and helix geometry in model peptides.J. Am. Chem. Soc. 126:2339-2345.

[58] Fang C,Hochstrasser RM.2005.Two-dimensional infrared spectra of the ^{13}C=^{18}O isotopomers of alanine residues in an alpha-helix. J. Phys. Chem. B 109:18652-18663.

[59] Bandekar J.1992.Amide modes and protein conformation.Biochim. Bio-phys. Acta. 1120:123-143.

[60] Barth A.2000.The infrared absorption of amino acid side chains.Prog. Biophys. Mol. Bio. 74:141-173.

[61] Nagarajan S,et al.2011.Differential ordering of the protein backbone and side chains during protein folding revealed by site-specific recombinant infrared probes.J. Am. Chem. Soc. 133:20335-20340.

[62] Lindquist BA,Furse KE,Corcelli SA.2009.Nitrile groups as vibrational probes of biomolecular structure and dynamics:An overview. Phys.

Chem. Chem. Phys. 11:8119-8132.

[63] Oh KI, et al.2008.Nitrile and thiocyanate IR probes:Molecular dynamics simulation studies.J. Chem. Phys. 128:154504.

[64] Choi JH, Oh KI, Cho MH. 2008. Azido-derivatized compounds as IR probes of local electrostatic environment:Theoretical studies.J. Chem. Phys. 129:174512.

[65] Thielges MC, et al.2011.Two-dimensional IR spectroscopy of protein dynamics using two vibrational labels: A site-specific genetically encoded unnatural amino acid and an active site ligand.J. Phys. Chem. B 115:11294-11304.

[66] Hendrickson WA, Horton JR, Lemaster DM.1990.Selenomethionyl proteins produced for analysis by multiwavelength anomalous diffraction (Mad)—A vehicle for direct determination of 3-dimensional structure. Embo. J. 9:1665-1672.

[67] Wang L, Xie J, Schultz PG.2006.Expanding the genetic code.Annu. Rev. Bioph. Biom. 35:225-249.

[68] Hill JR, et al.1994.Vibrational dynamics of carbon-monoxide at the active-site of myoglobin—Picosecond infrared free-electron laser pumpprobe experiments.J. Phys. Chem. USA 98:11213-11219.

[69] Fayer MD.2001.Fast protein dynamics probed with infrared vibrational echo experiments.Annu. Rev. Phys. Chem. 52:315-356.

[70] King JT, Arthur EJ, Brooks CL, Kubarych KJ.2012.Site-specific hydration dynamics of globular proteins and the role of constrained water in solvent exchange with amphiphilic cosolvents.J. Phys. Chem. B 116:5604-5611.

[71] Hayashi T, Zhuang W, Mukamel S.2005.Electrostatic DFT map for the complete vibrational amide band of NMA.J. Phys. Chem. A 109:9747-9759.

[72] Jansen TLC, Knoester J.2009.Waiting time dynamics in two-dimensional infrared spectroscopy.Acc. Chem. Res. 42:1405-1411.

[73] Mukamel S.1999.Principles of Nonlinear Optical Spectroscopy (Oxford University Press, USA).

[74] Petersen PB, Tokmakoff A.2010.Source for ultrafast continuum infrared

and terahertz radiation.Opt. Lett. 35:1962-1964.

[75] Baiz CR,Kubarych KJ.2011.Ultrabroadband detection of a mid-IR continuum by chirped-pulse upconversion.Opt. Lett. 36:187-189.

[76] Zanni MT,Ge NH,Kim YS,Hochstrasser RM.2001.Two-dimensional IR spectroscopy can be designed to eliminate the diagonal peaks and expose only the cross peaks needed for structure determination. Proc. Natl. Acad. Sci. 98:11265.

[77] Khalil M,Demirdoven N,Tokmakoff A.2003.Coherent 2D IR spectroscopy:Molecular structure and dynamics in solution.J. Phys. Chem. A 107:5258-5279.

[78] Roberts ST,Loparo JJ,Tokmakoff A.2006.Characterization of spectral diffusion from two-dimensional line shapes.J. Chem. Phys. 125:084502.

[79] Gruebele M.1999.The fast protein folding problem.Annu. Rev. Phys. Chem. 50:485-516.

[80] Bredenbeck J,Hamm P.2007.Transient 2D IR spectroscopy:Towards a molecular movie.Chimia 61:45-46.

[81] Chung HS,Khalil M,Smith AW,Tokmakoff A.2007.Transient two-dimensional IR spectrometer for probing nanosecond temperature-jump kinetics.Rev. Sci. Instrum. 78:063101.

[82] Callender R,Dyer RB.2002.Probing protein dynamics using temperature jump relaxation spectroscopy.Curr. Opin. Struc. Biol. 12:628-633.

[83] Dumont C,Emilsson T,Gruebele M.2009.Reaching the protein folding speed limit with large,submicrosecond pressure jumps.Nat. Methods 6:515-570.

[84] Gutman M,Nachliel E.1990.The dynamic aspects of proton-transfer processes. Biochim. Biophys. Acta. 1015:391-414.

[85] Fabian H,Naumann D.2004.Methods to study protein folding by stopped-flow FT-IR.Methods 34:28-40.

[86] Baiz C,Nee M,McCanne R,Kubarych K.2008.Ultrafast nonequilibrium Fourier-transform two-dimensional infrared spectroscopy. Opt. Lett. 33:2533-2535.

［87］ Xiong W,et al.2009.Transient 2D IR spectroscopy of charge injection in dye-sensitized nanocrystalline thin films.J. Am. Chem. Soc. 131:18040.

［88］ Jones KC,Ganim Z,Peng CS,Tokmakoff A.2012.Transient two-dimensional spectroscopy with linear absorption corrections applied to temperature-jump two-dimensional infrared.J. Opt. Soc. Am. B 29:118-129.

［89］ Jones KC,Ganim Z,Tokmakoff A.2009.Heterodyne-detected dispersed vibrational echo spectroscopy.J. Phys. Chem. A 113:14060-14066.

［90］ Marecek J,et al.2007.A simple and economical method for the production of C-13,O-18-labeled Fmocamino acids with high levels of enrichment:Applications to isotope-edited IR studies of proteins.Org. Lett. 9:4935-4937.

［91］ Bouř P,Keiderling TA.2003.Empirical modeling of the peptide amide I band IR intensity in water solution.J. Chem. Phys. 119:11253-11262.

［92］ Watson TM,Hirst JD.2005.Theoretical studies of the amide I vibrational frequencies of [Leu]-enkephalin.Mol. Phys. 103:1531-1546.

［93］ Jansen TL,Dijkstra AG,Watson TM,Hirst JD,Knoester J.2006.Modeling the amide I bands of small peptides.J. Chem. Phys. 125:044312.

［94］ Cai KC,Han C,Wang J.2009.Molecular mechanics force field-based map for peptide amide-I mode in solution and its application to alanine di- and tripeptides.Phys. Chem. Chem. Phys. 11:9149-9159.

［95］ Lin YS,Shorb JM,Mukherjee P,Zanni MT,Skinner JL.2009.Empirical amide I vibrational frequency map:Application to 2D IR line shapes for isotope-edited membrane peptide bundles.J. Phys. Chem. B 113:592-602.

［96］ Roy S,et al.2011.Solvent and conformation dependence of amide I vibrations in peptides and proteins containing proline.J. Chem. Phys. 135:234507.

［97］ Van Amerongen H,Valkunas L,Van Grondelle R.2000.Photosynthetic Excitons（World Scientific）,ISBN 9810232802.

［98］ Moffitt W.1956.Optical rotatory dispersion of helical polymers.J. Chem. Phys. 25:467-478.

［99］ Miyazawa T.1960.Perturbation treatment of the characteristic vibrations of polypeptide chains in various configurations.J. Chem. Phys. 32:1647-1652.

［100］ Krimm S,Abe Y.1972.Intermolecular interaction effects in amide I vibrations of beta polypeptides.Proc. Natl. Acad. Sci. USA 69:2788-2792.

[101] Hamm P,Woutersen S.2002.Coupling of the amide I modes of the glycine dipeptide.B. Chem. Soc. Jpn. 75:985-988.

[102] Sung J,Silbey RJ.2001.Four wave mixing spectroscopy for a multilevel system.J. Chem. Phys. 115:9266-9287.

[103] Khalil M,Demirdoven N,Tokmakoff A.2003.Obtaining absorptive line shapes in two-dimensional infrared vibrational correlation spectra. Phys. Rev. Lett. 90:047401.

[104] Golonzka O,Tokmakoff A.2001.Polarization-selective third-order spectroscopy of coupled vibronic states.J. Chem. Phys. 115:297-309.

[105] Jonas DM. 2003. Two-dimensional femtosecond spectroscopy. Annu. Rev. Phys. Chem. 54:425-463.

[106] Faeder SMG,Jonas DM.1999.Two-dimensional electronic correlation and relaxation spectra:Theory and model calculations.J. Phys. Chem. A 103:10489-10505.

[107] Torii H.2006.Effects of intermolecular vibrational coupling and liquid dynamics on the polarized Raman and two-dimensional infrared spectral profiles of liquid N,N-dimethylformamide analyzed with a time-domain computational method.J. Phys. Chem. A 110:4822-4832.

[108] Jansen TL,Knoester J.2006.Nonadiabatic effects in the two-dimensional infrared spectra of peptides:Application to alanine dipeptide.J. Phys. Chem. B 110:22910-22916.

[109] Gaigeot MP.2010.Theoretical spectroscopy of floppy peptides at room temperature. A DFTMD perspective:Gas and aqueous phase. Phys. Chem. Chem. Phys. 12:3336-3359.

[110] Ingrosso F,Monard G,Farag MH,Bastida A,Ruiz-Lopez MF.2011.Importance of polarization and charge transfer effects to model the infrared spectra of peptides in solution.J. Chem. Theory Comput. 7:1840-1849.

[111] Jeon J,Cho M.2010.Direct quantum mechanical/molecular mechanical simulations of two-dimensional vibrational responses:N-methylacetamide in water.New J. Phys. 12:065001.

[112] Gorbunov RD,Kosov DS,Stock G.2005.Ab initio-based exciton model of amide I vibrations in peptides:Definition,conformational dependence,and transferability.J. Chem. Phys. 122:224904.

[113] Byler DM,Susi H.1986.Examination of the secondary structure of proteins by deconvolved FTIR spectra.Biopolymers 25:469-487.

[114] DeFlores LP,Ganim Z,Ackley SF,Chung HS,Tokmakoff A.2006.The anharmonic vibrational potential and relaxation pathways of the amide I and II modes of N-methylacetamide.J. Phys. Chem. B 110:18973-18980.

[115] Pande V.2011.Folding@home:Sustained petaflops for production calculations today,exaflops soon? Abstr. Pap. Am. Chem. S 242.

[116] Pande V.2010.Simulating protein folding in vitro and in vivo.Biochem. Cell. Biol. 88:409.

[117] Lindorff-Larsen K,Piana S,Dror RO,Shaw DE.2011.How fast-folding proteins fold.Science 334:517-520.

[118] Chung HS,Ganim Z,Jones KC,Tokmakoff A.2007.Transient 2D IR spectroscopy of ubiquitin unfolding dynamics.Proc. Natl. Acad. Sci. USA 104:14237-14242.

[119] Cochran AG,Skelton NJ,Starovasnik MA.2001.Tryptophan zippers:Stable,monomeric beta-hairpins.Proc. Natl. Acad. Sci. USA 98:5578-5583.

[120] Mukherjee P,Kass I,Arkin IT,Zanni MT.2006.Structural disorder of the CD3 xi transmembrane domain studied with 2D IR spectroscopy and molecular dynamics simulations.J. Phys. Chem. B 110:24740-24749.

[121] Remorino A,Korendovych IV,Wu YB,DeGrado WF,Hochstrasser RM.2011.Residue-specific vibrational echoes yield 3D structures of a transmembrane helix dimer.Science 332:1206-1209.

[122] Hamm P,Helbing J,Bredenbeck J.2008.Two-dimensional infrared spectroscopy of photoswitchable peptides.Annu. Rev. Phys. Chem.59:291-317.

[123] Chung HS,Tokmakoff A.2008.Temperature-dependent downhill unfolding of ubiquitin. II. Modeling the free energy surface.Proteins 72:488-497.

[124] Chung HS,Tokmakoff A.2008.Temperature-dependent downhill un-

folding of ubiquitin.I.Nanosecondto-millisecond resolved nonlinear infrared spectroscopy.Proteins 72:474-487.

[125] Bredenbeck J,Helbing J,Nienhaus K,Nienhaus GU,Hamm P.2007. Protein ligand migration mapped by nonequilibrium 2D IR exchange spectroscopy.Proc. Natl. Acad. Sci. USA 104:14243-14248.

[126] Finkelstein IJ,Ishikawa H,Kim S,Massari AM,Fayer MD.2007.Substrate binding and protein conformational dynamics measured by 2D IR vibrational echo spectroscopy.Proc. Natl. Acad. Sci. USA 104:2637-2642.

[127] Bandaria JN,et al.2010.Characterizing the dynamics of functionally relevant complexes of formate dehydrogenase.Proc. Natl. Acad. Sci. USA 107:17974-17979.

[128] Chung JK,Thielges MC,Fayer MD.2011.Dynamics of the folded and unfolded villin headpiece (HP35) measured with ultrafast 2D IR vibrational echo spectroscopy.Proc. Natl. Acad. Sci. USA 108:3578-3583.

[129] Urbanek DC,Vorobyev DY,Serrano AL,Gai F,Hochstrasser RM. 2010.The two-dimensional vibrational echo of a nitrile probe of the Villin HP35 protein.J. Phys. Chem. Lett. 1:3311-3315.

[130] Fang C,et al.2008.Two-dimensional infrared spectra reveal relaxation of the nonnucleoside inhibitor TMC278 complexed with HIV-1 reverse transcriptase.Proc. Natl. Acad. Sci. USA 105:1472-1477.

[131] Ganim Z,Jones KC,Tokmakoff A.2010.Insulin dimer dissociation and unfolding revealed by amide I two-dimensional infrared spectroscopy. Phys. Chem. Chem. Phys. 12:3579-3588.

[132] Ganim Z,Tokmakoff A,Vaziri A.2011.Vibrational excitons in ionophores:Experimental probes for quantum coherence-assisted ion transport and selectivity in ion channels.New J. Phys. 13:113030.

[133] Torii H,Tasumi M.1998.Ab initio molecular orbital study of the amide I vibrational interactions between the peptide groups in di- and tripeptides and considerations on the conformation of the extended helix.J. Raman Spectrosc. 29:81-86.

第 13 章
生物分子中振动激子2D IR光谱的准粒子法：分子动力学模拟与随机模拟方法

13.1 引言

近简并耦合振动,能被描述为在一个体系内的离域化激发(即激子),这一想法最早在分子晶体的背景下出现[1]。类似的图像适用于蛋白质中的酰胺振动,其邻近酰胺-I组分的 C ═O 伸缩模式之间的离域作用,可导致无序化的激子动力学[2,3]。这一方法已用于将分子构象与红外吸收光谱和拉曼光谱联系起来[4,5];谱带频率由激子哈密顿的特征值给出,而谱带强度则取决于跃迁偶极矩(对红外吸收而言)或极化率(对拉曼而言)。

生物分子中的激子离域化主要依靠两个因素:氢键结构和跃迁偶极相互作用[2,3,6]。第一个因素直接改变了局部振动频率(对角无序度),而第二个因素改变了激子耦合[7]（非对角无序度）。早期的研究注重于静态无序度对于蛋白质中振动激子动力学的重要性。在这些研究中，无序度的时间变化性没有被考虑。

新颖的飞秒光谱学方法的出现使得在涨落着的环境中探测激子动力学变得可能。泵浦-探测和二维红外（two-dimensional infrared，2D IR）光谱测量，对于一些体系如多肽、蛋白质、膜体系和氢键液体等，已有实施[8-14]。由浴引起的微扰在电子激子中已有很多研究。这些微扰方法已被扩展到振动并用于研究溶化剂动力学与氢键动力学[15-17]以及凝聚相中的水的分子内动力学[18-20]。有两种理论方法被用于模拟经典力学的浴效应：基于分子动力学（molecular dynamics，MD）的微观描述方法和唯象随机动力学方法。

早期模型考虑了微小的高斯型绝热微扰，而忽略了振动态之间的非绝热耦合（曲线交叉）。这些涨落，要么被当作 Kubo 随机模型的拓展——通过累积高斯涨落（cumulant Gaussian fluctuation，CGF）——来处理，要么通过结合在非线性激子方程中（nonlinear exciton equations，NEE）的退相干速率来处理[21,22]。CGF 法用在态相加（sum-over-state，SOS）的图像中，其中的信号用激子哈密顿的全局本征态之间的跃迁来表示。NEE，作为一个准粒子（quasi-particle，QP）方法，将信号表示为激子的散射，从而避免了多激子本征态的显性计算。QP 方法有几个优点。首先，它没有像在 SOS 方法中那样存在项（刘维尔空间路径）的消除问题。对于 N 个生色团，每个路径对三阶信号都有贡献，总信号量正比于 N^2；但 N 很大时，总信号量只与 N 成比例[23]。这源于一个事实，即只有发生在一个相干振动规模内的激光场的作用，才对信号有贡献。相反，在准粒子图像中，上述项消除是方法本身所具有的，且信号是在相干规模内被直接计算的，这就大大简化了计算与解析。QP 图像的第二个优势在于，它为处理大的体系提出了新的近似手段，例如平均场近似[22]。

构象动力学或氢键动力学或剧烈涨落的分子振动不能借助 CGF-SOS 或 NEE 模型的假设来处理。处理这些体系的一个更完备的描述，必须包含本征态的有限时间尺度的涨落和非高斯型微扰。时间平均近似（time-average approximation，TAA）引入一个自由参数，以区分慢浴涨落与快浴涨落，在快涨落的非耦合生色团与静态涨落极限的耦合生色团之间创建了一个插值点[24,25]。一个任意的涨落时间尺度已被纳入 SOS 方法中，这借助了直接的薛定谔方程数值积分（numerical integration of the Schrödinger equation，NISE）[26]，或者将量子（体系）动力学与随机的（浴）动力学结合纳入随机刘维尔方程（stochastic Liouville equation，SLE）中[27,28]。

尽管这两种方法在形式上是等价的，NISE 方法需要通过 MD 模拟产生哈密顿轨迹。相反，SLE 方法需要确定几个相关的马尔可夫集体（collective）坐标作为主要的涨落源。这就联系到浴的表象描述。

在这里，我们总结了准粒子方法的新进展。NISE[29] 和 SLE[30] 策略都可以被改编进入 QP 图像并应用于微观的和随机的浴动力学。在 13.2 节中，我们描述三阶信号的各个刘维尔空间路径的贡献如何在准粒子形式化（formalism）中被结合起来。在 13.3 节中，我们用这一形式化对浴作一个微观描述。在 13.4 节中，我们将 13.2 节的结果应用到马尔可夫涨落。这相当于随机非线性激子方程（stochastic nonlinear exciton equations，SNEE），最初通过使 NEE 适应有限时间尺度而得到[30]。这些形式性发展，通过在水、淀粉样纤维和溶剂动力学的 2D IR 光谱模拟给予展示。

13.2　振动哈密顿和 2D IR 信号

13.2.1　振动激子哈密顿

假设主要的光学活跃的振动模式之间是绝热解耦合的，而其余模式作为浴，则振动动力学可以被看作一个涨落的激子的哈密顿：

$$H = \sum_{nm} h_{nm}(q) b_n^{\dagger} b_m + \sum_{nmn'm'} U_{nmn'm'}(q) b_n^{\dagger} b_m^{\dagger} b_{n'} b_{m'} + H_{\mathrm{B}}(q,p) \quad (13.1)$$

其中，$b_n^{\dagger}$ 和 b_n 分别是第 n 个主要振动模式的玻色子产生和湮没算符，且有对易关系 $[b_n, b_m^{\dagger}] = \delta_{nm}$。$q = \{q_i\}$ 和 $p = \{p_i\}$ 是浴自由度的坐标和动量。h_{nm} 是单激子哈密顿，$U_{nmn'm'}$ 代表激子-激子之间的非谐性相互作用，H_{B} 是浴哈密顿。h_{nm} 和 $U_{nmn'm'}$ 都参数化地依赖于浴坐标 q_i。单激子哈密顿的对角部分和非对角部分表示振动频率 $h_{nn} = \hbar \omega_n$ 和它们的振动耦合。哈密顿（式（13.1））与激子数算符 $\nu = \sum_m b_m^{\dagger} \hat{b}_m$ 对易，即 $[H, \nu] = 0$。因此，激子数是守恒的，而且哈密顿被分块对角化为 n-激子方块。有三个对角方块与三阶非线性光谱学密切相关：基态、单激子态和双激子态。对一个 N 振动模体系，我们首先忽略浴，分别对角化哈密顿的各个方块。三个方块含有 1 个、N 个和 $N(N+1)/2$ 个能级，如图 13.1 所示。浴有几个方面的效应。首先，振动特征值被改变，而且能级劈裂将每一能级变成了一个连续带（或多个连续带，如果一些浴坐标在几个阱之间跳跃)。其次,如果我们用一个固定的基组(例如对于一组给定的浴坐标而定义的本征态),则浴的涨落在该基组上将引起输运。

振动和光场之间的相互作用哈密顿是

$$H'(t) = -\boldsymbol{E}(r,t) \cdot \boldsymbol{V}(q) \tag{13.2}$$

其中,$\boldsymbol{E}(r,t)$ 是在坐标 r 处的光场,而 $\boldsymbol{V}(q)$ 则是被如下定义的偶极算符:

$$\boldsymbol{V}(q) = \sum_m \mathbf{m}_m(q)(b_m + b_m^\dagger), \tag{13.3}$$

其中,$\mathbf{m}_m(q)$ 是跃迁偶极子算符。H' 可以导致不同区块之间的跃迁,它能一次改变一个激子数,即 $\Delta\nu = \pm 1$,如图 13.1 所示。

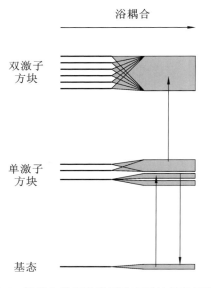

图 13.1　浴耦合的振动激子哈密顿的能级示意图

计算哈密顿 H(式(13.1))的本征值,对于具有数量庞大的浴坐标的体系而言,是一项艰巨的任务,即使浴动力学是谐性的。对于谐性浴,几种近似方案已经被用于求解激子动力学[22,31-33]。在这里,我们不假设谐性浴,但作两个重要的近似:

(1) 浴是经典的;

(2) 浴动力学不受体系状态的影响。

假设浴很大且在高温下,则可以期待这些条件通常是成立的。混合的经典/量子动力学(QM/MM)算法已被广泛应用,其中一些自由度是量子的，另一些则是经典的。Ehrenfest 方法、跳跃表面法和 Bohmian 轨迹法就是这样几个例子[34-36]。若忽略量子体系对经典浴的影响，则不再需要对经典/量子相互作用进行深入处理，那么经典浴动力学就可简单地由哈密顿方程描述，有

$$\dot{q}_i = \frac{\partial H_B}{\partial p_i} \tag{13.4}$$

$$\dot{p}_i = -\frac{\partial H_B}{\partial q_i} \tag{13.5}$$

体系的动力学可被薛定谔方程描述，有

$$i\hbar \frac{\mathrm{d}}{\mathrm{d}t} |\Psi\rangle = H_S(t) |\Psi\rangle \tag{13.6}$$

其中，涨落哈密顿 $H_S(t)$ 为

$$H_S(t) = \sum_{nm} h_{nm}(q(t)) b_n^\dagger b_m + \sum_{nmn'm'} U_{nmn'm'}(q(t)) b_n^\dagger b_m^\dagger b_{n'} b_{m'} \tag{13.7}$$

这里的 $q_i(t)$ 和 $p_i(t)$ 均为从哈密顿方程（13.4）和（13.5）得到的轨迹。浴坐标可被视为作用在激子体系上的外部源。因为 $H_S(t)$ 是明显的时间依赖的，体系能量不守恒。这个模型可以解释浴的关键效应：能级的劈裂可被 H_S 的本征值的涨落来模拟，布居的输运由本征态的涨落所导致。式（13.2）可以类似地给出如下：

$$H'(t) = -\sum_m \boldsymbol{E}(\boldsymbol{r}, t) \cdot \mathbf{m}_m(q(t)) (b_m + b_m^\dagger) \tag{13.8}$$

其中，$\mathbf{m}_m(q(t))$ 现在明显具有时间依赖性。

13.2.2　非线性光学响应

在本节，我们利用上述振动激子哈密顿计算四波混频信号。实验描述在图 13.2 中。三束波矢为 $\boldsymbol{k}_1$、$\boldsymbol{k}_2$ 和 $\boldsymbol{k}_3$ 的激光脉冲与体系作用产生非线性极化。这一极化的外差探测是用在 $\boldsymbol{k}_4$ 方向上的第四束脉冲进行的。这一形式化也可以用自差检测（homodyne）实验描述，但不在此给予考虑。

由体系与激光脉冲作用而产生的三阶非线性极化 $\boldsymbol{P}^{(3)}(\boldsymbol{r}, t)$ 可以表示为

$$\boldsymbol{P}_{v_4}^{(3)}(\boldsymbol{r}, \tau_4) = \int_{-\infty}^{\tau_4} \mathrm{d}\tau_3 \int_{-\infty}^{\tau_3} \mathrm{d}\tau_2 \int_{-\infty}^{\tau_2} \mathrm{d}\tau_1 R_{v_4 v_3 v_2 v_1}^{(3)}(\tau_4, \tau_3, \tau_2, \tau_1) \boldsymbol{E}_{v_3}(\boldsymbol{r}, \tau_3) \boldsymbol{E}_{v_2}(\boldsymbol{r}, \tau_2) \boldsymbol{E}_{v_1}(\boldsymbol{r}, \tau_1)$$

$$\tag{13.9}$$

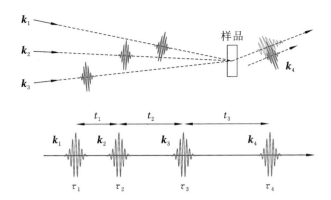

图 13.2 一个相干四波混频实验的脉冲构型

这里 v_i 是极化的笛卡儿索引,三阶响应函数[31]是一个四阶张量,可以用下式表示:

$$R^{(3)}_{v_4 v_3 v_2 v_1}(\tau_4, \tau_3, \tau_2, \tau_1) = \left(\frac{\mathrm{i}}{\hbar}\right)^3 \left\langle \left[\left[\left[V_{v_4}(\tau_4), V_{v_3}(\tau_3)\right], V_{v_2}(\tau_2)\right], V_{v_1}(\tau_1)\right] \right\rangle \tag{13.10}$$

在式(13.10)中,$\langle \cdots \rangle$ 表示在哈密顿 H_S 的量子态和在经典浴轨迹上的系综平均。

我们考虑频率远高于温度的振动(例如,对于酰胺-Ⅰ振动为 $1600\ \mathrm{cm}^{-1}$),以使体系最初处于振动基态 $|\mathrm{g}\rangle$。对浴轨迹的平均涉及的路径积分,其中一个算符 $A(t)$ 的平均值可以表示为

$$\langle A(t) \rangle = \int \mathcal{D}q(t) \langle \mathrm{g} \mid A(q(t)) \mid \mathrm{g} \rangle \tag{13.11}$$

可以将时间分割成很多小段来计算路径积分:

$$\int \mathcal{D}q(t) = \lim_{n \to \infty} \prod_{p=1}^{n} \left(\int \mathrm{d}q(t_p)\right) P(q(t_n), \cdots, q(t_1)) \tag{13.12}$$

这里,$P(q(t_n), \cdots, q(t_1))$ 代表轨迹概率。式(13.10)中的三个交换子产生 8 个刘维尔空间路径,而且对应一个特定方向上的非线性极化测量的每一个非线性技术会选择一组路径[22]。光场被分束为三束波矢分别为 $\mathbf{k}_1$、$\mathbf{k}_2$ 和 $\mathbf{k}_3$ 的入射脉冲:

$$\mathbf{E}(\mathbf{r}, t) = \sum_{\ell=1}^{3} \mathbf{E}_\ell(t - t_\ell) \mathrm{e}^{\mathrm{i}\mathbf{k}_\ell \mathbf{r} - \mathrm{i}\omega_\ell(t - t_\ell)} + \mathrm{c.c.} \tag{13.13}$$

其中,$\mathbf{E}_\ell$ 和 ω_ℓ 分别为第 ℓ 个脉冲的包络和中心频率,t_ℓ 是其到达时间。与振动动力学相比,我们假设脉冲包络是短的。信号在三个相位匹配方向上产生:$\mathbf{k}_\mathrm{I} = -\mathbf{k}_1 + \mathbf{k}_2 + \mathbf{k}_3$、$\mathbf{k}_\mathrm{II} = \mathbf{k}_1 - \mathbf{k}_2 + \mathbf{k}_3$ 和 $\mathbf{k}_\mathrm{III} = \mathbf{k}_1 + \mathbf{k}_2 - \mathbf{k}_3$。每个信号都构成

了一个独特的方法，能从不同角度探测振动动力学。特别需要指出的是，k_1 方法也被称为光子回波光谱。

为了更好地表示响应，我们将偶极分解为上升和下降组分：

$$\mathbf{m}_{n_1}^-(t) = \mathbf{m}_{n_1}(q(t)) b_{n_1} \tag{13.14}$$

$$\mathbf{m}_{n_1}^+(t) = \mathbf{m}_{n_1}(q(t)) b_{n_1}^+ \tag{13.15}$$

由于体系开始时处于振动基态 $|g\rangle$，利用旋转波近似，我们发现三条路径对光子回波信号 k_1 有贡献，如图 13.3 所示。

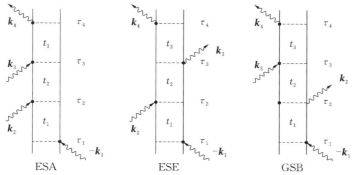

图 13.3　k_1 信号的三个基本贡献的阶梯图（刘维尔空间路径）：激发态吸收（excited-state absorption，ESA）、激发态辐射（excited-state emission，ESE）和基态漂白（ground-state bleaching，GSB）

$$R_{v_4 v_3 v_2 v_1}^{k_1}(\tau_4, \tau_3, \tau_2, \tau_1) = \left(\frac{\mathrm{i}}{\hbar}\right)^3$$

$$\times \sum_{n_1 n_2 n_3 n_4} \left\{ \langle \mu_{n_1; v_1}^-(\tau_1) \mathcal{U}(\tau_1, \tau_2) \mu_{n_2; v_2}^+(\tau_2) \mathcal{U}(\tau_2, \tau_4) \mu_{n_4; v_4}^-(\tau_4) \mathcal{U}(\tau_4, \tau_3) \mu_{n_3; v_3}^+(\tau_3) \rangle \right.$$

$$+ \langle \mu_{n_1; v_1}^-(\tau_1) \mathcal{U}(\tau_1, \tau_3) \mu_{n_3; v_3}^+(\tau_3) \mathcal{U}(\tau_3, \tau_4) \mu_{n_4; v_4}^-(\tau_4) \mathcal{U}(\tau_4, \tau_2) \mu_{n_2; v_2}^+(\tau_2) \rangle$$

$$\left. - \langle \mu_{n_1; v_1}^-(\tau_1) \mathcal{U}(\tau_1, \tau_4) \mu_{n_4; v_4}^-(\tau_4) \mathcal{U}(\tau_4, \tau_3) \mu_{n_3; v_3}^+(\tau_3) \mathcal{U}(\tau_3, \tau_2) \mu_{n_2; v_2}^+(\tau_2) \rangle \right\}$$

$$\tag{13.16}$$

这里 $\mathcal{U}(\tau_2, \tau_1)$ 是演化算符，有

$$\mathcal{U}(\tau_2, \tau_1) = \exp_+\left(-\frac{\mathrm{i}}{\hbar} \int_{\tau_1}^{\tau_2} H_S(\tau) \mathrm{d}\tau\right) \tag{13.17}$$

其中，$\exp_+$ 是按时间顺序的指数。因为 $H_S(t)$ 使激子数 v 守恒，在激光场作用之间的演化期，体系依然停留在特定的方块中（基态、单激子方块和双激子方块）。为了描述前进的时间演化，我们引入单激子格林函数

$$G_{n_2,n_1}(\tau_2,\tau_1)=\theta(\tau_2-\tau_1)\langle g|b_{n_2}\mathcal{U}(\tau_2,\tau_1)b_{n_1}^\dagger|g\rangle \tag{13.18}$$

和双激子格林函数

$$\mathcal{G}_{n_2 m_2,n_1 m_1}(\tau_2,\tau_1)=\theta(\tau_2-\tau_1)\langle g|b_{n_2}b_{m_2}\mathcal{U}(\tau_2,\tau_1)b_{n_1}^\dagger b_{m_1}^\dagger|g\rangle \tag{13.19}$$

则信号可以表示为

$$R_{v_4 v_3 v_2 v_1}^{k_I}(\tau_4,\tau_3,\tau_2,\tau_1)=\left(\frac{i}{\hbar}\right)^3\sum_{n_1 n_2 n_3 n_4}\mu_{n_1;v_1}(\tau_1)\mu_{n_2;v_2}(\tau_2)\mu_{n_3;v_3}(\tau_3)\mu_{n_4;v_4}(\tau_4)$$

$$\times\left[\begin{array}{l}G_{n_4,n_3}(\tau_4,\tau_3)G_{n_2,n_1}^*(\tau_2,\tau_1)+G_{n_4,n_2}(\tau_4,\tau_2)G_{n_3,n_1}^*(\tau_3,\tau_1)\\[2mm]-\sum_{m_1 m_2}\mathcal{G}_{n_4 m_1,n_3 m_2}(\tau_4,\tau_3)G_{m_2,n_2}(\tau_3,\tau_2)G_{m_1,n_1}^*(\tau_4,\tau_1)\end{array}\right]$$

$$\tag{13.20}$$

为简化标符，令 $\mu_{n;v}(\tau)=\mu_{n;v}(q(\tau))$，并忽略对浴轨迹的积分。在式(13.20)中，信号的三个贡献分别称为基态漂白（ground-state bleaching，GSB）、激发态辐射（excited-state emission，ESE）和激发态吸收（excited-state absorption，ESA）。它们由阶梯图表示，如图 13.3 所示。类似地，其他信号可以表示为三个路径之和（如 $k_{\,\text{II}}$）和两个路径之和（如 $k_{\,\text{III}}$）[22]。

让我们首先分析一个简谐振动体系的简单情形，即忽略非谐性耦合：$U_{nmn'm'}=0$。演化算符就可以写成

$$\mathcal{U}(\tau_2,\tau_1)=\mathcal{U}^{(0)}(\tau_2,\tau_1)=\exp_+\left(-\frac{i}{\hbar}\int_{\tau_1}^{\tau_2}H_S^{(0)}(\tau)d\tau\right) \tag{13.21}$$

这里，$H_S^{(0)}(\tau)=\sum_{nm}h_{nm}(q(t))b_n^\dagger b_m$ 是哈密顿。在此情形，双激子格林函数可以被因子分解为单激子格林函数的对称积，因为双激子是自由玻色子，可独立演化，即

$$\mathcal{G}_{n_2 m_2,n_1 m_1}^{(0)}(\tau_2,\tau_1)=G_{n_2,n_1}(\tau_2,\tau_1)G_{m_2,m_1}(\tau_2,\tau_1)+G_{n_2,m_1}(\tau_2,\tau_1)G_{m_2,n_1}(\tau_2,\tau_1)$$

$$\tag{13.22}$$

将 $\mathcal{G}_{n_2 m_2,n_1 m_1}^{(0)}(\tau_2,\tau_1)$ 代入，并利用下述关系式：

$$G_{ij}(\tau_i,\tau_j)=\sum_k G_{ik}(\tau_i,s)G_{kj}(s,\tau_j) \tag{13.23}$$

这里，s 是介于 τ_1 和 τ_2 之间的任意时间；我们会发现 k_I 响应函数消失了。这不足为奇，因为一个线性地耦合着外场的谐波体系，其响应也是线性的。这表明，简谐振动即使其非谐性地耦合着外部坐标（通过谐波哈密顿的涨落），也不会表现出非线性响应。这是由于一个事实，即浴不受体系影响。否则，激子之

间的有效非谐性相互作用将产生一个不为零的非线性光响应[37,38]。这种效应是很普遍的，因而对于信号 k_{II} 和 k_{III} 类似的消失现象也会发生。

因此，考虑非谐性对于产生非线性光响应是很关键的。我们现在转向一般的非谐性情形，即 $U_{nmn'm'} \neq 0$。我们将使用双粒子 Dyson 方程（精确且显式地包含了非谐性）来表示双激子格林函数，即

$$\mathcal{G}_{n_2 m_2, n_1 m_1}(\tau_2, \tau_1) = \mathcal{G}^{(0)}_{n_2 m_2, n_1 m_1}(\tau_2, \tau_1)$$

$$- \frac{i}{\hbar} \sum_{n_3 m_3 n_4 m_4} \int_{\tau_1}^{\tau_2} ds \, \mathcal{G}^{(0)}_{n_2 m_2, n_4 m_4}(\tau_2, s) U_{n_4 m_4 n_3 m_3}(s) \mathcal{G}_{n_3 m_3, n_1 m_1}(s, \tau_1)$$

$$(13.24)$$

将式(13.24)代入式(13.20)并注意到 $\mathcal{G}^{(0)}$ 项的消失，我们发现 k_1 响应函数只剩单项

$$R^{k_1}_{v_4 v_3 v_2 v_1}(\tau_4, \tau_3, \tau_2, \tau_1)$$

$$= 2\left(\frac{i}{\hbar}\right)^4 \sum_{n_1 n_2 n_3 n_4} \sum_{m_1 m_2 m_3 m_4 p_2} \mu_{n_1;v_1}(\tau_1) \mu_{n_2;v_2}(\tau_2) \mu_{n_3;v_3}(\tau_3) \mu_{n_4;v_4}(\tau_4)$$

$$\times \int_{\tau_3}^{\tau_4} ds \, G_{n_4 m_4}(\tau_4, s) U_{m_4 m_1 m_3 m_2}(s) \mathcal{G}_{m_3 m_2, n_3 p_2}(s, \tau_3) G_{p_2, n_2}(\tau_3, \tau_2) G^*_{m_1, n_1}(s, \tau_1)$$

$$(13.25)$$

k_{II} 和 k_{III} 信号的表达式可进行类似的处理而得到[29]：

$$R^{k_{II}}_{v_4 v_3 v_2 v_1}(\tau_4, \tau_3, \tau_2, \tau_1)$$

$$= 2\left(\frac{i}{\hbar}\right)^4 \sum_{n_1 n_2 n_3 n_4} \sum_{m_1 m_2 m_3 m_4} \mu_{n_1;v_1}(\tau_1) \mu_{n_2;v_2}(\tau_2) \mu_{n_3;v_3}(\tau_3) \mu_{n_4;v_4}(\tau_4)$$

$$\times \int_{\tau_3}^{\tau_4} ds \, G_{n_4 m_4}(\tau_4, s) U_{m_4 m_2 m_3 m_1}(s) \mathcal{G}_{m_3 m_1, n_3 p_1}(s, \tau_3) G_{p_1, n_1}(\tau_3, \tau_1) G^*_{m_2, n_2}(s, \tau_2)$$

$$(13.26)$$

$$R^{k_{III}}_{v_4 v_3 v_2 v_1}(\tau_4, \tau_3, \tau_2, \tau_1)$$

$$= 2\left(\frac{i}{\hbar}\right)^4 \sum_{n_1 n_2 n_3 n_4} \sum_{m_1 m_2 m_3 m_4} \mu_{n_1;v_1}(\tau_1) \mu_{n_2;v_2}(\tau_2) \mu_{n_3;v_3}(\tau_3) \mu_{n_4;v_4}(\tau_4)$$

$$\times \int_{\tau_3}^{\tau_4} ds \, G_{n_4 m_4}(\tau_4, s) U_{m_4 m_3 m_2 m_1}(s) G^*_{m_3, n_3}(s, \tau_3) \mathcal{G}_{m_2 m_1, n_2 p_1}(s, \tau_2) G_{p_1, n_1}(\tau_2, \tau_1)$$

$$(13.27)$$

非线性响应函数方程(13.25)至(13.27)现在能以 k_3 和 k_4 脉冲作用的间隔 s 内的时间积分表示。在方程(13.20)中，k_{I}、k_{II} 和 k_{III} 信号的谐波部分的完全消除现在得以解释。这些表达式显性地依赖于一阶非谐性 $U_{nmn'm'}$ 项，高阶项进入双激子格林函数 $\mathcal{G}(s,\tau_3)$。每个信号（方程(13.25)至(13.27)）都可以用图13.4给出单个路径图表示，时间由下向上演化，波浪线表示与激光场的作用，实线表示向前传播（向上的箭头）或向后传播（向下的箭头）的单激子格林函数，双激子格林函数 $\mathcal{G}$ 由双线表示，灰色带段表示的是 τ_3 和 τ_4 之间的时间区，其中发生激子散射。这种散射起源于 $U_{nmn'm'}$ 的作用，它将双激子格林函数拆分为一个由 s 向 τ_4 的前传播的一个激子，和分别由 s 向 τ_1 的（k_{I} 信号）、向 τ_2 的（k_{II} 信号），或向 τ_3 的（k_{III} 信号）后传播的第二个激子。

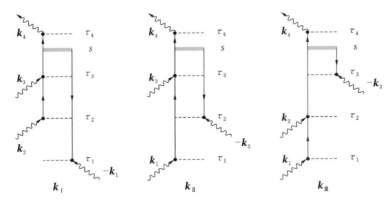

图 13.4 在准粒子表象中表示三阶信号 k_{I}、k_{II} 和 k_{III} 的路径图

在对浴轨迹进行平均后，非线性信号具有时间平移不变性，且只依赖于四次作用中的三个时间间隔，即

$$\mathcal{R}_{v_4 v_3 v_2 v_1}(t_3,t_2,t_1)=R_{v_4 v_3 v_2 v_1}(t_3+t_2+t_1,t_2+t_1,t_1,0) \tag{13.28}$$

用频率-频率相关图来表示多维信号是很方便的。k_{I} 和 k_{II} 信号将被表示为对时间 t_1 和 t_3 的傅里叶变换，有

$$\mathcal{R}^{k_{\mathrm{I}};k_{\mathrm{II}}}_{v_4 v_3 v_2 v_1}(\Omega_1,t_2,\Omega_3)=\iint_0^\infty \mathcal{R}^{k_{\mathrm{I}};k_{\mathrm{II}}}_{v_4 v_3 v_2 v_1}(t_1,t_2,t_3)\,\mathrm{e}^{i\Omega_1 t_1+i\Omega_3 t_3}\,\mathrm{d}t_1\,\mathrm{d}t_3 \tag{13.29}$$

对 k_{III}，我们则沿 t_2 和 t_3 进行傅里叶变换，有

$$\mathcal{R}^{k_{\mathrm{III}}}_{v_4 v_3 v_2 v_1}(t_1,\Omega_2,\Omega_3)=\iint_0^\infty \mathcal{R}^{k_{\mathrm{III}}}_{v_4 v_3 v_2 v_1}(t_1,t_2,t_3)\,\mathrm{e}^{i\Omega_2 t_2+i\Omega_3 t_3}\,\mathrm{d}t_2\,\mathrm{d}t_3 \tag{13.30}$$

利用三阶相干光谱进行探测的大多数体系是中心对称的，信号的适当取

向平均必须进行。与实验的时间尺度相比，如果体系是在进行慢旋转，则加和不同的贡献就可求得取向平均，每个贡献对应于一个特定的激光偏振构型[39,40]；如果体系在一个很快的时间尺度上旋转，则直接的随机取向平均必须进行。

这里的 QP 方法提出了一些新的近似处理法。其例之一就是平均场近似。在这一理论层次上，我们将方程（13.25）至（13.27）中的两激子格林函数 $\mathcal{G}_{n_2 m_2 , n_1 m_1}(\tau_2 , \tau_1)$ 取代为谐波格林函数 $\mathcal{G}^{(0)}_{n_2 m_2 , n_1 m_1}(\tau_2 , \tau_1)$（式（13.22）），这大大简化了非线性信号的计算，因为它避免了耗时的两激子格林函数的计算，而将它替换为单激子格林函数之积。平均场近似等价于将非线性信号扩展至一阶非谐性。

下面，我们给出基于方程（13.25）至（13.27）的三阶信号的一些模拟。将用两种算法描述浴动力学，第一种采用 MD 模拟来计算浴轨迹，第二种基于 SLE 法描述集体浴坐标分布的演变，并允许浴轨迹的解析积分。

13.3 分子动力学模拟

对浴进行微观描述，对一组坐标 q_i 直接解哈密顿方程（13.4）和（13.5），我们可以模拟环境。假设浴处于平衡状态，对浴轨迹取平均被替换成对初始条件取平均，这实际上最终相当于对初始条件 $(q_i^{(p)}(\tau_1) , p_i^{(p)}(\tau_1))$ 进行有限次数 N_p 加和，即

$$\int \mathcal{D}q(t) \rightarrow \lim_{T \to \infty} \frac{1}{2T} \int_{-T}^{T} \mathrm{d}\tau_1 \rightarrow \frac{1}{N_p} \sum_{p=1}^{n} N_p \qquad (13.31)$$

MD 模拟通常用于复杂体系的振动动力学模型化，包括液体和蛋白质[41,42]。在这些模拟中，利用 CHARMM[43] 或 AMBER[44] 等力场，可将分子相互作用参数化，这些力场旨在重现体系的平衡态性质及缓慢运动。通过 MD 模拟，可以获得轨迹 $q_i(t)$ 的一个系综。支配着与激光脉冲相互作用的有涨落的哈密顿 $H_S(t)$ 和跃迁偶极 $\mu_n(t)$，必须依据这些坐标 $q_i(t)$ 进行参量化。

13.3.1 哈密顿参量化

许多方法已被用于模拟环境对一个孤立振动模的频率 ω_n 的影响。一般认为局部电场的影响是占主导的，因此振动频率可以常常用一个含有一些静电参数的关系式，即所谓"静电图"来描述。几个参数化方案已被应用过。对

于酰胺-I 模式,Cho 及其合作者通过获得在对应着酰胺键的 C、O、N 和 H 原子的四个坐标位置的静电势,将酰胺-I 振动进行了参数化[15-17]。Bour 和 Keiderling也用了一个类似的方法[45]。依据在一个点处获得的外电场及其一、二阶导数共 19 个组分,我们对酰胺 I、II、III 和 A 模的非谐性振动哈密顿进行了重构[46]。基于在几个位置的电场及其梯度,其他参数化方法也被引入酰胺-I 和酰胺-II 振动的模型化中[47-50]。一个类似的图化法被用于模型化蛋白质的羧基侧链的涨落[51]。酰胺-I 静电图的修正已被引入以便更精确地考虑蛋白质的相邻残基[52]。静电图已被开发应用到液体 H_2O、HOD 和 D_2O[53-57],以及冰和水分子簇[18,19,58]中的 OH 和 OD 伸缩振动。所有这些方法,都将振动涨落与在参与相关振动模的邻近原子上采样获得的静电环境进行了关联。

跃迁偶极子的涨落,考虑分子的取向效应就足以被解释。早期由 Torii 等人引入的模型[7]建议了一个与酰胺基团关联的、位于局部坐标系中的跃迁偶极子。基于静电参数化的更优良的酰胺-I 跃迁偶极模型已被提出[46,47]。对于液态水中的 OD 伸缩振动,一个类似的参数化方法也已被采用[53]。跃迁偶极耦合(transition dipole coupling,TDC)是局部振动模相互作用的最普遍的模型。在这种模型中,振动耦合可以表示为

$$h_{nm} = J\left(\mathbf{m}_m, \mathbf{m}_n\right) = \frac{1}{4\pi\varepsilon r_{nm}^3}\left(\mathbf{m}_m \cdot \mathbf{m}_n - 3\,\frac{\left(\mathbf{m}_m \cdot r_{nm}\right)\left(\mathbf{m}_n \cdot r_{nm}\right)}{r_{nm}^2}\right)$$

$$(13.32)$$

此处,r_{nm} 是 n 和 m 振动模之间的距离。不同的模型被用来描述非谐性。相干激子输运的模拟,通常可利用跃迁偶极模型与哈密顿的谐波部分。较小的非谐性对这一输运的贡献被忽略,只考虑主对角非谐性的贡献,即

$$U_{nmn'm'} = \frac{\Delta_{nm}}{4}\left(\delta_{nn'}\delta_{mm'} + \delta_{nm'}\delta_{mn'}\right)$$

$$(13.33)$$

当非谐性较弱时,通常可采用一个固定(无涨落)的非谐性,例如酰胺-I 振动的情形[50,59-61]。而对于具有较大非谐性的体系,涨落的非谐性模型已被用到过,例如水的情形[53]。

13.3.2　量子传播子

考虑到计算效率,我们没有模拟方程(13.25)至(13.27)中的格林函数。相反,我们直接传播单激子和双激子波函数。传播一个向量而不是矩阵,减少了内存消耗和计算时间。这个策略以信号 k_1 来说明,其他的信号可进行类似计

算。对于每个脉冲，我们选择一个偏振方向 ε_ℓ^v，并对相应的一组偏振向量计算信号

$$R^{k_1}(\tau_4,\tau_3,\tau_2,\tau_1)=\sum_{v_1 v_2 v_3 v_4}\varepsilon_1^{v_1}\varepsilon_2^{v_2}\varepsilon_3^{v_3}\varepsilon_4^{v_4}R_{v_4 v_3 v_2 v_1}^{k_1}(\tau_4,\tau_3,\tau_2,\tau_1)$$

(13.34)

与第一和第二束激光脉冲在 τ_1 和 τ_2 时间内的作用，生成了一个在刘维尔空间内的布居，或在 Hilbert 空间内的两个单激子波包，其定义为

$$\Psi_{m_1;1}^{(1)}(\tau_1;\tau_1)=e_1\cdot \mathbf{m}_{m_1}(\tau_1)$$

(13.35)

$$\Psi_{m_2;2}^{(1)}(\tau_2;\tau_2)=e_2\cdot \mathbf{m}_{m_2}(\tau_2)$$

(13.36)

它的时间演化可用格林函数描述为

$$\Psi_{m_i;i}^{(1)}(s;\tau_i)=\sum_{n_i}G_{m_i,n_i}(s,\tau_i)\Psi_{n_i;i}^{(1)}(\tau_i)$$

(13.37)

其中，$i=1,2$。体系与第三束激光脉冲在时间 τ_3 进行的作用，生成一个两激子波包，其定义为单激子波函数 $\Psi_{m_3;2}^{(1)}(\tau_3;\tau_2)$ 与跃迁偶极子 $e_3\cdot \mathbf{m}_{m_3}(\tau_3)$ 的一个对称积，即

$$\Psi_{m_2 m_3;2,3}^{(2)}(\tau_3;\tau_3;\tau_2)=e_3\cdot \mathbf{m}_{m_2}(\tau_3)\Psi_{m_3;2}^{(1)}(\tau_3;\tau_2)+e_3\cdot \mathbf{m}_{m_3}(\tau_3)\Psi_{m_2;2}^{(1)}(\tau_3;\tau_2)$$

(13.38)

时间演化现由两激子格林函数表示，即

$$\Psi_{m_2 m_3;2,3}^{(2)}(s;\tau_3;\tau_2)=\frac{1}{2}\sum_{n_2 n_3}\mathcal{G}_{m_2 m_3,n_2 n_3}(s,\tau_3)\Psi_{n_2 n_3;2,3}^{(2)}(\tau_3;\tau_3;\tau_2)$$

(13.39)

第一个激子在时间 τ_2 生成，并传播至时间 τ_3，而在此时第二个激子生成，并传播直至时间 s。使用这些定义，我们可以将方程(13.16)改写为

$$R^{k_1}(\tau_4,\tau_3,\tau_2,\tau_1)=2\left(\frac{\mathrm{i}}{\hbar}\right)^4\sum_{n_4}e_4\cdot m_{n_4}(\tau_4)S_{n_4}^{k_1}(\tau_4,\tau_3,\tau_2,\tau_1)$$

(13.40)

其中，

$$S_{n_4}^{k_1}(\tau_4,\tau_3,\tau_2,\tau_1)=\sum_{m_4}\int_{\tau_3}^{\tau_4}\mathrm{d}s\, G_{n_4,m_4}(\tau_4,s)X_{m_4}^{k_1}(s;\tau_3,\tau_2,\tau_1)\quad (13.41)$$

$$X_{m_4}^{k_1}(s;\tau_3,\tau_2,\tau_1)=\sum_{m_1 m_2 m_3}U_{m_4 m_1 m_3 m_2}(s)\Psi_{m_3 m_2;2,3}^{(2)}(s;\tau_3;\tau_2)\Psi_{m_1;1}^{(1)*}(s;\tau_1)$$

(13.42)

单激子和双激子波函数可以由薛定谔方程的直接积分求得。对单激子波函数,有

$$i\hbar\frac{\mathrm{d}}{\mathrm{d}t}\mid\Psi^{(1)}(t;\tau_1)\rangle=H(t)\mid\Psi^{(1)}(t;\tau_1)\rangle \tag{13.43}$$

其中,$\mid\Psi^{(1)}(t;t_0)\rangle=\sum_n\Psi_n^{(1)}(t;t_0)b_n^\dagger\mid g\rangle$。对两激子波函数有一个类似的方程,有

$$i\hbar\frac{\mathrm{d}}{\mathrm{d}t}\mid\Psi^{(2)}(t;\tau_2;\tau_1)\rangle=H(t)\mid\Psi^{(2)}(t;\tau_2;\tau_1)\rangle \tag{13.44}$$

其中,$\mid\Psi^{(2)}(t;\tau_2;\tau_1)\rangle=\frac{1}{2}\sum_{n_1n_2}\Psi_{n_1n_2}^{(2)}(t;\tau_2;\tau_1)b_{n_1}^\dagger b_{n_2}^\dagger\mid g\rangle$。响应函数 $\mathcal{R}(t_3,t_2,t_1)$ 通过重复这个计算,并改变脉冲之间的时间间隔 $t_1=\tau_2-\tau_1$、$t_2=\tau_3-\tau_2$ 和 $t_3=\tau_4-\tau_3$ 而得到。

对于一个信号 k_I,我们的模拟方案是基于涨落的哈密顿轨迹并可以总结如下。

(1) 沿着哈密顿的轨迹选择一个初始时间 τ_1。

(2) 第一个单激子波函数在时间 τ_1(方程(13.35))生成,由方程(13.43)传播至时间 $\tau_1+t_1+t_2+t_3$。

(3) 第二个单激子波函数在时间 τ_1+t_1 生成,由方程(13.43)传播至时间 $\tau_1+t_1+t_2$。

(4) 在时间 $\tau_1+t_1+t_2$,第二个激子被用来生成一个双激子波函数(方程(13.38)),其由方程(13.44)传播至 $\tau_1+t_1+t_2+t_3$。

(5) 使用方程(13.41)和(13.42),函数 $S_{n_4}(s,\tau_1+t_1+t_2,\tau_1+t_1,\tau_1)$ 在时间 $s=\tau_1+t_1+t_2$(此时 S_{n_4} 被设为 0)与时间 $s=\tau_1+t_1+t_2+t_3$ 之间被计算求得。响应函数最终由方程(13.40)给出。

通过对于几个初始条件和取向,重复上述步骤,可以实现系综平均。类似的算法可应用到其他两种方法(k_II 和 k_III),这里的单激子和双激子波函数在不同的时间被产生,如下所示:

$$X_{m_4}^{k_\mathrm{II}}(s;\tau_3,\tau_2,\tau_1)=\sum_{m_1m_2m_3}U_{m_4m_2m_3m_1}(s)\Psi_{m_3m_1;1,3}^{(2)}(s;\tau_3;\tau_1)\Psi_{m_2;2}^{(1)*}(s;\tau_2)$$

$$\tag{13.45}$$

$$X_{m_4}^{k_\mathrm{III}}(s;\tau_3,\tau_2,\tau_1)=\sum_{m_1m_2m_3}U_{m_4m_3m_2m_1}(s)\Psi_{m_2m_1;1,2}^{(2)}(s;\tau_2;\tau_1)\Psi_{m_3;3}^{(1)*}(s;\tau_3)$$

$$\tag{13.46}$$

13.3.3　液态水中的量子激子动力学

下述液态水的相干三阶非线性光谱模拟表明了我们的方法所具有的说服力。我们的模拟是基于文献[57]的涨落哈密顿。对 64 个水分子在 300 K 时，利用周期性边界条件和 SPC/E 水模型[62]，进行了 MD 模拟。基于 MP2/6-31+$G(d,p)$ 层次的从头计算的静电频率图，用于哈密顿的参数化[57,63]。激子模拟包括了 $N=128$ 个振动模，对应于每个水分子的两个 OH 伸缩（对称与非对称）模。信号在 50 个 1 ps 长的轨迹且每个轨迹的 20 个随机取向上取平均。

图 13.5 给出了信号 $\boldsymbol{k}_{\mathrm{I}}$ 和 $\boldsymbol{k}_{\mathrm{II}}$ 在 $t_2=0$ 和 $t_2=500$ fs 两个时延的虚部。信号显示出两个符号相反但大小相似的峰。沿着 Ω_3 方向，高频（正）峰对应着 GSB 过程和 ESE 过程。沿着 Ω_3 的低频（负）峰对应着 ESA 过程。这个峰因 OH 伸缩具有强的非谐性而沿着 Ω_3 轴红移。注意到峰没有与 Ω_1 平行，这是由于存在较大的频率涨落，其量级与非谐性相当。两个峰都沿着对角线伸长。这是 $\boldsymbol{k}_{\mathrm{I}}$ 方法的特征，即光子回波过程消除了反对角线方向的非均匀增宽。因此，该信号常被称为重聚相信号。$\boldsymbol{k}_{\mathrm{II}}$ 信号同样表现出符号相反的两个峰，但其峰型与信号 $\boldsymbol{k}_{\mathrm{I}}$ 相比有明显不同。这是因为对这一方法而言，在对角线和反对角线两个方向上都存在非均匀增宽。因此，这种信号经常被记作非重聚相信号。注意到对 $t_2=0$，最大的信号 $\boldsymbol{k}_{\mathrm{II}}$ 的振幅约是信号 $\boldsymbol{k}_{\mathrm{I}}$ 的三分之一。重聚相光谱与非重聚相光谱之和表现为清晰的吸收峰型，被称为 2D IR 光谱，有

$$\mathcal{R}^{k_{\mathrm{I}}+k_{\mathrm{II}}}(\Omega_1,t_2,\Omega_3)=\mathcal{R}^{k_{\mathrm{I}}}(-\Omega_1,t_2,\Omega_3)+\mathcal{R}^{k_{\mathrm{II}}}(\Omega_1,t_2,\Omega_3) \quad (13.47)$$

如图 13.5 所示，因为在 $t_2=0$ 时，$\boldsymbol{k}_{\mathrm{I}}$ 比 $\boldsymbol{k}_{\mathrm{II}}$ 强很多，2D IR 光谱中 $\boldsymbol{k}_{\mathrm{I}}$ 信号的峰型占主导，而且看起来沿对角线方向明显地延伸。在对应着吸收带的频率位置，两个峰看起来都沿 Ω_1 轴线对齐。两个峰的劈裂直接揭示了非谐性。在时间 t_2 增加到 500 fs 时，信号 $\boldsymbol{k}_{\mathrm{I}}$ 的振幅与其 $t_2=0$ 时的值相比降低了 4 倍。而信号 $\boldsymbol{k}_{\mathrm{II}}$ 几乎不受影响，其在 $t_2=500$ fs 时的最大值仅跌到 0.221，而在 $t_2=0$ 时的值为 0.352。此时 $\boldsymbol{k}_{\mathrm{I}}$ 和 $\boldsymbol{k}_{\mathrm{II}}$ 几乎同样地为 2D IR 光作贡献。2D IR 光谱的两个峰在 $t_2=500$ fs 时都已失去它们的延伸峰型。这是振动退相的特征。

$\boldsymbol{k}_{\mathrm{I}}$ 和 $\boldsymbol{k}_{\mathrm{II}}$ 光谱在 $t_2=0$ 和 $t_2=500$ fs 时与平均场近似模拟结果在图 13.6 中进行了比较。在所有情形下，平均场近似看起来几乎完全等同于全计算结果，然而该计算要快很多。准粒子方案对大体系的模拟具有巨大潜力。包含千百个振动模的体系可以很容易地在平均场近似层次进行计算。

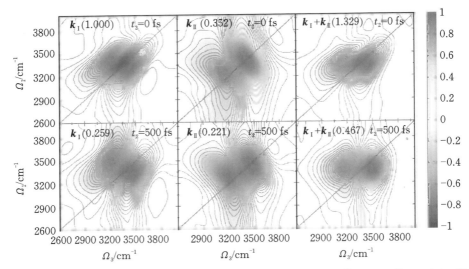

图 13.5 平行偏振条件下液态水在 $t_2=0$(上)和 $t_2=500$ fs(下)的 k_{I}、k_{II} 和 $k_{\mathrm{I}}+k_{\mathrm{II}}$ 信号。各图都进行了最大值归一化。在 $t_2=0$ 时相对于 k_{I} 信号的最大值在括号内注明。k_{I} 信号在 Ω_1 负频率轴上给出。(经许可转载自 Falvo C,Palmieri B,Mukamel S. 2009. Coherent infrared multidimensional spectra of the OH stretching band in liquid water simulated by direct nonlinear exciton propagation. J. Chem. Phys. 130:184501.版权 2009,美国物理联合会。)

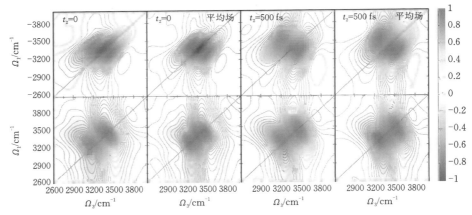

图 13.6 上:液态水在 $t_2=0$ 和 $t_2=500$ fs 时的 k_{I} 信号的全模拟与平均场近似结果的比较。下:同样条件下的 k_{II} 信号。(经许可转载自 Falvo C,Palmieri B,Mukamel S.2009.Coherent infrared multidimensional spectra of the OH stretching band in liquid water simulated by direct nonlinear exciton propagation.J. Chem. Phys. 130:184501. 版权 2009,美国物理联合会。)

13.3.4 淀粉样纤维的 2D IR 光谱

这里介绍我们采用模拟方法的第二个应用例子，即淀粉样纤维。淀粉样纤维是自组装的丝状物，而且它们的形成与沉积联系着 20 余种神经退化性疾病，包括阿尔茨海默症、帕金森病、亨廷顿疾病、传染性海绵状脑病和 II 型糖尿病[64-68]。在阿尔茨海默症中，纤维由 β-淀粉样（Aβ）多肽组成，一般有 39 到 42 个氨基酸残基，且以 β-折叠的二级结构为主。基于固态核磁共振（nuclear magnetic resonance，NMR）数据，Tycko 及其合作者建立了含 40 个残基的 β-淀粉样蛋白（Aβ$_{1-40}$）的详细分子模型[69-73]，特别地，得到了如图 13.7 所示的一个双重对称结构。

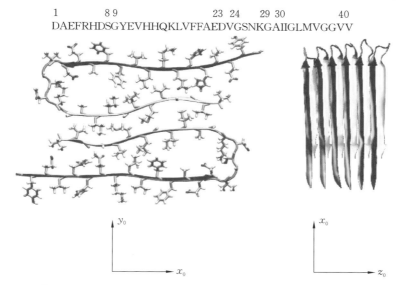

图 13.7 文献[71]描述的 Aβ$_{1-40}$ 多肽序列和 Aβ$_{9-40}$ 分子模型。z_0 为纤维轴。（经许可转载自 Falvo C，et al. 2012. Frequency distribution of the amide I vibration sorted by residues in amyloid fibrils revealed by 2D IR measurements and simulations. J. Phys. Chem. B 116:3322-3330.版权 2012，美国物理联合会。）

同位素编辑的 Aβ$_{1-40}$ 成熟纤维的 2D IR 光子回波光谱已有报导[9,74,75]。特定残基的同位素标记频移了所有肽段中相应的酰胺-I 跃迁。肽段的组装形成一个被标记的酰胺基团的线性激子链，其吸收谱频率因分子间耦合而红移[74]。对介于 Val12 和 Val39 之间的 18 个残基的这种线性链的 2D 红外光谱已被测定[9]。如此多的数据为淀粉样纤维内的酰胺-I 振动动力学提供了局部信息。基于 Tycko 及其合作者的双重对称分子模型[71]，我们利用了 MD 模拟，并将所获非线性模拟光谱与实验进行了对照。光谱模拟细节在文献[59]中给出。实验测量的是干燥的淀粉样纤维;然而,发现纤维中存在被俘获的水分子,证据来自频率相关函数的超快衰减[75]。我们的模拟旨在了解水分子对 2D IR 线型的影响。MD 分子模型完全浸没在水分子中。我们进行了两个系列的 2D IR 模拟。第一个系列引入了水分子对酰胺-I 振动动力学的影响,而另一个系列则没有包括这一影响。QP 形式化是非常有价值的,因为它完全捕获了激子动力学(即 β-折叠中相邻单元之间的强耦合和全部的涨落时间尺度)。

图 13.8 比较了各种同位素体的实验 2D IR(左列)和模拟信号。通过比较

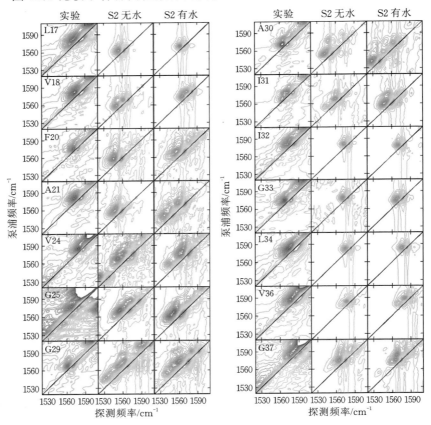

图 13.8   Aβ$_{1-40}$ 的各种同位素体的 2D IR 光谱。左列:实验。中列:频移中没有水贡献的模拟。右列:包括了水的贡献的模拟。(经许可转载自 Falvo C,et al. 2012. Frequency distribution of the amide I vibration sorted by residues in amyloid fibrils revealed by 2D IR measurements and simulations. J. Phys. Chem. B 116:3322-3330. 版权 2012,美国化学会。)

不含水的贡献(中列)和含水的贡献(右列)的模拟谱,我们发现与水分子的相互作用明显地改变了某些残基的 2D IR 光谱。在模拟中,最为均匀的跃迁(残基为 L17、I32、G33 和 L34)具有最小的水效应。一些同位素体的光谱劈裂在理论和实验上都有所体现。对于残基 G25、G29、A30、I31 和 G37,在实验和模拟谱中都出现多峰,且无论模拟中是否有水,这些峰均出现。对于残基 L17、V38、L34 和 V36,模拟 2D IR 光谱表现出均匀增宽峰,而实验展示出非均匀增宽的峰型。在模拟中,水分子无法穿入这些残基附近的区域,而实验表明存在着被囚禁的水分子[75]。我们的 MD 模拟不允许在这些残基附近有水分子的存在,但是模拟的与测量的 2D IR 峰型的巨大差异则验证了一个猜想,即水分子通过某种方式进入了这些区域。

13.4　哈密顿涨落随机动力学

13.4.1　随机形式化

大量分子坐标的显性分子动力学处理并不总是可行的。在一个替代方法中,少数经典集体坐标 $q \equiv \{q_i\}$ 被显性地包含在理论描述中,它们的演变被看作是一个随机过程,而不是受到来自其他"不相关的"分子坐标的力所支配的、确定性的哈密顿的演变的结果。路径积分 $\mathcal{D}q(t)$ 的一般形式常常可以从物理参数预测,只剩下少数有意义的物理参数需要调整。

例如,根据 Donsker 定理[76](也称函数中心极限定理),独立随机过程可组成高斯型宏观集体坐标。当振动(或电子)跃迁在吸收光谱中被很好地分辨时,延伸的椭圆形二维(two-dimensional,2D)光子回波峰型表现出较慢的高斯型光谱扩散[77],该特征已在许多情形被观测到。在一类不同的模型中,哈密顿参数(式(13.7))只能被假设为一些离散值。这方面的例子有在水中或有机溶剂中的氢键、构象动力学,等等,此时分子体系在不同的结构之间涨落[14]。振动频率依赖于结构,而在结构间的转换可以被近似为跳跃过程。我们先假设 $\mathcal{D}q(t)$ 的一些统计性质,这里有两个限制条件:它们必须物理上有意义、数值模拟可行。

已发现沿随机路径 $q(t)$ 的某些类型的记忆擦除可大大降低计算成本。对于一大类连续时间的光谱随机游走,路径积分已被变换为矩阵代数[78,79]。对无记忆(马尔可夫)过程则已有更有效的描述[80,81]。利用边际平均法[82],对具有马尔可夫涨落的哈密顿(方程(13.7))的量子演化,路径积分可以解析地进行。高斯-马尔可夫弛豫应给予特别关注,因为它只剩下两个自由参数——振幅和弛豫(自相关)时间。Ornstein-Uhlenbeck 过程[83]因此被广泛用于模拟光谱扩散。更重要的是,边际平均法不仅限于高斯模型。利用几个跃迁动力学速率实现光谱跳跃的参数化尤其简单[84]。

下面我们关注马尔可夫过程。当应用于 Liouville-vonn Numann 演化方程时,边际平均方法导致 SLE[85]。这已被用于模拟水[63]、有机溶液[28]、多肽[27]或小的模型 Frenkel 激子聚集体[86]等的光谱。这些应用不涉及刘维尔空间路径之间的强烈干扰。这种干扰与抵消大量存在于很多玻色子的集合体系,而且通常会降低基于刘维尔方程的较大体系的模拟准确性。QP NEE 方法避免了这些问题,因为它不把响应拆分为路径,在很多情形下都表现得很好[22]。

我们给出如何能将马尔可夫过程的描述与 13.2 节中的 QP 方法结合起来。以下结果最初是使用 SNEE 方法[30]推得的。在这里,我们通过方程(13.25)到(13.27)的直接积分得到相同的结果。我们首先使用马尔可夫过程的一些基本特性来简化路径积分(方程(13.12))。在不同(不重合)的时间区间里的马尔可夫演化可被分化出来。我们将时间轴划分为 (τ_1, τ_2)、(τ_2, τ_3)、(τ_3, s) 和 (s, τ_4) 这几个时段。在时段 (τ_1, τ_4) 上对马尔可夫过程的轨迹的路径积分,可以通过 Chapman-Kolmogorov 原理改写为

$$\mathcal{D}q(t) = \int dq_4 \int dq_s \int dq_3 \int dq_2 \int dq_1 \, \mathcal{D}_{q_4, q_s}^{\tau_4, s} q(t) \mathcal{D}_{q_s, q_3}^{s, \tau_3} q(t) \mathcal{D}_{q_3, q_2}^{\tau_3, \tau_2} q(t) \mathcal{D}_{q_2, q_1}^{\tau_2, \tau_1} q(t) P(q_1)$$

$$(13.48)$$

这里,我们把在时段 (τ_1, τ_2) 上、在固定的初始条件 $q_1 = q(\tau_1)$ 和最终条件 $q_2 = q(\tau_2)$ 下的轨迹的路径积分表示为

$$\mathcal{D}_{q_2, q_1}^{\tau_2, \tau_1} q(t) \equiv \lim_{n \to \infty} \prod_{p=1: \tau_2 > t_p > \tau_1}^{n} \left(\int dq(t_p) \right) P(q_2, q(t_n), \cdots, q(t_1), q_1) / P(q_1)$$

$$(13.49)$$

我们接下来考虑方程(13.16)中源于量子演化的因子。bra 矢量(图 13.4 中左手边路径图的格林函数)的演化,总是伴随有 ket 矢量(右手边路径图的格林函数)的演化。沿着一个已知轨迹 $q(t)$ 的演化,拥有相同的哈密顿演化量 $H_S(q(t))$,因此两个格林函数的演化必须被联合平均。

方程(13.25)中右手边的格林函数 $G^*_{m_1 n_1}(s,\tau_1)$ 在三个时延阶段有所重叠。在不同的区间内，它伴随着不同 bra 矢量的演化，因此其平均必须用一个不同的方法实施。根据方程(13.23)将 $G^*_{m_1 n_1}(s,\tau_1)$ 拆分到不同的时段，有

$$G^*_{m_1 n_1}(s,\tau_1) = \sum_{m'_1 m''_1} G^*_{m_1,m'_1}(s,\tau_3) G^*_{m'_1,m''_1}(\tau_3,\tau_2) G^*_{m''_1,n_1}(\tau_2,\tau_1)$$

(13.50)

我们接下来在不同的时段内对格林函数取平均。在 (τ_1,τ_2) 和 (s,τ_4) 间隔内，单激子格林函数 G 和 G^* 伴随有基态的微演化。我们因此定义

$$\hat{G}_{m''_1 q_2, n q_1}(\tau_2,\tau_1) \equiv \int G_{m''_1,n}(\tau_2,\tau_1;q(t)) \mathcal{D}^{\tau_2,\tau_1}_{q_2,q_1} q(t)$$

(13.51)

在这里，将 $q(t)$ 加入右边的格林函数的参数中，以强调前面几节的格林函数取决于整个轨迹。相反，作为马尔可夫特性的结果，方程(13.51)的左手边仅仅依赖边界的初始值和最终值。

在其他两个 (τ_2,τ_3) 和 (τ_3,s) 间隔内，我们考虑路径图的 ket 边和 bra 边的同时演化，并对相关的格林函数取平均，即

$$\hat{G}^{(N)}_{m'_1 p_2 q_3, m''_1 n_2 q_2}(\tau_3,\tau_2) \equiv \int G^*_{m'_1,m''_1}(\tau_3,\tau_2;q(t)) G_{p_2,n_2}(\tau_3,\tau_2;q(t)) \mathcal{D}^{\tau_3,\tau_2}_{q_3,q_2} q(t)$$

(13.52)

$$\hat{\mathcal{G}}^{(Z)}_{m''_1 m_3 m_2 q_s, m'_1 n_3 p_2 q_3}(s,\tau_3) \equiv \int G^*_{m''_1,m'_1}(s,\tau_3;q(t)) \mathcal{G}_{m_3 n_2,n_3 p_2}(s,\tau_3;q(t)) \mathcal{D}^{s,\tau_3}_{q_s,q_3} q(t)$$

(13.53)

利用方程(13.49)至(13.53)的定义和 Chapman-Kolmogorov 分解(方程(13.48))，对方程(13.25)进行积分，得到光子回波信号的最终表达式：

$$R^{k_{\mathrm{I}}}_{v_4 v_3 v_2 v_1}(\tau_4,\tau_3,\tau_2,\tau_1) = 2\left(\frac{i}{\hbar}\right)^4 \sum_{n_1 n_2 n_3 n_4} \sum_{m_1 m_2 m_3 m_4 m'_1 m''_1 p_2} \int dq_1 dq_2 dq_3 dq_s dq_4$$

$$\times \mu_{n_4 q_4; v_4} \mu_{n_3 q_3; v_3} \mu_{n_2 q_2; v_2} \mu_{n_1 q_1; v_1} \int_{\tau_3}^{\tau_4} ds\, \hat{G}_{n_4 q_4, m_4 q_s}(\tau_4,s) U_{m_4 m_1 m_3 m_2; q_s}$$

$$\times \hat{\mathcal{G}}^{(Z)}_{m_1 m_3 m_2 q_s, m'_1 n_3 p_2 q_3}(s,\tau_3) \hat{G}^{(N)}_{m'_1 p_2 q_3, m''_1 n_2 q_2}(\tau_3,\tau_2) \hat{G}^*_{m''_1 q_2, n_1 q_1}(\tau_2,\tau_1) P(q_1)$$

(13.54)

方程(13.26)可以用类似的方法进行积分。在这里，我们首先将单激子格林函数 G 因式分解到不同的间隔，如下：

$$G_{p_1,n_1}(\tau_3,\tau_1) = \sum_{p_1'} G_{p_1,p_1'}(\tau_3,\tau_2) G_{p_1',n_1}(\tau_2,\tau_1) \tag{13.55}$$

$$G_{m_2,n_2}^*(s,\tau_2) = \sum_{m_2'} G_{m_2,m_2'}^*(s,\tau_3) G_{m_2',n_2}^*(\tau_3,\tau_2) \tag{13.56}$$

利用方程(13.48)和(13.49),我们为 $\boldsymbol{k}_{\mathrm{II}}$ 信号得到下式:

$$R_{v_4 v_3 v_2 v_1}^{\boldsymbol{k}_{\mathrm{II}}}(\tau_4,\tau_3,\tau_2,\tau_1) = 2\left(\frac{\mathrm{i}}{\hbar}\right)^4 \sum_{m_1 m_2 m_3 m_4 p_1' m_2' p_1} \int dq_1 dq_2 dq_3 dq_s dq_4$$

$$\times \mu_{n_4 q_4;v_4} \mu_{n_3 q_3;v_3} \mu_{n_2 q_2;v_2} \mu_{n_1 q_1;v_1} \int_{\tau_3}^{\tau_4} ds\, \hat{G}_{n_4 q_4,m_4 q_s}(\tau_4,s) U_{m_4 m_2 m_3 m_1;q_s}$$

$$\times \hat{\mathcal{G}}_{m_2 m_3 m_1 q_s,\,m_2' n_3 p_1 q_3}^{(Z)}(s,\tau_3) \hat{G}_{m_2' p_1 q_3,\,n_2 p_1' q_2}^{(N)}(\tau_3,\tau_2) \hat{G}_{p_1' q_2,n_1 q_1}(\tau_2,\tau_1) P(q_1) \tag{13.57}$$

最后,方程(13.27)的积分需要双激子格林函数的一个额外的因式分解

$$\mathcal{G}_{m_2 m_1,n_2 p_1}(s,\tau_2) = \frac{1}{2}\sum_{m_2' m_1'} \mathcal{G}_{m_2 m_1,\,m_2' m_1'}(s,\tau_3) \mathcal{G}_{m_2' m_1',n_2 p_1}(\tau_3,\tau_2) \tag{13.58}$$

及其在间隔 (τ_2,τ_3) 内对马尔可夫随机轨迹的平均。然后再定义

$$\hat{\mathcal{G}}_{m_2' m_1' q_3,\,n_2 p_1 q_2}(\tau_3,\tau_2) \equiv \int \mathcal{G}_{m_2' m_1',n_2 p_1}(\tau_3,\tau_2) \mathcal{D}_{q_3;q_2}^{\tau_3;\tau_2} q(t) \tag{13.59}$$

将定义式(13.48)、(13.49)和(13.59)代入方程(13.27),最终获得 $\boldsymbol{k}_{\mathrm{III}}$ 信号:

$$R_{v_4 v_3 v_2 v_1}^{\boldsymbol{k}_{\mathrm{III}}}(\tau_4,\tau_3,\tau_2,\tau_1) = \left(\frac{\mathrm{i}}{\hbar}\right)^4 \sum_{m_1 m_2 m_3 m_4 m_1' m_2' p_1} \int dq_1 dq_2 dq_3 dq_s dq_4$$

$$\times \mu_{n_4 q_4;v_4} \mu_{n_3 q_3;v_3} \mu_{n_2 q_2;v_2} \mu_{n_1 q_1;v_1} \int_{\tau_3}^{\tau_4} ds\, \hat{G}_{n_4 q_4,m_4 q_4}(\tau_4,s) U_{m_4 m_3 m_2 m_1;q_s}$$

$$\times \hat{\mathcal{G}}_{m_3 m_2 m_1 q_s,\,n_3 m_2' m_1' n_3 q_3}^{(Z)}(s,\tau_3) \hat{\mathcal{G}}_{m_2' m_1' q_3,\,n_2 p_1 q_2}(\tau_3,\tau_2) \hat{G}_{p_1 q_2,n_1 q_1}(\tau_2,\tau_1) P(q_1) \tag{13.60}$$

按照方程(13.54)、(13.57)和(13.60)的形式改写方程(13.54)至(13.57),可以简化响应的模拟,因为在不同间隔上的马尔可夫随机子轨迹,可以很容易组合为完整轨迹,因此就合理地采样了整个轨迹空间。

目前的形式化的全部作用,与计算平均格林函数 $\hat{G}$、$\hat{G}^{(N)}$、$\hat{G}^{(Z)}$ 和 $\hat{\mathcal{G}}$ 的实用算法的发展,是有紧密联系的。为此目的,让我们先回想一下,马尔可夫过程是半群组(semigroup),可以用集体坐标 q 的概率密度 $P(q)$ 的主(演化)方程来表示,即

$$\frac{\mathrm{d}P(q)}{\mathrm{d}t} = (T^q P)(q) \tag{13.61}$$

线性算符 T 包含关于这个随机过程的全部信息，并生成马尔可夫动力学。通过把时间间隔拆分为无限小段 Δt，并将主方程核（kernel）（方程（13.61）在边界条件 $\mathcal{K}(q,q',t=0) = \delta(q-q')$ 下的格林函数的解）解卷积，可以最终得到路径积分 $\mathcal{D}q(t)$，即

$$\mathcal{D}^{n\Delta t,0}_{q_n q_0} q(t) = \int \mathrm{d}q_{n-1} \mathcal{K}(q_n,q_{n-1},\Delta t) \int \mathrm{d}q_{n-2} \mathcal{K}(q_{n-1},q_{n-2},\Delta t) \cdots \mathcal{K}(q_1,q_0,\Delta t) \tag{13.62}$$

下面对某些随机过程的共同例子，给出生成符 T。Ornstein-Uhlenbeck 坐标 $q = \{q_i\}$ 满足 Fokker-Planck（Smoluchowski）方程[87]：

$$T^q = \sum_i \Lambda_i \frac{\partial}{\partial q_j} \left(q_i + \sigma_i^2 \frac{\partial}{\partial q_i} \right) \tag{13.63}$$

方程（13.63）表示在简谐势中一个粒子的扩散[87]。在这里，Λ_i 是逆自相关时间，σ_i 是坐标 q_i 分布的平衡宽度。方程（13.61）的解可由高斯核给出，即

$$\mathcal{K}(q,q',t) = \prod_i \sqrt{\frac{1}{2\pi\sigma_i^2(1-\mathrm{e}^{-2\Lambda_i t})}} \exp\left[-\frac{(q_i - \mathrm{e}^{-\Lambda_i t}q_i')^2}{2\sigma_i^2(1-\mathrm{e}^{-2\Lambda_i t})} \right] \tag{13.64}$$

多态过程可以由一个速率常数的矩阵 $T_{jj'}$（从态 j' 跳跃到态 $j,j \neq j'$）来描述。对角元可定义为 $T_{jj} \equiv -\sum_{j';j'\neq j} T_{jj'}$。我们还为每个态 j 坐标分配 q 的一些 ξ_j 值，则概率密度的演变，对于连续和离散过程，均可以依据主方程（方程（13.61））作类似表达。对于多态跳跃过程，算符 T 可以表示为

$$T^q = \sum_{jj'} \delta(q - \xi_j) T_{jj'} \int_{\xi_{j'}-\epsilon}^{\xi_{j'}+\epsilon} \mathrm{d}q \tag{13.65}$$

其中，$\epsilon \to 0$。

马尔可夫随机过程的主方程描述（方程（13.61）），为计算平均格林函数提供了一个简便算法。使用边际平均法，平均的单激子格林函数满足下式：

$$\frac{\mathrm{d}}{\mathrm{d}\tau} \hat{G}_{mq,m'q'}(\tau,\tau') = -\frac{\mathrm{i}}{\hbar} \sum_{m''} h_{mm''q} G_{m''q,m'q'}(\tau,\tau') + T^q(G_{mq,m'q'}(\tau,\tau'))$$

$$+ \delta_{mm'}\delta(q-q')\delta(\tau-\tau') \tag{13.66}$$

方程（13.66）实际上是对 $\langle b_m \rangle_q(t) \equiv \{\langle \Psi(t) | b_m | \Psi(t) \rangle | q(t) = q\}$ 时由文献[30]推得的 SNEE 的格林函数解。这与此处推导的联系是可以被证实的，

因为可以核实,所得的格林函数是相同的。

其他平均格林函数可通过求解以下运动方程获得:

$$\frac{\mathrm{d}}{\mathrm{d}\tau}\hat{\mathcal{G}}_{mnq,m'n'q'}(\tau,\tau') = -\frac{\mathrm{i}}{\hbar}\sum_{m''n''}h_{mn,m''n'';q}^{(Y)}\hat{\mathcal{G}}_{m''n''q,m'n'q'}(\tau,\tau') + T^q(\hat{\mathcal{G}}_{mnq,m'n'q'}(\tau,\tau'))$$

$$+ (\delta_{mm'}\delta_{nn'} + \delta_{nm'}\delta_{mn'})\delta(q-q')\delta(\tau-\tau') \tag{13.67}$$

$$\frac{\mathrm{d}}{\mathrm{d}\tau}\hat{\mathcal{G}}_{mnq,m'n'q'}^{(N)}(\tau,\tau') = \frac{\mathrm{i}}{\hbar}\sum_{k}[h_{km;q}\hat{\mathcal{G}}_{knq,m'n'q'}^{(N)}(\tau,\tau') - h_{nk;q}\hat{\mathcal{G}}_{mkq,m'n'q'}^{(N)}(\tau,\tau')]$$

$$+ T^q(\hat{\mathcal{G}}_{mnq,m'n'q'}^{(N)}(\tau,\tau')) + \delta_{mm'}\delta_{nn'}\delta(q-q')\delta(\tau-\tau') \tag{13.68}$$

$$\frac{\mathrm{d}}{\mathrm{d}\tau}\hat{\mathcal{G}}_{kmnq,k'm'n'q'}^{(Z)}(\tau,\tau') = -\frac{\mathrm{i}}{\hbar}\sum_{m''n''}h_{mn,m''n'';q}^{(Y)}\hat{\mathcal{G}}_{km''n''q,k'm'n'q'}^{(Z)}(\tau,\tau')$$

$$+ \frac{\mathrm{i}}{\hbar}\sum_{k''}h_{k''k;q}\hat{\mathcal{G}}_{k''mnq,k'm'n'q'}^{(Z)}(\tau,\tau') + T^q(\mathcal{G}_{kmnq,k'm'n'q'}^{(Z)}(\tau,\tau'))$$

$$+ \delta_{kk'}(\delta_{mm'}\delta_{nn'} + \delta_{nm'}\delta_{mn'})\delta(q-q')\delta(\tau'-\tau) \tag{13.69}$$

这里,$h_{mn,m'n';q}^{(Y)}\equiv h_{mm';q}\delta_{nn'} + h_{nn';q}\delta_{mm'} + U_{mnm'n';q} + U_{nmm'n';q}$ 是双激子汇集态(manifold)的哈密顿。这些都是对文献[30]中的其他 SNEE,特别是以下一些量的格林函数解。

$$\langle b_m b_n\rangle_q(t) \equiv \{\langle\Psi(t)|b_m b_n|\Psi(t)\rangle|q(t)=q\}$$

$$\langle b_n^\dagger b_m\rangle_q(t) \equiv \{\langle\Psi(t)|b_m^\dagger b_n|\Psi(t)\rangle|q(t)=q\}$$

$$\langle b_k^\dagger b_m b_n\rangle_q(t) \equiv \{\langle\Psi(t)|b_k^\dagger b_m b_n|\Psi(t)\rangle|q(t)=q\}$$

方程(13.41)至(13.66)大大简化了随机平均的计算,因为它们不需要单个马尔可夫轨迹的产生。哈密顿系数 $h_{mm';q}$、$\mu_{n;q}$ 和 $U_{mnm'n';q}$ 都不再是随机的时间依赖变量,而是在由激子体系与数量有限的集体浴自由度 q 所组成的拓展的联合空间内的常数。所得的带有常系数的线性偏微分方程组用一般方法可解。格林函数 $\hat{G}(\tau_2,\tau_1)$、$\hat{G}^{(N)}(\tau_2,\tau_1)$、$\hat{\mathcal{G}}(\tau_2,\tau_1)$ 和 $\hat{\mathcal{G}}^{(Z)}(\tau_2,\tau_1)$ 在此拓展空间内形成一个半群组。因此,利用矩阵转置算符$(^{-1})$,它们可以很容易地在频域求得,$\hat{G}_{mq,m'q'}(\Omega)\equiv\int_0^\infty e^{\mathrm{i}\Omega\tau}\hat{G}_{mq,m'q'}(\tau,0)\mathrm{d}\tau$。例如,

$$\hat{G}_{mq,m'q'}(\Omega) = \left[\left(\mathrm{i}\Omega - \frac{\mathrm{i}}{\hbar}\hat{h} + T\right)^{-1}\right]_{mq,m'q'} \tag{13.70}$$

在这里，$\hat{h}$ 应该视为在这个拓展空间中的 h 算符$[\hat{h}]_{mq,m'q'}=h_{mm';q}\delta(q-q')$。类似地，$T_{mq,m'q'}=T_{qq'}\delta_{mm'}$。其他格林函数 $\hat{G}^{(N)}$、$\hat{\mathcal{G}}$ 和 $\hat{\mathcal{G}}^{(Z)}$ 也可以类似地获得。这些格林函数可以在有较大数量的激子指标的空间中被定义；哪个有作用，可由下标索引 $[\cdots]$ 进行区分，例如，

$$[\hat{h}_{[1]}]_{mnq,m'n'q'}=h_{mm';q}\delta_{nn'}\delta(q-q')$$

$$[\hat{h}_{[2]}]_{mnq,m'n'q'}=\delta_{mm'}h_{nn';q}\delta(q-q'),$$

这里 ♯ 代表转置 $[\hat{h}^{\#}]_{mq,m'q'}=h_{m'm;q}\delta(q-q')$。利用这些项，方程（13.70）的解是

$$\hat{\mathcal{G}}_{mnq,m'n'q'}(\Omega)=\left[\left(\mathrm{i}\Omega-\frac{\mathrm{i}}{\hbar}\hat{h}^{(Y)}+T\right)^{-1}\right]_{mnq,m'n'q'} \tag{13.71}$$

$$+\left[\left(\mathrm{i}\Omega-\frac{\mathrm{i}}{\hbar}\hat{h}^{(Y)}+T\right)^{-1}\right]_{mnq,n'm'q'}$$

$$\hat{G}^{(N)}_{mnq,m'n'q'}(\Omega)=\left[\left(\mathrm{i}\Omega-\frac{\mathrm{i}}{\hbar}\hat{h}_{[2]}+\frac{\mathrm{i}}{\hbar}\hat{h}^{\#}_{[1]}+T\right)^{-1}\right]_{mnq,m'n'q'} \tag{13.72}$$

$$\hat{\mathcal{G}}^{(Z)}_{kmnq,k'm'n'q'}(\Omega)=\left[\left(\mathrm{i}\Omega-\frac{\mathrm{i}}{\hbar}\hat{h}^{(Y)}_{[23]}+\frac{\mathrm{i}}{\hbar}\hat{h}^{\#}_{[1]}+T\right)^{-1}\right]_{kmnq,k'm'n'q'} \tag{13.73}$$

$$+\left[\left(\mathrm{i}\Omega-\frac{\mathrm{i}}{\hbar}\hat{h}^{(Y)}_{[23]}+\frac{\mathrm{i}}{\hbar}\hat{h}^{\#}_{[1]}+T\right)^{-1}\right]_{kmnq,k'n'm'q'}$$

非线性光学信号可以在频域内直接计算，有

$$\mathcal{R}_{v_4v_3v_2v_1}(\Omega_3,\Omega_2,\Omega_1)\equiv\int_0^\infty\mathrm{d}t_1\int_0^\infty\mathrm{d}t_2\int_0^\infty\mathrm{d}t_3\,\mathrm{e}^{\mathrm{i}\Omega_1t_1+\mathrm{i}\Omega_2t_2+\mathrm{i}\Omega_3t_3}\mathcal{R}_{v_4v_3v_2v_1}(t_3,t_2,t_1)$$

$$\tag{13.74}$$

方程（13.28）的数值傅里叶变换是不必要的。我们得到

$$\mathcal{R}^{k_\mathrm{I}}_{v_4v_3v_2v_1}(\Omega_3,\Omega_2,\Omega_1)=2\left(\frac{\mathrm{i}}{\hbar}\right)^4\sum_{n_1n_2n_3n_4}\sum_{m_1m_2m_3m_4m'_1m''_1p_2}\int\mathrm{d}q_1\mathrm{d}q_2\mathrm{d}q_3\mathrm{d}q_s\mathrm{d}q_4$$

$$\times\mu_{n_4q_4;v_4}\mu_{n_3q_3;v_3}\mu_{n_2q_2;v_2}\mu_{n_1q_1;v_1}\hat{G}_{n_4q_4,m_4q_s}(\Omega_3)U_{m_4m_1m_3m_2;q_s}$$

$$\times\hat{\mathcal{G}}^{(Z)}_{m_1m_3m_2q_s,m'_1m_3p_2q_3}(\Omega_3)\hat{G}^{(N)}_{m'_1p_2q_3,m''_1n_2q_2}(\Omega_2)\hat{G}^*_{m''_1q_2,n_1q_1}(\Omega_1)P(q_1)$$

$$\tag{13.75}$$

$$\mathcal{R}^{k_\mathrm{II}}_{v_4v_3v_2v_1}(\Omega_3,\Omega_2,\Omega_1)=2\left(\frac{\mathrm{i}}{\hbar}\right)^4\sum_{m_1m_2m_3m_4p'_1m'_2p_1}\int\mathrm{d}q_1\mathrm{d}q_2\mathrm{d}q_3\mathrm{d}q_s\mathrm{d}q_4$$

$$\times\mu_{n_4q_4;v_4}\mu_{n_3q_3;v_3}\mu_{n_2q_2;v_2}\mu_{n_1q_1;v_1}\hat{G}_{n_4q_4,m_4q_s}(\Omega_3)U_{m_4m_2m_3m_1;q_s}$$

$$\times\hat{\mathcal{G}}^{(Z)}_{m_2m_3m_1q_s,m'_2n_3p_1q_3}(\Omega_3)\hat{G}^{(N)}_{m'_2p_1q_3,n_2p'_1q_2}(\Omega_2)\hat{G}_{p'_1q_2n_1q_1}(\Omega_1)P(q_1)$$

$$\tag{13.76}$$

$$\mathcal{R}^{k_{\mathrm{III}}}_{v_4 v_3 v_2 v_1}(\Omega_3, \Omega_2, \Omega_1) = \left(\frac{\mathrm{i}}{\hbar}\right)^4 \sum_{m_1 m_2 m_3 m_4 m'_1 m'_2 p_1} \int \mathrm{d}q_1 \mathrm{d}q_2 \mathrm{d}q_3 \mathrm{d}q_s \mathrm{d}q_4$$

$$\times \mu_{n_4 q_4; v_4} \mu_{n_3 q_3; v_3} \mu_{n_2 q_2; v_2} \mu_{n_1 q_1; v_1} \hat{G}_{n_4 q_4, m_4 q_s}(\Omega_3) U_{m_4 m_3 m_2 m_1; q_s}$$

$$\times \hat{\mathcal{G}}^{(Z)}_{m_3 m_2 m_1 q_s, n_3 m'_2 m'_1 n_3 q_3}(\Omega_3) \hat{\mathcal{G}}_{m'_2 m'_1 q_3, n_2 p_1 q_2}(\Omega_2) \hat{G}_{p_1 q_2, n_1 q_1}(\Omega_1) P(q_1)$$

$$(13.77)$$

类似的策略可以用于混合的时域 - 频域信号中。例如，k_{I} 和 k_{II} 常常被表示为 2D 频率 - 频率关联图（方程(13.29)）

$$\mathcal{R}^{k_{\mathrm{I}}}_{v_4 v_3 v_2 v_1}(\Omega_3, t_2, \Omega_1) = 2\left(\frac{\mathrm{i}}{\hbar}\right)^4 \sum_{n_1 n_2 n_3 n_4} \sum_{m_1 m_2 m_3 m_4 m'_1 m''_1 p_2} \int \mathrm{d}q_1 \mathrm{d}q_2 \mathrm{d}q_3 \mathrm{d}q_s \mathrm{d}q_4$$

$$\times \mu_{n_4 q_4; v_4} \mu_{n_3 q_3; v_3} \mu_{n_2 q_2; v_2} \mu_{n_1 q_1; v_1} \hat{G}_{n_4 q_4, m_4 q_s}(\Omega_3) U_{m_4 m_1 m_3 m_2; q_s}$$

$$\times \hat{\mathcal{G}}^{(Z)}_{m_1 m_3 m_2 q_s, m'_1 n_3 p_2 q_3}(\Omega_3) \hat{G}^{(N)}_{m'_1 p_2 q_3, m''_1 n_2 q_2}(t_2, 0) \hat{G}^{*}_{m''_1 q_2, n_1 q_1}(\Omega_1) P(q_1)$$

$$(13.78)$$

$$\mathcal{R}^{k_{\mathrm{II}}}_{v_4 v_3 v_2 v_1}(\Omega_3, t_2, \Omega_1) = 2\left(\frac{\mathrm{i}}{\hbar}\right)^4 \sum_{m_1 m_2 m_3 m_4 p'_1 m'_2 p_1} \int \mathrm{d}q_1 \mathrm{d}q_2 \mathrm{d}q_3 \mathrm{d}q_s \mathrm{d}q_4$$

$$\times \mu_{n_4 q_4; v_4} \mu_{n_3 q_3; v_3} \mu_{n_2 q_2; v_2} \mu_{n_1 q_1; v_1} \hat{G}_{n_4 q_4, m_4 q_s}(\Omega_3) U_{m_4 m_2 m_3 m_1; q_s}$$

$$\times \hat{\mathcal{G}}^{(Z)}_{m_2 m_3 m_1 q_s, m'_2 n_3 p_1 q_3}(\Omega_3) \hat{G}^{(N)}_{m'_2 p_1 q_3, n_2 p'_1 q_2}(t_2, 0) \hat{G}_{p'_1 q_2 n_1 q_1}(\Omega_1) P(q_1)$$

$$(13.79)$$

截至目前，我们已用一个紧凑的函数表示法来表示具有任意特征的浴变量 q。用类似方程(13.65)的表示形式，方程(13.48)至(13.60)和方程(13.66)至(13.79)可以容易地应用到连续变量中，以及离散的多态跳跃过程中。然而，离散情形可以用一个更简单的表示法来描述。令

$$P(q, t) = \sum_j p_j(t) \delta(q - \xi_j)$$

我们将概率密度 $P(q)$ 与第 j 个态的占有概率 p_j 联系起来。方程(13.61)就等价于下述主方程：

$$\frac{\mathrm{d}p_j}{\mathrm{d}t} = \sum_k T_{jj'} p_{j'}(t) \tag{13.80}$$

通过实施 $\hat{G}_{mq, m'q' = \xi_j} = \sum_j \delta(q - \xi_j) \hat{g}_{mj, m'j'}{}^{*}$，格林函数的计算可以将算符

---

* $q' = \xi_j$ 之外的值没有物理意义。方程(13.66)的标准解给出 $\hat{G}_{mq, m'q'}(\tau, \tau') = \theta(\tau - \tau') \delta_{mm'} \delta(q - q')$，但是它没有进入方程(13.54)、(13.57)或(13.60)的最终式中。

· 580 ·

简化为矩阵代数。方程(13.66)就变为

$$\frac{\mathrm{d}}{\mathrm{d}\tau}\hat{g}_{mj,m'j'}(\tau,\tau') = -\frac{\mathrm{i}}{\hbar}\sum_{m''}h_{mm'';j}\hat{g}_{m''j,m'j'}(\tau,\tau') + \sum_{j''}T_{jj''}\hat{g}_{mj'',m'j'}(\tau,\tau')$$
$$+ \delta_{mm'}\delta_{jj'}\delta(\tau-\tau')$$

$$(13.81)$$

其他格林函数可以通过定义

$$\hat{G}_{mnq,m'n'q'=\xi_{j'}} = \sum_{j}\delta(q-\xi_{j})\hat{\gamma}_{mnj,m'n'j'}$$

$$\hat{G}_{mnq,m'n'q'=\xi_{j'}}^{(N)} = \sum_{j}\delta(q-\xi_{j})\hat{g}_{mnj,m'n'j'}^{(N)}$$

$$\hat{G}_{kmnq,k'm'n'q'=\xi_{j'}}^{(Z)} = \sum_{j}\delta(q-\xi_{j})\hat{\gamma}_{kmnj,k'm'n'j'}^{(Z)}$$

被类似地简化。演化方程(方程(13.67)至(13.69))因而可以用显而易见的方案进行变换：坐标 q 可以被一个离散的索引 j 替代，即 $T^{q}(G_{qq'\cdots}) \rightarrow \sum_{j''}T_{jj''}g_{j''j'\cdots}$ 和 $\delta(q-q') \rightarrow \delta_{jj'}$。

$$\frac{\mathrm{d}}{\mathrm{d}\tau}\hat{\gamma}_{mnq,m'n'j'}(\tau,\tau') = -\frac{\mathrm{i}}{\hbar}\sum_{m''n''}h_{mn,m''n'';j}^{(Y)}\hat{\gamma}_{m''n''j,m'n'j'}(\tau,\tau')$$
$$+ \sum_{j''}T_{jj''}\hat{\gamma}_{mnj'',m'n'j'}(\tau,\tau') + (\delta_{mm'}\delta_{nn'} + \delta_{nm'}\delta_{mn'})\delta_{jj'}\delta(\tau-\tau')$$

$$(13.82)$$

$$\frac{\mathrm{d}}{\mathrm{d}\tau}\hat{g}_{mnj,m'm'j'}^{(N)}(\tau,\tau') = \frac{\mathrm{i}}{\hbar}\sum_{k}\left[h_{km;j}\hat{g}_{knj,m'n'j'}^{(N)}(\tau,\tau') - h_{nk;j}\hat{g}_{mkj,m'n'j'}^{(N)}(\tau,\tau')\right]$$
$$+ \sum_{j''}T_{jj''}\hat{g}_{mnj'',m'n'j'}^{(N)}(\tau,\tau') + \delta_{mm'}\delta_{nn'}\delta_{jj'}\delta(\tau-\tau')$$

$$(13.83)$$

$$\frac{\mathrm{d}}{\mathrm{d}\tau}\hat{\gamma}_{kmnj,k'm'n'j'}^{(Z)}(\tau,\tau') = -\frac{\mathrm{i}}{\hbar}\sum_{m''n''}h_{mn,m''n'';j}^{(Y)}\hat{\gamma}_{km''n''j,k'm'n'j'}^{(Z)}(\tau,\tau') + \frac{\mathrm{i}}{\hbar}\sum_{k''}h_{k''k;j}\hat{\gamma}_{k''mnj,k'm'n'j'}^{(Z)}(\tau,\tau')$$
$$+ \sum_{j''}T_{jj''}\hat{\gamma}_{kmnj'',k'm'n'j'}^{(Z)}(\tau,\tau') + \delta_{kk'}(\delta_{mn'}\delta_{nm'} + \delta_{nn'}\delta_{mn'})\delta_{jj'}\delta(\tau'-\tau)$$

$$(13.84)$$

为重写方程(13.54)至(13.60)，我们进一步需要用求和 $\sum_{j}$ 替代积分 $\int \mathrm{d}q$。非线性信号最终由下式给出：

$$R^{k_{\mathrm{I}}}_{v_4 v_3 v_2 v_1}(\tau_4,\tau_3,\tau_2,\tau_1)=2\left(\frac{\mathrm{i}}{\hbar}\right)^4\sum_{n_1 n_2 n_3 n_4}\sum_{m_1 m_2 m_3 m_4 m'_1 m''_1 p_2}\sum_{j_1 j_2 j_3 j_4}\mu_{n_4 j_4;v_4}\mu_{n_3 j_3;v_3}\mu_{n_2 j_2;v_2}\mu_{n_1 j_1;v_1}$$

$$\times\int_{\tau_3}^{\tau_4}\mathrm{d}s\,\hat{g}_{n_4 j_4,m_4 j_s}(\tau_4,s)U_{m_4 m_1 m_3 m_2;j_s}\hat{\gamma}^{(Z)}_{m_1 m_3 m_2 j_s,m'_1 n_3 p_2 j_3}(s,\tau_3)\hat{g}^{(N)}_{m'_1 p_2 j_3,m''_1 n_2 j_2}(\tau_3,\tau_2)$$

$$\hat{g}^{*}_{m''_1 j_2,n_1 j_1}(\tau_2,\tau_1)p_{j_1} \tag{13.85}$$

$$R^{k_{\mathrm{II}}}_{v_4 v_3 v_2 v_1}(\tau_4,\tau_3,\tau_2,\tau_1)=2\left(\frac{\mathrm{i}}{\hbar}\right)^4\sum_{n_1 n_2 n_3 n_4}\sum_{m_1 m_2 m_3 m_4 p'_1 m'_2 p_1}\sum_{j_1 j_2 j_3 j_4}\mu_{n_4 j_4;v_4}\mu_{n_3 j_3;v_3}\mu_{n_2 j_2;v_2}\mu_{n_1 j_1;v_1}$$

$$\times\int_{\tau_3}^{\tau_4}\mathrm{d}s\,\hat{g}_{n_4 j_4,m_4 j_s}(\tau_4,s)U_{m_4 m_2 m_3 m_1;j_s}\hat{\gamma}^{(Z)}_{m_2 m_3 m_1 j_s,m'_2 n_3 p_1 j_3}(s,\tau_3)\hat{g}^{(N)}_{m'_2 p_1 j_3,n_2 p'_1 j_2}(\tau_3,\tau_2)$$

$$\hat{g}_{p'_1 j_2 n_1 j_1}(\tau_2,\tau_1)p_{j_1} \tag{13.86}$$

$$R^{k_{\mathrm{III}}}_{v_4 v_3 v_2 v_1}(\tau_4,\tau_3,\tau_2,\tau_1)=\left(\frac{\mathrm{i}}{\hbar}\right)^4\sum_{n_1 n_2 n_3 n_4}\sum_{m_1 m_2 m_3 m_4 m'_1 m'_2 p_2}\sum_{j_1 j_2 j_3 j_4}\mu_{n_4 j_4;v_4}\mu_{n_3 j_3;v_3}\mu_{n_2 j_2;v_2}\mu_{n_1 j_1;v_1}$$

$$\times\int_{\tau_3}^{\tau_4}\mathrm{d}s\,\hat{g}_{n_4 j_4,m_4 j_s}(\tau_4,s)U_{m_4 m_3 m_2 m_1;j_s}\hat{\gamma}^{(Z)}_{m_3 m_2 m_1 j_s,n_3 m'_2 m'_1 n_3 j_3}(s,\tau_3)\hat{\gamma}_{m'_2 m'_1 j_3,n_2 p_1 j_2}(\tau_3,\tau_2)$$

$$\hat{g}_{p_1 j_2,n_1 j_1}(\tau_2,\tau_1)p_{j_1} \tag{13.87}$$

为将目前的形式化关联到 NEE 方法[22]，假设浴变化很快，即

$$\Lambda_j\gg|h_{mn,\sigma_j}-h_{mn,-\sigma_j}|,$$

因此这个随机过程可在量子演化发生之前游历整个 q 空间。格林函数则可以因式分解如下：

$$\hat{G}_{mq,m'q'}(\tau,\tau')=\overline{G}_{mm'}(\tau,\tau')P(q) \tag{13.88}$$

$$\hat{\mathcal{G}}_{mnq,m'n'q'}(\tau,\tau')=\overline{\mathcal{G}}_{mn,m'n'}(\tau,\tau')P(q) \tag{13.89}$$

$$\hat{G}^{(N)}_{mnq,m'n'q'}(\tau,\tau')=\overline{G}^{(N)}_{mn,m'n'}(\tau,\tau')P(q) \tag{13.90}$$

$$\hat{\mathcal{G}}^{(Z)}_{kmnq,k'm'n'q'}(\tau,\tau')=\overline{\mathcal{G}}^{(Z)}_{kmn,k'm'n'}(\tau,\tau')P(q) \tag{13.91}$$

浴变量可以从方程(13.54)至(13.60)中整体积分出来，这样就复原了文献[22]的 NEE 结果：

$$R^{k_{\mathrm{I}}}_{v_4 v_3 v_2 v_1}(\tau_4,\tau_3,\tau_2,\tau_1)=2\left(\frac{\mathrm{i}}{\hbar}\right)^4\sum_{n_1 n_2 n_3 n_4}\sum_{m_1 m_2 m_3 m_4 m'_1 m''_1 p_2}\overline{\mu}_{n_4;v_4}\overline{\mu}_{n_3;v_3}\overline{\mu}_{n_2;v_2}\overline{\mu}_{n_1;v_1}$$

$$\times\int_{\tau_3}^{\tau_4}\mathrm{d}s\,\overline{G}_{n_4,m_4}(\tau_4,s)\overline{U}_{m_4 m_1 m_3 m_2}\overline{\mathcal{G}}^{(Z)}_{m_1 m_3 m_2,m'_1 n_3 p_2}(s,\tau_3)\overline{G}^{(N)}_{m'_1 p_2,m''_1 n_2}(\tau_3,\tau_2)\overline{G}^{*}_{m''_1,n_1}(\tau_2,\tau_1)$$

$$\tag{13.92}$$

$$R^{k_{\text{II}}}_{v_4 v_3 v_2 v_1}(\tau_4, \tau_3, \tau_2, \tau_1) = 2\left(\frac{\mathrm{i}}{\hbar}\right)^4 \sum_{n_1 n_2 n_3 n_4} \sum_{m_1 m_2 m_3 m_4 \, p_1' p_2' \, p_1} \overline{\mu}_{n_4; v_4} \overline{\mu}_{n_3; v_3} \overline{\mu}_{n_2 v_2} \overline{\mu}_{n_1; v_1}$$

$$\times \int_{\tau_3}^{\tau_4} \mathrm{d}s \, \overline{G}_{n_4 q_4, m_4}(\tau_4, s) \overline{U}_{m_4 m_2 m_3 m_1} \overline{\mathcal{G}}^{(Z)}_{m_2' m_3 m_1, m_2' n_3 p_1}(s, \tau_3) \overline{G}^{(N)}_{m_2' p_1, n_2 p_1'}(\tau_3, \tau_2) \overline{G}_{p_1', n_1}(\tau_2, \tau_1)$$

$$(13.93)$$

$$R^{k_{\text{III}}}_{v_4 v_3 v_2 v_1}(\tau_4, \tau_3, \tau_2, \tau_1) = \left(\frac{\mathrm{i}}{\hbar}\right)^4 \sum_{n_1 n_2 n_3 n_4} \sum_{m_1 m_2 m_3 m_4 \, m_1' m_2' p_1} \overline{\mu}_{n_4; v_4} \overline{\mu}_{n_3; v_3} \overline{\mu}_{n_2; v_2} \overline{\mu}_{n_1; v_1}$$

$$\times \int_{\tau_3}^{\tau_4} \mathrm{d}s \, \overline{G}_{n_4, m_4}(\tau_4, s) \overline{U}_{m_4 m_3 m_2 m_1} \overline{\mathcal{G}}^{(Z)}_{m_3 m_2 m_1, n_3 m_2' m_1' n_3}(s, \tau_3) \overline{\mathcal{G}}_{m_2' m_1', n_2 p_1}(\tau_3, \tau_2) \overline{G}_{p_1, n_1}(\tau_2, \tau_1)$$

$$(13.94)$$

其中，$\overline{U}_{m_4 m_3 m_2 m_1} = \int U_{m_4 m_3 m_2 m_1; q} P(q) \mathrm{d}q$，$\overline{\mu}_{n_1; v_1} = \int \mu_{n_1 q; v_1} P(q) \mathrm{d}q$。

平均格林函数 $\overline{G}$、$\overline{\mathcal{G}}$、$\overline{G}^{(N)}$ 和 $\overline{\mathcal{G}}^{(Z)}$ 在激子空间是半群组，并体现 Redfield 型动力学[88]。它们的计算涉及哈密顿系数的求平均，即 $\overline{h}_{mm'} \equiv \int h_{mm'; q} P(q) \mathrm{d}q$，以及弛豫过程的添加。弛豫项依赖于浴的细节。对与线性耦合的 Ornstein-Uhlenbeck 坐标 $h = \overline{h} + \sum_i q_i \overline{\Delta}^i$，单激子格林函数可以通过解下述方程得到[89]：

$$\frac{\mathrm{d}}{\mathrm{d}\tau} \overline{G}_{m, m'}(\tau, \tau') = -\frac{\mathrm{i}}{\hbar} \sum_{m''} \overline{h}_{mm''} \overline{G}_{m'', m'}(\tau, \tau')$$

$$- \sum_{i m'' m'''} \frac{\sigma_i^2}{\Lambda_i} \Delta^i_{mm''} \Delta^i_{m''' m''} \overline{G}_{m'', m'}(\tau, \tau') + \delta_{mm'} \delta(\tau - \tau')$$

$$(13.95)$$

快浴极限对其他平均格林函数可以推导出类似的方程。这个理论层次将哈密顿涨落的影响简化成若干输运速率和退相干速率。这种方法已成功地用于在可见区内模拟电子光谱、在光合作用复合体及有机染料中描述电子转移特性。然而，因为涨落的时间尺度被完全忽略，该方法在蛋白质振动红外光谱的模拟时不甚妥当。

13.4.2　数值模拟

我们首先将上述随机方法应用到有机溶剂中的氢键动力学。带有氘代羟基的苯酚可溶解于苯和四氯化碳的混合溶剂中，见文献[14]的实验。苯酚 OD 基团可与其周围的苯分子形成氢键。这种结合对四氯化碳是不可能的；在其附近,苯酚基团保持游离态。苯酚-苯的氢键复合体的形成和解离随着苯酚的环境的依时变化而改变。相关的交换动力学已由 OD 伸缩的 2D IR 光谱跟踪研究[14]。吸收光谱中有两个峰,分别归属于复合的和解离的苯酚分子。我们将自由 $q_1=1$ 的和被复合 $q_1=-1$ 的苯酚与两个状态相联系,两态之间有一个随机电报跳跃过程 $q_1(t)$。这个过程的状态改变着待观测的 OD 伸缩振动频率 h。可以预计,很多较小的环境涨落可组成额外的高斯型集体坐标 $q_2(t)$。利用两个随机过程的多元线性形式 $h=\zeta_0+\zeta_1 q_1(t)+\zeta_2 q_2(t)+\zeta_3 q_1(t)q_2(t)$,涨落振动频率可被模拟[28]。系数 $\zeta_0,\cdots,\zeta_3$ 和非谐性 $2U$(这里被取为常数)可依据实验进行调整($H_S=h(q(t))b^\dagger b+Ub^\dagger b^\dagger bb$;$q\equiv\{q_1,q_2\}$)。

$q(t)$ 的动力学被看作是马尔可夫过程。有着 $\sigma_2=1$ 和可调整的弛豫速率 Λ_2 的(Smoluchowski)主方程(13.63)描述了 q_2 坐标的 Ornstein-Uhlenbeck 动力学。动力学方程(方程(13.65))描述了随机电报过程 q_1 的概率演变,其中,解离速率为 $T_{-11}=-T_{11}=k_\mathrm{com}$,复合速率为 $T_{1-1}=-T_{-1-1}=k_\mathrm{dis}$。

这个简单模型[28],利用图 13.9 图注中所给参数,与实验[14]有很好的一致性。线性光谱(顶部)表明在 $\zeta_0\pm\zeta_1$ 频率处有两个峰(游离与复合的苯酚),并具有恰当的峰宽。各个弛豫过程在 2D 光谱的延时演化中得到了恰当的重现。由于光谱扩散,q_2 坐标的记忆在 2 ps 之后消失了,在此时间尺度上峰型从沿对角的延伸变成圆。出现在约 10 ps 的交叉峰表明了氢键的形成与解离。

在苯酚 OD 伸缩振动的 2D 光谱中,正峰和负峰被很好地分离。ESA 路径(图 13.3)不会干扰 GSB 和 ESE 路径,QP 图像因此并不比文献[28]中用到的 SLE 方法具有明显优势。QP 方法的优势,在下面的带有随机取向跳跃的线性振子链的模型中,得到了体现。线性四聚体,其中,每个振动可以假设有两个空间取向(利用离散随机坐标 $j_i=\pm1(i=1,\cdots,4)$ 进行模拟),其光谱在图 13.10 中给出。四个离散的马尔可夫坐标 $j=\{j_i\}$ 形成了相关的几何构象空间。

再取向的主要影响是改变偶极矩 $\mu_m(j)=\mu(j_m)$。跃迁频率的取向依赖性可由局部场 ε 描述,而耦合则近似为近邻单元之间的偶极-偶极相互作用(式(13.32))。

$$h_{mn;j}=[\bar{\varepsilon}+e\cdot m(j_m)]\delta_{mn}+J(m(j_m);m(j_n))(\delta_{mn+1}+\delta_{m+1n})$$

$$(13.96)$$

非谐项 $2U$ 被看作固定的(无涨落)$U_{mnm'n'}=U\delta_{mn}\delta_{m'n'}\delta_{m'n}$。随机马尔可夫

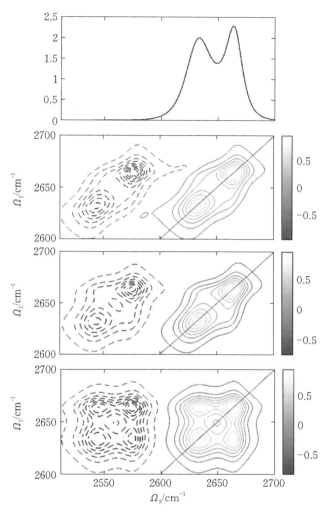

图 13.9 OD 伸缩振动[28]的吸收线型(顶部)，及在延迟时间(从上到下)$t_2 = 0$、$t_2 = 2$ ps 和 $t_2 = 10$ ps 时的 $k_{\mathrm{I}} + k_{\mathrm{II}}$ 信号(方程(13.47))。此处利用了一个随机交换模型。所采用的参数为 $\zeta_0 = 2648$ cm^{-1}，$\zeta_1 = 17$ cm^{-1}，$\zeta_2 = 11$ cm^{-1}，$\zeta_3 = -2.4$ cm^{-1}，$U = -45$ cm^{-1}，$k_{\mathrm{dis}} = 0.125$ ps^{-1}，$k_{\mathrm{com}} = 0.1$ ps 和 $\Lambda_1 = 0.4$ ps^{-1}。实线(折线)峰为正向(负向)

动力学可以通过高温主方程(方程(13.80))描述，其中，

$$T_{jj'} = \sum_{i=1}^{4} \widetilde{T}_{j_i j_i'}^{(i)} \tag{13.97}$$

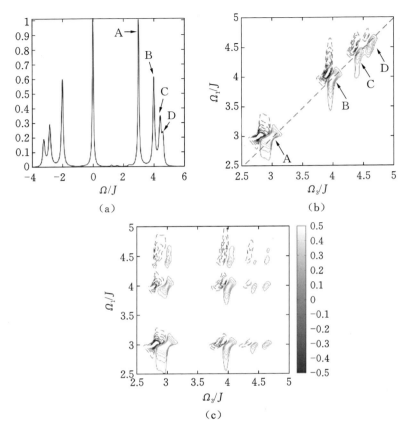

图 13.10 文献[30]中的取有限非谐性的、适应玻色子集合的 Frenkel 激子的计算结果。**(a)**一个四聚体的吸收光谱。振子在方向垂直链的$\mu_n = (1,0,0)$和方向平行链的$\mu_n = (0,1,0)$之间进行跳跃。通过耦合两个垂直于链的偶极子 $J \equiv J(\mu_i(q_i=1),\mu_{i+1}(q_{i+1}=1))$ 使频率参数化。参数:局部场$\varepsilon = (3J,0,0)$、跃迁速率$k = 0.02J$ 和非谐性$2U = 0.2J$。峰 A、B、C 和 D 对应着垂直于链的偶极的有序尺度为 1、2、3 和 4 的区域。**(b)**在零时延 $t_2 = 0$ 的非线性 k_1 信号。(A～D)光谱区已被标记。实线(折线)峰为正向(负向)。**(c)**在 $kt_2 = 1$ 弛豫之后的 k_1 信号

代表每一个振子上的对称随机电报过程的构成 $\widetilde{T}_{1-1}^{(i)} = \widetilde{T}_{-11}^{(i)} = -\widetilde{T}_{11}^{(i)} = -\widetilde{T}_{-1-1}^{(i)} = k$。

　　方程(13.82)至(13.87)已被用于计算线性响应和三阶响应。我们将链沿着 y 轴取向,考虑垂直取向的 $\mu(j=1) = (1,0,0)$ 和平行取向的 $\mu(j=-1) =$

(0,1,0)偶极子之间的翻转。

线性光谱的峰(图 13.10(a))代表离域化激子。由于垂直偶极子之间耦合消失,不同取向的振子的离域化效应不太明显。离域化的激子因此能被关联到有序偶极子的区域(见图注),它们代表着具有不同离域化长度的激子。

在图 13.10 的中部和右边显示的 2D 光谱对应着"垂直区域"在不同时延下的动力学。在零时延(中部),对角峰在倍频峰的伴随下出现。它们对应着线性光谱的 A、B、C 和 D 峰,因此关乎有序域内的离域化激子。在更长时延(右边)的交叉峰表示超快的区域变换。一旦相关的集合坐标被确定,则随机模拟就不再费时;在图 13.9 和图 13.10 中显示的计算在普通个人电脑(personal computer,PC)上仅需几分钟。

13.5 结论和未来展望

我们展示了一个 QP 方法以描述振动激子的非线性光学响应。激子的涨落或者用分子动力学模拟,或者用随机模拟进行处理。这个 QP 图像避免了将光响应拆分为干涉型(和几乎是抵消型)的刘维尔空间路径。它对非线性响应构架提供了非常有用的洞见,是更为常用的 SOS 模拟的一个实用替代方法。在液态水、淀粉样纤维、溶质或苯酚在苯-四氯化碳等体系的振动激子中的应用,展示了这一方法的优势。

这个 QP 方法提供了一个完整的模拟方案,可在任意时间尺度上的环境涨落中描述激子动力学。这里使用的经典浴有几个局限。我们的经典-量子混合方法忽略了量子演化到经典浴的逆过程。一些效应,如激子间的有效非谐性耦合或(在量子数固定的)频带内的弛豫,都没有被这个绝热去耦合处理所考虑。对于高斯型调制(方程(13.63)),与经典坐标有关的斯托克斯位移,在文献[90,91]中已有研究。一个不同但等价的代数公式,即 Kubo-Tanimura 层级(hierarchy)[85],最初被提出的动机是计算随机量子动力学的温度修正。非高斯型扩展及其与 MD 的连接仍然是一个未解决的问题。

这里给出的形式化忽略了布居弛豫。我们假设每个局部振子的振动波函数不随浴发生变化。布居弛豫仅通过添加衰减速率而给予唯象考虑。对于蛋白质,已表明酰胺-I 振动的布居弛豫发生在 1.2 ps 量级[8]。在液态水中,布居弛豫发生在更短的时间尺度上,约 200 fs[92]。很多处理布居弛豫的方法依赖于微扰理论或经典动力学[93,94]。发展更严格的量子模拟算法,用以解释非线性光谱学中的布居弛豫，是未来一个重要的挑战。

致谢

感谢法国国家研究局(项目号 ANR-2011-BS04-027-03)、捷克共和国基金委(项目号 205/10/0989)、国家卫生研究院(项目号 GM59230)和国家科学基金委(项目号 CHE-0745892)提供的资助。František Šanda 感谢 Václav Perlík 对本章所综述的工作的贡献。

参考文献

［1］ Davydov AS. 1962. Theory of Molecular Excitons（McGraw-Hill，New York）.

［2］ Krimm S，Abe Y.1972.Intermolecular interaction effects in the amide I vibrations of β-polypeptides.Proc.Natl.Acad.Sci.USA 69：2788-2792.

［3］ Miyazawa T.1960.Perturbation treatment of the characteristic vibrations of polypeptide chains in various configurations. J. Chem. Phys. 32：1647-1652.

［4］ Elliott AA，Ambrose EJ，Robinson C.1950.Chain configurations in natured and denatured insulin：Evidence from infra-red spectra.Nature 166：194-194.

［5］ Elliott A.1954.Infra-red spectra of polypeptides with small side chains.Proc. Roy.Soc.(London) A 226：408-421.

［6］ Torii H，Tasumi M.1992.Model calculations on the amide-I infrared bands of globular proteins.J.Chem.Phys.96：3379-3387.

［7］ Torii H，Tasumi M.1998.Ab initio molecular orbital study of the amide-I vibrational interactions between the peptide groups in di- and tripeptides and considerations on the conformation of the extended helix.J.Raman Spectrosc.29：81-86.

［8］ Hamm P，Lim M，Hochstrasser RM.1998.Structure of the amide I band of peptides measured by femtosecond nonlinear-infrared spectroscopy.J. Phys.Chem.B 102：6123-6138.

［9］ Kim YS，Hochstrasser RM.2009.Applications of 2D IR spectroscopy to peptides，proteins，and hydrogen-bond dynamics. J. Phys. Chem. B 113：

8231-8251.

[10] Lim M, Hamm P, Hochstrasser RM. 1998. Protein fluctuations are sensed by stimulated infrared echoes of the vibrations of carbon monoxide and azide probes. Proc. Natl. Acad. Chem. Soc. USA 95: 15315-15320.

[11] Owrutsky JC, Li M, Locke B, Hochstrasser RM. 1995. Vibrational relaxation of the CO stretch vibration in hemoglobin-CO, myoglobin-CO, and protoheme-CO. J. Phys. Chem. 99: 4842-4846.

[12] Park J, Ha JH, Hochstrasser RM. 2004. Multidimensional infrared spectroscopy of the N—H bond motions in formamide. J. Chem. Phys. 121: 7281-7292.

[13] Zanni MT, Hochstrasser RM. 2001. Two-dimensional infrared spectroscopy: A promising new method for the time resolution of structures. Curr. Opin. Struc. Biol. 11: 516-522.

[14] Zheng J, et al. 2005. Ultrafast dynamics of solute-solvent complexation observed at thermal equilibrium in real time. Science 309: 1338-1343.

[15] Choi JH, Ham S, Cho M. 2003. Local amide I mode frequencies and coupling constants in polypeptides. J. Phys. Chem. B 107: 9132-9138.

[16] Ham S, Kim JH, Lee H, Cho M. 2003. Correlation between electronic and molecular structure distortions and vibrational properties. II. amide I modes of NMA-nD$_2$O complexes. J. Chem. Phys. 118: 3491-3498.

[17] Ham S, Cha S, Choi JH, Cho M. 2003. Amide I modes of tripeptides: Hessian matrix reconstruction and isotope effects. J. Chem. Phys. 119: 1451-1461.

[18] Buch V, Devlin JP. 1999. A new interpretation of the OH-stretch spectrum of ice. J. Chem. Phys. 110: 3437-3443.

[19] Buch V, Bauerecker S, Devlin JP, Buck U, Kazimirski JK. 2004. Solid water clusters in the size range of tens-thousands of H$_2$O: A combined computational/spectroscopic outlook. Int. Rev. Phys. Chem. 23: 375-433.

[20] Lawrence CP, Skinner JL. 2002. Vibrational spectroscopy of HOD in liquid D$_2$O. II. Infrared line shapes and vibrational stokes shift. J. Chem. Phys. 117: 8847-8854.

［21］ Mukamel S，Abramavicius D.2004.Many-body approaches for simulating coherent nonlinear spectroscopies of electronic and vibrational excitons. Chem.Rev.104：2073-2098.

［22］ Abramavicius D，Palmieri B，Voronine DV，Šanda F，Mukamel S.2009. Coherent multidimensional optical spectroscopy of excitons in molecular aggregates：Quasiparticle versus supermolecule perspectives.Chem.Rev. 109：2350-2408.

［23］ Spano FC，Mukamel S.1989.Nonlinear susceptibilities of molecular aggregates：Enhancement of $\chi^{(3)}$ by size.Phys.Rev.A 40：5783-5801.

［24］ Auer BM，Skinner JL.2007.Dynamical effects in line shapes for coupled chromophores：Time-averaging approximation.J.Chem.Phys.127：104105.

［25］ Jansen TLC，Ruszel WM.2008.Motional narrowing in the time-averaging approximation for simulating two-dimensional nonlinear infrared spectra. J. Chem.Phys.128：214501.

［26］ Jansen TLC，Knoester J.2006.Nonadiabatic effects in the two-dimensional infrared spectra of peptides：Application to alanine dipeptide. J. Phys. Chem. B 110：22910-22916.

［27］ Jansen TLC，Zhuang W，Mukamel S.2004.Stochastic Liouville equation simulation of multidimensional vibrational line shapes of trialanine. J. Chem.Phys.121：10577.

［28］ Šanda F，Mukamel S.2006.Stochastic simulation of chemical exchange in two dimensional infrared spectroscopy.J.Chem.Phys.125：014507.

［29］ Falvo C，Palmieri B，Mukamel S.2009.Coherent infrared multidimensional spectra of the OH stretching band in liquid water simulated by direct nonlinear exciton propagation.J.Chem.Phys.130：184501.

［30］ Šanda F，Perlk V，Mukamel S.2010.Exciton coherence length fluctuations in chromophore aggregates probed by multidimensional optical spectroscopy.J. Chem.Phys.133：014102.

［31］ Mukamel S.1995.Principles of Nonlinear Optical Spectroscopy（Oxford University Press，Oxford）.

［32］ Pouthier V.2011.Quantum decoherence in finite size exciton-phonon systems.J.Chem.Phys.134：114516.

[33] Barišic O,Barišic S.2008.Phase diagram of the Holstein polaron in one dimension.Eur.Phys.J.B 64：1-18.

[34] Gindensperger E,Meier C,Beswick JA.2000.Mixing quantum and classical dynamics using Bohmian trajectories.J.Chem.Phys.113：9369-9372.

[35] Tully JC.1998.In Classical and Quantum Dynamics in Condensed Phase Simulations,eds Berne B,Cicotti G,Cokes D（World Scientific,Singapore）,pp.489-514.

[36] Billing GD.1994.Classical path method in inelastic and reactive scattering.Intern.Rev.Phys.Chem.13：309-335.

[37] Pouthier V.2003.Two-vibron bound states in alpha-helix proteins：The interplay between the intramolecular an harmonicity and the strong vibron-phonon coupling.Phys.Rev.E 68：021909.

[38] Edler J,Pfister R,Pouthier V,Falvo C,Hamm P.2004.Direct observation of self-trapped vibrational states in α-helices.Phys.Rev.Lett.93：106405.

[39] Andrews DL,Thirunamachandran T.1977.On three-dimensional rotational averages.J.Chem.Phys.67：5026.

[40] Hochstrasser RM.2001.Two-dimensional IR-spectroscopy：Polarization anisotropy effects.Chem.Phys.266：273-284.

[41] Allen MP,Tildesley DJ.1989.Computer Simulation of Liquids（Oxford University Press,Oxford）.

[42] Becker OM,Mackerell,Jr.AD,Roux B,Watanabe M.2001.Computational Biochemistry and Biophysics（Marcel Dekker,New York）.

[43] MacKerell AD,et al.1998.All-atom empirical potential for molecular modeling and dynamics studies of proteins. J. Phys. Chem. B 102：3586-3616.

[44] Cornell WD,et al.1995.A second generation force field for the simulation of proteins,nucleic acids,and organic molecules.J.Am.Chem.Soc.117：5179-5197.

[45] Bour P,Keiderling TA.2003.Empirical modeling of the peptide amide I band IR intensity in water solution.J.Chem.Phys.119：11253-11262.

[46] Hayashi T,Zhuang W,Mukamel S.2005.Electrostatic DFT map for the

complete vibrational amide band of NMA. J. Phys. Chem. A 109: 9747-9759.

[47] Jansen TLC,Knoester J.2006.A transferable electrostatic map for solvation effects on amide I vibrations and its application to linear and two-dimensional spectroscopy.J.Chem.Phys.124:044502.

[48] Bloem R,Dijkstra AG,Jansen TLC,Knoester J.2008.Simulation of vibrational energy transfer in two-dimensional infrared spectroscopy of amide I and amide II modes in solution.J.Chem.Phys.129:055101.

[49] Schmidt JR,Corcelli SA,Skinner JL.2004.Ultrafast vibrational spectroscopy of water and aqueous N-methylacetamide:Comparison of different electronic structure/molecular dynamics approaches.J.Chem.Phys.121:8887-8896.

[50] Lin YS,Shorb JM,Mukherjee P,Zanni MT,Skinner JL.2009.Empirical amide I vibrational frequency map:Application to 2D IR line shapes for isotope-edited membrane peptide bundles.J.Phys.Chem.B 113:592-602.

[51] Bagchi S,Falvo C,Mukamel S,Hochstrasser RM.2009.2D IR experiments and simulations of the coupling between amide I and ionizable side chains in proteins:Application to the villin headpiece.J.Phys.Chem.B 113:11260-11273.

[52] Jansen TLC,Dijkstra AG,Watson TM,Hirst JD,Knoester J.2006.Modeling the amide I bands of small peptides.J.Chem.Phys.125:044312.

[53] Auer B,Kumar R,Schmidt JR,Skinner JL.2007.Hydrogen bonding and Raman,IR,and 2D IR spectroscopy of dilute HOD in liquid D_2O.Proc.Natl.Acad.Sci.USA 104:14215-14220.

[54] Auer BM,Skinner JL.2008.IR and Raman spectra of liquid water:Theory and interpretation.J.Chem.Phys.128:224511.

[55] Auer BM,Skinner JL.2008.Vibrational sum-frequency spectroscopy of the water liquid/vapor interface.J.Phys.Chem.B 113:4125-4130.

[56] Corcelli SA,Skinner JL.2005.Infrared and Raman line shapes of dilute HOD in liquid H_2O and D_2O from 10 to 90 ℃.J.Phys.Chem.A 109:6154-6165.

[57] Paarmann A,Hayashi T,Mukamel S,Miller RJD.2008.Probing intermo-

lecular couplings in liquid water with two-dimensional infrared photon echo spectroscopy.J.Chem.Phys.128：191103.

[58] Buch V.2005.Molecular structure and OH-stretch spectra of liquid water surface.J.Phys.Chem.B 109：17771-17774.

[59] Falvo C,et al.2012.Frequency distribution of the amide I vibration sorted by residues in amyloid fibrils revealed by 2D IR measurements and simulations. J.Phys.Chem.B 116：3322-3330.

[60] Hahn S,Ham S,Cho M.2005.Simulation studies of amide I IR absorption and two-dimensional IR spectra of β hairpins in liquid water.J.Phys.Chem.B 109： 11789-11801.

[61] Wang J,Chen J,Hochstrasser RM.2006.Local structure of β-hairpin isotopomers by FTIR,2D IR,and ab initio theory.J. Phys. Chem. B 110： 7545-7555.

[62] Berendsen HJC,Grigera JR,Straatsma TP.1987.The missing term in effective pair potentials.J.Phys.Chem.91：6269-6271.

[63] Jansen TLC,Hayashi T,Zhuang W,Mukamel S.2005.Stochastic Liouville equations for hydrogen-bonding fluctuations and their signatures in two-dimensional vibrational spectroscopy of water.J.Chem.Phys.123：114504.

[64] Selkoe DJ.1994.Cell biology of the amyloid beta-protein precursor and the mechanism of Alzheimer's disease.Annu.Rev.Cell Biol.10：373-403.

[65] Tycko R.2004.Progress towards a molecular-level structural understanding of amyloid fibrils.Curr.Opin.Struct.Biol.14：96-103.

[66] Caughey B,Lansbury PT.2003.Protofibrils,pores,fibrils,and neurodegeneration：Separating the responsible protein aggregates from the innocent bystanders.Annu.Rev.Neurosci.26：267-298.

[67] Sunde M,Blake CCF.1998.From the globular to the fibrous state：Protein structure and structural conversion in amyloid formation. Q. Rev. Biophys. 31：1.

[68] Lester-Coll N,et al.2006.Intracerebral streptozotocin model of type 3 diabetes：Relevance to sporadic alzheimer's disease. J. Alzheimer's Dis. 9： 13-33.

［69］Petkova AT，et al.2002.A structural model for alzheimer's β-amyloid fi-
brils based on experimental constraints from solid state NMR. Proc.
Natl.Acad.Sci.USA 99：16742-16747.

［70］Petkova AT，et al.2005.Self-propagating，molecular-level polymorphism
in alzheimer's β-amyloid fibrils.Science 307：262-265.

［71］Petkova AT，Yau WM，Tycko R.2006.Experimental constraints on qua-
ternary structure in alzheimer's β-amyloid fibrils. Biochemistry 45：
498-512.

［72］Paravastu AK，Petkova AT，Tycko R.2006.Polymorphic fibril formation
by residues 10-40 of the alzheimer's β-amyloid peptide. Biophys. J. 90：
4618-4629.

［73］Paravastu AK，Leapman RD，Yau WM，Tycko R.2008.Molecular struc-
tural basis for polymorphism in alzheimer's β-amyloid fibrils.Proc.Natl.
Acad.Sci.USA 105：18349-18354.

［74］Kim YS，Liu L，Axelsen PH，Hochstrasser RM.2008.Two-dimensional
infrared spectra of isotopically diluted amyloid fibrils from Aβ40.Proc.
Natl.Acad.Sci.USA 105：7720-7725.

［75］Kim YS，Liu L，Axelsen PH，Hochstrasser RM.2009.2D IR provides evi-
dence for mobile water molecules in β-amyloid fibrils.Proc. Natl. Acad.
Sci.USA 106：17751-17756.

［76］Donsker MD.1952.Justification and extension of Doob's heuristic ap-
proach to the Kolmogorov-Smirnov theorems. Ann. Math. Statist. 23：
277-281.

［77］Okumura K，Tokmakoff A，Tanimura Y. 1999. Two-dimensional line-
shape analysis of photon-echo signal.Chem.Phys.Lett.314：488-495.

［78］Šanda F，Mukamel S. 2006. Anomalous continuous-time random-walk
spectral diffusion in coherent third-order optical response. Phys. Rev. E
73：011103.

［79］Šanda F，Mukamel S. 2007. Anomalous lineshapes and aging effects in
two-dimensional correlation spectroscopy.J.Chem.Phys.127：154107.

［80］van Kampen NG.1992.Stochastic Processes in Physics and Chemistry

(North-Holland, Amsterdam).

[81] Gamliel D, Levanon H.1995.Stochastic Processes in Magnetic Resonance (World Scientific, Singapore).

[82] Burshtein AI.1966.Kinetics of relaxation induced by a sudden potential change.Sov.Phys.JETP 22:939-947.

[83] Uhlenbeck GE, Ornstein LS.1930.On the theory of the Brownian motion. Phys.Rev.36:823-841.

[84] Anderson PW.1954.A mathematical model for the narrowing of spectral lines by exchange or motion.J.Phys.Soc.Jpn.9:316-339.

[85] Tanimura Y.2006.Stochastic Liouville, Langevin, Fokker-Planck, and master equation approaches to quantum dissipative systems.J.Phys.Soc.Jpn.75:082001.

[86] Šanda F, Mukamel S.2008.Stochastic Liouville equations for coherent multi-dimensional spectroscopy of excitons.J.Phys.Chem.B 112:14212-14220.

[87] Risken H.1989.The Fokker-Plank Equation (Springer, Berlin).

[88] Redfield AG.1957.On the theory of relaxation processes.J.Phys.Chem.B 1:19-31.

[89] Haken H, Strobl G.1973.An exactly solvable model for coherent and incoherent exciton motion.Z.Physik 262:135-148.

[90] Garg A, Onuchic JN, Ambegaokar V.1985.Effect of friction on electron transfer in biomolecules.J.Chem.Phys.83:4491-4503.

[91] Zusman LD.1980.Outer-sphere electron transfer in polar solvents.Chem. Phys.110:295-304.

[92] Cowan ML, et al.2005.Ultrafast memory loss and energy redistribution in the hydrogen bond network of liquid H_2O.Nature 434:199-202.

[93] Botan V, et al.2007.Energy transport in peptide helices.Proc.Natl.Acad. Chem.Soc.USA 104:12749-12754.

[94] Stock G.2009.Classical simulation of quantum energy flow in biomolecules.Phys.Rev.Lett.102:118301.

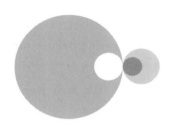

第 14 章
胰淀素溶液和纤维的超快红外光谱

14.1　引言

　　蛋白质从其原生功能状态到高度组织化的淀粉状纤维的聚集，与多种疾病有关，包括阿尔茨海默氏症、亨廷顿氏症和 2 型糖尿病[1,2]。尽管每一种疾病都与一种特定的蛋白质有关，但淀粉状蛋白纤维有许多共同特征。例如，它们通常是直的、无分支纤维，直径在 10 nm 的数量级，并且长度从 100 nm 到许多微米不等。它们富含 β-折叠，并且纤维中的多肽通常采用"交叉-β"构型，其中连续的 β-股与纤维轴垂直并沿着纤维轴方向以氢键连接[2,3]。为了检测，纤维可以被染成刚果红，在偏振光下产生一种特征的绿色双折射[1,3]。

　　与 2 型糖尿病相关的肽是胰淀素，又称为胰岛淀粉样多肽（islet amyloid polypeptide，IAPP），是由胰岛 β 细胞分泌的一种 37-残基的肽类激素。在 2 型糖尿病患者的胰岛细胞中能够找到由人类 IAPP（hIAPP）形成的淀粉样沉积物[4-7]。虽然 hIAPP 的聚集与这种疾病有关，目前对肽寡聚物的细胞毒性结构、淀粉样蛋白形成的机制以及细胞破坏的分子基础都不是很清楚，其主要原因是聚合动力学非常快。

　　越来越多的证据表明，在淀粉样蛋白形成过程中积累的中间体，而非成熟的淀粉样蛋白纤维,可能是关键的毒性物种[8-12]。一般认为脂质膜发挥着重要作用,因为在体外实验中它能够大大提高 hIAPP 纤维的形成率[10,13,14]。与此同时,在聚集过程中观察到膜损伤,表明 hIAPP 诱导的膜破裂可能是其细胞毒性的来源[8,10-12,15]。因此,理解在有、无脂质膜时 hIAPP 的聚集动力学过程,对于了解其病理作用是至关重要的。

蛋白质的聚集可以通过多种实验技术进行研究。X 射线衍射和核磁共振(nuclear magnetic resonance,NMR)技术是以高分辨率提供蛋白质三维(three-dimensional,3D)结构的强有力的方法[2,16-20]。电子顺磁共振(electron paramagnetic resonance,EPR)光谱,结合定点自旋标记技术,可揭示聚集过程的结构信息[21,22]。其他技术如圆二色(circular dichroism,CD)和荧光光谱也常用于结构和动力学分析[23-26]。

线性和二维红外(two-dimensional infrared,2D IR)光谱是灵敏且多用途的工具,并为其他技术提供辅助。它们可以容易地应用于在各种样品条件下(如在水溶液中或脂质膜内)的少量蛋白质[27,28]。IR 实验通常涉及酰胺 I 带的振动模式,主要与肽键中的羰基伸缩有关[27]。每一种局域酰胺 I 模式被称为生色团,蛋白质中的多个生色团相互作用形成酰胺 I 带,其频率范围在 1600～1700 cm^{-1}。对酰胺 I 带而言,它出现的频率、其带宽和强度,都取决于分子内和分子间耦合的不同方式,因此就对蛋白质的二级结构敏感[29-31]。例如,α-螺旋在 1650 cm^{-1} 附近有吸收,而反平行的 β-折叠在 1620 cm^{-1} 和 1675 cm^{-1} 处有两条吸收带。此外,残基-特异的信息可以用同位素标记技术来揭示。例如,一个 $^{13}C={}^{18}O$ 同位素标记使酰胺 I 带频率降低了约 70 cm^{-1}[32-37]。同位素标记的羰基,基本上频移出主酰胺 I 带,且可以被单独分辨出来。由于同位素标记法仅仅是简单地用一个同位素代替一个原子,因此它对整个体系只产生一个很小的扰动。

二维红外(2D IR)光谱将红外吸收光谱扩展至二维并明显地提高了光谱分辨率。利用超快激光脉冲,时间分辨的 2D 红外光谱已能够在亚皮秒级的时间尺度上测量分子动力学。在 2D IR 光谱中的交叉峰直接揭示了生色团之间的相互作用,例如模式耦合或能量转移[38-44]。2D IR 实验,与 $^{13}C={}^{18}O$ 同位素标记技术相结合,已应用于许多重要的生物学体系,如质子通道、抗菌肽、淀粉样多肽[45-54]。

特别是,2D IR 已被用于研究在水溶液和脂质囊泡中的 hIAPP 的聚集和抑制[47,48,51,52]。例如,通过标记六个跨越 hIAPP 肽长的残基,Shim 及其同事测量了 hIAPP 聚集过程中的 2D IR 光谱的变化,并且在单个残基水平上跟踪了聚集动力学[47]。他们提出纤维的形成,涉及可溶性 hIAPP 单体的组装以形成富含 β-折叠的聚集体,经过了多步路径。多个 hIAPP 单体首先在纤维的环形区域进行联合而形成有序结构并充当聚集核。此步骤之后紧接着的是两个平行的 β-折叠区域的形成,其中 N-端的 β-折叠的形成很可能先于 C-端的折叠[47]。

　　实验光谱通常具有复杂的特征,理论计算有助于解释这些特征。蛋白质 IR 光谱的理论模型需要对酰胺 I 带频率进行准确而有效的描述。我们发展了频率"编图",它能够直接从分子动力学(molecular dynamics,MD)模拟中产生酰胺 I 带的频率[55]。这些"编图"是为蛋白质的骨架生色团和侧链生色团而研发的,利用了溶剂中的一些模型化合物,代表着不同的静电环境。由于频率图被设计成可转移到不同的溶剂条件,所以它们可能适用于非均相体系,例如膜蛋白。

　　我们将频率图与已有的最近邻频移方法和耦合方案结合起来[56-58],与一个混合的量子/经典框架,形成一个理论方法,可直接从分子动力学中计算酰胺 I 区域中的蛋白的线性和 2D IR 光谱[55]。通过将其应用于水溶液中具有各种二级结构的多肽,验证了该理论方法的有效性[55]。然后结合全原子 MD 模拟和 IR 实验,将其应用于溶液相和纤维形式的 hIAPP 的研究[59,60]。这一方法在计算机模拟和光谱实验之间架起一道桥梁,这就允许通过比较实验而对分子动力学模拟进行严格评估,并使分子层面的实验光谱解释成为可能。

14.2　频率图的发展

　　对于一个含 N 个原子和 m 个酰胺生色团的蛋白质,在需要考虑动力学时对完整的 $3N$ 维的哈密顿进行建模是不切实际的。一个常见的方法就是用量子力学只处理感兴趣的模式,在此情况下是酰胺伸缩,而其他的核自由度都是经典的[57,61-74]。在这种混合的量子/经典方法中,处于中心地位的是酰胺 I 带子空间中的激子哈密顿。在任一时间 t,酰胺 I 带的哈密顿(除以 $\hbar$)$\boldsymbol{\kappa}(t)$ 是一个 $m \times m$ 矩阵,有

$$\kappa_{ij}(t) = \omega_i(t)\delta_{ij} + \omega_{ij}(t)(1 - \delta_{ij}) \tag{14.1}$$

其对角元素 $\omega_i(t)$ 是局域酰胺生色团的跃迁频率,非对角元 $\omega_{ij}(t)$ 对应着成对

生色团之间的相互作用(或耦合)。

激子哈密顿的随时间变化的涨落依赖于经典坐标,其根据经典的 MD 模拟随时间而变化。对于经典坐标下的每一构型(或 MD 模拟中的每个时间步),基于从头算的电子结构计算在原则上能够用来决定 $\kappa(t)$[75,76]。然而,在实践中,在凝聚相中对大蛋白质进行高精度的计算是非常困难的。这导致了频率和耦合"编图"的发展,它能够将哈密顿的矩阵元与体系的某些集合坐标相关联,从而使哈密顿的计算变得相对准确和高效。

静电相互作用在调制分子振动中发挥着重要作用已被广泛接受,研究人员选择了静电特性作为集体坐标。目前已开发出各种蛋白质骨架生色团的频率图,这些图描述了酰胺基团与环境(溶剂、脂质、离子等)之间的静电相互作用如何影响酰胺 I 的局域频率[62,64-66,67,70,73,74]。耦合可以被理解为跃迁电荷之间的相互作用。在远距离,这些相互作用主要是跃迁偶极矩之间的。这种假设引出了跃迁偶极耦合(transition dipole coupling,TDC)机制[27,61,77-79]。

虽然这种哈密顿的静电图像已经过广泛检验[74,80,81],但是以共价键连接的酰胺基团之间的那些相互作用应该被特别处理,因为它们在本质上是量子力学的[56-58,82,83]。为了考虑这些效应对局域频率的影响,人们已经开发了基于从头算方法的最近邻频移(nearest-neighbor frequency shift,NNFS)图来明确地显示 $\omega_i(t)$ 如何受相邻的 (ϕ, Ψ) 角的影响[57,58,66]。类似地,最近邻耦合(nearest-neighbor coupling,NNC)图已被开发用于相邻骨架酰胺基团之间的耦合[57,58,66,82,84]。

我们的目标是提供一个可靠的方案来形成激子哈密顿,这将使得基于 MD 模拟的酰胺 I 区域的蛋白质的线性和 2D IR 光谱计算成为可能。我们将在这一节中重点讨论频率图的开发,在下一节讨论全哈密顿的构造。我们首先考虑蛋白质骨架生色团的局域频率。为此,我们使用一个模型化合物——具有单个骨架生色团的 N-甲基乙酰胺(N-methylacetamide,NMA)。在蛋白质的红外实验中常用重水(D_2O)代替水作为溶剂,以避免水的弯曲振动模(约 1640 cm^{-1})干扰酰胺 I 带。D_2O 中 NMA 的主要同位素形式是 N-氘代 NMA(NMAD),如图 14.1(a)所示。

NMAD 包含一个生色团,它的频率扰动完全来自环境(在这种情况下是溶剂分子)。基于 Skinner 小组以前的研究,已证明在 NMAD 的原子上的来自溶剂分子的电场是描述局域频率的良好集体坐标[65,73]。我们想要开发一个

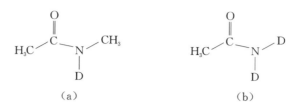

（a）　　　　　　　　　　　　（b）

图 14.1　分子结构：（a）NMAD；（b）ACED

频率图将局域酰胺 I 带频率与这些电场联系起来，并能够同样很好地适用于不同的溶剂。我们选择了三种溶剂 D_2O、DMSO 和 $CHCl_3$，各自代表不同的静电环境，并基于实验 IR 线型和 NMAD 在三种溶剂中的振动寿命[55]，开发了频率图。

　　除了骨架生色团，在天冬酰胺（Asn）和谷氨酰胺（Gln）侧链的酰胺基团也对酰胺 I 带有贡献。因此，将它们包含在激子哈密顿中对于模拟含 Asn 或 Gln 的蛋白质是很重要的。此外，由于侧链在蛋白质折叠和聚集等生物过程中往往起着至关重要的作用，跟踪它们的光谱变化特别有意义。我们选择了 N-氘乙酰胺（ACED，如图 14.1（b）所示）作为模型体系，用了类似骨架图的方式开发了一个侧链频率图。

　　频率图的开发利用了 GROMOS96 53a6 力场[85-87]，该力场在生物模拟中被广泛应用[55,59,60,88]。优化后的骨架和侧链频率图是[55]

$$\omega_i^0 = 1684 + 7729 E_{Ci} - 3576 E_{Ni} \tag{14.2}$$

$$\omega_i^s = 1714 + 2154 E_{Ci} + 3071 E_{Ni} \tag{14.3}$$

ω_i^0 和 ω_i^s 分别是第 i 个生色团的骨架和侧链的瞬时频率，以 cm^{-1} 为单位。E_{Ci} 和 E_{Ni}（以原子单位表示）表示的是沿着 C $=$ O 键方向的、第 i 个生色团中 C 和 N 原子上的电场。骨架和侧链频率图的截距是 $1684\ cm^{-1}$ 和 $1714\ cm^{-1}$，分别代表 NMAD 和 ACED 在非极性环境中（E_{Ci} 和 E_{Ni} 为零）的频率。这两个值与实验基本一致[55,89-91]。

　　为了量化三种溶剂中 NMAD 和 ACED 的线型，从计算得到的红外光谱中提取 ω 和半峰宽 Γ 并在表 14.1 中与实验值进行比较。ACED 在 $CHCl_3$ 中的 Γ 值没有列出，这主要是由于 ACED 的自缔合使实验光谱在酰胺 I 带有两个重叠的峰，因此线宽没有被很好地分辨。从表 14.1 中可以看出，对所有 ω 和 Γ，理论和实验之间的偏差最多分别为 $3\ cm^{-1}$ 和 $10\ cm^{-1}$。这个良好的一致性表明频率图是可转移的，并且可能适用于包括疏水情形在内的更异质性的环境[55]。

表 14.1 不同溶剂中 NMAD 和 ACED 的模拟和实验 IR 线型参数总结

	ω_{D_2O}	Γ_{D_2O}	ω_{DMSO}	Γ_{DMSO}	ω_{CHCl_3}	Γ_{CHCl_3}
模拟（NMAD）	1621	34	1656	22	1668	16
实验（NMAD）	1623[92]	28[92]	1659	23	1665	26
模拟（ACED）	1634	40	1666	22	1697	
实验（ACED）	1633	37	1664	22	1700	

来源：经许可转载 Wang L,et al.J.Phys.Chem.B,115:3713.版权 2011,美国化学会。

注释：所有量以 cm^{-1} 为单位。

14.3 在酰胺 I 带区域蛋白质 IR 谱计算的理论方案

14.3.1 建立酰胺 I 带的哈密顿函数

在这一节中,我们构建激子哈密顿,由此出发利用线型理论计算线性光谱和 2D IR 光谱。为此,我们需要任何时刻的 ω_i 和 ω_{ij}。ω_i 可以是骨架频率 ω_i^b 或者是侧链频率 ω_i^s。在上一节中我们发展的一套频率图方法适用于具有单一生色团的模型体系。需要合理的扩展才能将它们应用于包含多个生色团的蛋白质。

对于侧链生色团,蛋白质中的所有原子和环境中的所有分子都可以被视为带电位点,它们的电场通过式(14.3)被用于计算 ω_i^s。我们考虑 20 Å 距离内的所有电场。另一方面,骨架的生色团能感知来自周围酰胺键及环境的作用。相邻肽单元的影响用 Jansen 及其同事开发的 NNFS 图进行处理[57,58]。对于骨架上的第 i 个生色团,NNFS 图将第($i-1$)和第($i+1$)个残基的贡献(被称为 $\Delta\omega_N$ 和 $\Delta\omega_C$)与相应的(ϕ,Ψ)二面角关联起来。注意到文献[57]中 N-位点和 C-位点在 NNFS 图中的位置被交换。在第 i 个生色团 20 Å 内的所有其他肽单元和侧链原子以及环境,都对电场有贡献,都用于计算 ω_i^0(见式(14.2))。因此,得到骨架频率 ω_i^b 如下:

$$\omega_i^b = \omega_i^0 + \Delta\omega_N(\phi_{i-1},\Psi_{i-1}) + \Delta\omega_C(\phi_{i+1},\Psi_{i+1}) \tag{14.4}$$

注意到当肽的 C-端被酰胺化时会产生额外的生色团,与 Asn 和 Gln 侧链具有相同的形式。因此,对于这些生色团,我们使用式(14.3)计算,并且加上 NNFS 的贡献 $\Delta\omega_N$。

如上所述,相邻肽单元之间的耦合是通过贯键效应造成的[57,82]并由 NNC 图所确定[57]。所有其他肽单元之间的耦合由 TDC 方案表示[27,56,61,77,78],有

$$\omega_{ij} = \frac{A}{e} \left\{ \frac{\vec{m}_i \cdot \vec{m}_j}{r_{ij}^3} - 3 \frac{(\vec{m}_i \cdot \vec{r}_{ij})(\vec{m}_j \cdot \vec{r}_{ij})}{r_{ij}^5} \right\} \quad (14.5)$$

在上面的等式中,矢量 $\vec{r}_{ij}$(以 Å 为单位)连接两个跃迁偶极子 $\vec{m}_i$ 和 $\vec{m}_j$,它们以 DÅ$^{-1} \cdot$ u$^{-1/2}$ 为单位(u 是原子质量单位)。ε 是介电常数,取为 1。转换系数 $A =$ $0.1 \times 848619/1650$ 以单位 cm^{-1} 给出耦合[27,68]。TDC 参数取自 Torii 和 Tasumi 的从头算的计算结果[56]。具体而言,跃迁偶极子具有 2.73 DÅ$^{-1} \cdot$ u$^{-1/2}$ 的量级,与 C=O 键取向 10.0° 并指向 N 原子。它们原点是 $\vec{r}_C + 0.665 \hat{n}_{CO} + 0.258 \hat{n}_{CN}$(以 Å 为单位),其中,$\vec{r}_C$ 是羰基碳原子的位置,并且 $\hat{n}_{CO} = (\vec{r}_O - \vec{r}_C)/|\vec{r}_O - \vec{r}_C|$ 和 $\hat{n}_{CN} = (\vec{r}_N - \vec{r}_C)/|\vec{r}_N - \vec{r}_C|$。

14.3.2 线型理论

线型理论认为,吸收线型可以从量子偶极时间-关联函数的傅里叶变换得到[93]。如果激发光的电场在 $\hat{e}$ 方向上偏振,则 IR 吸收线型可表达为

$$I(\omega) \sim \mathrm{Re} \int_0^\infty dt\, e^{-i\omega t} \langle \hat{e} \cdot \vec{\mu}(0) \vec{\mu}(t) \cdot \hat{e} \rangle \quad (14.6)$$

其中,$\vec{\mu}$ 是体系的偶极算子。尖括号表示量子平衡统计力学平均值,对于凝聚相中的蛋白质是不可能求出它的值的。

正如上一节所讨论的那样,一个切实可行的近似是用量子力学的方法处理酰胺 I 带子空间,忽略其他高频模式,并利用经典力学的方法处理低频自由度(例如平移、旋转和扭转)。在这样一个混合的量子/经典方法中,IR 线型为[55,57,94-96]

$$I(\omega) \sim \mathrm{Re} \int_0^\infty dt\, e^{-i\omega t} \sum_{ij} \langle m_i(0) F_{ij}(t) m_j(t) \rangle e^{-t/2T_1} \quad (14.7)$$

其中,i 和 j 是酰胺 I 带的振动生色团的指标。矩阵 $\boldsymbol{F}(t)$ 描述了哈密顿 $\boldsymbol{\kappa}(t)$ 的随时间传播,即

$$\dot{F}(t) = i F(t) \kappa(t) \quad (14.8)$$

初始条件 $F_{ij}(0) = \delta_{ij}$。$m_i(t)$ 是跃迁偶极矩 $\vec{m}_i(t)$ 在激发光的偏振单位向量上的投影,也就是说,$m_i(t) = \hat{e} \cdot \vec{m}_i(t)$。由于在实验中蛋白质不是定向的,我们通过平均三个偏振方向 $\hat{e} = \hat{i}, \hat{j}, \hat{k}$ 来平均所有可能的取向。式(14.7)中的尖

括号表示经典的平衡统计力学的平均。T_1 是孤立的酰胺 I 带振动的第一激发态的寿命，$e^{-t/2T_1}$ 项被唯象地加入以考虑寿命的展宽。T_1 被设为 600 fs[34]。

14.3.3　蛋白质 IR 光谱计算的一般方案

计算酰胺 I 带中蛋白质 IR 吸收光谱的理论方案已被建立。这个方案很容易扩展到 2D IR 计算，我们将在 14.6 节中简要地讨论。

这个方案的细节如下。

（1）从 MD 模拟生成构象的轨迹。在每个时间步，构象可以用来计算骨架 (ϕ,Ψ) 角和每个生色团上的电场。

（2）分别从式（14.2）和式（14.3）计算 ω_i^0 和 ω_i^s。

（3）从相应的 (ϕ,Ψ) 角确定 NNFS 和 NNC[57,58]。

（4）将 ω_i^0 和 NNFS 相加来计算 ω_i^b，如式（14.4）中所示。

（5）如果在蛋白质中放入同位素标记，则应将标记残基的局域频率移动适当的量。例如，本文所用的 $^{13}C={}^{18}O$ 的同位素偏移是 $-70\ cm^{-1}$，与先前的实验和从头算的结论一致[32,33,97-99]。

（6）从 TDC 计算所有非最近邻酰胺基团之间的耦合[56]。

（7）构造涨落的哈密顿矩阵 κ 和传播 F 矩阵[100,101]。

（8）使用式（14.7）计算吸收线型。

14.4　理论方案的验证

理论方案的验证已经完成[55]。在我们的原始验证中，选择模型肽 AKA 和 Trpzip2 来表示 α-螺旋和 β-发夹二级结构。参考文献[57]中交换的 NNFS 图被用于预测其 IR 吸收光谱[55]。NNFS 图的校正会导致 AKA 光谱的细微变化。这是因为对于 α-螺旋中的残基，其 N-位点和 C-位点的 (ϕ,Ψ) 角几乎是相同的。因此，总的最近邻效应，即 $\Delta\omega_N$ 和 $\Delta\omega_C$ 之和，并没有因为 NNFS 图的交换而改变太多。然而，对于 Trpzip2，在校正 NNFS 图后，其光谱具有更显著的变化。Trpzip2 在室温下具有多种构象[102,103]，因此我们不确定从单一构象（其 PDB 结构）计算得到的理论光谱是否与实验具有很好的可比性。为了避免这个问题，最近，我们考虑了一个模型环肽[104]。它具有稳定的平行 β-折叠构象，其稳定性受环形构型约束而增强。通过同位素 $^{13}C={}^{18}O$ 标记六对残基，我们能够通过与 2D IR 实验比较来测试理论局域频率和耦合。环形平行 β-折叠肽的结果将在未来的文章中给出[104]。下面我们将分别给出在有和没有同位素标记情况下的 AKA 的计算。

AKA 的序列如图 14.2 所示。(AAAAK)$_n$ 的特殊序列模体已被证明可形成 α-螺旋结构,特别是在其中心区域[105-109]。N-乙酰基的封端进一步增加 N 端的螺旋稳定性[107]。使用 GROMACS 模拟软件包[110-112] 在水中进行了总共 10 ns AKA 的 MD 模拟。AKA 的初始结构的构建假定了一个完美 α-螺旋,其所有 (ϕ, Ψ) 角被设定为 $(-57°, -47°)$。根据实验[99,113,114] 将模拟温度设为 275 K。我们修改了 GROMACS 的源代码以便在运行中使用式(14.2)和式(14.3)来给出局域频率。每隔 10 fs 为光谱计算保存一次频率和结构。在整个 10 ns 的模拟中,肽的中部保持 α-螺旋状,而 C 端则发生瓦解,与之前的实验研究一致[106,107]。一个有代表性的 AKA 构型如图 14.3 所示。

AKA　　　Ac-AAAAKAAAAKAAAAKAAAAKAAAAY-NH$_2$

图 14.2　AKA 肽的序列

图 14.3　AKA 的一个代表性快照

利用上述的理论方案,计算了未标记 AKA 的 IR 吸收光谱,并在图 14.4(a)中与实验[113]进行比较。理论光谱有 1627 cm^{-1} 的峰频率,与实验仅差 4 cm^{-1}。这个峰位置由哈密顿的对角线和非对角线元素共同决定[115],我们分别对这些项进行分析。单生色团的平均局域频率,至少在中心螺旋的区域,大约在 1640 cm^{-1} 处,这提供了一个受耦合影响的中心频率。对于相邻肽单元(β_{12}),隔一个残基(β_{13})和隔两个残基(β_{14}),耦合常数的量级较大,因此对整个谱图的影响也最大。表 14.2 显示了它们在 2~20 个残基上的平均值。根据 NNC 图和 Ham 等人[98]的预测,β_{12} 对 α-螺旋是正的,这导致了峰频率的整体蓝移。另一方面,β_{13}、β_{14} 等不相邻的部分之间的耦合是负的,这抵消了 β_{12} 的作用,造成峰值位置最终的红移。表 14.2[114]列出了对两个残基在间隔 0、1 和 2 个残基的情况下进

行体系的同位素标记而得到的实验耦合常数。与实验相比,三个耦合常数的
符号和相对大小是正确的。

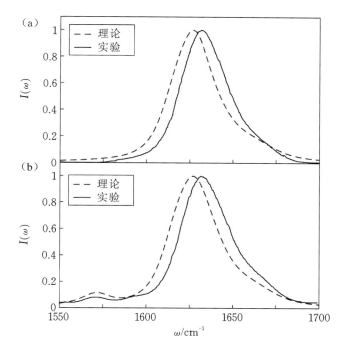

图 14.4 AKA 肽的理论与实验的 IR 吸收谱:(a)无标记[113];(b)[12]标记[99]

表 14.2 AKA 肽的理论与实验耦合常数

	β_{12}	β_{13}	β_{14}
理论	5.2 ± 0.3	-1.5 ± 0.2	-5.6 ± 0.2
实验	8.5 ± 1.8	-5.4 ± 1.0	-6.6 ± 0.8

来源:经许可转载 Wang L,et al.J.Phys.Chem.B,115:3713.版权 2011,美国化学会。

注释:理论值在残基 2~20 取平均。所有耦合常数的单位为 cm^{-1}。

我们还对同位素编辑的 AKA 肽进行了计算。我们在残基 Ala12 上标记
一个 $^{13}C=^{18}O$(记为[12]),通过改变 Ala12 的频率并保持所有其他局域频率
和耦合不变计算了全谱。将光谱[12]与实验[99]在图 14.4(b)中了进行比较。值
得注意的是,理论谱中的总体线型及同位素特征与实验有很好的一致性。为
了更系统地研究标记的特征,我们假设每个残基都用 $^{13}C=^{18}O$ 标记,一次标记
一个,将它们中的每一个都作为孤立的生色团,并且忽略耦合。图 14.5 显示了

每个标记残基的理论峰频率与残基标号的关系,以及针对残基 12~15 的实验值[99]。中心区域的峰频率基本保持恒定,这与均匀的 α-螺旋结构是一致的。理论和实验之间的良好的一致性(仅相差几个 cm^{-1}),证实了我们用于计算骨架频率的静电作用与 NNFS 效应[57,58]相结合的方案。

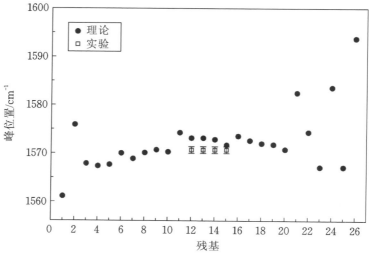

图 14.5 AKA 肽的残基标号依赖的^{13}C$=^{18}$O 标记的峰频率。针对残基 12~15 的实验同位素标记峰频率在图中给出[99]。

14.5 hIAPP 的溶液结构

hIAPP 的序列如图 14.6 所示。由于快速聚集动力学,单体 hIAPP 的详细溶液结构并不很清楚。体外 CD 实验表明可溶性的 hIAPP 在水溶液中很可能是无序的,尽管 CD 光谱的结构分辨率很低且 hIAPP 在测量时未必处于单体状态[116,117]。最近的 NMR 实验,结合了更好的聚集体去除方法以确保单体肽,表明 hIAPP 的 N-末端部分倾向于采取 α-螺旋构象,但这个肽并没有形成独特的 3D 结构或进行折叠[19]。使用离子迁移质谱实验与副本-交换(replica-exchange)MD(REMD)模拟相结合的手段,Dupuis 及其同事发现 hIAPP 单体的两种不同的溶液结构族[118]。他们的数据,与一个含有延长的 β-发夹构象及另一个具有紧凑的螺旋-卷曲结构的结果[118]是一致的。

hIAPP $^{+}$H$_3$N-KCNTATCATQRLANFLVHSSNNFGAILSSTNVGSNTY-NH$_2$

图 14.6 hIAPP 的一级结构。这个肽有酰胺化的 C 端,和残基 2 到 7 之间的二硫键

作为理解 hIAPP 聚集的第一步,在这一部分我们研究它的溶液结构。为了获得单体 hIAPP 的稳定构象,进行了显性水的全原子 REMD 模拟[59]。基于这些原子水平的模型,计算了 IR 吸收光谱[59]。这项工作是对显性水中的全长度 hIAPP 肽进行的第一个原子水平描述。

原子级的 REMD 模拟进行了 100 ns,结果表明 hIAPP 在水溶液中采取 α-螺旋、β-发夹和随机卷曲等构象[59]。α-螺旋构象具有一个 9~17 位残基的 α-螺旋片段和由 24~28 位以及 31~35 位残基组成的短的反平行 β-折叠。β-发夹构象采用扩展的反平行 β-发夹结构,残基 20~23 位为转角区。无规卷曲构象则是完全无序的。图 14.7 显示了 3 个构象的代表性快照。它们的相对稳定性由热力学积分法确定。α-螺旋、β-发夹和无规卷曲构象的相对数目分别为 31%、40%和 29%[59]。

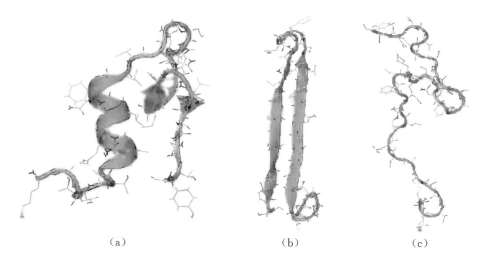

(a)	(b)	(c)

图 14.7　hIAPP 单体的代表性构象快照:(a)α-螺旋;(b)β-发夹和(c)无规卷曲

图 14.8 所示的是 hIAPP 在聚集初期 pH=7 时的 IR 吸收光谱[59]。当肽浓度增加一倍时,实验光谱显示出微小的变化[59],它与先前一个非常低浓度(0.01 μmol/L)的肽的实验[119]是一致的,部分证实了此时的光谱对应着 hIAPP 单体状态。

根据 MD 模拟计算的每个构象的理论 IR 吸收光谱在图 14.8 中给出。α-螺旋和无规卷曲构象分别具有 1645 cm^{-1} 和 1656 cm^{-1} 的峰频率。错折叠的构象具有两个峰,与通常反平行 β-折叠的光谱特征一致[120-122]。注意到这里主峰在 1644 cm^{-1},而不是在 1620 cm^{-1}(反平行 β-折叠的特征)。这是由于在一个 β-发夹中,振动激子只能在两股而不是三股或更多股上发生离域,而后者则是获得较低的 β-折叠振动频率所必需的。根据它们的相对数量,将三个构象的光谱叠加可得到总光谱,也在图 14.8 中给出。理论总谱与实验之间的一致性与我们认为溶液中存在大量 β-发夹构象的论点是一致的。

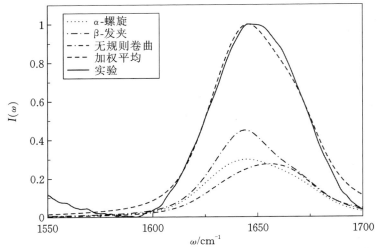

图 14.8 hIAPP 的酰胺 I 带伸缩区域在 D$_2$O 中的理论(加权平均)和实验 IR 线型。图中还显示了 α-螺旋、β-发夹和无规卷曲态按其相对概率[59]加权后的线型

本研究说明了我们的结合 MD 模拟、理论和实验光谱学方法的优越性。它以易聚集的蛋白质为例,说明了结构预测和体系验证的定量循环是可能的,这对其他技术而言是具有挑战性的。预测的构象结构具有重要的生物学意义,如下所述。

据推测,当 hIAPP 与脂质膜相互作用时,其最初在 N 端折叠成 α-螺旋结构[10,14,25]。α-螺旋结构 N 端的组装,可能是通过增加残基 20 和 29 之间的高度淀粉样化区域的局域浓度而促进了 β-折叠寡聚体的形成[10,14,25,123]。正如本研究和以前的 NMR 实验[19]所预测的那样,这个 N-末端 α-螺旋片段因而可能在 hIAPP 与膜的缔合中发挥重要作用,并且可能与膜催化的聚集有关。

hIAPP 形成的淀粉样蛋白纤维含有丰富的 β-折叠[16,17,21]。Luca 及其同事提出了一个纤维结构模型,如图 14.9 所示[17]。我们注意到在本研究中预测的 β-发夹构象的转角区域与该纤维模型的转角区域是一致的[17],这表明该构象可能是聚集的前体[59,118]。我们同意 Dupuis 等人的提议[118]，即可能的聚集途径涉及单体 β-发夹 hIAPP 肽的形成和聚集[59]。

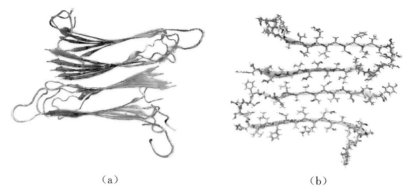

（a）   （b）

图 14.9 **（a）原丝结构模型的总体骨架结构排列[17]。（b）与参考文献[17]的图 11C 所示结构相对应的结构模型的横截面**

14.6　2D IR 光谱反映 hIAPP 纤维中的稳定 β-折叠结构

由 hIAPP 形成的淀粉样蛋白纤维正在广泛的实验研究中[16,17,21]。纤维采用经典的交叉-β 结构[16]。EPR 光谱结合定点自旋标记显示，在纤维中，hIAPP 形成了对齐的平行 β-折叠[21]。基于扫描透射电子显微镜和核磁共振测量，Luca 及其同事提出了原丝的结构模型，这是纤维的基本结构单元[17]。如图 14.9（a）所示，这种原丝模型具有双重对称性，包含四层平行的 β-链，具有两个对称的 hIAPP 分子列[17]。在这个模型中，每个 hIAPP 肽的 N-末端一半面向水，而 C-末端一半形成纤维核[17]。原丝的横截面如图 14.9（b）所示，由两个各占一列的 hIAPP 肽组成[17]。每个 hIAPP 肽具有两条 β-股的结构，分别位于链的 N-区和 C-区，由一个转角连接。由于 Cys2-Cys7 二硫键的限制，其 N-末端（残基 1～7）是无序的。

在本节中，我们使用理论和实验 2D IR 光谱，结合全面的 MD 模拟，来研究 hIAPP 纤维的结构和动力学。通过纤维的一系列同位素标记可获得特定残基信息。基于全原子 MD 模拟，预测了每个残基的理论 2D IR 光谱。理论和实验 2D IR 线宽都显示出"W"形状，并是残基编号的函数。两个 β-折叠区域的较小线宽表明它们是非常稳定的二级结构。这项工作表明将 MD 模拟和 2D IR 实验联系起来可为未来聚集体的研究提供理论策略。

14.6.1 材料和方法

14.6.1.1　2D IR 光谱的计算

在典型的 2D IR 实验中，三个时间间隔为 t_1 和 t_2 的脉冲入射到样品中。在时间 t_3 之后产生并检测光子回波。2D IR 光谱是通过对 t_1 和 t_3 进行双傅里叶变换而获得的。

实验上，对于每个样品，将 $^{13}C=^{18}O$ 同位素标记置于特定的残基处，单标记的 hIAPP 单体被未标记的单体稀释。标记的残基被模拟为与酰胺 I 带中其余部分不耦合的孤立生色团。沿 MD 轨迹计算每个标记生色团的瞬时频率。具体而言，使用式(14.2)和式(14.4)可以计算残基 1 至 36 的频率。对于残基 37，即 C-端酰胺，使用式(14.3)计算其频率，并且加上 $\Delta\omega_N$ 以校正其局域频率。

每个生色团的频率在平均值 $\langle\omega\rangle$ 附近涨落。在时刻 t，设定 $\delta\omega(t)=\omega(t)-\langle\omega\rangle$。频率时间相关函数(frequency time-correlation function，FTCF)可由下式来计算：

$$C(t)=\langle\delta\omega(t)\delta\omega(0)\rangle \tag{14.9}$$

那么线型函数 $g(t)$ 为

$$g(t)\equiv\int_0^t d\tau\,(t-\tau)C(\tau) \tag{14.10}$$

我们令"等待时间" t_2 为零，与实验一致，并假设脉冲无限短。在二阶累积量展开式中，重聚相和非重聚相响应函数变为[50,73,96,124]

$$R_R(t_1,0,t_3)\sim e^{-2g(t_1)-2g(t_3)+g(t_1+t_3)}\,e^{-(t_1+t_3)/2T_1}\left[e^{i\langle\omega_{10}\rangle(t_1-t_3)}-e^{i\langle\omega_{10}\rangle t_1-i\langle\omega_{21}\rangle t_3}\,e^{-t_3/T_1}\right] \tag{14.11}$$

$$R_{NR}(t_1,0,t_3)\sim e^{-g(t_1+t_3)}\,e^{-(t_1+t_3)/2T_1}\left[e^{-i\langle\omega_{10}\rangle(t_1+t_3)}-e^{-i\langle\omega_{10}\rangle t_1-i\langle\omega_{21}\rangle t_3}\,e^{-t_3/T_1}\right] \tag{14.12}$$

$\langle\omega_{10}\rangle$ 和 $\langle\omega_{21}\rangle$ 分别是基态与第一激发态之间以及第一激发态与第二激发态之间的平均跃迁频率。它们的区别在于振动非谐性，其值采用 14 cm^{-1}[37]。$e^{-(t_1+t_3)/2T_1}$ 和 e^{-t_3/T_1} 被唯象地引入以考虑寿命增宽[124]。所有残基的 T_1 值都设定为 600 fs[34]，尽管最近发现 β-折叠构象中的残基具有更长的寿命[51]。

重聚相和非重聚相光谱是其相应的响应函数的双傅里叶变换，即

$$S_R(\omega_1,0,\omega_3)\sim\int_0^\infty dt_1\,e^{-i\omega_1 t_1}\int_0^\infty dt_3\,e^{i\omega_3 t_3}\,\mathrm{Re}\{R_R(t_1,0,t_3)\} \tag{14.13}$$

$$S_{NR}(\omega_1, 0, \omega_3) \sim \int_0^\infty dt_1 e^{i\omega_1 t_1} \int_0^\infty dt_3 e^{i\omega_3 t_3} \mathrm{Re}\{R_{NR}(t_1, 0, t_3)\} \quad (14.14)$$

对重聚相和非重聚相光谱求和,得到 2D IR 吸收光谱

$$I(\omega_1, 0, \omega_3) \sim \mathrm{Re}\{S_R(\omega_1, 0, \omega_3) + S_{NR}(\omega_1, 0, \omega_3)\} \quad (14.15)$$

MD 模拟进行了 110 ns[60]。从模拟中提取总共 12 个彼此相距 10 ns 的纤维构型,并用于 2D IR 计算。每一构型用作 MD 起始结构以提供对纤维结构的更好取样。注意到我们的模拟只涉及一个含有 10 个 hIAPP 肽的原丝。理想的纤维涉及无限个 hIAPP 肽,其中每个肽都与其相邻肽形成氢键。结构模型中的两个中心肽(每列一个)很好地代表了这种环境,而所有其他 hIAPP 肽都受到边缘效应的影响。计算 2D IR 光谱时对每一模拟的中心两肽取平均,再对 12 次模拟取平均。从谱图中提取对角峰线宽(Γ_d)以量化与实验的比较。计算误差条取作 12 次模拟所获均值的标准偏差的 2 倍。

14.6.1.2 样品制备和 2D IR 光谱测量

合成 $^{13}C=^{18}O$ 同位素标记的氨基酸并将标记氨基酸掺入 hIAPP 的方法已在其他地方发表[32,125,126]。简言之,市售的 FMOC 和侧链保护的氨基酸用于固相多肽合成。hIAPP 的疏水性和高聚集趋势导致其合成困难。我们利用两种假脯氨酸与微波技术结合开发了一种高效的合成方法[126]。为了整合同位素标记,需购买在骨架羰基位置具有 ^{13}C 并带有保护基的氨基酸。^{18}O 标记是通过与富含 ^{18}O 的水的酸催化交换机制很容易地掺入具有非反应性侧链的氨基酸(Gly、Ala、Leu、Ile、Val、Phe)[32,125]。由于 FMOC 基团是碱性不稳定的,因此它在合成过程中被保留。然而,侧链保护基是酸性不稳定的,因此这一方法对于具有反应性侧链的氨基酸不可行。相反,目前已经证明了一种新的方法,该方法允许在 pH=5 时交换氧,并保留所有保护基[126]。

采用反相液相色谱法对多肽进行纯化,并在 1 mmol/L 的 d-HFIP 中进行变性和贮存。为了制备用于 2D IR 的样品,将 5 μL 肽溶液冻干,然后重新溶解于 pH=7.4 的 20 mmol/L 氘化磷酸钾缓冲液中以引发聚集。最终的肽浓度在 500 μmol/L 和 1 mmol/L 之间。将肽溶液置于具有 56 μm 隔片的 CaF_2 窗片之间的 IR 样品池中。

使用中红外脉冲整形器以泵浦-探测光束几何构型可采集 2D IR 光谱;我们已发表了几篇关于用这一方法采集光谱的综述[45,115,125,127-129]。简言之,用带有差频混合器的光学参量放大器产生中红外光飞秒脉冲。通常可产生大约

3 μJ 的脉冲。每个脉冲的大约 10% 被分离以作为探测光（E_3），其余的被送入中红外脉冲整形器。将脉冲分散到频域中，在傅里叶平面上聚焦到锗基声光调制器上，然后重新组合。使用任意波形发生器创建一个正弦振幅掩模，该掩模可对色散脉冲进行放大和相位调制，并生成两个时域泵浦脉冲 E_1 和 E_2，它们之间具有可变的延迟。在 2560 fs 的范围内以 24 fs 的步长扫描此延迟，以产生 2D IR 光谱。泵浦和探测脉冲被聚焦到样品上，样品发出一个与探测光束相同方向的三阶电场。E_3 探测光还用作本机振荡器（local oscillator，LO），使我们可以容易地实现外差检测。组合的信号场和 LO 通过单色仪被色散，用 MCT 阵列检测器进行检测（图 14.10）。

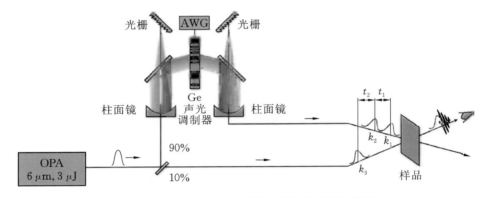

图 14.10　2D IR 实验中使用的脉冲整形器示意图

连续收集 2D IR 吸收型光谱，以获得令人满意的信噪比。作为泵浦和探测频率的函数求得平均光谱振幅，给出最终 2D IR 光谱。同样，可计算得到光谱振幅的标准偏差。使用 2D 插值法，可得到通过平均轮廓的对角切片。每个切片可被拟合为一个高斯型的标记峰和一个未标记 β-折叠峰，有时要在拟合中包含小的基线偏移（保持在实验值）。标准偏差被用作非线性最小二乘拟合程序中的加权因子。文中给出了拟合线宽及其不确定度（标准偏差的 2 倍）。

14.6.2　结果和讨论

实验上，将单个 $^{13}C = ^{18}O$ 标记分别放置在残基 Ala13、Leu16、Ser19、Ser20、Ala25、Val32 或 Gly33 上，一次一个，并测量 2D IR 光谱。图 14.11 选择性地给出了 Ala13、Ser19、Ala25 和 Val32 的光谱以及沿其 2D 轮廓的对角线切片。在 2D IR 光谱实验中有三个最为突出的特征：

（1）沿对角线的峰成对出现，这是所有 2D 振动光谱的特征。负峰或基频

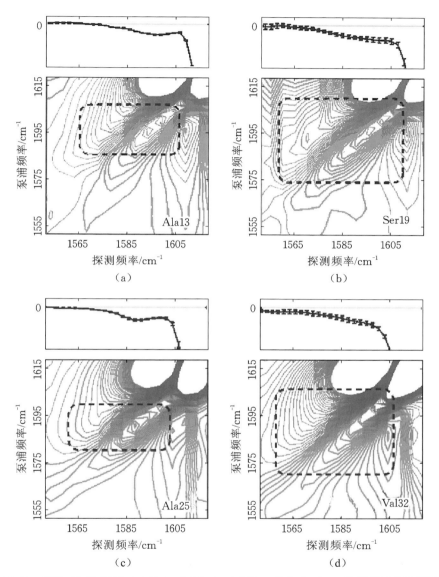

图 14.11　实验 2D IR 光谱：(a) Ala13；(b) Ser19；(c) Ala25 和 (d) Val32。标记峰以矩形框标明。
　　　　顶部显示 2D IR 光谱的对角切片 (带有误差条) 以及对标记峰的拟合。(经许可转
　　　　载，Wang L，et al.J.Am.Chem.Soc.，133：16062.版权 2011，美国化学会。)

峰是由振动基态跃迁到第一激发态的跃迁而产生的。正峰则对应着从第一振
动激发态到第二振动激发态的跃迁。

　　(2) 在泵浦和探测频率为 1620 cm^{-1} 处出现一对峰，这是由于未标记的生

色团,并且是成熟纤维的平行 β-折叠的特征[47,49]。

(3) 另一对峰出现在泵浦和探测频率为 1595 cm^{-1} 处,归因于 $^{13}C=^{18}O$ 标记残基的羰基伸缩振动。

由于我们仅标记纤维中的许多生色团中的一个,因此与未标记的特征相比,标记的信号弱很多。图 14.11 的比例有所选择,以强调标记的特征,因此 1620 cm^{-1} 处未标记峰太强以至于不能被完整呈现。注意到在 1595 cm^{-1} 的激发频率和 1620 cm^{-1} 的探测频率处出现了交叉峰,这表明标记和未标记的生色团之间存在相互作用[47,49,60]。

从图 14.11 可以直接观察到,基频峰的 Γ_d 随着残基有所不同。提取的 Γ_d 在图 14.12 中作图给出(方形)。结果表明一个趋势,即在 β-折叠区域中的残基具有窄线宽。例如,Ala13 和 Ala25 的 Γ_d 分别是 (22 ± 5) cm^{-1} 和 (20 ± 6) cm^{-1}。另一方面,转角和末端区域附近的残基具有较宽的线宽。例如,Ser19 和 Val32,它们的 Γ_d 分别为 (33 ± 7) cm^{-1} 和 (29 ± 5) cm^{-1}。

虽然同位素编辑的 2D IR 实验(在目前阶段)受限于可标记的氨基酸,但理论上我们可以通过假设每个残基都被标记,一次一个来进行更系统的研究。Γ_d 的理论值也在图 14.12 中作为残基编号的函数表示出来,这与实验结果非常吻合。理论和实验都出现了 W 形特征。理论光谱分析表明 Γ_d 主要取决于不均匀频率分布,这归根结底取决于结构的不均匀性[60]。

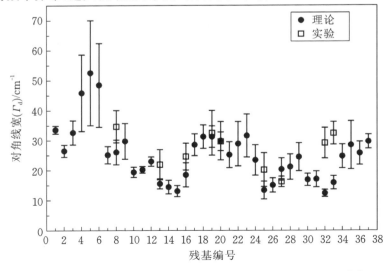

图 14.12　以残基编号为变量比较理论和实验 Γ_d(单位 cm^{-1})[60]

我们随后直接显示纤维的结构涨落的存在。我们选择中心肽链中的第 i 个 C_α
和最近的两个链中的第 i 个 C_α 之间的距离来表示骨架结构。图 14.13 显示了
在每次模拟和 12 次模拟的两列平均的距离的均方根偏差（root-mean-square
deviations，RMSDs）。根据 RMSD 值，残基 8～16 和 27～36 的 β-折叠区域在
整个模拟中具有小的涨落（小于 0.5 Å），这与它们具有小的 Γ_d 值是一致的。
注意到 Γ_d 和 RMSD 形状的不一致可能会发生在 β-折叠边缘的残基中，例如
Ala8，这主要是由于周围水分子的调制作用。

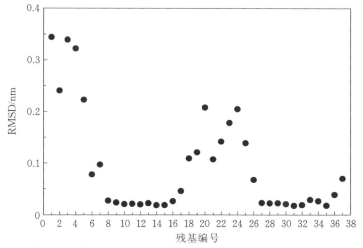

图 14.13 中心肽链和最邻近的两条链之间 C_α 距离的 RMSD。（经许可转载，Wang L，et
al.J.Am.Chem.Soc.，133：16062.版权 2011，美国化学会。）

通过对光谱分析和 RMSD 分析的比较，可提出一种光谱-结构关系来解释
Γ_d 值的 W 形状。从结构的角度来看，每个 hIAPP 单体均含有通过柔性转角
连接的两条 β-股。两个 β-折叠区域排列整齐，并不表现明显的静态或动态无
序，而末端和转角区域特别无序且与水分子紧密接触。这些结构特征本身都
在 2D IR 光谱中得以体现：β-折叠区域表现出较小的对角峰线宽，而转角和末
端区域则具有增强的对角峰线宽。

在本工作中，利用结合 MD 模拟的理论和实验的同位素编辑 2D IR 光谱
方法，以氨基酸残基定点分辨率，我们研究了 hIAPP 纤维。先前的实验已经
鉴定出 β-折叠区域具有特别的淀粉样变性，且这些区域中的突变常常会降低
聚集倾向[117,130,131]。它们结构的稳定性，正如本文所揭示的，表明其抑或是抑
制淀粉样蛋白形成的药物结合位点。

14.7　总结

在本章中,从模型化合物在不同溶剂中的实验线型,我们开发了蛋白质骨架和侧链酰胺Ⅰ带吸收的频率图。我们将这些图与先前开发的 NNFS[57,58] 和耦合方案[56,57]以及混合的量子/经典框架相结合,形成了用于计算在酰胺Ⅰ带区域中的蛋白质的线性和二维 IR 光谱的理论方法。验证理论方法之后,我们将其与全面的 MD 模拟和 IR 实验一起用于研究 hIAPP 的结构和动力学。在所有情况下,我们都能够很好地再现实验得到的 IR 光谱,而不需要任何特别的频率偏移或进一步调整。本方法与其他一些能够准确且有效地计算线性与2D IR 光谱的理论框架,搭建了计算机模拟和光谱实验之间的桥梁,并使得蛋白质结构和动力学在分子层面上的理解成为可能。

二维红外光谱,结合同位素标记,具有原位检测在水溶液和脂质膜中的蛋白质折叠和聚集等高度动态过程的动力学的能力。从理论的角度来看,由于频率图被设计成可以转移到不同的静电环境中,我们所开发的理论方案可应用于像膜蛋白这样的异质性体系。结合理论和实验的光谱方法,再加上原子性的 MD 模拟,是研究生物学问题的有力手段。

例如,这种组合方法对研究 hIAPP 在有无脂质膜时的组装是很有前景的。利用 2D IR 光谱法,Ling 及其同事研究了 hIAPP 在水溶液和脂质囊泡中的聚集,并能够实时直接探测中间产物的特性[48]。理论、模拟和实验之间的协同作用,将使我们能够理解沿着聚集路径的光谱变化,提供有关寡聚物和聚集物的详细结构信息,揭示 hIAPP 诱导的膜损伤机制,最终为 2 型糖尿病的治疗带来曙光[52]。

致谢

这项工作得到了美国国家科学基金会(CHE-0832584)对 JLS 和 MTZ 的部分资助。MTZ 还感谢 NIH 通过项目 DK79895 提供经费的支持。JLS 感谢 NSF 的 CHE-1058752 基金。JLS 和 JJdP 感谢 NIH 的 1R01DK088184-01A1 基金。LW 感谢 Chris Middleton 博士准备的 2D IR 图。LEB 由美国国家科学基金会研究生研究奖学金项目(DGE-0718123)资助。

参考文献

［1］ Dobson CM.1999.Protein misfolding，evolution and disease.Trends.Biochem.Sci.24：329.

［2］ Tycko R.2006.Molecular structure of amyloid fibrils：Insights from solid-state NMR.Quart.Rev.Biophys.39：1.

［3］ Sipe JD，ed.2005.Amyloid Proteins：The Beta Sheet Conformation and Disease（WILEY-VCH，Weinheim，Germany）.

［4］ Clark A，et al.1987.Islet amyloid formed from diabetes-associated peptide may be pathogenic in type-2 diabetes.Lancet 2：231.

［5］ Lorenzo A，Razzaboni B，Weir GC，Yankner BA.1994.Pancreatic islet cell toxicity of amylin associated with type-2 diabetes mellitus. Nature 368：756.

［6］ Kahn SE，Andrikopoulos S，Verchere CB.1999.Islet amyloid：A long-recognized but underappreciated pathological feature of type 2 diabetes.Diabetes 48：241.

［7］ Chiti F，Dobson CM.2006.Protein misfolding，functional amyloid，and human disease.Annu.Rev.Biochem.75：333.

［8］ Kayed R，et al.2004.Permeabilization of lipid bilayers is a common conformation-dependent activity of soluble amyloid oligomers in protein misfolding diseases.J.Biol.Chem.279：46363.

［9］ Sparr E，et al.2004.Islet amyloid polypeptide-induced membrane leakage involves uptake of lipids by forming amyloid fibers.FEBS Lett.577：117.

［10］ Jayasinghe SA，Langen R.2007.Membrane interaction of islet amyloid polypeptide.Biochim.Biophys.Acta 1768：2002.

［11］ Engel MFM，et al.2008.Membrane damage by human islet amyloid polypeptide through fibril growth at the membrane. Proc. Natl. Acad. Sci. USA 105：6033.

［12］ Smith PES，Brender JR，Ramamoorthy A.2009.Induction of negative curvature as a mechanism of cell toxicity by amyloidogenic peptides：The case of islet amyloid polypeptide.J. Am. Chem. Soc. 131：4470.

［13］Knight JD，Miranker AD.2004.Phospholipid catalysis of diabetic amyloid assembly.J.Mol.Biol.341：1175.

［14］Knight JD，Hebda JA，Miranker AD. 2006. Conserved and cooperative assembly of membrane-bound α-helical states of islet amyloid polypeptide.Biochemistry 45：9496.

［15］Mirzabekov TA，Lin M，Kagan BL.1996.Pore formation by the cytotoxic islet amyloid peptide amylin.J.Biol.Chem.271：1988.

［16］Makin OS，Serpell LC.2004.Structural characterization of islet amyloid polypeptide fibrils.J.Mol.Biol.335：1279.

［17］Luca S，Yau WM，Leapman R，Tycko R.2007.Peptide conformation and supramolecular organization in amylin fibrils：Constraints from solid-state NMR.Biochemistry 46：13505.

［18］Nanga RPR，Brender JR，Xu J，Veglia G，Ramamoorthy A.2008.Structures of rat and human islet amyloid polypeptide IAPP1-19 in micelles by NMR spectroscopy.Biochemistry 47：12689.

［19］Yonemoto IT，Kroon GJA，Dyson HJ，Balch WE，Kelly JW.2008.Amylin proprotein processing generates progressively more amyloidogenic peptides that initially sample the helical state.Biochemistry 47：9900.

［20］Cort JR，et al.2009.Solution state structures of human pancreatic amylin and pramlintide.Protein Eng.Des.Sel.22：497.

［21］Jayasinghe SA，Langen R.2004.Identifying structural features of fibrillar islet amyloid polypeptide using site-directed spin labeling.J.Biol.Chem. 279：48420.

［22］Apostolidou M，Jayasinghe SA，Langen R. 2008. Structure of α-helical membrane-bound human islet amyloid polypeptide and its implications for membrane-mediated misfolding.J.Biol.Chem.283：17205.

［23］Goldsbury C，et al.2000.Amyloid fibril formation from full-length and fragments of amylin.J.Struct.Biol.130：352.

［24］Padrick SB，Miranker AD.2001.Islet amyloid polypeptide：Identification of long-range contacts and local order on the fibrillogenesis pathway.J. Mol.Biol.308：783.

［25］ Patil SM，Xu S，Sheftic SR，Alexandrescu AT．2009．Dynamic α-helix structure of micelle-bound human amylin.J.Biol.Chem.284：11982．

［26］ Sasahara K，Hall D，Hamada D.2010.Effect of lipid type on the binding of lipid vesicles to islet amyloid polypeptide amyloid fibrils. Biochemistry 49：3040．

［27］ Krimm S，Bandekar J.1986.Vibrational spectroscopy and conformation of peptides，polypeptides，and proteins.Adv.Protein Chem.38：181．

［28］ Barth A，Zscherp C.2002.What vibrations tell us about proteins.Quart. Rev.Biophys.35：369．

［29］ Susi H，Byler DM.1986.Resolution-enhanced Fourier transform infrared spectroscopy of enzymes.Methods Enzymol.130：290．

［30］ Haris PI，Chapman D.1992.Does Fourier-transform infrared spectroscopy provide useful information on protein structures? Trends.Biochem.Sci.17：328．

［31］ Surewicz WK，Mantsch HH，Chapman D.1993.Determination of protein secondary structure by Fourier transform infrared spectroscopy：A critical assessment.Biochemistry 32：389．

［32］ Torres J，Adams PD，Arkin IT.2000.Use of a new label，$^{13}C \!=\! ^{18}O$，in the determination of a structural model of phospholamban in a lipid bilayer.Spatial restraints resolve the ambiguity arising from interpretations of mutagenesis data.J.Mol.Biol.300：677．

［33］ Fang C，et al.2003.Two-dimensional infrared measurements of the coupling between amide modes of an α-helix.Chem. Phys. Lett. 382：586．

［34］ Mukherjee P，et al.2004.Site-specific vibrational dynamics of the CD3ζ membrane peptide using heterodyned two-dimensional infrared photon echo spectroscopy.J. Chem. Phys. 120：10215．

［35］ Arkin IT.2006.Isotope-edited IR spectroscopy for the study of membrane proteins.Curr.Opin.Chem.Biol.10：394．

［36］ Decatur SM.2006.Elucidation of residue-level structure and dynamics of polypeptides via isotope edited infrared spectroscopy. Acc. Chem. Res. 39：169．

［37］ Mukherjee P，Kass I，Arkin I，Zanni MT.2006.Picosecond dynamics of a membrane protein revealed by 2D IR. Proc. Natl. Acad. Sci. USA 103:3528.

[38] Hamm P,Lim M,Hochstrasser RM.1998.Structure of the amide I band of peptides measured by femtosecond nonlinear-infrared spectroscopy.J. Phys. Chem. B 102:6123.

[39] Zanni MT,Hochstrasser RM.2001.Two-dimensional infrared spectroscopy:A promising new method for the time resolution of structures. Curr.Opin.Struct.Biol.11:516.

[40] Hochstrasser RM.2007.Two-dimensional spectroscopy at infrared and optical frequencies.Proc.Natl.Acad.Sci.USA 104:14190.

[41] Park S,Kwak K,Fayer MD.2007.Ultrafast 2D IR vibrational echo spectroscopy:A probe of molecular dynamics.Laser Phys.Lett.4:704.

[42] Cho M.2008.Coherent two-dimensional optical spectroscopy.Chem.Rev. 108:1331.

[43] Ganim Z,et al.2008.Amide I two-dimensional infrared spectroscopy of proteins.Acc.Chem.Res.41:432.

[44] Strasfeld DB,Ling YL,Shim SH,Zanni MT.2008.Tracking fiber formation in human islet amyloid polypeptide with automated 2D IR spectroscopy.J. Am.Chem.Soc.130:6698.

[45] Shim SH,Strasfeld DB,Ling YL,Zanni MT.2007.Automated 2D IR spectroscopy using a mid-IR pulse shaper and application of this technology to the human islet amyloid polypeptide.Proc.Natl.Acad.Sci.USA 104:14197.

[46] Manor J,et al.2009.Gating mechanism of the influenza A M2 channel revealed by 1D and 2D spectroscopies.Structure 17:247.

[47] Shim SH,et al.2009.Two-dimensional IR spectroscopy and isotope labeling defines the pathway of amyloid formation with residue specific resolution.Proc.Natl.Acad.Sci.USA 106:6614.

[48] Ling YL,Strasfeld DB,Shim SH,Raleigh DP,Zanni MT.2009.Two-dimensional infrared spectroscopy provides evidence of an intermediate in the membrane-catalyzed assembly of diabetic amyloid.J. Phys.Chem.B

113:2498.

［49］Strasfeld DB，Ling YL，Gupta R，Raleigh DP，Zanni MT.2009.Strategies for extracting structural information from 2D IR spectroscopy of amyloid：Application to islet amyloid polypeptide. J. Phys. Chem. B 113:15679.

［50］Woys AM，et al.2010.2D IR line shapes probe ovispirin peptide conformation and depth in lipid bilayers.J. Am.Chem.Soc.132:2832.

［51］Middleton CT，Buchanan LE，Dunkelberger EB，Zanni MT. 2011. Utilizing lifetimes to suppress random coil features in 2D IR spectra of peptides.J.Phys.Chem.Lett.2:2357.

［52］Middleton CT，et al.2012.Two-dimensional infrared spectroscopy reveals the complex behaviour of an amyloid fibril inhibitor. Nature Chem. 4:355.

［53］Moran SD，et al.2012.Two-dimensional IR spectroscopy and segmental ^{13}C labeling reveals the domain structure of human γ D-crystallin amyloid fibrils.Proc.Natl.Acad.Sci.USA 109:3329.

［54］Kim YS，Liu L，Axelsen PH，Hochstrasser RM.2009.2D IR provides evidence for mobile water molecules in β-amyloid fibrils.Proc. Natl. Acad. Sci.USA 106:17751.

［55］Wang L，Middleton CT，Zanni MT，Skinner JL.2011.Development and validation of transferable amide I vibrational frequency maps for peptides.J. Phys. Chem. B 115:3713.

［56］Torii H，Tasumi M.1998.*Ab initio* molecular orbital study of the amide I vibrational interactions between the peptide groups in di- and tripeptides and considerations on the conformation of the extended helix.J.Raman Spectrosc.29:81.

［57］Jansen TLC，Dijkstra AG，Watson TM，Hirst JD，Knoester J.2006.Modeling the amide I bands of small peptides.J.Chem.Phys.125:044312.

［58］Jansen TLC，Dijkstra AG，Watson TM，Hirst JD，Knoester J.2012.Erratum：Modeling the amide I bands of small peptides.［J.Chem.Phys.125，044312（2006）］J.Chem.Phys.136:209901.

[59] Reddy AS,et al.2010.Stable and metastable states of human amylin in solution.Biophys.J.99:2208.

[60] Wang L,et al.2011.2D IR spectroscopy of human amylin fibrils reflects stable β-sheet structure.J.Am.Chem.Soc.133:16062.

[61] Torii H,Tasumi M.1992.Model calculations on the amide-I infrared bands of globular proteins.J.Chem.Phys.96:3379.

[62] Ham S,Kim JH,Lee H,Cho M.2003.Correlation between electronic and molecular structure distortions and vibrational properties. II. Amide I modes of NMA-nD$_2$O complexes.J.Chem.Phys.118:3491.

[63] Choi JH,Ham S,Cho M.2003.Local amide I mode frequencies and coupling constants in polypeptides.J.Phys.Chem.B 107:9132.

[64] Bour P,Keiderling T.2003.Empirical modeling of the peptide amide I band IR intensity in water solution.J.Chem.Phys.119:11253.

[65] Schmidt JR,Corcelli SA,Skinner JL.2004.Ultrafast vibrational spectroscopy of water and aqueous N-methylacetamide:Comparison of different electronic structure/molecular dynamics approaches. J. Chem. Phys. 121:8887.

[66] Gorbunov RD,Kosov DS,Stock G.2005.Ab initio-based exciton model of amide I vibrations in peptides:Definition,conformational dependence, and transferability.J.Chem.Phys.122:224904.

[67] Hayashi T,Zhuang W,Mukamel S.2005.Electrostatic DFT map for the complete vibrational amide band of NMA.J.Phys.Chem.A 109:9747.

[68] Zhuang W,Abramavicius D,Hayashi T,Mukamel S.2006.Simulation protocols for coherent femtosecond vibrational spectra of peptides.J. Phys.Chem.B 110:3362.

[69] Hochstrasser RM.2006.Dynamical models for two-dimensional infrared spectroscopy of peptides.Adv.Chem.Phys.132:1.

[70] Jansen TLC,Knoester J.2006.A transferable electrostatic map for solvation effects on amide I vibrations and its application to linear and two-dimensional spectroscopy.J.Chem.Phys.124:044502.

[71] Torii H.2006.In Atoms,Molecules and Clusters in Electric Fields.Theo-

retical Approaches to the Calculation of Electric Polarizability, ed Maroulis G (Imperial College Press, London), p 179.

[72] Bloem R, Dijkstra AG, Jansen TLC, Knoester J. 2008. Simulation of vibrational energy transfer in two-dimensional infrared spectroscopy of amide I and amide II modes in solution. J. Chem. Phys. 129:055101.

[73] Lin YS, Shorb JM, Mukherjee P, Zanni MT, Skinner JL. 2009. Empirical amide I vibrational frequency map: Application to isotope-edited membrane peptide bundles. J. Phys. Chem. B 113:592.

[74] Maekawa H, Ge NH. 2010. Comparative study of electrostatic models for the amide-I and -II modes: Linear and two-dimensional infrared spectra. J. Phys. Chem. B 114:1434.

[75] Kim J, Huang R, Kubelka J, Bour P, Keiderling TA. 2006. Simulation of infrared spectra for β-hairpin peptides stabilized by an Aib-Gly turn sequence: Correlation between conformational fluctuation and vibrational coupling. J. Phys. Chem. B 110:23590.

[76] Grahnen JA, Amunson KE, Kubelka J. 2010. DFT-based simulations of IR amide I′ spectra for a small protein in solution. Comparison of explicit and empirical solvent models. J. Phys. Chem. B 114:13011.

[77] Krimm S, Abe Y. 1972. Intermolecular interaction effects in the amide I vibrations of β peptides. Proc. Natl. Acad. Sci. USA 69:2788.

[78] Moore WH, Krimm S. 1975. Transition dipole coupling in amide I modes of β polypeptides. Proc. Natl. Acad. Sci. USA 72:4933.

[79] Torii H, Tatsumi T, Kanazawa T, Tasumi M. 1998. Effects of intermolecular hydrogen-bonding interactions on the amide I mode of N-methyl acetamide: Matrix-isolation infrared studies and ab initio molecular orbital calculations. J. Phys. Chem. B 102:309.

[80] Gorbunov RD, Nguyen PH, Kobus M, Stock G. 2007. Quantum-classical description of the amide I vibrational spectrum of trialanine. J. Chem. Phys. 126:054509.

[81] Sengupta N, et al. 2009. Sensitivity of 2D IR spectra to peptide helicity: A concerted experimental and simulation study of an octapeptide. J. Phys.

Chem.B 113:12037.

[82] Hamm P,Woutersen S.2002.Coupling of the amide I modes of the glycine dipeptide.Bull.Chem.Soc.Jpn.75:985.

[83] Gorbunov RD,Stock G.2007.Ab initio based building block model of amide I vibrations in peptides.Chem.Phys.Lett.437:272.

[84] Ham S,Cho M.2003.Amide I modes in the N-methylacetamide dimer and glycine dipeptide analog:Diagonal force constants.J.Chem.Phys.118:6915.

[85] van Gunsteren WF,et al.1996.Biomolecular Simulation:The GROMOS96 Manual and User Guide (Hochschuleverlag AG an der ETH Zürich,Zürich,Switzerland).

[86] Scott WRP,et al.1999.The GROMOS biomolecular simulation program package.J.Phys.Chem.A 103:3596.

[87] Oostenbrink C,Villa A,Mark AE,van Gunsteren WF.2004.A biomolecular force field based on the free enthalpy of hydration and solvation:The GROMOS force-field parameter sets 53a5 and 53a6.J.Comput.Chem.25:1656.

[88] Reddy AS,et al.2010.Solution structures of rat amylin peptide:Simulation,theory and experiment.Biophys.J.98:443.

[89] Eaton G,Symons MCR,Rastogi PP.1989.Spectroscopic studies of the solvation of amides with N-H groups.Part 1.The carbonyl group.J.Chem.Soc.,Faraday Trans.85:3257.

[90] Kubelka J,Keiderling TA.2001.Ab initio calculations of amide carbonyl stretch vibrational frequencies in solution with modified basis sets.1.N-methyl acetamide.J.Phys.Chem.A 105:10922.

[91] Nyquist RA.1963.The structural configuration of some α-substituted secondary acetamides in dilute CCl_4 solution.Spectrochim.Acta 19:509.

[92] DeCamp MF,et al.2005.Amide I vibrational dynamics of N-methylacetamide in polar solvents:The role of electrostatic interactions.J.Phys.Chem.B 109:11016.

[93] McQuarrie DA.1976.Statistical Mechanics (Harper and Row,New

York).

［94］Auer BM，Skinner JL.2007.Dynamical effects in line shapes for coupled chromophores：Time-averaging approach.J.Chem.Phys.127：104105.

［95］Auer BM，Skinner JL.2008.IR and Raman spectra of liquid water：Theory and interpretation.J.Chem.Phys.128：224511.

［96］Mukamel S.1995.Principles of Nonlinear Optical Spectroscopy (Oxford，New York).

［97］Torres J，Kukol A，Goodman JM，Arkin IT.2001.Site-specific examination of secondary structure and orientation determination in membrane proteins：The peptidic $^{13}C=^{18}O$ group as a novel infrared probe.Biopolymers 59：396.

［98］Ham S，Cha S，Choi JH，Cho M.2003.Amide I modes of tripeptides：Hessian matrix reconstruction and isotope effects. J. Chem. Phys. 119：1451.

［99］Fang C，Hochstrasser RM.2005.Two-dimensional infrared spectra of the $^{13}C=^{18}O$ isotopomers of alanine residues in an α-helix.J.Phys.Chem.B 109：18652.

［100］Jansen TLC，Knoester J.2006.Nonadiabatic effects in the two-dimensional infrared spectra of proteins：Application to alanine dipeptide.J.Phys.Chem.B 110：22910.

［101］Yang M，Skinner JL.2010.Signatures of coherent energy transfer in IR and Raman line shapes for liquid water.Phys.Chem.Chem. Phys. 12：982.

［102］Chodera JD，Singhal N，Pande VS，Dill KA，Swope WC.2007.Automatic discovery of metastable states for the construction of Markov models of macromolecular conformational dynamics.J.Chem.Phys.126：155101.

［103］Smith AW，et al.2010.Melting of a β-hairpin peptide using isotope-edited 2D IR spectroscopy and simulations.J.Phys.Chem.B 114：10913.

［104］Woys AM，et al.2012.Parallel β-sheet vibrational couplings revealed by 2D IR spectroscopy of an isotopically labeled macrocycle：Quantitative benchmark for the interpretation of amyloid and protein infrared spectra.J.Am.Chem.Soc.，submitted.

［105］Marqusee S，Robbins VH，Baldwin RL.1989.Unusually stable helix

formation in short alanine-based peptides. Proc. Natl. Acad. Sci. USA
86:5286.

[106] Decatur SM, Antonic J. 1999. Isotope-edited infrared spectroscopy of
helical peptides. J. Am. Chem. Soc. 121:11914.

[107] Decatur SM. 2000. IR spectroscopy of isotope-labeled helical peptides:
Probing the effect on N-acetylation on helix stability. Biopolymers
54:180.

[108] Silva RAGD, Nguyen JY, Decatur SM. 2002. Probing the effect of side
chains on the conformation and stability of helical peptides via isotope-
edited infrared spectroscopy. Biochemistry 41:15296.

[109] Huang R, et al. 2004. Nature of vibrational coupling in helical peptides:
An isotopic labeling study. J. Am. Chem. Soc. 126:2346.

[110] Berendsen HJC, van der Spoel D, van Drunen R. 1995. GROMACS: A
message-passing parallel molecular dynamics implementation. Comput.
Phys. Commun. 91:43.

[111] van der Spoel D, et al. 2005. GROMACS: User Manual Version 3.3
(www.gromacs.org).

[112] van der Spoel D, et al. 2005. GROMACS: Fast, flexible and free. J. Com-
put. Chem. 26:1701.

[113] Barber-Armstrong W, Donaldson T, Wijesooriya H, Silva RAGD, Deca-
tur SM. 2004. Empirical relationships between isotope-edited IR spectra
and helix geometry in model peptides. J. Am. Chem. Soc. 126:2339.

[114] Fang C, et al. 2004. Two-dimensional infrared spectroscopy of isoto-
pomers of an alanine rich α-helix. J. Phys. Chem. B 108:10415.

[115] Hamm P, Zanni M. 2011. Concepts and Methods of 2D Infrared Spec-
troscopy (Cambridge University Press, Cambridge, UK).

[116] Kayed R, et al. 1999. Conformational transitions of islet amyloid poly-
peptide (IAPP) in amyloid formation in vitro. J. Mol. Biol. 287:781.

[117] Jaikaran ETAS, Clark A. 2001. Islet amyloid and type 2 diabetes: From
molecular misfolding to islet pathophysiology. Biochim. Biophys. Acta
1537:179.

［118］ Dupuis NF，Wu C，Shea JE，Bowers MT.2009.Human islet amyloid polypeptide monomers form ordered β-hairpins：A possible direct amyloidogenic precursor.J.Am.Chem.Soc.131：18283.

［119］ Jha S，Sellin D，Seidel R，Winter R.2009.Amyloidogenic properties and conformational properties of proIAPP and IAPP in the presence of lipid bilayer membranes.J.Mol.Biol.389：907.

［120］ Dijkstra AG，Knoester J.2005.Collective oscillations and the linear and two-dimensional infrared spectra of inhomogeneous β-sheets. J. Phys. Chem.B 109：9787.

［121］ Smith AW，Tokmakoff A.2007.Amide I two-dimensional infrared spectroscopy of β-hairpin peptides.J.Chem.Phys.126：045109.

［122］ Jansen TLC，Knoester J. 2008. Two-dimensional infrared population transfer spectroscopy for enhancing structural markers of proteins.Biophys.J.94：1818.

［123］ Abedini A，Raleigh DP.2009.A role for helical intermediates in amyloid formation by natively unfolded polypeptides? Phys.Biol.6：015005.

［124］ Schmidt JR，et al.2007.Are water simulation models consistent with steady-state and ultrafast vibrational spectroscopy experiments? Chem. Phys.341：143.

［125］ Middleton CT，Woys AM，Mukherjee SS，Zanni MT.2010.Residue-specific structural kinetics of proteins through the union of isotope labeling，mid-IR pulse shaping，and coherent 2D IR spectroscopy.Methods 52：12.

［126］ Marek P，Woys AM，Sutton K，Zanni MT，Raleigh DP.2010.Efficient microwave-assisted synthesis of human islet amyloid polypeptide designed to facilitate the specific incorporation of labeled amino acids. Org.Lett.12：4848.

［127］ Grumstrup EM，Shim SH，Montgomery MA，Damrauer NH，Zanni MT.2007.Facile collection of two dimensional electronic spectra using femtosecond pulse-shaping technology.Opt.Express 15：16681.

［128］ Shim SH，Zanni MT.2009.How to turn your pump-probe instrument into a multidimensional spectrometer: 2D IR and Vis spectroscopies via pulse shaping. Phys. Chem. Chem. Phys. 11:748.

[129] Buchanan LE, Dunkelberger EB, Zanni MT. 2011. In Protein Folding and Misfolding: Shining Light by Infrared Spectroscopy, eds Fabian H, Naumann D (Springer, Heidelberg).

[130] Abedini A, Raleigh DP. 2006. Destabilization of human IAPP amyloid fibrils by proline mutations outside of the putative amyloidogenic domain: Is there a critical amyloidogenic domain in human IAPP? J. Mol. Biol. 355:274.

[131] Fox A, et al. 2010. Selection for nonamyloidogenic mutants of islet amyloid polypeptide (IAPP) identifies an extended region for amyloidogenicity. Biochemistry 49:7783.